国家出版基金项目
NATIONAL PUBLICATION FOUNDATION

中国猪业科学与技术创新系列丛书

饲用抗生素替代品

李爱科 主编

Feed Antibiotic Alternatives

中国农业大学出版社
China Agricultural University Press
·北京·

内容简介

本书主要介绍我国目前在饲料工业中较广泛使用的七类替代饲用抗生素产品，分别为益生菌、益生元、生物饲料、中草药、酶制剂、生物活性肽和酸化剂。其中，第 1 章介绍益生菌的定义和分类、饲用微生物优良菌株(种)的评价技术及评价体系的建立、饲用益生菌生产技术、功效、作用机制及其在无抗饲料中的应用。第 2 章介绍益生元的定义和分类、益生元的功效及作用机制、益生元的生产工艺和生产技术及其在饲料中的应用效果。第 3 章介绍我国生物饲料产业的现状、发展机遇和应用中存在的问题以及未来发展趋势。第 4 章为中草药类替抗产品，介绍中药饲料添加剂和中药类饲料药物添加剂的定义与分类，饲用植物提取物的主要成分、开发利用现状以及抗菌、抗病毒作用机理。第 5～8 章分别介绍与替抗相关的酶制剂、生物活性肽、酸化剂及其他替抗产品的研究进展。全书系统阐述了饲用抗生素替代品的生产及应用现状，为促进饲用抗生素替代品的高效应用提供理论指导。

图书在版编目(CIP)数据

饲用抗生素替代品/李爱科主编. --北京：中国农业大学出版社，2023.3

(中国猪业科学与技术创新系列丛书)

ISBN 978-7-5655-2958-0

Ⅰ.①饲…　Ⅱ.①李…　Ⅲ.①饲料-配制　Ⅳ.①S816

中国国家版本馆 CIP 数据核字(2023)第 036402 号

书　　名　饲用抗生素替代品

Siyong Kangshengsu Tidaipin

作　　者　李爱科　主编

总 策 划　席　清　丛晓红　　**责任编辑**　梁爱荣

策划编辑　梁爱荣　　**封面设计**　李尘工作室

出版发行　中国农业大学出版社

社　　址　北京市海淀区圆明园西路 2 号　　**邮政编码**　100193

电　　话　发行部 010-62733489，1190　　读者服务部 010-62732336

编辑部 010-62732617，2618　　出　版　部 010-62733440

网　　址　http：// www.caupress.cn　　**E-mail**　cbsszs@cau.edu.cn

经　　销　新华书店

印　　刷　涿州市星河印刷有限公司

版　　次　2023 年 3 月第 1 版　　2023 年 3 月第 1 次印刷

规　　格　185 mm×260 mm　　16 开本　　23.75 印张　　585 千字

定　　价　160.00 元

图书如有质量问题本社发行部负责调换

丛书编委会

本书编委会

主　　编　李爱科

副 主 编　（按负责章节顺序排列）

王薇薇　乔　琳　杜昱光　张晓琳　贺建华

罗会颖　江国托　王　恬　杨在宾

编写人员

国家粮食和物资储备局科学研究院　李爱科　王薇薇　乔　琳

陈丽仙　宋　丹　何贝贝　段　涛　王永伟　王　丽　刘宽博

施晶晶　李军训　韩　伟

中国科学院过程工程研究所　杜昱光

中粮营养健康研究院有限公司　张晓琳　仉　磊　曲扬华　孙玉丽

湖南农业大学　贺建华　符晨星　肖定福

中国农业科学院饲料研究所　杨培龙　石　波　李秀梅　周炜炜

中国农业科学院北京畜牧兽医研究所　罗会颖　黄火清　涂　涛

柏映国　王　苑

南京农业大学　王　恬　钟　翔　张　昊　齐丽娜　黎智华

陈亚楠　于彩云　韩红丽　季书立　贾沛璐　吴嘉敏

山东农业大学　杨在宾

大连三仪动物药品有限公司　江国托　刘　艳　江庆国　单春乔

刘秋晨　李　娟　刘　恩

广西大学　沈水宝

南宁市泽威尔饲料有限责任公司　周建群

安徽科技学院　周　毅

青岛农业大学　郭艺璇

山东农业工程学院　周佳萍

迈安德集团有限公司　常寨成

福州大学　李　昊

序一

养猪产业作为畜牧业占比最大的产业，改革开放40年以来，特别是“863”和“973”计划实施以来，取得了巨大的进步，保持着持续快速的发展。但是，我们也应该清楚地看到，与先进国家相比，与现实需求和国家整体战略发展目标相比，还存在着相当大的差距。

目前中国养猪业面临的环保、效率、疫病等问题与挑战仍十分严峻。近几年的蓝耳病和非洲猪瘟，更是给生猪产业造成严重的损失。不论是消费需求还是生产供给，两个方面都出现了新的特点。这种局面昭示中国猪业大生态发生重大变化，进入了转型攻坚新阶段。我国养猪业如何进一步转型升级，提高竞争力，克服资源和环境的约束难题，走出一条健康、稳定、可持续发展之路，是行业内专家和管理者需要认真思考和回答的问题。

到本世纪中叶，我国将建成为富强民主文明和谐美丽的社会主义现代化强国。在未来30年，中国猪业将进入一个高质量发展的快车道。作为产业发展的重要驱动力，科技在养猪产业未来发展中将起到越来越关键支撑作用。基于此，由行内多位优秀专家编写的、聚焦当前我国生猪产业链重要技术领域热点、难点，以及未来走向等问题的这套《中国猪业科学与技术创新系列丛书》，对于解决当前问题，引导行业未来的健康发展，有着特别重要的意义。

从已经提交的书稿来看，本系列专著是基于产业发展的需要，全面阐述养猪业具有前沿性的创新性科研成果。《猪基因组选择》论述了应用现代生物信息学技术、大数据理论和人工智能技术结合的全基因育种技术，将性状选择从单一性状跨越到多性状选择的新阶段，会极大改变中国猪育种现状，大大提高育种效率。该书对于猪的良种选育工作很有价值。猪病已经是制约生猪产业发展的瓶颈，必须从理论上突破，《基因编辑与猪抗病育种》介绍了基因编辑技术在猪抗病育种方面的最新研究成果，并提出了利用基因编辑技术进行抗病育种的新策略，对于抗病育种工作有重要的参考价值。《猪主要传染病与防控新技术》《猪病毒病研究与防控》和《疫苗免疫与养猪生产》专著，基于生猪产业疫病防控理论与方法的创新，把现代猪病防治理论突破与实践结合在一起。猪的肠道健康是决定猪健康水平和养猪生产效益的关键因素之一，《猪肠道健康与营养调控》作为国内第一本系统论述猪的肠道健康研究的专著，对于猪精细化、高效化健康养殖提供了重要的理论和技术支撑。《福利化养猪与工程防疫》专著，论述养猪生态补偿的创新性机制，并从系统工程理论提出工程防疫的概念和技术。《人工智能与智能养猪》将信息技术与智能养猪新技术导入猪业生产系统，全面提高饲养效率。基于人类健康与生物安全，《无抗饲料营养调控》与《饲用抗生素替代品》代表了最新的对于无抗饲养要求下饲料的营养调控理论与技术，以及抗生素替代品的研发及应用。《中国地方猪种质资源特性研究》对我国现有地方猪种保种理论与方法的研究进行系统分析，对于我国地方品种猪的品种保护、品种选育、遗传资源保护都具有重要意义。总之，各分册专著，都体现了养猪主要领域的国内外最新研究、技术发展的成果。

系列专著各分册主编年龄都是在45～60岁之间，是我国猪科学研究领域里的中坚力量。他们一直紧跟猪业科技国际研究水平，结合中国猪业生产实际开展和承担国家相关科学研究项目，很多成果已获得国家级科技进步奖。这些学者多年研究的成果，是中国猪业科学研究领域不可多得的宝贵财富。

本套专著作为一批优秀专家学者前瞻性科技创新成果的集成，具有战略引领意义，将为中国养猪业未来高质量的发展发挥重要导向和推动作用。相信这套系列专著的出版，将促进中国养猪生产整体水平的极大提升。

吴常信院士 吴常信

2022年10月

—序二—

经过改革开放40年的发展，中国养猪业取得了举世瞩目的成绩，猪肉产销量占全世界一半以上，生产方式从最初的分散小规模饲养走向规模化机械化，正在向智能化发展。随着规模化养殖集约化程度的日益增强，一些矛盾逐步显现，猪业发展与资源环境、疾病暴发、养猪福利等矛盾越来越突出，生产力提高与品质风味下降、品种单一、退化等矛盾不断加大，养猪成本高，市场供给大起大落，未来养猪产业仍面临多种挑战。尤其近几年非洲猪瘟的暴发，更是集中暴露了养猪行业业已存在亟待解决的问题。全社会对于高质量健康食物的要求，生态环境对于产业发展的要求，促使养猪业必须反思过去，重新选择新的发展道路，选择基于健康、绿色、环保理念的新的道路和策略。面对这样的发展瓶颈，迫切需要行业内有识之士、行业内科学家共同研究和提出系统化的应对策略，用前瞻性的理论和理念、创新性技术指导产业转型升级。

非常欣喜地看到，集合行业内众多领军科学家的集体智慧，共同编著的这套《中国猪业科学与技术创新系列丛书》，具有鲜明的针对性、创新性和引领性，全角度反映了养猪业目前迫切关注和需要解决的核心问题的最新研究进展，特别对于猪基因组选择、肠道营养、基因编辑与抗病育种等新的抗病防病机制的研究，对于工程防疫、智能化养殖、无抗饲料的理论研究与技术研制，以及我国猪种质资源的研究等，这些科学家在自身扎实的研究基础上，结合国内外最新研究进展提出的新理论新技术新方法，对于解决我国目前猪业发展中面临的问题，推进我国养猪业健康发展，争取在本世纪中叶真正实现绿色、健康、环保和高效的目标，有着重要的战略引领意义和技术指导作用，是不可多得的全角度系统化集中反映养猪业前沿研究成果的高水平系列专著。

本套著作立意高远，作者队伍权威。各分册均由高等院校、科研院所获得过国家及省部级奖励的长江学者、国家杰青等正在岗位上工作的中年骨干学者专家担任主要编著者，以他们研究团队多年的科研成果为基础集体完成。本套专著是创新性科技成果集成的再创新，对于中国养猪业未来的发展具有重要的战略引领作用和科学技术支撑作用。

李德发院士 李德发

2022年10月

— 前言 —

自20世纪40年代以来，饲用促生长类抗生素（antibiotic growth promoters）就在养殖业中作为药物饲料添加剂使用，过去数十年间在防治动物疾病和促进动物生长等方面发挥了重要的作用。在我国，由于早期畜牧业生产水平较低，饲养水平和卫生条件有限，养殖生产者通常盲目用药。饲料中促生长类抗生素的不合理使用主要包括以下几个方面：①不规范使用抗生素；②使用违禁或淘汰的抗生素；③不遵守休药期、停药期的规定；④缺乏用药记录；⑤长期使用一种或几种抗生素，致使细菌耐药性增强。饲用促生长类抗生素的长期滥用导致细菌耐药性产生、药物残留和环境污染等问题，同时对人类健康造成威胁。

民以食为天，食以安为先。食品质量安全问题已成为全球广为关注的热点和焦点。欧盟及英国、美国等先后发布限制饲用促生长类抗生素使用的指导性文件。我国农业农村部于2019年7月发布了第194号公告，要求在2020年底前退出除中药外所有促生长类药物饲料添加剂品种。这一公告的发布宣告了中国饲料业开始进入"无抗"时代，同时意味着饲用抗生素替代品的研究和开发将成为饲料禁抗后畜牧行业的重点工作方向。

饲用抗生素的促生长保健作用主要表现在提高增重、改善饲料效率及降低腹泻与死亡率等方面，其作用机理主要与抑菌杀菌功能及提高养分消化利用有关。因此，无抗饲料营养调控技术需围绕具有抑菌杀菌效果及提高饲料养分消化利用的产品及技术进行研发，遵循安全、有效、经济的原则，使之成为具有安全、优质、高效、环保等特点的饲用抗生素替代产品和集成技术。目前，应用较为广泛且研究较为深入的饲用抗生素替代产品，主要包括益生菌、益生元（以及由益生菌和益生元组成的合生元）、生物饲料、发酵饲料、植物提取物、酶制剂、生物活性肽、酸化剂以及部分微量元素和氨基酸产品等饲料添加剂或饲料原料。对这些饲用抗生素替代物有效性的评价手段主要包括：①常规动物生产效果评价，结合体内动物模型与体外检测技术，筛选早期生物标志物和敏感标志物，进行有效性和安全性评价及健康生长性能评估；②采用组学技术（基因组学、蛋白质组学、转录组学和代谢组学等）阐明作用机制，确定抗生素替代品对动物的作用靶点，探究多种物质配伍的可能性；③根据临床试验确定有效性，并通过建立数学和计算机模型模拟体内有效物质含量变化对细胞、组织和动物机体的影响。

随着对这些饲用抗生素替代物应用效果和作用机制研究的逐渐深入，通过生产工艺的改进而实现生产效率的提高和生产成本的降低也是影响它们在饲用抗生素替代应用上的重要因素。因此，本书除介绍有关上述饲用抗生素替代品的定义、分类和产品特性外，重点介绍这些抗生素替代品的生产工艺，旨在让读者全面了解其产品特性、生产加工和应用实例，从而在饲用抗生素替代品的选择上更加得心应手，也能够更加了解这些产品的特性，从而在其应用上更加有的放矢。本书对我国畜牧业饲用抗生素的替代，对实现新时代新形势下畜牧业的高质量可持续发展都具有重要的现实意义，由此产生的经济和社会效益也是巨大的。

本书适合高校教师、科研人员、饲料工业和养殖业从业人员参考使用。感谢所有编写人员的辛苦劳动！我们希望能编写出一本涵盖饲用抗生素替代品特性、基础理论和工艺技术、应用技术以及最新研究进展全貌的系统性专著。但是，由于时间紧迫且编者学识和学术水平有限，加之资料收集与整合不足，难免存在纰漏与不足，敬请读者批评指正。

编者

2022 年 6 月

目录

第1章 益生菌

【本章提要】 饲用益生菌又称微生物饲料添加剂、微生物活菌制剂或微生态制剂，是由许多有益微生物及其代谢产物构成的可以直接饲喂动物的活菌产品。微生物饲料添加剂通过调节动物肠道微生态系统，维持动物肠道稳态，提高动物免疫性能，发挥益生作用。因此，微生物饲料添加剂常被用作饲用抗生素的替代品而广泛应用到畜禽饲料中。本章主要从益生菌的定义和分类、饲用益生菌菌株的评价技术和体系的建立、生产技术、功效及作用机制及其在无抗饲料中的应用等方面进行介绍。

1.1 益生菌的定义和分类

1.1.1 饲用益生菌的定义

饲用益生菌制剂(feed probiotics)是用已知的有益微生物经发酵、浓缩、干燥等特殊工艺制成的对动物安全有益的活菌制剂，并作为饲料添加剂使用。微生物饲料添加剂是指活的微生物菌体进入动物肠道后，可改善微生态平衡，在其生长、繁殖过程中产生消化酶或其他酶、维生素、多肽、氨基酸、脂肪酸、未知因子等，从而达到其益生目的的饲料添加剂(张日俊，2009)。

最早研究和应用饲用益生菌的历史可以追溯到1947年，Mollgaard首先发现使用乳酸杆菌饲喂仔猪可有效提高仔猪体重并改善仔猪健康状况。20世纪60～70年代，微生态制剂逐渐被研究和应用于畜牧养殖业。例如，1977年Lioyd试验证明乳酸菌对肠道致病菌有拮抗作用；1989年，Schillinger发现乳酸菌可以起到预防消化道疾病并促进宿主生长的作用。1989年，美国食品与药品管理局(FDA)把这类产品定义为“可直接饲用微生物制品(direct-fed microbiology，DFM)”。Fuller和朱锦前(1989)将其重新定义为“一种可通过改善肠道菌群平衡而对动物产生有利影响的活性微生物饲料添加剂”。2002年，联合国粮农组织和世界卫生组织(FAO/WHO)联合发布了益生菌评价准则，将益生菌定义为“当摄入足够数量时，有益于宿主健康的活的微生物”。国际益生元与益生菌科学协会(ISAPP)在2014年发表的共识中，继续认可FAO/WHO的定义，并强调了益生菌菌株鉴定和安全性评价的重要性。

随着微生物领域研究的快速发展和微生态制剂制备工艺的进步，目前可用于饲用益生菌的微生物种类已有多种，主要包括乳酸菌、芽胞杆菌、酵母菌、霉菌和光合细菌等几大类。美国FDA和美国饲料管理协会(AAFCO)于1989年公布了42种“可直接饲喂的益生菌菌种”，其中30种属于乳酸菌。我国《饲料添加剂品种目录(2013)》(根据农业部第2045号公告及后续修订公告汇总，截至2022年11月)中，公布允许使用的微生物饲料添加剂有36种，其中17种属于乳酸菌，6种属于双歧杆菌，见表1-1。此外，在国内外还陆续有新的菌种在饲料中研究和应用，如芽胞乳杆菌(*Lactobacillus sporogens*)、解淀粉芽胞杆菌(*Bacillus amyloliquefaciens*)等。

表 1-1　我国《饲料添加剂品种目录》中允许使用的饲用微生物种类[1]

中文名(拉丁名)	中文名(拉丁名)
粪肠球菌(*Enterococcus faecalis*)	发酵乳杆菌(*Lactobacillus fermentum*)
屎肠球菌(*Enterococcus faecium*)	保加利亚乳杆菌(*Lactobacillus bulgaricus*)
植物乳杆菌(*Lactobacillus plantarum*)	布氏乳杆菌(*Lactobacillus buchneri*)
嗜酸乳杆菌(*Lactobacillus acidophilum*)	副干酪乳杆菌(*Lactobacillus paracasei*)
干酪乳杆菌(*Lactobacillus casei*)	地衣芽胞杆菌(*Bacillus licheniformis*)
罗伊氏乳杆菌(*Lactobacillus reuterii*)	枯草芽胞杆菌(*Bacillus subtilis*)
乳酸乳杆菌(*Lactobacillus lactis*)	迟缓芽胞杆菌(*Bacillus lentus*)
乳酸肠球菌(*Enterococcus lactis*)	短小芽胞杆菌(*Bacillus pumilus*)
嗜热链球菌(*Streptococcus thermophilum*)	凝结芽胞杆菌(*Bacillus coagulans*)
乳酸片球菌(*Pediococcus acidilacticii*)	侧孢芽胞杆菌(*Bacillus lateralis*)
戊糖片球菌(*Pediococcus pentosaccus*)	产朊假丝酵母(*Candida utilis*)
两歧双歧杆菌(*Bifidobacterium bifidum*)	酿酒酵母(*Saccharomyces cerevisiae*)
婴儿双歧杆菌(*Bifidobacterium infantis*)	沼泽红假单胞菌(*Rhodopseudomonas palustris*)
长双歧杆菌(*Bifidobacterium longum*)	产丙酸丙酸杆菌(*Propionibacterium acidipropionici*)
短双歧杆菌(*Bifidobacterium brevis*)	黑曲霉(*Aspergillus niger*)
青春双歧杆菌(*Bifidobacterium adolescens*)	米曲霉(*Aspergillus oryzae*)
动物双歧杆菌(*Bifidobacterium animal*)	约氏乳杆菌(*Lactobacillus johnsonii*)[3]
纤维二糖乳杆菌(*Lactobacillus cellobiosus*)	丁酸梭菌(*Clostridium butyicum*)[2]

注：[1]摘自《饲料添加剂品种目录(2013)》农业部第 2045 号公告及后续修订公告汇总，截至 2022 年 11 月。

[2]属于 2045 号公告附录二所列监测期内新饲料和新饲料添加剂品种。

[3]2045 号公告发布后新批准的新饲料和新饲料添加剂品种。

微生态学认为，人体、动植物体表及体内寄居着大量的正常微生物群落，宿主、正常微生物群落和外环境构成一个微生态系统。在正常条件下，这个系统处于动态平衡状态。抗生素的滥用打破了这种平衡，导致环境、机体和体内微生态环境的紊乱。微生物饲料添加剂正是通过调节微生态系统平衡、维持肠道稳态、提高免疫性能，进而发挥益生作用的。

1.1.2　饲用益生菌的分类

1. 按用途划分

(1)微生态治疗剂　主要由乳酸菌、双歧杆菌等种属菌株组成，具有很强的调整消化道内环境和生态平衡缺陷的作用，主要用于预防和治疗消化机能紊乱及消化道感染。

(2)微生态促生长剂　主要由乳酸菌、酵母菌、芽胞杆菌等种属中具有很强消化能力的菌株组成，在消化道中能产生多种消化酶、丰富的 B 族维生素、维生素 K、生长因子和菌体蛋白，起到辅助消化、促进生长的作用。

(3)微生态水质净化剂　主要含有光合细菌、乳酸菌和芽胞杆菌等多种有益菌。主要功能：分解有机污染物，消除有毒物质，净化水质；补充营养成分，促进养殖动物生长；抑制病原菌，提高机体免疫力。

(4)微生物饲料发酵剂　由农业农村部批准的饲用微生物种类，菌种组成，主要用于以植物性农副产品的发酵处理。在发酵处理过程中，通过微生物代谢作用，降解原料中部分多糖、蛋白质和脂肪等大分子物质，生成有机酸、可溶性多肽等小分子物质，形成营养丰富、适口性好、活菌含量高的生物饲料或饲料原料。

2.按菌种划分

(1)乳酸菌　乳酸菌指能利用可发酵碳水化合物产生大量乳酸的细菌总称。目前，乳酸菌类微生物饲料添加剂是使用最为广泛和效果较好的一类，主要有乳酸杆菌中的植物乳杆菌和嗜酸乳杆菌，以及乳酸肠球菌中的粪肠球菌和屎肠球菌等。有大量报道证明这类饲用微生态制剂具有良好的生物学功能，并且已在饲料工业中得到广泛应用。其主要功能特点如下：①是多种动物消化道主要的共生菌，能形成正常菌群；②在微需氧或厌氧条件下产生乳酸；③有较强的耐酸性；④产生一种或多种特殊抑菌物质——细菌素，能有效抑制大肠杆菌和沙门氏菌等肠道致病菌的生长。

(2)芽胞杆菌　包括芽胞杆菌属、梭菌属、脱硫肠状菌属和芽胞八叠球菌属等。芽胞杆菌属包括产芽胞、化能异养的革兰氏阳性杆菌，通常能运动，周生鞭毛，好氧，有时为兼性，过氧化氢酶阳性。动物摄入后，通过产酶、抑菌等功能，促进胃肠道微生态平衡、促进消化，从而利于动物健康生长。其主要功能：①生物夺氧作用；②分泌活性物质，抑制病原微生物；③增强动物免疫力；④产生多种消化酶。

(3)酵母菌　一般泛指能发酵糖类的各种单细胞真菌。酵母菌通常具有 5 个特点：①个体一般以单细胞非菌丝状态存在；②多数出芽繁殖；③能发酵糖类产能；④细胞壁常含甘露聚糖；⑤常生活在含糖量较高、酸度较大的水生环境中。酵母菌是一种重要的蛋白质和氨基酸来源，同时酵母菌中富含维生素，尤其是 B 族维生素和维生素 E 及一些必需的矿物质。动物摄入后的主要功能：①促进瘤胃发育；②改善瘤胃发酵环境；③影响中性洗涤纤维(NDF)消化率；④影响氮代谢；⑤影响氢代谢及甲烷产量；⑥影响肠道菌群及机体免疫。

(4)霉菌　是菌丝体比较发达但不产生大型肉质子实体结构的真菌的统称。霉菌有着极强的繁殖能力，繁殖方式多种多样。很多霉菌因可以产生霉菌毒素对人、动物、植物产生毒害作用，比如曲霉属、链孢属和青霉属中的一些霉菌。然而，黑曲霉和米曲霉是公认安全且对动物生产有益的两种霉菌，与其余种类的益生菌不同，两种曲霉菌主要通过发酵产酶以及发酵生产生物饲料对动物产生益生功效：①提高饲料消化利用率；②提高机体免疫力和抗病能力；③抑制黄曲霉菌的生长，降解黄曲霉毒素 B_1；④提升动物对饲料中氮和磷的利用率，减少粪污排放。

(5)光合细菌　是地球上最早出现的具有原始光能合成体系的原核生物的总称。作为最古老的细菌之一，在有光能可利用之处常可发现。在不同环境中，光合细菌具有相应的固氮、脱氮、固碳以及有机物和硫化物氧化等多种功能，对自然界的碳、氮、硫循环起着重要的作用。光合细菌用于畜禽和水产养殖中具有如下功能：①降解水体中的亚硝酸盐、硫化物等有毒物质，净化动物排泄物，改善养殖场和养殖水体等动物生产环境；②作为浮游生物的饵料，在水产养殖中具有保育幼苗、提高生产能力、防治疾病等作用；③菌体中含有大量维生素 B_{12} 和维生素 H，可以提高畜禽的饲料利用率、生产性能和抗病能力。

3.按菌种组成划分

(1)单一型微生态制剂　以单一菌种为主要成分，发挥其生理活性。

(2)复合型微生态制剂　由两种及两种以上相同种属或不同种属菌株组成，形成一个统一体，互相促进，共同组成一个复杂而稳定的具有多元功能的微生物复合制剂。

4. 按剂型划分

(1)水剂型　将菌体发酵富集后的含有活菌体的发酵液直接封装于容器中,因菌体仍处于活性状态,会继续利用水剂中的营养性物质生长代谢,但是这种剂型的菌体处于不稳定状态,容易死亡,保存期较短。

(2)固体剂型　将发酵富集后的菌体或者芽胞经过不同的脱水、干燥等手段,再利用可以饲用的物质作为填充保护剂混合均匀制成固体剂型的饲料添加剂,这种剂型的菌体或芽胞处于休眠状态,只有在一定条件下才能复苏,因此,这种剂型的菌体处于稳定状态,不容易死亡,保存期长。

1.2　饲用微生物优良菌株(种)的评价技术及评价体系的建立

目前,益生菌的评价主要从安全性和有效性入手,安全性和有效性评价又包括体内和体外的评价。但是很多企业在开发益生菌产品时很少对菌株作出全面的安全性评价,比如不能给出全面的抗生素抗性的评价以及毒力因子的评价,同时不同研究者采用的评价方法也不尽相同。对于有效性评价,各个研究者和企业在评价各自菌株的有效性时,评价的指标以及各个指标的评价方法也各不相同,没有统一的评价标准,比如对某个学者所做的正面研究效果,其他人不能重复给予证实,试验结果不稳定;同一个产品在两个不同的场地使用,一处有效,而另一处无效;甚至在同一试验场地,使用不同批次的产品,评价效果也不一致。面对这些问题,究其原因,国内外对于饲用微生物的安全性和有效性的评价技术体系还不健全,所用指标及评价方法很不一致,对于不同指标的可靠性和评价技术缺乏深入、系统的研究,评价技术尚没有统一的标准。另外,从实际应用出发,如何选择科学的评价技术指标并建立评价技术规程仍是国内外学界有待研究的课题。比如,如何科学建立各项体内外评价指标的递进关系问题,如何确立体外评价和体内评价的对应关系问题等。研究解决这些问题是建立科学和行之有效的评价技术规程的关键,也是促进益生菌行业持续发展的基础。

综合近 20 年来益生菌评价的研究报道及欧洲食品安全局(EFSA)、欧洲动物营养科学委员会(SCAN)、欧盟委员会(EU)和联合国粮农组织和世界卫生组织(FAO/WHO)发布的关于益生菌评价的规程和指南性文件,目前已报道的体外安全性评价指标包括:溶血性(FAO/WHO,2002)、胆汁盐水解酶活性(Liong 和 Shah,2005;Vankerckhoven 等,2008)、毒力因子(Eaton 和 Gasson,2001;From 等,2007)、抗生素抗性(FAO/WHO,2002;EFSA,2012)、产有毒代谢产物(Santos,1996)、对胃黏膜蛋白的分解能力(Gork 等,1999)、血小板凝集(Burke 等,2016)、明胶液化(Isenberg,2004)、尿素降解(Jin 等,2011)等;已报道的体外有效性评价指标包括耐酸(Leite 等,2015;Anandharaj 等,2015)、耐胆盐(Argyri 等,2013;Anandharaj 等,2015)、耐人工胃肠液(Hacin 等,2008;Chaiyawan 等,2010)、黏附性(Messaoudi 等,2012)、抑菌活性(FAO/WHO,2012;麦热姆妮萨·艾麦尔等,2012)、抗病毒活性(Botić等,2007;Lee 等,2015)、细胞表面特性(Kaewnopparat 等,2013;Solieri 等,2014;Pieniz 等,2014)、免疫调节(Messaoudi 等,2012;Wu 等,2014)、抗癌和抗诱变特性(Wang 等,2009;Leite 等,2015)、生物膜的形成(Terraf 等,2012;Bujnakova 等,2014;Larsen 等,2014)、蛋白水解酶(Lee 等,2012;Manhar 等,2015)和纤维素酶(Chaiyawan 等,2010;Larsen 等,2014)等活性和产胞外多糖(Anandharaj 等,2015;Júnior 等,2015)等。对这些指标的检测意义和检测方法进行详细分析

并结合生产实际中可以满足的检测条件，可以发现并不是所有已报道指标都适合用于评价益生菌的安全性和有效性，体外安全性评价指标中溶血性、毒力因子、抗生素抗性和有毒代谢产物 4 个指标适合形成标准化、可操作的评价指标；体外有效性评价指标中耐人工胃肠液、对小肠上皮细胞的黏附性、抑菌活性 3 个指标适合形成标准化、可操作的评价指标。具体原因见表 1-2 和表 1-3。

表 1-2 益生菌体外安全性评价指标和建议选择的指标及原因分析

体外安全性评价指标	建议选择	原因	参考文献
溶血性	是	2002 年 FAO/WHO 提出的关于食品益生菌的评价指出，溶血性是筛选益生菌的先决条件	FAO/WHO，2002
胆汁盐水解酶活性	否	胆汁盐水解酶活性是否作为安全性评价指标仍有争议性，有研究者提出该活性与增加益生菌在肠道中的存活及降低胆固醇有关，但还有研究表明该活性与结肠癌的发生和发展有关；欧盟 PROSAFE 项目中未将此活性作为益生菌安全性评价的指标，认为其与益生菌的安全性无关	Vankerckhoven 等，2008
毒力因子检测	是	对益生菌进行安全性评价时还需要考虑其含有的毒力基因。如肠球菌属中的某些种通常含有致病基因，在食品和饲料添加剂中作为益生菌使用的屎肠球菌不能含有毒力基因，而粪肠球菌是典型的多种毒力基因携带者，因此对于这些菌种的安全性需要更加严谨的评价。某些芽胞杆菌菌株也作为益生菌在市场上销售，部分枯草芽胞杆菌产生肠毒素和脂肽类物质，虽然该毒素的产生与在人类中的发病还没有建立确定的联系，但是也有必要对其检测	Eaton 和 Gasson，2001；From 等，2007
抗生素抗性	是	为了避免细菌抗生素抗性基因向人体或动物的转移风险，必须评估菌株的抗生素抗性。2002 年，FAO/WHO 提出食品中益生菌菌株安全性评价应包括抗生素抗性检测。益生菌基因组中含有抗生素抗性基因若没有转移给其他菌株的可能性，则本身没有安全问题。但是，由于已有研究证实抗生素抗性基因可能在食品和肠道环境中发生转移，因此检验益生菌是否含有抗生素抗性基因是十分必要的，对将被作为益生菌使用的微生物在使用前需要系统地对抗生素抗性基因易感性进行筛选。欧洲食品安全局(European Food Safety Authority，EFSA)在 2012 年制订的评价人用和饲用微生物抗生素抗性的指南文件中提出所有用于食品或添加剂的细菌必须建立相关菌株对人体和兽医上重要抗生素的敏感性数据	FAO/WHO，2002；EFSA，2012

续表 1-2

体外安全性评价指标	建议选择	原因	参考文献
有毒代谢产物	是	微生物代谢产生的诸如生物胺等物质，过量存在会给宿主带来毒副作用，因此有必要对其产生的有毒代谢产物进行研究	Santos，1996
对胃肠黏膜蛋白的分解能力的检测	否	目前把此项指标作为益生菌评价指标的研究还很少，并且一般都是研究对人的胃黏膜蛋白的分解能力，饲用微生物是否需要此指标的评价，还需探讨	Gork 等，1999
血小板聚集	否	目前把此项指标作为益生菌评价指标的研究还很少，并且一般都是研究其对人的血小板聚集能力	Burke 等，2016
明胶液化	否	与安全性评价没有关系，应该归于菌株的生理生化特征	Isenberg，2004
尿素降解	否	与安全性评价没有关系，应该归于菌株的生理生化特征	Jin 等，2011

表 1-3　益生菌体外有效性评价指标和建议选择的指标及原因分析

体外有效性评价指标	建议选择	原因	参考文献
耐酸	否	FAO/WHO 2002 年提出的关于食品益生菌的评价指出，对益生菌株要进行对胃酸的耐受性试验；但考虑到加有胃蛋白酶的人工胃液更能模拟靶动物的肠道环境，因此用耐人工胃液试验替代耐酸性评价	FAO/WHO，2002；Leite 等，2015；Anandharaj 等，2015
耐胆盐	否	FAO/WHO 2002 年提出的关于食品益生菌的评价指出，对益生菌株要进行胆汁盐耐受性试验；但是考虑到加有胰酶的人工肠液更能模拟靶动物的肠道环境，因此用耐人工肠液试验替代耐胆盐评价	FAO/WHO，2002；Argyri 等，2013；Anandharaj 等，2015
耐人工胃肠液	是	人工胃肠液更能模拟靶动物的肠道环境，因此，采用不同 pH 的人工胃液，进行耐酸性和耐人工胃液评价；采用不同浓度胆盐的人工肠液，进行耐胆盐和耐人工肠液评价；并采用特定 pH 的人工胃液和特定浓度的胆盐进行耐人工胃肠液的顺序评价	Hacin 等，2008；Chaiyawan 等，2010
对小肠上皮细胞的黏附性	是	菌株在胃肠道的黏附性是发挥作用的首要条件，同时，FAO/WHO 在 2002 年颁布的食品益生菌评价指南也要求是必须检测的指标，因此，黏附性指标是必要的	FAO/WHO，2002；Messaoudi 等，2012；Leite 等，2015

续表 1-3

体外有效性评价指标	建议选择	原因	参考文献
抑菌活性	是	该指标是作为功能性饲用微生物的一个指标，若菌株对某些肠道病原菌有很强的抑菌活性，则其有很大的替代抗生素的潜力。同时，目前很多企业宣传其产品有很好的抑菌效果，为了验证产品的真实效果，并建立统一的检测标准，认为抑菌活性也是一个重要的有效性评价指标	FAO/WHO，2012；麦热姆妮萨·艾麦尔等，2012
抗病毒活性	否	该指标也是作为功能性饲用微生物的一个指标，目前报道的还不多，而且如何选择适合的病毒培养体系和检测方法还需要深入研究，已报道的方法操作过程复杂，对人员的专业性和操作技能要求高，不适合在产业技术应用中使用，因此暂时无法将此指标作为评价性指标	Botić等，2007；Lee 等，2015
细胞表面特性（包括自聚集、共聚集和疏水性）	否	该指标目前报道与黏附性有关，具体是什么关系，仍处于研究阶段，测定结果不如黏附性结果直观，暂不采纳	Kaewnopparat 等，2013；Solieri 等，2014；Pieniz 等，2014
免疫调节	否	目前的报道表明益生菌可以产生众多的免疫因子，对于饲用微生物来讲，该指标可以作为功能性产品的一个研究性指标，可不作为饲用微生物产品有效性评价的指标	Messaoudi 等，2012；Wu 等，2014
抗癌和抗诱变特性	否	该指标主要用于食品用益生菌产品及益生菌类保健品的评价，饲用微生物不建议做此指标，没有实际意义	Wang 等，2009；Leite 等，2015
生物膜的形成	否	该指标与黏附性和抑菌活性有一定的相关性，但目前具体的作用机理仍处于研究中，暂不采纳	Terraf 等，2012；Bujnakova 等，2014；Larsen 等，2014
产胞外多糖	否	目前研究表明胞外多糖的产生与细胞表面特性和黏附性有关，其产生对靶动物的具体作用机制还处于研究阶段，建议不做此指标的评价	Anandharaj 等，2015；Júnior 等，2015
蛋白水解酶、纤维素酶活性	否	该指标应该属于酶制剂产生菌的筛选指标，不是有效性评价必需的，若某饲用微生态产品宣称有蛋白水解酶和纤维素酶活性，则必须做此指标的评价，验证其真实效果；否则，可以不做此指标的评价	Chaiyawan 等，2010；Lee 等，2012；Larsen 等，2014；Manhar 等，2015

1.2.1 体外安全性评价体系及评价技术的建立

根据文献报道，结合并参考农业农村部 2021 年 11 月 1 日颁布的《直接饲喂微生物和发酵制品生产菌株鉴定及其安全性评价指南》中提到的评价原则、评价方法和目前饲用微生物实际应用需求的分析，确定了饲用微生物体外安全性评价的指标体系，包括溶血性、毒力因子、抗生素抗性和有毒代谢产物(表 1-2)。

1. 溶血性的评价方法

菌株是否具有溶血性是筛选益生菌的先决条件(FAO/WHO，2002)。目前溶血性的评价方法大部分是通过血平板培养观察溶血性。血平板所用的血液种类多种多样，包括绵羊血、马血、人血以及山羊血，如 Leite 等(2015)将待测菌划线于含有 5%绵羊血的 Columbia 琼脂平板上，Júnior 等(2015)将待测菌在 MRS 培养基中于 37 ℃培养 15 h，然后转接到含有 5%的去纤维蛋白的马血平板上，Argyri 等(2013)将待测菌划线于含有 5%人血的 Columbia 琼脂平板上，Manhar 等(2015)将待测菌划线于含有 5%山羊血的营养琼脂平板上，但溶血性的判断标准是一致的，即若菌落周围出现草绿色环，则为 α-溶血；若菌落周围形成界限分明、完全透明的溶血环，则为 β-溶血；若菌落周围的培养基颜色没有变化，则不溶血，即 γ-溶血。枯草芽胞杆菌、地衣芽胞杆菌和粪肠球菌分别在鸡血、猪血和商品化绵羊血平板上的溶血性评价研究，结果表明，无论血平板的血来源于何种宿主，得出的溶血性结果是一致的，即血来源对溶血性的结果判定没有影响，因此从操作的简单性、准确性和标准化方面考虑，建议选择商品化绵羊血平板评价饲用微生物的溶血性。

2. 毒力因子的评价方法

1)芽胞杆菌毒力因子评价

部分枯草芽胞杆菌能产生肠毒素物质，可能与其产生的表面活性素有关(From 等，2007)，但是该毒素的产生以及在人类中的发病还没有建立确定的联系；此外，一些非枯草芽胞杆菌属也能产生表面活性素(From 等，2005；Apetroaie-Constantin 等，2007；Dybwad 等，2013)。因此，在作为产品使用前，要对这些菌种的安全性进行更加严谨的评价。在缺少动物模型评价菌株安全性的情况下，欧洲食品安全局动物饲料添加剂的专家组(EFSA Panel on Additives and Products or Substances Used in Animal Feed)提出了体外细胞毒性检测方法，通常这种体外的实验选择待测菌培养物的上清液进行测定，这是因为待测菌培养物的上清液的浓度通常是超过其在靶动物中的剂量的。Vero 细胞或者其他肠上皮细胞都可用来测定培养上清的细胞毒性，但 Vero 细胞因其敏感度更好所以应用得较多。通过测定 ^{14}C-亮氨酸的摄入、乳酸脱氢酶的释放、碘化丙啶的摄入(Fagerlund 等，2008)或者采用 MTT 分析法(Beattie 等，1999；Lee 等，2014)来测定细胞毒性的大小，若样品处理组对于对照组来说抑制率>20%则认为该菌株有细胞毒性。^{14}C-亮氨酸的摄入法需要放射性标记，同时还需要配备闪烁计数器检测，考虑到很多实验室不具备操作条件，不建议选择此方法。碘化丙啶的摄入法，由于需要荧光染料标记，并需要荧光显微镜计数，从安全性角度以及很多实验室不具备操作条件，不建议选择此方法。当然，如果实验室具备条件，建议采用此方法，这也是农业农村部颁布的《直接饲喂微生物和发酵制品生产菌株鉴定及其安全性评价指南》中推荐使用的方法。MTT 法操作简单，多数实验室可满足其操作要求，建议选用。乳酸脱氢酶的释放(LDH 法)也有商品化试剂盒，多数实验室也满足其操作要求，因此也可选用。

欧洲食品安全局(EFSA)在 2014 年的评价芽胞杆菌的产毒素能力的指南文件中提出了国际公认的芽胞杆菌的产毒素检测方法,建议采用 EFSA 提出的国际公认的检测方法对枯草芽胞杆菌和地衣芽胞杆菌的毒力因子进行评价,细胞毒性采用 MTT 法检测,同时比较了胞内胞外混合物、培养液上清(胞外产物)和破碎细胞后上清(胞内产物)对 Vero 细胞的毒力,结果表明,采用 EFSA 提出的检测方法可以很好地评价芽胞杆菌的毒力因子,检测样品建议采用胞内胞外混合物。

2)屎肠球菌毒力因子评价

肠球菌属中的某些种通常含有致病基因(Vankerckhoven 等,2008),其中屎/粪肠球菌是典型的多种毒力基因携带者(Eaton 和 Gasson,2001)。肠球菌是一种重要的医院内感染菌,能在人类和动物之间水平传播,不仅引起复杂的耐药机制使肠球菌在治疗时显得十分棘手,其携带的众多毒力因子还是肠球菌难以得到控制的原因。目前已发现肠球菌毒力因子包括 *Cyl*、*AS*、*esp*、*efaA*、*hyl*、*EF0591*、*gelE* 等 17 种。这些毒力因子有的与生物膜形成相关,有的与心内膜炎、腹膜炎感染相关,有的能增强肠球菌对环境的应激能力。不同的毒力因子在肠球菌的致病性中起着不同的作用,并且很多毒力因子的致病机理现在仍不清楚。

EFSA 在 2014 年制订的用于动物营养的屎肠球菌安全性评价的指南性文件中,提出了屎肠球菌对氨苄青霉素的抗性检测以及相关毒力因子检测方法:①首先对待测菌株进行分子生物学鉴定,如果属于屎肠球菌,则进行接下来的评价。②采用 2 倍梯度稀释的方法,测定氨苄青霉素对该菌的最小抑菌浓度(minimum inhibitory concentration,MIC),同时还要包括阳性对照菌株;测定的方法可以参考欧盟委员会抗菌药物敏感性试验(European Union Committee on Antimicrobial Susceptibility Testing,EUCAST)、美国临床和实验室标准协会(the Clinical and Laboratory Standard Institute,CLSI)制定的需氧菌的稀释法抗菌药物敏感试验和国际标准化组织的标准(International Standardization Organization standard);若 MIC>2 mg/L,则不安全;若 MIC≤2 mg/L,还需要检测与抗生素抗性和毒性有关的 3 个元件:*IS16*、*esp* 和 *hyl-like* gene;如果有条件可以进行全基因组测序,包括染色体和质粒,来检测这 3 个元件。③若 3 个元件都没有检测到,则被认为是安全的,若有 1 个或多个被检测到,则被认为是不安全的。

通过文献检索,我们获得了与屎肠球菌和粪肠球菌相关的其他抗生素抗性和毒力因子相关的基因及 PCR 扩增引物信息,具体见表 1-4。

表 1-4 屎肠球菌和粪肠球菌与抗生素抗性和毒力因子相关的基因引物信息

基因名称	基因描述	引物序列(5′→3′)	退火温度/℃	基因长度/bp	参考文献
IS16	转座子	5′-CATGTTCCACGAACCAGAG-3′ 5′-TCAAAAAGTGGGCTTGGC-3′	52	547	Werner 等,2011
esp	细胞壁有关蛋白;免疫逃避因子生物膜形成相关;心内膜炎和尿路感染	5′-AATTGATTCTTTAGCATCTGG-3′ 5′-AGATTTCATCTTTGATTCTTGG-3′	52	510	Leavis,2003

续表 1-4

基因名称	基因描述	引物序列(5′→3′)	退火温度/℃	基因长度/bp	参考文献
$hyl_{E_{fm}}$	透明质酸酶	5′-GAGTAGAGGAATATC TTAGC -3′ 5′-AGGCTCCAATTCTGT -3′	52	661	Rice 等,2003
esp_{fs}	免疫逃避因子	5′-TTGCTAATGCTAGTCC ACGACC-3′ 5′-GCGTCAACACTTGCAT TGCCGAA-3′	51	933(954)	Eaton 和 Gasson,2001
esp_{fm}	免疫逃避因子	5′-AGATTTCATCTTTGA TTCTTGG-3′ 5′-AATTGATTCTTTAGC ATCTGG-3′	52	510	Eaton 和 Gasson,2002
EF0591	表面蛋白	5′-CGGAAGTATTGCGTT TGGTGGG-3′ 5′-CGTCTGCTTTAATAG ACCCCAG-3′	58	844	Paulsen 等,2003
gelE	明胶酶,水解明胶、血红蛋白、胶原蛋白等生物活性成分	5′-ACCCCGTATCATTGG TTT-3′ 5′-ACGCATTGCTTTTCC ATC-3′	50	419	Eaton 和 Gasson,2001
$efaA_{fs}$	黏附素表面蛋白	5′-GACAGACCCTCACGAA TA-3′ 5′-AGTTCATCATGCTGT AGTA-3′	52	705	Eaton 和 Gasson,2001
$efaA_{fm}$	黏附素表面蛋白	5′-AACAGATCCGCATGA ATA-3′ 5′-CATTTCATCATCTGAT AGTA-3′	52	735	Eaton 和 Gasson,2001
AS	聚集物质	5′-CCAGTAATCAGTCCAG AAACAACC-3 5′-TAGCTTTTTTCATTCT TGTGTTTGTT-3′	55	406	Franz 等,2003

续表 1-4

基因名称	基因描述	引物序列(5′→3′)	退火温度/℃	基因长度/bp	参考文献
agg	毒力表面蛋白	5′-AAGAAAAAGAAGTAG ACCAAC-3′ 5′-AAACGGCAAGACAAG TAAATA-3′	51	1 553	Eaton 和 Gasson，2001
cylA	溶血素激活因子	5′-TGGATGATAGTGATA GGAAGT-3′ 5′-TCTACAGTAAATCTT TCGTCA-3′	51	517	Eaton 和 Gasson，2001
cylA	溶血素激活因子	5′-ATGGATGGGACAGAT GGAAA-3′ 5′-AGCTGCGCTTACTTCT GGAG-3′	54	519	Eaton 和 Gasson，2001
cylB	溶血素转运蛋白	5′-GGAGAATTAGTGTTT AGAGCG-3′ 5′-GCTTCATAACCATTG TTACTATAGAAAC-3′	52	522	Eaton 和 Gasson，2001
*cylB*1	溶血素转运蛋白	5′-ATTCCTACCTATGTT CTGTTA-3′ 5′-AATAAACTCTTCTTT TCCAAC-3′	48	843	Eaton 和 Gasson，2001
*cylL*1	溶血素蛋白	5′-ATGGAAAATTTAAGT GTAG-3′ 5′-TTAACAATGTTTTAA AGAC-3′	53	206	Eaton 和 Gasson，2001
cylM	溶血素修饰因子	5′-CTGATGGAAAGAAGA TAGTAT-3′ 5′-TGAGTTGGTCTGATT ACATTT-3′	51	742	Eaton 和 Gasson，2001

肠球菌能够定植于宿主的组织，并通过产生毒力因子引起宿主的感染(Johnson，1994)。因此，黏附于宿主组织是粪肠球菌致病的先决条件，主要与粪肠球菌的 4 个黏附素相关的毒力因子有关，分别是 AS(质粒编码的聚集物质)、Esp(染色体编码的肠球菌表面蛋白)、Ace(胶原结合蛋白)和 EfaA(心内膜炎抗原)(Franz 等，2003)。心内膜炎抗原在屎肠球菌和粪肠球菌分别有两种不同的基因型，粪肠球菌(*E. faecalis*)中主要是 $efaA_{fs}$，屎肠球菌(*E. faecium*)中主要是 $efaA_{fm}$。

Esp 是一种肠球菌表面蛋白，属于黏附素的一种。Esp 能够有利于肠球菌对宿主细胞的黏附定植，并且有利于肠球菌逃避宿主免疫系统的清除作用，从而逃避宿主的免疫反应（Toledoarana 等，2001）。*esp* 基因也有两种不同的基因型，粪肠球菌的 esp_{fs} 可能与尿路感染有关，其不参与在肠道的定植（Pultz 等，2005）。*esp* 基因有两种基因型（esp_{fs} 和 esp_{fm}）均是在独特的致病性岛编码（Shankar 等，2002），并且多数是在与临床相关的肠球菌类群中检测到（Eaton 和 Gasson，2001；2002）。研究表明，与医院有关的肠球菌类群，通常是 esp^{+}，并且对万古霉素和氨苄青霉素有抗性（Leavis，2003）。

聚集物质（aggregation substance，AS）是存在于粪肠球菌表面的一类有聚集作用的表面蛋白，属于黏附素的一种。*AS* 基因位于肠球菌的信息素应答质粒上，由信息素应答系统调控表达。因而，肠球菌可通过引发信息素应答系统的表达，促进细菌黏附，进而引发感染性疾病。Agg 是一种表面蛋白，根据已有的报道，*agg* 基因只存在于粪肠球菌中与信息素应答相关的质粒上（Eaton 和 Gasson，2001）。粪肠球菌通过表达信息素，进而刺激分泌 Agg，促进粪肠球菌与宿主的结合，并能将质粒上携带的毒力因子和抗生素抗性基因转移给宿主（Dunny，1990）。Agg 也能增强肠球菌对肠和肾上皮细胞的黏附（Kreft 等，1992）。

cyl 基因主要存在于临床分离株中。该基因有 5 种基因型，分别是 *cylM*、*cylB*、*cylA*、$cylL_L$、$cylL_S$，大部分菌株含有其中的 1～4 个基因，很少有菌株同时含有这 5 个基因（Eaton 和 Gasson，2001）。该基因表达的细胞溶素是一种致病因子，据临床报道，含有 *cyl* 基因的粪肠球菌感染的致死率是不含有 *cyl* 基因的粪肠球菌的 5 倍以上（Huycke 等，1991）。

透明质酸酶能协助细菌在组织内播散，是细菌致病的毒力因子之一。肠球菌基因组含有类似肺炎链球菌透明质酸酶的基因，即粪肠球菌透明质酸酶基因（*hyl*）。研究表明，临床分离的粪肠球菌感染菌株的 *hyl* 基因的阳性率明显高于非临床感染菌株，此结果提示 *hyl* 可能是编码粪肠球菌致病的毒力因子之一（孙小平等，2007）。

EF0591 是一种新近发现的表面蛋白，因其与临床分离株密切相关，故推测其在肠球菌致病方面有一定作用。*EF0591* 在人类临床分离株出现的频率比在家畜等临床株中频率高，尽管如此，在家畜体内分离出的 *EF0591* 仍被认为是一个致病的标志。目前国内外对 *EF0591* 的研究较少，对 *EF0591* 的认识只停留在其与临床感染有关的方面（Olsen 等，2012），其在肠球菌致病性中的具体作用还不得而知。

IS16 元件是一种最简单的转座子，仅编码其自身转座所需的酶，临床分离的粪肠球菌中基本都含有此基因，因此常被作为临床粪肠球菌分离株的标记物（Hegstad 等，2010）。*IS16* 对抗生素抗性基因和毒力基因的转移均存在很大的风险。

gelE 和 *fsr* 位于同一个操纵子上，编码丝氨酸蛋白酶（Qin 等，2000）。对与医院感染有关的粪肠球菌的研究表明，无论是 *gelE* 还是 *fsr* 基因都不是引起感染所必需的（Roberts 等，2004）。

综上所述，当检测一株屎肠球菌或者粪肠球菌的毒力因子时，按照表 1-4 提供的引物信息和基因扩增信息对菌株进行 PCR 扩增，其中 *IS16*、*esp* 和 hyl_{efm} 是必须检测的基因，如其检测结果为阳性（只要有一个基因的检测结果为阳性），证明菌株不安全；如果检测结果为阴性，那么判断其他毒力因子的检测结果，但是其他毒力因子的检测结果即使为阳性，也不能说明菌株不安全，还需要结合表型试验（如溶血性）和动物试验的结果来具体判断菌株的安全性。

3. 抗生素抗性的评价方法

细菌抗生素抗性问题目前引起了国内外的广泛关注，成为社会热点问题。大量不同种类的细菌用于食品或饲料的添加或生产，如发酵剂、益生菌等。这些微生物或者微生物的代谢产物最终用于人体和动物，为了避免细菌抗生素抗性基因向人体或动物转移的风险，必须评估这些微生物菌种的抗生素抗性。2002 年，FAO 和 WHO 提出食品中益生菌菌株安全性评价应包括抗生素抗性检测。益生菌基因组中含有抗生素抗性基因若没有转移给其他菌株的可能性，则本身没有安全问题。但是，由于已有研究证实抗生素抗性基因可能在食品和肠道环境中发生转移，因此检验益生菌是否含有抗生素抗性基因是十分必要的，对将被作为益生菌使用的微生物在使用前需要系统地对抗生素抗性基因易感性进行筛选。EFSA 在 2012 年制订的评价人用和饲用微生物抗生素抗性的指南文件中提出所有用于食品或添加剂的细菌必须建立相关菌株对人体和兽医上重要抗生素的敏感性数据。另外，检测需要采用国际认可并标准化的方法。需要测定的抗生素种类包括：氨苄青霉素、万古霉素、庆大霉素、卡那霉素、链霉素、红霉素、克林霉素、四环素、氯霉素，在特定的情况下包括泰乐菌素、阿伯拉霉素、萘啶酸、磺胺类药物以及甲氧苄嘧啶，这些抗生素涵盖了广泛的抗生素种类。为了从敏感菌株中区别耐药菌株，FEEDAP Panel 定义了临界值。临界值的设置是通过研究同一个分类单元（种或属）细菌对不同抗生素抗性的 MIC 值分布而得出。若 MIC 值明显偏离正常敏感菌株的归类为耐药菌株。临界值来源于欧洲抗生素抗性委员会（European Committee on Antimicrobial Susceptibility Testing，EUCAST）大量微生物菌种样本对抗生素敏感试验。

EFSA 在 2012 年制订的评价人用和饲用微生物抗生素抗性的指南文件中提出的具体检测方法如下：①首先对待测菌株进行分子生物学鉴定至种的水平；②采用国际公认 CLSI 标准方法（适用于需氧菌测定）和 ISO 标准方法（适用于双歧杆菌和非肠球乳酸菌的测定）的定量 MIC 测定方法测定菌株对氨苄青霉素、万古霉素、庆大霉素、卡那霉素、链霉素、红霉素、克林霉素、四环素、氯霉素的 MIC 值，其他情况还需要测定菌株对泰乐菌素、阿伯拉霉素、萘啶酸、磺胺类药物以及甲氧苄嘧啶的 MIC 值，并与临界值做比较；定性或半定性的方法是不被接受的；③若 MIC≤临界值，则被认为是安全的，可以被使用；若 MIC＞临界值，则需要对其抗性进行遗传学的分析，来判断是固有抗性还是获得性抗性，若属于内在抗性则可以被使用，若是获得性抗性，还需要检测抗性是通过基因突变还是新增基因来实现，若是基因突变则一般可以被使用，若是新增基因则不能被使用。

如何判断抗生素抗性是固有的还是获得性的，SCAN 在 2003 年提交的评价对人临床和兽医都很有重要意义的微生物的抗生素抗性，提到如下方法来证明抗性属于固有抗性：①属于同种的菌株对该抗生素具有抗性（$n=50\sim100$）；②体外试验证明没有抗性的转移（通过受体细胞和供体细胞的结合试验完成）；③采用 PCR 或者杂交的方法证明不存在外源的已知的抗生素抗性基因；④采用特异性标签探针对染色体上的基因进行定位；EFSA 在 2012 年制订的评价人用和饲用微生物抗生素抗性的指南文件中提出的抗生素抗性检测方法不适用于屎肠球菌对氨苄青霉素的 MIC＞2 的情况，因为 MIC＞2 的屎肠球菌是和医院有关的类群，是被认为不安全的，EFSA 在 2012 年制订的用于动物营养的屎肠球菌安全性评价的指南性文件中提出了屎肠球菌对氨苄青霉素的抗性检测以及相关毒力因子检测，可以按所述方法检测。

综上所述，在评价菌株的抗生素抗性时，先按照EFSA在2012年制订的评价人用和饲用微生物抗生素抗性的指南文件提到的关于芽胞杆菌和屎/粪肠球菌需要测定的抗生素类型及MIC临界值，如表1-5所示。测定受试菌对待测抗生素的MIC值，比较MIC值与临界值，当MIC＜临界值时，受试菌株安全；当MIC＞临界值时，需要检测受试菌与该抗性有关的基因，如果检测到的抗性基因证明是获得性的或者是可转移的，那么受试菌不安全，如果检测到的抗性基因证明是固有的或通过突变获得的，那么受试菌安全。该评价方法具有一些局限性：①现有的抗生素抗性基因的信息有限，很多情况下菌株有表型抗性但是根据已有抗性基因信息未检测到抗性基因；②即使检测到抗性基因，但是无法确定基因是获得性的还是固有的，这种情况下还需要结合其他试验进一步判断菌株的安全性。

表1-5　芽胞杆菌和屎/粪肠球菌需要测定的抗生素类型及MIC临界值

菌株	抗生素类别[a]									
	Amp	Van	Gen	Kan	Str	Ery	Cli	Tet	Cho	Tyl
屎/粪肠球菌	2	4	32	1 024	128	4	4	4	16	4
芽胞杆菌	n. r.[b]	4	4	8	8	4	4	8	8	n. r.

注：a：Amp-氨苄青霉素，Van-万古霉素，Gen-庆大霉素，Kan-卡那霉素，Str-链霉素，Ery-红霉素，Cli-克林霉素，Tet-四环素，Cho-氯霉素，Tyl-泰乐菌素。b：无须检测。

4. 有毒代谢产物的评价方法

益生菌的安全性研究还需要对其产生的毒性代谢产物予以重视。毒性代谢产物包括生物胺、溶血素、肠毒素等，其中溶血素和肠毒素建议归至毒力因子检测指标（Santos，1996；Shalaby，1996）。

生物胺是氨基酸经微生物脱羧作用产生的一类低分子碱性有机化合物，生物胺的种类很多，其中毒性最强的是组胺和酪胺。低剂量的生物胺对机体有着重要的生理作用，但过量摄入则有毒副作用（Santos，1996），生物胺引起的食物中毒往往与服用降血压药物、饮酒、肠胃疾病等密切相关（Shalaby，1996）。另外，当食品中含有亚硝酸盐时，生物胺会与之结合生成致癌物亚硝胺（Scanlan，1983），而发酵食品中的一些微生物菌群具有氨基酸脱羧酶活性，可能产生大量生物胺，存在致癌风险。

检测生物胺的方法有3种：多重PCR法、平板检测法、液体脱羧酶培养基检测法。

多重PCR法就是检测菌株是否携带与生物胺产生相关的基因，目前报道的与生物胺产生相关的基因有4个，分别是*hdc*（histidine decarboxylase，组氨酸脱羧酶）、*agdi*（agmatine deiminase，丁胺脱亚胺酶）、*odc*（ornithine decarboxylase，鸟氨酸脱羧酶）和*tyrdc*（tyrosine decarboxylase，酪氨酸脱羧酶），以菌株的16S rRNA基因为内参基因，对上述4个基因同时进行PCR扩增，可以扩增到16S rRNA基因同时有相应大小的目标基因片段，即认为菌株产生物胺为阳性，否则为阴性（Coton等，2010；Bujnakova等，2014）。

平板检测法是根据产生物胺菌株生长过程中的生理、生化特点，采用选择性培养基对其进行鉴别。基本原理是随着微生物的生长，其产生的有机酸不断积累，培养基的pH降低，产生物胺菌株为了维持自身生长繁殖所必需的pH条件，将环境中的氨基酸代谢成相应的生物胺，使培养基的pH升高。因此，在培养基中加入酸碱指示剂，通过观察培养基颜色的变化情况即可判断菌株是否产生物胺。通常使用溴甲酚紫为指示剂，培养基黄色为阴性，培养基红色或紫色为阳性(Bover-Cid 等,1999)。

液体脱羧酶培养基检测法是将菌株先在含有前体氨基酸的培养基中传 5 代,然后接种于含有指示剂的液体脱羧酶培养基中,经培养后最终的液体脱羧酶培养基变为黄色则为阴性,若变为紫色或红色则为阳性(孟甜等,2010)。

通过对 3 种方法的优劣比较,认为多重 PCR 法和平板检测法均能有效检出具有生物胺代谢能力的芽胞杆菌和乳酸菌。液体脱羧酶培养基检测法可能会由于肉眼辨别不出培养基的颜色变化,而造成假阴性的结果。通过对比研究表明多重 PCR 法是一种操作简单、费用低、无须培养的定性评价待测菌产生物胺能力的有效手段。

针对上述分析和研究可以得出芽胞杆菌和乳酸菌(尤其是屎/粪肠球菌)的体外安全性评价流程,见图 1-1 和图 1-2。

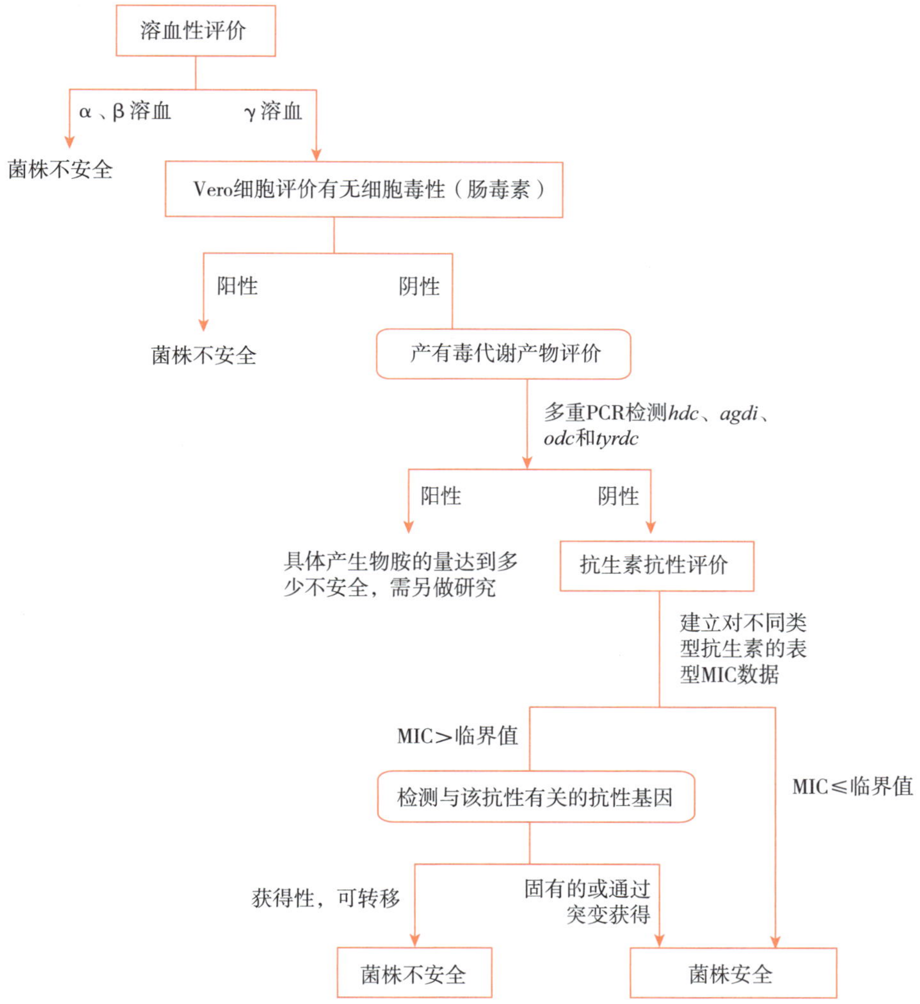

图 1-1 芽胞杆菌体外安全性评价流程

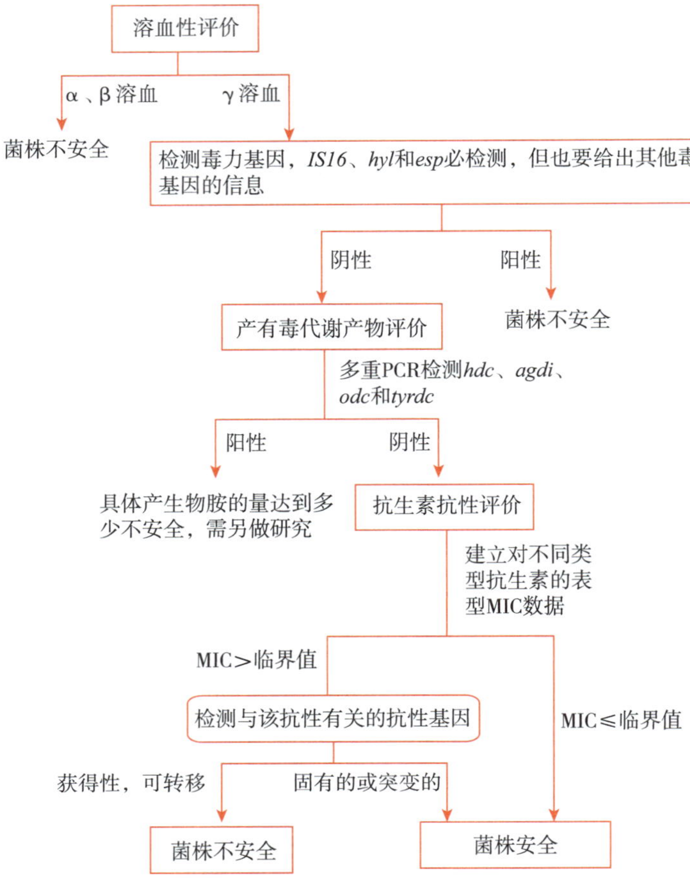

图 1-2　乳酸菌(屎/粪肠球菌)的体外安全性评价流程

1.2.2　体内安全性评价体系及评价技术的建立

越来越多的研究表明，芽胞杆菌和屎/粪肠球菌与临床上的一些疾病有关系，如菌血症(Bayer 等，1978)、不定期心内膜炎和脓肿(Gasser，1994)，而且屎/粪肠球菌的抗生素抗性也要引起足够的重视。虽然不确定芽胞杆菌或屎/粪肠球菌是否是引起这些症状的原因，但是这些观察的结果以及其抗生素抗性也要引起足够的重视，特别是新研究和开发的菌株。尽管益生菌的安全性评价已有几十年的研究历史，但是仍缺少确定的指南或者政策。急性口服毒性试验被认为是评价益生菌最基本的实验，并且也应用到很多安全性评价研究，但是有资质的评价机构并没有将益生菌的评价列入业务范畴，即使做评价，选择的动物是小鼠，针对性差。除此之外，农业部于 2011 年 6 月 17 日颁布了《饲料和饲料添加剂畜禽靶动物耐受性评价试验指南(试行)》(简称《指南》)，旨在评价饲料和饲料添加剂对靶动物的短期毒性，或者受试物的安全范围，由此可见，传统的安全性评价方法没有针对饲用微生物的体内安全性评价标准。通过调研现有的文献报道，可以看出食欲、活跃状态和生长性能也是评价动物健康状态的最普遍使用且敏感的指标(Zhou 等，2000)，同时也能证明菌株是否存在急性毒性或亚急性毒性；宿主肠道黏膜的完整性对宿主发挥免疫作用是必需的(Fuller，1992)。若待测菌株能够破坏宿主的这道免疫屏障，该菌是潜在病原菌。通过组织病理学研究，如黏膜的完整性、黏膜肠上皮细胞的方向和排列方式都可以判断菌株是否为潜在病原菌（Ma 等，1990），此外，对于活性微生物而言，可以将《指南》中的血液学检测改为菌血症的检测，因为细菌易位至血液引起菌血症是肠道内固有条件致病菌发挥致病作用的第一步（Ford 等，1996）。

基于上述分析和大量关于饲用微生物对于猪、肉鸡、蛋鸡的体内作用机理的研究，评价饲用微生物的体内安全性时，对于猪（孙燕等，2011；王永等，2013；魏清甜等，2014；Hanczakowska 等，2016；Chen 等，2016；Liu 等，2017；邓文等，2019；Zong 等，2019；Peet-Schwering 等，2020）和肉鸡（温建新等，2008；李卫芬等，2011；Liu 等，2012；孙小沛等，2013；Cao 等，2013；Zhao 等，2013；Gao 等，2017；Park 等，2017）可以将活跃分数、腹泻分数、生长性能、菌血症、器官指数、组织病理学变化作为评价指标，对于蛋鸡（Lei 等，2013；Abdelqader 等，2013；Park 等，2016；Forte 等，2016；刘松等，2017；Wang 等，2017；）可以将活跃分数、腹泻分数、生产性能、鸡蛋品质、菌血症、器官指数、组织病理学变化作为评价指标。

具体的评价方法主要参考《指南》，除此之外，建议评价饲用微生物的体内安全性的动物试验采用市场推荐剂量的 10 倍和 100 倍作为试验剂量。当靶动物是猪时，活跃分数、腹泻分数、生长性能、器官指数、菌血症、组织病理学 6 个指标中，最有实际意义的应该是生长性能和组织病理学变化，二者相结合基本可以判断出受试菌株是否具有靶动物安全性，如果不便于做解剖，那么通过活跃分数、腹泻分数、生长性能 3 个指标基本可以判断菌株是否安全，菌血症、器官指数和组织病理学的结果一般只有当动物出现严重病症时才会出现显著变化，而器官指数和组织病理学的结果在动物有轻微症状时（通常情况下对照组也会出现轻微症状），不能判断受试菌株具有安全性问题，但是如果菌血症检测结果是阳性，则认为菌株具有安全风险。当靶动物是产蛋鸡时，《指南》中没有明确要求分组中每个重复产蛋鸡的数量，但是根据经验，每个重复最少为 32 只产蛋鸡，试验数据就有统计学意义。活跃分数、腹泻分数、生长性能、蛋品质、器官指数、菌血症、组织病理学 7 个指标中，最有实际意义的是生长性能、器官指数和组织病理学变化，三者结合可以判断出受试菌株是否对产蛋鸡有安全性问题，其余指标可以作为补充参考，不过如果菌血症检测结果出现阳性，那么可以认为菌株具有潜在安全性风险。当靶动物是商品肉鸡时，评价所选的指标与保育猪和产蛋鸡的指标一致，也选择活跃分数、腹泻分数、生长性能、器官指数、菌血症、组织病理学指标，只是器官指数和组织病理学检测时增加了法氏囊，生长性能的比较更注重料肉比和死淘率。同样，这些指标中最有实际意义的是生长性能、器官指数和组织病理学变化，三者结合可以判断出受试菌株是否对商品肉鸡有安全性问题，其余指标可以作为补充参考，但是如果菌血症检测结果为阳性，则认为菌株具有潜在安全性风险。针对目前国内商品肉鸡的实际饲喂情况，大部分为网上平养，很少为多层笼养，所以试验分组时很难做重复，只能以一整栋鸡舍的鸡群作为一个处理组，这种鸡群的数量往往能达到 5 000 只以上，符合统计学要求，如果采用笼养方式做试验，只能自建实验鸡舍，少批量试验，即使这样，也建议每个重复至少 100 只肉鸡。

经过上述动物试验后，评价结果的判定标准：试验组与对照组相比在活跃分数、腹泻分数、生长性能、蛋品质和器官指数指标上均没有显著性差异；饲喂的菌株在受试动物体内没有发生易位（无菌血症）；组织切片无明显病理学变化，或者如果机体无明显症状，组织切片显示轻微病理学变化，则都认为菌株安全（图 1-3）。

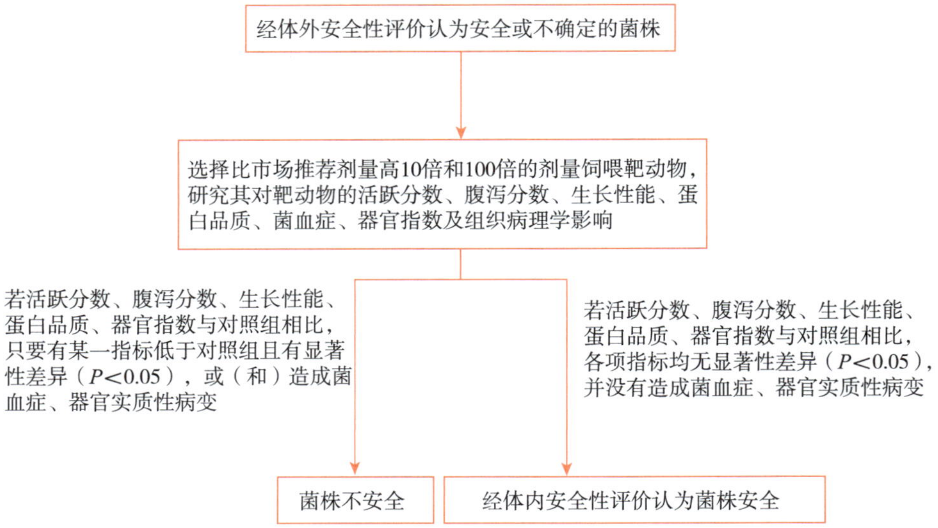

图 1-3　饲用微生物的体内安全性评价流程

1.2.3　体外有效性评价体系及评价技术的建立

根据文献报道和目前饲用微生物实际应用需求的分析，确定了饲用微生物体外有效性评价的指标体系，包括耐人工胃肠液、对肠上皮细胞的黏附性和抑菌活性评价（表 1-3）。下面介绍一下 3 个指标的评价技术的建立。

1. 耐人工胃肠液的评价技术

虽然鸡和猪在解剖学和生理学上有所差异，但经口进入消化道的益生菌都必须耐受消化道中强酸性胃液、高浓度胆盐及大量有抗菌活性的胃蛋白酶和胰蛋白酶，才能抵达肠道的特定部位定植并发挥有益作用。胃液中的胃蛋白酶和肠液中的胰蛋白酶是益生菌通过消化道的一道屏障，采用模拟胃液和肠液能更好地模拟胃肠道环境，对评价益生菌的有效性是必需的。目前对于试验用胃肠液的制备方法各不相同，有的直接选择禽胃液或猪胃液（Lin 等，2007），有的使用以胃蛋白酶和胰蛋白酶制备的模拟胃肠液（Pieniz 等，2014；Feng 等，2017）。考虑到直接选择禽胃肠液或猪胃肠液，受试验条件和操作者的影响较大，无法标准化，造成结果不稳定，因此从操作的简单性、准确性和标准化方面，建议选择人工胃肠液进行评价。

人工胃肠液的制备方法为选择用胃蛋白酶或胰蛋白酶配制模拟胃肠液，不同研究者选择的人工胃肠液配方不同，差异主要是缓冲液类型的不同（Hacin 等，2008；Chaiyawan 等，2010；Tulini 等，2013；陈明等，2013；Pieniz 等，2014），通过研究胃蛋白酶和胰蛋白酶在不同缓冲液中的酶活，选择胃蛋白酶和胰蛋白酶活性最高的缓冲液作为模拟胃肠液的缓冲液体系。

测定饲用微生物耐受人工胃肠液的方法有两种：一是单独测定耐胃液或耐肠液（陈明等，2013），二是耐胃液和肠液的顺序测定（Hacin 等，2008）。通过比较研究发现，如果仅仅评价菌株的耐受胃肠液能力，建议采用顺序测定的方法，因为菌株进入动物体内先经过胃液，然后进入肠液，顺序测定更能模拟菌株在体内的情况，只是在选择胃液 pH 时可以根据不同靶动物有所区别，但是如果将 pH 选为 2 时，菌株的存活率就很高，可以认为菌株的耐受能力很强，不必再做其他 pH；如果评价菌株的耐酸能力和耐胆盐能力，那么建议采用单独测定的方法，因为采用不同 pH 的人工胃液可以同时评价菌株的耐酸性和耐人工胃液能力，采用不同浓度胆盐的人工肠液可以同时评价菌株的耐胆盐和耐人工肠液能力。目前的评价方法只适合比较多株菌对人工胃肠液耐受性的差异，对于单株菌耐受人工胃肠液能力的大小目前还无统一的标准。另外，处理数据时，将活菌数换算成 lg 值进行计算和比较，更直观，差异更明显。

2. 对肠上皮细胞的黏附性的评价技术

饲用微生物在动物胃肠道黏膜上的黏附性是筛选益生菌的又一常用标准，因为它直接影响到待测菌株在胃肠道的定植和持久存在。益生菌与入侵的病原菌共同竞争在肠上皮细胞的结合位点，并且以菌株特异性的方式在黏膜表层稳定存在。

目前对胃肠黏膜的黏附性测定方法主要有两大类：一是测定微生物细胞对小肠上皮细胞的黏附性（Martín 等，2006；Anderson 等，2010；Chaiyawan 等，2010；Messaoudi 等，2012；Jung 等，2012；Kumar 等，2015），二是采用胃黏蛋白模拟法测定黏附性（Collado 等，2007；Gu 等，2015）。目前研究采用较多的是对小肠上皮细胞的黏附性，该方法又分为悬浮法和贴壁法。贴壁法又分为染色观察计算黏附率（Martín 等，2006）、化学试剂（Triton X-100）（Messaoudi 等，2012；Anderson 等，2010；Jung 等，2012）和胰酶处理（Leite 等，2015）及机械处理（Chaiyawan 等，2010；Kumar 等，2015）测定活菌数。对以上方法比较研究，得出如下结论：悬浮法结果的判定对操作者制备细胞涂片的技术要求较高（既要保证不脱片，又不能使细胞破裂）；贴壁法中的染色观察计算黏附率的方法需要对黏附在肠上皮细胞上的菌进行显微镜观察计数，操作者的主观性较大，误差也较大；机械处理测定活菌数的方法，存在不同操作者刮取的力度和刮取的次数不同，并且也不能保证将黏附在细胞上的菌全部刮取下来；而化学试剂处理测定活菌数的方法能够解决上述问题，因此建议选择贴壁法中的化学试剂处理测定活菌数的方法；通过研究不同菌株表明，采用 Triton X-100 或胰酶处理，测定的黏附率无显著性差异（$P>0.05$），从操作的简便性考虑，建议选择胰酶处理。之所以没有建议选择胃黏蛋白模拟法，主要考虑到益生菌进入消化道后，在胃里的停留时间较短，最终定植的部位应该是肠道，所以益生菌在胃里的行为主要考虑其是否能够耐受胃液，从而进入小肠，至于是否可以在胃里定植，不作为重点评价指标，故未采用此方法。

据报道，研究待测菌株黏附性选择的供试细胞有 HeLa（Kaewnopparat 等，2013）、HT-29（Jung 等，2012；Kaewnopparat 等，2013）、Caco-2（Martín 等，2006；Anderson 等，2010；Chaiyawan 等，2010；Messaoudi 等，2012；Jung 等，2012；Kaewnopparat 等，2013）、鸡小肠上皮细胞（Annika 等，1983；Lin 等，2007）和猪小肠上皮细胞（Annika 等，1983；Lin 等，2007），因此，实际测定时根据评价的靶动物种类选择供试细胞，如果没有合适的供试细胞可以选择 HeLa、HT-29、Caco-2 等常规细胞系做评价。

目前报道的黏附性数据大都是以活菌数或者黏附率来表示，其中黏附率的计算采用活菌数取 lg 值后再计算，具体活菌数或黏附率在什么范围说明菌株在靶动物的肠上皮细胞上黏附还无定论，只能比较不同菌株之间的黏附率差异。

3. 抑菌活性的评价技术

人和动物的肠道存在着各种各样的病原菌，益生菌对胃肠道固有病原菌的抑菌特性是一个重要的评价指标，因此，FAO/WHO 在 2002 年制订的《食品益生菌评价指南》中提出益生菌代谢产物要有有效的抑菌活性。目前研究者测定益生菌抑菌活性选择的病原指示菌有铜绿假单胞菌（叶倩等，2013）、大肠杆菌（Lin 等，2007；叶倩等，2013；Ren 等，2014）、金黄色葡萄球菌

(Lin 等,2007;叶倩等,2013;Ren 等,2014;Anandharaj 等,2015)、肺炎克雷伯菌(Ren 等,2014;Anandharaj 等,2015)、沙门氏菌(Lin 等,2007;叶倩等,2013;Ren 等,2014)、白色念珠菌(叶倩等,2013;Anandharaj 等,2015)和志贺氏菌(Lin 等,2007;叶倩等,2013)等。由于饲用微生态制剂主要抑制胃肠道病原菌的生长,进而调节肠道菌群,因此,对于检测饲用微生物抑菌活性的病原菌建议选择针对靶动物的胃肠道病原菌。针对猪的胃肠道病原菌有猪大肠杆菌(程桂林等,2009)、猪副伤寒沙门氏菌(代飞燕等,2005)、小肠结肠炎耶尔森菌(叶倩等,2013)、空肠弯曲菌(张婷婷等,2017)、产单核细胞李氏杆菌(Garcia 等,2004)和艰难梭菌(陈大卫等,2017);针对鸡的肠道病原菌有鸡大肠杆菌(程桂林等,2009)、鸡沙门氏菌(程桂林等,2009)、小肠结肠炎耶尔森菌(叶倩等,2013)、空肠弯曲菌(张婷婷等,2017)、产单核细胞李氏杆菌(Garcia 等,2004)和艰难梭菌(陈大卫等,2017)。

目前,抑菌活性测定的方法种类很多,包括琼脂扩散法[又分为单层(刘晓岩等,2000)和双层琼脂法(宛立等,2006)、打孔法(Anushree 等,2013;Ren 等,2014)和牛津杯法(Lin 等,2007;Anandharaj 等,2014;Anandharaj 等,2015;Yang 等,2018)]、滤纸片法(麦热姆妮萨·艾麦尔等,2012;叶倩等,2013)和挖块法(周家惠等,1984)。从操作的稳定性、方便性和检测的灵敏性考虑,建议选择挖块法和双层打孔法。若指示菌为好氧菌选择挖块法评价;若指示菌为厌氧菌选择双层打孔法评价。在判定结果时,可以规定:挖块法的抑菌圈直径≥9.5 mm 认为有抑菌活性;双层打孔法测定的抑菌圈直径≥10 mm 认为有抑菌活性。

针对上述分析和研究可以得出芽胞杆菌和乳酸菌(尤其是屎/粪肠球菌)的体外有效性评价流程,见图 1-4。

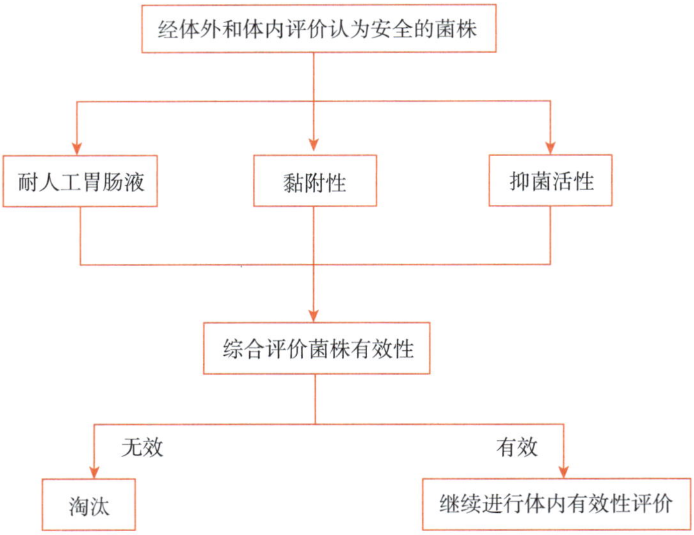

图 1-4 芽胞杆菌和乳酸菌(尤其是屎/粪肠球菌)体外有效性评价流程

1.2.4 体内有效性评价体系及评价技术的建立

到目前为止,世界各国尚无评价饲用微生物有效性的相关体系与标准。我国农业部于 2011 年 6 月 17 日颁布的《饲料和饲料添加剂畜禽靶动物有效性评价试验指南(试行)》,于 2015 年升级为国家标准化指导性技术文件《饲料原料和饲料添加剂畜禽靶动物有效性评价试验技术指南》(GB/Z 31813—2015)。使用饲用微生物体外有效性评价技术评价饲用微生态制剂产品的质量具有简单、耗时少等优点,但是体外有效性评价的结果是否可以真实反映饲用微生物在体内的有效性还没有定论。因此,建立饲用微生物针对靶动物的体内有效性评价技术是必要的,同时可以分析体内有效性评价结果与体外有效性评价结果的对应性。

通过大量文献调研,目前研究者对饲用微生物的体内有效性评价指标主要如下:生长性能(文静等,2011;华均超等,2012;王永等,2013;Zhang 等,2015;Song 等,2016;Hanczakowska 等,2016)、蛋鸡生产性能(周泉勇等,2013;郑春芳和于桂阳;2016;刘松等,2017)、腹泻分数(Chang 等,2001;华均超等,2012;Dowarah 等,2016)、对各肠段及粪便 pH 与微生物菌群的影响(景翠等,2012;Forte 等,2016;Guo 等,2016;He 等,2017;Li 等,2017;)、对血液生化指标的影响(Zhang 等,2015;Song 等,2016)、对免疫能力的影响(李卫芬等,2011;Song 等,2016;Wang 等,2017)、对小肠绒毛发育和养分吸收的影响(Hanczakowska 等,2016;Liu 等,2017)、抗病原菌感染(Chen 等,2016)、对肉品质的影响(Liu 等,2012;呼红梅等,2017)(主要是猪和肉鸡)和对蛋品质影响(Chang 等,2001;周泉勇等,2013;裴跃明等,2016;刘松等,2017)(主要针对产蛋鸡的评价)等。综合分析上述已报道的各项评价指标,并通过饲喂验证试验的研究,血液生化指标和免疫活性指标看上去似乎与有效性相关,但是这些指标的影响因素众多,不能作为饲用微生物有效性的直接评价指标;对小肠养分吸收的检测不易操作,结果稳定性不强,故没有作为评价指标;对肉品质的影响也受到众多因素影响,无法作为饲用微生物有效性的直接评价指标,因此,评价饲用微生物针对不同靶动物的体内有效性的评价指标可以为生长性能(蛋鸡:生产性能)、腹泻分数、死淘率(商品肉鸡)、鸡蛋品质(产蛋鸡)、粪便样品微生物菌群的变化(该指标也直接反映应了饲用微生物对胃肠液的耐受性,只有顺利通过胃肠道才能在粪便中排出活菌,以及是否可以抑制肠道中的条件致病菌)、小肠组织形态发育变化(绒毛高度、隐窝深度和黏膜厚度)、各肠段微生物菌群的变化等方面进行评价。具体的评价方法主要参考《指南》。饲用微生物针对靶动物的体内有效性评价流程见图 1-5。

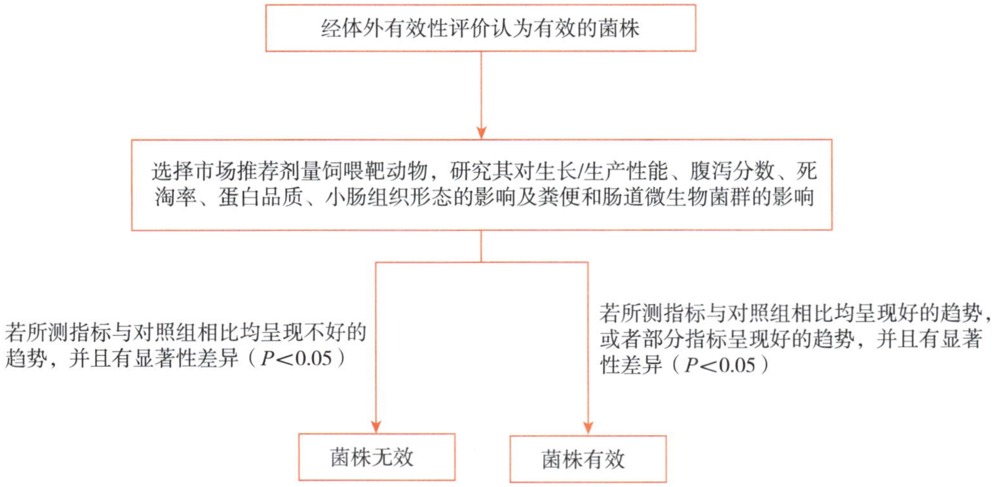

图 1-5 饲用微生物针对靶动物的体内有效性评价流程

1.2.5 饲用微生物添加剂产品的稳定性评价技术的建立

2008 年 12 月 30 日农业部发布了《饲料添加剂稳定性试验指南(试行)》,其中将饲料添加剂产品分为Ⅰ、Ⅱ两类。Ⅰ类产品包括:①利用微生物发酵、化学和物理方法直接生产的饲料添加剂产品;②在原料生产工艺中同时得到两种或两种以上混合成分的产品,如维生素 A/D_3;③在单一微生物发酵工艺中同时产生两种或两种以上的酶,经加工生产的稳定的复合酶制剂;④在单一培养工艺中可共同生长的两种或两种以上微生物菌种,经加工生产的稳定的复合微生物制剂。Ⅱ类产品包括:①通过改变饲料添加剂(Ⅰ类)产品浓度而生成的饲料添加剂产品;②将饲料级氨基酸、酶制剂、微生物添加剂、抗氧化剂、防腐剂、电解质平衡剂、着色剂、调味剂或香料等同一类多品种饲料添加剂混合配制的饲料添加剂产品;③通过对饲料添加剂(Ⅰ类)产品进行精制、脱水、包被等工艺处理而生成的饲料添加剂产品。饲用微生物添加剂产品属于Ⅰ类产品,这类产品在稳定性评价方面关注的是产品的微生物效价即活菌数的稳定性。产品的稳定性主要体现在饲用微生物制剂在运输、贮存和参与饲料加工过程中活菌数是否可以保持稳定,即微生物的活性是否可以保持稳定。

许多文献对于益生菌类活菌产品的稳定性评价主要集中在贮存稳定性,贮存温度集中于 4 ℃、室温(23 ℃/25 ℃)、30 ℃,贮存时间为 3~6 个月(Wirunpan 等,2016;Schell 和 Beermann,2014;陈凯等,2011),评价的指标主要是活菌数,检测方法主要为 10 倍梯度稀释倾注法或者 10 倍梯度稀释涂布法,这种方法根据检测的菌种不同可以参考不同的国家标准,包括《食品安全国家标准　食品微生物学检验　乳酸菌检验》(GB 4789.35—2016)、《饲料中嗜酸杆菌的微生物学检验》(GB/T 20191—2006)、《饲料中蜡样芽胞杆菌的检测》(GB/T 26427—2010)、《饲用微生物制剂中枯草芽胞杆菌的检测》(GB/T 26428—2010)和《饲料中细菌总数的测定》(GB/T 13093—2006)等。已有的文献报道中很少有关注饲用微生物添加剂尤其是乳酸菌类制剂产品参与饲料加工,主要是参与饲料高温制粒加工后活菌数变化情况的研究(张艳萍等,2016)。

参考《饲料添加剂稳定性试验指南(试行)》和相关文献,提出了饲用微生物添加剂产品及加入配合饲料后贮存稳定性和高温制粒稳定性的评价方法。

1. 室温贮存稳定性评价的加速实验方法

将活菌制剂样品放置到 38 ℃恒温烘箱中,放置前测定样品活菌数计为初始活菌数,分别于放置 1 周、2 周和 3 周时称取 25 g 样品测定活菌数,每次 3 个平行。贮藏存活率=贮藏后活菌数/初始活菌数×100%。样品在 38 ℃恒温烘箱中贮存 1 周、2 周和 3 周时可分别模拟常温贮藏 1 个月、3 个月和 6 个月存活率。含活菌制剂的全价配合饲料、浓缩饲料、预混合饲料样品,也可参照上述方法测定。

2. 室温贮存稳定性评价的长期实验方法

将活菌制剂样品放置到恒温(25 ℃)培养箱中贮藏,放置前测定样品活菌数计为初始活菌数,贮藏 3、6 个月时再次检测活菌数。存活率=贮藏后活菌数/初始活菌数×100%。其他时间(如 1、2、4、5 个月时)常温贮存有效活菌数也可照此检测。此外,为了考察产品上市后在实际使用过程中的贮存稳定性,将活菌制剂样品放置到不受人为温度控制的室内贮存环境中,检测及计算等同恒温贮藏。含活菌制剂的全价配合饲料、浓缩饲料、预混合饲料样品,也可参照上述方法测定。

3. 饲料高温制粒稳定性评价的实验室快速模拟方法

(1)85 ℃干热水浴法　称取活菌制剂产品 25 g 放置到干燥离心管或者三角瓶中，盖好盖子，避免水蒸气进入，放置到 85 ℃水浴锅中水浴 10 min，分别测定加热前后样品活菌数，存活率＝加热后活菌数/加热前活菌数×100%。

(2)85 ℃湿热水浴法　在饲料高温调制制粒过程中由于通入蒸汽会使饲料调制后的含水量达到 16%～17%，故上述模拟方法中还可以在加热前用喷壶向菌粉中喷入 4.25 g 蒸馏水，搅拌均匀，盖好盖子，放置到 85 ℃水浴锅中水浴 10 min，分别测定加热前后样品活菌数。存活率计算同上。

(3)制粒机(无高温调制型)直接制粒法　向含有活菌制剂的全价饲料样品中加入 8%的自来水，搅拌均匀后，利用小型颗粒饲料机(无高温调制型)制粒，检测制粒前后饲料中活菌数，存活率＝制粒后活菌数/制粒前活菌数×100%。制粒前、后的样品需要用低温粉碎机粉碎后检测活菌数，以不加菌的全价饲料作为对照，每个样品做 3 个平行。由于颗粒饲料机在制粒过程中可以产热，温度能达到 60～70 ℃，所以试验时，先做不加菌的全价饲料，待制粒温度升高后，再开始做含有活菌制剂的全价饲料，从而模拟饲料厂的高温制粒过程。

4. 饲料高温制粒稳定性评价的工厂规模实验方法

将活菌制剂逐级与饲料混匀，利用饲料厂制粒机进行调制、制粒，调质器内试验饲料的出仓温度应达到 85 ℃±5 ℃，调质后饲料的水分含量在 16%～17%，经制粒机挤压、切割制成颗粒，于冷却器下取样，在制粒过程中记录所用压模孔径和模孔的长径比、出压模颗粒饲料的温度，检测制粒前后饲料中活菌数，存活率＝制粒后活菌数/制粒前活菌数×100%。制粒前、后的样品需要用低温粉碎机粉碎后检测活菌数，以不加菌的全价饲料作为对照，每个样品做 3 个平行。需要注意的是，大型饲料厂生产流程变化快、不间断，取样容易产生误差，应该在每日开机的前 2 批加入活菌制剂产品，搅拌均匀，制粒前和制粒后均需要多点采样，制粒前取样如果没有取到混合均匀的样品，可用添加量计算制粒前样品的活菌数。如果是高浓度乳酸菌产品进行制粒试验，尤其是颗粒型产品，应加大采样量，避免采集到不含菌产品。

1.3 益生菌生产技术

1.3.1 益生菌的发酵工艺

1. 大罐液体发酵前准备

1)发酵原料的选取及预处理

随着某些微生物酶的开发、利用以及新型菌种的选用和制备，可利用的发酵原料种类也在增加。不能直接被微生物利用的原料，还要进行粉碎、蒸煮、水解等预处理(李彬，2003)。

2)发酵过程的准备

分三步进行，首先对发酵培养基进行高压灭菌，主要目的是除去原料中的杂菌，这是发酵成功的关键。其次，对目标菌株进行制种培养，经多级扩培后，将种子液接种到灭菌并已冷却的发酵培养基中。

3)发酵过程

由于不同微生物对生长条件有不同的要求，在发酵过程中应根据目标菌种的生长代谢特性选择不同的发酵条件控制方式进行发酵。

2. 传统液体发酵工艺

1)生物反应器(搅拌式、气升式等)

生物反应器是指以活细胞或酶为生物催化剂为进行细胞增殖或生化反应提供适宜环境的设备(高贤申,2020)。微生物反应器是生产中最基本也是最主要的设备,其作用就是按照发酵工艺要求,控制各种生化反应条件,如温度、压力、供氧量、密封防漏、防止染菌等,促进微生物的生长和新陈代谢,使之能在低消耗下获得较高的产量(肖程文和刘玲莉,2014)。一般来说,生物反应器的容积越大,其生产效率就越高。目前,生物反应器主要包括搅拌釜反应器、气泡注式反应器和气升式反应器三种基本类型(肖程文和刘玲莉,2014)。

2)发酵方式

微生物发酵是一个错综复杂的过程,尤其是大规模工业发酵,要达到预定目标,更是需要研究开发各式各样的发酵技术,发酵的方式就是最重要的发酵技术之一。按发酵方式通常可以进行如下分类:按培养基的相态分为液态发酵和固态发酵;按发酵工艺过程的连续性分为分批发酵和连续发酵;按菌种是否被固定在载体上分为游离发酵和固定化发酵;按菌种的种类分为单菌纯种发酵和混菌发酵。

实际上在工业生产中,都是将各种发酵方式结合进行的,这取决于菌种特性、原料特点、产物性状、设备状况、技术可行性、成本核算等。下面简要介绍几种常见的发酵方式。

(1)罐批发酵　也叫分批发酵,指向灭菌的培养基中接种相应的微生物,在发酵过程中不再补充任何物料,直到发酵结束。罐批发酵是传统的发酵培养方式,其生产是间歇进行的。每进行一次培养都要经过装料、灭菌、接种、发酵、放料等一系列过程。因此,非生产时间长,使得发酵产品的成本较高。

(2)分批补料发酵　指在发酵罐发酵期间将糖、氮或其他底物以受控制的速度流加入罐内的发酵技术。该技术可以有效地减少发酵过程中培养基黏度升高引起的传质效率降低,降解物的阻遏和产物的反馈抑制,很好地控制代谢方向,延长产物合成期和增加代谢物积累。谢晓阳等(2011)以短乳杆菌 BS2 为研究对象,根据已优化的培养条件,使用 15 L 发酵罐进行分批补料发酵试验,γ-氨基丁酸(GABA)产量在 104 h 达到 33 g/L 以上。

(3)混菌发酵　指多种微生物混合在一起共用一种培养基进行发酵,也称为混合培养。混合发酵过程中不同菌种的种类和数量的变化都是不可控的,人们主要是通过培养基的组成和发酵条件来控制,达到生产目的。主要特点是充分利用培养基、设备、人员和时间,可以在共同的发酵容器中经过同一工艺过程,提高所需产品的质和量,并且可以获得一些独特的产品,最重要的是混合的多种菌种,增加了发酵中许多基因的功能,通过不同代谢能力的组合,完成单个菌种难以完成的复杂代谢作用,可以代替发酵中某些基因工程菌来进行复杂的多种代谢反应,或促进生长代谢,提高生产效率。刘学云等(2018)通过对嗜热链球菌、嗜酸乳杆菌、干酪乳杆菌 3 种乳酸菌之间相互作用及混合发酵条件优化的研究,发现代谢产物与菌种间的协同关系,且得到一套最优混合发酵条件,经混合发酵最终获得的活菌数高达 2.5×10^9 CFU/mL。朱玉昌和周大寨(2005)从市售酸牛奶和自制酸泡菜中分离筛选出嗜酸乳杆菌和短乳杆菌各一株,确定菌种的比例,通过对生产条件进行初步摸索,以鲜豆奶为主要原料,采用两株菌 1∶1 接种混合液态发酵,生产出色、香、味俱佳,不含任何防腐剂的纯天然酸豆奶新产品,为工业化生产乳酸菌发酵酸豆奶提供技术依据。叶日英(1998)以海带为主要原料,用保加利亚乳杆菌和嗜热链球菌混菌发酵，成品饮料口感细腻，香味浓郁，适口性增强。

3. 微胶囊技术

1）定义

采用一些特殊的方法，以某些天然或人工合成的高分子材料作为壁材，将液体、固体或气体包埋，形成微型胶囊，这种胶囊能够很好地包裹内部物质，达到保护和控释的目的，这种过程称为微胶囊化（microencapsulation）。微生物微胶囊技术分为发酵前包被（pre-encapsulated）、发酵后包被（pro-encapsulated）和混合包被。微型胶囊将内部的物质与外界的不利环境相隔离，这样可以避免受到环境的影响，以达到保持内部物质稳定的效果。微胶囊化时，被包埋在内部的物质通常称为微胶囊的芯材，而用来包覆的外部材料称为微胶囊的壁材或囊材。芯材不仅可以由单一物质组成，还可以是多种物质共同组成，有单核、多核甚至是复合微胶囊。囊壁的结构也是有多种形式，有单层、双层甚至多层。

王婷婷等（2009）研究的微囊化屎肠球菌活菌制剂的发酵前包被制备工艺简单、产品形态较好、抗逆性强、稳定性高，且具有较高的包埋率，可以作为饲用高活性微生态制剂应用于生产实际。

魏衎等（2011）研究发现饲粮中添加乳酸乳球菌发酵前包被微胶囊可以显著提高肉仔鸡的平均日增重，降低料重比，增强其免疫功能。

梁新晓等（2014）经工艺优化制备的发酵前包被益生菌微胶囊，二次发酵中益生菌增殖密度较未包被的有明显提高，也能显著改善益生菌抗高温高湿、模拟胃肠液的能力。

2）益生菌微胶囊化的常用方法

（1）挤压法　选择合适的壁材，将芯材与壁材溶液混合均匀，利用注射器针头或喷嘴将混合好的溶液滴入或喷入硬化剂中，发生交联反应，形成微胶囊的方法称为挤压法。这种方法在制备微胶囊的整个过程中，操作简单，条件温和，适合用于包埋热敏性物质，常用于益生菌尤其是乳酸菌的包埋。挤压法制备微胶囊粒径的大小和形状与针头或喷嘴口的直径及下落距离有关，成为影响产品粒度的关键因素。

（2）喷雾干燥法　喷雾干燥是将芯材分散于壁材溶液中，形成乳浊液或者悬浮液，然后利用雾化装置，在干燥的热空气中将形成的乳浊液或悬浮液雾化喷出，溶解壁材的溶剂在热气流作用下蒸发，使壁材形成一种网状膜结构包覆在芯材外部，得到微胶囊。喷雾干燥设备简单，便于操作，是应用广泛且实用性较强的一种方法。这种制备微胶囊的方法也可用于耐热益生菌的包埋，原因是喷雾干燥法制备微胶囊需要热气流的作用，较高的温度会对菌体造成伤害，使得菌体的存活率下降。

（3）乳化法　乳化法是将芯材均匀地分散于壁材溶液中，进而形成微胶囊。这种制备方法操作过程容易，设备简单，容易控制乳化量的比例，所制备的微胶囊粒径小。乳化时间和菌体特性是影响乳化法制备微胶囊的影响因素，该方法制备的微胶囊的粒径在 20 μm 至 2 mm 之间。

（4）复凝聚法　复凝聚法是以两种或者多种具有相反电荷的聚合电解质作为壁材，把芯材分散其中，在这个过程中改变 pH 来影响多聚物的形成，使相反电荷间发生静电反应，形成微胶囊。复凝聚法的制备条件比较温和，主要用于包埋油类物质，也可用于包埋益生菌。

4. 高密度发酵技术

1）高细胞密度发酵概述

微生物的高细胞密度培养技术（high cell density culture，HCDC）是指微生物在液体培养基质中的细胞密度超过常规培养 10 倍以上的生产状态，从而达到提高发酵密度的目的(熊晓辉等，2004)。微生物高密度培养具有发酵周期短、生产效率高、成本低等优点，已成为发酵工程领域的研究重点。益生菌高密度培养是制备高活性益生菌发酵剂的核心技术，也是生产高活菌数益生菌发酵乳的基础。高密度培养可减少发酵剂的使用量，缩短整个生产周期，降低生产成本。为达到高密度培养的目的，需要优化菌体培养的每一步培养条件以及培养的基质。

2)微生物的高密度发酵及其影响因素

影响微生物高密度培养的主要因素是培养过程中底物和产物对菌体生长的影响，具体表现在高浓度培养基和代谢产物或副产物的积累对菌体的抑制作用。另外，培养过程的外界条件与菌体的浓缩与干燥方式等均对最终菌体的密度有很大影响。目前研究主要集中在培养基的优化、培养条件的控制、代谢产物或副产物的调控及高密度培养途径的选择上。

3)高密度发酵的控制策略

要获得高密度的细胞培养物必须对乳酸菌进行浓缩培养。浓缩培养的基本原理是在乳酸菌培养过程中，通过追加营养物质、排除代谢产物、调节 pH 等措施，解除代谢产物对细胞的抑制作用，延长乳酸菌的对数生长期，从而获得高密度的细胞培养物。目前，国内外主要采用缓冲盐法、化学中和法、膜渗透法和细胞循环培养法达到高密度培养的目的。

(1)缓冲盐法　由于乳酸菌在生长过程中产生大量的乳酸，导致培养液的 pH 不断下降，向培养液中加入适当的缓冲物质，能够减缓 pH 下降，能有效地促进菌体进一步增殖，可使菌体含量达到 10^9 CFU/mL 以上。常用的缓冲物质有磷酸盐和碳酸钙等。

(2)化学中和法　这是目前应用最广泛的方法，在乳酸菌培养过程中，添加中和剂不断中和乳酸菌代谢产生的乳酸，能够促进乳酸菌大量增殖。常用的中和剂有 NaOH、氨水、氢氧化钙、碳酸钠等。

(3)膜渗析法　膜渗析法是利用膜的选择性将培养液与新鲜营养液进行成分交换，使培养液中的乳酸部分渗出，新鲜营养液中的成分渗入培养液中，从而维持乳酸菌正常的生长繁殖。但该方法对膜材料和操作技术要求高，设备投资较大，并且在培养过程中容易感染噬菌体，在工业上应用并不广泛。

(4)细胞循环培养法　细胞循环培养是利用细胞循环生物反应器，在发酵过程中通过切向流或中空纤维过滤器从发酵液中分离细胞，然后细胞返回反应器，无细胞上清液以给定速率连续转移，同时代之以新鲜培养基，利用这种循环方式可使细胞停留在反应器中，而毒性产物和胞外产物则不断移除，从而延迟或防止对细胞的反馈抑制(李寅等，2006)。

5.益生菌的固体发酵技术

固体发酵是指微生物在没有或基本没有游离水的固态基质上生长的发酵方式。从生物反应过程的本质考虑，固体发酵是以气相为连续相的生物反应过程。固体发酵具有操作简便、能耗低、发酵过程容易控制、对无菌要求相对较低、不易发生大面积污染等优点。根据发酵所用微生物的种类分为好氧发酵、厌氧发酵和兼性厌氧发酵三大类。固体发酵技术主要应用于食品加工及酿造工艺中，目前也大规模应用于畜牧水产领域，主要应用于发酵豆粕、发酵棉粕、发酵中草药等生物饲料生产中。

固体发酵的成败主要取决于发酵菌株，适合进行固体发酵的饲用益生菌包括以下四类：芽胞杆菌、乳酸菌、霉菌和酵母菌。大多数情况下固体发酵采用混菌发酵方式。通过优化混合菌株的最适发酵培养基的配方、发酵温度、初始 pH、接种量、菌种配比等发酵参数，研究发酵产物的种类和相关酶的活性。选出最优固体发酵培养基配方及最适发酵条件，进而得出优质的固体发酵产品。然后通过动物试验验证产品功效，最终得出固体发酵产品及有实用价值的固体发酵副产物。

近几年的研究成果发现混合菌株固体发酵在水产养殖方面的应用也有了新的进展。其中产朊假丝酵母和植物乳杆菌组成的水产微生态制剂的混合发酵技术及发酵产物对水质净化有明显效果，在优化的条件下混合发酵，植物乳杆菌和产朊假丝酵母液体发酵的最高活菌浓度分别达 6.70×10^{9}、2.00×10^{7} CFU/mL，固体发酵的最高活菌浓度分别达 1.64×10^{10}、1.65×10^{8} CFU/g 湿培养基。固体和液体菌剂对模拟水体中 45.0 mg/L 亚硝态氮去除率分别为 100%和 89.8%（谢凤行等，2019）。研究沸石粉、麦饭石、番茄汁、菊粉对提高植物乳杆菌固体发酵终点益生菌数量的影响试验结果表明，在复合生长因子番茄汁和菊粉添加量分别为 1%、0.5%时，终点植物乳杆菌的活菌数量最高为 1.37×10^{8} CFU/g，实现了植物乳杆菌固体发酵的高密度培养（邴狄祥等，2020）。

目前芽胞杆菌固体发酵比较成熟，比较成功的有地衣芽胞杆菌（*Bacillus licheniformis*）BD79 固体发酵，得到的最优发酵培养基为（每千克固体干料含量）：谷壳载体 720.7 g，麸皮 160 g，豆粕粉 60 g，酵母粉 5 g，KH_2PO_4 0.8 g，$MgSO_4$ 1 g，$MnSO_4$ 0.5 g，$CaCO_3$ 52 g，培养基初始 pH 9.0，培养基初始含水量 55%，在此条件下进行发酵得到的芽胞数为 1.2×10^{11} CFU/g（兰玲峰等，2018）。纳豆芽胞杆菌是一种较好的畜禽和水产动物饲用微生物。采用纳豆芽胞杆菌固体发酵法生产饲用微生态制剂是目前的一个大的趋势，国内采用的原材料主要是玉米粉、麦麸或豆粕等，存在着与动物和人类争粮、芽胞形成慢、生产周期长以及生产成本高等问题，目前有研究用麦麸和沸石粉为主要原料进行纳豆芽胞杆菌的固体发酵技术，能很好地解决以上问题。在麦麸 58%、沸石粉 34%、豆饼粉 5.35%、葡萄糖 2%、KH_2PO_4 0.5%、$MgSO_4\cdot7H_2O$ 0.15%、pH 7.56、固液比 1∶1.1、装料量 50.39 g/250 mL 三角瓶、接种量 4.16%、发酵时间 4 d 的条件下，芽胞数达到 6.48×10^{10} CFU/g（谭铭胜等，2015）。通过以上固体发酵技术生产芽胞杆菌能较好地节约成本，可以借鉴来生产其他类型芽胞杆菌。

固体发酵生产降解纤维素酶的主要菌株以真菌为优，细菌的纤维素降解能力远远不如真菌，目前有研究发现赭绿青霉（*Penicillium ochrochloron*）在温度为 30 ℃、发酵液初始 pH 为 4、料水体积比为 1.0∶3.0、接种量为 0.5 mL 及氮源为花生饼粉时，在发酵 3 d 时达到了较高的产纤维素酶能力（訾慧等，2018）。为丰富纤维素降解酶资源，有学者研究绿色木霉与米曲霉混合产纤维素酶的发酵条件，结果表明：绿色木霉与米曲霉混合的最佳固体发酵条件为米曲霉占比 50%，装料量 25 mL/500 mL 锥形瓶，麸皮质量占比 25%，发酵时间 4 d；在此条件下，羧甲基纤维素（CMC）酶、滤纸（FPA）酶及 β-葡萄糖苷酶（β-G）的酶活分别为 22.46 U/mL、5.234 U/mL 和 16.38 U/mL（付跃等，2019）。桔绿木霉（*Trichoderma citrinoviride*）可以产生纤维素酶、葡萄糖苷酶和木聚糖酶等多种酶，且桔绿木霉产内切-1，4-β-木聚糖酶被欧洲食品安全局认定为安全有效的酶制剂，有研究表明，通过桔绿木霉固体发酵可以生产高效的木聚糖酶，固体发酵条件下最适培养基组成为：碳源[m(麸皮)∶m(玉米芯)=4 g∶6 g]；氮源 $(NH_4)_2SO_4$；碳∶氮=[m(C)∶m(N)=1 g∶0.05 g]；料∶水=1 g∶1.5 mL，最适合的培养条件为：培养温度30 ℃、培养基初始 pH 6.0、培养时间 72 h、接种量 1.0×10^{7} 个/mL 孢子悬液/培养基干料=0.3 mL/10 g。在此条件下，木聚糖酶活力可达 391.5 U/g（权淑静等，2018）。以上文献报道中涉及的菌种虽未列入《饲料添加剂目录》，但有相关应用潜力。可以使用霉菌生产的与降解纤维素有关的酶处理青贮饲料，对反刍动物养殖过程中饲料添加剂的使用有较好的借鉴意义。

研究表明，酵母菌固体发酵生产蛋白饲料可以降低动物养殖成本、提高动物产品品质。以绿色木霉、红芝接种比例为 1∶4、接种量为 35%共同发酵 8 d，然后进行二次发酵，接种酵母菌 7%、发酵 24 h 时发酵培养基中的真蛋白含量最高（孟顺利等，2015）。由于构树在单胃动物胃肠道内不易降解，很难被消化吸收，不能充分利用，用混合菌株固体发酵的方法处理可以解决这一问题。采用含枯草芽胞杆菌、嗜酸乳杆菌和酿酒酵母的复合菌固体发酵构树饲料，以粗蛋白含量为考察指标，确定构树饲料发酵最佳工艺参数为接种量 9%、培养基初始含水量 57%、温度 34 ℃、装料量 400 g、发酵时间 48 h。构树饲料经发酵后粗蛋白和酸溶蛋白的含量分别提高 35.23%和 70.88%，酸溶蛋白占粗蛋白的比例由 40.27%提高到 50.89%，粗脂肪含量变化不明显，中性洗涤纤维、酸性洗涤纤维、酸性洗涤木质素、单宁的含量分别降低 25.00%、34.59%、18.53%、85.95%（张秀江等，2020）。

综上所述，目前的固体发酵技术研究较多，但是能高效地提升发酵效果，以及在动物试验中有良好应用效果的实例还比较少。研究固体发酵技术并开发优良饲用益生菌产品还需要我们畜牧人做出更大努力。

1.3.2 益生菌的后处理工艺

益生菌发酵完成后，如何处理发酵液，形成我们想要的目标剂型，形成一个长期稳定的产品，这是一个系统的过程，我们将这个过程统称为发酵后处理。发酵后处理就是利用各种工艺技术对发酵菌液进行处理形成目标剂型的过程。发酵后处理技术的根本目的是如何最大化地保证饲用益生菌产品的活性与稳定性。

1. 发酵液的浓缩

发酵终点到达后，后处理第一步需考虑的就是对发酵菌液的浓缩。通常发酵液中含有 3%～5%的湿菌体，而乳酸菌湿菌体含量会更低，所以必须对发酵液进行有效浓缩，以减轻后续脱水处理的压力。与很多发酵工程产品不同，饲用益生菌产品主要是收集发酵液中的菌体而非代谢产物。由于微生物大部分具有热敏性，高温浓缩方式均无法使用。目前主要采用的浓缩手段有离心和过滤。

离心分离技术主要是利用转鼓高速运动产生离心力来实现浓缩的。目前行业内使用的离心设备主要是管式离心机和碟片离心机。离心机具有分离速度快、分离效率高、液相澄清度好、操作时卫生条件好等优点，但是离心分离设备有投资费用高、能耗大等缺点。

过滤浓缩主要以过滤为手段，在压力（或真空）下将菌液进行浓缩。由于菌液特性不同，往往需要对菌液进行一些预处理，预处理手段包括调节发酵菌液的 pH 和部分离子浓度，加入一些助滤剂或絮凝剂，以提高过滤效率。行业内目前主要使用的过滤浓缩设备有陶瓷膜过滤、板框式过滤、转鼓真空式过滤等。

2. 保护剂的作用与类型

为保证益生菌的产品活性，在后处理过程中，保护剂尤为重要。加入保护剂的主要目的是减轻后处理或贮藏中机械剪切、温度变化、水分损失、渗透压等不利因素对益生菌的损伤。保护剂因后处理方式不同而有所不同。根据化学性质可将保护剂分为糖类、蛋白类、醇类、无机盐类、聚合物类；根据功能可分为载体类、分散剂、囊材类；根据材料特性可分为肠溶类、胃溶类;根据分子质量分为低分子物质、高分子物质。选择保护剂应有目的地选择。将菌泥与保护剂充分混合后,达到想要的剂型,益生菌的剂型主要有粉剂和颗粒剂两大类。

微胶囊包裹材料有天然高分子、半合成高分子和合成高分子材料,根据包裹物的性质所决定,一般包裹材料不和包裹物混溶,即若包裹材料为水溶性则包裹物应该为油溶性,两者应该互不相溶才行。如果是包裹了益生菌的微胶囊,不仅要考虑益生菌的耐温、耐湿等条件,还要考虑包裹材料本身的渗透性、稳定性等,这样才能更好地发挥益生菌的功效(韩金凤和贺建华,2017)。制备微胶囊的常用方法有喷雾干燥法、锐孔法、复凝聚法、内源乳化法和挤压法等。

3. 干燥工艺概述

将菌泥与保护剂混合好后,水分含量往往较高,过高的水分无法实现产品活性的稳定,如何将水分降至可稳定贮藏的状态是益生菌产品后处理工艺的核心。目前行业上采取的干燥方法主要有喷雾干燥、气流性干燥、沸腾流化床干燥、真空冷冻干燥等。

喷雾干燥的原理是利用不同的喷雾装置(如喷嘴转盘等)将浓缩液或悬浮液喷成雾状,使其形成具有巨大表面积的分散液滴,在干燥室内缓慢沉降时,与热空气流发生器发生强烈的热质交换,在几秒钟至几十秒钟的时间内迅速排除水分达到干燥状态。成品以粉末状沉降于干燥室收集处,连续或间断排出。这种干燥器由于干燥时间极短,避免了产品活性大肆破坏,特别适合于酵母、芽胞杆菌等有一定耐热性微生物的干燥。

气流性干燥的原理主要是利用颗粒在气流中自由流动的特性,使物料随气流一起流经一段长管道。颗粒物料与热空气一起流动的过程中,由于热空气与湿物料充分接触,水分气化迅速,故待至干燥管道出口处,物料已完成干燥。气流性干燥优点是干燥时间短、强度大、设备简单紧凑、与后续粉碎包装对接简单。本方法主要用于颗粒料的干燥,不适用于含水量较高的物料干燥。

沸腾流化床干燥是一种新型的干燥技术,用设定好温度的气流对物料进行干燥,温度可以根据物料性质进行调整,控制系统较为先进,虽然物料在设备中停留时间较长,但整体对益生菌的损伤很小。此技术引进于制药工业,是薄膜包衣设备的简化版本(潘春梅,2014)。

真空冷冻干燥又称升华干燥,是将湿物料或溶液在低温下(−50～−10 ℃)冻结成固态,然后在高真空度下将其中水分不经液态直接升华成气态,从而达到干燥的目的。这种干燥方法,处理温度低,非常适合益生菌类等热敏物质的干燥生产。但设备投资大,整个处理过程能耗大,耗费时间过长的缺点致使很多饲用益生菌产品无法大规模生产应用。

4. 包装与贮藏

环境中的水分、氧气、温度对益生菌产品的活性有着很大的影响,所以包装材料要求可以避光,部分产品采取充氮气或抽真空方式。贮藏方式也会因为制备方式有所不同。真空冷冻干燥的产品大多需要−20 ℃保存,其他高温或低温干燥制备的产品可以常温保存。但常温保存对很多种类的饲用益生菌产品的运输与应用有不利影响。如何开发可以常温贮藏的饲用益生菌产品是业内人士的关注的重点。

5. 益生菌后处理的实例

肖怀秋等(2020)曾对枯草芽胞杆菌 Prob1822 喷雾干燥制备益生菌粉工艺进行优化,以菌体存活率为评价指标,利用单因素试验研究了保护剂用量、入口温度、进料速率、进风量和出口温度对菌体存活率的影响,结果表明,进料速率、进风量和出口温度为重要因素;采用中心复合响应面优化技术研究了进料速率、进风量、出口温度对菌体存活率的影响,并构建了多元非线性回归方程，方差与回归分析表明，进料速率与进风量影响不显著（$P>0.05$），出口温度影响极显著（$P<0.01$）。研究者还对喷雾干燥前的枯草芽胞杆菌 Prob1822 菌体进行了热诱激预处理，确定了最佳热诱激条件，并研究了复合抗热保护剂对菌株抗热保护的影响，结果表明，最优复合抗热保护剂配方为海藻糖 9.0%、蔗糖 5.0%和脱脂奶粉 6.8%，在最适条件下菌体的喷雾干燥存活率为 96.64%±1.43%，研究结果可为枯草芽胞杆菌的喷雾干燥提供技术支持。

严佩峰（2008）研究发现嗜热链球菌和保加利亚乳杆菌冻干保护剂的最优配方如下：脱脂乳 10%、维生素 C 0.5%、谷氨酸钠 0.5%、明胶 1.5%，嗜酸乳杆菌的最佳冻干保护剂组合为基础冻干保护剂配以 5%甘油、2%麦芽糊精、2.5%蔗糖。

陈胜杰等（2021）对益生菌冻干保护剂配方进行了优化，分别以植物乳杆菌 SC1、凝结芽胞杆菌 XP2、酿酒酵母 SA1 为试验菌株，研究冻干保护剂脱脂乳粉、低聚木糖、可溶性淀粉和维生素 C 钠盐对 3 种益生菌冻干存活率的影响。通过单因素和正交试验筛选出最优组合。结果表明，经−70 ℃预冷冻 2 h，−50 ℃、10 Pa 条件下冷冻干燥 38 h，保护剂最佳配方组合分别为，植物乳杆菌：可溶性淀粉 10%，维生素 C 钠盐 3%，脱脂乳粉 12%，低聚木糖 14%；凝结芽胞杆菌：低聚木糖 8%，维生素 C 钠盐 3%，可溶性淀粉 14%，脱脂乳粉 8%；酿酒酵母：低聚木糖 10%，维生素 C 钠盐 2%，脱脂乳粉 12%，可溶性淀粉 14%。添加最优保护剂组合，三株菌的冻干存活率分别为 83.2%、83.7%和 86.7%，活菌数均高于 1.0×10^8 CFU/g，具有较好的应用价值。

贺红军等（2017）对微囊化益生菌提高抗逆性进行研究，以嗜酸乳杆菌为研究对象，以明胶和阿拉伯胶为壁材，采用复凝聚法进行微胶囊化，并对其进行耐酸性、肠溶性和贮藏稳定性试验。以包埋率为考察指标，采用响应面分析法对菌胶质量比、搅拌速度和乳化时间进行分析和优化，结果表明，制备嗜酸乳杆菌微胶囊的最佳工艺条件为菌胶质量比 1∶7，乳化搅拌速度 611 r/min，反应时间 15 min，pH 4.0，制得的微胶囊包埋率为 93.5%，与模型预测值相对误差仅为 0.46%。嗜酸乳杆菌微胶囊在人工胃液中仍有 75%的存活率，在人工肠液中30 min 内即可崩解完成。在−4 ℃和 30 ℃下贮藏 30 d 后，存活率分别为 82%和 80%。

1.4 益生菌的功效及作用机制

1.4.1 乳酸球菌

1. 屎肠球菌

屎肠球菌（*Enterococcus faecium*）是革兰氏阳性球菌，菌落形态呈圆形或椭圆形，是一种兼性厌氧的乳酸菌。屎肠球菌具有良好的耐酸、耐胆盐和耐热性，能在肠道内黏附和定植，具有较强的耐药性和抑菌性（夏锴等，2016）。屎肠球菌是人及动物肠道中正常的微生物菌群，是我国农业部第 2045 号公告颁布的《饲料添加剂品种目录（2013）》中最早允许使用的微生物菌种之一（容庭等，2008）。屎肠球菌在提高动物生产性能、降低饲料利用率、维持动物肠道微生物菌群平衡、提高免疫力、提高肉品质等方面效果显著（葛龙和李波，2013）。

屎肠球菌作用机理主要体现在以下五点（夏锴等，2016）：①提供营养物质，分泌代谢产物。屎肠球菌在生长代谢的过程中，能够分泌 L 型乳酸，可以被动物体完全吸收利用，同时能够分泌多种具有较强抑菌作用的代谢产物，例如乙醇、乙酸、异丁酸和细菌素等。②形成肠道厌氧环境。屎肠球菌在进入动物体消化道后，能够迅速定植，消耗掉肠内的氧气和过氧化氢，降低了肠道内氧化还原电位，形成良好的厌氧环境，有利于一些专性厌氧菌的生长和繁殖，例如双歧杆菌和乳酸杆菌。同时，肠道内益生菌增多，形成优势菌群，竞争性抑制包括致病性大肠杆菌和沙门氏菌等有害菌的存活，使得失调的肠道菌群恢复到正常状态，肠道屏障功能也得到增强，因此，屎肠球菌的生物夺氧机制有益于动物的健康生长。③提高机体免疫力和抗应激能力。作为非特异性调节因子，屎肠球菌在被动物体摄入后，能够黏附在肠道黏膜表面，在生长过程中分泌乳酸以及各种代谢产物，在此条件下，动物体免疫系统被激活，免疫力提高，对肠道疾病的抵抗力增强。④提高机体抗氧化能力，改善肉品质。断奶仔猪发生氧化应激会影响仔猪的健康和生长发育。屎肠球菌在进入仔猪消化道后，能够迅速定植并发挥生理作用，提高仔猪机体抗氧化能力，帮助机体清除自由基。陈振强(2014)在日粮中添加屎肠球菌可以显著提高仔猪胰脏中过氧化氢酶(CAT)活性，缓解 LPS 刺激导致的血浆髓过氧化物酶(MPO)活性的提高，可以降低肝脏丙二醛(MDA)的含量，说明屎肠球菌可以提高仔猪抗氧化能力。Hughes 等(2002)研究发现屎肠球菌也存在于我国的特色食品广式腊肠中，屎肠球菌生长代谢过程中分泌的物质对蛋白质可以产生一定的水解作用，这些都能够影响到肉质的风味和口感。⑤通过调控基因表达改善仔猪的健康状况。研究发现，日粮中添加屎肠球菌可以缓解 LPS 刺激导致的仔猪空肠和回肠 *Villin* 基因相对表达量的抑制作用，可以提高仔猪回肠抗凋亡基因 *Bcl-xL* 的相对表达量，可以上调仔猪回肠 β-防御素-1 基因表达量。这些基因表达量的上调，维护了肠道健康，进而改善了仔猪健康状况。

2. 粪肠球菌

粪肠球菌(*Enterococcus faecalis*)为革兰氏阳性菌，兼性厌氧，形态呈球状或链状，是人与动物消化道内的正常菌群，是我国农业部第 2045 号公告颁布的《饲料添加剂品种目录(2013)》中规定的可以直接饲喂动物的微生物菌种之一。粪肠球菌能够促进营养物质的消化吸收，并产生乳酸等物质来抑制肠道中致病菌和腐败菌的繁殖，从而预防肠道感染，防止腹泻，还具有免疫激活的作用(潘宝海等，2014)。

粪肠球菌具有营养功效。杨艳和潘宝海(2015)研究表明，粪肠球菌菌体含多种小肽，能促进氨基酸及残基的吸收，提高组织蛋白的合成。粪肠球菌在动物消化道内生长增殖的过程中会产生活性物质，如维生素和消化酶，能提高机体的消化功能，促进动物对饲料的利用；粪肠球菌分泌 L 型乳酸，还可把部分糖类的无氮浸出物转化为乳酸供机体使用；粪肠球菌可产生抑菌物质，如细菌素，细菌素特异性吸附在敏感细胞表面受体，可形成离子通道引起离子渗漏，影响 ATP 的合成和特定物质的运输，最终抑制蛋白质和 DNA 等大分子物质的合成致使细胞死亡，从而起到抑菌杀菌作用，粪肠球菌产生的其中一类细菌素具有特异性，其抗菌谱窄，能够防止病原微生物接触肠黏膜细胞，还可产生具有广谱抗菌特性的细菌素，对假单胞菌、沙门氏菌及志贺氏菌有较好的抑制作用；粪肠球菌具有保护屏障功效，可在肠道上皮细胞上形成生物膜，保护肠上皮细胞免受有害物质侵袭。

粪肠球菌属于动物肠道内的正常菌群，一般认为粪肠球菌对动物或人的机体无害，但近年研究已证实，部分粪肠球菌在长期进化中出现毒力基因，可引起广泛的感染，而且由于抗生素的长期和大量不规范使用，粪肠球菌的获得耐药性不断上升，治疗粪肠球菌感染日益困难。因此，在开发或选择粪肠球菌饲料添加剂时，应严格评估其菌种的安全性。

3. 乳酸片球菌

乳酸片球菌（*Pediococcus lactis*）是一种兼性厌氧，细胞呈圆球状的革兰氏阳性球菌。乳酸片球菌产生的细菌素具有耐热和耐盐的特性，对许多革兰氏阳性细菌和一些革兰氏阴性细菌有抑制作用，显示了较宽的抑菌谱。另外，乳酸片球菌产酸，调节胃肠道菌群，维持肠道微生态平衡。在动物体内可竞争性地抑制病原微生物，增强动物机体的免疫功能，产生有益的代谢产物，激活酸性蛋白酶的活性，参与机体的新陈代谢，防止有害物质产生。此外，乳酸片球菌产生细菌素，可作为动物饲料的添加剂，被称为是一种绿色新型饲料添加剂。从耐酸、耐胆盐、耐高温及抑菌方面研究其益生功能，表明乳酸片球菌具有较好的抗逆性和抑菌特性，可以作为益生菌的候选菌株应用于饲料工业。

乳酸片球菌产品功效：①提供营养物质促进机体生长。乳酸片球菌能在体内通过繁殖产生代谢活性物质，直接为宿主提供可利用的必需氨基酸和各种维生素，增强动物的营养代谢，促进生长。此外，乳酸菌产生的酸性代谢产物使肠道环境偏酸性，有利于营养吸收。②改善肠道微生态环境。乳酸片球菌能产生细菌素，对抑制病原菌具有重要作用。此外，乳酸菌可防止病原菌附着于肠上皮细胞表面、定植并入侵肠道细胞，改善肠道环境。③调节免疫系统功能。乳酸片球菌能刺激特异性免疫应答，加强黏膜表面和血清中 IgA、IgM 和 IgG 水平以加强体液免疫，促进 T、B 淋巴细胞的增殖，加强细胞免疫，增强免疫力。④调节机体代谢。乳酸片球菌能产生有益的代谢产物，激活酸性蛋白酶的活性，参与机体的新陈代谢，防止有害物质产生。

4. 戊糖片球菌

戊糖片球菌（*Pediococcus pentosaceus*）的细胞呈球状，属于革兰氏阳性球菌，分布于麦芽汁及发酵植物材料，如酸腌菜、泡菜、青贮料等中。戊糖片球菌是公认的安全菌，农业部 2045 号公告颁布的《饲料添加剂品种目录（2013）》中规定作为微生物饲料添加剂可以直接饲喂动物。戊糖片球菌具有较强的抗氧化和清除自由基能力（张开屏等，2018），分泌的抗生素对李斯特菌具有杀灭作用（Cavicchioli 等，2017），在麦芽制备过程中具有抗真菌活性并可降低 ZEN、DON、T-2、HT-2、镰刀菌毒素等真菌毒素的浓度。作为益生菌，戊糖片球菌广泛应用于发酵食品、畜牧领域，维护动物肠道健康，增强免疫力，提升饲料转化率和动物育成率，其益生功能越来越受到关注和重视。

戊糖片球菌益生功能及其作用机制（曹振辉等，2016）：①抑制食源性致病菌，作用机制主要包括：a. 分泌细菌素直接杀伤致病菌；b. 分泌的有机酸渗入致病菌细胞膜，降低胞内 pH，抑制代谢，同时 pH 降低可以抑制致病菌毒力因子基因表达；c. 通过与致病菌竞争肠上皮细胞黏附位点，抑制致病菌黏附；d. 通过与致病菌凝集在一起，使其无法发挥致病作用。②调节肠道免疫功能，作用机制主要包括：a. 通过调节免疫器官和/或细胞产生的细胞因子的表达和分泌，发挥免疫调节作用；b. 戊糖片球菌基因组中含有具有免疫调节作用的 γ-氨基丁酸和特异性肽聚糖基因。③降低胆固醇，作用机制主要包括：a. 同化胆固醇，降低胆固醇含量；b. 有胆盐水解酶活性，将胆盐解共轭产生游离胆酸排出体外，胆固醇转化为胆酸用于补偿这部分损失，从而降低胆固醇吸收。④抗肿瘤，作用机制尚不明确，据推测可能主要通过：a. 分泌有机酸诱导肿瘤细胞凋亡；b. 产生的葡聚糖修饰膜表面蛋白，降低肿瘤细胞黏附，抑制细胞铺展和转移。

1.4.2 乳酸杆菌

乳酸杆菌为革兰氏阳性菌，形态一般呈杆状。其存在广泛，嗜酸性，在无芽胞杆菌中是耐酸力最强的。乳酸杆菌是动物自身肠道中的正常菌群之一，已被广泛应用于动物生产中。乳酸杆菌不仅能维持动物肠道微生态的动态平衡，还能有效提高动物抗病力及生产性能，是一种极具替代抗生素潜力的益生菌。

乳酸杆菌有较强的代谢碳水化合物产酸能力，可以合成葡聚糖和杂多糖（杨圣辉，2008）。其能使糖类发酵产生乳酸或其他酸类物质，产生的乳酸具有调味和防腐的作用（郁汉冲和董国超，2013）。已经从动物粪便、阴道分泌物、奶酪、酸菜等分离到 40 多种乳酸杆菌，它们共同属于乳杆菌属，它们能拮抗致病菌，有助于维持机体对抗原的细胞和体液免疫反应。乳酸杆菌已被广泛地应用于腌制泡菜、制作酸奶、青贮饲料等加工工业（郁汉冲和董国超，2013）。根据我国农业部 2045 号公告，允许饲用的乳酸杆菌有嗜酸乳杆菌、干酪乳杆菌、德式乳杆菌乳酸亚种（原名：乳酸乳杆菌）、植物乳杆菌、罗伊氏乳杆菌、纤维二糖乳杆菌、发酵乳杆菌、德氏乳杆菌保加利亚亚种（原名：保加利亚乳杆菌）。

1. 乳酸杆菌的功能

（1）抑菌活性　乳酸杆菌的抑菌活性主要包括菌体的竞争性抑制作用和代谢产物的抑菌活性。一方面，乳酸杆菌与致病菌争夺肠道内有限的氧气及营养物质，竞争吸附部位，从而抑制致病菌在动物胃肠道的黏附定植。另一方面，乳酸杆菌能产生多种具有抑菌活性的代谢产物，如：乳酸、细菌素和 H_2O_2 等（石英军和黄兴国，2011）。

（2）免疫增强作用　乳酸杆菌可以在动物消化道内形成一层致密的膜菌群而构成一道天然的物理屏障，而且乳酸杆菌能促进动物肠道的生长发育及上皮细胞的修复，不仅能抑制病原菌对消化道的黏附及穿越，还能促进动物肠道对毒性产物的中和，防止毒素和废物的吸收。乳酸杆菌能明显地促进动物免疫器官的生长发育和免疫细胞的成熟分化，促进抗体产生，还能活化巨噬细胞，诱导其产生多种细胞因子，如肿瘤坏死因子-α（TNF-α）、白细胞介素及 NO 等，从而增强机体的特异性和非特异性免疫，提高动物的抗病力。

（3）增强营养物质消化吸收的作用　乳酸杆菌可以促进动物肠道的发育，使肠黏膜层明显增厚，小肠绒毛数增多，从而增强肠道对营养物质的吸收。乳酸杆菌产生的酸性代谢产物使肠道环境偏酸性，这种酸性环境能加强肠道的蠕动和消化液的分泌，而且乳酸杆菌产生的有机酸使钙、磷和铁等元素处于易于吸收的离子状态，提高它们的利用率。乳酸杆菌还能增强一些消化酶的活性，从而促进营养物质的消化吸收。

2. 植物乳杆菌

植物乳杆菌（*Lactobacillus plantarum*）是一种厌氧或兼性厌氧，形态多呈杆状的革兰氏阳性菌，在自然界中广泛存在，尤其是分布在各类发酵食品中，如蔬菜、肉、乳制品及葡萄酒等，具有耐高温、耐酸性、耐胆盐的特性，是农业农村部允许使用的饲料添加剂之一。植物乳杆菌作为新型微生态制剂，具有调节肠道菌群平衡、改善胃肠道功能、增强生物屏障、参与免疫系统调节、降胆固醇、抗氧化、降血压及吸附重金属等诸多益生功能，在食品、动物饲料、工业生产、医疗保健等领域被广泛应用。

植物乳杆菌的功能及其作用机制（杨艳等，2013）：①生物屏障作用。植物乳杆菌通过与病原菌竞争营养素，抑制病原菌，调节肠道微生态平衡，形成生物学屏障。同时，其代谢产物乳酸和细菌素具有抑制其他有害细菌在肠道内增殖的作用，维持和保证菌群最佳优势组合及这种组合的稳定，阻止了致病菌的定植和入侵，拮抗致病菌和有害微生物的生长及其毒素的黏附。②营养调控作用。植物乳杆菌具有降低血清胆固醇水平，降低心血管疾病发病率的良好功效。

试验证实，植物乳杆菌具有降低介质及血清胆固醇的能力。其机制是植物乳杆菌产生的胆盐水解酶可使结合胆酸分解为游离胆酸，在酸性条件下，游离胆酸与胆固酸发生共沉淀。③对低聚半乳糖的降解作用。植物乳杆菌中含有的α-半乳糖苷酶对肠道中的低聚半乳糖含量产生显著的影响，α-半乳糖苷酶的活性在到达盲肠前增强，将棉籽糖和水苏糖水解成小肠中可吸收的小分子化合物。④抗氧化功能(刘耀文等，2017)。植物乳杆菌的抗氧化功能主要通过氧化还原调控系统和细胞内抗氧化成分共同作用，其中植物乳杆菌起抗氧化作用的活性物质是细胞表面蛋白质或多糖，此外还包括超氧化物歧化酶(SOD)、过氧化物酶(CAT)、谷胱甘肽过氧化物酶(GSH-Px)、过氧化物还原酶(PRX)和谷胱甘肽转移酶(GST)等抗氧化酶类。⑤免疫调节功能。植物乳杆菌可为黏膜免疫系统提供特异性抗原，与传统的接种免疫相比，具有非侵入性、激发全身免疫应答和黏膜免疫应答等特点。研究发现，相对于副干酪乳杆菌和鼠李糖乳杆菌而言，来自肠道的不同植物乳杆菌菌株诱导血单核细胞产生白细胞介素-12(IL-12)和白细胞介素-10(IL-10)的应答更为平衡。植物乳杆菌可以减少肠道上皮细胞中白细胞介素-8(IL-8)的分泌，从而起到免疫保护作用。⑥植物乳杆菌的黏附特性。植物乳杆菌对人体肠道黏膜具有很高的黏附能力，这种黏附依赖于甘露糖特异性黏附素的合成分泌。植物乳杆菌与致病菌对甘露糖特异性受体的竞争，减少了致病菌对细胞的黏附，从而保护宿主免于感染。⑦对致病菌的拮抗特性。植物乳杆菌对革兰氏阳性和革兰氏阴性致病菌均有抑制作用，植物乳杆菌能够抑制大肠杆菌和沙门氏菌对 Caco-2 细胞的黏附，从而阻止其在肠道内的定植。

3. 嗜酸乳杆菌

嗜酸乳杆菌(*Lactobacillus acidophilus*)是一类厌氧或兼性厌氧，形态呈细长杆状(杆的末端呈圆形)的革兰氏阳性菌。嗜酸乳杆菌具有高度适应环境的能力，对于不良环境能迅速作出自我调节反应，使其形成适应环境的代谢系统。而耐酸、耐胆汁盐特性是嗜酸乳杆菌作为功能性食补因子的一个重要优势指标，且无毒副作用，被广泛地应用于食品及保健品中，它与双歧杆菌和干酪乳杆菌一起被称为“健康三益菌”，是抗生素类产品的理想替代品，目前在动物生产中被广泛研究及应用。

嗜酸乳杆菌被视为第三代酸乳发酵剂菌种，广泛存在于人及一些动物的肠道中，对维持胃肠道的生理功能有重要作用。作为益生菌的嗜酸乳杆菌有以下多种益生保健功能(刘齐和卢娜，2009)：①生物屏障作用。嗜酸乳杆菌在肠道中的定植能力较强，当其进入人或动物的肠道内，能与其他肠道内的微生物竞争作用于小肠上皮细胞，使得其他的有害菌株不能长期定植于动物肠道内，从而调整肠道内菌群关系，维持肠道内微生态平衡；另一方面，嗜酸乳杆菌在生长代谢过程中会产生有机酸、过氧化氢等拮抗物质，还能产生 Lactacin A 和 Lactacin B 等细菌素，抑制有害菌的生长繁殖，杀灭病原菌，促进动物机体健康快速生长(Sanders 和 Klaenhammer，2001)。②营养作用。嗜酸乳杆菌在乳糖存在的情况下可以诱导合成β-半乳糖苷酶，有利于乳糖的分解和吸收。李杰等(2011)证实嗜酸乳杆菌酸奶是很好的外源性乳糖酶的来源，它可以帮助乳糖不耐症患者消化乳糖，从而达到缓解乳糖不耐受的问题。嗜酸乳杆菌还能产生维生素 B 促进神经细胞发育，在人的肠道内预消化食物，提高钙、磷以及铁的吸收。③增强机体免疫力。嗜酸乳杆菌在肠道内定植，相当于自然免疫，能激活机体巨噬细胞活性，诱发特异性和非特异性免疫反应，提高抗感染的能力。④降低胆固醇和抗肿瘤活性。赵瑞香等(2014)证实，嗜酸乳杆菌主要通过对胆固醇的吸附作用和同化吸收作用降低血清及培养介质中胆固醇水平。嗜酸乳杆菌能够提高机体免疫力，甚至可以起到抑制癌症发生的作用。饮用嗜酸乳杆菌制品能够导致β-葡糖苷酸、胺还原酶和硝化还原酶的活性下降25%～50%，起到抑制致癌前体物的转变和抑制癌细胞生长的作用，有效降低癌症的发生率。⑤延缓机体衰老。肠道内有害细菌产生氨、胺、硫化氢、吲哚等有害腐败产物，机体衰老与这些腐败物质有很大关系。嗜酸乳杆菌可以有效提高消化酶的活性，其代谢产生的乳酸能够有效地抑制这些腐败物的产生，从而延缓机体的衰老（肖仔君等，2003）。

4. 干酪乳杆菌

干酪乳杆菌（*Lactobacillus casei*）属于乳杆菌属，革兰氏阳性，为短杆状或长杆状的多形性杆菌。干酪乳杆菌存在于人和动物的口腔、肠道内容物（含大便）及阴道中，也常常出现在牛奶和干酪、乳制品、饲料、面团和垃圾中。干酪乳杆菌是经长期验证对人体无毒副作用，且被广泛用于保健食品生产的益生菌，与嗜酸乳杆菌和双歧杆菌一起被称为“健康三益菌”。

干酪乳杆菌具有良好的耐酸及胆汁抗性，可降低血浆胆固醇，增强宿主对微生物病原体的非特异性抵抗力，加快清除肠道内病原体，治疗肠道菌群紊乱和增强肠道透性，从而防止食物过敏和急性腹泻。此外，干酪乳杆菌还可使抗氧化低密度脂蛋白抗体和淋巴细胞增加，使粒细胞的噬菌作用明显增强，对宿主进行免疫调节，防止肿瘤的产生。由于干酪乳杆菌对其宿主营养、免疫、防病等具有显著的益生功效，越来越成为人们研究、开发、生产的焦点，在益生菌领域具有十分广阔的开发及应用前景。

干酪乳杆菌的功能特性如下：①抑制有害菌的生长，改善肠道微生态环境。干酪乳杆菌对机体的防御机制有较强的耐受能力，它进入人体后能在肠道内大量存活，因而起到调节肠道菌群平衡，促进人体消化和吸收的作用（肖琳琳和董明盛，2003）；干酪乳杆菌的代谢产物包括有机酸、过氧化氢、细菌素等，对其他微生物有明显的抑制作用，能有效抑制致病菌与腐败菌的生长。沈中艳等（2007）研究发现，干酪乳杆菌能黏附猪小肠表面黏液，对猪源产肠毒素型大肠杆菌、伤寒沙门氏菌、金黄色葡萄球菌均有较强的抑制特性。②刺激免疫系统，提高免疫功能。干酪乳杆菌可以作为免疫增强剂，通过与肠黏膜结合形成生物屏障、促进细胞免疫和体液免疫的方式来提高机体的免疫功能，减少疾病的发生。干酪乳杆菌的细胞壁成分、代谢产物、菌体细胞等均可刺激动物肠道黏膜免疫系统，既可作为非特异性免疫调节因子刺激并激活宿主免疫细胞，产生促分裂因子，促进吞噬细胞活力或作为佐剂发挥作用，也可发挥特异性免疫功能，增强B淋巴细胞产生抗体的能力，并促进机体免疫器官、组织的成熟，使这些器官、组织处于高度反应准备状态，使T淋巴细胞和B淋巴细胞数量增多，并诱导其产生细胞因子，特别是腹腔巨嗜细胞所产生的白细胞介素-1（IL-1）、白细胞介素-6（IL-6）、白细胞介素-12（IL-12）等。③抗肿瘤作用。干酪乳杆菌作为生物反应调节剂，主要通过激活宿主多种免疫细胞和诱导多种细胞因子而发挥抗肿瘤作用。干酪乳杆菌等益生菌的细胞壁主要由肽聚糖（PG）和脂多糖（LPS）构成，而PG和LPS已被证明是免疫系统的激活剂，能刺激单核-巨噬细胞核内皮细胞释放免疫细胞调节剂（如IL-1和IL-6），从而诱导淋巴细胞产生C-干扰素，IL-6还可促进B细胞分化成熟，也可直接诱导T细胞增殖，并参与T细胞、NK细胞的活化，对结肠癌细胞、乳腺癌细胞、宫颈癌细胞等多种肿瘤具有抑制作用（张百川和孟祥晨，2005）。干酪乳杆菌的菌体和其酸奶制品均具有相当强的抗肿瘤活性，食用后可激活免疫系统中的巨噬细胞、自然杀伤（NK）细胞和B淋巴细胞等免疫效应细胞，增强全身的免疫应答。④降血压作用。干酪乳杆菌在以乳为基质的环境中生长，通过胞外蛋白酶作用将蛋白质中特定的组分分解，产生多种对血管紧张素（ACE）具有抑制作用的小肽和寡肽，主要是细胞壁中的肽聚糖成分，进而起到降血压作用(张灏,2009)。⑤抗炎作用。干酪乳杆菌可通过调节肠道菌群比例、提高肠上皮细胞的屏障功能、防止细菌移位、调节细胞因子等方式预防或减轻炎症。徐智敏等(2013)研究发现,干酪乳杆菌胞外多糖(EPS)能促进正常巨噬细胞增殖活化并释放 TNF-α、一氧化氮(NO)和白细胞介素-10(IL-10),增强机体免疫力,当巨噬细胞受 EPS 诱导活化后,EPS 会使 TNF-α、NO 分泌减少,促进 IL-10 的产生,发挥抗炎作用。⑥降低血清胆固醇作用。肖琳琳等(2003)用干酪乳杆菌 KM-166 灌胃高脂血症模型小鼠,结果发现,14 d 后试验组小鼠血清中总胆固醇(TC)、三酰甘油(TG)与对照组相比呈极显著降低($P<0.01$),同时高密度脂蛋白(HDL-C)浓度升高,动脉硬化指数(AI)低于对照组。

5. 副干酪乳杆菌

副干酪乳杆菌(*Lactobacillus paracasei*)是一种兼性厌氧,形态呈杆状或长杆状的革兰氏阳性菌。副干酪乳杆菌广泛存在于人体口腔及肠道,发酵乳制品(尤其是奶酪)和植物原料发酵物(泡菜、酒和饲料)等诸多环境中,具有维持肠道菌群平衡,促进消化,增强免疫力等作用,同时还有降血压、降胆固醇、预防癌症和抑制肿瘤生长、增强体质、延缓衰老和延长寿命等功效,在食品、医疗保健等领域发挥重要作用。近年来,副干酪乳杆菌在食品工业(乳制品和功能食品)、微胶囊技术、生产乳酸或苯乳酸以及微生物细胞表面酶展示等新领域已有应用(耿文超等,2018)。

副干酪乳杆菌的益生特性包含以下几点(张俊等,2019):①平衡肠道菌群。乳酸菌的摄入可以阻碍某些肠道致病菌的黏附定植和增殖,其代谢产物对致病菌的致病途径产生一定的阻碍作用,也可以诱导产生肠道免疫因子。比如,通过抑制促炎细胞因子的分泌,而调节肠道菌群平衡,保护人体健康。田丰伟等(2018)研究发现,副干酪乳杆菌 LC 01 具有良好的耐酸、耐胆盐能力,并具有提高肠道上皮细胞屏障作用。杨景等(2017)通过过敏小鼠淋巴细胞试验发现,副干酪乳杆菌 L9 通过调节细胞因子的分泌,纠正 Th1/Th2 失衡以缓解 β-乳球蛋白的过敏效果。Cremon 等(2018)评估了副干酪乳杆菌 CNCMI-1572 对肠易激综合征(IBS)患者的肠道微生物群组成、粪便短链脂肪酸(SCFA)、免疫球蛋白 A 和细胞因子的影响,发现菌株可以使促炎细胞因子(白细胞介素-15)显著降低,从而降低 IBS 免疫激活的作用。②抑菌能力。副干酪乳杆菌的代谢产物如有机酸、细菌素和苯乳酸等,能够有效地抑制致病菌和腐败菌的生长。Deng 等(2015)研究副干酪乳杆菌 FJ861111.1 体外试验发现其对痢疾杆菌、金黄色葡萄球菌、坂崎克罗诺杆菌、大肠杆菌、白色念珠菌等常见病原菌抑制效果较好,体内试验发现添加副干酪乳杆菌的小鼠,具有显著抑制白色念珠菌在肠道内定植的能力。彭勃等(2018)研究发现,副干酪乳杆菌 FX-6 的发酵产物中具有天然抗菌肽 F1、F3,对多种常见的食源性致病菌具有较强的抑制作用。③降血压。副干酪乳杆菌通过胞外酶的作用对蛋白质进行特定分解,产生多种对血管紧张素(ACE)具有抑制作用的小分子肽,从而起到降血压的作用(张灏,2009)。Ong 和 Shah(2008)发现副干酪乳杆菌能在切达干酪中分离纯化出 ACE 抑制肽。此外,副干酪乳杆菌也是氨基丁酸(GABA)的高产菌株(Ribeiro 等,2018),GABA 具有降血压、利尿和预防糖尿病等功效。④抗肿瘤。Chondrou 等(2018)研究发现副干酪乳杆菌 K5 对 Caco-2 结肠癌细胞具有高效的黏附能力,并通过调节特定 Bcl-2 家族成员的表达来诱导癌细胞的凋亡,试验发现 K5 菌处理 Caco-2 癌细胞 6 h 后,细胞内的 Bcl-2 mRNA 表达显著下调,相对应的 Bak、Bax 的 mRNA 表达上调;在蛋白水平层面上也检测出 Bax 的上调。研究证实 Bak 和 Bax 是促凋亡的关键蛋白,它们通过负责线粒体外膜的通透性,将细胞色素 c 释放到细胞质中,而诱导细胞凋亡。⑤抗氧化。科研人员研究发现副干酪乳杆菌在发酵食品中具有较高的抗氧化活性。菌体通过细胞内外的抗氧化物质、“NADH 氧化酶/NADH 过氧化酶”、谷胱甘肽和硫氧还原蛋白等氧化还原系统等减少受体的氧化损伤(彭新颜等,2012)。⑥降胆固醇。学者认为某些乳酸菌能够结合到细胞膜中或附着在胆固醇表面,使其难以从肠道吸收到血液从而降低人体对胆固醇的需求(Noh 等,1997)。Dilmi-Bouras 等(2007)通过动物试验发现副干酪乳杆菌 Lbp6 和 Lbp9 的发酵乳能显著降低高胆固醇血症家兔的总胆固醇、高密度脂蛋白胆固醇和低密度脂蛋白胆固醇水平。

6. 罗伊氏乳杆菌

罗伊氏乳杆菌(*Lactobacillus reuteri*)是形状呈轻微不规则、圆形末端的、弯曲杆状的革兰氏阳性菌,广泛存在于人和动物肠道中,是动物肠道中的主要乳酸杆菌之一。罗伊氏乳杆菌具有很强的肠黏附能力,具有抑制胃肠道病原菌繁殖、调节动物免疫机能、降低动物应激、减少动物发病率、调节肠道菌群、预防或减轻腹泻、提高饲料利用效率、促进动物生长、降低料重比等重要作用(李文静等,2016;庞洁等,2011)。罗伊氏乳杆菌具有较强的耐酸、耐胆盐能力,易于在肠道中定植,在饲用抗生素逐步被限制使用的情况下,有望在畜禽养殖领域发挥重要作用。我国农业部第 2045 号公告颁布的《饲料添加剂品种目录(2013)》将罗伊氏乳杆菌列为可使用的微生物饲料添加剂。

罗伊氏乳杆菌及其代谢产物具有诸多优良生理功能(张如春等,2019),对维持动物机体健康、促进动物生长发育有积极意义,主要有以下几点:①罗伊氏乳杆菌的主要代谢产物之一是罗伊氏菌素(Reuterin),其主要成分是 3-羟基丙醛(3-HPA)的单体、水合物和环化二聚体,是一种非蛋白质类广谱抗菌物质,能广泛抑制革兰氏阳性菌、革兰氏阴性菌、酵母、真菌和病原虫等的生长(Chen 等,2002)。②罗伊氏乳杆菌可以增加肠道中丁酸的含量,而丁酸主要功能是给肠道上皮细胞供能,从而可促进肠道上皮细胞的增殖,因此,罗伊氏乳杆菌对肠道上皮组织的再生和修复具有重要意义。③罗伊氏乳杆菌在动物肠道中还可产生乳酸和多种酶,如脂肪酶、胆盐水解酶等,有利于改善动物肠道 pH、抑制细菌生长、提高饲料利用率等(Jones 等,2012)。④罗伊氏乳杆菌能合成 B 族维生素(Molina 等,2012),将无机硒转化为可供机体利用的有机硒(Manglapane 等,2014;Pescuma 等,2017),这对改善畜禽的生长性能、维持动物健康具有重要的意义。⑤罗伊氏乳杆菌在提高动物免疫力(吴义景等,2017)、抗细胞凋亡(Mechoud 等,2012)方面也有一些作用。罗伊氏乳杆菌的益生作用机制及与其他益生菌的协同功能仍有待进一步研究,这可为罗伊氏乳杆菌产品的研究应用提供更多的理论依据。

1.4.3 芽胞杆菌

芽胞杆菌是一种革兰氏阳性菌,具有耐高温、能形成芽胞、稳定性强及产酶能力强等特点。芽胞杆菌制剂作为一种新型绿色饲料添加剂,动物摄入后,通过在肠道分泌抑菌物质和消化酶,对病原微生物起到抑制作用,提高饲料消化利用率,促进胃肠道微生态平衡,从而有利于动物健康生长(He 等,2019)。芽胞杆菌形成的芽胞,是一类处于休眠状态且健壮的活细胞,抗酸碱能力强,耐高温高压,贮藏时间久,所以无论在粉料还是在颗粒料中都较稳定。根据我国农业部公布的 2045 号公告中,允许饲用的芽胞杆菌菌种有枯草芽胞杆菌(*Bacillus subtilis*)、凝结芽胞杆菌(*B. coagulans*)、迟缓芽胞杆菌(*B. lentus*)、地衣芽胞杆菌(*B. licheniformis*)、短小芽胞杆菌(*B. pumilus*)、侧胞芽胞杆菌(*B. lateralis*)6 种。

1.芽胞杆菌的功能

(1)生物夺氧作用　芽胞杆菌进入动物胃肠道以后,在其生长繁殖过程中消耗大量的氧气,营造肠道内厌氧环境,从而有利于厌氧有益菌的生长繁殖,与此同时,耗氧有害菌得到一定程度地抑制,所以动物长期采食芽胞杆菌,其胃肠道内环境就会形成良性微生态平衡(刘波,2019)。

(2)分泌活性物质,抑制病原微生物　芽胞杆菌在形成芽胞的过程中分泌多种活性抗菌物质,如纳豆芽胞杆菌能够产生多种抗生素,如多黏菌素、2,6-吡啶二羧酸、杆菌肽等物质,对痢疾菌、伤寒菌及沙门氏菌等具有抑制作用。

(3)增强动物体免疫力　增强动物体免疫力是饲用益生菌制剂的作用机制之一。大量研究表明,芽胞杆菌制剂能提高机体免疫力,是良好的免疫刺激剂。芽胞杆菌能有效地提高巨噬细胞的活性及数量,从而激发体液免疫及细胞免疫,此外,芽胞杆菌能将猪血液中的中性粒细胞吞噬率提高17%,增加分泌型免疫球蛋白含量。雏鸡采食芽胞杆菌制剂后,其脾脏及血液中的T、B淋巴细胞比例提高,免疫器官生长发育迅速。芽胞杆菌的免疫机制与其菌体结构、代谢产物以及微生物菌群的调节有关,如从枯草芽胞杆菌中提取的糖蛋白可以用来抵抗大肠杆菌的攻击;枯草芽胞杆菌分泌的脂磷壁酸及肽聚糖,可作为免疫佐剂;地衣芽胞杆菌进入机体肠道后,通过间接刺激双歧杆菌等有益菌的生长而发挥免疫作用。

(4)产生多种消化酶　芽胞杆菌能产生多种动物自身不能产生的酶类,说明其作为微生态制剂具有巨大的潜力,这一作用机制也引起了学者们的广泛关注,如枯草芽胞杆菌及地衣芽胞杆菌具有较强的分泌蛋白酶、淀粉酶、脂肪酶以及许多能够分解复杂的碳水化合物的酶的活性,而这些酶能够降解植物性有机化合物,同时可以降解蛋白质、三酰甘油、淀粉、果胶等营养物质,从而提高畜禽对有机物的利用率。

综上所述,芽胞杆菌是一种能耐受高温、高压和酸性环境,能够产生芽胞的好氧或兼性厌氧性益生菌。芽胞杆菌在肠道内消耗大量的氧气,维持肠道厌氧环境,从而促进乳酸菌、双歧杆菌等厌氧益生菌的生长,抑制需氧致病菌的生长,维持肠道的菌群平衡(王芳等,2012)。芽胞杆菌能够产生维生素 B_1、维生素 B_2、维生素 B_6 等多种B族维生素,并能产生活性很高的蛋白酶、淀粉酶和脂肪酶以及多种氨基酸,增强肠道的吸收能力。芽胞杆菌抗逆性很强,可耐受颗粒饲料加工的影响。它在贮藏过程中都以内生孢子的形式存在,不消耗饲料养分,可保持饲料的质量。

2.地衣芽胞杆菌

地衣芽胞杆菌是芽胞杆菌中较具应用潜力的菌种之一。近年来,国内外对于地衣芽胞杆菌各方面应用的报道日益增多。在医药、饲料加工、农药等行业,取得了较好的研究成果。地衣芽胞杆菌是一种广泛分布于土壤和其他自然环境的革兰氏阳性菌。地衣芽胞杆菌具有营养要求简单、对不良环境有极强抵抗能力、产酶种类多且产量高、耐热性强、抑制致病菌以及安全无毒等诸多优良特性,因此比较适合用于工业生产,已经被多个国际机构认定为GRAS工业菌株(Gao等,2018)。

地衣芽胞杆菌在生长过程中能够产生蛋白酶、淀粉酶、木聚糖酶、纤维素酶等代谢产物,为动物机体提供有益代谢产物。淀粉酶可以将饲料中的碳水化合物水解成为低聚糖,有利于机体利用;蛋白酶、木聚糖酶等可用于及时补充含量不足的肠道内源酶;葡聚糖酶、纤维素酶等可以破坏植物细胞的细胞膜或细胞壁,释放出细胞内所含有的营养物质。另外,地衣芽胞杆菌可以降低饲料中的抗营养因子,降低营养吸收障碍。地衣芽胞杆菌可以产生许多易于被动物消化吸收的物质,如多种维生素、消化酶、促生长因子、氨基酸等,促进动物机体新陈代谢,有益机体健康（Lan 等，2019）。

地衣芽胞杆菌在生长过程中产生的有机氮、有机硫等物质可以对恶臭气体进行分解，有利于净化肠道环境。正常的动物肠道内是厌氧环境，大肠杆菌等有害菌多属于好氧菌，双歧杆菌、乳酸菌等有益菌属于厌氧菌，在数量上占有优势，从而形成有效屏障抵御有害菌入侵，维持肠道环境正常。当肠道内菌群失调时，宿主会患肠道疾病。此时地衣芽胞杆菌可以代谢生成如杆菌肽等脂肽类、蛋白多肽类、多烯类等活性物质，抑制沙门氏菌、大肠杆菌等致病菌的繁殖（Madani 等，2018）。

3. 枯草芽胞杆菌

枯草芽胞杆菌广泛分布在土壤及腐败的有机物中，因易在枯草浸汁中繁殖而得名。枯草芽胞杆菌在芽胞状态下稳定性好，能耐氧化、耐挤压、耐高温，能长期在 60 ℃高温下存活；耐酸碱，在酸性胃环境中保持活性，可以耐唾液和胆汁的抑制。枯草芽胞杆菌由于繁殖快、易培养，且有很强的耐受性，在动物生产中的研究与应用较多，一直都是科研和生产人员关注的焦点（Kaspar 等，2019）。

枯草芽胞杆菌的芽胞可以在动物肠道内萌发生长，产生多种酶类物质，对动物生长有很好的促进作用，在防治疾病方面也有着良好的效果。研究表明，枯草芽胞杆菌能产生胞外酶，如蛋白酶、淀粉酶、纤维素酶、植酸酶和脂肪酶等，这些酶能够水解植物性饲料细胞的细胞壁，使细胞里面的营养物质释放出来，并能消除饲料中的抗营养因子，减少抗营养因子对动物消化利用的障碍。另据报道，枯草芽胞杆菌在动物肠道中还可产生氨基化氧化酶及分解硫化氢的酶类，可将吲哚类化合物氧化成无毒、无害的物质，从而降低动物体内氨气、硫化氢等有害气体的浓度，减少环境污染（Ju 等，2019）。枯草芽胞杆菌产生的环脂肽和直链肽类抗菌物质等具有抑菌活性的代谢产物无急性毒性作用，孙力军等（2012）发现主要成分是表面活性素、芬荠素和伊枯草菌素 3 种抗菌脂肽同系物的混合物的新型抗菌肽 APNT-6 在体外有溶血毒性，但经口服对小鼠没有急性毒性作用。枯草芽胞杆菌可以产生多种抗菌物质，具有较好的开发利用价值。在枯草芽胞杆菌中产生的翻译后修饰的抗菌物质包括脂肽（lipopeptide）、糖肽（glycopeptide）和羊毛硫细菌素（lantibiotic）等。羊毛硫细菌素也可称为含羊毛硫氨酸的抗生素（lanthionine-containing antibiotics）。枯草芽胞杆菌在生长过程中能够自身合成维生素 C、维生素 B_1、维生素 B_2、维生素 B_6，为动物提供营养物质，从而促进动物生长，提高其生长性能（Kim 等，2019；Raji 等，2019）。

4. 凝结芽胞杆菌

凝结芽胞杆菌是近年来国内外学者的研究热点。凝结芽胞杆菌具有与乳酸杆菌、双歧杆菌一样的调节肠道内菌群平衡、促进营养物质代谢和利用、提高免疫力等保健特性。凝结芽胞杆菌形成的芽胞具有耐高温、耐酸和耐胆盐等高抗逆性特点。凝结芽胞杆菌作为新型微生态制剂，在畜牧业、水产养殖业、医药、保健和食品行业被广泛应用。

凝结芽胞杆菌具有产 *L*-乳酸、生成芽胞、兼性厌氧、耐酸等生理生化特征，经口服进入到肠道后，具有益生保健特性。生成芽胞特征，可以更好地在肠道生长繁殖，维持肠道微生态平衡，且所产芽胞使得凝结芽胞杆菌能够耐受胃液的低 pH 环境。兼性厌氧特征，使得凝结芽胞杆菌适宜在人体消化系统尤其是肠道等低氧环境下生长。但是由于凝结芽胞杆菌没有鞭毛，其黏附性较弱，无法在肠道中长期存活。凝结芽胞杆菌在肠道中还会分泌大量有益物质，如淀粉酶、蛋白酶、B 族维生素、氨基酸、短链脂肪酸和凝固素等，这些物质不仅有利于肠道消化吸收，还能抑制有害细菌。特别是凝固素，在 60 ℃、pH 4～8 的条件下处理 90 min 仍保持生物活性，且不受淀粉酶、酯酶和有机溶剂的影响。因此，凝结芽胞杆菌对胃肠道炎症有一定的治疗作用。凝结芽胞杆菌还具有很强的抗逆性，在高温、高渗和酸性环境下均保持较高的存活率，能有效穿过胃液环境（强酸和消化酶），在肠道生长，并发挥益生作用。但在酸性环境中，凝结芽胞杆菌对热耐受性下降。

大量临床研究表明，凝结芽胞杆菌可以用来治疗肠道易激综合征、肠道失调综合征等，能够减羟腹泻、腹胀、腹痛，减少呕吐、排便次数和增强肠道运动性（Majeed 等，2016；Dolin 等，2009）。Dutta 等（2011）评估了凝结芽胞杆菌作为益生菌类微生物菌剂对小儿腹泻的临床疗效，结果显示凝结芽胞杆菌进入肠道分泌大量乳酸，恢复肠动力，抑制肠道有害菌并排除肠毒素，恢复肠道菌群平衡。

凝结芽胞杆菌的代谢产物研究较少，仅限于具有抑菌活性的多肽类和抗氧化活性的多糖类大分子的研究，其代谢产物除了有机酸、胺外，尚未见其他小分子报道。凝结芽胞杆菌可以提高机体免疫能力，但其起免疫作用的物质基础还不明确，因此，对凝结芽胞杆菌免疫作用的物质基础进行进一步开发利用具有重要意义。

5. 迟缓芽胞杆菌

迟缓芽胞杆菌为国家农业部第 2045 号公布的《饲料添加剂名录（2013）》允许用于养殖动物的微生物，目前迟缓芽胞杆菌作为添加剂使用的剂型有水剂和粉剂两大类。迟缓芽胞杆菌在胃肠道中主要通过生物夺氧维持肠道生态平衡，它在肠道短时定植后，可以消耗大量的氧气维持肠道厌氧环境，增强肠道对厌氧菌的定植力。此外，迟缓芽胞杆菌在肠道中能将淀粉转化为单糖，再由肠道中其他的菌种将这些单糖转化为乳酸，降低肠道的 pH，从而起到抑制病原菌的作用。

6. 短小芽胞杆菌

短小芽胞杆菌为芽胞杆菌属的一种，显微镜下观察细胞为杆状，革兰氏染色阳性，能运动。菌落形态有半透明状和不透明状两种。短小芽胞杆菌能够分泌活性很强的纤维素酶、脂肪酶、木聚糖酶和果胶裂解酶等，有利于降解大分子物质；还可以产生抗生素及抗菌蛋白等拮抗性物质，抑菌范围广，对多种病原菌有抑制作用；产生的聚-γ-谷氨酸可用于降解塑料。

7. 侧孢短芽胞杆菌

侧孢短芽胞杆菌（*Brevibacillus laterosporu*）在分类学中属细胞生物（Cellular organisms）细菌域（Bacteria）厚壁菌门（Firmicutes）芽胞杆菌纲（Bacilli）芽胞杆菌目（Bacillales）类芽胞杆菌科（Paenibacillaceae）短芽胞杆菌属（*Brevibacillus*）。在自然界中分布较广，在土壤、火山泥流、淡水、海水、昆虫体内、叶表、槐豆、堆肥、牛奶、奶酪、蜂蜜、淀粉类食物、胶制品工厂废水、动物皮毛和鹌鹑等材料中均已分离到。侧孢短芽胞杆菌是一种杆状的、产内生孢子的兼性厌氧细菌，能够产生其特有的独木舟状伴孢体（CSPB），紧紧地依附于芽胞一侧，从而使其芽胞侧生，用甲苯胺蓝或结晶紫染料可使其着色（Smirnova 等，1996）。侧孢短芽胞杆菌细胞大小为（0.5～0.8）μm×（2.5～5.0）μm，生长温度 15～45 ℃，适宜 pH 6～9。一直以来，侧孢短芽胞杆菌特殊的形态学特征引起了众多科研人员的关注。

侧孢短芽胞杆菌具有多种生物活性，且表现出广谱抗菌活性，尤其是对细菌和真菌。近期的全基因组测序结果表明，侧孢短芽胞杆菌还具有产生聚酮化合物、非核糖体肽和毒素等物质的潜力（Sharma 等，2012）。它还能够产生氨基肽酶抑制剂、戊二酰基 7-ACA 酰基转移酶、凝血酶抑制剂、赖氨酸等活性物质，显示了良好的应用前景。此外，侧孢短芽胞杆菌也是哺乳动物和鸟类的益生菌，它所产生的特有抗生素已应用于医药领域。

根据目前存在的问题，对侧孢短芽胞杆菌的研究主要从以下几个方面展开：①对于活菌制剂，可以通过配方优化来提高其稳定性和货架期，也可以根据地域性和不同宿主，有针对性地研制专用菌剂，以提高防治效果和稳定性。②通过诱变育种或基因工程育种进行菌株改良，提高有效代谢产物的产量，推进其代谢产物在生物防治及医药领域上的应用。③将传统方法与现代生物技术相结合，根据其杀虫抗菌特性，研发转基因抗虫和抗病的作物。④继续筛选新型高效稳定性好的生物活性产物，促进代谢产物在各领域的应用。

1.4.4 酵母菌

酵母菌是主要以单细胞形式存在的真菌，以芽殖或裂殖方式进行无性繁殖。酵母菌是一种重要的蛋白质和氨基酸来源，同时酵母菌中富含维生素，尤其是 B 族维生素和维生素 E 及一些必需的矿物质和饲粮纤维资源。其主要功能有：①促进瘤胃发育；②改善瘤胃发酵环境；③影响中性洗涤纤维（NDF）消化率；④影响氮代谢；⑤影响氢代谢及甲烷产量；⑥影响肠道菌群及机体免疫。

1. 产朊假丝酵母

产朊假丝酵母（*Candida utilis*）是公认的畜禽动物益生菌，早在 1989 年就已被美国食品和药品管理局（FDA）和美国饲料官方协会（AAFCC）批准为可直接饲喂动物的安全菌株，2008 年中国农业部也将其列入允许饲喂的菌种目录。产朊假丝酵母菌体所含蛋白质和维生素 B 含量均较高，且生长所需营养物质更简单、可利用许多工农业副产物为原料生长繁殖，菌体代谢后常常散发出宜人的香气，可增加动物摄食欲望、提高生产能力。

2. 酿酒酵母

酿酒酵母（*Saccharomy cescerevisiae*）是酿酒和果汁发酵的重要菌种，是单细胞微生物，属于真菌类，为兼性厌氧菌，耐酸性强，是酵母菌中研究最深入、应用最广泛的一类，在发酵、功能性营养源和生物领域等有重要作用。在农业部第 2045 号公告颁布的《饲料添加剂品种目录（2013）》中，已批准酿酒酵母直接添加到饲料中使用。酿酒酵母具有提高畜禽生产性能、促进肠道发育、调节肠道菌群平衡、改善免疫功能等多种作用，无毒副作用、无污染，不产生耐药性，是一种可以替代抗生素的绿色饲料添加剂，在动物生产中应用十分广泛。

酿酒酵母细胞壁中含有丰富的 β-葡聚糖和甘露寡糖等活性多糖，占细胞壁干物质约 95%，富含蛋白质、氨基酸、小肽、核苷酸等营养成分。酿酒酵母中的必需氨基酸含量约为 20%，且赖氨酸、蛋氨酸、色氨酸、苏氨酸的比例较高（贺淼等，2013）。另外，酿酒酵母中还含有丰富的 B 族维生素，如维生素 B_1、维生素 B_2、泛酸、胆碱、烟酸、肌醇、生物素、叶酸等，以及磷、铁、钙、钠、钾、镁、铜、锌、锰等矿物元素和钴、硒、铬等微量元素。研究表明，酿酒酵母细胞中含有丰富的超氧化物歧化酶（SOD），而 SOD 可以阻断氧自由基对细胞造成的损害，并修复受损细胞，从而起到抗氧化的作用（李宏和单振秀，2009）。

1.4.5 霉菌

1. 黑曲霉

黑曲霉（*Aspergillus niger*）是一种广泛存在于自然界中的丝状子囊真菌，属于真核生物。

黑曲霉的分生孢子头呈黑褐色放射状，顶囊呈球形，双层小梗，多见于粮食、植物性产品以及土壤中，生长的适宜pH为3～7。黑曲霉是重要的工业发酵菌种，在有机酸发酵和工业酶制剂生产等方面有着广泛的应用，很多产品来自黑曲霉的初级和次级代谢产物。因为美国食品和药物管理局（FDA）已经认定许多来自黑曲霉的产物是安全的，所以黑曲霉被广泛用于食品级产物的生产过程中。

黑曲霉生长过程一般分为三个阶段：第一阶段为白色的绒状；第二阶段变成黄色或者鲜黄色；第三阶段生成为黑色厚绒状，背面呈现无色或者中央略带黄褐色的状态。黑曲霉不仅在外源基因的表达上具有很强的能力，在重组子方面还具有非常优异的遗传稳定性。由于黑曲霉生长繁殖快、发酵周期短，不产生有毒有害物质的特性，同时也具备丰富的脂肪酶、蛋白酶等多种酶蛋白表达系统，黑曲霉在酶制剂生产中得到了广泛重视，也是美国食品药品管理局已准许的食品工业酶的主要生产菌之一（陆文清等，2004）。作为工业化产酶的常见菌种之一，黑曲霉所产的酶种类众多，如酸性蛋白酶、淀粉酶、纤维素酶、果胶酶和β-葡萄糖苷酶等。它所生产的酶类产量大、活性高，目前已经广泛用于医药工业、食品工业和废水处理等领域。

2. 米曲霉

米曲霉（*Aspergillus oryzae*）属半知菌亚门丝孢纲丝孢目从梗孢科曲霉属，它的应用历史悠久，早在我国周朝就开始用其酿造豆酱，随后传入日本、朝鲜等亚洲国家，当今也是亚洲发酵食品生产中使用的主要酿造真菌。真菌在生长过程中会分泌大量的次生代谢产物，而这些代谢产物往往是具有有效的生理活性的低分子质量物质，通过分子生物学、生物信息学和比较基因组学的研究，表明真菌次生代谢产物是由成簇的基因编码的。米曲霉基因组已被破译，比同属中重要的病原菌烟曲霉和工业发酵菌黑曲霉大25%～30%，因此米曲霉可能产生更丰富的次生代谢产物。食品安全问题已经是一个全世界关注的问题，其中真菌毒素引起的食品安全问题日益严重，这些毒素就来源于真菌代谢产生的次级产物。虽然米曲霉是目前世界上公认的安全食用菌种，但是随着对米曲霉次生代谢产物的深入研究，发现其中存在少量种类的真菌毒素，具有潜在的食品安全危害，可能对人体健康造成威胁。

米曲霉的应用主要包括以下几个方面。

（1）作为牲畜的益生素　益生素是一种含有大量有益菌及其代谢产物和生长促进因子的活菌制剂，它能维持肠道微生态平衡、提高机体健康水平。1994年我国批准了6种益生菌菌株可以使用，其中包括米曲霉（其余5种为芽胞杆菌、乳酸杆菌、粪链球菌、酵母菌和黑曲霉）。米曲霉及其代谢产物对牲畜、家禽的消化功能、生产性能都有很大影响。孙安权等（2006）研究了米曲霉发酵提取物对瘤胃生态及奶牛生产性能的影响，结果表明，其发酵提取物通过刺激纤维素分解菌的生长，提高纤维素酶的产量，提高饲草中纤维的消化率，改善反刍动物瘤胃生理功能，稳定瘤胃pH，从而达到降低奶牛代谢疾病，提高反刍动物的生产性能及体况，显著提高奶牛抗热应激的能力。Han等（1999）研究指出产蛋鸡饲喂米曲霉益生素，不能排除外源性米曲霉在胃肠道中与内源性菌群有协同互作的作用。

（2）发酵产曲酸　曲酸是一种具有抗菌作用的有机酸，对水果、蔬菜有护色作用，还可以消除人体内自由基，同时具有抑制黑色素生成酶活性的能力，还可用作摄影、胶片去斑剂等，因此在食品、化妆品、农业、医药、化工等行业有着广阔的应用前景。董静等（2005）研究了复合诱变对米曲霉2336产酸量的影响，经过紫外线、$^{60}Co\gamma$射线诱变筛选出1株不产黄曲霉毒素且高产曲酸、能利用玉米淀粉为碳源的突变株。

(3)米曲霉富硒作用　硒是人体生长发育所必需的微量元素,人体缺硒会患克山病、大骨病、高血压、冠心病、皮肤病等,儿童缺硒会影响发育,导致智力低下。但硒多以无机状态存在,且转化为有机硒才能更好地被人体利用,同时有机硒还有较高的生理活性和较低的毒性。米曲霉是很好的富硒载体,文献记载亚硒酸钠浓度为 100 mg/L 时,米曲霉的生物量最大,富硒能力最高,其中有机硒(如硒代蛋氨酸、硒代半胱氨酸、硒代胱氨酸等)含量达到 95%以上,应用前景很好。

1.4.6　光合细菌

光合细菌分布广泛,遍及江河、沼泽、湖泊和海洋等,具有固氮、制氢、固碳、脱硫等作用。光合细菌生命力强,容易培养,生长繁殖速度快,本身无毒,富含蛋白质、维生素、类胡萝卜素等。光合细菌发现于 19 世纪 30 年代,但直到 20 世纪 70 年代才进行了深入、广泛的研究。

1. 光合细菌概念和分类

光合细菌(*Photosynthetic bacteria*,PSB),是一类能够利用光能作为能源进行生长和繁殖的细菌的总称。光合细菌属于真细菌纲,红螺菌目细胞呈圆形、杆形或螺旋形,广泛分布于江河、湖泊、水田以及小麦、水稻的根际土壤。光合细菌对自然界中碳、氧、硫等循环起重要作用。光合细菌分为产氧光合细菌和不产氧光合细菌,其中产氧光合细菌包括蓝细菌和原绿细菌,不产氧光合细菌包括紫色硫细菌,紫色非硫细菌和绿色硫细菌。

2. 光合细菌的代谢

(1)能量代谢　光合细菌主要包括光能营养和化能营养。在光照厌氧条件下,绝大多数光合细菌利用硫化物、单质硫、硫代硫化物、分子氢或有机物为电子供体,通过光合磷酸化过程获取能量,同化 CO_2。

(2)物质代谢　①碳利用和代谢:CO_2 和有机物都可作为光合细菌生长的碳源。光合细菌对有机物利用的能力按照绿色硫细菌、紫色硫细菌、紫色非硫细菌顺序增强。绿色硫细菌主要靠氧化硫化合物和固定 CO_2 进行自养生长。紫色硫细菌利用 CO_2 和无机供氢体,在厌氧光照条件下同化有机物,某些种也可以在微好氧到好氧条件下化能异养利用有机物。紫色非硫细菌因为兼有各种获能方式,利用有机物范围广泛。②含硫化合物代谢:在光合作用中,光合细菌以不同的硫化合物如硫化物、硫单质、亚硫酸盐及硫代硫化物等作为电子供体同化 CO_2。某些光合细菌还可利用硫醇类物质。③氮代谢:光合细菌都能直接同化铵盐,或通过固氮作用将氮气转变为铵盐作为氮源。大多数紫色硫细菌、绿色硫细菌、紫色非硫细菌在微好氧或黑暗条件下都能固氮。④其他代谢:光合细菌氢代谢包括氢吸收和产氢。某些光合细菌在氢酶参与下光合同化 CO_2 的过程中利用氢气作为电子供体。紫色硫细菌、紫色非硫细菌和绿色硫细菌都有产氢的报道。磷在细胞代谢中起关键作用。某些光合细菌具有较强的摄磷能力,摄磷能力与光照强度、pH 和溶液中阳离子量有关。这些光合细菌对于磷酸盐的吸收和积累特性可用于净化有机物和磷污染的海湾污泥(朱鑫等,2015)。

3. 光合细菌的功能

1)光合细菌参与天然产物转化

光合细菌营养成分丰富,含有丰富的蛋白质和氨基酸,是一种优质蛋白质来源。其菌体中含有蛋白质约 65%,可溶性糖类约 20%,粗脂肪约 8%,灰分约 4%,粗纤维约 3%,富含多种维生素,其中维生素 B_{12} 含量约为 88 mg/g,是酵母的 200 倍,还含有大量的促生长物质和生理活性物质，如叶酸、生物素、辅酶 Q 等（郭庆华和戴奕杰，2018）。

2）以光合细菌为基础的保健品开发

在东南亚，人们常用复合光合细菌发酵大米、木瓜、海草制成保健饮料，具有抗氧化功能，对人体肝、肾有保健作用。日本和欧洲学者的研究表明，光合细菌对于维持或恢复人体健康具有有益的促进作用，并申请了相应的专利（专利号分别为 Tokukaisho No. 47-25379 和 EP1172434B1）。为了验证利用光合细菌开发保健品的可行性，方立超（2005）进行了系列研究：在动物试验中，光合细菌对于胃肠黏膜受到水浸束缚应激所致损伤具有改善作用，说明光合细菌在宿主体内对受氧化损伤的胃肠黏膜有保护作用，为光合细菌作为保健品和药品的功效定位提供了一定的依据。在体外试验中，模拟胃液对光合细菌存活率的影响具有菌株特异性和 pH 依赖性；模拟小肠液对光合细菌存活率无显著影响，表明光合细菌有作为益生菌开发的潜力。曾常青等（2007）在六味地黄汤中引入光合细菌发酵进行药物研究发现，与原液相比，经过光合细菌转化的六味地黄汤缓解糖尿病症状的效果更明显，且抗衰老作用亦明显增强，具有较高的开发价值。董建华（2008）以龟板、枸杞子等中草药为原料，经光合细菌发酵而得生物制品，结合该产品辅助治疗的 60 例恶性肿瘤患者的临床表现明显改观[该制品在提高病人的体力状况评分方面效果显著，对肝脏无任何毒副作用]，表明该产品是一种理想的化疗辅助产品。

3）光合细菌参与食品有机污水降解与综合利用

污水处理是光合细菌应用研究的热门课题之一，光合细菌被认为是环境生物修复的理想工具，特别是在重金属吸附方面效果显著，堪称“重金属海绵”。食品生产过程中产生的污水多为有机污水，从理论上说可以为光合细菌的生长提供一定的营养物质。Chitapornpan 等（2013）利用紫色非硫细菌结合厌氧膜光生物反应器处理食品工业废水，平均生物需氧量（biochemical oxygen demand，BOD）和化学需氧量（chemical oxygen demang，COD）去除率分别为 51% 和 58%，其中粗蛋白质占生物质比例为 0.41g/g。谢红刚等（2006）利用光合细菌处理啤酒生产过程中的污水，COD 去除率 82.4%、氨盐去除率 38.7%、亚硝酸盐去除率 63.5%，处理效果与枯草芽胞杆菌类似，而且将光合细菌与枯草芽胞杆菌联合使用，效果更显著，戴晓等（2010）的研究也取得了类似的成果。餐饮业污水中含有高浓度的动植物油脂，主要由 $C_{20}H_{40}O_2$-$C_{16}H_{30}O_2$ 饱和脂肪酸和不饱和脂肪酸组成，油脂凝结固化会堵塞下水道、污染土壤、植物和水体。毛雪慧等（2009）利用固定化光合细菌处理餐饮业的含油污水，其中废油去除率80.1%、氨氮去除率 87.4%、磷酸盐去除率 96.3%。该法与物理法（如离心分离、膜分离法）、化学法（如酸化、化学氧化法）、物理化学法（如浮选、吸附法）和生物化学法（如活性污泥、生物膜法）等相比，具有成本低、投资少、效率高、无二次污染等优点，在含油污水处理方面潜力巨大。

4. 沼泽红假单胞菌

沼泽红假单胞菌属于光合细菌的一种，是目前光合细菌中应用与研究较为广泛的光合细菌之一，也是地球上最古老的微生物之一。沼泽红假单胞菌的用途很多，被广泛应用于农业、渔业、环保、医药等领域，可用于水质净化、污水处理、生物产氢、饲料级微生物添加剂等，被欧美等国家广泛应用于饲料养殖业。1989 年美国 FDA 和美国饲料监察协会（AAFCD）公布了安全可以直接饲喂的微生物菌种名单共 42 种，其中就有沼泽红假单胞菌。1999 年我国农业部第 105 号公告公布可以直接饲喂动物的饲料级微生物添加剂菌种有 12 种，沼泽红假单胞菌是其中之一。根据农业部第 2045 号公告颁布的《饲料添加剂品种目录（2013）》中，饲料级微生物添加剂中饲料级微生物 34 种，沼泽红假单胞菌仍在其中。沼泽红假单胞菌在畜禽养殖方面不仅可以作为一种饲料蛋白，还可以起到益生素的作用；在水产养殖方面，具有改善水质、促进生长、预防鱼病的作用，对产量和成活率均有明显的提高，是优质的饲料添加剂。

1.4.7 复合微生物

1. 乳酸菌复合

聂召龙等(2020)通过生产性能、血清生化指标(谷丙转氨酶、碱性磷酸酶、血清葡萄糖含量)、小肠形态、肠道黏膜细胞因子(肿瘤坏死因子-α、干扰素-γ、白细胞介素-10 和白细胞介素-4)和肠道酶(胰蛋白酶、脂肪酶)活性综合评价，指出饲喂复合乳酸菌(乳酸片球菌：戊糖片球菌：植物乳杆菌=1：1：1)总活菌数为 1.7×10^{10} CFU/d 时能提高早期断奶牦犊牛的生长性能，增强营养物质的吸收利用能力，对肠道发育及免疫能力起到正向调控作用。Yan 等(2019)研究指出日粮中添加复合益生菌(屎肠球菌、乳酸片球菌、双歧杆菌和罗伊氏乳杆菌)提高了盲肠中双歧杆菌含量，改变了盲肠微生物区系组成，降低了软壳率，提高了蛋鸡的骨矿化水平，日粮中添加 2 倍的益生菌没有引起蛋鸡的负面应激反应，复合微生态制剂作用方式可能与肠道微生物组成的调节有关。

2. 乳酸菌和芽胞杆菌复合

孙宏等(2019)研究了两种复合菌剂，分别是植物乳杆菌＋解淀粉芽胞杆菌(LB 组)和植物乳杆菌＋干酪乳杆菌(LL 组)，断奶仔猪饲喂复合菌剂(LB 组与 LL 组)后，显著降低血清中二胺氧化酶和粪便中大肠杆菌的数量。郑伟萍(2017)研究指出，日粮中添加枯草芽胞杆菌、发酵乳杆菌和乳酸片球菌可以提高机体免疫力，缓解炎症，对兔子宫内膜炎有治疗作用。刘凤美等(2018)研究指出，日粮中添加乳酸菌和枯草芽胞杆菌显著提高肉鸡的平均日增重和日采食量、胸腺指数、脾脏指数和法氏囊指数，提高肉鸡血清中 IgG 的水平，并显著降低肠道中大肠杆菌和沙门氏菌的数量，提高乳酸菌的数量。日粮中添加乳酸菌和枯草芽胞杆菌可以显著提高肉鸡的生产性能，并促进机体免疫器官的发育，提高免疫能力，改善肠道微生物区系，促进有益菌增殖，抑制有害菌生长。

3. 乳酸菌和丁酸梭菌复合

袁文华等(2019)研究指出，日粮中添加丁酸梭菌和乳酸菌提高了青年鸽的脾脏指数和法氏囊指数、T-AOC 及 CAT、SOD、GSH-Px 活性，显著降低了 MDA 含量，且复合菌组效果最好；不同程度提高了青年鸽十二指肠内胰蛋白酶、脂肪酶、淀粉酶活力；且可改善青年鸽小肠各段绒毛高度、隐窝深度和绒毛高度/隐窝深度，进而增强青年鸽的免疫力。

4. 乳酸菌、芽胞杆菌、酵母菌复合

刘俊阳等(2019)研究指出，基础日粮中添加含有酿酒酵母、枯草芽胞杆菌和乳酸菌的复合微生态制剂显著提高犊牛粪样中乳酸菌的数量，降低粪样中大肠菌群的数量，同时降低犊牛腹泻率。

5. 芽胞杆菌复合

Yang 等(2020)研究指出，基础日粮中添加复合芽胞杆菌(地衣芽胞杆菌和枯草孢杆菌)可显著提高老龄蛋鸡的产蛋性能、蛋壳强度，改善蛋鸡小肠形态；显著提高盲肠内需氧细菌总数降低大肠杆菌和沙门氏菌数量。

1.5 益生菌在无抗饲料中的应用

饲用微生态制剂是由许多有益微生物及其代谢产物构成的、可以直接饲喂动物的活菌制剂。它们可以在动物胃肠道内抑制和排除有害微生物，代谢产生大量有机酸降低胃肠道内pH，或产生过氧化氢及少量抗菌物质（如乳酸链球菌素、嗜酸素等），从而保证胃肠道的正常菌群结构。动物不断从饲料中获得益生菌可保证消化道有益微生物的绝对优势，维持动物肠道内环境的稳定，保证动物的健康生长。益生菌是一种无毒、无残留、无抗药性的饲料添加剂，是饲料行业中有效的抗生素替代品之一。

1.5.1 益生菌在猪无抗饲料中的应用

1. 益生菌在断奶仔猪无抗饲料中的应用

由于环境和日粮的变化，仔猪断奶期间易发生断奶应激，导致体重和采食量降低，产生腹泻等症状，甚至死亡。益生菌被认为在提高断奶仔猪生长性能和肠道健康的机制方面发挥着重要作用，其不仅可通过肠道占位或竞争排斥抑制病原菌在肠道内的黏附，还可产生一些抑菌物质（如细菌素和有机酸等），降低肠道 pH，抑制病原菌的增殖（Chen 等，2018；Gao 等，2020）。在饲料中添加一定比例的益生菌不仅可改善猪的肠道功能，益生菌产生的蛋白酶、淀粉酶、纤维素酶等还可分解饲料中的营养物质，提高饲料的生物学效价（王四新等，2022）。此外，益生菌还可能通过调节机体免疫功能来发挥其益生作用（陈国福等，2021）。饲料中添加益生菌可使粪便中乳酸菌增多，大肠杆菌数量减少，减少粪便中氨的排放，有助于减少环境污染，同时还可提高断奶仔猪的生长性能和养分消化率（Lan 等，2019）。

益生菌作为抗生素替代物在断奶仔猪日粮中应用效果的研究结果不尽相同。部分研究表明，饲料中添加乳酸产生菌或酵母培养物，可显著提高断奶仔猪的肠道健康、生长性能、干物质消化率等（Jeong 等，2018），减少仔猪断奶腹泻（Shu 等，2001；Taras 等，2006；Bontempo 等，2006）；另一些研究表明，饲料中添加益生菌对断奶仔猪的生长性能无显著影响（Walsh 等，2007）。这可能与各项研究中所添加益生菌的种类、添加剂量以及动物的饲养环境不同有关。此外，有研究显示，与断奶前添加植物乳杆菌相比，仔猪断奶期间添加植物乳杆菌可显著提高仔猪回肠食糜中乳酸的含量和结肠中丁酸产生菌的数量，说明益生菌添加的时间对于其在养猪生产中的应用效果也具有重要的影响（Pieper 等，2010）。不同益生菌对断奶仔猪消化道产生的影响也不同，羊角菌或发酵益生菌产品作为饲料添加剂对断奶仔猪的生长性能、消化率和肠道健康具有有益的影响（Jeong 等，2018）。以丁酸梭菌和芽胞杆菌为基础的益生菌可作为潜在的抗生素替代品，通过调节断奶仔猪结肠微生物群落，增强回肠完整性，改善肠道细胞凋亡，改变微生物-肠-脑轴相关的神经递质和免疫应答（Cao 等，2019）。使用乳杆菌可能通过增强免疫介导的保护机制减轻轮状病毒和大肠杆菌引起的断奶腹泻（Shu 等，2001）。

2. 益生菌在母猪无抗饲料中的应用

益生菌在母猪生产中同样有着不可忽视的作用，在妊娠母猪日粮中添加益生菌，可显著增加母猪的采食量，提高仔猪的断奶重和仔猪的存活率，改善母猪便秘（刘树栋等，2015；王伦学等，2018）。此外，将屎肠球菌添加在母猪及其仔猪饲料中，可以减少致病菌在健康仔猪肠道内的定植，降低衣原体、致病性大肠杆菌感染，从而降低仔猪腹泻。

3. 益生菌在生长育肥猪无抗饲料中的应用

在生长育肥猪的日粮中添加芽胞杆菌、酵母菌和乳酸菌等益生菌可以在一定程度上提高日采食量、日增重和饲料转化率(韦启鹏等,2009;陈勇辉,2020),对养分消化率产生积极影响(Giang 等,2011),促进育肥猪更加健康地发育和生长(李爱倩,2017)。益生菌在肥育猪的抗氧化应激能力和免疫性能方面也能起到很好的效果(刘瑞丽等,2010)。乳酸杆菌和芽胞杆菌混合制剂可以使生长肥育猪的生长性能得到提高(李宗凯等,2020),同时提高猪的胴体品质(林建和等,2019)。除此之外,不少研究发现益生菌可以有效调节猪肠道菌群(阳林芳等,2019),改善腹泻情况(李爱倩,2017),如饲粮中添加地衣芽胞杆菌和枯草芽胞杆菌复合物可提高生长肥育猪的消化率和粪便中乳酸菌的数量,减少粪便氨气和总硫醇的排放量(Lan 等,2019)。在生长育肥猪日粮中添加益生菌在改善料肉比的同时,还可降低饲料成本,增加经济收益(陈勇辉,2020)。

4. 益生菌在猪无抗饲料中的应用注意事项

在使用益生菌作为抗生素替代物应用到猪日粮中时,首先,需注意对使用菌株的益生作用和效果进行系统评价,包括在普通饲养环境和在极端、应激等条件下(Mbye 等,2020);其次,不同益生菌调节肠道菌群组成和肠道健康以及机体免疫功能的机制仍需深入研究,有助于更精准和定向地选择特定益生菌或益生菌组合,提高益生菌对动物的益生作用(钟晓霞等,2020);再者,不同品种的动物或同一品种的不同阶段,甚至同一品种不同个体之间,其对益生菌的响应可能不同。多种益生菌复合,包括同一种属的不同益生菌菌株或不同种属的益生菌组合后,可能能更好地发挥其益生作用(Gália 等,2020)。益生菌饲喂的方式也会对其使用效果产生影响,如一些益生菌株更适宜添加到干料中饲喂给动物,因为其较难抗衡饲料生产过程中各种化学和物理条件的变化。

1.5.2 益生菌在家禽无抗饲料中的应用

1. 益生菌在肉鸡无抗饲料中的应用

益生菌在肉鸡上的作用机制包括以下几个方面。首先,益生菌可通过竞争性吸附、定植作用,抑制病原菌在肠道上皮的黏附,保持肠道菌群正常平衡状态。同时,在肠道菌群稳定,保护肠道不受损伤的同时,一定程度上可以增加小肠绒毛的长度(刘正旭等,2019)。其次,益生菌可通过增加消化酶活性、减少细菌酶活性和氨的产量来调节机体代谢。再者,益生菌可促进肉鸡消化道的生长发育,提高肉鸡的采食量和消化能力。最后,益生菌可促进肉鸡免疫器官(胸腺、法氏囊和脾)的生长发育,使肉鸡的生长性能得到改善(苗永建,2019),或作为抗原刺激肠道淋巴细胞产生免疫球蛋白,益生菌也可通过提高疫苗的抗体效价来增强机体的抗病能力,从而激活机体的免疫系统。如添加嗜酸乳杆菌和酿酒酵母对提高肉鸡生长性能、改善肠屏障功能和消化酶活性(Bai 等,2013)、营养利用和免疫应答均有一定的促进作用(Kumar 等,2013)。

多种益生菌,如罗伊氏乳杆菌、唾液乳杆菌、酵母菌和枯草芽胞杆菌,可显著提高肉鸡的体重和饲料转化效率,降低其死亡率(Kabir 等,2004;Torres-Rodriguez 等,2007)。但也有部分研究结果显示,添加益生菌对肉鸡生长性能无明显影响(Karaoglu 和 Durdag,2005;Lee 等,2010)。益生菌对家禽的益生效应与益生菌的添加剂量有关,且较高剂量益生菌组并不能总得到最佳的生产性能(Huang 等,2004)。益生菌的添加和饲喂方式对其益生作用也会产生影响，例如有研究分别将乳酸菌制剂经饮水添加或拌料发酵后饲喂肉鸡，结果显示，添加乳酸菌组与抗生素组肉鸡生长性能和免疫功能高于乳酸菌饮水添加组，且乳酸菌发酵组雏鸡盲肠乳杆菌数量显著增加，盲肠内容物中氨的质量浓度显著降低（李路胜等，2006）。

益生菌对肉鸡的肉质有改善作用，评价肉品质的指标有 pH、脂肪酸、氧化稳定性等。益生菌添加到肉鸡日粮中会使肌肉 pH 在贮存过程中降低（郑书轩等，2019）。地衣芽胞杆菌、枯草芽胞杆菌等益生菌会使蛋白质、风味氨基酸含量提高。同时在肉鸡日粮中添加益生菌会对肌肉中脂肪造成一定程度的影响。如枯草芽胞杆菌可减少脂质的含量，乳酸菌等可以抑制胆固醇的吸收，从而减少肌肉中胆固醇的含量。酿酒酵母、曲霉菌等具有抗氧化作用，可以显著降低肌肉中饱和脂肪酸的含量，使维生素 E 的含量增加，维生素 E 的增加可以使脂质氧化降低（刘玲伶等，2020）。

饲料中添加益生菌可以明显提高肉鸡的生长性能、免疫器官指数，同时降低血脂、胆固醇水平，并可发挥保护肝脏和心脏的作用，值得注意的是，应依据不同益生菌对不同性别、品种和生长时期肉鸡的不同调控优势，对益生菌制剂进行合理复配，并对组合模式进行适当优化（伏春燕等，2020）。不同的益生菌组合、不同添加量、有效菌含量、肉鸡的日龄均会造成使用效果的不同，对益生菌发挥效应的稳定性有一定的影响（李万军等，2019）。饲养肉鸡的环境温度和湿度会对益生菌的增重效果造成影响，同时益生菌也可以缓解环境造成的应激（苗永建，2019）。

根据肉鸡品种、菌的效果、环境的不同，益生菌对肉鸡的影响也不同，因此肉鸡在不同饲养阶段使用益生菌的效果也不尽相同。一般来说，在幼鸡中使用益生菌可以起到很好的免疫效果（苗永建，2019；谢全喜等，2013；张建梅等，2012），益生菌对幼鸡的促生长作用较好（Yeo 等，1997；Schneitz 等，2016）。

2. 益生菌在蛋鸡无抗饲料中的应用

在蛋鸡日粮中添加益生菌，有利于提高蛋鸡的生产性能。如粪链球菌可以提高蛋重和蛋白的质量，混合干酪乳杆菌和嗜酸乳杆菌可以使饲料转化率得到提高（苗永建，2019）。枯草芽胞杆菌和海洋红酵母菌对蛋鸡生长性能、肠道形态、免疫功能均有改善作用（李玲茜等，2020）。

关于益生菌对家禽肠道微生物区系调控作用的研究较多。有研究表明，枯草芽胞杆菌可显著减少家禽肠道中大肠杆菌的数量，而其对肠道乳酸杆菌数量的调控结果则不一致。例如有研究发现，添加不同浓度枯草芽胞杆菌（$7.27\times10^{8}\sim7.27\times10^{11}$ CFU/g）显著降低了回肠乳酸杆菌的数量（Molnár 等，2011），也有研究得出添加 10^{8} CFU/g 枯草芽胞杆菌 UBT-MO2 株后回肠和盲肠乳酸菌有增加的趋势，但是变化不显著（Zhang 等，2013）。以上这些研究结果的不同可能是枯草芽胞杆菌的不同菌株对乳酸杆菌的数量变化的影响差异较大，再者枯草芽胞杆菌与乳酸菌之间存在具体的调控机制也有待进一步研究。此外，枯草芽胞杆菌还可有效抑制鸡胃肠道产气荚膜梭菌的数量，抑制坏死性肠炎的发生（La Ragione 等，2003；Sathishkumar 等，2013）。丁酸梭菌是一种产丁酸、产芽胞的厌氧革兰氏阳性菌。研究表明，丁酸梭菌可显著降低肉仔鸡盲肠中大肠杆菌、沙门氏菌和产气荚膜梭菌的数量，增加乳酸杆菌和双歧杆菌的数量（Yang 等，2012；Zhang 等，2011）。乳酸杆菌添加到肉鸡饲料中，可通过产生大量有机酸、细菌素等代谢产物，降低肠道 pH，抑制病原微生物增殖（Jin 等，2011；Kalavathy 等，2003）。

1.5.3 益生菌在反刍动物无抗饲料中的应用

1. 益生菌对反刍动物的作用功效

新生反刍动物的胃肠道是无菌的，出生后受环境以及日粮影响，幼龄反刍动物肠道菌群呈高度动态变化，此时由于肠道微生态系统极不稳定，容易导致病原微生物定植，引起呼吸道疾病、腹泻等(Uyeno 等，2010)。幼龄反刍动物日粮中使用微生态制剂可协助其建立和维持正常的胃肠道微生态系统，促进消化器官发育，提高饲料消化率，从而减轻营养性腹泻。益生菌在幼龄反刍动物瘤胃中可代谢产生乙酸、丙酸、二氧化碳和过氧化氢等代谢产物，不仅可降低瘤胃 pH，还可作为糖异生的前体物质供能，对幼龄反刍动物的生长和健康具有重要影响(Bahari，2017)。添加由乳酸菌和酵母菌等制成的产酶益生素可提高早期断奶羔羊的生长性能和饲料利用率，增强免疫机能，降低腹泻发生率(周力等，2020)。成年反刍动物胃肠道系统较为稳定，瘤胃微生物与宿主是共生关系，参与宿主对日粮中纤维的消化和短链脂肪酸的产生、微生物蛋白质和维生素合成等生理过程。瘤胃微生物也可对反刍动物肠道微生物组成产生影响，肠道微生物在提高宿主消化利用率，刺激增强免疫应答，维持肠道蠕动和肠黏膜的完整性，以及竞争性抑制病原微生物的定植方面起到重要作用(Abd，2016)。在饲喂母羊含益生菌的干草日粮后，断奶后的断奶体重、日平均增重和健康状况均有所改善(Khattab 等，2020)。有研究表明，饲粮中添加益生菌制剂可提高舍饲山羊的生长性能，改善其机体免疫水平和抗氧化功能(尚含乐等，2019)。

2. 益生菌用于反刍动物无抗饲料中的常用菌种

反刍动物生产中常用的益生菌主要有乳酸菌、丁酸梭菌和酵母菌等。研究表明，活酵母有利于新生羔羊瘤胃建立良好的微生物菌群，提高瘤胃发酵能力(Chaucheyras 等，2002)，但其效果有时并不稳定(He 等，2017；Alugongo 等，2017)。在奶牛中常用的益生菌主要是各种酵母，尤其是酿酒酵母，能显著提高奶牛的日增重，改善消化率，增加肠道中乳酸菌数量(Ghazanfar 等，2015)。育肥牛饲喂活性酵母和酵母培养物都能改善屠宰性能，提高肉的嫩度和风味，且活性酵母改善育肥牛的采食及增重效果优于酵母培养物(耿春银，2015)。虽然酵母及其代谢产物的作用机制尚未被详细阐明，但一般认为酵母能快速消耗瘤胃内氧气，影响瘤胃发酵速率和模式，从而提高养分在瘤胃的降解率。酵母菌还通过刺激特定纤毛虫类原生动物种群对淀粉的吞噬作用，有效抑制产乳酸盐细菌(如牛链球菌)的增殖，促进乳酸利用菌(埃氏巨球型菌、反刍兽新月形单胞菌)的增殖，从而有效地提高和稳定瘤胃 pH，减少瘤胃酸中毒的发生(Thrune 等，2009；Rossi 等，2004)。

有研究表明，丁酸梭菌能提高犊牛和育成牛的生长性能，降低腹泻率，改善其抗氧化能力和免疫功能，这可能与丁酸能作为能源物质促进瘤胃上皮细胞发育有关(李文茜，2019)。在成年反刍动物生产上，乳酸菌和肠球菌联合应用可以降低瘤胃酸中毒风险(Nocek 等，2002)。利用乳酸作为能量来源的埃氏巨球型菌或丙酸杆菌可作为直接喂养的微生物，以避免瘤胃内乳酸的过量(Stein 等，2006)。当前，有少量研究通过筛选高抗菌活性或利用基因工程技术挖掘益生菌潜在功能性，例如有研究者对肉牛乳酸菌潜在益生菌的筛选结果表明，链球菌 F30 菌株对低 pH、胆盐和致病菌(沙门氏菌、大肠杆菌)有较好抗性，并表现出对链霉素、庆大霉素具有内在抗药性，可作为一种潜在的饲料添加剂(Puphan 等，2015)。

由于反刍动物瘤胃菌群的复杂性，实际生产中更多地考虑添加复合菌剂来发挥益生菌制剂更大的效果。复合菌剂在使用过程需要考虑益生菌间的协同或拮抗作用，不同益生菌之间的配比，从而达到最佳的使用效果，弥补单一菌剂的作用缺陷（Rodríguez 等，2014；Gao 等，2018）。不同复合益生菌对不同动物产生的效果不同，如由植物乳杆菌、酵母菌组成的复合益生菌制剂可提高舍饲山羊的血清免疫球蛋白含量，改善其抗氧化功能，并具有提高其育肥性能的趋势（彭涛等，2020）。适量添加复合益生菌对绵羊瘤胃发酵具有一定的促进作用（李常瑞等，2017），能够提高绵羊干物质降解率和产气量，促进氨氮产生，同时使瘤胃 pH 保持在正常范围内（冀国珍，2016）。奶牛饲粮中添加复合益生菌可以改变瘤胃发酵环境，提高瘤胃内纤维素酶活（刘彩娟等，2011）。成牛日粮中添加寡糖和复合益生菌剂可提高生长性能、免疫功能和抗氧化性能，同时可以降低氨气的排放净化养殖环境（梁金逢等，2019）。

1.5.4 益生菌在水产动物无抗饲料中的应用

1. 益生菌在水产养殖中的作用机制

益生菌在水产动物养殖中具有净化水质、预防疾病和促进水产动物生长等作用，由于其安全、环保、无抗性，是抗生素的理想替代品，具有重要的研究价值和广阔的应用前景。

益生菌在水产养殖中的机理主要包括以下几个方面。首先，益生菌可通过氧化、硝化、反硝化、硫化、解硫和固氮等作用，降低水体中氨氮、亚硝氮和硫化氢等有害物质含量，并且可降解水产动物排泄物、残余的饵料以及动植物的残骸等，从而改善养殖水质（于振海等，2015；罗杰等，2018；朱光来等，2019）。其次，对环境适应能力较强的益生菌在水体中可大量增殖，进入水产动物肠道后可通过与病原菌竞争附着位点，从而起到抑制病原菌生长和维持肠道微生态平衡的作用（邵林等，2018；叶海斌等，2018）。再者，益生菌在水产动物肠道中与免疫系统互作，可提高淋巴细胞和吞噬细胞活性，增强水产动物免疫和抗病力（Antoine 等，2010；方庆等，2018；刘龙镇等，2018）。最后，益生菌也可通过影响水产动物肠道通透性和肠道神经系统等，调控宿主脂肪组织代谢和沉积，从而达到增重增产的效果（王清芳等，2016；Anita 等，2016）。另外，益生菌对水产动物繁殖能力影响的研究较少。水产动物的性腺脂肪酸组成、仔鱼成活情况、成熟系数等是繁殖能力的评价指标，枯草芽胞杆菌、丁酸梭菌、粪肠球菌等益生菌能在一定程度上提高水产动物的繁殖能力（史东杰等，2020）。

2. 益生菌在水产养殖中的常用菌种

水产养殖中常用益生菌类型主要有沼泽红假单胞菌、枯草芽胞杆菌、酵母菌和乳酸菌等。沼泽红假单胞菌是光合细菌的一种代表菌，可在厌氧光照或好氧黑暗的情况下，利用有机物、硫化物、氨氮等进行光合作用。沼泽红假单胞菌对水体氨氮降解能力较强，但在水产养殖中无法单独分解饵料、排泄物、浮游生物残体等大分子有机物（文刚等，2017）。沼泽红假单胞菌体内富含蛋白质、多种维生素、辅酶 Q 和类胡萝卜素等生理活性物质，将其添加到鱼饵料中可显著增加鱼类消化吸收、免疫功能和生产性能（黎建斌等，2013）。枯草芽胞杆菌具有耐高温、耐酸碱、耐防腐剂、耐抗氧化剂的特性，在制作粉状制剂过程中易存活、易加工、便于贮藏（王思念等，2018）。枯草芽胞杆菌能够分泌蛋白酶、淀粉酶、脂肪酶等多种酶类，以及脂肽类、肽类和磷脂类等抑菌物质，不仅可抑制真菌、细菌、病原体的生长，维持水生动物肠道微生态平衡，还可提高水产动物的饲料利用率（苏艳莉等，2016）。枯草芽胞杆菌能够快速分解水体中的饵料、排泄物、浮游生物残体等大分子有机物，并且能够降解和直接利用硝酸盐与亚硝酸盐，有改善水质的作用。但在制作饲料过程中，随着饲料含水量的升高，易造成枯草芽胞杆菌孢子的萌发，进而导致菌种失活。乳酸菌是健康人体、动物肠道存在的主要优势菌群，对机体的免疫系统、营养状态、毒性反应、应激反应等具有重要调控作用（高鹏飞等，2014）。乳酸菌在水生动物肠道内大量生长繁殖，能够使肠道环境呈酸性，抑制大肠杆菌、沙门氏菌等有害菌体的生长。酵母菌是一种以芽殖为主的专性或兼性厌氧型真菌，酵母菌富含蛋白质、核酸、B 族维生素、矿物质等多种营养物质，有助于促进肠道有益菌的生长，提高水产动物的消化率，还可起到抗菌消炎、抗肿瘤、抗病毒等作用。

3. 益生菌在水产无抗饲料应用中的注意事项

水产动物使用益生菌的注意事项：益生菌应用于饲养水产动物的研究较多，但是这类产品评价体系尚未完备。不同动物胃肠道 pH、温度、酶类（张璐，2008）对益生菌的定植和黏附能力会产生一定的影响（郝生宏，2004）。不少研究表明在水产动物消化道内不能优势定植的部分外源益生菌，也能影响消化道环境，优化菌群结构（练小军等，2020）。除此以外，部分益生菌在水产动物中的免疫作用是通过细菌本身或细胞壁成分刺激非特异性免疫系统实现的（Stephensen 等，1996）。益生菌应用于水产动物前，应评价其安全性、耐受性以及对水产动物和水环境造成的影响。

参考文献

邴狄祥，张琳，郭世堂，等. 不同生长因子对植物乳杆菌固体发酵的影响[J]. 当代化工，2020，19(1)：212-215.

蔡君. 屎肠球菌固态发酵工艺优化与应用研究[D]. 武汉：华中农业大学，2011.

曹振辉，潘洪彬，张鲜焰，等. 戊糖片球菌的益生功能及其在食品科学领域中的应用[J]. 安徽农业科学，2016，44(9)：106-108.

陈大卫，刘莎莎，黄玉军，等. 具有潜在抑制肠道致病菌能力的乳酸菌的筛选[J]. 安徽农业科学，2017，45(34)：78-80.

陈国福，李宁，程皇座，等. 益生菌制剂对肥育猪生长性能、免疫机能和粪便微生物含量的影响[J]. 养猪，2021，174(1)：49-51.

陈娟，侯义江，宋丹，等. 微囊化粪肠球菌和酵母菌对育成期河北柴鸡生长和血清指标的影响[J]. 饲料工业，2016，37(14)：32-36.

陈凯，李纪顺，杨合同，等. 越南伯克霍尔德氏菌 B418 微胶囊的制备及其稳定性[J]. 农药，2011，50(7)：501-503.

陈明，王记成，张和平. 干酪乳杆菌 IMAU60149 的存活性及其对人工胃肠液的耐受性研究[J]. 中国乳品工业，2013，41(07)：4-6.

陈胜杰，高翔，袁戎宇. 真空冷冻干燥法制备益生菌粉的冻干保护剂配方优化[J]. 食品工业科技，2021，42(1)：182-187，196.

陈心仪，Rebekah，Rawlings. 亚洲地区饲料和畜禽养殖业霉菌毒素危害实况[J]. 饲料广角，2008(10)：39-42.

陈勇辉. 复合益生菌在生长肥育猪无抗养殖中的应用研究[J]. 畜禽业，2020(31)：1-2.

陈振强. 屎肠球菌在断奶仔猪日粮中的应用效果研究[D]. 武汉：武汉轻工大学，2014.

程桂林，徐淑芳，刘凤华，等. 大蒜挥发油对猪鸡四种常见致病菌的抗菌效果[J]. 动物营养学报，2009，21(4)：554-560.

代飞燕，朱春贤，项勋，等. 中草药黄荆复方提取物的体外抑菌试验[J]. 云南农业大学学报，2005，20(5)：

702-704.

戴晓，张光明. 光合细菌(Z08)啤酒废水资源化研究[J]. 哈尔滨工业大学学报，2010，42(6)：937-940.

邓文，徐彬，孙全友，等. 地衣芽胞杆菌和低聚木糖对断奶仔猪生长性能、肠道形态和通透性及粪便微生物的影响[J]. 中国饲料，2019(15)：40-44.

丁素娟，王薇薇，李爱科，等. 益生菌肠道黏附性研究进展[J]. 饲料工业，2016，37(23)：55-61.

董建华. 经光合细菌代谢的六味地黄汤质量研究[D]. 广州：广东药学院，2008.

董静，孟宪军，郑艳，等. 复合诱变对米曲霉 2336 产酸量的影响[J]. 食品与发酵工业，2005，31(9)：32.

董正林. 微囊化粪肠球菌和油茶籽提取物对肉鸡生长性能、免疫性能与肠道黏膜屏障功能的影响[D]. 武汉：武汉轻工大学，2016.

杜依登. 番木瓜籽异硫氰酸酯的制备及其特性研究[D]. 天津：天津科技大学，2015.

段海涛. 高效调质低温制粒畜禽饲料加工工艺及其对生长育肥猪生长性能的影响研究[D]. 北京：中国农业科学院，2018.

范利霞. 复合微生态制剂的研制及其对反刍动物免疫机能的影响[D]. 呼和浩特：内蒙古农业大学，2010.

方立超，黄雪峰，杜珍辉，等. 产生辅酶 Q_(10)的光合细菌菌株的分离及鉴定[J]. 微生物学报，2005(5)：772-775.

方琳，邢成军，张静. 饲料生产和贮存中影响维生素稳定性的因素[J]. 吉林畜牧兽医，2005(4)：22-26.

方庆，李璟，王利. 沼泽红假单胞菌与枯草芽胞杆菌对鲫鱼 IL-8 和 IL-10 基因表达的影响[J]. 水产养殖，2018，39(10)：51-54.

冯超. 植物乳杆菌微胶囊制备技术及其消化道耐受性研究[D]. 南昌：南昌大学，2012.

伏春燕，张燕，姚启蒙，等. 益生菌对肉鸡生产性能和免疫机能的影响[J]. 山东农业科学，2020，52(2)：111-116.

付佳莹，丁建，谢冰花，等. 凝结芽胞杆菌培养基确定与高密度发酵条件优化研究[J]. 畜牧兽医科学(电子版)，2019(2)：5-8.

付跃，柳雨珠，韦秋艳，等. 绿色木霉和米曲霉混合固体发酵产纤维素酶的工艺条件[J]. 贵州农业科学，2019，47(5)：61-65.

高鹏飞，张善亭，赵树平，等. 乳酸菌在水产养殖业中的应用[J]. 家畜生态学报，2014，35(7)：82-86.

高贤申. 生物反应器在设计、制造和使用过程中的质量控制及验证策略探讨[J]. 化工与医药工程，2020，41(1)：15-23.

葛龙，李波. 屎肠球菌在饲用微生态制剂中的研究与应用[J]. 饲料与畜牧，2013(6)：57-59.

耿春银. 活性酵母与酵母培养物饲喂育肥牛生长性能、胴体指标和牛肉品质的比较[D]. 北京：中国农业大学，2015.

耿文超，关今韬，程申，等. 副干酪乳杆菌的功能特性及其应用研究进展[J]. 生物加工过程，2018，16(4)：1-7.

耿笑林，张翼，刘鹏，等. 副猪嗜血杆菌高密度发酵工艺研究[J]. 畜牧与饲料科学，2018，39(11)：1-6.

郭建军，熊大维，曾静，等. 响应面法优化粪肠球菌包被发酵培养基[J]. 食品工业科技，2019，40(21)：90-95，103.

郭美锦，庄英萍. 生物过程关键技术及装备开发进展[J]. 生物产业技术，2014(6)：7-13.

郭庆华，戴奕杰. 光合细菌在食品工业中的应用研究进展[J]. 食品与发酵科技，2018，54(1)：101-103，126.

郭蕴劼，宋渊，王婷婷，等. 饲用微生态制剂及其微囊化研究进展[C]. 中国畜牧兽医学会动物微生态学分会. 第四届第九次全国学术研讨会暨饲料和动物源食品安全战略论坛论文集(上册). 中国畜牧兽医学会动物微生态学分会：中国畜牧兽医学会，2008：61-66.

韩金凤，贺建华. 微胶囊化益生菌制备方法在饲料业中的应用[J]. 饲料广角，2017(12)：31-33.

韩路路，毕良武，赵振东，等.微胶囊的制备方法研究进展[J].生物质化学工程，2011，45(3)：41-46.

郝生宏.益生菌制粒后活性及其对肉仔鸡生产性能、血液生化指标和肠道微生物的影响[D].太谷：山西农业大学，2004.

贺红军，李宜春，张雪婷，等.微胶囊法提高益生菌抗逆性的研究[J].食品工业，2017，38：188-193.

贺森，周安国，王之盛，等.复合酵母的营养价值评定[J].动物营养学报，2013，25(8)：1904-1910.

侯改凤.德氏乳杆菌对育肥猪生长性能、猪肉品质及脂肪沉积影响研究[D].长沙：湖南农业大学，2015.

侯旭彤.乳酸菌发酵马铃薯及其高密度的研究[D].天津：天津科技大学，2018.

呼红梅，林松，武英，等.饲粮添加益生菌对猪生长性能和肉品质的影响[J].养猪，2017(2)：50-53.

华均超，张邦辉，周明，等.屎肠球菌 T013 复合制剂在断奶仔猪生产中的应用研究[J].安徽农业科学，2012，40(11)：6519-6523.

华均超.屎肠球菌培养条件的优化及其复合益生菌在猪中饲用效果的研究[D].合肥：安徽农业大学，2012.

黄卫强，张和平.饲用微生态制剂替代抗生素的研究进展[J].中国微生态学杂志，2015，27(4)：488-494.

冀国珍.绵羊复合微生态制剂的菌种筛选与冻干条件研究[D].呼和浩特：内蒙古农业大学，2016.

景翠，李福彬，赵驻军，等.日粮添加地衣芽胞杆菌对蛋鸡肠道菌群与形态结构的影响[J].中国家禽，2012，34(4)：18-20.

兰玲峰，李学优，曹丁，等.地衣芽胞杆菌固体高密度发酵研究[J].轻工科技，2018，34(5)：22-24，63.

李爱科，林燕，赵永欣.饲用抗生素替代品研究进展[J].饲料工业，2013，34(20)：1-6.

李爱科，王薇薇，韩飞，等.粮油资源高效饲料转化技术在饲用抗生素替代中的应用[J].动物营养学报，2014，26(10)：2924-2933.

李爱倩.益生菌猪发酵剂微生物发酵饲料饲喂断奶仔猪和育肥猪的效果研究[J].兽医导刊，2017(12)：250.

李彬.现代发酵工程展望[J].商洛师范专科学校学报，2003(4)：48-51，54.

李常瑞，冀国珍，谢明欣，等.不同精粗比底物条件下复合益生菌液添加量对蒙古绵羊瘤胃发酵体系的影响[J].黑龙江畜牧兽医，2017(19)：52-56.

李宏，单振秀.利用几种生物原料提取 SOD 的比较研究[J].贵州农业科学，2009，37(3)：93-95.

黎建斌，何为，李大列，等.沼泽红假单胞菌对罗非鱼养殖水质及生长的影响[J].河北渔业，2013，6：8-10.

李杰，李炳仁，李琴.乳制品中嗜酸乳杆菌的益生特性[J].黑龙江八一农垦大学学报，2011，23(3)：43-46.

李莉媛.19 株饲用益生菌体外性能评价及优良菌株的筛选[D].郑州：河南工业大学，2012.

李玲茜，惠俊楠，吴旻，等.海洋红酵母菌和枯草芽胞杆菌对蛋雏鸡生长性能、肠道形态和免疫功能的影响[J].中国畜牧杂志，2020，56(3)：88-94.

李路胜，周响艳，冯定远.乳酸菌对麻羽肉鸡生长和免疫机能的影响研究[J].饲料工业，2006(20)：39-41.

李明慧，尚一娜，霍麒文，等.高密度发酵培养条件对 LIP-1 抗冷冻活性的影响[C].中国食品科学技术学会.益生菌：技术及产业化——第十二届益生菌与健康国际研讨会摘要集.中国食品科学技术学会：中国食品科学技术学会，2017：116.

李素霞.屎肠球菌益生特性及其对母猪繁殖性能和健康的影响[D].北京：中国农业科学院，2013.

李万军，田玉民，张志刚.益生菌及有机酸复合制剂对大骨鸡生产性能、免疫及肉品质的影响[J].饲料研究，2019，42(7)：43-46.

李卫芬，文静，吴红照，等.枯草芽胞杆菌对肉鸡生长性能和肠黏膜抗氧化及免疫功能的影响[J].中国畜牧杂志，2011，47(9)：58-61.

李文静，梁运祥，赵述森.3 株罗伊氏乳杆菌生物学特性的分析比较[J].微生物学通报，2016，43(5)：1035-1041.

李文茜.丁梭菌对犊牛及育成牛生产性能、血液指标和瘤胃发酵的影响[D].哈尔滨：东北农业大学,2019.

李笑笑.核桃内种皮多酚的提取及核桃油与核桃蛋白粉的稳定性研究[D].无锡:江南大学,2017.

李寅,高海军,陈坚.高细胞密度发酵技术[M].北京:化学工业出版社,2006.

李毅,王国良,赵海明,等.粪肠球菌优C100在肉鸡生产中的应用效果试验[J].中国畜牧业,2013(23):54-55.

李宗凯,陆扬,刘家俊,等.益生菌对生长肥育猪生长性能、肉品质和结肠菌群的影响[J].南京农业大学学报,2020,43(3):523-528.

练小军,朱开玲,张庆起,等.饲料添加益生菌对多病原阳性的凡纳滨对虾生长与存活的影响[J].渔业科学进展,2020,41(2):121-130.

梁金逢,文信旺,周晓情,等.TMR日粮添加寡糖和复合益生菌对育成牛生长性能、免疫功能及抗氧化功能的影响[J].饲料工业,2019,40(15):41-44.

梁新晓.乳化法制备发酵前包被益生菌微胶囊及效果评价[D].长沙:湖南农业大学,2014.

梁新晓,贠婷婷,田科雄,等.内源乳化凝胶化法制备海藻酸钙微胶珠的工艺优化[J].食品科学,2014,35(12):35-40.

廖波,王薇薇,王永伟,等.饲用乳酸菌在畜禽养殖上的应用研究进展[J].中国饲料,2019(19):13-18.

林建和,张娟,陈张华.芽孢杆菌对育肥猪生长性能和肉品质的影响[J].中国饲料,2019(16):55-59.

刘波.芽胞杆菌-第四卷-芽胞杆菌脂肪酸组学[M].北京:科学出版社,2019.

刘彩娟,孙满吉,孙金艳,等.饲粮中添加复合益生菌对奶牛瘤胃发酵及纤维素酶活的影响[J].动物营养学报,2011,23(5):821-827.

刘凤美,张磊,黄彬.日粮添加益生菌对肉鸡生产性能、免疫功能和肠道菌群的影响[J].中国饲料,2018(24):39-43.

刘虎传,张敏红,姜海龙.益生肠球菌的研究进展[J].动物营养学报,2011,23(12):2090-2096.

刘俊阳,高爱武,成立新,等.复合微生态制剂对犊牛生长性能、粪样微生物和血液指标的影响[J].畜牧与饲料科学,2019,40(4):21-25,64.

刘开放,席志文,黄林娜,等.布拉酵母高密度发酵培养基及发酵工艺优化[J].食品科学,2019,40(8):56-62.

刘利利,周勇,卢宗梅,等.植物乳酸菌高密度发酵培养基优化[J].当代化工,2020,49(4):616-619.

刘玲伶,白高洁,黄荣春.益生菌对改善家禽肉质的影响[J].农家参谋,2020(7):5.

刘龙镇,田相利,王明阳,等.不同复合微生态制剂添加方式对凡纳滨对虾生长、非特异性免疫及抗病力的影响[J].中国海洋大学学报(自然科学版),2018,48(12):23-31.

刘明珠.乳酸粪肠球菌耐受性、抑菌作用及其对瘤胃发酵功能影响研究[D].南昌:江西农业大学,2013.

刘齐,卢娜.嗜酸乳杆菌的研究现状与趋势[J].科技创业月刊,2009,22(12):79-80.

刘琼,王海燕,贠婷婷,等.响应面法优化前包被屎肠球菌超声计数条件的研究[J].中国饲料,2018(12):18-21.

刘瑞丽.复合益生菌发酵非常规饲料对肥育猪生产的影响[C]//中国畜牧兽医学会动物营养学分会第六次全国饲料营养学术研讨会论文集.中国畜牧兽医学会动物营养学分会,中国畜牧兽医学会,2010:156.

刘树栋,安文亭,陈宝江,等.益生菌对母猪生产性能的影响[J].黑龙江畜牧兽医,2015(12):50-51.

刘松,董晓芳,佟建明,等.饲粮添加粪肠球菌对蛋鸡生产性能、蛋品质、脂质代谢和肠道微生物数量的影响[J].动物营养学报,2017,29(1):202-213.

刘文彬,马秋刚,邓程君,等.微囊包被处理屎肠球菌制粒耐受性的评价[J].中国农业科学,2012,45(6):1169-1175.

刘晓岩,孙曼琴,候杰.环丙沙星对幼龄大鼠软骨的影响[J].中国抗生素杂志,2000(6):457-461.

刘学云,于新,何嘉敏,等.三种乳酸菌相互作用及混合发酵条件优化研究[C]//广东省食品学会、国药励展展览有限责任公司."健康中国 2030 · 健康食品的安全与创新"学术研讨会暨 2018 年广东省食品学会年会论文集. 广东省食品学会、国药励展展览有限责任公司:广东省食品学会,2018:41-47.

刘耀文,徐明明,康克浪,等. 植物乳杆菌的生理功能及其在鸡生产中的应用[J]. 广东饲料,2017,26(5):29-31.

刘正旭,Veerle H,Stefaan B. 益生菌作为抗生素替代品在肉鸡营养中的作用[J]. 国外畜牧学(猪与禽),2019,39(9):48-49.

陆文清,李德发,邓萍. 黑曲霉固态发酵饲用复合酶酶活分析[J]. 中国饲料,2004(3):21-23.

罗杰,李锋,刘皓,等. 2 种复合微生态制剂对大海马幼鱼生长存活及水质影响[J]. 水产养殖,2018,39(1):1-7.

罗园春. 生物微胶囊的制备及其应用研究[D]. 深圳:深圳大学,2015.

麦热姆妮萨 · 艾麦尔,乌斯满 · 依米提,阿迪拉 · 多力坤,等. 具有高效抑菌活性的肠道乳酸菌的筛选[J]. 食品工业科技,2012,33(24):210-214.

毛雪慧,徐明芳,刘辉,等. 光合细菌固定化及其处理含油废水的研究[J]. 农业环境科学学报,2009,28(7):1494-1499.

孟顺利,张力,史兆国,等. 绿色木霉、红芝、酵母三菌混合发酵稻草秸秆生产蛋白饲料条件的研究[J]. 甘肃农业大学学报,2015,50(6):6-11.

孟甜,田丰伟,陈卫,等. 一种利用 RT-HPLC 分析乳酸菌产生物胺的方法[J]. 微生物学通报,2010,37(1):141-146.

苗永建. 益生菌在养鸡生产中的应用[J]. 今日畜牧兽医,2019,35(11):67.

聂召龙,潘浩,刘书杰,等. 复合乳酸菌对早期断奶牦犊牛生长性能、血清生化指标、肠道发育及消化酶活性的影响[J]. 动物营养学报,2020,32(8):3760-3770.

潘宝海,孙冬岩,孙笑非,等. 不同微生物饲料添加剂对断奶仔猪生长性能的影响[J]. 饲料研究,2014(5):46-47.

潘春梅. 微生态制剂生产与应用[M]. 北京:中国农业大学出版社,2014.

潘秋月. 微胶囊双歧杆菌的制备及其特性研究[D]. 北京:中国农业大学,2015.

庞洁,周娜,刘鹏,等. 罗伊氏乳杆菌的益生功能[J]. 中国生物工程杂志,2011,31(5):131-137.

彭勃,冯孔龙,苗建银,等. 副干酪乳杆菌 FX-6 产抗菌肽粗提物对荔枝贮藏品质的影响[J]. 食品科学,2018,39(7):249-255.

彭涛,郭贝贝,张水印,等. 复合益生菌制剂对舍饲山羊育肥性能和血清生化指标的影响[J]. 动物营养学报,2020,32(1):440-446.

彭新颜,于海洋,李杰,等. 乳酸菌抗氧化作用研究进展[J]. 食品科学,2012,33(23):370-374.

綦文涛,于炜婷,张晓琳,等. ACA 微囊化酵母菌生长和代谢的研究[C]//中国畜牧兽医学会动物微生态学分会. 第三届第八次全国学术研讨会暨动物微生态企业发展战略论坛论文集. 中国畜牧兽医学会动物微生态学分会:中国畜牧兽医学会,2006:168-175.

权淑静,张永战,徐文涛,等. 桔绿木霉产木聚糖酶固体发酵条件研究[J]. 河南科学,2018,36(2):165-169.

任士飞,张林吉,迟兰,等. 鸭沙门菌高密度发酵工艺的研究[J]. 山东畜牧兽医,2020,41(1):1-3.

任一林. 乳酸共聚酯的微生物合成及高密度发酵盐单胞菌的构建[D]. 北京:清华大学,2018.

容庭,何前,陈庄. 屎肠球菌及其在仔猪生产上的研究现状[J]. 饲料工业,2008(22):55-57.

尚含乐,郭贝贝,彭涛,等. 饲粮中添加益生菌制剂对舍饲山羊生长性能及血清生化指标的影响. 动物营养学报,2019,31(2):699-704.

邵林,李璟,乐露,等. 枯草芽孢杆菌和沼泽红假单胞菌对鲫鱼免疫机能的影响及其代谢产物的抑菌活性研究[J]. 黑龙江畜牧兽医,2018(20):176-178.

沈中艳，赵述淼，梁运祥．耐胃肠道环境及肠道病原菌拮抗的猪源乳酸菌的分离与筛选[J]．华中农业大学学报，2007(3)：348-352.

史东杰，胡金有，李文通，等．复合益生菌对锦鲤性腺脂肪酸组成、繁殖力及仔鱼成活率的影响[J]．大连海洋大学学报，2020，35(5)：680-685.

石英军，黄兴国．乳酸杆菌的生物学功能及在动物生产中应用研究[J]．饲料研究，2011(6)：19-21.

宋雅娟．壳聚糖/黄原胶益生菌微胶囊制备及应用[D]．西安：陕西科技大学，2015.

孙宏，吴逸飞，沈琦，等．复合微生态菌剂对断奶仔猪生长性能、血清生化指标及粪便微生物的影响[J]．中国畜牧杂志，2019，55(1)：114-118.

孙力军，王雅玲，刘唤明，等．一种新型抗菌肽 APNT-6 的溶血性和急性毒性评价[J]．水产学报，2012，36(6)：974-978.

孙梦楚，晁二昆，苏新尧，等．产 β-香树脂醇酿酒酵母细胞构建及高密度发酵[J]．中国中药杂志，2019，44(7)：1341-1349.

孙文伶，赵丽娜，董阳，等．高密度菌种发酵酸奶品质变化研究[J]．中国酿造，2018，37(8)：133-137.

孙小沛，杨在宾，李兆勇，等．地衣芽胞杆菌与日粮蛋白水平对肉鸡生产能、肠道环境及免疫器官指数的影响[J]．饲料工业，2013，34(23)：40-46.

孙小平，黄文祥，吴利先．粪肠球菌基因 hyl1 功能的实验研究[J]．第三军医大学学报，2007，29(14)：1425-1428.

孙燕，边连全，刘显军，等．枯草芽孢杆菌和抗生素对断奶仔猪生长性能的影响[J]．中国畜牧杂志，2011，47(7)：59-62.

谭铭胜，厉大伟，邓元元，等．纳豆芽孢杆菌固体发酵条件及其优化研究[J]．中国农业通报，2015，31(35)：84-90.

田丰伟，杨震南，丁历伟，等．副干酪乳杆菌 LC 01 对人体肠道菌群的调节作用[J]．中国食品学报，2018，18(10)：24-30.

田良玉．乳酸菌高密度规模发酵工艺优化[D]．扬州：扬州大学，2018.

田兴舟．贵州省肉羊健康养殖营养调控技术研究[D]．贵阳：贵州大学，2015.

万成，李涛，刘灿灿，等．辛烯基琥珀酸酐改性淀粉的研究进展[J]．粮食科技与经济，2017，42(6)：73-76.

宛立，王吉桥，杨世勇，等．健康养殖南美白对虾肠道细菌的抗菌活性[J]．水产科学，2006(2)：62-64.

王芳，张变英，武霞，等．复合益生素对蛋鸡生产性能及肠道菌群的影响[J]．山西农业科学，2012，40(3)：276-279.

王伦学，黄鑫，郭武，等．复合益生菌对母猪繁殖性能的调节作用[J]．养殖与饲料，2018(2)：4-5.

王清芳，杨英，周志敏，等．不同益生菌对草鱼生产性能的影响[J]．养殖与饲料，2016(5)：44-46.

王思念，刘春艳，乔亚琼，等．枯草芽孢杆菌在动物饲料营养中的应用研究进展[J]．饲料与畜牧，2018(7)：56-59.

王四新，季海峰，刘辉，等．益生菌对育肥猪育肥后期生长性能、养分表观消化率、粪便菌群和短链脂肪酸的影响[J]．动物营养学报，2022，34(7)：4227-4236.

王婷婷．屎肠球菌的分离鉴定及其微囊化产品的制备和体外评价[D]．武汉：华中农业大学，2009.

王婷婷，李爱科，陶浩瀚，等．微囊化屎肠球菌活菌制剂的研究[J]．西北农林科技大学学报(自然科学版)，2009，37(12)：51-56，62.

王婷婷，綦文涛，易建明，等．益生肠球菌应用于断奶仔猪的研究进展[J]．家畜生态学报，2009，30(1)：95-100.

王婷婷，綦文涛，易建明，等．微胶囊化屎肠球菌及其特性研究[J]．中国畜牧杂志，2009，45(21)：52-55.

王婷婷，张晓琳，郝淑红，等．益生肠球菌应用于断奶仔猪的研究进展[C]//山东畜牧兽医学会饲料科技专业委员会、山东省畜牧协会饲料分会．2010 山东饲料科学技术交流大会论文集，2010：62-68.

王肖彬，安登坤，刘洋. 提高大肠杆菌高密度发酵可溶性表达量研究[J]. 山东工业技术，2018(17)：36-37.

王彦萍. 猪源益生乳酸菌的筛选及其菌剂制备技术研究[D]. 南昌：南昌大学，2017.

王永. 屎肠球菌对断奶仔猪促生长机理及应用效果的研究[D]. 泰安：山东农业大学，2013.

王永，杨维仁，张桂国. 饲粮中添加屎肠球菌对断奶仔猪生长性能、肠道菌群和免疫功能的影响[J]. 动物营养学报，2013，25(5)：1069-1076.

魏衔. 一株鸡肠源乳酸球菌的筛选及其微囊化后对肉鸡生长性能的影响[D]. 合肥：安徽农业大学，2011.

魏衔，韩伟，程茂基，等. 鸡源乳酸乳球菌的筛选及其微囊化后对肉仔鸡生长性能的影响[J]. 动物营养学报，2011，23(4)：631-639.

韦启鹏，邓新明，邹志恒，等. 益生菌生物添加剂替代抗生素在肥育猪生产上的应用效果探讨[J]. 江西畜牧兽医杂志，2009(5)：12-13.

魏清甜，李平华，汪涵，等. 粪肠球菌替代抗生素对保育仔猪生长性能、腹泻率、体液免疫指标和肠道微生物数量的影响[J]. 南京农业大学学报，2014，37(6)：143-148.

文刚，汪彬，刘标，等. 沼泽红假单胞菌 R-3 去除水体中氨氮的特性研究[J]. 湖南农业科学，2017(6)：49-51.

温建新，邵峰，单虎. 乳酸 L-68 型粪肠球菌对肉鸡生产性能和免疫功能的影响[J]. 中国微生态学杂志，2008(2)：161-165.

文静，孙建安，周绪霞，等. 屎肠球菌对仔猪生长性能、免疫和抗氧化功能的影响[J]. 浙江农业学报，2011，23(1)：70-73.

吴静. 鱼油微粉的制备及其在杂粮酥性饼干研制中的应用[D]. 上海：上海应用技术大学，2017.

吴军林，柏建玲，莫树平，等. 乳酸菌 R8 高密度培养的发酵工艺研究[J]. 现代食品科技，2018，34(2)：164-170，251.

吴天福，谢小林，陈美标，等. 丁酸梭菌厌氧发酵机制及高密度厌氧发酵方式研究进展[J]. 食品与机械，2020，36(1)：222-229.

吴雄辉. 四种能量饲料对山羊瘤胃发酵及小肠内源氮流量的影响研究[D]. 长沙：湖南农业大学，2008.

吴义景，杨家军，钱坤，等. 益生乳杆菌对产后母猪初乳品质及免疫水平的影响[J]. 粮食与饲料工业，2017(7)：57-59.

吴振超，陈玉珂，高永生，等. 一株黄金鲫鱼源蜡状芽孢杆菌的筛选、鉴定及耐性研究[J]. 大连海洋大学学报，2019，35(6)：883-892.

武万兴. 固态发酵核桃粕制备抗氧化活性肽的研究[D]. 昆明：昆明理工大学，2014.

夏锴，陈振强，王蕾. 屎肠球菌饲用效果及作用机理[J]. 粮食与饲料工业，2016(5)：44-47.

肖程文，刘玲莉. 生物反应器的概况及发展前景[J]. 生物技术世界，2014(3)：192.

肖怀秋，李玉珍，赵谋明，等. 枯草芽孢杆菌 Prob1822 喷雾干燥制备益生菌粉工艺优化[J]. 食品工业科技，2020(2)：114-120

肖琳琳，董明盛. 干酪乳杆菌 KM-16 的筛选及其降胆固醇活性研究[J]. 中国乳品工业，2003(6)：7-10.

肖仔君，陈惠音，杨汝德. 嗜酸乳杆菌及其应用研究进展[J]. 广州食品工业科技，2003，(S1)：90-92.

谢凤行，周可，张峰峰，等. 产朊假丝酵母、植物乳杆菌混合发酵及净水效果[J]. 食品与发酵工业，2019，45(6)：185-192.

谢红刚，王三反，褚润. 光合细菌对啤酒废水处理的研究[J]. 工业用水与废水，2006，37(5)：38-40.

谢全喜，张建梅，谷巍. 复合微生态制剂替代开口抗生素在肉雏鸡上的应用研究[J]. 中国畜牧兽医，2013(10)：103-107.

谢晓阳，袁伟静，李昆太，等. 高产 γ-氨基丁酸富锌乳酸菌的分批及补料发酵研究[J]. 食品科学，2011，32(19)：161-164.

熊晓辉，于修鑑，熊强，等. 乳酸菌发酵剂高密度培养的研究[J]. 中国调味品，2004(5)：17-21.

胥彩玉.饲粮中添加粪肠球菌对肉仔鸡生产性能、肉品质和血浆代谢组的影响[D].兰州:甘肃农业大学,2015.

徐力.结冷胶生产菌株选育及发酵优化[D].杭州:浙江工业大学,2015.

徐煜.嗜酸乳杆菌高密度发酵研究进展[J].乳业科学与技术,2018,41(5):35-38.

徐颖宣,徐尔尼,冯乃宪,等.微生物混菌发酵应用研究进展[J].中国酿造,2008(9):1-4.

徐智敏,唐彦君,刘宁. *Lactobacillus casei* 胞外多糖对体外培养的巨噬细胞分泌 TNF-α、NO 及 IL-10 的影响[J].中国免疫学杂志,2013,29(8):809-812,815.

薛学东,李志敏,李伟,等.补料分批发酵过程中两阶段发酵生产 1,3-丙二醇[J].工业微生物,2011,41(3):7-11.

闫东方.唾液乳杆菌对肉鸡健康和肠道菌群影响的研究[D].洛阳:河南科技大学,2013.

闫东方,刘建学,綦文涛,等.微囊化唾液乳杆菌对肉鸡生产性能、血清抗氧化和免疫功能的影响[J].中国粮油学报,2013,28(11):52-57.

闫凯,郑维莎,连智雄,等.一株高产酸乳酸菌的分离、鉴定及高密度发酵研究[J].广东饲料,2017,26(6):24-27.

严佩峰.益生菌冷冻干燥技术研究及其在活性羊奶粉中的应用[D].杨凌:西北农林科技大学,2008.

严涛,朱建国,姜甜,等.高密度发酵乳酸菌抗冻性影响因素分析[J].食品研究与开发,2018,39(17):209-213.

杨景,刘松玲,赵亮,等.副干酪乳杆菌 L9 对过敏小鼠淋巴细胞 Th1/Th2 平衡的调节作用[J].中国食品学报,2017,17(4):14-20.

阳林芳,卢华艳,班贵媛,等.不同复合益生菌制剂在杜花二元杂育肥猪上的应用效果[J].饲料研究,2019(42):23-28.

杨圣辉.实用口腔微生物学[M].北京:科学技术文献出版社,2008.

杨晓燕,王钰鑫,叶伟伟,等.枯草芽孢杆菌对几种植物病原真菌的抑菌活性[J].工业微生物,2018,48(6):32-38.

杨艳,潘宝海.粪肠球菌在畜牧生产中的应用研究进展[J].饲料研究,2015(21):30-32.

杨艳,潘宝海,孙笑非.植物乳杆菌的功能及在动物生产中的应用[J].饲料研究,2013(2):36-37.

叶海斌,樊英,王晓璐,等.循环水养殖系统中凡纳滨对虾肠道微生物对三种复合益生菌制剂的响应[J].微生物学报,2018,58(9):1647-1657.

叶倩,左浩江,廖虹瑜,等.粗壮女贞提取物的体外抑菌作用研究[J].现代预防医学,2013,40(7):1320-1322.

叶日英.一种老年人保健饮料——混合发酵海带饮料[J].农牧产品开发,1998(6):19-20.

俞灿,郑国斌,姚娟,等.富含核糖核酸酿酒酵母的选育及其高密度发酵工艺[J].中国酿造,2016,35(12):66-71.

郁汉冲,董国超.生物百科[M].北京:中国经济出版社,2013.

于振海,郑玉珍,卢红,等.光合细菌和枯草芽孢杆菌对养殖水质的净化作用[J].淡水渔业,2015,45(3):109-111.

袁林,张明华,涂熠坤,等.响应面法优化包被发酵嗜酸乳杆菌的高密度培养[J].中国酿造,2019,38(2):104-110.

袁文华,李国勤,韩安法,等.丁酸梭菌和乳酸菌对青年鸽免疫指标、血清抗氧化指标及肠道功能的影响[J].中国畜牧兽医,2019,46(7):1969-1975.

贠婷婷,张琳,李爱科,等.益生菌发酵前包被中试生产工艺及产品品质评价研究[C]//中国畜牧兽医学会动物营养学分会.第七届中国饲料营养学术研讨会论文集.中国畜牧兽医学会动物营养学分会:中国畜牧兽医学会动物营养学分会,2014:216.

曾常青,曾宇,黄应起,等.经光合细菌作用的六味地黄汤成分变化的研究[J].中国中医基础医学杂志,2007,(8):598-600.

张百川,孟祥晨.益生菌抗肿瘤作用的分子机制的研究进展[J].现代食品科技,2005(4):88-89,92.

张翠绵,兰泽君,彭杰丽,等.特基拉芽胞杆菌B05高密度发酵培养基与发酵条件优化[J].微生物学杂志,2019,39(1):59-64.

张灏.益生菌的功能与评价[J].乳业科学与技术,2009,32(4):151-154.

张建梅,李丹,徐海燕,等.复合微生态制剂与氟苯尼考对肉雏鸡免疫器官指数和组织变化的影响[J].饲料工业,2012,33(18):11-15.

张俊,赵保堂,杨富民.副干酪乳杆菌的益生特性及其应用研究进展[J].包装与食品机械,2019,37(4):47-52.

张开屏,张保军,田建军.一株戊糖片球菌对发酵羊肉干品质的影响[J].食品研究与开发,2018,39(13):99-104.

张琳.微囊化益生菌的体外特性及动物应用效果评价[D].哈尔滨:东北农业大学,2016.

张琳,李杰,刘延国.益生菌微生态制剂及其微囊化的研究进展[C]//中国畜牧兽医学会动物微生态学分会.中国畜牧兽医学会动物微生态学分会第十一次全国学术研讨会暨第五届会员代表大会论文集.中国畜牧兽医学会动物微生态学分会:中国畜牧兽医学会,2014:62-66.

张琳,李杰,刘延国,等.微囊化技术在饲用微生态制剂中的应用[J].饲料博览,2014(4):9-13.

张琳,员婷婷,綦文涛,等.乳化凝胶化法微囊化益生菌抗胁迫作用研究[J].动物营养学报,2015,27(11):3636-3642.

张琳,员婷婷,綦文涛,等.发酵前及发酵后包被粪肠球菌微胶囊抗胁迫作用的研究[J].粮油食品科技,2016,24(2):80-84.

张璐.饲用芽孢杆菌产品益生特性的体外评价研究[D].北京:中国农业科学院,2008.

张日俊.现代饲料生物技术[M].北京:化学工业出版社,2009.

张如春,司华哲,陈双双,等.罗伊氏乳杆菌在畜禽生产中应用的研究进展[J].动物营养学报,2019,31(3):1031-1036.

张嗣良,王泽建.发酵工程研究与技术进步[J].生物产业技术,2014(2):9-19.

张婷婷,翟齐啸,金星,等.具有拮抗空肠弯曲杆菌能力鸡源乳酸菌的筛选及特性[J].微生物学通报,2017,44(1):118-125.

张秀江,王品胜,丁松,等.复合菌固体发酵构树生产蛋白饲料的试验研究[J].饲料工业,2020,41(4):34-39.

张艳萍,李雪平,尹望.包被粪肠球菌热稳定性能评价[J].饲料研究,2016(7):10-12.

赵瑞香,路四海,杨天佑,等.嗜酸乳杆菌同化吸附降胆固醇作用机理研究[J].食品工业科技,2014,35(15):77-80,84.

郑春芳,于桂阳.日粮中添加地衣芽孢杆菌对蛋鸡生产性能和蛋品质的影响[J].家禽科学,2016(5):7-10.

郑丽雪,王家皓,陈志鹏,等.分批补料高密度发酵生产丙酸杆菌素及其结构分析[J].食品科学,2019,40(10):129-133.

郑书轩,唐彩琰,Teodora P.益生菌对改善家禽肉质的影响[J].国外畜牧学(猪与禽),2019,39(5):48-51.

郑伟萍.枯草芽胞杆菌、发酵乳杆菌和乳酸片球菌复合制剂对兔子宫内膜炎治疗效果的研究[D].沈阳:沈阳农业大学,2017.

郑秀洁,张云泽,张礼,等.枯草芽孢杆菌高密度发酵的研究[J].盐科学与化工,2020,49(1):15-17.

郑秀洁,张云泽,张礼,等.水产用乳酸菌高密度发酵的研究[J].盐科学与化工,2020,49(2):14-16.

钟晓霞,黄健,刘志云,等.甘露寡糖和复合益生菌对断奶仔猪生长性能及肠道形态结构、挥发性脂肪酸含量和菌群结构的影响[J]. 动物营养学报,2020,32(7):3099-3108.

周航,王薇薇,王丽,等. 饲用乳酸菌制剂的开发利用研究进展[J]. 动物营养学报,2019,31(5):2012-2021.

周家惠,张先仪,王小泉,等. 定向筛选细菌产生的抗绿脓杆菌抗生素的方法[J]. 中国抗生素杂志,1984(3):91-92.

周力,侯生珍,李雪清,等. 日粮中添加益生素对早期断奶羔羊生产性能及血液生化指标的影响[J]. 饲料研究,2020(4):1-4.

周泉勇,刘林秀,宋琼莉,等. 日粮中添加益生菌对蛋鸡产蛋性能及蛋品质的影响[J]. 饲料工业,2013,34(24):7-9.

周晓辉,李威,刘浩. 枯草芽孢杆菌微生态制剂在禽畜养殖中的作用[J]. 河北科技大学学报,2016,37(5):503-508.

周裕珍,韩建勋. 益生菌添加剂育猪效果观察[C]//2010 全国新型兽药研发与质量管理及动物疫病防治研讨会,海口:中国林牧渔业经济学会,2012.

朱光来,齐富刚,王东博,等. 益生菌对罗氏沼虾生长性能和水质的影响[J]. 中国饲料,2019(20):97-101.

朱森阳,汪国和,贾志海. 反刍动物过瘤胃淀粉研究进展[J]. 中国饲料,2005(13):2-4.

朱守创. 益生菌 LGG 微胶囊化及对提高其存活性的机制研究[D]. 郑州:郑州大学,2013.

朱鑫,张恩栋,王萍,等. 光合细菌应用研究进展[J]. 广东化工,2015,42(24):82-84.

朱玉昌,周大寨. 多菌种混合乳酸菌发酵酸豆奶工艺研制[J]. 食品研究与开发,2005(5):83-85.

訾慧,白洪志,王惠,等. 利用农业废弃物对青霉菌进行固态发酵生产纤维素酶[J]. 江苏农业科学,2018,46(5):285-288.

邹强. 双歧杆菌微胶囊的研究[D]. 无锡:江南大学,2012.

邹泽先. 多拉菌素的分离纯化工艺及其微胶囊剂型的初步研究[D]. 武汉:武汉工业学院,2011.

Abd El-Tawab, Youssef M M, Bakr I M, et al. Role of probiotics in nutrition and health of small ruminants[J]. Polish journal of veterinary sciences, 2016, 19(4):893-906.

Abdelqader A, Al-Fataftah A R, Das G. Effects of dietary *Bacillus subtilis* and inulin supplementation on performance, eggshell quality, intestinal morphology and microflora composition of laying hens in the late phase of production[J]. Animal Feed Science and Technology, 2013, 179(1-4):103-111.

Aiko V, Mehta A. Occurrence, detection and detoxification of mycotoxins[J]. Journal of Biosciences, 2015, 40(5):943-954.

Alugongo G M, Xiao J, Wu Z, et al. Review: Utilization of yeast of *Saccharomyces cerevisiae* origin in artificially raised calves[J]. Journal of animal science and biotechnology, 2017, 8, 34.

Anandharaj M, Sivasankari B. Isolation of potential probiotic *Lactobacillus oris* HMI68 from mother's milk with cholesterol-reducing property[J]. Journal of Bioscience & Bioengineering, 2014, 118(2):153-159.

Anandharaj M, Sivasankari B, Santhanakaruppu R, et al. Determining the probiotic potential of cholesterol-reducing Lactobacillus and Weissella strains isolated from gherkins (fermented cucumber) and south Indian fermented koozh[J]. Research in Microbiology, 2015, 166(5):428-439.

Anderson R C, Cookson A L, Mcnabb W C, et al. *Lactobacillus plantarum* DSM 2648 is a potential probiotic that enhances intestinal barrier function[J]. FEMS Microbiology Letters, 2010, 309(2):184-192.

Annika MM, Manninan M, Gylienberg H. The adherence of lactic acid bacteria to the columnar epithelial cells of pigs and calves[J]. Journal of Applied Bacteriology, 1983, 55(2):241-245.

Antoine, Michel J. Probiotics: beneficial factors of the defence system. Proceedings of the Nutrition Society, 2010,69(3):429-433.

Anushree D, Khriezhato N, Supratim C, et al. Effects of potential probiotic *Bacillus amyloliquifaciens*

FPTB16 on systemic and cutaneous mucosal immune responses and disease resistance of catla (Catla catla)[J]. Fish & Shellfish Immunology, 2013, 35(5):1547-1553.

Apetroaie-Constantin C, Mikkola R, Andersson M A, et al. *Bacillus subtilis* and *B. mojavensis* strains connected to food poisoning produce the heat stable toxin amylosin[J]. Journal of Applied Microbiology, 2009, 106(6):1976-1985.

Argyri A A, Zoumpopoulou G, Karatzas K A G, et al. Selection of potential probiotic lactic acid bacteria from fermented olives by invitro tests[J]. Food Microbiology, 2013, 33(2):282-291.

Bahari M. A Review on the Consumption of Probiotics in Feeding Young Ruminants[J]. Approaches in Poultry, Dairy & Veterinary Sciences, 2017, 1(2):000508.

Bayer A S, Chow A W, Betts D, et al. Lactobacillemia--report of nine cases. Important clinical and therapeutic considerations[J]. American Journal of Medicine, 1978, 64(5):808-813.

Beattie S H, Williams A G. Detection of toxigenic strains of *Bacillus cereus*, and other *Bacillus* spp. with an improved cytotoxicity assay[J]. Letters in Applied Microbiology, 1999, 28(3):221-225.

Bai S P. Wu A M, Ding X M, et al. Effects of Probiotic-supplemented diets on growth performance and intestinal immune characteristics of troiler chickens[J]. Poultoy Science, 2013, 92(3):663-670.

Bontempo V, Giancamillo A D, Savoini G, et al. Live yeast dietary supplementation acts upon intestinal morpho-functional aspects and growth in weanling piglets. Animal Feed Science and Technology, 2006, 129: 224-236.

Botić, T, Klingberg T D, Weingartl H, et al. A novel eukaryotic cell culture model to study antiviral activity of potential probiotic bacteria[J]. International Journal of Food Microbiology, 2007, 115(2):227-234.

Bover-Cid S, Holzapfel W H. Improved screening procedure for biogenic amine production by lactic acid bacteria[J]. International Journal of Food Microbiology, 1999, 53(1):33-41.

Bujnakova D, Strakova E, Kmet V. In vitro evaluation of the safety and probiotic properties of *Lactobacilli* isolated from chicken and calves[J]. Anaerobe, 2014(29):118-127.

Burke N, Flood K, Muellers S, et al. Reduced spontaneous platelet aggregation: a novel risk factor for adverse pregnancy outcome[J]. European Journal of Obstetrics, Gynecology, and Reproductive Biology, 2016 (199):132-136.

Cao G, Tao F, Hu Y, et al. Positive effects of a Clostridium butyricum-based compound probiotic on growth performance, immune responses, intestinal morphology, hypothalamic neurotran-smitters, and colonic microbiota in weaned piglets[J]. Food & Function, 2019, 10(5):2926-2934.

Cao G T, Zeng X F, Chen A G, et al. Effects of a probiotic, *Enterococcus faecium*, on growth performance, intestinal morphology, immune response, and cecal microflora in broiler chickens challenged with *Escherichia coli* K88[J]. Poultry Science, 2013, 92(11):2949-2955.

Cavicchioli V Q, Camargo A C, Todorov S D, et al. Novel bacteriocinogenic *Enterococcus hirae* and *Pediococcus pentosaceus* strains with antilisterial activity isolated from Brazilian artisanal cheese[J]. Journal of Dairy Science, 2017, 100(4):2526-2535.

Chaiyawan N, Taveeteptaikul P, Wannissorn B, et al. Characterization and probiotic properties of Bacillus strains isolated from broiler[J]. Thai Journal of Veterinary Medicine, 2010, 40(2):207-214.

Chang Y H, Kim J K, Kim H J, et al. Selection of a potential probiotic Lactobacillus strain and subsequent *in vivo* studies[J]. Antonie Van Leeuwenhoek, 2001, 80(2):193-199.

Chaucheyras-durand F, Fonty G.. Effect of a live yeast on microbial colonisation of the lamb rumen; proceedings of the 8th Conference on Ruminant Research[C], 2001. Inst Natl Recherche Agronomique: Paris.

Chen F Y, Lee M T, Huang H W. Sigmoidalconcentration dependence of antimicrobial peptide activities:

acase study on alamethicin[J]. Biophysical Journal, 2002, 82(2):908-914.

Chen H S, Velayudhan D E, Li A, et al. Growth performance, gastrointestinal microbial activity, and immunological response of piglets receiving microencapsulated *Enterococcus faecalis* CG1. 0007 and enzyme complex after an oral challenge with *Escherichia coli* (K88)[J]. Canadian Journal of Animal Science, 2016, 96 (4):609-618.

Chen L, Li S, Zheng J, et al. Effects of dietary Clostridium butyricum supplementation on growth performance, intestinal development, and immune response of weaned piglets challenged with lipopolysaccharide [J]. Journal of Animal Science and Biotechnology, 2018, 9:62.

Chitapornpan S, Chiemchaisri C, Chiemchaisri W, et al. Organic carbon recovery and photosynthetic bacteria population in an anaerobic membrane photo-bioreactor treating food processing wastewater[J]. Bioresource Technology,2013,141.

Chondrou P, Karapetsas A, Kiousi D E, et al. *Lactobacillus paracasei* K5 displays adhesion, anti-proliferative activity and apoptotic effects in human colon cancer cells[J]. Beneficial Microbes, 2018, 9(6): 975-983.

CLSI. Performance standards for antimicrobial susceptibility testing; twenty-second informational supplement. CLSI document M100-S22. Wayne, PA: Clinical and Laboratory Standards Institute, 2012.

Collado M C, Łukasz Grześ kowiak, Salminen S. Probiotic strains and their combination inhibit *in vitro* adhesion of pathogens to pig intestinal mucosa[J]. Current Microbiology, 2007, 55(3):260-265.

Coton M, Romano A, Spano G, et al. Occurrence of biogenic amine-forming lactic acid bacteria in wine and cider[J]. Food Microbiology, 2010(27):1078-1085.

Cremon C, Guglielmetti S, Gargari G, et al. Effect of *Lactobacillus paracasei* CNCMI-1572 on symptoms, gut microbiota, short chain fatty acids, and immune activation in patients with irritable bowel syndrome: a pilot randomized clinical trial[J]. United European Gastroenterology Journal, 2018, 6(4):604-613.

Daniel Schell, Christopher Beermann. Fluidized bed microencapsulation of Lactobacillus reuteri with sweet whey and shellac for improved acid resistance and in-vitro gastro-intestinal survival[J]. Food Research International,2014,62:308-314.

Deng K, Chen T, Wu Q, et al. *In vitro* and *in vivo* examination of anticolonization of pathogens by *Lactobacillus paracasei* FJ861111. 1[J]. Journal of Dairy Science, 2015, 98(10):6759-6766.

Dilmi-Bouras A, Kofiche M, Tabti M. The effect of *Lactobacillus paracasei* on the rabbit's cholesterolemia[J]. African Journal of Biotechnology, 2007, 6(24):2840-2845.

Dolin B J. Effects of a proprietary *Bacillus coagulans* preparation on symptoms of diarrhea-predominant irritable bowel syndrome[J]. Methods & Findings in Experimental & Clinical Pharmacology, 2009, 31(10): 655-659.

Dowarah R,Verma A K, Agarwal N, et al. Effect of swine based probiotic on performance, diarrhoea scores, intestinal microbiota and gut health of grower-finisher crossbred pigs[J]. Livestock Science, 2016 (195):74-79.

Dunny G M. Genetic functions and cell-cell interactions in the pheromone-inducible plasmid transfer system of *Enterococcus faecalis*[J]. Molecular Microbiology, 1990, 4(5):689-696.

Dutta P, Mitra U, Dutta S, et al. Randomised controlled clinical trial of Lactobacillus sporogenes (*Bacillus coagulans*), used as probiotic in clinical practice, on acute watery diarrhoea in children[J]. Tropical Medicine & International Health, 2011, 16(5):555-561.

Dybwad M, Granum A C P E, Bruheim A B P, et al. Characterization of airborne bacteria at an underground subway station[J]. Applied and Environmental Microbiology, 2013, 78(6):1917-1929.

Eaton T J, Gasson M J. Molecular screening of Enterococcus virulence determinants and potential for genetic exchange between food and medical isolates[J]. Applied & Environmental Microbiology, 2001, 67(4): 1628-1635.

Eaton T J, Gasson M J. A variant enterococcal surface protein Esp(fm) in *Enterococcus faecium*; distribution among food, commensal, medical, and environmental isolates[J]. FEMS Microbiology Letters, 2002, 216(2):269-275.

EFSA Panel on Additives and Products or Substances used in Animal Feed (FEEDAP). Guidance on the safety assessment of *Enterococcus faecium* in animal nutrition[J]. EFSA Journal, 2012, 10(5):2682.

EFSA Panel on Additives and Products or Substances used in Animal Feed (FEEDAP). Guidance on the assessment of bacterial susceptibility to antimicrobials of human and veterinary importance[J]. EFSA Journal, 2012, 10(6):2740.

EFSA Panel on Additives and Products or Substances used in Animal Feed (FEEDAP). Guidance on the assessment of the toxigenic potential of Bacillus species used in animal nutrition[J]. EFSA Journal, 2014, 12(5):3665.

Fagerlund A, Lindbäck T, Storset A K, et al. *Bacillus cereus* Nhe is a pore-forming toxin with structural and functional properties similar to the ClyA (HlyE, SheA) family of haemolysins, able to induce osmotic lysis in epithelia[J]. Microbiology, 2008, 154(Pt 3):693-704.

FAO/WHO. Joint FAO/WHO Working group report on drafting guidelines for the evaluation of probiotics in food[R]. London, Ontario, Canada, 2002.

Feng Y, Qiao L, Liu R, et al. Potential probiotic properties of lactic acid bacteria isolated from the intestinal mucosa of healthy piglets[J]. Annals of Microbiology, 2017(67):239-253.

Ford H R, Avanoğlu A, Boechat P R, et al. The microenvironment influences the pattern of bacterial translocation in formula-fed neonates[J]. Journal of Pediatric Surgery, 1996, 31(4):486-489.

Forte C, Acuti G, Manuali E, et al. Effects of two different probiotics on microflora, morphology, and morphometry of gut in organic laying hens[J]. Poultry Science, 2016, 95(11):2528-2535.

Franz C M, Stiles M E, Schleifer K H, et al. Enterococci in foods--a conundrum for food safety[J]. International Journal of Food Microbiology, 2003, 88(2-3):105-122.

From C, Pukall R, Schumann P, et al. Toxin-producing ability among *Bacillus* spp. outside the *Bacillus cereus* group[J]. Applied and Environmental Microbiology, 2005, 71(3):1178-1183.

From C, Hormazabal V, Hardy S P, et al. Cytotoxicity in *Bacillus mojavensis* is abolished following loss of surfactin synthesis: implications for assessment of toxicity and food poisoning potential[J]. International Journal of Food Microbiology, 2007, 117(1):43-49.

Fuller R. Probiotics in man and animals[J]. Journal of Applied Bacteriology, 1989, 66 (5):365-378.

Fuller R. History and development of probiotics [M]. Netherlands: Probiotics. Springer, 1992.

Gālia D, Ansonska L, Valdovska A. Effect of probiotics and herbal products on intestinal histomorphological and immunological development in piglets[J]. Veterinary Medicine International, 2020, 2020(7):1-14

Gao J, Azad MAK, Han H, et al. Impact of prebiotics on enteric diseases and oxidative stress[J]. Current Pharmaceutical Design, 2020, 26(22):2630-2641.

Gao X, Zhang M, Li X, et al. Effects of a probiotic (*Bacillus licheniformis*) on the growth, immunity, and disease resistance of Haliotis discus hannai Ino[J]. Fish & Shellfish Immunology, 2018(76):143-152.

Gao Z, Wu H, Shi L, et al. Study of *Bacillus subtilis*, on growth performance, nutrition metabolism and intestinal microflora of 1 to 42 d broiler chickens[J]. Animal Nutrition, 2017, 3(2):109-113.

Garcia M T, Canamero M M, Lucas R, et al. Inhibition of *Listeria monocytogenes* by enterocin EJ97 produced by *Enterococcus faecalis* EJ97[J]. International Journal of Food Microbiology, 2004, 90(2):161-170.

Gasser F. Safety of lactic acid bacteria and their occurrence in human clinical infections[J]. Bulletin De Linstitut Pasteur, 1994, 92(1):45-67.

Ghazanfar S, Anjum M I, Azim A, et al. Effects of dietary supplementation of yeast (*Saccharomyces cerevisiae*) culture on growth performance, blood parameters, nutrient digestibility and fecal flora of dairy heifers [J]. Journal of Animal & Plant Sciences, 2015, 25(1).

Giang H H, Viet T Q, Ogle B, et al. Effects of supplementation of probiotics on the performance, nutrient digestibility and faecal microflora in growing-finishing pigs[J]. Asian Australasian Journal of Animal Sciences, 2011, 24(5).

Gork A S, Usui N, Ceriati E, et al. The effect of mucin on bacterial translocation in I-407 fetal and Caco-2 adult enterocyte cultured cell lines[J]. Pediatric Surgery International, 1999, 15(3-4):155-159.

Grazina J, Elena B, Darius C, et al. Antifungal activity of lactic acid bacteria and their application for-*Fusarium mycotoxin* reduction in malting wheat grains[J]. LWT-Food Science and Technology, 2018(89):307-314.

Gu S B, Zhao L N, Wu Y, et al. Potential probiotic attributes of a new strain of *Bacillus coagulans* CGMCC 9951 isolated from healthy piglet feces[J]. World Journal of Microbiology & Biotechnology, 2015, 31(6):1-13.

Hacin B, Rogelj I, Matijasic B B. Lactobacillus isolates from weaned piglets' mucosa with inhibitory activity against common porcine pathogens[J]. Folia Microbiologica, 2008, 53(6):569-576.

Han S W, Lee K W, Lee B D, et al. Effect of feeding Aspergillus oryzae culture on fecal microflora, egg qualities, and nutrient metabolizabilities in laying hens[J]. Asian-Australasian Journal of Animal Sciences, 1999, 12(3):417-421.

Hanczakowska E, Świątkiewicz M, Natonek W M, et al. Medium chain fatty acids (MCFA) and/or probiotic *Enterococcus faecium* as a feed supplement for piglets[J]. Livestock Science, 2016(192):1-7.

He T, Long S, Mahfuz S, et al. Effects of probiotics as antibiotics substitutes on growth performance, serum biochemical parameters, intestinal morphology, and barrier function of broilers[J]. Animals: an open access journal from MDPI, 2019, 9(11):985.

He Y, Mao C, Wen H, et al. Influence of ad libitum feeding of piglets with *Bacillus subtilis* fermented liquid feed on gut flora, luminal contents and health[J]. Scientific Reports, 2017, 7(1):44553.

Hegstad K, Mikalsen T, Coque T M, et al. Mobile genetic elements and their contribution to the emergence of antimicrobial resistant *Enterococcus faecalis*, and *Enterococcus faecium*[J]. Clinical Microbiology and Infection, 2010, 16(6):541-554.

Huang M K, Choi Y J, R Houde, et al. Effects of lactobacilli and an acidophilic fungus on the production performance and immune responses in broiler chickens[J]. Poultry Science, 2004, 83(5):788-795.

Hughes M C, Kerry J P, Arendt E K, et al. Characterization of proteolysis during the ripening of semi-dry fermented sausages[J]. MeatScience, 2002, 62(2):205-216.

Huycke M M, Spiegel C A, Gilmore M S. Bacteremia caused by hemolytic, high-level gentamicin-resistant *Enterococcus faecalis*[J]. Antimicrobial Agents & Chemotherapy, 1991, 35(8):1626-1634.

Isenberg H D. Clinical microbiology procedures handbook [M]. Washington: ASM Press, 2004.

Jeong Y D, Ko H S, Hosseindoust A, et al. Effects of dietary lactose levels and supplementation of probiotics on growth performance in weanling pigs[J]. Journal of Animal Science, 2018, 96(suppl_2):42-43.

Jin L, Yun H S, Cho K W, et al. Evaluation of probiotic characteristics of newly isolated *Lactobacillus* spp.: immune modulation and longevity[J]. International Journal of Food Microbiology, 2011, 148(2):80-86.

Jin L Z, Marquardt R R, Zhao X. A strain of enterococcus faecium (18C23) inhibits adhesion of enterotoxigenic Escherichia coli K88 to porcine small intestine mucus[J]. Applied and Environmental Microbiology, 2000, 66:4200-4204.

Johnson A P. The pathogenicity of enterococci[J]. Journal of Antimicrobial Chemotherapy, 1994,33(6): 1083-1089.

Jones M L, Martoni C J, Parent M, et al. Cholesterol-lowering efficacy of a microencapsulated bile salt hydrolase-active *Lactobacillus reuteri* NCIMB 30242 yoghurt formulation in hypercholesterolaemic adults[J]. British Journal of Nutrition, 2012, 107(10):1505-1513.

Ju J,Tinyiro S E, Yao W, et al. The ability of *Bacillus subtilis* and *Bacillus natto* to degrade zearalenone and its application in food[J]. Journal of Food Processing and Preservation, 2019, 43(10):e14122.

Jung H J, Lee M Y, et al. Evaluation of the probiotic potential of *Bacillus polyfermenticus* CJ6 isolated from Meju, a Korean soybean fermentation starter[J]. Journal of Microbiology and Biotechnology, 2012, 22 (11):1510-1517.

Júnior W L G A, Ferrari Í S, Souza J V, et al. Characterization and evaluation of lactic acid bacteria isolated from goat milk[J]. Food Control, 2015(53):96-103.

Kabir S M L,Rahman M M,Rahman M B, et al. The dynamics of probiotics on growth performance and immune response in broilers[J]. International Journal of Poultry Science, 2004, 3:361-364.

Kaewnopparat S, Dangmanee N, Kaewnopparat N, et al. *In vitro* probiotic properties of *Lactobacillus fermentum* SK5 isolated from vagina of a healthy woman[J]. Anaerobe, 2013(22):6-13.

Kalavathy R,Abdullah N,Jalaludin S,et al. Effects of *Lactobacillus* cultures on growth performance, abdominal fat deposition, serum lipids and weight of organs of broiler chickens[J]. British Poultry Science, 2003, 44(1):139-144.

Karaoglu M, Durdag H. The influence of dietary probiotic (*saccharomyces cerevisiae*) supplementation and different slaughter age on the performanc,slaughter and carcass properties of broilers[J]. International Journal of Poultry Science, 2005, 4(5):309-316.

Kaspar F, Neubauer P, Gimpel M. Bioactive secondary metabolites from *Bacillus subtilis*: acomprehensive review[J]. Journal of Natural Products, 2019, 82(7):2038-2053.

Khattab I M, Abdel-Wahed A M, Khattab A S, et al. Effect of dietary probiotics supplementation on intake and production performance of ewes fed Atriplex hay-based diet [J]. Livestock Science, 2020, 237:104065.

Kim K, He Y, Xiong X, et al. Dietary supplementation of *Bacillus subtilis* influenced intestinal health of weaned pigs experimentally infected with a pathogenic *E. coli*[J]. Journal of Animal Science and Biotechnology, 2019, 10(4):969-980.

Kreft B, Marre R, Schramm U, et al. Aggregation substance of *Enterococcus faecalis* mediates adhesion to cultured renal tubular cells[J]. Infection & Immunity, 1992, 60(1):25-30.

Kumar L, Singh P K, Kumar M, et al. Effect of dietary supplementation of combination of probiotics on the growth performance and immune response of broiler chickens[J]. Animal Nutritionand Feed Technology, 2013, 13(1):15-25.

Kumar A, Kumar D. Characterization of Lactobacillus isolated from dairy samples for probiotic properties [J]. Anaerobe, 2015(33):117-123.

La Ragione R M,Woodward M J. Virulence factors of Escherichia coli serotypes associated with avian colisepticaemia[J]. Veterinary Quarterly, 2003, 25(1):49-49.

Lakhani S R, Cancer I A F R O, Organization W H. WHO classification of tumours of the breast[M].

Lyon: International Agency for Research on Cancer, 2012.

Lan R, Kim I H. Effects of *Bacillus licheniformis* and *Bacillus subtilis* complex on growth performance and faecal noxious gas emissions in growing-finishing pigs[J]. Journal of the Science of Food & Agriculture, 2019(99):1554-1560.

Larsen N, Thorsen L, Kpikpi E N, et al. Characterization of *Bacillus* spp. strains for use as probiotic additives in pig feed[J]. Applied Microbiology & Biotechnology, 2014, 98(3):1105-1118.

Leavis H L. Epidemic and nonepidemic multidrug-resistant *Enterococcus faecium*[J]. Emerging Infectious Diseases, 2003, 9(9):1108-1115.

Lee D K, Park J E, Kim M J, et al. Probiotic bacteria, *B. longum* and *L. acidophilus* inhibit infection by rotavirus *in vitro* and decrease the duration of diarrhea in pediatric patients[J]. Gastroentérologie Clinique Et Biologique, 2014, 39(2):237-244.

Lee J, Park I, Choi Y, et al. Bacillus strains as feed additives: *in vitro* evaluation of its potential probiotic properties[J]. Revista Colombiana De Ciencias Pecuarias, 2012, 771(25):577-585.

Lee K W, Lee S H, Lillehoj H S, et al. Effects of direct-fed microbials on growth performance, gut morphometry, and immune characteristics in broiler chickens[J]. Poultry Science, 2010, 89:203-216.

Lei K, Li Y L, Yu D Y, et al. Influence of dietary inclusion of *Bacillus licheniformis* on laying performance, egg quality, antioxidant enzyme activities, and intestinal barrier function of laying hens[J]. Poulty Science, 2013, 92(9):2389-2395.

Leite A M O, Miguel M A L, Peixoto R S, et al. Probiotic potential of selected lactic acid bacteria strains isolated from Brazilian kefir grains[J]. Journal of Dairy Science, 2015, 98(6):3622-3632.

Li P, Niu Q, Wei Q, et al. Microbial shifts in the porcine distal gut in response to diets supplemented with *Enterococcus faecalis* as alternatives to antibiotics[J]. Scientific Reports, 2017(7):741395.

Lin W H, Yu B, Jang S H, et al. Different probiotic properties for *Lactobacillus fermentum* strains isolated from swine and poultry[J]. Anaerobe, 2007, 13(3-4):107-113.

Liong M T, Shah N P. Acid and bile tolerance and cholesterol removal ability of lactobacilli strains[J]. Journal of Dairy Science, 2005, 88(1):55-66.

Liu C Q, Zhu Q, Chang J, et al. Effects of *Lactobacillus case*i and *Enterococcus faecalis* on growth performance, immune function and gut microbiota of suckling piglets[J]. Archives of Animal Nutrition, 2017, 71(2):120-133.

Liu X, Yan H, Lv L, et al. Growth performance and meat quality of broiler chickens supplemented with *Bacillus licheniformis* in drinking water[J]. Asian-Australasian Journal of Animal Sciences, 2012, 25(5):682-689.

Ma L, Deitch E, Specian R, et al. Translocation of *Lactobacillus murinus*, from the gastrointestinal tract [J]. Current Microbiology, 1990, 20(3):177-184.

Madani N S H, Adorian T J, Farsani H G, et al. The effects of dietary probiotic Bacilli (*Bacillus subtilis* and *Bacillus licheniformis*) on growth performance, feed efficiency, body composition and immune parameters of whiteleg shrimp (*Litopenaeus vannamei*) postlarvae[J]. Aquaculture Research, 2018, 49(5):1926-1933.

Majeed M, Nagabhushanam K, Natarajan S, et al. *Bacillus coagulans* MTCC 5856 supplementation in the management of diarrhea predominant Irritable Bowel Syndrome: a double blind randomized placebo controlled pilot clinical study[J]. Nutrition Journal, 2016, 15(1):1-10.

Majeed M, Natarajan D S, Sivakumar D A, et al. Evaluation of anti-diarrhoeal activity of *Bacillus coagulans* MTCC 5856 and its effect on gastrointestinal motility in Wistar rats[J]. International Journal of Pharma & Bio Sciences, 2016, 7(1):311-316.

Manglapane E, Lamberti C, Pessione A, et al. Selenium effects on the metabolism of a Se-metabolizing *Lactobacillus reuteri*: analysis of envelope-enriched and extracellular proteomes[J]. Molecular Bio-Systems, 2014, 10(6):1272-1280.

Manhar A K, Saikia D, Bashir Y, et al. In vitro evaluation of celluloytic *Bacillus amyloliquefaciens* AMS1 isolated from traditional fermented soybean (Churpi) as an animal probiotic[J]. Research in Veterinary Science, 2015(99):149-156.

Martín R, Jiménez E, Olivares M, et al. *Lactobacillus salivarius* CECT 5713, a potential probiotic strain isolated from infant feces and breast milk of a mother-child pair[J]. International Journal of Food Microbiology, 2006, 112(1):35-43.

Mbye M, Baig M A, Abuqamar S, et al. Updates on understanding of probiotic lactic acid bacteria responses to environmental stresses and highlights on proteomic analyses[J]. Comprehensive Reviews in Food Science and Food Safety, 2020, 19(3):1110-1124.

Mechoud A M, Juarez Z G E, De Valdez Z G F, et al. *Lactobacillus reuteri* CRL 1098 and *Lactobacillus acidophilus* CRL 1014 differently reduce *in vitro* immunotoxic effect induced by ochratoxin A[J]. Food and Chemical Toxicology, 2012, 50(12):4310-4315.

Messaoudi S, Madi A, Prévost H, et al. *In vitro* evaluation of the probiotic potential of *Lactobacillus salivarius* SMXD51[J]. Anaerobe, 2012, 18(6):584-589.

Molina V, Médici M, De Valdez G F, et al. Soybean-based functional food with vitamin B12-producing lactic acid bacteria[J]. Journal of Functional Foods, 2012, 4(4):831-836.

Molnár A K, Podmaniczky B, Kürti P, et al. Effect of different concentrations of Bacillus subtilis on growth performance, carcase quality, gut microflora and immune response of broiler chickens[J]. British Poultry Science, 2011, 52(6):658-665.

Nocek J E, Kautz W P, Leedle J A, et al. Ruminal supplementation of direct-fed microbials on diurnal pH variation and in situ digestion in dairy cattle[J]. Journal of dairy science, 2002, 85(2):429-433.

Noh D O, Kim S H, Gilliland S E. Incorporation of cholesterol into the cellular membrane of *Lactobacillus acidophilus* ATCC 43121[J]. Journal of dairy science, 1997, 80(12):107-113.

Olsen R H, Schønheyder H C, Christensen H, et al. *Enterococcus faecalis* of human and poultry origin share virulence genes supporting the zoonotic potential of *E. faecalis*[J]. Zoonoses and Public Health, 2012, 59(4):256-263.

Ong L, ShahNP. Release and identification of angiotensin-converting enzyme-inhibitory peptides as influenced by ripening temperatures and probiotic adjuncts in Cheddar cheeses[J]. LWT-Food Science and Technology, 2008, 41(9):1555-1566.

Opinion of the Science Committee on Animal Nutrition. Criteria for assessing the safety of micro-organisms resistant to antibiotics of human clinical and veterinary importance[J]. European Commission Journal.

Park J H, Yun H M, Kim I H. The effect of dietary *Bacillus subtilis* supplementation on the growth performance, blood profile, nutrient retention, and caecal microflora in broiler chickens[J]. Journal of Applied Animal Research, 2017, 48(1):868-872.

Park J W, Jeong J S, Lee S I, et al. Effect of dietary supplementation with a probiotic (*Enterococcus faecium*) on production performance, excreta microflora, ammonia emission, and nutrient utilization in ISA brown laying hens[J]. Poultry Science, 2016, 95(12):2829-2835.

Paulsen I T, Banerjei L, Myers G S A, et al. Role of mobile DNA in the evolution of vancomycin-resistant *Enterococcus faecalis*[J]. Science, 2003, 299 (5615) :2071-2074.

Peet-Schwering C M C, Verheijen R, Jørgensen L, et al. Effects of a mixture of *Bacillus amyloliquefa-*

ciens and *Bacillus subtilis* on the performance of growing-finishing pigs[J]. Animal Feed Science and Technology, 2020(261):114409.

Pescuma M, Gomez-Gomez B, Perez-Corona T, et al. Food prospects of selenium enriched-*Lactobacillus acidophilus* CRL 636 and *Lactobacillus reuteri* CRL 1101[J]. Journal of Functional Foods, 2017(35):466-473.

Pieniz S, Andreazza R, Anghinoni T, et al. Probiotic potential, antimicrobial and antioxidant activities of *Enterococcus durans* strain LAB18s[J]. Food Control, 2014, 37(1):251-256.

Pieper R, Janczyk P, Urubschurov V, et al. Effect of Lactobacillus plantarum on intestinal microbial community composition and response to enterotoxigenic *Escherichia coli* challenge in weaning piglets[J]. Livestock Science, 2010, 133:98-100.

Pultz N J, ShankarN, Baghdayan A S, et al. Enterococcal surface protein Esp does not facilitate intestinal colonization or translocation of *Enterococcus faecalis* in clindamycin-treated mice[J]. FEMS Microbiology Letters, 2005, 242(2):217-219.

Puphan K., Sornplang P., Uriyapongson S., Navanukraw C. Screening of lactic acid bacteria as potential probiotics in beef cattle[J]. Pakistan Journal of Nutrition, 2015, 14(8):474-479.

Qin X, Singh K V, Weinstock G M, et al. Effects of *Enterococcus faecalis* fsr genes on production, of gelatinase and a serine protease and virulence[J]. Infection & Immunity, 2000, 68(5):2579-2586.

Raji P, Samrot A V, Keerthana D, et al. Antibacterial activity of alkaloids, flavonoids, saponins and tannins mediated green synthesised silver nanoparticles against *Pseudomonas aeruginosa* and *Bacillus subtilis*[J]. Journal of Cluster Science, 2019, 30(5):881-895.

Ren D, Chang L, Qin Y, et al. *In vitro* evaluation of the probiotic and functional potential of Lactobacillus strains isolated from fermented food and human intestine[J]. Anaerobe, 2014(30):1-10.

Ribeiro S C, Domingos-Lopes M F P, Stanton C, et al. Production of aminobutyric acid (GABA) by *Lactobacillus otakiensis* and other *Lactobacillus* sp. isolated from traditional Pico cheese[J]. International Journal of Dairy Technology, 2018, 71(4):1012-1017.

Rice L B, Carias L, Rudin S, et al. A potential virulence gene, hylEfm, predominates in *Enterococcus faecium* of clinical origin[J]. The Journal of Infectious Diseases, 2003, 187(3):508-512.

Robert H, Veld J H I. Probiotics: a general view [M]//Lactic Acid Bacteria. New York: Springer US, 1992.

Roberts J C, Singh K V, Okhuysen P C, et al. Molecular epidemiology of the fsr locus and of gelatinase production among different subsets of *Enterococcus faecalis* isolates[J]. Journal of Clinical Microbiology, 2004, 42(5):2317-2320.

Rodriguez A A, Martinez E M, Solorzano L C, et al. Intake and digestibility by lambs of a diet of tropical grass and Hyparrheniarufa hays with a probiotic containing *Bacillus licheniformis* and *Bacillus subtilis*[J]. Journal of Agriculture of the University of Puerto Rico, 2014, 98(2):147-168.

Rossi F, Di Luccia A, Vincenti D, et al. Effects of peptidic fractions from *Saccharomyces cerevisiae* culture on growth and metabolism of the ruminal bacteria *Megasphaeraelsdenii*[J]. Animal Research, 2004, 53(3):177-186.

Sanders M E, Klaenhammer T R. Invited review: the scientific basis of *Lactobacillus acidophilus* NCFM functionality as a probiotic[J]. Journal of dairy science, 2001, 84(2):319-331.

Santos M H S. Biogenic amines: their importance in foods[J]. International Journal of Food Microbiology, 1996, 9(2-3):213-231.

Sathishkumar J, Gokila T, Hannah K, et al. *Bacillus subtilis* PB6 improves intestinal health of broiler chickens challenged with Clostridium perfringens-induced necrotic enteritis[J]. Poultry Science, 2013, 92(2):

370-374.

Scanlan R A. Formation and occurrence of nitrosamines in food[J]. Cancer Research, 1983, 43(43): 2435-2440.

Schneitz C, Koivunen E, Tuunainen P, et al. The effects of a competitive exclusion product and two probiotics on Salmonella colonization and nutrient digestibility in broiler chickens[J]. Journal of Applied Poultry Research, 2016, 25(3):396-406.

Shalaby A R. Significance of biogenic amines to food safety and human health[J]. Food Research International, 1996, 29(7):675-690.

Shankar N, Baghdayan A S, Gilmore M S. Modulation of virulence within a pathogenicity island in vancomycin-resistant *Enterococcus faecalis*[J]. Nature, 2002, 417(6890):746-750.

Sharma V, Singh P K, Midha S, et al. Genome sequence of *Brevibacillus laterosporus* strain GI-9[J]. Journal of Bacteriology, 2012, 194(5):1279.

Shu Q, Qu F, Gill H S. Probiotic treatment using *Bifidobacterium lactis* HN019 reduces weanling diarrhea associated with rotavirus and Escherichia coli infection in a piglet model[J]. Journal of pediatric gastroenterology and nutrition, 2001, 33(2):171-177.

Smirnova T A, Minenkova I B, Orlova M V, et al. The crystal-forming strains of *Bacillus laterosporus*[J]. Research in Microbiology, 1996, 147(5):343-350.

Solieri L, Bianchi A, Mottolese G, et al. Tailoring the probiotic potential of non-starter *Lactobacillus* strains from ripened Parmigiano Reggiano cheese by *in vitro* screening and principal component analysis[J]. Food Microbiology, 2014, 38(4):240-249.

Song D, Wang Y W, Hou Y J, et al. The effects of dietary supplementation of microencapsulated *Enterococcus faecalis* and the extract of *Camellia oleifera* seed on growth performance, immune functions, and serum biochemical parameters in broiler chickens[J]. Journal of Animal Science, 2016, 94(8):3271-3277.

Stein D R, Allen D T, Perry E B, et al. Effects of feeding propionibacteria to dairy cows on milk yield, milk components, and reproduction[J]. Journal of dairy science, 2006, 89(1):111-125.

Stephensen C B, Moldoveanu Z, Gangopadhyay N N. Vitamin A deficiency diminishes the salivary immunoglobulin A response and enhances the serum immunoglobulin G response to influenza A virus infection in BALB/c mice. Journal of Nutrition, 1996, 126(1):94-102.

Swanson K S, Gibson G R, Hutkins R, et al. The International Scientific Association for Probiotics and Prebiotics (ISAPP) consensus statement on the definition and scope of synbiotics[J]. Nat Rev Gastroenterol Hepatol, 2020, 17(11):687-701.

Taras D, Vahjen W, Macha M, et al. Performance, diarrhea incidence, and occurrence of *Escherichia coli* virulence genes during long-term administration of a probiotic enterococcus faecium strain to sows and piglets [J]. Journal of Animal Science,2006, 84:608-617.

Terraf M C L, Tomás M S J, Silva C. Screening of biofilm formation by beneficial vaginal lactobacilli and influence of culture media components[J]. Journal of Applied Microbiology, 2012, 113(6):1517-1529.

Thrune M, Bach A, Ruiz-Moreno M, et al. Effects of *Saccharomyces cerevisiae* on ruminal pH and microbial fermentation in dairy cows Yeast supplementation on rumen fermentation[J]. Livestock Science, 2009, 124(1-3):261-265.

Toledoarana A, Valle J, Solano C, et al. The enterococcal surface protein, Esp, is involved in *Enterococcus faecalis* biofilm formation[J]. Applied and Environmental Microbiology, 2001, 67(10):4538-4545.

Torres-Rodriguez A, Donoghue A M, Donoghue D J, et al. Performance and condemnation rate analysis of commercial turkey flocks treated with aLactobacillus spp.-based probiotic[J]. Poultry Science, 2007, 86:

444-446.

Tulini F L, Winkelströter L K, Martinis E C P D. Identification and evaluation of the probiotic potential of *Lactobacillus paraplantarum* FT259, a bacteriocinogenic strain isolated from Brazilian semi-hard artisanal cheese[J]. Anaerobe, 2013, 22(8):57-63.

Uyeno Y, Sekiguchi Y, Kamagata Y et al. rRNA-based analysis to monitor succession of faecal bacterial communities in Holstein calves[J]. LettersinApplied Microbiology. 2010, 51(5):570-577.

Vankerckhoven V, Huys G, Vancanneyt M, et al. Biosafety assessment of probiotics used for human consumption: recommendations from the EU-PROSAFE project[J]. Trends in Food Science & Technology, 2008, 19(2):102-114.

Walsh M C, Saddoris K L, Sholly D M, et al. The effects of direct fed microbials delivered through the feed and/or in a bolus at weaning on growth performance and gut health. Livestock Science, 2007, 108: 254-257.

Wang A N, Yi X W, Yu H F, et al. Free radical scavenging activity of *Lactobacillus fermentum in vitro* and its antioxidative effect on growing-finishing pigs[J]. Journal of Applied Microbiology, 2009, 107(4): 1140-1148.

Wang Y, Du W, Lei K, et al. Effects of dietary *Bacillus licheniformis* on gut physical barrier, immunity, and reproductive hormones of laying hens[J]. Probiotics Antimicrob Proteins, 2017, 9(3):292-299.

Werner G, Fleige C, Geringer U, et al. IS element IS16 as a molecular screening tool to identify hospital-associated strains of *Enterococcus faecium*[J]. BMC Infectious Diseases, 2011, 11(1):80.

Wirunpan M, Savedboworn W, Wanchaitanawong P. Survival and shelf life of Lactobacillus lactis 1464 in shrimp feed pellet after fluidized bed drying[J]. Agriculture and Natural Resources, 2016, 50(1):1-7.

Wu H J, Sun L B, Li C B, et al. Enhancement of the immune response and protection against Vibrio parahaemolyticus by indigenous probiotic Bacillus strains in mud crab (*Scylla paramamosain*)[J]. Fish & Shellfish Immunology, 2014, 41(2):156-162.

Yan F F,Murugesan G R,Cheng H W. Effects of probiotic supplementation on performance traits, bone mineralization, cecal microbial composition, cytokines and corticosterone in laying hens[J]. Animal, 2019,13 (1):33-41.

Yang C M,Cao G T,Ferket P R,et al. Effects of probiotic,Clostridium butyricum, on growth performance, immune function, and cecal microflora in broiler chickens[J]. Poultry Science, 2012, 91(9):2121-2129.

Yang J,Zhan K,Zhang M. Effects of the use of a combination of two Bacillus Species on performance, egg quality, small intestinal mucosal morphology, and cecal microbiota profile in aging laying hens[J]. Probiotics and Antimicrobial Proteins, 2020, 12(1):204-213.

Yang J P, Wang J, Yang K, et al. Antibacterial activity of selenium-enriched lactic acid bacteria against common food-borne pathogens*in vitro*[J]. Journal of Dairy Science, 2018, 101(3):1930-1942.

Yeo J, Kim K I. Effect of feeding diets containing an antibiotic,a probiotic,or yucca extract on growth and intestinal urease activity in broiler chicks[J]. Poultry Science,1997, 76(2).

Zhang B,Yang X,Guo Y,et al.. Effects of dietary lipids and Clostridium butyricum on the performance and the digestive tract of broiler chickens[J]. Archives of Animal Nutrition, 2011, 65(4):329-339.

Zhang L, Li J, Yun T T, et al. Effects of pre-encapsulated and pro-encapsulated *Enterococcus faecalis* on growth performance, blood characteristics, and cecal microflora in broiler chickens[J]. Poultry Science, 2015, 94(11):2821-2830.

Zhang Z F,Cho J H,Kim I H. Effects of *Bacillus subtilis* UBT-MO2 on growth performance, relative immune organ weight, gas concentration in excreta, and intestinal microbial shedding in broiler chickens[J]. Liverstock Science，2013，155(2-3):343-347.

Zhao X，Guo Y，Guo S，et al. Effects of *Clostridium butyricum* and *Enterococcus faecium* on growth performance，lipid metabolism，and cecal microbiota of broiler chickens[J]. Applied Microbiology and Biotechnology，2013，97(14):6477-6488.

Zhou J S，Shu Q，Rutherfurd K J，et al. Acute oral toxicity and bacterial translocation studies on potentially probiotic strains of lactic acid bacteria[J]. Food & Chemical Toxicology，2000，38(38):153-161.

Zong X，Wang T H，Lu Z Q，et al. Effects of *Clostridium butyricum* or in combination with *Bacillus licheniformis* on the growth performance，blood indexes，and intestinal barrier function of weanling piglets [J]. Livestock Science，2019(220):137-142.

（本章编写者：王薇薇、乔琳、陈丽仙、宋丹、何贝贝、段涛）

第 2 章 益生元

【本章提要】 益生元具有改善动物健康、减少疾病发生的功能。随着对其作用机制、构效关系、目标菌株、菌群互作等方面的深入研究，人们对于益生元的认识也逐渐深入，其应用范围也逐渐扩大。本章主要从益生元的定义和分类、益生元的功效及作用机制、益生元的生产工艺技术及其在饲料中的应用效果进行介绍。

2.1 益生元的定义和分类

2.1.1 益生元的定义

在人类和其他哺乳动物胃肠道中存在数万亿微生物（肠道菌群），它们中的大多数是细菌，但也包括古细菌、真菌和原生动物。肠道菌群与宿主保持共生关系。现代科学研究发现，肠道菌群在营养吸收利用、代谢、抗感染、免疫系统成熟等生物过程中均发挥了关键作用，肠道菌群对健康的重要作用日渐明了。因而，通过调控肠道菌群组成和代谢功能而改善健康状况的概念逐渐发展，而益生元是其中最主要的方式之一。益生元通常指不易消化的食物成分，它们在消化系统内往往并未被宿主消化利用，但可以刺激胃肠道内共生菌的生长或调控其活性。益生元的概念可以说是伴随着益生菌概念的出现孕育而生。尽管在东亚地区人们自古有使用富含寡糖类物质的膳食来调理健康的传统，但现代益生元的概念最早由 Gibson 和 Roberfroid 在 1995 年提出。一般认为，益生元是指不能被宿主直接消化吸收，但可以刺激某些特定肠道益生菌的生长，并对宿主的健康产生正向影响的食物组分。而在 1995 年提出的唯一一种益生元是果寡糖。在早期，益生元往往与益生菌之间关联，实际上多数后来研究确认的益生元首先是基于其对 *Lactobacillus* 和 *Bifidobacterium* 两类特定益生菌生长的有益调节作用而来。在之后的很多年里，随着科学研究的不断深入，越来越多种寡糖被发现具有益生元的功能，益生元的定义及范围也屡屡变更。2004 年，Gibson 和 Roberfroid 更改了益生元的定义，强调益生元必须可以被肠道菌群“选择性的发酵”，对肠道菌群的结构及活性产生影响并带来某些健康效益。随着对益生菌的认识不断加深，联合国粮农组织在 2008 年再次更新了益生元的定义为“不被人体直接利用但可以影响共生菌群并改善宿主健康的食物组分”。这一定义使得益生元不仅仅限定于对肠道菌群的调节，还将对其他部位和器官的共生菌群产生影响的组分囊括其中。2015 年，Bindels 等再次提出了益生元定义的新观点。与之前最大的不同是，这一定义更强调肠道菌群对于益生元的“选择性发酵”及益生元通过这种选择性的被利用对菌群产生的功能性影响。

2016 年 12 月，国际益生菌与益生元科学联合会（The International Scientific Association for Probiotics and Prebiotics，ISAPP）的专家们回顾了益生元的定义及范围的发展历史，发布了共识文件以确保益生元术语的正确应用，方便相关产品的监管（Gibson 等，2017）。文件指出，益生元的定义是“可被宿主共生微生物选择性利用并带给宿主健康效益的物质成分”。基于这一定义，一种物质成分可以归类为益生元必须基于两个事实：①该类物质成分可以影响宿主的共生菌群成分或功能；②这类物质通过影响宿主共生菌群切实改善了宿主健康的某方面。这一关于益生元的定义避免了之前多种定义存在过多技术细节的问题，同时又简单明了地明确了益生元的含义及范围。相比之前的定义，它不再要求益生元必须指向双歧杆菌、乳杆菌等少数几类更为熟知的“益生菌”，而是扩大了一切可以对宿主健康产生有益影响的菌种。此外，该定义明确指出益生元必须能被微生物选择性利用，强调了微生物对于益生元物质成分的改变、代谢及利用，同时也将抗生素等其他影响菌群的物质成分排除在外。对于“宿主健康有益影响”的活性结果强调，也意味着益生元的使用必须考虑安全性及避免过量使用可能带来的副作用。

基于上述定义，益生元包括已知的诸多食物来源的寡糖，如果寡糖、半乳寡糖、菊粉、壳寡糖、木寡糖等，这些寡糖的聚合度一般为 4～30，很难被宿主产生的酶类直接降解，但可以被双歧杆菌等益生菌降解利用（Rastall，2010）。此外，益生元也包括乳汁中的游离乳寡糖、多不饱和脂肪酸、可被肠道菌群发酵利用的膳食纤维以及多酚及其他植物次生代谢物（Gibson 等，2017）。而多数蛋白质、脂类及维生素由于可以被宿主直接消化吸收，而不被认为是益生元。在确定一种物质是否属于益生元时，我们还要考虑宿主之间的差别。如纤维素对于人类并不属于益生元，因为人类肠道菌群很难利用，但对于反刍类动物则属于益生元。甚至我们还需要考虑其对同一宿主的不同器官部位的影响，如木糖醇可以被认为是口腔益生元，但可能对消化道的器官并无明确的益处。

因此，益生元具有提高人类及其他动物健康、减少疾病发生的功能，随着对其作用机制、构效关系、目标菌株、菌群互作等方面的深入研究，会提高我们对于益生元的认识，扩大其应用范围。随着认识的不断加深，益生元有望成为治疗及预防疾病的重要功能物质。

2.1.2 碳水化合物类(寡糖、多糖类)益生元种类及结构特点

糖又称碳水化合物，是自然界中最丰富的生物分子，与蛋白质、脂肪共同构成生命的三类大分子，在生命活动中扮演着重要角色。糖类物质很早就作为粮食和饲料的成分，作为营养或功能因子影响人与动物的健康。益生元的概念自一出现就与糖相关。目前已知的主要益生元以天然产物来源的寡糖为主。除此之外，一些多糖（膳食纤维）、糖醇也被认为属于益生元。在下面的章节中，我们将分别介绍一些具有代表性的糖类益生元。

1. 寡糖

寡糖（oligosaccharide）又称为低聚糖，是由单糖经由糖苷键连接形成的直链或带有支链的低聚合度（2～30）糖类物质的合称。其中果寡糖（fructooligosaccharide，FOS）是第一种确定的益生元（Gibson 和 Roberfroid，1995）。近些年研究发现了更多的寡糖，包括木寡糖、壳寡糖、甘露寡糖等，具有益生元的活性。

果寡糖又称为低聚果糖，由数个 *D*-果糖通过 $\beta(2,1)$ 糖苷键连接而成，其非还原端可以通过 $\alpha(1,2)$ 糖苷键连接一个 *D*-葡萄糖（Hussein 等，1998）。果寡糖有两种生产方法，其产物组分结构也存在一些不同。第一种是通过菊粉水解而成，因此其产物既包含末端有葡萄糖的蔗果寡糖，也包含单纯由果糖组成的寡糖组分。第二种是蔗糖转糖基生产，其产物的非还原糖均为葡萄糖，同时也因为通过转糖苷反应合成而带有少量除 $\beta(2,1)$ 之外的其他糖苷键连接的果

糖(Hussein 等,1998;Lorenzoni 等,2014)。

木寡糖又称低聚木糖,一般是由 2～7 个呋喃木糖分子通过 β(1,4)糖苷键连接而成的直链寡糖。木寡糖一般由玉米芯、甘蔗渣、秸秆等植物纤维中富含的木聚糖降解提取制备,具有低热、稳定等理化特征。

壳寡糖(chito-oligosaccharides, COS),又称几丁寡糖或低聚壳聚糖,是由 N-乙酰氨基葡萄糖及其脱乙酰化产物氨基葡萄糖通过 β(1,4)糖苷键组成的直链低聚糖链,一般聚合度小于 20,平均分子质量小于 3.9 ku(Lodhi 等,2014)。壳寡糖由几丁质与壳聚糖降解获得。不同的壳寡糖产品在脱乙酰度上可能有较大差别。一般认为壳寡糖的脱乙酰度(DD)大于 70%。此外聚合度(DP)、乙酰化分布模式(PA)等结构特征均直接影响壳寡糖的生物活性,并可以依照这些特征进行更细致的分类(Aam 等,2010)。

甘露寡糖(mannan-oligosaccharides, MOS),又称葡甘露寡聚糖,在自然界中主要存在于魔芋、瓜尔豆等植物细胞壁,是半纤维素的一种,主要由甘露糖通过 β(1,4)糖苷键连接而成(Katsuraya 等,2003)。此外酵母细胞壁来源的甘露寡糖则主要由甘露糖 α(1,6)糖苷键连接而成的主链及 α(1,2)、α(1,3)甘露糖侧链组成。甘露寡糖如有 α(1,6)键连接的半乳糖支链,则成为半乳甘露寡糖(Kubackova 等,1992)。

异麦芽寡糖(isomalto-oligosaccharide, IMO),是葡萄糖由 α(1,6)糖苷键连接的寡糖,在酱类、蜂蜜、泡菜等发酵食品中少量存在。工业生产的异麦芽寡糖主要由淀粉水解并转换糖苷键而来,因此也带有少量 α(1,4)糖苷键(Mussatto 和 Mancilha,2007)连接的麦芽糖。一般而言,三糖到六糖是异麦芽寡糖的主要组分,但二糖以及八糖等不同聚合度的寡糖在产品中往往也都存在。

半乳寡糖(galacto-oligosaccharides, GOS)是一种由 2～7 个半乳糖通过 β 糖苷键连接至糖链还原端的一个半乳糖或葡萄糖分子的直链结构低聚糖。不同来源的半乳寡糖,半乳糖分子之间连接的糖苷键可能是 β(1,2)、β(1,3)、β(1,4)以及 β(1,6),或是不同的几种糖苷键同时存在。在自然界中,一些哺乳动物的乳汁中会含有少量半乳聚糖。其合成则以乳糖为底物,并依赖于 β 半乳糖苷酶的转糖苷活性。

大豆低聚糖(soybean oligosaccharides, SBOS),是从大豆等植物中提取的一组可溶性寡糖的总称,主要由棉籽糖(raffinose)、水苏糖(stachyose)等棉籽糖系列寡糖及蔗糖(sucrose)组成(Ma 等,2017)。棉籽糖,也称为蜜三糖,是由半乳糖通过(1,6)糖苷键与蔗糖中的果糖分子连接而成的三糖结构。在棉籽糖还原端的半乳糖上通过(1,6)糖苷键添加半乳糖则形成水苏糖(四糖)、毛蕊花糖(五糖)等以(1,6)半乳糖为主要重复单元的寡糖结构。

乳寡糖是哺乳动物乳汁中天然存在的游离低聚糖。它一般以半乳糖-β(1,4)-葡萄糖形成的乳糖结构或半乳糖-β(1,4)-N-乙酰氨基葡萄糖形成的乳糖胺结构为还原端的核心结构,在此基础上以岩藻糖、唾液酸、半乳糖、N-乙酰氨基己糖等位修饰单元,通过不同糖苷键连接发展成从三糖到十几糖的多种复杂寡糖结构(Bode,2020)。在人乳中已发现存在 200 多种乳寡糖,而在猪、牛动物乳汁中也有近百种乳寡糖结构被发现。同一物种的不同个体分泌的乳寡糖组成往往存在差异,同一个体在不同哺乳阶段所分泌的乳寡糖组成也会有不同。

2. 多糖

果胶可能是结构最为复杂的天然多糖,在植物细胞壁中广泛存在。果胶的基本结构是以 α(1,4)糖苷键结合的 *D*-半乳糖醛酸所构成主链的半乳糖醛酸聚糖。果胶多糖具有丰富复杂的支链修饰，从不同物种中提取的果胶多糖结构也存在差异。目前已探明的果胶多糖结构包含13个单糖通过21个不同的糖苷键连接而成(Ndeh等，2017)。根据其支链修饰的不同可以分为半乳糖醛酸聚糖、鼠李半乳糖醛酸聚糖-Ⅰ、鼠李半乳糖醛酸聚糖-Ⅱ、木糖半乳糖醛酸聚糖等。果胶降解得到的小片段产物即果胶寡糖，基于多糖来源、降解工艺等的差异，不同果胶寡糖产品的组分结构有时差异较大。

褐藻胶(atqin)是褐藻细胞壁的主要组成物质，由β-*D*-(1,4)-甘露糖醛酸和α-*L*-(1,4)-古罗糖醛酸组成的直链多糖结构(Lee和Mooney，2012)。其分子中主要存在3种不同的结构区域：β-*D*-(1,4)-甘露糖醛酸重复片段、α-*L*-(1,4)-古罗糖醛酸重复片段以及β-*D*-(1,4)-甘露糖醛酸-α-*L*-(1,4)-古罗糖醛酸二糖重复片段。褐藻胶结构中上述三种结构的组成比例受藻类品种、地域、季节等因素的影响而存在差异。褐藻胶寡糖是褐藻胶的降解产物(Falkeborg等，2014)。

菊粉是在香蕉、菊芋、大麦等植物中广泛存在的一种主要由果糖组成的天然多糖、寡糖混合物，其聚合度为2～60(Mensink等，2015)。一般认为含有不多于10个果糖分子的菊粉也被称为果寡糖，因此菊粉与果寡糖具有一致的结构特征，即由数个*D*-果糖通过β(2,1)糖苷键连接而成，其还原端常有一个通过α(1,2)糖苷键连接的葡萄糖分子。菊粉的聚合度受植物来源、采集时间、处理方式以及贮藏方式等条件的影响。

抗性淀粉(resistant starch, RS)，是指不能被宿主淀粉酶水解，但可以被肠道中的微生物菌群发酵的一类淀粉。抗性淀粉与直链淀粉的组成结构相似，是由α(1,4)糖苷键连接的直链葡萄糖聚糖，但相对于直链淀粉，抗性淀粉的分子质量相对较小，一般在1.2×10^5 u左右。抗性淀粉抵抗淀粉酶降解的原因尚不完全清晰，但目前的研究认为，物理包埋屏障、淀粉结晶结构、淀粉老化或被其他化学基团修饰，是抗性淀粉不被宿主降解吸收的可能原因。抗性淀粉在含有淀粉的谷物等植物中天然存在，在香蕉中含量较多。此外，通过烘烤等烹饪方式制作的淀粉类食物如面包、面条，其中抗性淀粉的含量会增加。

纤维素是自然界中含量最丰富的糖类物质，在植物细胞壁中广泛存在，全球纤维素年产量约10^{11} t。纤维素是由葡萄糖分子通过β(1,4)糖苷键连接而成的直链多糖分子，其聚合度从几百到几万不等。

近年来，越来越多的草本中药来源的多糖物质被作为益生元开发应用。其中，黄芪多糖是目前应用较为广泛的一种。黄芪多糖成分较为复杂，一般认为包含由α(1,4)葡萄糖为主链包含α(1,6)葡萄糖支链的葡聚糖分子以及由半乳糖、鼠李糖、阿拉伯糖、葡萄糖等所组成的杂多糖分子。黄芪多糖组分及结构受黄芪种类、栽培方式、提取方法等条件的影响极大，不同生产来源的黄芪多糖可能在结构上存在巨大差别，也因此对其活性产生很大影响。未来基于多糖结构指纹图谱分析方法，确定多糖结构与活性关系规律，开发黄芪多糖质量控制技术，对于黄芪多糖等产品的应用尤为关键(Cao，2019)。

2.1.3 非碳水化合物类益生元

除碳水化合物具有益生元的活性外，一些非碳水化合物在胃肠道内不被消化吸收，能够被宿主微生物选择性地利用，调节肠道微生态平衡进行机体防御和疾病防治，这些非碳水化合物也属益生元范畴，有多酚化合物、多元醇、多不饱和脂肪酸、蛋白质水解物、天然植物提取物等。

多酚化合物是植物的次生代谢物，常存在于水果、蔬菜及可可、茶或葡萄酒中。多酚化合物分为两大类:类黄酮和非黄酮化合物。根据 c-杂环结构可以将类黄酮区分出不同的基团:黄酮醇、黄酮、黄酮-3-醇、异黄酮、黄烷酮、二氢黄酮醇、花青素、查尔酮。非黄酮化合物包括酚酸、水解单宁和芪。

多元醇即分子中含有 2 个或 2 个以上羟基的醇类。多元醇如木糖醇、益寿糖和乳糖醇,有调节肠道微生物菌群的作用。

多不饱和脂肪酸(polyunsaturated fatty acid, PUFA)是指含有 2 个和 2 个以上双键的不饱和脂肪酸,参与构成体内脂肪,包括 ω-3 系列(亚麻酸、二十二碳六烯酸、二十碳五烯酸等)和 ω-6 系列(亚油酸、共轭亚油酸、花生四烯酸等)(杨立娜等,2017;Kawasaki 等,2000)。

我国是世界上天然植物种类最多的国家,药用植物的使用有着悠久的历史。植物提取物是指通过一系列物理或化学方法从植物中获得具有一种或多种生物学活性物质的总称。这些生物学活性物质是植物在生长发育过程中的次级代谢产物,进入动物机体后能与各个靶器官表面的活性因子结合,进而发挥其生物学功能。生物学活性成分主要包括黄酮类、多糖类、生物碱类、单宁类和挥发油类等物质。

2.1.4 益生元的分析方法及质控技术

糖类益生元的分析方法与质控技术存在一些共性,在下文中我们将一些常用的糖类物质分析方法做统一介绍(白云鹏,2011;崔连杰等,2020;高怡婷和柳文媛,2016;李亚丽等,2016;林宏琳和林国斌,2017;张萍等,2012;张树政等,2012;Bahrke 等,2002;Bahrke 等,2003;Battistel 等,2014;Cao 等,2019;Fukuda 等,1995;Lamari 等,2003;Leymarie 和 Zaia,2012;Li 等,2019;Price,2006),对于不同糖类益生元的一些特别情况也会做说明。

1. 糖类益生元总糖含量的分析测定

对于糖类益生元产品的分析,往往从测定样品总糖含量开始,而总糖含量也是糖类益生元产品质量控制的最基本问题。总糖含量测定一般利用单糖缩合反应后用比色法测定,常用的几种方法如下。

苯酚-硫酸法是将多糖经由浓硫酸水解并脱水生成糠醛,随后与苯酚缩合,产物为红色。在一定范围内颜色深浅与总糖含量呈线性关系。该方法灵敏度较高,结果不易受样品中蛋白质等物质干扰,所使用试剂价格便宜,因而是广泛使用的一种方法。

蒽酮-硫酸法与苯酚-硫酸法相类似,只是用蒽酮代替了苯酚。蒽酮与糠醛缩合生成的产物为蓝绿色。与苯酚-硫酸法相比,蒽酮-硫酸法线性关系、稳定性方面较好,但一些蛋白类物质会干扰蒽酮-硫酸法的测定,所以待测样品中的蛋白质需提前去除。

3,5-二硝基水杨酸法原理是 3,5-二硝基水杨酸可以与还原糖在中性或碱性条件下反应生成棕红色产物,由此可以测定多糖样品中的还原糖的含量。也可在将多糖水解成单糖后,测定多糖中的总糖含量。

间接碘量法是一种基于氧化还原反应的容量分析方法,可以测定样品中总糖及单糖的含量,与前述方法相比,碘量法不需要强酸,但其操作过程较为繁琐,实验操作易对测定结果产生影响,因而使用较少。

高压液相色谱法(HPLC)灵敏度高、精密度好,但因为针对特定糖类样品的标准品缺乏,一定程度上限制了该方法的推广使用。HPLC 法不仅可以用于测定糖的含量,还是糖类样品组分分析定量的重要方法,我们将在下面的篇幅做更详细的介绍。

2. 糖类益生元分子质量及组成结构的分析测定

对于糖类样品总糖含量的测定有助于了解样品糖类物质纯度等信息，但对于组分结构等信息，则需要进一步分析。无论是多糖还是寡糖产品，其分子质量/聚合度大小、分子质量分布等，对于其功能影响较大。多糖和寡糖产品由于理化性质存在一定差异，所以适用的方法略有区别。多糖分子的分子质量较大、水溶性往往较差，但高聚物的相对分子质量与黏度之间存在一定关系，因此常将多糖溶于某溶剂中，通过黏度计测定黏度值并使用经验公式推算相对分子质量。黏度法操作简单、所需仪器设备价格便宜，但误差相对较大。另一种常用于多糖分子质量检测的方法是光散射法，其原理是基于光通过样品发生散射时，散射光光强、角度变化与溶液分子质量、尺寸的关系，结果较为准确，适于检测组分单一、相对分子质量分布较窄的样品。

糖类样品的分析除了需要检测分子质量，对于其组分、含量等与活性直接相关的信息也需要明确。高效液相色谱法是糖类样品分析鉴定最常用的方法之一。对于不同样品的特性使用氨基柱、凝胶柱、酰胺柱、阴离子交换柱等不同的色谱柱进行组分分离，并使用不同检测器检测样品中糖类组分、分子质量分布、含量等信息。主要使用的色谱方法包括以下几种。

凝胶渗透色谱法(gel permeation chromatography, GPC)是利用不同分子质量的糖类样品通过确定孔径色谱填料时洗脱时间的差异，对于不同分子质量大小的糖类组分进行分离。常用的凝胶色谱填料有 Sephadex G 葡聚糖、Sephacryl 丙烯葡聚糖、Sepharose 琼脂糖、Bio-Gel 聚丙烯酰胺凝胶等。凝胶渗透色谱法可用于分离测定样品相对分子质量和相对分子质量分布，根据所选择凝胶填料的不同，分离的分子质量范围可以从几百万到 100 u 以下，因此对于多糖、寡糖样品均适用。凝胶渗透色谱法重复性好、可靠性高，但分辨率较差，对于分子质量相差较小的组分分离效果不好。高效阴离子交换色谱法(high performance anion exchange chromatography, HPAEC)是基于许多糖类分子在 pH 大于 12 的情况下全部或部分以阴离子形式存在，因此能够在阴离子交换色谱柱上进行交换层析。HPAEC 常使用脉冲安培检测器(PAD)检测糖类分子，所检测的糖类样品无须衍生即能分析，而且灵敏度较高，但稳定性相对不好。亲水作用色谱(hydrophilic interaction chromatography, HIC)是用强亲水性的极性吸附剂作为固定相，利用糖类分子的极性及亲水性差异进行分离，常用于寡糖样品的分析检测。其常用填料包括氨基、酰胺基、氰基、硅胶等。HIC 法选择性好，分辨度高，非常适用于寡糖样品的分离分析。

基于不同的色谱柱，我们可以对糖类样品的组分基于不同性质进行分离，而对于分离后组分的检测则需要使用检测器分析组分的浓度。常用的糖类物质检测器包括示差检测器(refractive index detection, RID)、紫外检测器(ultraviolet detection, UVD)、蒸发光检测器(evaporative light-scattering detection, ELSD)、电化学检测器(electrochemical detection, ECD)、荷电气溶胶检测器(charged aerosol detection, CAD)、质谱检测器(mass spectrometric detection, MSD)等，这些检测器在检测糖类样品时各有优势，需要根据不同情况选择。

示差检测器(RID)是基于样品光折射率的变化来测定样品浓度。检测过程简单，但该检测器对环境温度敏感，灵敏度也相对不足。

紫外检测器(UVD)是 HPLC 最常用的检测器，但其检测的物质必须可以吸收紫外光，而糖类物质往往无紫外吸收，所以需要对糖类样品首先进行衍生化处理。紫外检测器灵敏度高、稳定性好，但因为需要对样品进行前处理，所以增加了操作步骤。

蒸发光检测器(ELSD)适用于不挥发性或难挥发性物质的检测，通过样品颗粒对光散射程度与其质量的关系，测定样品的含量。蒸发光检测器灵敏度、重复度较好，所测样品无须进行衍生化处理，适合糖类样品的直接检测。另外，样品通过蒸发光检测器后遭到破坏，无法回收，对于珍贵的样品无法回收再利用，而且样品中如存在挥发性比较强的成分会干扰检测。

电化学检测器是基于糖类碱性条件下阴离子化，所以对于恒电位的电极会产生响应值，从而测定糖类浓度。使用普通电化学检测器，糖类的电化学反应产物容易在电极表面沉积从而影响响应值，因此常使用脉冲安培检测器（pulse amperometric detection，PAD）检测糖类样品。

荷电气溶胶检测器（CAD）与蒸发光检测器类似，适用于检测不挥发性及半挥发性物质，具有灵敏度高、稳定性好、响应一致等特点。荷电气溶胶检测器是将含有样品的流动相雾化形成液滴，液滴干燥后形成颗粒，该颗粒的大小与样品含量直接相关，进一步对颗粒进行电荷转移，颗粒越大，转移的电荷越多，最后通过检测电荷量就可以得知样品含量。

质谱检测器（MSD）是通过测定样品电离后的离子质荷比，分析测定糖类样品。质谱检测器不仅可以与色谱联合使用测定样品浓度，还可单独用于糖类样品的检测，分析样品结构。在糖链检测方面，质谱检测法具有高灵敏度和高精度的显著优势，对于样品检测量的需求也较低，因此被广泛应用于糖类益生元产品的分析与质控。

常用于寡糖样品的两种主要质谱电离方式是电喷雾电离（electrospray ionization，ESI）、基质辅助激光解吸电离（matrix assisted laser desorption ionization，MALDI）。不同电离方式都有正负离子模式两种，含有酸性基团的糖链样品用负离子模式分析效果较好。含有碱性基团的糖链样品更适合正离子模式。中性糖链两种模式均可。电喷雾（ESI）是将样品喷成雾状带电液滴，在高温下蒸发后发生库伦爆破现象，最终实现样品的离子化。该离子化方法相对比较轻柔，对分子结构破坏较小。考虑到糖链样品较易受到破坏，ESI 用于糖链分析时的解离设定要比蛋白质样品温和一些。ESI 很适合用于检测较容易受到破坏的酸性寡糖样品。此外，ESI 可以用液相色谱直接连接，极大地提高了 ESI 质谱对于低丰度组分的检测能力与应用范围。ESI 质谱常配置三重四级杆、离子肼等质量分析器，可进行多级质谱分析。ESI 的不足之处是对盐的耐受力较弱，因此样品分析前必须除盐。

基质辅助激光解吸电离（MALDI）一般是在真空状态下通过激光照射基质传导能量给待测样品，从而直接气化并离子化非挥发性样品物质的离子化方式。基质的选择对于使用 MALDI 解离分析样品非常重要。对于糖类样品，2，5-二羟基苯酸甲（DHB）是常用的基质之一。DHB 与糖链样品有较好的混溶性，可以增强离子化强度。相比较而言，DHB 适于中性糖和碱性糖的分析。对于酸性糖，2，4，6-三羟基苯乙酮（THAP）是常用的基质，并使用 MALDI 的阴离子模式进行检测；另一种方法是在 DHB 中加入精胺、苯胺等助剂，也适用于酸性糖的分析。MALDI 常配置飞行时间检测器（time of flight，TOF）。与 ESI 相比，MALDI 操作简单，对盐及其他杂质的耐受力强，可以分析的样品分子质量范围更大。但 MALDI 的糖链离子化效率相对较低。此外，MALDI 容易造成样品中酸性糖的解离，MALDI 对含有这类糖的样品含量进行检测时容易出现偏差。

快速原子轰击电离（fast atom bombardment，FAB）也常用于酸性寡糖的电离。但 FAB 检测中性及碱性糖时的灵敏度较低，且不易区分同分异构体，因此相对使用较少。

对于分析糖类样品的单糖组成，常使用酸解、酶解等方法将糖类样品降解为单糖，之后使用高效液相色谱、气相色谱、纸色谱、薄层色谱、毛细管电泳等方法对样品中所含的单糖进行定性定量分析。之前在糖类组成分析部分，已对于高效液相色谱方法作了介绍，下面简单介绍一下其他几种方法。

（1）气相色谱法（gas chromatography，GC） 是最常用于单糖组成分析的一种方法。气相色谱法适合分析挥发性样品，因此进行单糖气相色谱法分析之前，首先需要对糖类样品进行衍生化，可解决糖类物质本身挥发性较差的问题。气相色谱法准确度高、需要样品量小、检测限低、同时分析 10 种以上单糖，因此被广泛使用。但气相色谱法因为要对样品进行衍生化，因此操作较为繁琐。

（2）纸色谱法与薄层色谱法 分别使用纸或薄层板，选用不同溶液体系对单糖组分展开、显色。这两种方法的机制近似，均具有所需仪器简单、操作简单等优势，常用于单糖组成或寡糖样品组分的快速分离分析。但二者也存在同样的问题：不能进行准确的定量分析、灵敏度较差，因此仅使用这两种方法无法准确得知寡糖、单糖组成的准确量化关系。

（3）毛细管电泳技术 可以对衍生化后的单糖、寡糖样品通过电泳下不同的迁移率，对样品组分进行分离分析，具有灵敏度高、准确度高等优势，但毛细管电泳技术对设备仪器要求较高，操作相对复杂，一定程度上限制了该方法的普及。

3. 糖类益生元糖链结构的分析测定

对于糖类益生元而言，总糖含量、单糖组成等信息都是重要特征信息及质量控制的重要因素，但产品质量控制的关键仍在于精确解析糖链的一级结构及多级结构。目前随着质谱、核磁共振等技术的快速发展，已能够较好地解决糖链一级结构分析的问题，对于多级结构的分析，方法相对仍较少，下面对糖链一级结构及多级结构的分析方法作简单介绍。

糖链结构的常用分析手段是质谱，为提高糖类样品在质谱检测中的离子化程度从而提高检测灵敏度，常在质谱分析前对样品进行衍生化处理。最常用的衍生化方法是还原胺化法。还原胺化法使用的主要衍生化试剂包括 2-氨基吡啶、对氨基苯酸乙酯、8-氨基萘-1，2，6-三磺酸和 2-氨基甲苯酸等。这些衍生化试剂在酸性条件下与糖链还原端醛基缩合形成席夫碱，并最终被氰基硼氢化钠还原形成稳定单键，从而使糖链带上发色基团。如果糖链样品带有磷酸基团、硫酸基团、唾液酸等本身对酸性条件敏感的基团，则 1-苯基-3-甲基-5-吡唑啉酮（PMP）是更适合的衍生化试剂。此外，甲基化也是常用的糖链衍生化方法。甲基化有利于糖链分子离子化的一致性，可以很好地提高样品在质谱中的离子化程度，提高检测灵敏度。另外，甲基化后的糖链，在多级质谱中可以裂解产生特异性碎片离子，有利于对糖链序列的解析及分支结构的识别。

基于质谱技术解析糖链序列，常使用二级质谱 MS/MS、多级质谱 MS^n 等手段，其基本原理在于使糖链分子进一步发生裂解，通过检测分析产生的碎片离子信号来推断糖链结构特征。此外，质谱常与 HPLC 联用以提高对于同分异构体、糖链分支结构的解析能力，还可以配合使用专一性外切糖苷酶进行酶解分析，明确糖苷键形式。

核磁共振（nuclear magnetic resonance，NMR）常用于分析糖链的糖苷键构型、重复结构中单糖的数目、糖链连接位置与顺序等结构信息。随着二维核磁共振等技术的不断发展，NMR 已成为糖链结构信息解析的有力工具。在一维核磁共振中，^{1}H NMR 主要用于分析糖链结构的糖苷键构型，而 ^{13}C NMR 可以用于确定糖残基的数量和相对含量、糖链的连接位置、异头碳构型以及某些取代基团的存在。二维核磁共振则可以进一步协助解析复杂糖链样品中上述结构信息。

除了 NMR 外，其他的谱学方法也常用于糖链结构分析。红外光谱可以提供一些糖链上异构体的信息，也可以检测糖链上的硫酸基团等取代基团。激光拉曼光谱与红外光谱类似，但灵敏度和分辨率略高。圆二色谱可以提供糖链构型构象信息，对于分析糖链三维结构有一定帮助。X 射线衍射可以分析形成微晶态的糖链结构，也可以提供糖链三维结构信息。

总体而言，随着质谱、核磁等技术的不断发展，糖链结构分析手段越来越丰富，对于理解糖类益生元的构效关系，确定糖链益生元产品的质量控制方法，提供了更多有利的工具。但由于设备昂贵、操作要求高等问题，目前更多用于糖链益生元质量控制的是比色法等基于化学反应的方法以及色谱法。这些方法操作简单，仪器设备要求相对较低，所以推广使用更为广泛。但随着对于糖链益生元构效关系认识的不断加深，未来可能会有具有更精准糖链结构的益生元产品面世，这种情况质谱及核磁共振可能会提供更好的产品质量控制手段。

2.2 益生元的功效及作用机制

2.2.1 提高动物的生产性能

动物的生产性能在不同动物包括生长性能、胴体组成、肉品质、产奶性能、产蛋性能、毛用性能等诸多方面，主要考察饲料消化率和转化率、日增重、料重比、生长周期、饲料成本、抗病能力等指标。益生元具有促进动物生长、提高动物品质、减少动物疾病发生的功效。益生元提高动物生产性能作用的机理可能是：通过促进有益菌生长，抑制有害菌繁殖，改善肠道菌群组成，维持肠黏膜形态，促进有益菌产生短链脂肪酸等为动物提供能量及调节肠道健康，促进矿物元素吸收，刺激畜禽甲状腺素和生长激素的分泌，促进动物生长及健康（乔宇等，2018；许青松和杜昱光，2011；杨立娜等，2017；于慧等，2019；Bednarczyk 等，2016；Li 等，2018；Mohan 等，2019）。

1. 低聚木糖

低聚木糖对畜禽生产性能的影响已进行了不少研究及应用。低聚木糖能够提高动物机体的健康水平，提升饲料的利用率和转化率。低聚木糖对动物生产性能的影响可归因为以下几点。

低聚木糖能够有选择性地促进动物肠胃中有益菌（双歧杆菌、乳酸杆菌等）的繁殖，抑制肠道内的异常发酵，调节胃肠道内微生物平衡（Okazaki 等，1990）；有益菌群大量增加，在肠道内发酵产生更多短链的脂肪酸，肠道内 pH 下降，从而抑制以大肠杆菌、沙门氏菌为代表的致病菌的生长繁殖，提高动物机体的抗病能力（Bielecka 等，2002）；有益菌能够合成一些机体缺乏的物质，例如，双歧杆菌、乳酸杆菌能够合成 K 族维生素和 B 族维生素，对机体有一定的营养作用，改善营养缺乏的状况（Montalto 等，2009）；低聚木糖的添加所引起的胃肠道的变化，如肠道内 pH、内源消化酶的酶活、肠道结构形态等，均能对矿物质等营养物质的消化吸收产生有利作用（Trevisi 等，2008）。此外，低聚木糖具有一定的甜度，在室温 20 ℃下，相同浓度的低聚木糖的甜度约为蔗糖的 50%（尤新，2004），对饲料其他营养成分无影响，其自身也不受其他营养成分的影响（王蓉等，2006），并能够改善饲料的可口性，对动物尤其是幼龄期动物具有一定的诱食作用。

2. 果寡糖

果寡糖(FOS)在提高动物生产性能中表现出诸多优势,大量的动物试验表明果寡糖改善畜禽生产性能方面有良好的效果。赵峰等(2019)通过试验研究了 FOS,枯草芽胞杆菌(BS)和非淀粉多糖(NSP)酶及其组合对黄羽肉鸡生产性能的影响,与对照组相比,FOS 组鸡的平均日增重显著提高,试验后期平均日采食量显著提高,料重比在试验全期显著降低,并且饲喂果寡糖以及组合物还能降低鸡死亡率。李梦云等(2015)研究了 FOS 对初产母猪生产性能,血清指标及粪便 pH,微生物菌群数量和挥发性脂肪酸含量的影响,结果表明,FOS 显著提高了母猪妊娠后期和哺乳期采食量,极显著提高了健仔率、仔猪断奶重和平均日增重。郃秀林等(2009)选用同一牛场的荷斯坦公犊牛 25 头,饲喂添加不同浓度 FOS 的日粮,研究其对早期断奶犊牛生长性能、血液理化指标及肠黏膜形态的影响,试验结果表明,日粮中添加 FOS 极显著提高犊牛的体重及日增重。郭勇庆等(2010)研究了牛蒡 FOS 对绵羊生长性能和氮平衡的影响,试验结果表明,与对照组相比,在绵羊日粮中随着牛蒡 FOS 添加量的增加,有逐步提高绵羊日增重的趋势,且呈明显的剂量依赖性。

总而言之,FOS 因其无毒性、良好的水溶性,已经作为一种益生元在动物生产中逐渐被推广应用,随着动物营养学和生态学研究的不断深入,FOS 的研究已经取得了极大进展,并且许多研究显示其在多种动物的生产性能方面都表现出良好的效果,FOS 在动物养殖业中将具有良好的前景。

3. 低聚甘露糖

研究发现低聚甘露糖具有多种生理活性,可以改变动物的生产性能。Shashidhara 和 Devegowda(2003)研究了在肉种鸡饲料中添加甘露寡糖对种蛋生产、孵化率、繁殖力和免疫力的影响。结果表明,补充甘露寡糖可提高肉种鸡的精子密度、抗体效价和所有生产性状(不包括产蛋量)。还有报道表明,在肉鸡饲料中补充添加低聚甘露糖,可以改变肉鸡的肠道组织形态及生长性能,增加肉鸡体重及淋巴器官的相对质量,如法氏囊、胸腺和脾脏(Chand 等,2019)。孟岩和张辉(2007)研究发现日粮中添加甘露寡糖能提高肉鸡的生产性能,增加平均日增重,降低料肉比。熊阿玲(2014)在肉鸡饲料中添加低聚甘露糖,可以显著改善肉鸡的生长性能,提高肉鸡的平均日增重,并且显著降低饲料增重比。马志红等(2010)针对免疫力低下的鲤鱼进行了饲喂试验,结果表明,低聚甘露糖能提高鲤鱼的生长性能。Akrami 等(2013)利用血液学和血清生化指标评估了幼年鱼中甘露寡糖的营养作用,试验发现添加甘露寡糖的幼鱼淋巴细胞、嗜酸性粒细胞和肌酐因子与对照组之间存在显著差异,在幼龄鱼的饲料中添加 2 g/kg 低聚甘露糖是有利的。李云兰(2004)研究表明,饵料中添加甘露糖可以提高幼年鲤的生产性能,主要是由于甘露糖促进了肠道的生长和消化道微生物菌群的优化,提高了饵料利用率,据增重情况和饵料系数确定饲料中甘露寡糖的适宜含量为 378 mg/kg。

低聚甘露糖还具有较强的抗氧化作用。氧化应激能够导致动物机体发生系统性和代谢性疾病,肠道的抗氧化酶系统在氧化应激中起重要作用。研究发现魔芋甘露低聚糖与枯草芽胞杆菌的联合使用对肠上皮细胞活性、炎性损伤等方面具有明显的修复效果,对 LPS 诱导的急性损伤小鼠模型具有良好的防护效果(张帅,2018)。Chen 等(2020)研究结果显示,低聚甘露糖可以降低肉鸡中肝的 Toll 样受体 4(TLR4)和肿瘤坏死因子 α(TNF-α),通过减轻氧化应激和炎症反应,减轻热应激肉鸡的肝损害。Ren 等(2020)以补充了低聚甘露糖的基础饮食喂食幼年杂交石斑鱼 9 周,发现所有组之间的采食量、肝体指数、脾脏指数或存活率均无显著差异,但是添加低聚甘露糖的杂交石斑鱼显著增强了总抗氧化能力(T-AOC)和超氧化物歧化酶(SOD),而且呼吸爆发活性(RB)、酸性磷酸酶活性(ACP)和溶菌酶活性(LZM)显著增强。谷胱甘肽过氧化物酶(GSH-Px)和超氧化物歧化酶(SOD)作为抗氧化酶的关键因子,在清除丙二醛(MAD)所产生的自由基方面发挥重要作用。另有研究报道(Cheng 等,2018),肉鸡在周期性热应激(HS)的条件下,添加甘露寡糖显著提高了肉鸡血清中 GSH-Px 的活性,降低了 MAD 的含量,有效缓解了由 HS 导致的氧化损伤。同样,Attia 等(2017)研究发现,肉鸡日粮中间歇性添加甘露寡糖能明显增加 GSH-Px 和 SOD 的活性。Ognik 和 Krauze(2012)报道,甘露寡糖能提高火鸡血浆中维生素 C、锌和铁的浓度,提高其抗氧化性能,其机制可能是抑制 ROS 的生成和保护硫醇的巯基免于氧化。

4. 壳寡糖

壳寡糖可作为有益菌(双歧杆菌、乳酸杆菌等)的促生长因子,促进有益菌的生长和增殖,调节肠道内菌群平衡并改善肠道内环境,从而增加回肠微绒毛密度,同时回肠绒毛也有变细、变高的倾向。微绒毛高度增加、密度变大,有利于增大小肠的吸收面积,促进动物对饲料中营养物质的消化、吸收与代谢、从而提高动物的生产性能(Li 等,2019)。壳寡糖分子中游离的—NH_2与—OH 相邻,可通过氢键或盐键的作用形成具有网状结构的笼形分子,此笼形分子对金属离子有吸附能力,可以促进机体对 Ca、Fe、Zn、Mn 等矿物质的吸收(孟晓,2014)。王秀武等(2008)在断奶仔猪的日粮中添加 200 mg/kg 壳寡糖,试验结果表明,添加了壳寡糖的日粮能够明显提高仔猪的日增重,改善饲料转化率,减少仔猪的死亡率;同时提高饲料的干物质、钙、粗蛋白及磷的消化率,增加背最长肌中 Cu、心肌中 Zn 以及脾脏中 Mn 的含量,降低脾脏、胃和肾组织中 Ca 和 Mg 的含量,血清中 Cu、Zn、Mn 和 Ca 的含量均有增加的趋势,从而促进了矿物质微量元素吸收和贮存。

杜昱光课题组的系列研究表明(Cheng 等,2015;Wan 等,2016),在妊娠和哺乳期母猪日粮中添加 40 mg/kg 壳寡糖,显著提高了母猪的繁殖性能:产仔数、产活仔数、初生窝重分别提高了 18.5%、19.2%、31.3%;进一步研究发现,母体日粮中添加壳寡糖显著提高了后代仔猪在哺乳期的生长性能;利用同位素相对定量技术分析猪乳的营养组成发现,壳寡糖显著改善了猪乳中寡糖链的相对丰度,三糖和四糖的含量分别提高了 60%和 150%,而优化的母乳组成与新生仔猪良好的生长性能存在必然的因果关系,表明壳寡糖可以改善母猪的繁殖性能。通过对壳寡糖促进妊娠母猪生产性能方面作用机制的进一步研究,发现壳寡糖能够增加动物子宫和胎盘组织中血管数和红细胞数从而提高妊娠后期胎儿生长发育能力。通过 RNA-Seq 技术在日粮中添加壳寡糖母猪组中鉴定出 486 个卵巢差异表达基因。这些基因在细胞周期,孕酮介导的卵母细胞成熟,代谢途径,卵母细胞减数分裂或造血细胞谱系等方面显著富集,从转录水平进一步解释了壳寡糖提高妊娠母猪生产性能的作用机制。杨开云(2016)研究也表明,饲粮中添加壳寡糖能增强母猪的免疫力和抗氧化力,改善母猪的健康状况,为胎儿生长发育提供良好的内在环境;增加母猪血清中瘦素的含量以及上调妊娠早期胎儿血管内皮生长因子 A 基因 mRNA 的表达,有利于血管生成和胎儿生长存活及提高母猪繁殖性能。

田刚等(2018)研究了饲粮添加壳寡糖对正常饲养和氧化应激仔猪生长性能、抗氧化能力及空肠养分消化和转运能力的影响,结果表明,正常饲养条件下,饲粮添加 50 mg/kg 壳寡糖可显著改善仔猪对饲粮的养分消化率和机体的抗氧化能力;氧化应激条件下,壳寡糖可通过改善机体的抗氧化能力,缓解氧化应激,提高应激仔猪的空肠养分消化和转运能力,缓解氧化应激导致的增重下降。Zhao 等(2017)研究了壳寡糖对断奶仔猪生产性能和健康状况的影响,研究发现基础日粮添加 160 mg/kg 壳寡糖,可提高平均日增重和饲料转化率,产生较基础日粮更强的血清总抗氧化能力和谷胱甘肽过氧化物酶活性,较低的血清内毒素和丙二醛浓度,较高的血清补体水平。这些数据表明,壳寡糖可以通过调节幼猪肠道通透性、抗氧化状态和免疫功能来提高生产性能。

蒋登湖等(2016)试验探讨了饲粮中添加壳寡糖对育肥猪生长性能、肉品质以及免疫功能的影响,结果表明,生长性能方面,添加壳寡糖组的平均日增重提高,且料重比显著降低;肉品质方面,与对照组相比,添加壳寡糖组显著提高背最长肌中粗脂肪和肌苷酸的含量,显著降低了背最长肌中的菌落总数含量,同时,肌肉中呈味氨基酸含量提高了,并显著提高了对照组肌肉中丝氨酸和丙氨酸的含量。由此可见,饲粮中添加壳寡糖可一定程度上改善育肥猪生长性能和肌肉品质,在改善肉品质方面具有一定的潜在效果。

Jiao 等(2019)研究评价了日粮中添加壳寡糖(COS)对鸡蛋产量、鸡蛋品质、产蛋母鸡的品质和血液特征的影响,结果显示,壳寡糖处理组鸡蛋品质和高密度脂蛋白胆固醇(HDL/C)呈线性改善,随着 COS 剂量增加,鸡蛋的哈夫单位得到线性改善,壳寡糖处理组蛋壳厚度呈线性变化。孟晓等(2017)在饲粮中添加不同水平的低分子质量壳寡糖,考察对蛋鸡生产性能、蛋品质、血清生化指标等因素的影响,结果表明,添加壳寡糖组的产蛋率比对照组最高提高了 4.52%,鸡蛋哈夫单位比对照组最高提高了 6.87%,显著降低了血清葡萄糖、胆固醇含量和谷草转氨酶活性,显著提高了盲肠双歧杆菌和乳酸杆菌的数量,显著降低了盲肠金黄色葡萄球菌的数量。而王红卫等(2013)的研究显示,70 周龄蛋鸡饲粮中添加 200 mg/kg 壳寡糖,蛋鸡的料蛋比、产蛋率、平均日采食量、平均蛋重均无显著性变化,可能是由于试验对象为 70 周龄蛋鸡,小肠绒毛结构趋于稳定,壳寡糖无法改变其形态结构,因而对其生产性能没有显著性影响。由此可见,在蛋鸡日粮中添加 COS 可以提高蛋鸡的蛋重和质量以及血液高密度脂蛋白(HDL/C)浓度,提高蛋鸡的产蛋率和哈夫单位,调节肠道微生物菌群,增强蛋鸡的免疫力。

王秀武等(2003)以 0.1%的壳寡糖添加至肉用仔鸡日粮中,肉用仔鸡回肠微绒毛的生长加速,显著提高了肉用仔鸡的生产性能。Huang 等(2005)在肉用仔鸡日粮中添加 100~150 mg/kg 壳寡糖,仔鸡回肠饲料养分消化率改善,生产性能得到提高。但是壳寡糖所带的正电荷能够清除相应的自由基,从而提高肉鸡肌肉的抗氧化性能和鸡蛋的新鲜度。Li 等(2019)探讨了壳寡糖饲料添加剂作为抗生素替代品对肉鸡生长性能、肠道形态、屏障功能、抗氧化能力和免疫功能的影响。结果表明,壳寡糖的加入降低了饲料增重比。李阳等(2016)在研究饲粮中添加壳寡糖与干酪乳杆菌,考察其对肉鸡生长性能、肌肉品质及抗氧化性能的影响,结果表明,与对照组相比,添加壳寡糖或壳寡糖与干酪乳杆菌共同添加可显著提高肉鸡平均日增重、胸肌和腿肌红度值,肌肉脂肪和肌苷酸含量,以及胸肌单不饱和脂肪酸和多不饱和脂肪酸含量,显著降低胸肌饱和脂肪酸含量、腿肌黄度值,显著降低血浆、胸肌和腿肌丙二醛含量,显著提高血浆、胸肌和腿肌总超氧化物歧化酶活性及总抗氧化能力,显著降低血浆肌酸激酶的活性。综合分析表明,饲粮中添加壳寡糖可提高肉鸡的生长性能和抗氧化性能,改善肌肉品质。

Meng 等(2017)研究了壳寡糖对罗非鱼生长性能、血清参数、身体成分的影响,结果表明,日粮中添加 0.4 或 0.8 g/kg 壳寡糖显著提高了鱼的最终体重、比生长率、饲料利用率和蛋白质利用率;补充壳寡糖对血清白蛋白、球蛋白和葡萄糖含量无显著影响,但对血清总蛋白、胆固醇和三酰甘油的升高趋势有显著影响。由此可见,添加壳寡糖显著提高了罗非鱼的生长性能,建议在日粮中添加 0.4 g/kg 壳寡糖。Zhang(2019)研究了壳寡糖对泥鳅生长性能、身体成分、肠道消化酶、抗氧化性能的影响,基础饲料不添加 COS 作为对照组。饲养 60 d 后,壳寡糖组泥鳅生长性能、肠道消化酶活性、体蛋白含量和总多不饱和脂肪酸、抗氧化反应均高于对照组,泥鳅最大生长所需饲料 COS 的剂量是 3 g/kg,由此可见,日粮中添加 COS 可提高泥鳅生长性能、改善机体组成、改善机体代谢等,同时提高泥鳅肠道消化酶、抗氧化反应,COS 可以作为泥鳅的饲料添加剂。

5.褐藻寡糖

在提高动物生产性能方面,褐藻寡糖(AOS)对仔猪以及水产动物有着较好的效果。张丽等(2018)研究了 AOS 对断奶仔猪生长性能、抗氧化性能和肠道消化吸收功能的影响,日粮添加 AOS 可以提高断奶仔猪抗氧化能力、提高消化酶活力及相关基因的表达水平,从而改善生长性能。在提高水产动物的生产性能方面,霍圃宇等(2015)研究了 AOS 对大菱鲆幼鱼生长性能、血液学指标及非特异性免疫的影响,发现 AOS 表现出较好的免疫活性,可以作为一种免疫制剂应用到大菱鲆幼鱼的饲料中,建议添加量为质量分数 0.05%。潘金露等(2016)评价了饲料中添加 AOS 对大菱鲆肠道结构、消化酶活性及表观消化率的影响,发现饲料中添加 AOS 可提高杯状细胞大小,增加脂肪酶活性。江晓路等(2009)还研究了 AOS 对刺参体腔液和体壁免疫相关酶活性变化的影响,发现 AOS 均能诱导刺参体腔液和体壁中免疫相关酶活性的提高,明显增强了刺参非特异性免疫水平。所以 AOS 在水产养殖方面作为免疫增强剂将具有良好的前景。

6.低聚半乳糖

对动物肠道微生物区系组成的调控是低聚半乳糖提高动物生产性能和健康水平的主要原因。低聚半乳糖组分中的半乳糖基转移低聚糖非常容易被动物肠道中的双歧杆菌和乳酸杆菌等有益菌利用,而有害的真细菌、微球菌、梭状芽胞杆菌、肠球菌、突变链球菌、某些链球菌及大肠杆菌等几乎不能利用,从而促进肠道益生菌增殖(秦燕等,2000)。所以当机体摄入低聚半乳糖后,可以选择性地促进肠道内的益生菌增殖,同时抑制病原菌的黏附和增殖,维持肠道菌群的健康和平衡(Tuohy 等,2005)。Jung 等(2008)研究表明,低聚半乳糖在肠道中可优先发酵,并被双歧杆菌属和乳杆菌属利用。乳酸杆菌和双歧杆菌通过竞争性抑制潜在致病细菌、增强短链脂肪酸的产生、刺激肠道免疫反应等机制来改善动物生长性能和健康状况(Sako 等,1999)。Richards 等(2020)研究表明,在雏鸡的日粮中添加低聚半乳糖可提高雏鸡的生长速度和饲料转化率,通过对盲肠微生物群的比较,认为低聚半乳糖调控肠道乳酸杆菌数量的增加是提高雏鸡生长性能的主要原因。低聚半乳糖促进肠道双歧杆菌增殖,有利于产生 B 族维生素。双歧杆菌在人体大肠内能合成维生素 B_1、维生素 B_2、维生素 B_6、维生素 B_{12}、烟酸和叶酸,直接向宿主提供营养物质(张志国,2012)。肠道中的一些细菌对 B 族维生素具有破坏作用,如硫胺素裂解杆菌可将维生素 B_1 分解而引起缺乏症,低聚半乳糖能促进双歧杆菌增殖,抑制该菌的生长并可为机体提供维生素 B_1(张志国,2012)。动物试验表明,双歧杆菌还能够改善机体对乳糖的消化吸收。双歧杆菌发酵乳糖得到的半乳糖是构成神经系统脑苷脂的主要成分,它与新生儿脑组织的迅速发育生长密切相关(金京顺,2005)。同时还可以促进蛋白质的吸收,提高机体氮和蛋白质的蓄积,降低血氨浓度(劳文艳和邱红,2002)。

Maawia 等(2016)研究证明,在小鼠饲料中添加低聚半乳糖,能增加小鼠对钙、镁、铁等离子的吸收,从而有助于小鼠生长发育。Weaver 等(2011)对 4 周龄 SD 大鼠进行低聚半乳糖的

8周膳食干预，结果也发现低聚半乳糖的添加增加了小鼠净钙吸收率及净镁吸收率、钙镁的保留及股骨和胫骨的抗断裂强度。低聚半乳糖也可保护肠内矿物质吸收表面从而保护骨骼健康(Scholz-Ahrens 等，2007；Yan 等，2018)。低聚半乳糖产生的短链脂肪酸被吸收到肠道微绒毛上，通过 G-蛋白结合受体 GPR41 和 GPR43，成为肠细胞和结肠上皮细胞生长因子，增加了肠内矿物质吸收表面，矿物质吸收增加(Gijs 等，2013)。短链脂肪酸(如丁酸和丙酸)增加钙结合蛋白-D9k 基因表达，同时在钙结合蛋白合成中发挥重要作用(Fukushima 等，2012)。

7. 其他寡糖益生元

大豆寡糖可以提高动物饲料的利用率，改善对营养物质的吸收效果，提高产品品质和经济效益。有研究表明，在断奶仔猪的饲料中加入水苏糖，可以使其生长速率提高10%左右，且能降低料重比；在肉仔鸡日粮中添加适量大豆寡糖，可以增加其平均日增重，降低料重比。

在饲料中添加菊粉，可以提高日增重、日采食量和降低料重比，提高动物生产性能。妊娠日粮菊粉的添加有利于高失重母猪体况的恢复；母猪妊娠日粮添加菊粉提高了仔猪出生均匀度，缩短了母猪产程和仔猪出生间隔，改善了母猪肠道健康；母猪妊娠期添加菊粉不能改善由妊娠期高能量摄入引起的泌乳期采食量的降低，但能缓解母体和子代的氧化应激状态。

纤维素作为非淀粉多糖中的一种，属于膳食纤维，基本上不能被动物机体直接吸收利用，在肠道中的发酵程度以及分解的速度依赖于其溶解性、化学结构、饲料的粒度等因素。反刍动物具有丰富的瘤胃微生物体系，可分泌大量可分解纤维素酶，而单胃动物不具有这样的优势，利用率往往较低。对于不溶性的纤维素，它在机体胃肠道中初期无法进行发酵，只能起物理作用，即进入胃肠后吸水膨胀，扩充消化道的容积，增加饲料在消化道内的通过率以及停留时间，并促进胃肠的蠕动。直到结肠后端发酵过程才能逐渐开始，肠腔中的菌群对其可进行发酵的部分进行利用。从而，发酵过后产生的一些有机酸可作为肠道上皮细胞繁殖所需要的能量，促进肠道的发育，提高机体对营养成分的利用，改善其生产性能。

抗性淀粉进入机体后不能被小肠吸收利用，但经过结肠时可被肠道内的微生物部分发酵或完全发酵。物理包埋淀粉(RS1)、天然抗性淀粉颗粒(RS2)、回生淀粉(RS3)、化学改性淀粉(RS4)、直链淀粉-脂肪复合淀粉(RS5)均属于抗性淀粉，具有一定的抗酶解作用。抗性淀粉能够影响肠道代谢，促进肠道内有益菌(双歧杆菌、乳酸杆菌等)的生长，减少有害微生物的定植，而且抗性淀粉本身不容易酶解，可促进肠道蠕动，增加粪便体积，加速排便。在排泄过程中，机体代谢的有害物质伴随着粪便一起排出，能够减少肠道疾病的发生。另外，抗性淀粉代谢后产生的一系列短链脂肪酸，能够降低肠道 pH，增加矿物质的溶解度，促进肠道对其吸收利用。对于动物而言，抗性淀粉能够调控菌群，促进肠道健康发育，避免疾病的发生，加强对饲料的利用率，生产性能随之升高。

黄芪多糖可以促进动物的生长发育。谭连杰(2018)研究了三种中药多糖对卵形鲳鲹生长性能的影响，结果显示在饲料中添加0.20%黄芪多糖能明显促进卵形鲳鲹的生长情况，主要表现在提高试验鱼的增重率和特定生长率。黄保平等(2014)通过测定断奶仔猪的日增重、日采食量以及料重比评价不同添加水平的黄芪多糖对仔猪生产性能的影响，结果显示，饲料中添加500和1 000 mg/kg的黄芪多糖均能明显提高断奶仔猪的生产性能。杨志强等(2019)研究了不同添加量的黄芪多糖对锦鲤的生长情况的影响，结果表明，在锦鲤饲料中添加1.60 g/kg的黄芪多糖可以增加锦鲤的末均重、相对增重率和特定生长率。

袁增宝等(2020)探索了枸杞多糖对450尾初始体重相近鲤的生长性能的影响，当饵料中枸杞的添加量为 0.005%时，可以明显提高鲤的增重率和特定生长率，促进鲤的生长，当添加量逐渐增大时，增重率和特定生长率呈现微弱下降趋势。

2.2.2 改善畜禽肠道黏膜结构及肠内微生物区系组成

肠道是动物对饲料进行消化与吸收的主要场所，同时也是最大的免疫器官。肠道形态结构的完整性、肠道的健康发育以及肠道菌群的稳态是动物进行营养物质吸收和肠道免疫的基础。肠黏膜的结构可以在一定程度上反映出肠道健康的情况，肠道黏膜肠绒毛高度、绒毛表面积是衡量小肠消化吸收功能的重要指标(Xu 等，2003)。肠绒毛高度将影响营养物质的吸收和转运过程，进而影响小肠的吸收功能。小肠黏膜绒毛高度与上皮细胞数量呈显著相关，绒毛高度增加，成熟的上皮细胞增多，吸收养分的能力增强。而肠腺是小肠黏膜中分泌消化物质的组织，隐窝深度指的是肠腺距黏膜表面的最近距离，反映了肠壁细胞的生成率，隐窝变浅表明肠腺细胞成熟率上升，分泌功能增强(王新峰等，2010)。绒毛高度与隐窝深度的比值是评估小肠养分消化和吸收能力的标准(Montagne 等，2003)。

无论是非反刍动物(人类、家禽、猪等)还是反刍动物(牛、羊等)，其胃肠中都拥有数以千亿到万亿的微生物，不同动物之间肠道菌群的组成及数量差异较为明显，其菌群的多样性与菌群稳态对动物的健康生长起着重要的作用(陈双双等，2018)。在过去的几十年中，细菌菌群对人类健康的影响一直是主要的研究课题之一。人们普遍认为，驻留在人类胃肠道中的细菌群落对肠道功能和人类健康具有根本性的影响(Blaut，2002；Brandt，2001)。这个群落由至少 10^{14} 个细菌种组成(Bourlioux 等，2003)。尽管细菌通过胃肠道分布，但它们的多样性和重要性在不同区域有所不同(Bourlioux 等，2003；Salminen 等，1998)。虽然胃和小肠分别仅包含 $<10^3$ 和 $10^4 \sim 10^6$ 个细胞/mL(Salminen 等，1998)，但大肠(特别是结肠)是一个复杂的生态系统，其细胞密度为 10^{12} 个细菌细胞/克干重(Blaut，2002；Gibson 1999)。结肠中的大多数细菌都是严格厌氧的(Blaut，2002；Conway，2001)，这些细菌在人体的许多生物学功能中发挥重要作用。

通常，肠道菌群的细菌可分为对宿主不利或有益的属。对宿主不利的细菌包括梭菌属、韦永氏菌属、葡萄球菌、变形杆菌属，有时还有拟杆菌属、肠球菌、大肠埃希氏菌和链球菌。这些细菌对宿主产生潜在的有害物质，包括有毒和致癌产物(Gibson 和 Roberfroid，1995)，并且可能具有致病作用，例如腹泻、感染、肝损害、致癌作用和肠腐烂(Gibson，1998)。有益细菌包括乳杆菌属、双歧杆菌属、真细菌属以及一些链球菌、肠球菌和拟杆菌属的种，对于营养和疾病预防方面起到了非常重要的作用(Bourlioux 等，2003；Gibson 和 Roberfroid，1995)。糖类益生元成分可以被结肠的细菌水解酶利用，细菌会产生糖酵解酶，将其水解成单糖或双糖，然后转移到细胞内部，在体内代谢成短链脂肪酸(SCFA)、乳酸、CO_2 和 H_2(Gibson 和 Roberfroid，1995；Grizard 和 Barthomeuf，1999；Salminen 等，1998)。这些 SCFA，特别是乙酸、丙酸和丁酸，是酸化的结肠中细菌发酵主要终产物(Miller 和 Wolin，1996；Swennen 等，2006)。所有 SCFA 均在大肠中迅速吸收，并在不同的组织中被代谢(Blaut，2002；Salminen 等，1998)，并影响宿主的代谢(Miller 和 Wolin，1996；Swennen 等，2006)。乙酸和丙酸会影响碳水化合物和脂质的代谢(Brandt，2001；Roberfroid 和 Delzenne，1998；Salminen 等，1998)。丙酸可减少肝脏糖异生，并抑制肝脏中尿素的形成(Delzenne 等，1995；Salminen 等，1998)。丁酸是重要的能量来源，同时也是黏液肠细胞生长和分化的调节剂(Brandt，2001)。醋酸是一种强酸，可降低 pH，在病原菌产生可能致癌的代谢产物之前有效消除其致病菌。结肠中 pH 的降低有利于细菌的形成，如双歧杆菌和乳杆菌，但对潜在病原体的生长有害（Gibson 等，2004；Swennen 等，2006）。

1. 低聚木糖

低聚木糖在胃肠道中既不会水解，也不能被宿主消化吸收，因此并不能作为营养源，但是它可以进入消化道后段，选择性刺激肠道有益微生物的繁殖，促进其代谢，并改善肠道微生物环境，实现对胃肠道菌群的调节作用（Moura 等，2007）。低聚木糖对肠道菌群的调节作用主要来源于两个方面：阻止病原体定植、促进双歧杆菌等益生菌的繁殖。

低聚木糖的结构与肠内壁细胞表面的受体结构相似。有临床试验（Ebersbach 等，2012）证实患者在服用寡糖制备的药物制剂后，病原体与肠黏膜表面附着的寡糖结合，减少了病原体的繁殖。此外在体外培养的条件下，从麦麸中提取的低聚木糖能够刺激 *Bifidobacterium adolescentis*、*Bifidobacterium bifidum*、*Lactobacillus brevis*、*Lactobacillus plantarum* 等益生菌的生长（Manisseri 等，2012）。低聚木糖可以作为双歧杆菌的能量来源，Mäkeläinen 等（2010）比较了益生菌（双歧杆菌、乳酸杆菌）与肠道潜在致病菌（大肠杆菌、沙门氏菌、葡萄球菌等）在以低聚木糖为碳源时的发酵性能，结果表明，只有双歧杆菌以高特异性利用低聚木糖进行发酵；增殖的双歧杆菌能够以自身细胞壁上的脂磷壁酸与肠黏膜上皮细胞膜特异性结合，填充肠道黏膜表面，对有害微生物的定植产生阻碍。另外，双歧杆菌在代谢过程中能够产生并分泌双歧杆菌素、过氧化氢等一些抗菌物质，并能够降解胞外糖苷酶，使致病菌丧失与肠黏膜上皮细胞的受体多糖结合位点，实现抑菌功效（李俊洁和陈庆森，2011；Aggeletopoulou 等，2019）；双歧杆菌通过发酵可产生短链脂肪酸、乳酸、琥珀酸等酸性物质，降低了肠道内 pH，使适宜于中性环境生长的有害微生物竞争力下降，从而抑制其生长繁殖，维持肠道稳态（Sun 等，2017）。

2. 果寡糖

果寡糖（fructooligosaccharide，FOS）对胃酸、酶的水解和对肠道的吸收功能具有抵抗力，它通过选择性地刺激结肠中一种或有限数量细菌的生长和活性，从而有助于改善宿主健康（Gibson 等，2004）。最近对长双歧杆菌、婴儿双歧杆菌的体内和体外研究表明，将 FOS 用作碳源时，生长显著增加。还观察到，食用 FOS 减少了梭状芽胞杆菌的种群并减少了肠胃气胀的产生（Cummings 等，2001；Rastall 和 Maitin，2002）。另一项研究将每天摄入低剂量 FOS（5～20 g/d）与含有大量蔗糖的安慰剂的健康人进行比较，发现双歧杆菌的数量级增加超过正常微生物数量（Cummings 等，2001；Macfarlane 等，2006）。此外，Shadid 等（2007）研究了孕妇怀孕期间低聚半乳糖和长链 FOS 对母体和新生儿微生物群的影响。补充组中母体肠道中的双歧杆菌明显高于对照组，但新生儿的双歧杆菌、乳杆菌的百分比、多样性、相似性指数以及胎儿免疫参数没有显著差异，表明母体肠道菌群未转移至新生儿。通过对脐带血免疫力的全面检查，发现母亲双歧杆菌的增加并未影响胎儿的免疫力。Respondek 等（2008）探究马肠道菌群中添加的短链 FOS 对与饲粮变化（掺入大麦）引起的微生物干扰的有效性，发现短链 FOS 补充剂减少了大麦摄入所引起的相关变化，并增加了结肠 *D*-乳酸的浓度。此外，每天 4 g FOS 促进双歧杆菌在人肠道中的增殖（Buddington 等，1996）。与嗜酸菌或 LAC+FOS 的补充相比，单独添加 FOS 可以通过减少某些粪便蛋白分解代谢产物改善肠道健康（Swanson 等，2002）。对混入粪便培养物中 FOS 和菊粉发酵的研究表明，大多数双歧杆菌在菊粉中生长都很差，并且长链果聚糖（DP＞8）特异性的细胞外酶在双歧杆菌中含量很少，表明它们更倾向于以短链果寡糖作为底物(Rossi 等,2005)。因此,FOS 比其聚合物菊粉具有更好的双歧化作用,并可能带来更大的肠道益处。

此外,Respondek 等(2013)的临床前研究发现,FOS 部分消除了脂肪团的沉积,但显著增加了盲肠质量,显著降低了梭状芽胞杆菌量,并且增加了粪便双歧杆菌和球菌量。这项研究还表明,FOS 减少了肥胖小鼠的体重增加。另一项临床研究表明,与安慰剂组相比,FOS 可以减轻超重健康成年人的体重、脂肪量和躯干脂肪的变化(Parnell 和 Reimer,2009)。总之,FOS 可以通过调节维生素 C 的组成和代谢能力来诱导深层的抗肥胖作用肠道菌群。

FOS 在发酵过程中可以通过释放代谢产物,尤其是短链脂肪酸,促进某些特定生理功能的发展(Olvera 等,2007)。短链脂肪酸可直接或间接作用于肠细胞,并可参与多种过程的控制,例如黏膜增殖、炎症、结直肠癌变、矿物质吸收和氮化合物消除。已经确定具有这种有益作用的 FOS 包括蔗果三糖和新蔗果三糖(Marshall,2008)。

3. 低聚甘露糖

从外界摄取的营养物质主要通过小肠吸收,低聚甘露糖能改变肠道黏膜的形态,增加绒毛的高度和密度,扩大其接触与吸收的面积,有助于营养物质的消化和吸收。魔芋低聚甘露糖可以通过增加小鼠的脾脏指数增强其免疫力,可以促进小肠绒毛高度增加,还可以促进小肠绒毛直径增加,从而增加小肠吸收面积,促进机体健康(王晓琴等,2020)。孟岩和张辉(2007)在肉鸡的研究表明,在饲料中添加 0.3%甘露寡糖组的回肠绒毛长度以及绒毛长度与隐窝深度之间的比值均显著高于对照组,显著改善肠黏膜的形态,增大小肠吸收面积,增强了肠道吸收功能。Hutsko 等(2016)发现,低聚甘露糖对肠道的发育及形态具有有益作用,能够促进肠道细胞发育和绒毛生长,有效缓解病原菌及其毒素对肠道的损伤。Zhang 等(2012)在对虾饲料中添加低聚甘露糖,试验表明低聚甘露糖能有效促进对虾肠道微绒毛的发育。刘爱君等(2009)发现低聚甘露糖有助于使奥尼罗非鱼小肠绒毛高度、宽度和密度的提高,扩大肠道吸收面积,提高动物对营养物质的消化利用率。Ren 等(2020)研究发现膳食低聚甘露糖补充剂可以增强肠的形态完整性,比如肌肉厚度、绒毛长度和绒毛宽度等。

Ghasemian 和 Jahanian(2016)报道,日粮中添加低聚甘露糖能显著增加蛋鸡回肠中乳酸杆菌数量、降低回肠沙门氏菌数量并减少回肠总菌数,其机制可能是回肠中菌群将低聚甘露糖发酵分解,降低了回肠 pH,为有益菌的增殖提供了有利条件,同时有效地抑制有害菌的增殖。Baurhoo 等(2009)比较了饲料中包含 2 种低聚甘露糖和抗生素生长促进剂对在卫生环境中饲养的肉鸡的生长性能、肠道形态、盲肠微生物种群的影响,结果表明,低聚甘露糖通过改善鸡的肠道形态发育和微生物生态学而赋予鸡肠道健康益处。在肉鸡日粮中添加低聚甘露糖或低水平的木质素可以通过改变盲肠中绒毛高度、杯状细胞数以及有益细菌、乳酸杆菌和双歧杆菌的种群变化,进而改善肠道完整性(Baurhoo 等,2007)。Guedes 等(2009)在兔饲料中添加低聚甘露糖,发现与对照组相比,显著提高家兔盲肠中乳酸杆菌、双歧杆菌的浓度。

低聚甘露糖能通过改善菌群失调状况显著缓解溃疡性结肠炎大鼠的临床症状,主要表现为提高双歧杆菌、乳杆菌的数量,抑制大肠杆菌、肠球菌等革兰氏阴性菌的生长,并增加肠道中 SCFA 的含量,从而对溃疡性结肠炎起干预与治疗作用(刘瑞雪等,2017)。赵晓静(2005)研究表明,适宜的甘露寡糖添加量有助于提高有益菌水平,抑制有害菌增殖,降低犊牛的腹泻率,提高犊牛的健康水平。魔芋低聚甘露糖能够减轻小鼠溃疡性结肠炎症状,如稀便、懒动等,降低结肠的溃疡面积及溃疡率,使受损的结肠甚至恢复到接近正常状态(冯莉等,2015)。万嘉佳等

(2015)研究发现高剂量的低聚甘露糖能显著增加小鼠盲肠内SCFA的含量,并能使肠绒毛高度增加,促进乳杆菌等有益菌的增殖,调节小鼠肠道健康。王敏等(2016)研究半干法酶解制备的魔芋葡甘低聚糖对大鼠肠道环境的影响,结果显示魔芋葡甘低聚糖可以明显增加大鼠粪便含水率及盲肠壁表面积、小肠的拉伸性能、盲肠内容物中双歧杆菌和乳酸菌的数量;降低盲肠内容物pH及含水率、游离氨及挥发性醛类和含氮类物质含量;抑制大肠杆菌和梭状芽胞杆菌的生长,增加短链脂肪酸的产生量。

此外,在虹鳟鱼饲粮中添加0.2%的低聚甘露糖可以改善肠道形态和上皮刷状缘,增加肠绒毛的高度和密度,扩大肠道的吸收面积,调节肠道微生物群落,增加细菌种群的相似性(Dimitroglou等,2009)。于艳梅(2010)以黄颡鱼为试验鱼,发现日粮中添加低聚甘露糖时,会升高黄颡鱼前、中、后肠中双歧杆菌的数量,而大肠杆菌、气单胞菌数量会呈现不同程度的降低。冶文兴等(2020)以哺乳期犊牛为试验对象,探讨了甘露寡糖不同添加方式对犊牛瘤胃细菌菌群构建的影响,结果显示,开食料中添加5 g甘露寡糖极显著提高了变形菌门与互养菌门丰度,琥珀酸弧菌属和新月形单胞菌属的丰度极显著增加($P<0.01$),小杆菌属的丰度极显著降低,优杆菌属的丰度显著降低($P<0.05$)。朱孟玲和田为刚(2019)研究了饲料中添加甘露寡糖对鸡盲肠主要菌群的影响及其对肠道沙门氏菌定植的抑制作用,结果显示,添加组较对照组显著增加了双歧杆菌数量,有降低拟杆菌和肠球菌数量的趋势,肠炎沙门氏菌定植随时间的推移而减少。Zhao等(2012)研究发现在日粮中添加0.1%甘露寡糖能降低断奶仔猪的腹泻评分,有效降低仔猪的腹泻率。

4. 壳寡糖

在禽畜的饲料中添加一定浓度的壳寡糖可以增加动物回肠微绒毛密度,并且使回肠绒毛变细变高,有利于增大小肠的吸收面积,增大回肠肠绒毛长度以及绒毛长度/隐窝深度比值,促进营养物质的吸收,提高饲料的利用率,并且能够抵抗病原菌攻击造成的肠道形态的损害。饲粮添加100 mg/kg壳寡糖显著提高了1~21日龄和22~42日龄肉鸡的空肠绒毛高度和绒毛隐窝深度(Li等,2019a)。鹌鹑饲料中添150 mg/kg壳寡糖,21 d后其回肠绒毛长度显著增加(Tufan等,2015)。壳寡糖对断奶仔猪肠道绒毛也有相同的促生长效果,仔猪饲料中添加200 mg/kg壳寡糖,21 d后发现仔猪空肠、回肠肠绒毛长度以及绒毛长度/隐窝深度比值都显著高于对照组(Hu等,2018)。

壳寡糖等功能性寡糖可以作为双歧杆菌等有益菌的发酵底物,促进其生长与繁殖,而产气荚膜梭菌、腐败梭菌等有害菌几乎不能利用壳寡糖。赵丹莉和谢明杰(2018)研究表明壳寡糖能够提高小鼠肠道益生菌群的种类和丰度,可对抗生素造成的肠道菌群紊乱具有显著的改善和恢复作用。张迪等(2017)的研究表明壳寡糖处理后,小鼠肠道内肠乳杆菌和动物乳杆菌明显增加,乳杆菌成为优势菌型,且由于优势细菌的大量繁殖,导致其他细菌含量相对减少,菌群结构多样性指数、丰富度和均匀度降低。Yang等(2012)的研究表明在断奶仔猪日粮中添加壳寡糖能提高盲肠中双歧杆菌和乳酸杆菌的数量,降低金黄色葡萄球菌的数量。Kong等(2014)研究壳寡糖对环江香猪肠道微生物及其代谢产物的影响,发现壳寡糖显著提高回肠、结肠中乳酸杆菌、双歧杆菌的数量,并降低链球菌属、腐败梭菌属等的数量,显著提高乙酸、丙酸等短链脂肪酸(SCFAs)的产量。

总的来说,壳寡糖能改善肠道微生物区系分布,促进双歧杆菌生长,抑制有害菌生长,使得有害菌及其毒素对肠道黏膜的损害减少,从而促进肠绒毛的生长,增强隐窝的分泌功能,促进肠道对营养物质的吸收利用。但壳寡糖对乳酸杆菌和双歧杆菌的影响尚存在争议，对其的作用效果及机理还有待进一步研究探索。

5. 褐藻寡糖

褐藻寡糖(alginateolig osaccharides，AOS)是一种阴离子寡糖，可从藻酸盐中酶解而来，有关AOS与微生物的相互作用，在体外和体内研究中均显示其可刺激双歧杆菌的生长。通过人粪便接种测试了褐藻寡糖的益生元潜力，孵育24 h后可使双歧杆菌种群显著增加，而没有改变其他测试细菌。此外，与人粪便一起孵育时，AOS可以产生气体和短链脂肪酸，主要是乙酸、丙酸和丁酸(Ramnani 等，2012)。由于存在不饱和末端结构，与通过物理和化学方法或有机合成制备的AOS相比，通过酶促或发酵方法生产的AOS对肠道菌群表现出不同的益生元作用。将通过酶促解聚制备得到的AOS在19种不同的致病细菌上进行测试，发现其对10种病原体具有显著的抑制作用(Ertesvag 和 Valla，1998)。从褐藻中提取的AOS可以减轻肠炎沙门氏菌侵袭对肉鸡生产的负面影响，并可以通过促进乳酸菌(LAB)的生长抑制盲肠中沙门氏菌的定植，调节黏膜中细胞因子的表达以及抗体的产生(Yan 等，2011)。此外，AOS通过增强免疫功能保护虾免受弧菌感染(Jiang 等，2017)。酶促水解制备的AOS体外发酵24 h后抑制了猪粪便菌群的机会致病性细菌埃希氏菌、志贺氏菌和嗜胨菌的增殖(Han 等，2019)。

6. 低聚半乳糖

研究报道，低聚半乳糖可以改善禽畜回肠的形态结构，增加禽畜回肠的绒毛高度、绒毛表面积并促进回肠黏膜发育(Varasteh 等，2015)。田时祎等(2018)在初生仔猪日粮中添加低聚半乳糖，发现8日龄仔猪回肠的绒毛高度有增加趋势，而21日龄仔猪回肠的隐窝深度有降低趋势，绒毛隐窝比显著增加。这可能是由于肠道细胞增殖能力降低，分化能力相应增加，从而有助于回肠黏膜的发育。低聚半乳糖可以提高回肠黏膜中GLP-2基因的表达量，从而特异性刺激肠黏膜的生长，提高肠道绒毛高度，这可能是回肠形态结构发育提高的原因。

低聚半乳糖还具有保护肠道屏障的功能(Boehm 等，2008；Matsuki 等，2016)，肠紧密连接功能由完整的跨膜蛋白(occludin 和 claudin)组成，其决定了完整肠上皮的细胞旁通透性(Turner，2006)。在体外试验中发现，低聚半乳糖可以通过维持紧密连接和调节杯状细胞分泌特殊化学物质来保护肠道屏障(Bhatia 等，2015)。肠型杯状细胞分泌黏蛋白形成的黏胶层与消化液及肠腔内正常寄生菌产生的抑菌物质构成肠道的化学屏障。黏蛋白2是由肠型杯状细胞合成和分泌的主要黏蛋白。对沙门氏菌感染成年猪的研究中，发现低聚半乳糖和海藻衍生多糖共同作用可以显著增加回肠组织的黏蛋白2蛋白含量(McDonnell 等，2016)。β-defensin是分布在胃肠道上的一种抑菌物质，体内试验结果表明，低聚半乳糖可以显著增加哺乳期仔猪结肠上皮中β-defensin基因的相对表达量(Alizadeh 等，2016)。低聚半乳糖也可以通过对肠道菌群的调控间接影响肠道屏障功能。Zhong 等(2009)研究表明，日粮中添加低聚半乳糖，大鼠肠黏膜中occludin的mRNA显著升高，并且低聚半乳糖对occludin的mRNA水平的积极影响与双歧杆菌和乳酸杆菌数量的增加有关。Leforestier 等(2009)评估了低聚半乳糖摄入对小白鼠小肠黏膜形态、刷膜边界膜酶活性和黏蛋白含量的影响，结果发现，小白鼠摄入低聚半乳糖4周，能够在不改变绒毛高度的情况下增加小肠黏膜相关黏蛋白含量和肠上皮细胞蔗糖酶活性。Dai 等(2018)研究了低聚半乳糖对硫酸葡聚糖钠诱导的小鼠结肠炎的预防作用，结果发现，低聚半乳糖混合物可显著降低粪便血红蛋白含量，防止结肠长度缩短，降低结肠炎症反应，并缓解由硫酸葡聚糖钠诱导的环氧合酶-2的上调。常金金等(2020)的研究表明在仔猪日粮中添加 2%的低聚半乳糖使仔猪回肠的绒毛高度和绒毛隐窝比极显著增加，回肠黏膜蔗糖酶活性有增加的趋势，回肠黏膜 Na^+ 依赖性单糖转运体 1(SGLT1)的基因表达量极显著升高，说明低聚半乳糖对动物肠道屏障的完整性具有很好的促进和保护作用。

低聚半乳糖作为益生元摄入动物机体后能抵抗消化系统中胃酸、胆汁盐和各种消化酶的作用，进入到大肠可以被双歧杆菌等肠道益生菌作为碳源优先发酵利用，从而促进肠道双歧杆菌和乳酸杆菌等有益菌的增殖（宋玉民等，2013；Souza 等，2008）。王智航等（2011）在初生牛犊日粮中添加低聚半乳糖，发现可以使双歧杆菌数量增多使其成为肠道优势菌。辛跃强等（2015）研究发现低聚半乳糖能较好地促进双歧杆菌和植物乳杆菌大量增殖和提高胞外多糖的产量，并且菌体利用低聚半乳糖分泌的胞外多糖种类显著更多。通过扫描电镜观察到两种益生菌分泌的胞外多糖能够紧密黏附大肠杆菌，从而影响大肠杆菌的生长。

7. 其他益生元

大豆寡糖不能在小肠降解，主要在肠道发酵，而发酵过程能促进肠道内很多益生菌的增殖，包括乳酸杆菌、双歧杆菌等，因此能够调节肠道微生物区系，达到平衡微生态，并且具有免疫佐剂和抗原特性，从而增强机体免疫功能。大豆低聚糖不仅可以为双歧杆菌提供碳源等营养物质，还能参与其生长调节和调控作用，而其他有害菌几乎不能利用其营养。

果胶寡糖可以有效、专一地促进双歧杆菌、益生菌的生长繁殖，产生大量益生元类物质，如乳酸、丙酸等。果胶寡糖还可以抑制大肠杆菌等有害菌增殖、黏附作用，从而调节肠道菌群分布，进化肠道环境，改善肠内微生物区系组成。

半乳甘露寡糖能显著促进动物机体肠道内以双歧杆菌、乳酸杆菌为代表的有益微生物的增殖，调控肠道内微生态以及肠道发育。杨文博等（1995）从植物树胶中通过酶解获得半乳甘露寡糖，并在体外试验中发现，酶解产物能够促进双歧杆菌、乳酸杆菌的增殖，同时降低了产气荚膜菌、金黄色葡萄球菌等有害微生物菌群的数量。何亚男等（2006）发现半乳甘露寡糖处理后的大鼠，其十二指肠绒毛高度、隐窝深度、空肠肠绒毛高度与肠黏膜厚度增加，这说明了半乳甘露寡糖通过改善这些肠道黏膜结构，提高了肠道消化吸收功能。

β-葡聚糖是一种有“黏度”的糖，其有耐酸性，不能直接在肠道消化吸收，在大肠中发酵时会产生丙酸、丁酸等短链脂肪酸，可增加肠道中双歧杆菌和乳酸杆菌等有益菌的含量，并能抑制金黄色葡萄球菌、白色念珠菌等有害微生物，从而改善肠内微生物区系组成。

银耳多糖具有与果寡糖、甘露寡糖、木糖类似的作用，能直接到达后部肠道作为双歧杆菌和乳酸杆菌特异性的营养物质，促进肠道内乳酸杆菌和双歧杆菌的增殖，抑制大肠杆菌生长，调整肠内微生物区系组成，减少仔猪腹泻，并能增加肠绒毛高度，降低隐窝深度。

菊粉是一种可溶性纤维，不能被胃和小肠消化吸收，在消化道也不能被降解，直接到达大肠，其能作为益生元促进肠道双歧杆菌、乳酸杆菌等有益菌的增殖，从而促进动物健康（Sonnenburg 等，2010）。Oliveira 等（2011）确定在低脂牛奶中添加低浓度的菊粉已大大促进了嗜酸乳杆菌、鼠李糖乳杆菌和乳酸双歧杆菌的生长和可持续性。菊粉还会阻碍有害病原体的繁殖，例如大肠杆菌、空肠弯曲杆菌、肠炎沙门氏菌或产气荚膜梭状芽胞杆菌（Fooks 和 Gibson，2002）。此外，菊粉有助于增强肠道相关淋巴组织（GALT）抵抗有害病原体的能力（Alexiou 和 Franck，2008）。

纤维素能够调节肠道绒毛上皮中杯状细胞的数量，使其分泌的黏蛋白含量下降，减轻分泌过多黏蛋白产生的屏障作用，非常有利于饲料的某些养分被机体吸收利用（强莉，2002）。在饲粮中添加适量的纤维素物质也能够刺激动物盲肠微生物群的生长发育，调节腺体分泌，为机体提供一定的营养成分。

抗性淀粉能够增加乳酸杆菌、双歧杆菌、拟杆菌、瘤胃球菌、粪球菌属等菌种的丰度，提高厚壁菌与拟杆菌的比值，其促进有益菌群的增殖及增强活性的程度与抗性淀粉的种类以及来源有着密切的联系（Kawakami 等，2017；Li 等，2019b；Shang 等，2017）。Kieffer 等（2016）研究发现经腺嘌呤诱导患有慢性肾脏疾病的大鼠在摄入 RS2 型玉米抗性淀粉后，肠道内细菌种类减少，放线菌、变形菌相对丰度显著增加，厚壁菌门的相对丰度降低；Zeng 等（2017）给小鼠饲喂 RS3 型莲子抗性淀粉，发现小鼠肠道内细菌多样性明显降低，而且乳酸杆菌、双歧杆菌以及部分淀粉利用菌、丁酸产生菌的数量增加。方建东（2014）通过体外模拟以及小鼠试验证实，RS3 型玉米抗性淀粉除了改变小鼠肠道菌群的多样性，加速双歧杆菌、乳酸杆菌的繁殖生长，抑制大肠杆菌、肠球菌的增殖之外，肠道内短链脂肪酸的含量显著增加。张岩（2015）比较了不同热处理条件下抗性淀粉对底物的发酵情况，发现干热处理下的抗性淀粉能够更有效产生短链脂肪酸，提高了产丁酸的能力，而压热处理获得的 RS3 型抗性淀粉产酸能力最差，这可能是由于经过压热处理后，抗性淀粉的结构过于破碎、不规则，不利于微生物利用。

研究发现黄芪多糖对畜禽胃肠道中微生物菌群具有较好的改善调节作用，在其日粮中添加黄芪多糖，可以增加肠道菌群中益生菌的数量，抑制有害病原菌的生长，保证肠道微生物菌群的平衡，有效促进动物肠道蠕动，利于营养物质的吸收。甄玉国等（2016）在断奶仔猪的日粮中添加黄芪多糖，结果显示添加黄芪多糖有助于提高猪盲肠的菌群丰度，增加菌群多样性。赵文文（2019）研究了黄芪多糖对雏鸭的肠道微生物的影响，结果显示，黄芪多糖与丁酸梭菌的复合剂能够增强雏鸭的生长性能与免疫力，并有一定的改善肠道形态的作用。舒迎霜等（2020）在犬粮中添加适量的黄芪多糖，结果显示黄芪多糖能够增加放线菌、乳杆菌、厚壁菌和芽胞杆菌等有益菌的数量，减少梭杆菌、变形菌等致病菌的菌群数。

祁玉丽等（2019）发现人参多糖能够增加小鼠肠绒毛的长度，改善小鼠回肠组织的水肿及炎症情况，明显增加乳杆菌属的相对含量，降低链球菌属、拟杆菌属、苍白杆菌属和假单胞菌属的相对丰度，改善肠道微生态环境，进而减轻小鼠的腹泻症状。

2.2.3 提高动物机体免疫功能

免疫系统能够保护动物免受微生物和有害物质带来的不利影响。免疫调节可以通过寡糖调节肠道菌群提高机体免疫或者独立作用于免疫细胞，这两种方式也可以同时发生。动物机体的免疫功能主要是通过免疫分子（免疫球蛋白、细胞因子和补体）等来发挥作用，进而提高抗体免疫应答能力，增强动物体液及细胞免疫能力，免疫球蛋白（IgG、IgM、IgA）是主要的免疫分子。细胞因子是免疫抗原、丝裂原等刺激诱导多种细胞产生的蛋白，参与机体的免疫调节和炎症反应。适当的细胞因子（如 IL-1、IL-2、TNF-α）可促进 B 细胞和 T 细胞的增殖与分化，促进巨噬细胞、淋巴细胞的趋化，促进免疫球蛋白的产生，提高机体抵抗力（Praveena 等，2010）。机体代谢过程中会不断产生活性氧（reactive oxygen species，ROS）与自由基，当它们产生过多，超过了抗氧化系统最大清除能力时，则会导致氧化应激（oxidative stress，OS）（Limón-Pacheco和 Gonsebatt，2009；Wu 等，2013）。细胞内某些氧化酶在机体氧化系统中具有重要的作用，如超氧化物歧化酶（SOD）、过氧化氢酶（CAT）等抗氧化酶被认为是细胞抵御氧化损伤以及清除自由基的第一道防线（Wu 等，2013）。已有许多研究表明，益生元在增强上述免疫机能方面发挥显著功效。

1. 低聚木糖

低聚木糖(xylo-oligosaccharide, XOS)能够对机体的免疫系统进行调节,从而提升机体的免疫能力。如前所述,低聚木糖能够促进胃肠道有益菌(双歧杆菌、乳酸杆菌等)的增殖,有效激活机体内部分抗氧化物的产生,如超氧化物歧化酶、过氧化氢酶、谷胱甘肽过氧化物酶等,减轻自由基对机体的伤害(徐勇等,2002),间接刺激免疫系统,增强了非特异性免疫。胡毅(2007)在凡纳滨对虾的养殖过程中添加不同浓度的低聚木糖,发现可以有效提高凡纳滨对虾细胞中超氧化歧化酶的活性。Yuan 等(2018)发现在肉鸡饲粮中添加低聚木糖能够造成干扰素 γ(IFN γ)、Toll 样受体-5(TLR5)的 mRNA 表达水平下降,作者认为低聚木糖促进有益菌代谢产生的低链脂肪酸降低了细胞因子的表达。

Hesta 等(2001)发现低聚木糖可以与细菌进行黏结,并能与一些毒素、病毒、真核细胞的细胞表面进行结合,减缓病毒的入侵速度,增加抗原的效价,为机体的免疫过程留下更充裕的时间(陈立华,2011)。Hansen 等(2019)发现,在幼龄小鼠的饲料中补加低聚木糖后,抗生素处理后的胰腺炎小鼠症状得到缓解。Chen 等(2012)发现低聚木糖能够活化小鼠的巨噬细胞 RAW 264.7,促进其释放肿瘤坏死因子-α(TNF-α)、白细胞介素-1β(IL-1β)、白细胞介素-6(IL-6)、一氧化氮(NO)等炎症细胞因子。Ding 等(2018)发现在蛋鸡饲粮中添加低聚木糖,蛋鸡血清免疫球蛋白 A(Ig A)、TNF-α、Ig M 的水平呈线性增加,证实了低聚木糖能够在一定程度上改善蛋鸡的免疫功能。王继成等(2006)在仔猪的饲粮中添加低聚木糖后,血清中 IgG、IgA、IgM 的含量均得到了不同程度的提高。扶国才等(2009)报道,仔猪血液血小板、单核细胞数、血清溶菌酶的活性在饲料中添加低聚木糖后显著增加。王安琪等(2019)发现低聚木糖可提高凡纳滨对虾血清中酸性磷酸酶、碱性磷酸酶、血清溶菌酶的活性,先天性免疫反应得到加强。此外,大鼠摄入低聚木糖可有效改善其代谢参数及血清中脂多糖、回肠与骨髓中 IL-6 的炎症因子水平(Eaimworawuthikul 等,2019)。

2. 果寡糖

1997 年,Pierre 及其同事报道了与菊粉和果寡糖 FOS 摄入有关的肠道相关淋巴组织(GALT)的发展(Pierre 等,1997)。此外,Hosono 等(2003)指出,菊粉和 FOS 能够调节免疫系统的各种参数。在调节肠道免疫系统方面,FOS 通过 Peyer's 斑式细胞对免疫球蛋白 A(IgA)和干扰素 γ(IFN-γ)的肠道分泌进行免疫调节,还能促进在乳鼠小肠中聚合免疫球蛋白受体的表达增加以及 GALT 的发育(Boehm 等,2004;Roberfroid 和 Delzenne,1998;Seifert 和 Watzl,2007)。此外,富含 FOS 的饲料可增加健康和内毒素血症小鼠的 T 淋巴细胞量(Manhart 等,2003)。补充 FOS 还可以减少溃疡性结肠炎的临床炎症(Furrie 等,2005)。同样,在克罗恩氏病患者中,摄入 FOS 会导致 IL10 阳性黏膜树突状细胞增多(Lindsay 等,2006)。许多研究报道了 FOS 的免疫调节作用(Delgado 等,2010;Gudiel-Urbano 和 Goni,2002;Morrison 等,2006;Osman 等,2006;Roller 等,2004;Swanson 等,2002)。

在全身免疫系统方面,首先,果寡糖通过改变胃肠道中乳酸菌的浓度间接刺激 T 细胞功能,NK 细胞和吞噬细胞活性,这不仅可以保护小鼠免受病原体的侵害,还可以保护小鼠免受肿瘤的侵害(Kelly-Quagliana 等,2003)。菊粉和 FOS 可刺激免疫反应,从而提高口服疫苗的功效。小鼠试验中,菊粉和 FOS 的联合治疗可以使疫苗接种保护率从 40% 提高到 73%(Bornet,2008)。补充果寡糖还可增强 NK 细胞活性和巨噬细胞活性(Kelly-Quagliana 等,

2003)。

3.低聚甘露糖

低聚甘露糖是一种抗原活性物质,可与免疫细胞(如T细胞)表面的MR结合刺激机体的免疫应答,激活细胞内相关信号通路从而刺激细胞因子的产生,提高吞噬细胞的吞噬能力,增强抗原递呈细胞的递呈能力及其在非特异性免疫和特异性免疫中的协同效应(王敏等,2020)。

马志红等(2010)针对免疫力低下的鲤鱼进行了试验,结果显示低聚甘露糖能提高鲤鱼的非特异性免疫力。Pawar等(2017)研究表明低聚甘露糖可以通过肠道上皮细胞对机体的特异性免疫和非特异性免疫进行调节,其可增加肠道成熟T细胞数量和外周血液$CD4^+$T淋巴细胞数量及$CD4^+/CD8^+$,还能增强T淋巴细胞和B淋巴细胞的活性,提高机体的细胞免疫和体液免疫功能。周映华和张石蕊(2003)研究表明,低聚甘露糖可极显著提高肉鸡新城疫抗体效价和T淋巴细胞的数量。此外,低聚甘露糖可以增加法氏囊和空肠免疫球蛋白M(IgM)和免疫球蛋白G(IgG)含量,改善鸡的免疫功能和肠道氧化状态(Zhou等,2019)。熊阿玲(2014)对肉鸡的研究结果表明,甘露寡糖可以明显提高肉鸡法氏囊指数和胸腺指数,显著降低血清TNF-α和提高血清IFN-γ的含量,上调天然免疫相关基因的表达,提示甘露寡糖可能是通过提高肉鸡组织TLRs的表达并由TLRs介导上调β-防御素和一些抗菌肽的表达而提高肉鸡天然免疫防御功能。

甘露寡糖可通过物理吸附或直接与霉菌毒素结合来消除毒素对机体的有害影响,且不影响其他饲料成分。黄曲霉毒素导致肉鸡的体液和细胞免疫力下降,低聚甘露糖补充剂可改善雏鸡的免疫反应,提高体液免疫力,改善黄曲霉毒素攻击雏鸡的免疫力下降情况(Jahanian等,2019)。此外,甘露寡糖可以促进某些有益菌生长,抑制肠道致病菌,提高肠道内挥发性脂肪酸总量,通过提高T淋巴细胞转化率、巨噬细胞吞噬指数以及血清新城疫抗体效价等来增强机体免疫力(阎桂玲等,2008)。据Jahanian等(2016)报道,添加甘露寡糖能显著减少黄曲霉毒素引起的回肠病原菌数增多,其原因可能是甘露寡糖竞争性地与病原菌结合后,避免了其在肠道的定植,阻断了病原菌"附着一定植一致病"的感染路径。

低聚甘露糖还具有较强的抗炎作用。童杨等(2020)研究发现,低聚甘露糖对小鼠的红斑、结痂、水肿等皮损症状具有明显改善作用,显著减少真皮层炎症细胞和肥大细胞的浸润,同时减轻小鼠全血中炎症细胞的数量,该过程中低聚甘露糖可能是通过调节Th1/Th2免疫细胞因子的平衡,进而抑制特异性皮炎模型小鼠的炎症反应。Che等(2011)研究发现,低聚甘露糖能改变猪的免疫反应,使其炎症反应降低。Diaz等(2018)研究发现,绵羊日粮中长期添加高精料会引发亚急性瘤胃酸中毒,增加血浆脂多糖(LPS)的浓度,导致炎症的发生,而添加甘露寡糖后血浆中LPS的浓度显著降低,这可能是甘露寡糖对LPS具有吸附作用,吸附后的LPS在消化道中被清除,从而有效防止其进入血液循环,减轻了炎症反应。Wang等(2016)报道,用大肠杆菌诱导肉鸡肠道炎症,饲料中添加甘露寡糖后能明显降低回肠髓过氧化物酶的活性,同时抑制TLR4、IL-1β和NF-κB的基因表达,表明甘露寡糖可有效缓解肉鸡肠道炎症,其原因可能是甘露寡糖通过抑制TLR4的表达而抑制了其与配体的结合,从而抑制了NF-κB途径的激活,减少促炎因子的合成和释放,阻断了TLR4/NF-κB信号转导途径。Mohsen等(2016)在用沙门氏菌感染雏鸡对盲肠影响的研究中发现,添加甘露寡糖可减少盲肠扁桃体中脂多糖诱导的肿瘤坏死因子和IFN-γ的分泌,进而缓解沙门氏菌感染导致的炎症反应。

低聚甘露糖还可以提高水生动物免疫力。Torrecillas等(2014)报道,甘露寡糖对鱼类的生长和抗病性具有有益作用，可以刺激肝脏产生甘露糖结合凝集素(MBL)，并通过甘露糖结合凝集素相关丝氨酸蛋白酶(MASP)激活 MBL 途径启动补体级联酶促反应，提高鱼的免疫能力。

4. 壳寡糖

壳寡糖主要通过促进机体免疫系统生长发育，提高机体非特异性和特异性免疫反应，从而发挥免疫增强作用(熊宇龙等，2009)。蔡文娣等(2010)报道，日粮添加 500 mg/kg 壳寡糖可显著提高小鼠胸腺指数和脾脏指数，促进单核巨噬细胞的吞噬作用，以改善非特异性免疫和特异性免疫功能。官杰等(2007)研究报道，壳寡糖能显著提高荷瘤小鼠的脾脏指数和胸腺指数，提高宿主的免疫能力。Yu 等(2004)研究报道，壳寡糖对巨噬细胞中一氧化氮合成酶有激活作用，并且能诱导肿瘤坏死因子的产生。韩艳萍等(2006)和麻攀等(2012)认为，巨噬细胞通过甘露糖受体识别并结合壳寡糖结构中的 N-乙酰葡糖胺，进而促进巨噬细胞内相关细胞因子的表达和分泌。Wu 等(2007)研究表明，在干扰素-γ(INF-γ)存在条件下，壳寡糖通过与巨噬细胞胞膜表面 CD14、TRL4 和 CR3 受体结合，激活 NF-κB 信号通路，并诱使 NF-κB 迁移进入细胞核与核酸结合正向调节 NO 合成基因的表达，最终引起 NO 产物增加，发挥其免疫增强作用。

Dang(2011)等报道壳寡糖可以通过 TLR4 介导增强小鼠树突状细胞的 TNF-α、IL-10 分泌以及上调 MHCⅡ和 CD86 表达，增强 Th($CD4^+$)细胞增殖和分化。此外，也有研究发现壳寡糖能促进巨噬细胞的 IL-1β、TNF-α 的表达和分泌，促进巨噬细胞的增殖，提高血清中免疫球蛋白的含量(Liu 等，2014)。Deng 等(2008)发现，添加 0.01%壳寡糖能够提高肉鸡脾脏、胸腺、法氏囊指数，增加血清 IgM 含量，激活一氧化氮合酶(NOS)产生 NO，促进 TNF-α、IL-1β 的分泌来优化巨噬细胞功能。Huang 等(2007)的试验结果也显示 100 mg/kg 壳寡糖能够显著促进免疫器官发育，增加血清中免疫球蛋白 IgA、IgG、IgM 的浓度。Yin 等(2008)报道壳寡糖能上调断奶仔猪空肠黏膜和淋巴结的 IL-1β 基因表达，提高血清中 IL-2、IL-6、IgA、IgM、IgG 的含量。推测壳寡糖可以透过母猪肠道上皮细胞间隙进入血液，刺激巨噬细胞和淋巴细胞产生细胞因子，促进了淋巴细胞的增殖和分化，增强免疫球蛋白的分泌，提高母猪的免疫力。

此外，饲料中添加壳寡糖喂养 6 周，雏鸡回肠黏膜 $CD3^+$ $CD4^+$ T-cell 比例以及 $CD4^+$/$CD8^+$ 比值显著升高(Li 等，2017)，说明壳寡糖能够提高雏鸡回肠中辅助性 T 淋巴细胞的比例，进而改善细胞免疫相关功能。壳寡糖也表现出提高了胸腺、脾脏和腔上囊相对质量的活性(Jiang 等，2015)。因此，壳寡糖对动物免疫的调节作用可能与胸腺功能的增强有关，而胸腺功能的增强可能与肠道黏膜 T 淋巴细胞亚群的变化有关。另有研究证明，雏鸡饲喂壳寡糖日粮后，回肠黏膜淋巴细胞 S、G2M 期细胞比例以及 PI 指数都显著升高，表明壳寡糖对雏鸡回肠黏膜淋巴细胞的增殖起一定的促进作用，即壳寡糖可通过促进 T 细胞分化、维持 T 细胞活性从而增强免疫(Li 等，2017)。

壳寡糖具有很好的清除自由基效果，因此被视为是一种潜在的抗氧化剂(Marmouzi 等，2019；Mengibar 等，2013；Yang 等，2006)。已有研究证明壳寡糖发挥抗氧化作用途径主要有两条：①壳寡糖及其衍生物糖链上氨基、羟基等强还原性物质，能够提供正电子与羟基自由基和超氧阴离子反应，直接清除自由基(Kim 等，2007)；②壳寡糖通过调节抗氧化酶的活性来清除体内过量的自由基。SOD、GSH-Px 等抗氧化酶广泛存在于生物体，壳寡糖可把机体内过量的自由基转化成活性更低、毒性更小的物质。Niu 等(2013)研究日粮中添加壳寡糖对虾抗氧化功能的影响，发现其都能够显著提高总抗氧化状态和谷胱甘肽过氧化物酶的含量，降低体内丙二醛的含量。Lin 等(2012)研究饲粮中添加壳寡糖对鲳鱼抗氧化功能的影响，发现其能显著提高鲳鱼巨噬细胞的吞噬能力、溶菌酶活性和超氧化物歧化酶(SOD)的活性。

5. 褐藻寡糖

褐藻寡糖在免疫调节中的作用机制之一是诱导细胞因子的活性增强(Fang 等，2017)，有研究提出褐藻寡糖可以诱导 RAW264.7 巨噬细胞分泌细胞因子(Kurachi 等，2005)。TNF-α、粒细胞集落刺激因子(GCSF)、单核细胞趋化蛋白 1(MCP-1)、粒细胞巨噬细胞集落刺激因子(GM-CSF)都可以在不同程度上被褐藻寡糖诱导。此外，褐藻寡糖还激活白细胞介素(IL)-1α、IL-1β、IL-6、IL-9 和 IL-13 的生成(Yamamoto 等，2007)。褐藻寡糖也可以激活小鼠多种免疫反应性细胞因子的合成，包括 GCSF、MCP-1、IL-6、角质形成细胞衍生的趋化因子(KC)和 IL-12(Xu 等，2014；Yamamoto 等，2007)。酶促产生的褐藻寡糖还可以通过促进 IL-12 并抑制 IgE 产生来抑制食物过敏，从而在口服时增强 1 型 T 辅助细胞(Th1)的功能(Uno 等，2006)。

越来越多的研究聚焦褐藻寡糖的不饱和末端结构与免疫调节活性之间的关系(Xu 等，2014)。研究表明，褐藻寡糖不饱和末端的结构和组成对于 RAW264.7 巨噬细胞的激活是必不可少的(Iwamoto 等，2003；Iwamoto 等，2005；Xu 等，2014；Yamamoto 等，2007)。褐藻寡糖的组成是决定其免疫活性的另一个变量(Iwamoto 等，2003)。许多研究发现富含古罗糖醛酸寡糖(GOS)具有较强的诱导巨噬细胞免疫炎症反应的特性。例如 GOS 可以诱导 RAW264.7 细胞分泌肿瘤坏死因子和活性氧，并且可以通过增加诱导型一氧化氮合酶(iNOS)表达以增加一氧化氮(NO)的产生来发挥免疫调节作用，被认为是巨噬细胞的有效激活剂(Iwamoto 等，2005)。Fang 等(2017)发现，GOS 的免疫活性与 TLR4 的识别及其调节的 Akt/NF-κB、Akt/mTOR 和 MAPK 信号通路相关。另有文献报道，GOS 还可以上调巨噬细胞表面上的 Fcγ 受体(FcγR)Ⅰ和 FcγRⅡ的表达，从而增强吞噬能力(Xu 等，2014)。此外，GOS 还可以激活 RAW264.7 细胞中的 TLR2(Iwamoto 等，2005)。

6. 低聚半乳糖

张冬洁等(2012)研究表明，连续 30 d 饲喂低聚半乳糖后，小鼠免疫功能增强。郑珊等(2013)分析小鼠细胞免疫、体液免疫、巨噬细胞吞噬功能及 NK 细胞活性测定等指标，表明低聚半乳糖对小鼠具有免疫增强作用。低聚半乳糖对免疫的调节作用基于肠道微生物菌群对宿主免疫系统的影响。Wang 等(2019)研究发现低聚半乳糖能在哺乳期小猪体内产生更多的短链脂肪酸，并通过调节 NF-κB 和 AMPK 信号通路调控促炎因子、屏障蛋白和封闭蛋白的基因表达从而调节免疫稳态。Perdijk 等(2019)试验证实了低聚半乳糖具有调节上皮细胞屏障功能。

7. 其他益生元

半乳甘露寡糖可强化动物体内的体液免疫和细胞免疫。何亚男等(2006)通过对小鼠连续灌喂半乳甘露寡糖后发现，大鼠肠黏膜上皮内淋巴细胞分布正常、糖原染色呈强阳性，免疫组化染色显示分泌型免疫球蛋白 A 同样呈现强阳性，大鼠不同肠段肠黏膜上皮内杯状细胞、淋巴细胞的数量以及肠黏膜单位面积内分泌型免疫球蛋白 A 阳性反应物所占面积比例均得到显著提高。此外，仔猪在摄入含有半乳甘露寡糖的饲粮后，14 日龄断奶仔猪血清中 IgA、IgG、IgM、IL-2、IL-6、IL-1β 免疫因子的含量显著提高，外周血单核细胞因子、空肠黏膜和肠系膜淋巴结 IL-1β 的基因表达水平显著上升(胡静和林英庭，2012)。

抗性淀粉调节动物机体的免疫功能是基于对肠道内双歧杆菌等有益菌种的调控。有动物研究表明,抗性淀粉能够调节与肠道炎症相关的肠道微生物比例,达到预防肠道炎症的功效(Hu 等,2016)。Bassaganya-Riera 等(2011)也发现 RS3 型抗性淀粉能够降低患病小鼠相关炎症因子的表达,缓解小鼠回肠以及结肠中炎症病变的程度。有研究通过建立人体肠道发酵分解模型也证实了抗性淀粉可以促进免疫系统的发育,增加肠道有益微生物的丰度,提高短链脂肪酸,尤其是丁酸盐的含量从而减轻炎症反应(Yoshida 等,2019)。

黄芪多糖能够通过增加免疫器官指数、活化淋巴细胞、刺激 NK 细胞增殖、增强树突状细胞功能,改善体液免疫和细胞免疫反应等途径提高动物机体免疫力和抗病力。彭宏刚(2016)分析研究了育肥猪的屠宰性能、血液生化指标和免疫因子的水平,发现添加黄芪多糖能增加育肥猪的 IL-2、IL-6、INF-γ 和 CD4 等免疫因子的水平,从而提高猪的免疫力。向双云等(2018)发现日粮中添加黄芪多糖可以增加雏鸡免疫器官的质量,促进 T 淋巴细胞的增殖。李桂芹等(2019)研究了黄芪多糖对肉鸭病毒性肝炎免疫应激的缓解作用及生长性能的影响,在脾脏指数、胸腺指数、法氏囊指数方面,黄芪多糖组的胸腺指数在 24 d 时表现出差异显著,脾脏指数在 24 d 表现为极显著,法氏囊指数在 30 d 时表现为差异极显著。谭连杰(2018)研究了黄芪多糖对卵形鲳鲹抗氧化能力、血清免疫以及生化指标的影响,结果显示黄芪多糖试验组鱼的粗蛋白质含量、肝脏超氧化物歧化酶、肝脏丙二醛含量、谷胱甘肽过氧化物酶活性都显著高于对照组,在血清免疫方面,试验组鱼的血清补体 3、血清补体 4 含量明显高于对照组。徐盛明等(2017)发现黄芪多糖能改善断奶仔猪的抗氧化能力,提高 T-AOC、SOD、GSH-Px 的活性,降低血清中 MDA 的含量。

此外,研究表明当归多糖可以通过提高血清中 T-SOD 和 GSH-Px 的酶活性,并降低 MDA 的含量,增强罗曼雏鸡的抗氧化能力(靳录洋等,2017)。据孟兴华等(2017)报道,黄芪多糖与香菇多糖联合使用可以显著增加猪瘟疫苗的抗体水平,明显提高嗜中性粒细胞的百分数以及淋巴细胞的转化率,进而提高仔猪的免疫能力。王晓慧(2015)研究发现人参多糖可以增加鼠血清干扰素-γ、IL-4、IL-2、TNF-α 和 IgG 的含量进而增强小鼠的免疫能力。袁增宝等(2020)研究了枸杞多糖对鲤鱼抗氧化能力的影响,结果显示,随着枸杞多糖添加量的提高,鲤肝胰脏超氧化物歧化酶(SOD)和过氧化氢酶(CAT)的活性呈现先升高后降低的趋势,由此可见,枸杞多糖可以加强鲤的抗氧化能力。

2.2.4 改善动物体内的脂类代谢

脂类代谢紊乱会导致血液和其他组织器官中脂类和其他代谢产物的异常。益生元可以降低宿主体内血清胆固醇的水平,益生元通过调节双歧杆菌产生的胆酸水解酶将结合胆酸游离出来,胆汁酸可以同胆固醇结合、沉淀,随大便排出体外,从而有效地降低血脂(刘维等,2020)。益生元促进肠道有益菌产生的短链脂肪酸通过抑制脂肪生成基因的表达减少胆固醇、脂肪酸、甘油酯和低密度脂蛋白,同时能降低肝脏中脂肪合成酶活性,并通过活化结肠腺癌细胞的过氧化物酶体增殖物激活受体 γ 来激活肠内空腹状态诱导的脂肪细胞因子的合成,从而抑制脂肪贮存(Linda 等,2010),有助于降低机体内总血清胆固醇的浓度,从而发挥益生元调节脂质代谢的有益作用(Campbell 等,1997)。

1. 低聚木糖

许多研究表明,低聚木糖在一定程度上也能够调控机体的脂类代谢活动。最早,Imaizumi

等(1991)注意到在给患有糖尿病大鼠投喂低聚木糖后,其血清中胆固醇和三酰甘油水平下降。Wang 等(2011)在实验室大鼠高脂肪饲粮中掺入 5%低聚木糖,发现三酰甘油、总胆固醇、低密度脂蛋白水平下降,高密度脂蛋白水平增加。Abasubong 等(2018)在鲤鱼的高脂饲粮中添加低聚木糖,发现脂肪酸移位酶、酰基辅酶 A 氧化酶、过氧化物酶体增殖物激活受体 α、肉毒碱棕榈酰基转移酶-1 在鲤鱼细胞表达水平下降,而脂蛋白激酶的转录水平有所提升,说明低聚木糖的添加能够加强鲤鱼的脂类代谢水平。在饲粮中补充低聚木糖同样具有降低肉鸡总胆固醇、三酰甘油的功效(Samanta 等,2017)。

低聚木糖参与脂类代谢的机制目前尚未明晰。一些学者认为,低聚木糖具有改善动物体内脂类代谢的功效与其促进胃肠道中有益菌增殖的特性有关。双歧杆菌、乳酸杆菌在低木聚糖的作用下繁殖速度加快,能够加强与肠道内的胆汁盐同化、沉淀作用,帮助肠道内的胆汁酸、胆固醇分别转化为胆酸、类固醇随粪便排出体外(Iji 等,2001;Mathew 等,1997);另外,肠道微生物(如双歧杆菌等)可以利用低聚木糖进行发酵,所产生的一些短链脂肪酸能够对脂类代谢进行调控。有报道称,在肠道中微生物利用低聚木糖发酵产生的丙酸能够被肠道吸收进入血液循环,抑制肝脏脂肪的形成(Demigné 等,1995;Wolever 等,1995)。结肠中的丙酸与其他挥发性脂肪酸能够发挥协同作用,刺激肠道胰高血糖素样肽(GLP-1)的产生,加速胰岛素的合成,促进糖原的合成并减少脂肪的分解(Delzenne 等,2007;Frost 等,2003;Meier 等,2006)。Long 等(2019)发现,添加低聚木糖后,小鼠内脏中脂肪积累量、单核细胞趋化蛋白(MCP-1)的含量、体脂质量、循环瘦素的水平、厚壁菌门的丰度显著下降,盲肠中短链脂肪酸的含量增加。也有研究者认为低聚木糖能够改变机体肠道中厚壁菌门、拟杆菌门的比例来影响脂质代谢(张素珍等,2014;Long 等,2019)。

2. 果寡糖

在改善动物体内脂质代谢方面,果寡糖 FOS 可以降低血脂水平,具有降低三酰甘油和降低血清胆固醇的作用。FOS 这种特性使其成为预防肥胖症、糖尿病以及心血管疾病的潜在手段(Delzenne,2003)。研究表明,FOS 降低了进食后血液中的葡萄糖峰值,从而使得葡萄糖和胰岛素诱导的脂质酶的产生大大减少(Sabater-Molina 等,2009)。许多临床研究已经探讨了 FOS 补充饮食对血脂的影响,11 项研究中有 3 项观察到血清三酰甘油显著降低,而 5 项研究观察到总胆固醇和 LDL-胆固醇水平有所降低(Delzenne,2003)。此外,在高脂饮食大鼠模型研究中发现添加 FOS 可以减少动物的三酰甘油水平(Kok 等,1998)。在肥胖犬的饮食中添加 FOS,在餐后期间增加了解偶联蛋白 2 的含量,并且肉碱棕榈酰转移酶 1 的脂肪 mRNA 水平也升高,降低胰岛素抵抗,增加肠道中的 SCFA(丙酸),从而降低与 LDL 和 VLDL 相关的三酰甘油和胆固醇的水平(Mabel 等,2008)。

3. 低聚甘露糖

低聚甘露糖作为膳食纤维和益生元,不仅可以促进肠道内益生菌的生长,比如双歧杆菌类等,还可以抑制病原微生物的生长,改善肠道黏膜的完整性,调节免疫功能,进而改善动物脂质代谢(Moreira 等,2008)。高启禹等(2012)研究发现,低聚甘露糖可以使糖尿病小鼠的血糖浓度与模型对照组相比显著降低,且高剂量时降血糖效果优于低剂量,同时低聚甘露糖也显著地改善了糖尿病小鼠血清中血脂的水平,其中总胆固醇和三酰甘油的浓度与模型对照组相比显著降低,高密度脂蛋白胆固醇浓度显著升高。表明低聚甘露糖可能促进机体降糖激素和抑制升糖激素作用,且能保护胰岛细胞以及调节糖代谢的酶活性。

于艳梅(2010)对黄颡鱼的研究结果显示,低聚甘露糖可以降低总胆固醇和三酰甘油含量。王洪善等(2018)对小鼠研究发现,低聚甘露糖能够有效减缓高脂饮食造成的小鼠体重增长,同时改变了小鼠的肠道菌群结构,提高小鼠肠道菌群脂代谢的能力,提高了小鼠盲肠中乙酸、丙酸、丁酸的含量,同时降低了戊酸的含量,对高脂饮食造成的肥胖小鼠具有良好的益生作用。

4. 壳寡糖

已有诸多研究表明壳寡糖具有降血脂作用(Choi 等,2012)。Kang 等(2012)发现小鼠日粮中添加 25 μg 壳寡糖能有效抑制胰脂肪酶活性,有效降低血清中三酰甘油、总胆固醇和低密度脂蛋白胆固醇水平,提高高密度脂蛋白胆固醇水平,同时增加三酰甘油和总胆固醇排泄量。此外,Cho 等(2008)通过体外培养 3T3-L1 小鼠脂肪细胞研究壳寡糖对脂肪细胞分化的影响,结果表明,壳寡糖能最有效地抑制脂肪细胞分化,其机制可能是壳寡糖通过下调调控脂肪形成的 CCAAT 增强子结合蛋白 α(C/EBPα)和过氧化物酶体增殖物激活受体 γ(PPARγ)转录因子 mRNA 的表达水平,同时抑制脂肪形成标志蛋白(如瘦蛋白、脂联素和抵抗素)的生成,最终抑制脂肪细胞的形成。此外,Lee 等(1999)认为,壳寡糖可通过与胆盐静电结合,阻碍胆盐通过肠肝循环进行重吸收,促使胆固醇转化为胆盐,进而降低胆固醇含量。

Li 等(2017)探讨了壳寡糖对肉鸡脂质代谢的影响,结果表明,在基础日粮中补充 20 mg/kg 壳寡糖,21 d 后肉鸡血清三酰甘油(TG)和低密度脂蛋白胆固醇(LDL-C)水平明显降低,而血清总蛋白(TP)和高密度脂蛋白胆固醇(HDL-C)水平显著升高。壳寡糖调控肉鸡脂肪代谢的机制是壳寡糖一方面可通过提高血清中生长激素和甲状腺激素含量、降低血清中胰岛素含量来调控血脂代谢;另外壳寡糖可通过下调肝脏中脂肪酸合成酶、乙酰辅酶 A 羧化酶、固醇元件结合蛋白基因的表达量来降低肉鸡腹部脂肪和皮下脂肪沉积,通过胸肌和腿肌中脂蛋白酯酶基因的表达量提高肉鸡肌内脂肪含量。Kobayashi 等(2002)研究发现,饲粮中添加壳寡糖,可降低禽类小肠脂肪酶活性,降低脂肪吸收。郭小云(2015)证明妊娠后期在母猪饲粮中添加 30 mg/kg 壳寡糖对 0 日龄仔猪血脂和肝脂的含量无明显影响,但极显著地提高 14 日龄寡糖组仔猪血脂和肝脂的含量,表明妊娠后期在母猪饲粮中添加壳寡糖对新生和哺乳仔猪的脂质代谢产生一定的影响,并进一步通过基因和蛋白的表达,解释了壳寡糖影响脂质代谢的机理:①壳寡糖影响 AMPK 和 mTOR 信号通路,抑制脂肪酸和胆固醇合成相关基因的表达,从而为了维持机体胆固醇内稳态,进而增加机体胆固醇的分泌;②刺激肝脏生物节律负调控因子 Per1 基因表达,从而抑制 CLOCK 和 BMAL1 蛋白的表达,进而增加血清和肝脏中的脂质水平,从而机体胆固醇水平负反馈调节脂质代谢相关基因表达。

5. 褐藻寡糖

褐藻寡糖在降脂方面显示出显著的生物学活性。Liu 等(2014)研究了低分子质量 GOS 对人肝癌细胞 HepG2 的降脂作用,结果显示,GOS 降低了血清总胆固醇(TC)和三酰甘油(TG)的水平,并抑制了 3-羟基-3-甲基戊二酰辅酶 A(HMG-CoA)还原酶的活性。动物模型研究发现褐藻寡糖降低血液中胆固醇的作用取决于对胆固醇摄取的抑制,而不是取决于胆固醇的生物合成(Yang 等,2015)。褐藻寡糖的降血脂活性可能通过多种机制实现。褐藻寡糖可以上调 LDLR 的表达和肝细胞对 LDL 摄取的细胞内摄取,从而降低血浆 LDL-胆固醇水平。此外,褐藻寡糖可以通过磷脂酰肌醇 3 激酶/Akt /糖原合酶激酶 3β 途径激活 LDL 受体转录因子固醇响应元件结合蛋白 2(SREBP-2)的激活,这是 LDLR 基因表达的重要转录因子。褐藻寡糖还下调 PCSK9,从而降低肝细胞中 LDLR 的降解(Yang 等,2015)。

6. 低聚半乳糖

低聚半乳糖能够通过与肠道微生物的相互作用降低血清中总胆固醇含量，同时还可以提高血清高密度脂蛋白比例(Chonan 等，1995)。Cheng 等(2018)使用 16S rRNA 分析和代谢组学来分析低聚半乳糖对微生物和代谢物的影响，结果表明，与对照组相比，低聚半乳糖喂养的小鼠的脂肪酸合成和血液三酰甘油含量显著降低，表明低聚半乳糖可以改善小鼠的脂质代谢。在一项临床双盲实验中，12 周实验后发现低聚半乳糖实验组人群血浆中的胆固醇浓度明显低于安慰剂组(Jelena 等，2013)。

7. 其他寡糖益生元

半乳甘露寡糖能够降低血清中胆固醇、三酰甘油的含量，从而提高机体对脂类的消化利用，改善动物体内的脂类代谢。王彬(2006)研究了饲料添加半乳甘露寡糖对泌乳期母猪血清中生化指标的影响，发现半乳甘露寡糖能够显著降低三酰甘油含量。

β-葡聚糖能增加胰岛素的敏感性和分泌，可双向调节血糖，也能促进肠道蠕动，起到通便作用，还能有效地减少肠胃吸收脂肪酸的速率，有效地降低血浆胰岛素的浓度，降低胆固醇和脂蛋白的合成。香菇多糖能降低血清中胆固醇的含量，提高超氧化物歧化酶活性，抑制脂质过氧化物丙二醛生成和脂质氧化，改善糖脂代谢。

菊粉可以降低高三酰甘油浓度的风险。菊粉的降胆固醇和降三酰甘油作用背后的潜在机制包括通过减少脂肪生成现象和促进结肠发酵后的 SCFA 的产生来抑制三酰甘油的合成(Kaur 和 Gupta，2002)。

纤维素在人体中具有减少脂肪堆积的功效，一方面能够产生饱腹感，减少进食；另一方面，纤维素能够与一部分脂肪酸进行结合，使其在通过消化道的过程中吸收受阻，从而减少了脂肪的堆积(张勇，2011)。在动物方面，纤维素对脂类代谢的改善也有一些报道。高斌等(2010)建立了大鼠高脂血症模型，并在高脂饲料中添加了 10%大豆纤维素。结果发现，加入大豆纤维素的试验组大鼠血清中总胆固醇和三酰甘油的含量、低密度脂蛋白胆固醇的浓度相较于高脂对照组具有一定程度的下降。王贵和 Eissa(1984)介绍了日粮中纤维素对肉鸡脂类代谢的影响，发现血浆中总类脂的含量随着加入纤维素量的提高而降低，其中摄入含纤维素饲料的鸡，三酰甘油、胆固醇等类脂含量均有降低。

抗性淀粉也具有降低血液中胆固醇以及三酰甘油的功效(Giacco 等，2014)。于淼和郭应龙(2012)尝试使用甘薯来源的抗性淀粉来缓解患有高脂血症的 SD 大鼠的症状，结果证明，甘薯抗性淀粉能够降低大鼠血液中胆固醇、三酰甘油、低密度脂蛋白的含量，增加中高密度脂蛋白的含量。白建江等(2012)发现高抗性淀粉含量的稻米在改善患有糖尿病的 GK 大鼠糖脂谢紊乱方面效果良好，血液中胆固醇、三酰甘油、低密度脂蛋白、高密度脂蛋白的含量减少。

2.2.5 替代抗生素的主要功效和机制

家禽和家畜在幼龄时生理状态较弱、体型较小、器官发育不完善、免疫功能较差，容易受到外界应激原的影响，因此发病率较高。抗生素具有优良的疗效和促生长性能，几十年来一直被用作牲畜饲料添加剂(Huyghebaert 等，2011)。畜禽饲料中添加少量的抗生素，能够防治疾病，增强动物抵抗力，提高营养物质转化率，加速畜禽生长速度，降低死亡率，明显增加经济效益。但是极大化经济收益，超范围使用(项方等，2015)、超剂量使用、超长时间使用(项方等，2015)、盲目多种联合使用抗生素以及使用违禁抗生素的问题日益突出，引起细菌耐药性增强

(Biswas 等,2007;Wright,2007)、破坏畜禽类机体免疫机制(王瑞平,2020)、危害人类健康,破坏生态环境(沈怡雯等,2015)等问题。随着社会发展,各个国家开始逐渐禁止饲用抗生素的使用。而且我国自 2020 年 7 月 1 日起,饲料企业停止生产含有抗生素等促生长类药物饲料添加剂(中药类除外)的商品饲料。因而,研制出改善畜禽健康,提高生长性能、无污染且安全无毒的抗生素替代品极为重要。目前,大量的功能性物质正在得到应用,以替代抗生素并促进畜牧业的发展,这些物质包括益生菌、益生元和其他制剂。

通常认为饲用抗生素的作用机理包括:①高效抑菌,减少消化道微生物总量,降低微生物竞争营养物质,减少病原微生物感染风险;②促进肠道内有益微生物生长,抑制或杀灭革兰氏阳性菌和少数革兰氏阴性菌的繁殖和毒素的产生,维持菌群的平衡,减少影响生长的微生物代谢产物产生;③改变消化道结构,肠壁厚度变薄,肠壁绒毛变长,密度增加,黏膜面积加大,促进营养物质消化吸收;④刺激宿主免疫,降低炎性反应。理想抗生素替代品必须达到与饲用抗生素相同的提高营养物质消化、促生长作用。益生元可通过直接抑菌、增强免疫、增强肠道屏障功能、调节肠道菌群等多种方式抑制病原菌生长、促进动物生长,具有安全、稳定、高效等优点,并且无耐药性、无残留,可以在一定程度上替代抗生素。

1. 低聚木糖

低聚木糖具有一定程度的抗菌活性。Fooks 和 Gibson(2002)发现植物乳杆菌、戊糖乳杆菌与果寡糖、菊粉、低聚木糖及它们的混合物联合使用可有效抑制大肠杆菌和肠炎沙门氏菌的生长。另有研究者发现酸性低聚木糖对蜡样芽胞杆菌具有一定的抑制活性,而且与氨苄青霉素相比,酸性低聚木糖在较高浓度下同样对幽门螺杆菌的生长具有抑制作用(Christakopoulos 等,2003)。蒋正宇等(2005)探究了低聚木糖与益生菌及抗生素组合对肉鸡肠道微生物菌群以及生产性能的影响,结果表明,0.005%低聚木糖和抗生素混合使用,肉鸡增重、饲料转化率与成活率均为最高。尤明珍和扶国才(2007)则进一步对低聚糖与抗生素组合应用对肉用仔鸡生产性能的影响进行摸索,同样表示添加 150 mg/kg 低聚木糖与 20 mg/kg 抗生素对肉鸡的日增重、采食量、饲料转化率具有显著的促进作用。

2. 低聚甘露糖

研究表明,低聚甘露糖能够促进半滑舌鳎稚鱼肠道的发育成熟和提高非特异性免疫水平,还能够促进动物消化道发育和提高非特异性免疫的功能,是替代抗生素的理想选择(于朝磊等,2014)。此外,在肉鸡日粮中添加低聚甘露糖会大量降低垫料中大肠杆菌含量(Baurhoo 等,2007)。

3. 壳寡糖

壳寡糖作为抗生素替代品在畜牧生产中的研究早有报道。陈虹等(2006)在日粮中添加 5 mg/kg 的黄霉素和 0.05%壳寡糖,分析其对鹌鹑生产性能和免疫功能的影响,结果表明,添加 0.05%的壳寡糖可使 35 日龄鹌鹑体重提高 7.6%,胸腺、脾脏和腔上囊相对重量均优于对照组,且与抗生素相比在促生长和增强免疫功能方面效果差异不显著。Li 等(2019)研究了壳寡糖替代金霉素对肉仔鸡生长性能和免疫功能的影响,结果表明,壳寡糖与金霉素对于肉仔鸡的平均日增重、平均日采食量和饲料利用率、免疫器官指数、吞噬指数和淋巴细胞转化率都表现出相似的改善效果,且壳寡糖添加剂量为 100 mg/kg 时作用效果优于金霉素。因此,壳寡糖作为一种新型的绿色饲料添加剂应用于畜牧业,为寻求部分抗生素替代品提供了一种新的选择。

壳寡糖有改变有害菌细胞膜通透性的作用，壳寡糖分子表面所带的正电荷可以与有害菌细胞膜上的负电荷位点结合，从而降低大肠杆菌、沙门氏菌等有害菌从外界摄取营养物质的能力，以阻止有害菌从外界摄取营养物质，导致有害菌的凋亡。通过体外添加壳寡糖培养肠道致病菌，结果发现，壳寡糖对大肠埃希氏菌、金黄色葡萄球菌、宋内志贺氏菌等致病菌均有抑制作用。对于革兰氏阳性菌，壳寡糖结构上带正电荷的氨基基团与细菌表面上带负电荷的物质相互作用形成疏水聚合物，阻碍营养物质进入细胞，最终抑制致病微生物的代谢活动(Lillo 等，2008)。对于革兰氏阴性菌，壳寡糖渗透进入细胞核与 DNA 结合，干扰特定基因转录，抑制其生长(Wang 等，2007)。壳寡糖的抗菌活性受分子质量、聚合度、脱乙酰度、环境因素(如 pH)和微生物种类等因素影响。Wang 等(2007)研究结果表明，壳寡糖抗菌能力随脱乙酰度增加而增强，随聚合度增加而减弱，对细菌的抑制作用优于真菌，其中脱乙酰度为 90%，聚合度为 4～6 的壳寡糖抑菌效果最好。

4. 褐藻寡糖

在抗菌和抗生物膜方面褐藻寡糖表现出较好的活性。根据一些研究(Powell 等，2018)，如果古洛糖醛酸含量高于 85%，则褐藻寡糖的抗菌活性似乎更有效。富含古洛糖醛酸的 GOS 增强了多种抗生素对多药耐药细菌的活性(Khan 等，2012；Tondervik 等，2014)，提高了常规抗生素对 21 种不同的多药耐药临床分离株的功效。在小鼠肺部感染模型系统中，GOS 可以通过剂量依赖的方式阻止生物膜的形成(Wang 等，2016a)。GOS 还显示出抗真菌活性，可能通过抑制白色念珠菌的磷脂酶表达和天冬氨酰蛋白酶的分泌(Pritchard 等，2017)。

GOS 抗菌和抗生物膜特性取决于多种机制，其中大部分涉及破坏生物膜的细胞外聚合物质网络(EPS)，细菌 EPS 主要由多糖、蛋白质、脂质、RNA 和细胞外 DNA 组成，并促进其生物膜的形成和成熟(Bales 等，2013)。GOS 可以很容易地扩散到已建立的生物膜中，改变其 EPS 结果，增强抗生素活性(Powell 等，2018)。除了 EPS 的破坏外，GOS 对驻留在生物膜中细菌的抗生素活性的增强作用，还可以通过修饰假单胞菌运动性的能力来介导(Khan 等，2012)。GOS 抑制细菌和真菌抗性的机制可能不同，GOS 与病原细菌铜绿假单胞菌的细胞表面牢固结合(Powell 等，2014；Pritchard 等，2017)，相反，GOS 不结合真菌细胞壁，同时仍表现出抗真菌活性(Tondervik 等，2014)。

5. 其他益生元

王吉潭等(2003)研究了在肉鸡饲料中添加半乳甘露寡糖与抗生素配伍使用的效果，结果发现，肉鸡法氏囊和脾脏的相对质量有提高的趋势。王彬(2006)研究在育肥猪的基础饲粮中添加 0.1%半乳甘露寡糖与 50 mg/kg 金霉素的效果，结果发现，半乳甘露寡糖与金霉素配伍使用能够显著提高血清中生长激素的水平，并促进育肥猪生长；并能够提高血清中白细胞介素-2 的含量，增强机体的免疫力。

2.2.6 其他活性功能及机制

1. 低聚木糖

动物在生长过程中并非总是处在适宜的环境，当动物遭受一系列不良内外环境后，机体会随之发生应激反应，降低动物的生产性能。动物在应激状态下，抗氧化系统容易失去平衡，产生的氧化自由基可能对动物细胞 DNA、蛋白质、碳水化合物、细胞脂膜产生损伤，导致细胞坏死、组织损伤(Aruoma，1998)。低聚木糖含有一定量的酚类取代基使其拥有一定的抗氧化能力(Bhatia 等,2019)。链脲佐菌素(STZ)诱导的糖尿病大鼠在饲粮中添加 10%的低聚木糖时表现出血浆抗氧化酶(如过氧化氢酶、谷胱甘肽还原酶)的活性及水平显著高于对照组(基础饲粮糖尿病大鼠),促进了氧化型谷胱甘肽向还原型谷胱甘肽的转化(Gobinath 等,2010)。Sreekumar 等(2002)研究发现,在大鼠高脂饲粮中添加 5%的低聚木糖可以缓解氧化应激反应。Lasrado 和 Gudipati(2015)利用体外培养试验发现,共同使用低聚木糖与乳酸杆菌的条件下可提高 1,1-二苯基-2-三硝基苯肼(DPPH)自由基的清除活性以及对铁的还原能力。赵颖(2013)利用超微粉碎技术将低聚木糖进行处理并掺入肉鸡的饲粮中,发现肉鸡血清中总抗氧化能力提高。低聚木糖的来源也能够影响其抗氧化能力,利用抗氧化剂分析技术进测定,结果发现从大米、小麦中提取获得的低聚木糖具有更好的抗氧化活性(Veenashri 和 Muralikrishna,2011)。

2. 果寡糖

果寡糖 FOS 对矿物质的吸收有积极作用,降低发生骨质疏松的风险(Scholz-Ahrens 等,2007)。FOS 在矿物质吸收方面的作用主要与它们在微生物群落中的发酵有关,由于 FOS 在结肠中发酵而产生的高浓度 SCFA,降低了结肠的 pH,创造了一个更有利于矿物质溶解的酸性环境(Gudiel-Urbano 和 Goni,2002;Wang 等,2010),从而增加了矿物质(尤其是钙和镁)的溶解度和利用率(Roberfroid 和 Delzenne,1998;Scholz-Ahrens 等,2007)。此外,FOS 可以通过增加丁酸和/或某些多胺的产量,增强肠道细胞生长和吸收能力(Raschka 和 Daniel,2005;Roberfroid,1993)。

3. 褐藻寡糖

褐藻寡糖 AOS 有效抑制氧化应激,对氧化应激引起的疾病具有足够的抵抗力。AOS 可以有效清除自由基(DPPH 和 ABTS 等)(Zhu 等,2016)。同样,用 AOS 预处理抑制 NOX2 和 4-HNE 的上调,缓解小鼠急性心肌缺血/再灌注损伤中过度氧化应激(Guo 等,2017)。影响 AOS 抗氧化性能的几个因素包括浓度、分子质量和解聚方法。与相比分子质量为 1~10 ku 的 AOS 相比,分子质量小于 1 ku 的 AOS 可以更好地清除过氧化物、羟基和次氯酸自由基。另外,与分子质量为 6~10 ku 的 AOS 相比,分子质量为 1~6 ku 的 AOS 具有更高的抗超氧化物和次氯酸自由基的抗氧化活性,即使它们具有相似的 M/G 比(Zhao 等,2012)。

4. 其他益生元

动物研究表明,菊粉型果聚糖显著增强了矿物质的吸收,尤其是钙和镁的吸收(Weaver,2005)。在雄性大鼠试验中,果聚糖可以提高全身骨矿物质含量(BMC)和骨矿物质密度(BMD)(Roberfroid,2002)。此外,菊粉的益处不仅针对矿物质吸收,还有利于增强骨骼强度,特别是骨骼密度,骨骼矿化,骨骼生长和吸收(Coxam,2005)。

家禽在饲养过程中有时会表现出同类相残等异常行为,王树玲和孔维堂(2000)通过实验发现,在以 80 %黄玉米为基础的饲粮中添加不同含量纤维素(8%、13%、18%),能够明显降低鸡啄羽发生率、啄斗严重程度以及死亡率。

葡聚糖具有很好的自由基清除能力(Liu 等,2010;Ma 等,2013;Shi 等,2013)。Zhao 等(2014)研究了灵芝多糖(GL-PS)对运动引起的氧化应激的抗氧化能力,发现灵芝多糖添加后抗氧化酶的活性显著提高。

2.2.7 非碳水化合物类益生元的活性功能及机制

除碳水化合物具有益生元的活性外,一些非碳水化合物在胃肠道内不被消化吸收,能够被宿主微生物选择性地利用，调节肠道微生态平衡达到机体防御和疾病防治的目的。这些非碳水化合物也属益生元范畴，包括多酚化合物、多元醇、多不饱和脂肪酸、植物提取物、蛋白质水解物等。

1. 多酚化合物

多酚化合物是植物的次生代谢物，常存在于水果、蔬菜及可可、茶或葡萄酒中。多酚化合物分为两大类：类黄酮和非黄酮化合物。根据c-杂环结构可以将类黄酮区分出不同的基团：黄酮醇、黄酮、黄酮-3-醇、异黄酮、黄烷酮、二氢黄酮醇、花青素、查尔酮。非黄酮化合物包括酚酸、水解单宁和芪类。在给人高脂肪、高糖饮食的同时补充大量的多酚类化合物（如鲜食葡萄、可可或反式白藜芦醇），能够调节肠道菌群的组成，改善不合理饮食的有害影响。研究表明，多酚化合物可以促进双歧杆菌和乳酸菌等益生菌生长，选择性地抑制致病菌生长（例如溶组织梭状芽胞杆菌和产气荚膜梭菌）。多酚化合物优化肠道菌群结构，调节肠道微生态平衡的特性决定其具有益生元的功效。

目前，对多酚化合物调节宿主肠道微生物区系组成的作用机理有很多研究报道。多酚化合物的羟基与致病菌细胞膜的脂质双分子层结合破坏细胞膜的正常功能，与多种金属离子螯合成不溶性复合物，使微生物酶系缺乏辅基无法反应，直接抑制多种酶（如葡聚糖酶、旋转酶B、硝基还原酶等）活性（Rasmussen 等，2005）。多酚化合物代谢产生的 H_2O_2，可破坏微生物细胞膜的通透性（Sirk 等，2011）。饮用红酒后产生的 4′-羟基苯乙酸是肠道菌群代谢多酚化合物的代谢产物，4′-羟基苯乙酸的量与肠道有益菌的增加量呈正相关（Vázquez-Fresno 等，2016）。研究证明双歧杆菌的数量和花青素分解代谢物（丁香酸、对香豆酸、没食子酸、邻苯三酚）及黄烷醇分解代谢物（羟基苯戊内酯）的数量呈正相关。饮用富含花青素的蓝莓饮料，粪便中的双歧杆菌丰度随之增加（Guglielmetti 等，2013）。

2. 多元醇

多元醇，即分子中含有 2 个或 2 个以上羟基的醇类。多元醇（如木糖醇、益寿糖和乳糖醇）有调节肠道微生物菌群的作用。Tamura 等（2013）比较了食用 0.05%异黄酮+5%木糖醇和只食用 0.05%异黄酮（对照组）两组老鼠的粪便微生物，对照组拟杆菌的浓度显著高于富含木糖醇日粮（$P<0.05$），说明木糖醇可能通过改变粪便微生物的组成影响异黄酮的代谢。Salminen 等（1985）评估了木糖醇对人体微生物群的影响，他们发现每次口服 30 g 木糖醇后，肠道菌群从革兰氏阴性菌转变为革兰氏阳性菌。Holub 等（2009）评估了 30 g 异麦芽酮糖醇或 30 g 蔗糖对 19 个志愿者结肠微生物的影响，结果表明，与蔗糖相比，异麦芽酮糖醇使结肠微生物菌群的双歧杆菌数量增加（$P<0.05$），而乳酸杆菌、拟杆菌、大肠杆菌和肠球菌在两组间无差异。从异麦芽酮糖醇能促进双歧杆菌增殖的这一现象可以看出，多元醇可能作为一个潜在的益生元改善肠道健康。

Ballongue 等（1997）研究了乳果糖、乳糖醇对 36 个健康志愿者结肠微生物和酶活性的影响。服用 10 g 乳果糖和乳糖醇溶液后致癌相关酶（偶氮还原酶、7-α-脱氢酶、β-葡萄糖醛酸酶、硝基还原酶、脲酶）活性降低，粪便中的 SCFA 增加，但乳糖醇的益生效果要低于乳果糖。Finney 等（2007）研究了低剂量乳糖醇对 75 名健康志愿者粪便微生物的影响。给予志愿者 25 g 牛奶巧克力混合物，其中含有 10 g 蔗糖和乳糖醇，比例分别为 10∶0、5∶5 和 0∶10。蔗糖和乳糖醇比例为 0∶10 组双歧杆菌数量有显著增加，但粪便中厌氧菌、需氧菌、肠杆菌和乳酸杆菌无显著变化。因此，低剂量的乳糖醇更有利于改善结肠微生物群组成。

3. 多不饱和脂肪酸

饮食中增加多不饱和脂肪酸可以增加体内细胞膜的流动性，而白细胞流动性的增加会破坏细胞膜上细胞表面受体的组织，并最终改变细胞功能。研究表明 ω-3 PUFA 可以改善肠道有益菌群(如嗜粘蛋白-艾克曼菌 *Akkermansia muciniphila*)，增加黏膜厚度，提高肠黏膜屏障功能，而且还可以借助肠道有益菌的大量繁殖来抑制脂肪酸合成酶的基因表达，进而控制脂肪酸的合成达到减肥目的(Everard 等，2013)。高浓度的 PUFA(10～40 μg/mL)抑制乳酸菌、干酪乳杆菌和保加利亚乳杆菌的生长和黏附功能，但是低浓度的 γ-亚麻酸和花生四烯酸(5 μg/mL)促进干酪乳杆菌的生长和黏附功能(Kankaanpää 等，2001)；乳酸菌还可以利用 PUFA 产生不同的代谢产物(Kankaanpää 等，2004)。研究发现 ω-3 PUFAs 具有以下功能：①降低厚壁菌门/拟杆菌门的比例；②降低粪肠球菌等肠道细菌丰度；③增加丁酸产生菌的丰度，即双歧杆菌、毛螺菌、玫瑰菌和乳酸菌(Andersen 等，2011；Balfego 等，2016)。

4. 植物提取物

中草药或植物化学物质可以通过抗微生物活性或通过对微生物群落的有益微生物的有利刺激，选择性地影响微生物群落。大多数中草药发挥抗菌作用的机理是通过作用于细菌细胞壁结构、变性和凝固蛋白。精油会改变细胞膜对 H^+ 和 K^+ 离子的通透性，进而影响电子传递、蛋白质易位、氧化磷酸化和其他酶依赖反应，导致化学渗透控制的丧失，最终使细菌死亡。细菌胞质膜的破坏是由于积累在膜中的精油的亲脂性造成。其他作用可能与抑制营养吸收、酶抑制、DNA 及 RNA 合成和细菌细胞合成蛋白质有关(许洁宁，2019)。

Trojanova 等(2004)测定了蒲公英根的水提物对 14 株不同双歧杆菌的促生长活性，研究发现，6 株双歧杆菌(2 株青春双歧杆菌、2 株两歧双歧杆菌、1 株链状双歧杆菌和 1 株长双歧杆菌)在含有蒲公英根提取物的培养基中生长明显增强，2 株双歧杆菌在该培养基中的生长强度略低于对照，其余 6 株双歧杆菌与对照生长情况相同。甘草的主要活性成分是酚类化合物甘草苷，能抑制梭状芽胞杆菌、拟杆菌等病原体的生长，调节肠杆菌、肠球菌等共生菌，刺激乳酸菌、双歧杆菌等益生菌生长，有益于宿主健康(Zhang 等，2014)。在体内试验中人参对健康和溃疡性结肠炎(UC)大鼠均有刺激乳酸菌增殖的作用，而对 UC 大鼠体内试验中的大肠杆菌均有抑制作用。此外，有研究报道，人参体外还能促进双歧杆菌的生长，抑制金黄色葡萄球菌、沙门氏菌等病原体生长(Han 等，2014)。

近年来的研究陆续报道了多酚化合物、多元醇、多不饱和脂肪酸等物质具有非消化性、促进肠道有益菌、抑制有害菌生长，产生有益代谢物的特性，这几类物质扩充了益生元的定义和范畴。然而，与碳水化合物类益生元相比，这类益生元的研究属新兴领域，尚不完善，需要更多的研究来证实这些益生元的特性、机理和对机体健康的影响。

2.3 益生元生产工艺及技术

2.3.1 低聚木糖生产技术

木质纤维素生物质(lignocellulosic biomass，LB)是地球上大量可利用的可再生原料，如农作物残渣、牧草和林业原料。木质纤维素生物质主要由纤维素、半纤维素和木质素组成(Amorim 等，2019)。其中半纤维素的重要组成成分是木聚糖，木聚糖可以水解生成低聚木糖，所以木质纤维素生物质可作为生产低聚木糖的重要来源。

目前制备低聚木糖的方法主要有化学法、自水解法、水热法、蒸汽爆破法、酶法工艺或其组合，从木质纤维素原料残渣中生产(Bhatia 等，2019)。化学或自水解工艺存在一些缺点，即产品受到不需要的副产品污染，包括有毒化合物，如糠醛和羟甲基糠醛(HMF)；对聚合度的控制程度低；下游成本高(Bian 等，2014)；通常，需要使用有毒化学品以及随后的特异性和更多坚固的设备。酶法工艺更环保，操作条件温和，不使用有害化学物质，因此更符合生物降解工艺的前景。此外，木聚糖酶的使用呈现出高效性和特异性，允许对聚合度进行更高的控制，并减少其他副产品的生成(Akpinar 等，2007)。

1. 化学法

在酸性条件下，木聚糖可以水解生成低聚木糖。一般来说，使用盐酸、硫酸等稀酸对聚合度高的木聚糖进行水解。Bian 等(2014)以甘蔗渣为原料，采用微波辅助酸水解法制备低聚木糖。在 90 ℃下用稀硫酸进行水解，采用基于中心复合设计的响应面法确定了酸浓度(0.1～0.3 mol/L)和反应时间(20～40 min)对低聚木糖生成的影响。使用该方法生产的低聚木糖中未检测到糖降解副产物。用 0.24 mol/L H_2SO_4 水解 31 min，得到低聚木糖的最大产率为 290.2 mg/g。Bai 等(2015)采用新型固体酸催化剂磺基化竹炭材料(BCS)催化半纤维素水解制备低聚木糖。BCS 具有—SO_3H、—COOH 和—OH 活性基团，可以催化半纤维素水解生成木糖和低聚木糖等。在反应过程中，采用微波辐射缩短反应时间，提高反应效率。结果表明，该催化剂在 140～160 ℃均能获得 40%以上的低聚木糖回收率，在较温和的条件下，反应温度提高、停留时间延长、固体酸与水的比例提高都促进了木糖和低聚木糖的生成。在 150 ℃、固体酸与水质量比为 1∶200 的条件下，反应 45 min，低聚木糖的最大回收率为 54.7%。

2. 自水解法

自水解是一种快速、简便的预处理方法，可将半纤维素中的木聚糖水解为低聚木糖和单糖(Ahmad 等，2018)。在自水解过程中，生物质在特定设备中水存在的条件下，在严格的参数下进行高温加热。在自水解过程中不需要添加催化剂，在一定程度上可以减少成本。在自水解过程中，低聚木糖和其他副产物(如糖类糠醛)同时产生。这些有毒化合物会引起严重疾病，如刺激呼吸，危害肾脏，嗅觉上皮损伤和身体炎症。因此，在制备低聚糖及其衍生产品之前，需要进一步的纯化过程，即从水解物中除去这些化合物(Khat-Udomkiri 等，2018)。

3. 水热法

在高温高压的环境中，半纤维素中的木聚糖链会发生水解断裂，释放出可溶的聚合度较小的木聚糖。Samala 等(2015)研究了从磨碎的玉米粉和含可溶物的玉米干酒精糟(DDGS)生产 XOS 得率和最佳自水解条件。以木聚糖初始含量为基础，玉米粉纤维的低聚木糖得率(71.5%)高于 DDGS 纤维(54.6%)。最大低聚木糖产生条件分别为 180 ℃、20 min 和 190 ℃、10 min。因此，从玉米粉中分离出来的纤维比从 DDGS 中分离出来的纤维更适合作为生产低聚木糖的原料。反应中产生的低聚木糖主要是木糖和木三糖。

Zhang 等(2018)研究了以甘蔗渣为原料，乙酰基辅助自水解制备低聚木糖的方法。甘蔗渣在 200 ℃下自水解 10 min，低聚木糖产率为 50.35%；与单独甘蔗渣相比，乙酰基辅助自水解反应在 200 ℃下 10 min 的低聚木糖产率为 52.99%。使用甘蔗渣/白桦 65∶35 混合物为原料，在 160 ℃下乙酰基辅助水解 100 min，低聚木糖产率为 49.64%，接近 180 ℃/40 min 和 200 ℃/10 min 条件下的产率。结果表明，乙酰基辅助自水解法是一种很有前途的低聚木糖生产方法。

4. 蒸汽爆破法

蒸汽爆破法(STEX)是使物料在高温高压的条件下瞬间从反应器中喷爆出来。蒸汽爆破预处理是一种将半纤维素水解成单糖(主要是木糖)和一些寡糖混合物的快速而成功的方法。半纤维素水解液中单体/寡糖的比例在很大程度上取决于 STEX 的剧烈程度。这些低聚物如果在预处理期间进一步暴露在高温下,会导致更多的糖降解为糠醛和 5-羟甲基糠醛。如果在 STEX 过程中添加酸性催化剂,则生成的单糖比寡糖多,因为寡糖会转化为单糖。

Carvalho 等(2018)评估了蒸汽爆破法从富含木聚糖的半纤维素原料甘蔗渣中生产高浓度低聚木糖的潜力。利用小型中试装置考察了不同操作条件对低聚木糖生产收率和选择性的影响。结果表明,在未经优化的条件下,以 0.5% H_2SO_4 为催化剂,190 ℃下反应 5 min,蒸汽爆破法也能使木聚糖生产低聚木糖的回收率达到 40%左右,与常用的化学方法相当。

5. 酶法

酶法生产低聚木糖是利用木聚糖酶对半纤维素或木聚糖进行直接水解。这种方法可以防止糠醛、羟甲基糠醛和呋喃等有害副产物的生成。自然界中的木聚糖分解酶系统包括内切木聚糖酶或木糖释放酶、外切木聚糖酶和/或 β-木糖酶和去支链化酶。对于低聚木糖的生产,只有内切作用酶是可以利用的,这些酶可以在糖苷水解酶家族(GH)5、8、10、11 和 43 中找到。木聚糖酶已经从许多不同的真菌和细菌中分离出来(Manisha 和 Yadav,2017),但是大多数商业木聚糖酶制剂目前都是由转基因木霉或曲霉菌株生产的(Ballesteros 等,2017)。其中 β-1,4-内切木聚糖酶(endo-xylanase,EC. 3. 2. 1. 8)以内切方式作用于主链,产生不同聚合度的低聚糖和少量的木糖,是木聚糖水解酶中关键的酶,也是目前人们研究最多最深入的一种木聚糖酶。

Jagtap 等(2017)使用农业剩余物为碳源对烟曲霉 R1 进行深层发酵得到木聚糖酶。在未经任何预处理的情况下,用未经纯化的粗酶对富含木聚糖的小麦壳进行酶解,12 h 后可获得最高产量为 1%的低聚木糖混合物。

Chang 等(2017)以枯草芽胞杆菌为原料,构建了一种由扩张素和木聚糖酶组成的融合酶,采用亲和吸附-酶反应集成的方法制备高纯度的低聚木糖。通过优化,融合酶的比活力比天然木聚糖酶提高了 1.28 倍。以玉米芯为底物,采用亲和吸附法从酶粗提物中分离出融合酶,优化条件下回收率为 90.3%。然后,将融合酶玉米芯混合物直接水解,离心得到纯度为 91.7%的 XOS。这种亲和吸附-酶反应一体化的低聚木糖生产方法为低聚木糖的生产提供了一条绿色的途径。

Amorim 等(2019)以啤酒糟为底物,对里氏木霉进行了研究。在最佳条件下(3 d,pH 7.0,30 ℃和 20 g/L 的啤酒糟),获得了(38.3±1.8)mg/g(木糖当量/g 啤酒糟)的产量。所得低聚木糖的聚合度为 2~5。

6. 组合工艺

碱预处理的主要目的是改变生物质的结构。碱预处理作用于木质素,使半纤维素和纤维素一起分离开。木质素被溶解后,可以通过过滤去除。然后,半纤维素可以被木聚糖酶水解得到单糖和寡糖(XOS、AXOS、纤维低聚糖等),可以将木聚糖从纤维素和木质素等木质纤维素材料中分离出来,从而提高酶生产 XOS 的效率。此外,碱预处理可以提高底物的消化率,这是酶干预 XOS 生产所需的特性之一。通常,NaOH 介导预处理去除生物质中的木质素、果胶、脂肪物质和蛋白质物质，为提高生物质中木聚糖的回收率，采用适当的碱浓度和预处理条件是前提。Jnawali 等(2018)研究了从椰壳中使用碱萃取法提取木聚糖，酶解法提取低聚木糖的工艺。

Liu 等(2018)提出了用酸性电解水蒸气爆破预处理玉米芯，酶解制备低聚木糖的新方法。在大肠杆菌中克隆并表达了巴伦戈尔茨拟青霉木聚糖酶基因。重组木聚糖酶(PbXyn10A)在 pH 分别为 6.5 和 60 ℃时最为活跃。它对桦木木聚糖、山毛榉木聚糖和燕麦木聚糖具有严格的底物特异性。酶水解木聚糖得到了聚合度为 2～4 的低聚木糖。以玉米芯中的木聚糖为原料，得到了 75%的最高 XOS 收率。

7. 未来工艺发展展望

近几年酶水解制备低聚木糖的文章发表数量大于其他工艺的文章发表数量之和，这清楚地表明酶水解引领了低聚木糖生产的研究，突出了科学界对这种生产工艺方法优势的认识。特别是在酶的生产中，人们采取了不同的策略，即酶的固定化、木聚糖酶的遗传修饰、多酶体系以及木聚糖酶的异源生产。同时，越来越多的关于生物精炼概念和通过过程集成方法生产低聚木糖的文章说明了目前研究者对降低 XOS 生产成本做出的努力。在这一概念中，微生物直接发酵木质纤维素生物质生产 XOS 具有很大的潜力，预计之后会有越来越多的研究者使用合成生物学工具来创造细胞(生物)工厂，能够直接将木质纤维素原料转化为低聚木糖。

2.3.2 低聚异麦芽糖生产技术

低聚异麦芽糖最早由日本林原生化研究所开发出葡萄糖转苷酶的生产工艺(王良东，2008)，然后经过不断改进，成为如今主要生产低聚异麦芽糖的工艺。商品化的低聚异麦芽糖主要有两种规格：IMO-50 和 IMO-90，指的是产品中各种聚合度的异麦芽寡糖含量总和分别大于 50%和 90%。目前国内主要以玉米淀粉为原料生产低聚异麦芽糖，产量约为每年 10 万 t(赵若春等，2018)。

传统的低聚异麦芽糖的生产工艺如图 2-1 所示。主要以淀粉作为原料，将其配制为淀粉乳后使用耐高温 α-淀粉酶液化。将料液煮沸，灭活高温 α-淀粉酶，冷却后的料液中加入真菌 α-淀粉酶、普鲁兰酶和 β-淀粉酶进行糖化生成麦芽糖浆。麦芽糖浆在 α-葡萄糖转苷酶的作用下得到含低聚异麦芽糖的粗液。粗液经灭活、过滤、脱色、脱盐等步骤处理后得到低聚异麦芽糖含量约为 50%的糖浆，其余主要由葡萄糖、麦芽寡糖组成。依据产品的规格要求进一步对糖浆进行浓缩除糖，制备产品粉末。该工艺存在工序多、时间长、工艺参数控制困难、难以实现连续化生产等缺点(林亲录等，2011)。目前对于该工艺的改进主要集中在对转苷过程中的酶优化、操作工艺的优化以及产品的分离纯化等方面。

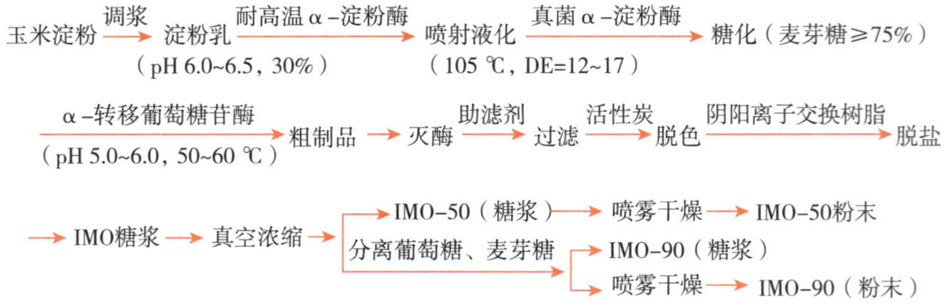

图 2-1 低聚异麦芽糖的传统生产工艺(王良东，2008)

目前的工业生产中最关键的步骤就是糖化以及转苷，表 2-1 总结了现有的多酶生产低聚异麦芽糖过程中涉及的酶和底物。

表 2-1 多酶生产低聚异麦芽糖工艺涉及的酶和底物

酶	底物
α-淀粉酶、α-葡萄糖苷酶	淀粉
淀粉麦芽糖酶、α-葡萄糖转苷酶	麦芽三糖、淀粉
α-淀粉酶、α-葡萄糖转苷酶	糊精
α-淀粉酶、淀粉麦芽糖酶、麦芽糖 α-淀粉酶	淀粉
α-淀粉酶、β-淀粉酶、α-葡萄糖转苷酶	面粉
α-淀粉酶、麦芽糖 α-淀粉酶、α-葡萄糖转苷酶	淀粉
α-淀粉酶、β-淀粉酶、普鲁兰酶、蔗糖酶	淀粉
α-淀粉酶、β-淀粉酶、α-葡萄糖转苷酶、淀粉分支酶	淀粉
α-淀粉酶、β-淀粉酶、普鲁兰酶、α-葡萄糖转苷酶	淀粉

来源：Sorndech 等，2018

2.3.3 壳寡糖生产技术

甲壳素又称几丁质，是 N-乙酰葡萄糖胺的长链聚合物。主要存在于真菌的细胞壁和节肢动物外骨骼中，是地球上除纤维素以外第二丰富的天然资源。将甲壳素以酶促转化或化学方法进行解聚和脱乙酰化加工，可以得到壳寡糖。目前，壳寡糖的制备方法主要有化学降解法（酸降解法和氧化降解法）、物理降解法（辐射法、水动力空化法）、酶降解法、电化学降解法以及由此衍生的复合降解法。

1. 化学降解法

化学降解法操作简单，但降解产物相对分子质量分布广泛，难以分离纯化。此外，试剂消耗量大，后处理复杂。化学降解 COS 的方法主要有酸降解法和氧化降解法。

在酸性溶液中，由于壳聚糖分子中的氨基与溶液中的氢离子结合，使得壳聚糖长链断裂形成聚合度不等的壳寡糖。常用于降解的酸有盐酸、硫酸、硝酸和磷酸等。Stéphane 等（2008）报道了另一种制备壳寡糖的酸水解法。首先，用浓盐酸解聚全脱乙酰壳聚糖，得到低聚合度的葡萄糖胺（GlcN）低聚物。然后使用活性炭漂白产品，再通过共蒸发去除多余的盐酸。之后通过在截留分子质量为 500 g/mol 的醋酸纤维素膜上过滤水解产物，使用无水乙醇进行沉淀，通过加入浓氢氧化钠降低低聚物的最低聚合度。最后，可以通过离心或冷冻干燥来生产得到低聚合度的 GlcN 低聚物的混合物，最后产物约占原料质量的 7.5%。

氧化降解法是利用氧化剂断裂壳聚糖中的糖苷键来生成聚合度不等的壳寡糖的制备方法。工业生产常用氧化剂为过氧化氢、臭氧、过硼酸钠、过硫酸钾和次氯酸钠等。该法反应迅速，产率较高并且成本较低。Wu 等（2013）采用过氧化氢水解法，以隐鼓膜蝉蜕为原料制备壳寡糖，研究了影响壳聚糖水解的因素，确定了最佳水解条件：时间 4 h，温度 65 ℃，过氧化氢用量 2%，pH 5。在这些条件下，得到的壳寡糖的平均聚合度为 4.5。傅立叶变换红外光谱和产物糖组成表明，过氧化氢处理后壳聚糖的骨架没有明显的化学变化。Xia 等（2013）以水溶性壳聚糖为原料，在磷钨酸的均相催化下，用过氧化氢水解壳聚糖制备水溶性壳聚糖，最适条件：

2% H_2O_2、0.1%磷钨酸、40 min 和 65 ℃。最终产物为白色粉末，聚合度约为 7。

2. 物理降解法

物理降解法制备的 COS 更容易保持纯度，可以制备低分子质量壳寡糖，这种方法的污染小，但产率低。

辐射法是通过辐射作用断裂壳聚糖中的糖苷键，主要手段有超声波、微波和 γ 射线等。一定条件下，辐射作用时间越长，壳聚糖降解得越多，得到的壳寡糖的相对分子质量越小。Baxter 等(2005)研究了高强度超声波对壳聚糖分子质量和乙酰化程度的影响，将 1%(w/V)壳聚糖置于 1%(V/V)乙酸水溶液中，在 25 ℃下以 16.5、28.0 和 35.2 W/cm^2 功率的水平超声处理 0、0.5、1、5、15 和 30 min，结果表明，超声波功率和超声时间均不影响壳聚糖分子的脱乙酰度；随着超声时间的延长，样品的分子质量逐渐下降。说明在保持壳聚糖乙酰化程度的同时，利用高强度超声可以降低壳聚糖的分子质量。Xing 等(2005)研究了微波场中氯化钠等无机盐对壳聚糖水解的影响，结果表明，微波辐射降解壳聚糖的分子质量远低于传统加热法，而在加盐条件下微波辅助降解壳聚糖的分子质量明显低于不加盐条件下微波降解壳聚糖的分子质量，同时，加入无机盐可以有效地加速壳聚糖在微波辐射下的降解，说明无机盐辅助微波辐射法是一种在较短时间内制备低分子质量壳聚糖的有效方法。Zainol 等(2009)以 10、25、50、100 kGy 的γ射线(^{60}Co)照射壳聚糖粉，纯壳聚糖的分子质量从 577 ku 分别降低到 458 ku、242 ku、159 ku 和 106 ku。同时，壳聚糖脱乙酰度受到 γ 射线辐射的影响可以忽略不计。

水动力空化法是降解壳聚糖的一种很有前景的方法，这种方法可以利用液体通过孔板等收缩物来操作，从而导致更高的气泡密度、更好的放大概率和更低的成本。Wu 等(2014)采用涡流空化法降解壳聚糖，在涡流空化中，利用水轮机的空化装置，结果表明，随着温度、处理时间和压力的升高，溶液浓度的降低，降解效率提高。最佳条件：在 0.4 mPa、60 ℃、1 g/L 的溶液浓度下放置 3 h，壳聚糖的特性黏度降低率为 83.65%，研究表明，涡流空化技术可以有效地用于壳聚糖的降解。

3. 酶降解法

与酸水解法相比，酶降解法操作简单、监测方便，且无须进一步改进即可得到产物。然而，壳聚糖酶的成本、有效性和特异性限制了其应用。酶解可分为非特异性酶解(溶菌酶、蛋白酶、脂肪酶、淀粉酶、纤维素等)和特异性酶解(几丁质酶、壳聚糖酶、葡聚糖酶等)。Wu 以原料通过脱盐、脱蛋白、洗涤、干燥、脱乙酰化，使用商用 α-淀粉酶水解、过滤，用乙醇沉淀制备得到了壳寡糖，产物的主要成分是聚合度在 2～8 范围内的壳寡糖，其含量和收率分别为 95.8%和 96.2%。Hamer 等(2015)采用霍乱弧菌的 COD 和根瘤菌 GRH2 的 NodB 两种甲壳素脱乙酰酶，制备了确定的壳聚寡糖。NodB 酶从非还原端的第一个单元开始脱乙酰，COD 酶从非还原端的第二个单元开始脱乙酰，这种方法有可能产生具有完全确定结构的大量新的壳寡糖。Hembach 等(2017)报道了 14 种可能的部分乙酰化壳聚糖四聚体的酶法生产数据，包括乙酰化程度、聚合度和乙酰化模式，其中 4 种被纯化(纯度大于 95%)。使用细菌、真菌和病毒几丁质脱乙酰酶(CDAs)得到了部分脱乙酰几丁质四聚体和部分再乙酰化葡萄糖胺四聚体。这两种反应都以非常强的酶特异性和区域特异性进行，这些纯的、结构完全定义的壳寡糖有待研究乙酰化程度、聚合度和乙酰化模式对壳寡糖生物活性的特殊影响。

4. 电化学降解法

电化学降解是制备壳寡糖的一种先进方法。该方法操作简单，无污染，但仍存在电极寿命短、易失效等问题。

Cai 等(2010)采用电化学方法降解壳聚糖，已经证明，随着 Ti/TiO_2-RuO_2 电极电流密度的增加，壳聚糖的分子质量降低，而质子化氨基在电化学处理过程中保持稳定。Gu 等(2013)采用 Ti/Sb-SnO_2 电极对壳聚糖的电化学降解，试验结果表明，Ti/Sb-SnO_2 电极作为一种高氧电位的非活性电极，对壳聚糖有较好的降解效果。

5. 未来工艺发展展望

近年来，酶降解法因其对水解位点的高度识别而引起了人们的广泛关注。酶降解法过程无毒、可控，无须除盐。同时酶法对壳寡糖产物的化学结构和生物活性影响不大。但是，该方法存在生产成本高、实用性差、反应条件苛刻等缺点，难以工业化。因此，筛选具有高催化活性并且成本较低的壳聚糖酶制备壳寡糖将是壳寡糖未来发展的研究热点(Yuan 等，2019)。

另外，迄今为止，通过化学降解或酶法获得的壳寡糖产品是混合物，需要进一步分离和表征。目前分离和纯化壳寡糖的方法包括超滤、金属亲和层析、离子交换和凝胶过滤(Jung 和 Park，2014)。目前，在 COS 的工业生产中，通常采用上述方法的组合。纯化后，用核磁共振或质谱进一步对 COS 进行表征，以确定脱乙酰度和聚合度。困扰 COS 生产的主要缺陷在于不同批次的不均匀性和表征方法的不一致性，应通过提高水解位点的特异性和提高产品分离的均匀性来加以改进(Yuan 等，2019)。因此，如何制备具有特定脱乙酰度和聚合度的壳寡糖也是未来需要解决的一个难题。

2.3.4 褐藻寡糖生产技术

褐藻寡糖(alginate oligosaccharides，AOS)由褐藻胶降解而成。褐藻胶主要从海带、巨藻、马尾藻等褐藻中提取得到，由 *β-D*-甘露糖醛酸(M)和 *α-L*-古罗糖醛酸(G)两类单体通过 1-4 糖苷键聚合而成(邰宏博等，2015)。褐藻寡糖的制备方法主要有物理降解法、化学降解法和酶降解法(表 2-2)。使用不同的方法制得的褐藻寡糖在结构上存在着差异，因此，可以根据褐藻寡糖的用途选择不同的生产方法。

表 2-2 褐藻寡糖生产方法比较

生产方法	优点	缺点
物理降解法	反应速度快，无污染，操作简单	需要高温及辐射，能耗高
化学降解法	成本低，技术成熟，反应机理明确	使用大量刺激性化学试剂，不环保，产物浓度低，副产物多
酶降解法	反应专一性高，条件温和，产量高	需要合适的酶以及生产工艺，酶或者菌体的重复利用率低

1. 物理降解法

物理降解法主要分为辐射处理以及热处理。在辐射法中，使用的有 γ 射线、微波及紫外光。Nagasawa 等(2000)利用 Co^{60} γ 射线(20～500 kGy)分别照射固态的褐藻胶及褐藻胶溶液，得到分子质量为 1 000～10 000 u 的褐藻寡糖，结果发现，在溶液中降解褐藻胶需要的辐射强度更低，这主要是由于水中的自由基影响。此外经过 UV 光谱检测发现在吡喃糖环中形成了双键。Luan 等(2009)利用 Co^{60} γ 射线照射褐藻胶溶液得到分子质量为 1～3 ku 的褐藻寡糖，且发现褐藻胶的降解程度与辐射剂量之间存在函数关系。胡婷等(2014)利用微波辅助法，将聚甘露糖醛酸(Poly M)置于130 ℃,1 600 W微波辐射下降解20 min,制备得到了不同聚合度的甘露糖醛酸寡糖单体,经过色谱分离之后得到聚合度1~7的饱和甘露糖醛酸寡糖。使用同样的方法将聚古罗糖醛酸(PG)降解为聚合度1~10的古罗糖醛酸寡糖(Hu等,2013),证明该方法可用于生产特定分子质量大小的褐藻寡糖。Burana-osot等(2009)使用紫外光,以二氧化钛作为催化剂,在pH为7的条件下照射褐藻胶溶液3 h,将其平均分子质量降低为初始的40%左右,得到的产物G/M比例与酸解法相类似。辐射处理工艺简单,可调整具体的操作参数得到不同大小的产物。

热处理主要是使用超临界水作为溶剂。超临界水由于其特殊的性质,在极短时间内便可完全降解褐藻胶。Matsushima等(2005)以亚临界水为介质,在25 MPa,523 K的条件下只需88 ms,便可获得纯度为98%的Poly G。通过对反应温度和溶剂的控制,可选择性地断裂糖苷键,调节产物中组成以及G/M比例。Aida等(2010)在180~240 ℃下对褐藻胶进行热水处理,褐藻胶很快发生降解,该过程中先释放甘露糖醛酸,然后释放古洛糖醛酸,该过程中M-M、G-M、G-G糖苷键是有选择性地发生断裂。随后,该课题对热水处理褐藻胶的机理进行了更深入的研究(Aida等,2012)。在350 ℃,40 MPa的条件处理褐藻胶,得到了甲酸、乙酸、乳酸、乙醇酸、2-羟基丁酸、琥珀酸、苹果酸、甘露糖醛酸和古洛糖醛酸等大量有机酸,产生有机酸说明褐藻寡糖中的羧酸结构得到了保留,生成二元羧酸则说明该过程中发生氧化反应。对该机理进行深入研究有利于控制反应条件,得到特定结构寡糖。热处理反应选择性高,过程无污染,具有用于工业生产的潜力。

2.化学降解法

化学降解法是生产褐藻寡糖的传统方法,主要是使用化学试剂破坏糖苷键,主要有酸水解、碱水解以及氧化还原法。

酸水解中常用的酸有草酸、盐酸、硫酸、甲酸等。酸水解褐藻胶的机制主要包括以下三步:①糖苷氧供给共轭酸质子;②共轭酸形成非还原末端并与碳-氧鎓离子断裂;③水分子与碳-氧鎓离子形成还原末端(Pawar和Edgar,2012)。最早Haug等(1966)使用1 mol/L的草酸在100 ℃下水解褐藻胶,约30%的褐藻胶被水解。当pH等于2.85时,可溶组分绝大多数为甘露糖醛酸片段,而不可溶组分绝大多数为古罗糖醛酸片段,得到的褐藻胶寡糖的聚合度为10~30,裂解的程度并不是很高,因此,酸解法只能有限地降解褐藻胶。在此研究基础上,许多人对酸解过程使用的酸和工艺进行尝试。Chandia等(2001)研究发现使用90%的甲酸在100 ℃下反应6 h,随后使用1.5 mol/L甲酸在100 ℃下反应2 h可以使褐藻全部水解,且产物中的G/M比例比传统方法低。酸解法机理明确,可得到不同聚合度的寡糖,但是产物浓度低,使用大量酸液,易造成污染。

碱水解的机理是β-消除反应,在碱性条件下,C_5上的质子易被夺走,因为羧基的诱导效应,电子从C_4向C_5转移,使1-4糖苷键断裂,同时在目标产物的4~5位上形成一个与羧基共轭的双键(孙哲朴等,2019)。Niemelä和Sjöström(1985)使用碱在95 ℃和135 ℃处理褐藻胶,发现有类似于糖精酸的二元酸和一元酸生成。碱解法机理明确,操作简单,但是副产物多,过程难以控制。

杨钊等(2004)发明了氧化还原法制备褐藻寡糖。使用5%过氧化氢在90 ℃下与Poly M反应2 h,得到聚合度3~11的寡糖。氧化还原法相比于酸解法和碱解法,更加环保且成本低,因此近年来对该方法的研究较多。Li等(2010)使用过氧化氢降解褐藻胶,其结果表明,褐藻寡糖产率受到温度、反应时间、pH 以及过氧化氢浓度等因素影响。李海波等(2015)的结果表明氧化氢浓度为 6%、60 ℃下反应 8 h 时，褐藻寡糖的产率最高，达到 60%左右。

3. 酶降解法

相比于物理方法和化学方法，生物方法专一性高、反应条件温和，因此目前主要的生产褐藻寡糖方法是酶降解法。褐藻胶裂解酶的催化机制包括三步反应：①中和羧基阴离子上的负电荷；②从 C_5 上获得质子；③羧基基团提供电子，在 C_4 与 C_5 之间形成双键，在 4-O-糖苷键处发生 β-消去反应(Gacesa，1987)。褐藻胶裂解酶主要来源于海洋生物以及海洋藻类，依据裂解方式可分为内切酶和外切酶，根据底物选择性分为 Poly M 酶、Poly G 酶以及 Poly MG 酶(Kim 等，2011)。目前对褐藻酸裂解酶的研究主要集中在酶的纯化，高效表达以及发酵工艺的优化上。Zhang 等(2004)从 *Vibro* sp. 510 中分离纯化褐藻胶裂解酶，水解褐藻胶 24 h 后得到聚合度 2～5 的褐藻寡糖。Yamamoto 等(2008)从鲍鱼中分离得到褐藻胶裂解酶 HdAly，其比酶活可达 1 300 U/mg，最适反应温度 35 ℃，最适 pH 7.8。欧昌荣等(2005)对酶解褐藻胶的发酵工艺进行了优化，当培养液组成为添加了 0.1 g/L $FeSO_4$ 和 12 g/L 褐藻酸钠的 pH 为 7.5 的 LB 培养基时，在 28 ℃培养褐藻胶裂解酶产生菌 30 h 时，褐藻寡糖产量达到最大。褐藻胶裂解酶中外切酶的种类较少，主要以内切酶为主，但是外切酶在得到特定结构的褐藻寡糖、糖链修饰等领域有十分重要的作用。Miyake 等(2003)从 *Sphingomonas* sp. Al 中克隆并在大肠杆菌中表达褐藻胶外切酶，能将褐藻胶降解为单糖。

目前，Aarstd 等(2012)已经利用不同的褐藻胶裂解酶构建了聚合度 2～15 的褐藻寡糖库，为今后研究和生产具有高价值的褐藻寡糖奠定了基础。褐藻寡糖目前的产能还较低，综合利用各种降解方法制备不同结构的褐藻寡糖、寻找高酶活的褐藻胶裂解酶以及优化发酵条件和分离工艺是今后褐藻寡糖生产的主要研究方向。

2.3.5 菊粉的生产技术

由于菊粉含量高，大丽花块茎、菊芋块茎和菊苣根是用于菊粉工业生产的最重要的植物材料。它们分别含有 10%～12%、14%～18%和 14.9%～18.3%的菊粉。虽然大丽花块茎有较高的菊粉含量，但这种植物主要是为其花朵而不是菊粉生产而栽培的。另外，菊芋比菊苣对菊粉的代谢更敏感。菊芋的块茎小，不规则，附着大量土壤，仅含 20%长链菊粉。相比之下，菊苣除菊粉含量高外，它还含有规则的根，具有良好的耐寒性，是目前工业菊粉生产中应用最广泛的植物(Tripodo 等，2019)。目前，制备菊粉的方法主要有水热法、超声波辅助提取法、微波辅助提取法、脉冲电场辅助萃取法等。

1. 水热法

水热法是菊粉生产的传统工艺。这一传统工艺虽然用于大规模生产，但需要高能耗和长提取时间。菊粉的水热法生产主要包括两个步骤：提取和纯化。在第一步中，将菊苣根切成均匀的薄片，然后在 70～80 ℃下扩散 1～2 h，以保证菊苣根的提取。这种提取产生一种含有杂质蛋白的果汁，在加工的第二步通过一次石灰化和碳化方法进行纯化。这些杂质如多肽、一些阴离子、降解蛋白和胶体被碳酸钙污泥沉淀，然后通过过滤去除。然后使用阳离子和阴离子交换树脂进行脱盐，进一步精制预净化装置。脱色工艺一般用活性炭。然后通过过滤对产品进行消毒，2 μm 过滤器蒸发，最后喷雾干燥。喷雾干燥一直是将精制菊粉转化为可贮存、微生物安全和商业化最终产品的最便捷技术。

传统的方法既耗费能源又耗时，而且需要相对大量的溶剂。此外，它还涉及使用高温，这可能会促进杂质的释放，并使用昂贵、有毒和非环境友好的溶剂。去除这些杂质使这一过程相对复杂，因为它需要在最大限度地去除杂质和保持菊粉链不被降解、美拉德反应、污染和存在不想要的味道和气味之间达成折中。因此，高能耗和复杂的纯化步骤是传统工业规模菊粉提取工艺的薄弱环节。用能耗低、处理时间短、产率和纯度高的非常规方法代替传统的菊粉提取方法是非常必要的（Tripodo 等，2019）。

2. 超声波辅助提取法

超声波广泛应用于食品加工行业。超声波能促进有机和无机化合物从植物基质中的释放。超声波提取机理主要涉及两种物理现象：细胞壁的扩散和细胞壁破裂后的细胞内容物清洗。Milani 等（2011）采用高强度超声波对牛蒡根中菊粉的提取工艺进行了改进，并用 0.125 mm 的筛分仪进行了筛选，结果表明，提高振幅和提取时间可提高提取率，而温度的影响较小。最佳提取条件：超声时间 25 min，超声振幅 83%，温度 37 ℃，提取率约 24%，是常规提取（11%）的 2 倍以上。Pourfarzad 等（2015）评估了超声波辅助提取法（20 kHz，200 W，20%～100%，30～70 ℃，5～40 min）对石斛根粉中菊粉回收率的影响，并与传统工艺进行了比较，与间接超声波辅助提取法（60%）和常规提取法（52%）相比，直接超声波辅助提取法得到的菊粉回收率最高（62%）。此外，直接超声波辅助提取提供了最高纯度的提取物。然而，与间接超声波辅助提取和常规提取相比，它导致聚合度降低。

3. 微波辅助提取法

微波加热的原理是基于它对极性材料的直接影响。电磁能在离子传导和偶极子旋转后转化为热。与传统方法相比，微波辅助提取法具有加热速度快、热梯度小、设备尺寸小、提取率高等特点，被广泛应用于天然化合物的提取。Lou 等（2009）研究了超声/微波同时提取牛蒡根中菊粉和制备富含酚类物质的膳食纤维粉。作者报道在 50 W 的超声波功率，400 W 的微波功率和固液比 1∶15 时，与未经额外处理的常规搅拌萃取（50 ℃）相比，超声/微波辅助提取工艺将萃取时间从 300 s 缩短至 60 s，并且菊粉萃取率（10%）相似。结果表明，与常规搅拌萃取相比，超声/微波辅助提取的萃取时间要短得多。菊粉的回收率随微波功率和固液比的增加而增加。这种优势与超声波的空化现象和微波的内部加热有关。这两种处理方法结合的优势：超声波和微波可以通过破坏细胞壁、增强传质和促进溶剂进入细胞内隔间，从而显著改善植物基质中可溶性化合物的释放。事实上，微波加热了整个样品，破坏了弱氢键，促进了分子偶极的旋转。加热效应使溶剂温度升高，使目标化合物的溶解度增加。

4. 脉冲电场辅助萃取法

脉冲电场（pulsed electric fields，PEF）处理是一种创新的、有前途的食品非热处理方法。Loginova 等（2010）使用脉冲电场辅助萃取法对菊苣切片进行菊粉提取，研究表明，脉冲电场预处理在 20～40 ℃的低温下显著加速了扩散，对提高菊苣可溶性物质提取率有明显的效果。Zhu 等（2012）对菊苣根菊粉的脉冲电场辅助逆流扩散进行了初步研究，研究了脉冲电场参数和扩散温度对可溶性物质提取动力学、果汁中菊粉含量的影响。PEF 处理有助于在传统的扩散温度（70～80 ℃）下提取菊粉，并且在与果汁菊粉浓度相当的情况下，扩散温度甚至可以降低 10～15 ℃。Zhu 等（2015）采用脉冲电场和欧姆加热相结合的方法从菊苣根中提取菊粉，与单独应用的常规加热或脉冲电场（600 V/cm）处理相比，结合的方法可使菊苣组织更快、更有效地渗透。在高强度（>1 000 V/cm）下使用脉冲电场处理后，溶质扩散率与在 70～80 ℃下使用的常规萃取相似。适度脉冲电场(400～1 000 V/cm)的电穿孔/欧姆加热联合预处理为高产量菊苣生产菊粉提供了一种可行方法。

2.3.6 果胶寡糖生产技术

含有果胶的副产品,除其常规用途外,可用于果胶寡糖的生产,例如,橄榄渣、苹果浆、甜菜渣、柑橘废料、土豆浆、大豆壳、洋葱皮等(Babbar 等,2016)。利用这些农业废渣生产果胶寡糖是一种既环保又经济的资源化利用途径。果胶寡糖可以通过不同的预处理方法,即适当的原料解聚得到。目前,制备果胶寡糖的方法主要有化学法、物理法和酶法。

1. 化学法

化学法通常用酸或碱对原料进行预处理来生产果胶寡糖。各种果胶组分的部分分解可通过外部添加酸处理实现。化学水解工艺有一些缺点,这些工艺通常对环境不安全,而且对所得的果胶寡糖达到所需聚合度也有限制。Zykwinska 等(2006)以甜菜和马铃薯为原料,用碱性萃取法提取果胶寡糖,并研究了 NaOH 浓度和温度两个参数对回收的果胶寡糖的影响。

2. 物理法

物理法是利用水热、动态高压微流控(DHPM)、超声波和辐照等物理预处理来生产果胶寡糖的方法。Gómez 等(2013)使用柠檬皮废料用水提取,去除游离糖和其他可溶性化合物,不溶性固体作为底物,用热水和压缩水处理,制备果胶低聚糖。用 160 ℃水处理柠檬皮渣,低聚物浓度达到最大值(31 g/L)。自水解液经过两个膜过滤阶段(重过滤和浓缩),得到含有98%低聚物的精制产品,以烘干柠檬为原料制备时,总产量为原料的 14%。浓缩物中含有低聚半乳糖醛酸(聚合度在 2～18)和阿拉伯糖(聚合度在 2～8)。Martínez 等(2010)采用水介质分馏法从甜菜浆样品中制备果胶寡糖,将甜菜浆样品在非等温条件下进行水处理,使其在 140～200 ℃达到最高温度,以使果胶转化为低分子质量可溶性的果胶寡糖。

Lama-Muñoz 等(2012)在水热反应器中对 Alperujo 进行预处理以制备果胶寡糖。用乙酸乙酯萃取该液体以除去酚类物质,然后用乙醇:水溶液和超滤依次沉淀,得到 1 000～3 000 u 范围内的低聚糖组分。Chen 等(2013)以苹果果胶为原料,采用动态高压微流控技术(DHPM)制备果胶寡糖,得到的果胶寡糖含有 29.56%的半乳糖醛酸和 58.53%的中性糖。Zhang 等(2013)以柑橘果胶为原料,采用超声波处理来制备果胶寡糖,结果表明,在不同超声条件下,柑橘果胶的平均分子质量降低。高强度超声处理后柑橘果胶的甲基化程度略有变化,单糖组成不变。超声处理后(半乳糖 Gal+阿拉伯糖 Ara)/鼠李糖 Rha 值降低,说明柑橘果胶中性糖侧链发生降解。超声波对果胶的提取和改性技术的研究具有重要意义。

3. 酶法

各种酶因其特异性和选择性而被广泛应用于果胶寡糖的生产。此外,与其他预处理方法相比,酶的使用是安全的,因为产物的不良化学改性最小。

Combo 等(2012)考察了 6 种工业果胶酶制剂(内切聚半乳糖醛酸酶 M2、果胶酶、粘酶 L、果胶酶 SP-L、果胶酶 62L 和 Macer8 FJ)催化果胶寡糖从果胶多糖中分离的效率。所有 6 种酶均产生不同聚合度的寡聚物,寡聚物的数量组成取决于酶的特异性和酶反应时间。内切聚半乳糖醛酸酶 M2 是制备低聚半乳糖的最佳酶制剂,反应 2 h 后,双半乳糖醛酸和三半乳糖醛酸的质量分数分别为 18%和 58%。在半乳糖醛酸的生产方面,果胶酶 62 L 反应 1 h 后的产量(47%)优于其他的酶制剂。Mandalari 等(2007)利用酶法提取了佛手柑皮中的果胶寡糖,在

50 mmol/L 醋酸钠缓冲液中，用聚半乳糖醛酸酶对佛手柑皮处理 2 h。得到的果胶寡糖的主要成分为半乳糖醛酸。

2.4 益生元在猪饲料中的应用效果

1. 低聚木糖

范程瑞(2017)选取了 72 头 35 日龄，初重为 10.14 kg 的杜×长×大三元杂交断奶仔猪作为试验对象，研究了在基础日粮中添加不同剂量的低聚木糖对断奶仔猪生产性能、腹泻率及血清和肝脏氧化性能的影响。结果发现，日粮中添加 200、400 mg/kg 低聚木糖能够显著降低料重比；腹泻率在所有添加低聚木糖试验组中均得到了改善。经过综合考量，以添加 200 mg/kg 剂量低聚木糖效果最佳。

宋晓春(2006)尝试在 7 日龄杜×长×大三元杂交仔猪的基础日粮中添加 0.01%的低聚木糖，并于 21 日龄断奶，观察仔猪到 35 日龄时哺乳期和断奶期的增重和及腹泻发生率的变化，发现添加 0.01%低聚木糖降低腹泻率 6.98%；接着研究了不同剂量的低聚木糖对生长猪生产性能等方面的影响，结果发现，在生长猪日粮中添加适量的低聚木糖，能够提高生长猪生产速度(2.67%～3.46%)，提高饲料转化效率，降低猪腹泻率，增加生猪生产的经济效益，其中最佳的添加量为 0.02%～0.03%；进一步的肉质分析表明，随着低聚木糖添加量的增加，胴体的瘦肉率有升高的趋势。

谢菲(2018)也使用了 72 头 21 kg 左右的杜×长×大三元杂交的猪进行试验，研究了生长育肥猪三个生长阶段(25～50 kg、50～75 kg、75～110 kg)的饲粮中全程添加低聚木糖对其生长性能、肠道健康、胴体性状及肉质影响。结果表明，添加 0.03%低聚木糖能够提高 50～75 kg、75～110 kg 阶段干物质和能量的表观消化率，并在一定程度提高 25～50 kg 阶段血清中葡萄糖的含量、盲肠与结肠中丁酸和丙酸的含量；与此同时，添加 0.03%低聚木糖能够显著提高猪胴体长，肉的品质(肉的色泽、肌肉 pH)也得到了一定的改善。

韩丽等(2017 和 2018)研究了低聚木糖对生长育肥猪生长性能、胴体性状、肉品质、血浆生化参数、肌肉氨基酸含量以及肌纤维类型组成的影响。与对照组和添加抗生素的试验组相比，在饲粮中添加不同剂量的低聚木糖对生长育肥猪的平均日采食量、平均日增重、料重比、胴体性状以及肉品质均无显著影响，但血浆中球蛋白的含量显著提高、白蛋白/球蛋白的比值显著下降。而在30～65 kg 生长猪阶段添加 250 g/t 的低聚木糖能够显著增加脾脏指数、背最长肌粗蛋白质含量，背最长肌中苏氨酸、亮氨酸、苯丙氨酸和丝氨酸的含量显著降低；30～100 kg 生长育肥猪阶段，添加 500 g/t 的低聚木糖同样也可显著提高脾脏指数、背最长肌粗蛋白质含量，背最长肌中苏氨酸、亮氨酸、丝氨酸、总氨基酸、必需氨基酸和鲜味氨基酸的含量显著增加，从而改善猪肉的营养价值。

李元凤(2018)则以妊娠母猪和仔猪为研究对象，研究了添加不同水平的低聚木糖对母猪繁殖性能的影响。母猪哺乳期日平均采食量随着低聚木糖添加量的增加呈现线性增加的趋势，母猪产程和发情间隔缩短，母猪断奶后的背膘损失显著低于对照组。

罗彬(2009)研究了微生态制剂与低聚木糖在长×大二元杂交生长猪中联合使用的应用效果。结果表明，联合使用 0.1%的微生物制剂与 0.02%的低聚木糖能够显著提高日增重(0.47 ～0.53 kg/d)，料重比(2.23～2.07)，腹泻率(8.47%～6.87%)有一定程度的下降，对采食量影响不明显。

赵蕾等(2018)探讨了低聚木糖对保育猪生长性能、腹泻率及血清生化指标的影响。发现当添加低聚木糖 200 mg/kg 时，保育猪终末体重、平均日增重、平均日采食量均显著高于对照组，且料重比较对照组下降了 9.8%，腹泻率下降幅度达到了 58.99%。

杨海英等(2008)使用 PIC 五元杂交配套系断奶仔猪进行了益生菌和低聚木糖对生产性能以及肠道形态学的影响试验，结果发现，饲粮在添加 350 g/t 益生菌与 200 g/t 低聚木糖后，仔猪对饲料的利用效率得到了改善，料重比由 1.70 下降至 1.67；仔猪空肠绒毛长度显著增长，回肠隐窝深度有缩短的趋势，十二指肠和空肠绒腺比也得到显著提高。

谭兵兵等(2016)尝试使用低聚木糖替代抗生素与氧化锌，并探究其对 21 日龄杜×长×大断奶仔猪的生长性能、腹泻率以及血浆生化参数的影响，发现在饲粮中添加 100～250 g/t 的低聚木糖能够在一定程度上提高断奶仔猪的采食与增重、缓解断奶应激引起的仔猪腹泻，从而促进断奶仔猪的生长；随着仔猪日龄的增加，饲粮配方中的低聚木糖可以适当增加。

2. 果寡糖

目前有关 FOS 作为饲料添加剂在仔猪上的应用较为常见，蔡良(2018)对 25 日龄断奶健康仔猪试验结果表明，添加 0.5%的 FOS 组的期末平均体重显著高于对照组，平均日增重提高约 8%，料肉比显著低于对照组($P<0.05$)。杭苏琴等(2014)研究了 FOS 对断奶前仔猪胃肠道组织形态、消化酶、有机酸及乳酸杆菌菌群的影响，试验结果发现，饲料中添加 1%FOS 仔猪小肠绒毛高度、绒毛高度与隐窝深度之比均高于对照组，FOS 显著提高了仔猪胰腺和十二指肠中淀粉酶活性、胃肠道内容物中挥发性脂肪酸浓度，降低了胃中乳酸浓度，显著提高了胃肠道乳酸杆菌菌群的相似性和多样性，增加了乳酸杆菌数量($P>0.05$)，说明 FOS 有利于仔猪小肠发育，更好地吸收营养物质，促进仔猪肠道菌群的稳定，使仔猪更好地度过断奶期。

李梦云等(2015)研究了 FOS 对初产母猪生产性能和养分表观消化率及免疫功能的影响，结果表明：母猪怀孕后期日粮中添加 0.3% FOS，极显著提高了健仔率、仔猪断奶重和平均日增重($P<0.01$)，显著提高了母猪妊娠后期和哺乳期采食量、日粮 CP 和 EE 表观消化率、母猪血清 IgG 和 IgA 含量、仔猪血清中 Fe、Cu 和 IgG 含量($P<0.05$)。王博等(2015)研究了 FOS 对后备母猪生长性能、免疫功能及肠道菌群的影响，结果表明，FOS 组平均日增重与对照组相比较提高了 8.51%，FOS 组血清中激素 T_3 水平显著提高了 13.7%，T_4 水平显著提高了 12.5%。FOS 组 IgG 水平显著提高了 3.34%，能量消化率和蛋白质消化率分别显著提高了 4.9%和 9.9%。

耿春银等(2007)的研究表明，在育肥猪阶段，FOS 组的日增重和平均采食量分别比对照组提高了 7%和 2.55%($P>0.05$)，FOS 组在粗蛋白质、粗纤维、钙、磷的消化率上均高于对照组，粗脂肪消化率比对照组高 3.01%($P>0.05$)。氮、磷排泄率试验组比对照组降低了 12.50%($P<0.05$)。FOS 组每头猪的饲料费用比对照组降低了 34.68 元，每千克增重饲料消耗比抗生素组低 0.85 元，每头猪的纯收入比抗生素组增加了 63.87 元，经济效益提高了 144.90%。

3. 低聚甘露糖

低聚甘露糖在仔猪饲料中的作用，主要表现在促进生长、改善猪的生产性能、增强动物免疫力、改善肉品质等方面。钟晓霞等(2020)的研究发现饲粮中添加甘露寡糖和复合益生菌对断奶仔猪生长性能及肠道形态结构、平均日采食量、腹泻率、后肠挥发性脂肪酸含量、后肠菌群结构均有正面影响。

4.异麦芽糖

在断奶仔猪基础日粮中添加适宜比例的低聚异麦芽糖可显著提高仔猪的平均日增重和平均采食量，并且对降低仔猪腹泻率有很好的效果（潘龙等，2016）。Wang 等（2016）的研究表明，断奶仔猪日粮中添加 0.5％的异麦芽糖能有效防止仔猪腹泻；在仔猪日粮中添加 0.25％的异麦芽糖显著提高了仔猪的日增量和采食量。蒋银屏等（2014）在 50 只仔猪饲料中添加 0.25％～0.5％的低聚异麦芽糖后饲养 30 d，体增重分别为 9.2 kg 和 7.2 kg（试验和对照），下痢发病率有所下降。动物生理学和行为学研究表明，仔猪喜好甜食。低聚异麦芽糖具有中等甜度，可以刺激仔猪的食欲，因此，低聚异麦芽糖对防治仔猪断奶引起的采食量下降具有较好的效果。

5.壳寡糖

母猪在妊娠阶段的免疫能力较差，壳寡糖有着较好的免疫调节作用。汤峻等（2016）研究表明，日粮中添加壳寡糖，母猪血清中猪瘟抗体 sIgA 的浓度极显著提高，表明可以提高妊娠母猪的免疫力。此外，日粮中添加壳寡糖可以显著提高母猪血清总超氧化物歧化酶（SOD）活性，并有降低血清丙二醛（MDA）含量的趋势（汤峻等，2016）。

日粮中添加壳寡糖对断奶仔猪的影响见表 2-3。Liu 等（2008）研究表明，饲粮中添加 200 mg/kg 壳寡糖降低了仔猪的腹泻率，减少了肠道黏膜的损伤，与金霉素相比，其不仅能减少粪便中大肠杆菌的数量，还能增加双歧杆菌的数量，改善了肠道微生态平衡。同时 Liu 也发现，日粮中添加壳寡糖可以增强仔猪的肠道消化吸收能力，提高仔猪的生产性能（Liu 等，2010）。王秀武等（2008）研究表明，饲粮添加壳寡糖 200 mg/kg 可显著降低 1～35 日龄哺乳仔猪和 36～70 日龄断乳仔猪的死亡率、次品率，同时显著提高日增重，从而提高仔猪生产性能。壳寡糖还可以改善仔猪肠道微生态平衡。Yang 等（2012）研究表明，断奶仔猪日粮中添加壳寡糖可以显著提高有益菌群（双歧杆菌、乳酸杆菌）的数量，同时显著降低肠道有害菌群（金黄色葡萄球菌）的数量，极大地改善了仔猪肠道健康，降低腹泻率。Yang 等（2016）研究表明，在 25 日龄的断奶仔猪日粮中添加壳寡糖30 mg/kg，IgG 的浓度显著高于基础日粮组。Liu 等（2008）的研究也表明，饲料中添加100 mg/kg 壳寡糖不仅能够增加断奶仔猪超氧化物歧化酶和过氧化氢酶的活性和总抗氧化能力，还升高血清中的 IL-6、TNF-α 和 IgG 浓度。断奶仔猪饲粮中添加壳寡糖可减少仔猪的断奶应激，维持或提高仔猪的生产性能。Yan 等（2011）的研究表明，100 或 200 mg/kg 壳寡糖能够提高空肠食糜中淀粉酶的含量，从而提高了肠道对干物质、粗蛋白质、钙和磷的消化吸收。壳寡糖提高断奶仔猪生长性能，与其能促进肠道发育，改善肠道菌群及提高血清内分泌激素（生长激素、胰岛素样生长因子-1）浓度有关。Chen 等（2009）研究结果发现，日粮中添加 2.5 和 5 g/kg 壳寡糖能提高断奶仔猪第 2 饲养阶段或全期的平均日采食量、平均日增重、干物质和氮的表观消化率，并与壳寡糖添加水平呈正相关。

生长育肥猪日粮中添加壳寡糖可提高生长猪的生产性能，Wang 等（2009）研究表明，在生长猪日粮中添加壳寡糖 5 g/kg 可以显著降低生长育肥猪的料重比，从而提高饲料的利用率。周晓容等（2008）研究表明，生长猪日粮中分别添加壳寡糖 0.5％和 1％，可显著降低猪背部脂肪和体脂沉积，提高瘦肉率，改善肉质。壳寡糖可以改善肉质，提高生长猪的生产性能，作为商品猪肉的改良添加剂有很大利用和开发价值。

表 2-3 日粮添加壳寡糖对猪生长性能、免疫和代谢参数的影响

壳寡糖添加量	猪的阶段和试验持续时间	试验指标	结果	参考文献
0.01%、0.02%或 0.04%	断奶仔猪(16 d),试验期 21 d	生长性能、养分消化率,粪便菌群和肠道形态	添加 0.01%或 0.02%的壳寡糖能提高采食量、日增重、饲料转化效率和养分消化率、以及空肠和回肠的肠绒毛高度和肠绒毛高度/隐窝深度	Liu 等,2008
0.02%	断奶仔猪(17 d,初重为 4.9 kg),试验期 21 d	大肠杆菌感染仔猪的免疫反应	壳寡糖能减少腹泻的发生率,并缓解其他与感染有关的现象;然而,与抗生素不同的是,壳寡糖不能减轻因感染对生长性能的不利影响	Liu 等,2010
0.25%或 0.5%	生理状态和 LPS 攻毒状态下断奶仔猪(初重 5.4 kg),试验期 28 d	生长性能,养分消化率,血液参数和免疫指标	壳寡糖线性提高日增重、干物质和氮的消化率,LPS 攻毒后,添加 0.5%的壳寡糖降低直肠温度,血中皮质醇浓度,增加 IGF-1 浓度	Chen 等,2009
0.30%	断奶仔猪(21 d),试验期 35 d	生长性能、养分消化率,血液指标和粪便菌群	壳寡糖对生长性能、养分消化率和大部分血液指标没有影响,可以增加血液中淋巴细胞数量,减少粪便大肠杆菌数量	Yan 等,2011
0.1%或 0.2%	断奶仔猪(21 d),试验期 42 d	生长性能、养分指标、腹泻率和血液指标	添加 0.2%的壳寡糖对生长性能、干物质和氮表观消化率有积极影响,0.1%和 0.2%均能降低腹泻发生率和外周血淋巴细胞数	Zhou 等,2012
0.003%	断奶仔猪(34 d),试验期 18 d	生长性能和免疫指标	壳寡糖明显改善日增重、饲料增重比,缓解了环磷酰胺应激 3 h 后引起的单核细胞数目的降低和 48 h 后引起的 TNF-α 含量的抑制	张玲等,2013
0.002 5%、0.005%或 0.01%	断奶仔猪(初重 10 kg),试验期 28 d	血液指标、抗氧化性能和粪便菌群	提高了谷草转氨酶活性,降低碱性磷酸酶活性,0.005%和 0.01%均能提高过氧化氢酶活性,0.002 5%提高血清中生长激素含量,0.005%降低粪便重大肠杆菌数量	乔丽红等,2013

6. 褐藻寡糖

张丽等(2018)研究了褐藻寡糖对断奶仔猪生长性能、抗氧化性能和肠道消化吸收功能的影响，试验结果表明，随着日粮 AOS 添加水平的升高，断奶仔猪平均日增重和日采食量表现为显著的线性升高($P<0.05$)。与对照组相比，日粮添加 20、40 或 80 mg/kg 的 AOS 显著提高了断奶仔猪日增重和日采食量($P<0.05$)。在仔猪养分消化率方面，日粮添加 20、40 或 80 mg/kg 的 AOS 较对照组显著提高了粗蛋白质、粗灰分、粗脂肪和总能的回肠表观消化率($P<0.05$)。日粮添加 AOS 可以提高断奶仔猪抗氧化能力、提高消化酶活力及相关基因的表达水平，从而改善生长性能。

参考文献

白建江，朱辉明，李丁鲁，等. 高抗性淀粉稻米对 GK 糖尿大鼠的血糖和血脂代谢的影响[J]. 中国食品学报，2012，12(9)：16-20.

白云鹏. 酶法生产壳寡糖及其质量控制研究[D]. 无锡：江南大学，2011.

蔡良. 果寡糖饲料添加剂对断奶仔猪增重的影响[J]. 江西畜牧兽医杂志，2018(1)：18-19.

蔡文娣，初金鑫，付辰炜，等. 壳寡糖对正常小鼠免疫功能的影响[J]. 中国海洋药物，2010，29(4)：42-45.

曹宇欣，李科，秦雪梅，等，基于多糖受体理论的黄芪多糖质量控制研究思路[J]. 中草药，2019，50(9)：2201-2209.

常金金，胡平，王珏，等. 低聚半乳糖对断奶仔猪回肠形态、消化吸收功能及菌群结构的影响[J]. 畜牧与兽医，2020，52(2)：47-53.

陈虹，侯伟革，臧素敏. 壳寡糖对鹌鹑生产性能和免疫功能的影响[J]. 经济动物学报，2006(1)：18-21.

陈立华. 低聚木糖在畜牧生产中的应用研究[J]. 畜牧与饲料科学，2011，32(6)：93-94.

陈双双，司华哲，李光玉，等. 动物肠道菌群与营养物质代谢的研究进展[J]. 饲料工业，2018，39(2)：33-36.

崔连杰，李科，李震宇，等. 寡糖提取分离与质谱结构解析研究进展[J]. 药学学报，2020，55(5)：843-853.

范程瑞. 低聚木糖对猪病原菌抑菌效果及断奶仔猪生长、抗氧化性能和肠道微生物多样性的影响[D]. 南京：南京农业大学，2017.

方建东. 抗性淀粉对小鼠肠道菌群的影响以及作用机制的研究[D]. 杭州：浙江工商大学，2014.

冯莉，安雪娇，齐妍，等. 魔芋低聚糖对三硝基苯磺酸致小鼠溃疡性结肠炎的保护作用[J]. 食品工业科技，2015，36(1)：349-352.

扶国才，贺生中，罗有文，等. 低聚木糖对生长猪免疫功能和血液生化指标的影响[J]. 扬州大学学报(农业与生命科学版)，2009，30(3)：50-53.

高斌，韩建强，付晓萍，等. 复合膳食纤维致大鼠降脂功效研究[J]. 云南农业大学学报(自然科学版)，2010，25(6)：827-830.

高启禹，徐光翠，蒋圆圆. 甘露寡糖及壳聚糖对四氧嘧啶致糖尿病小鼠血糖血脂的影响[J]. 四川动物，2012，31(1)：129-131.

高怡婷，柳文媛. 多糖的制备工艺与质量控制研究进展[J]. 药学进展，2016，40(3)：205-211.

耿春银，韩美兰，廖世国，等. 用水飞蓟药渣与果寡糖改进猪饲料配方的研究[J]. 饲料工业，2007(24)：66-8.

官杰，罗晓庆，王琪，等. 壳寡糖抑制肿瘤作用的实验研究[J]. 中国免疫学杂志，2007(5)：421-425.

郭小云. 妊娠后期母体膳食中添加壳寡糖对子代肝脏脂质代谢的影响[D]. 南昌：南昌大学，2015.

郭勇庆，张英杰，刘月琴，等. 不同剂量牛蒡果寡糖对绵羊生产性能和氮平衡的影响[J]. 中国农学通报，2010，26(3)：15-18.

韩丽，潘杰，解培峰，等. 低聚木糖对生长肥育猪血浆生化参数、肌肉氨基酸含量和肌纤维类型组成的影响[J]. 动物营养学报，2018，30(5)：1880-1886.

韩丽，潘杰，张婷，等. 低聚木糖对生长肥育猪血浆生化参数和肌肉脂肪酸组成的影响[J]. 动物营养学报，2017，29(9)：3316-3324.

韩艳萍，赵鲁杭，吴海明. 壳寡糖激活巨噬细胞的机制[J]. 浙江大学学报(医学版)，2006(3)：265-272.

杭苏琴，时祺，丁立人，等. 果寡糖对断奶前仔猪胃肠道组织形态、消化酶、有机酸及乳酸杆菌菌群的影响[J]. 草业学报，2014，23(2)：260-267.

何亚男，佘锐萍，吴襟，等. 半乳甘露寡糖和壳寡糖对大鼠肠黏膜结构、碱性磷酸酶活性影响的动态观察[J]. 科学技术与工程，2006(2)：131-135.

胡静，林英庭. 半乳甘露寡糖在动物生产中的研究进展[J]. 饲料博览，2012(9)：29-31.

胡婷，辛萌，周晓琳，等. 微波法制备甘露糖醛酸寡糖及其体外抗氧化活性研究[J]. 中国海洋药物，2014，33(3)：27-33.

胡毅. 凡纳滨对虾饲料配方优化及几种饲料添加剂的应用[D]. 青岛：中国海洋大学，2007.

黄保平，刘银宝，刘玉华. 黄芪多糖对断奶仔猪生产性能与猪瘟疫苗免疫效果的影响[J]. 安徽农业科学，2014，42(17)：5493-5494，5496.

霍圃宇，潘金露，韩雨哲，等. 褐藻酸寡糖对大菱鲆幼鱼生长性能、血液学指标及非特异性免疫影响[J]. 广东海洋大学学报，2015，35(4)：10-16.

蒋登湖，路则庆，汪以真. 壳寡糖对育肥猪生长性能、肉品质及免疫功能的影响[C]. 中国畜牧兽医学会动物营养学分会第十二次动物营养学术研讨会论文集，2016.

江晓路，杜以帅，王鹏，等. 褐藻寡糖对刺参体腔液和体壁免疫相关酶活性变化的影响[J]. 中国海洋大学学报(自然科学版)，2009，39(6)：1188-1192.

蒋银屏，朱赛华，朱忠伟，等. 低聚异麦芽糖在动物生产上的研究应用[J]. 广东饲料，2014，23(5)：33-34.

蒋正宇，周岩民，许毅，等. 低聚木糖、益生菌及抗生素对肉鸡肠道菌群和生产性能的影响[J]. 家畜生态学报，2005(2)：11-15.

金京顺. 双歧杆菌的特殊生理保健功能[J]. 上海医学，2005(3)：245-248.

靳录洋，徐小芳，谷新利. 当归多糖对鸡抗氧化功能的影响[J]. 中国兽医杂志，2017，53(6)：76-79.

劳文艳，邱红. 双歧杆菌微生态调节作用的应用[J]. 中国微生态学杂志，2002(5)：66-67.

李桂芹，肖丰庆，宗玉东. 黄芪多糖对肉鸭病毒性肝炎免疫应激及生长性能的影响[J]. 中国饲料，2019(2)：54-57.

李海波，谢超，丁晨. 海藻胶低聚寡糖的化学氧化制备纯化技术及保水理化性质分析[J]. 海洋与湖沼，2015，46(4)：915-921.

李俊洁，陈庆森. 双歧杆菌调理和改善肠道相关疾病作用的研究进展[J]. 食品科学，2011，32(23)：326-332.

李梦云，焦显芹，刘延贺，等. 果寡糖对初产母猪生产性能和养分表观消化率及免疫功能的影响[J]. 中国畜牧杂志，2015，51(13)：57-61.

李梦云，朱宽佑，刘延贺，等. 饲粮中添加果寡糖对初产母猪生产性能，血清指标及粪便 pH、微生物菌群数量和挥发性脂肪酸含量的影响[J]. 动物营养学报，2015，27(2)：510-516.

李亚丽，逄世峰，王玉方，等. 单糖及寡糖定量分析方法综述[J]. 食品工业科技，2016，37(14)：363-367.

李阳，常文环，张姝，等. 饲粮添加壳寡糖和干酪乳杆菌对肉鸡生长性能、肌肉品质及抗氧化性能的影响[J]. 动物营养学报，2016，28(5)：1450-1461.

李元凤. 低聚木糖对泌乳母猪繁殖性能及后代仔猪生长、消化和肠道发育的影响[D]. 绵阳：西南科技大学，2018.

李云兰. 甘露寡糖对幼建鲤(Cyprinus carpio Var. Jian)肠道菌群和免疫功能的影响[D]. 雅安：四川农业

大学,2004.

林宏琳,林国斌. HPLC-ELSD测定壳寡糖低聚木糖胶囊中的低聚木糖[J]. 中国现代应用药学,2017,34(6):876-880.

林亲录,符琼,周丽君. 低聚异麦芽糖制备的研究进展[J]. 食品工业科技,2011,32(2):398-400.

刘爱君,冷向军,李小勤,等. 甘露寡糖对奥尼罗非鱼(*Oreochromis niloticus*×*O. aureus*)生长、肠道结构和非特异性免疫的影响[J]. 浙江大学学报(农业与生命科学版),2009,35(3):329-336.

刘瑞雪,李勇超,张波. 魔芋低聚糖对结肠炎大鼠肠道菌群的影响[J]. 中国食品学报,2017,17(6):53-59.

刘维,励飞,聂勇,等. 功能性低聚糖的研究进展与在生猪养殖中的应用[J]. 湖南饲料,2020(1):34-36.

罗彬. 微生态制剂在生长猪中应用效果研究[D]. 长沙:湖南农业大学,2009.

麻攀,于炜婷,魏鹏,等. 壳寡糖作用于巨噬细胞的机制初探[J]. 天然产物研究与开发,2012,24(5):660-662.

马志红,晋晶,刘洪梅,等. 甘露寡糖对鲤鱼生长性能和免疫功能的影响[J]. 安徽农业科学,2010,38(3):1291-1292,1296.

孟晓. 壳寡糖对蛋鸡生产性能及免疫功能的影响[D]. 泰安:山东农业大学,2014.

孟晓,王纪亭,万文菊,等. 低分子质量壳寡糖对蛋鸡生产性能、蛋品质、血清生化指标、盲肠微生物数量及脾脏白细胞介素-2、肿瘤坏死因子-α基因表达的影响[J]. 动物营养学报,2017,29(5):1590-1599.

孟兴华,张雪琪,靳媛媛,等. 黄芪多糖与香菇多糖协同应用对仔猪免疫功能的影响[J]. 饲料研究,2017(3):32-34.

孟岩,张辉. 甘露寡糖对肉鸡生长性能及肠黏膜形态的影响[J]. 中国饲料,2007(21):30-32.

欧昌荣,薛长湖,汤海青. 微生物发酵-膜分离法制备褐藻胶寡糖及其产物分析[J]. 微生物学报,2005(2):306-308.

潘金露,韩雨哲,霍圃宇,等. 饲料中添加褐藻酸寡糖对大菱鲆肠道结构、消化酶活性及表观消化率的影响[J]. 广东海洋大学学报,2016,36(3):39-44.

潘龙,吴阳,尚庆辉,等. 低聚异麦芽糖对断奶仔猪生长性能的影响[C]. 中国畜牧兽医学会动物营养学分会第十二次动物营养学术研讨会,2016.

彭宏刚. 黄芪多糖对生长育肥猪生产性能及免疫力影响的研究[D]. 石河子:石河子大学,2016.

祁玉丽,李珊珊,曲迪,等. 人参中性多糖对小鼠肠道菌群组成及多样性的影响[J]. 中国中药杂志,2019,44(4):811-818.

强莉. 单胃畜禽日粮中的粗纤维[J]. 畜禽业,2002(2):14-15.

乔丽红,赵颖,倪红玉,等. 低聚壳聚糖对断奶仔猪血清生化指标、抗氧化性能和粪便微生物的影响[J]. 粮食与饲料工业,2013(3):47-50.

乔宇,田丹丹,徐小轻,等. 功能性寡糖在动物健康养殖中的应用研究进展及现状[J]. 生物产业技术,2018(6):35-39.

秦燕,宁正祥,吴国杰. 乳糖水解时低聚半乳糖的生成及应用[J]. 食品与发酵工业,2000(5):67-73.

沈怡雯,黄智婷,谢冰. 抗生素及其抗性基因在环境中的污染、降解和去除研究进展[J]. 应用与环境生物学报,2015,21(2):181-187.

舒迎霜,贺濛初,桂雪儿,等. 黄芪多糖对犬盲肠菌群的影响[J]. 甘肃农业大学学报,2020,55(2):1-8.

宋晓春. 低聚木糖在仔猪和生长育肥猪生产中应用的研究[D]. 南京:南京农业大学,2006.

宋玉民,王金伟,李发财,等. 低聚半乳糖对几种人群肠道菌群改善及机体免疫调节的功能研究[J]. 精细与专用化学品,2013,21(10):19-22.

孙哲朴,刘辉,武欣雨. 褐藻胶寡糖制备和生物活性的研究进展[J]. 食品工业,2019,40(2):284-289.

邰宏博,唐丽薇,陈带娣. 褐藻胶寡糖制备的研究进展[J]. 生命科学研究,2015,19(1):75-79.

邰秀林,龙翔,向钊,等. 低聚果糖对早期断奶犊牛生长性能和血液理化指标及肠黏膜形态的影响[J]. 中国畜牧杂志,2009,45(11):39-43.

谭兵兵,姬玉娇,丁浩,等.低聚木糖对断奶仔猪生长性能、腹泻率和血浆生化参数的影响[J].动物营养学报,2016,28(8):2556-2563.

谭连杰.三种植物多糖对卵形鲳鲹生长性能及生化指标的影响[D].上海:上海海洋大学,2018.

汤峻,黄皓源,周乐礼,等.壳寡糖对妊娠后期母猪免疫功能和仔猪初生重的影响[J].安徽农业科学,2016,44(6):174-176.

田刚,黄琳惠,宋晓华,等.壳寡糖对氧化应激仔猪生长性能、抗氧化能力及空肠养分消化和转运能力的影响[J].动物营养学报,2018,30(7):2652-2661.

田时祎,王珏,汪晶,等.早期低聚半乳糖干预对哺乳仔猪回肠形态、功能发育相关基因及回肠菌群的影响[J].南京农业大学学报,2018,41(5):917-924.

童杨,黎敏,施璐,等.低聚甘露糖对2,4-二硝基氟苯致小鼠特异性皮炎的改善作用研究[J].食品科技,2020,45(3):206-212.

万嘉佳,蒋敏,李恒,等.低聚合度魔芋甘露寡糖对正常小鼠肠道及微生物菌群的影响[J].食品与发酵工业,2015,41(9):13-18.

王安琪,郭立,崔培,等.不同水平低聚木糖对凡纳滨对虾生长、免疫及抗氨氮胁迫能力的影响[J].中国饲料,2019,(7):59-65.

王彬.半乳甘露寡糖取代抗生素对泌乳母猪血清生化指标的影响[J].中国饲料添加剂,2006(8):13-16.

王彬,黄瑞林,印遇龙,等.半乳甘露寡糖取代金霉素对育肥猪血清生化指标和激素水平的影响[J].华北农学报,2006(1):76-79.

王博,田河山,张福亮,等.果寡糖对后备母猪生长性能、免疫功能及肠道菌群的影响[J].饲料工业,2015,36(18):6-9.

王贵,Eissa A I.日粮纤维素水平对肉鸡脂类代谢及其生产性能的影响[J].国外畜牧科技,1984(2):53-55,41.

王洪善,张晓娟,李恒,等.甘露寡糖对高脂饮食小鼠的益生作用[J].食品与发酵工业,2018,44(11):63-68.

王红卫,孙敏敏,孟晓,等.不同分子质量壳寡糖对蛋鸡生产性能、肠道微生物及脾脏白细胞介素-2和肿瘤坏死因子-α基因表达的影响[J].动物营养学报,2013,25(11):2660-2667.

王继成,潘灵辉,李淑云,等.低聚木糖对断奶仔猪生产性能、肠道菌群及免疫水平影响的研究[J].中国畜牧兽医,2006(5):3-7.

王吉潭,李德发,龚利敏,等.半乳甘露寡糖对肉鸡生产性能和免疫机能的影响[J].中国畜牧杂志,2003(2):4-6.

王良东.低聚异麦芽糖性质、功能、生产和应用[J].粮食与油脂,2008(4):43-47.

王敏,彭培源,杨泰,等.甘露寡糖对肠道健康和免疫的调控机制及其在畜禽生产中的应用[J].中国畜牧兽医,2020,47(2):433-441.

王敏,帅天罡,秦清娟,等.魔芋葡甘低聚糖对大鼠肠道环境的影响[J].食品科学,2016,37(7):197-203.

王蓉,周俊,杜文兴,等.低聚木糖在饲料生产中的应用机理[J].畜禽业,2006(12):31-33.

王瑞平.对兽药和饲料等投入品的监管模式初探[J].畜牧兽医科技信息,2020(2):173.

王树玲,孔维堂.初产母鸡啄肛的原因分析[J].中国家禽,2000(2):21-22.

王晓慧.人参多糖联合植物乳杆菌抗氧化及免疫调节活性研究[J].长春:吉林农业大学,2015.

王晓琴,马艳芳,唐湘华,等.长期魔芋低聚甘露糖处理可改善小鼠焦虑样行为[J].生物学杂志,2020,37(3):50-53.

王新峰,郑德良,朱永利,等.低聚糖对断奶羔羊小肠黏膜形态结构的影响[J].畜牧与兽医,2010,42(12):48-50.

王秀武，杜昱光，白雪芳，等．壳寡糖对肉仔鸡肠道主要菌群、小肠微绒毛密度、免疫功能及生产性能的影响[J]．动物营养学报，2003(4)：32-35.

王秀武，郭无瑕，栗衍华，等．海洋壳寡糖对仔猪生产性能及器官、肌组织和血清中矿物元素含量的影响[J]．中国畜牧杂志，2008(5)：40-42.

王智航，姜成哲，崔明勋，等．低聚半乳糖对延边黄牛犊牛粪样菌群、血液指标及生长性能的影响[J]．动物营养学报，2011，23(7)：1247-1252.

项方，陆红梅，张建忠．增强忧患意识加强兽用抗菌药物监管[J]．中国动物保健，2015，17(1)：30-33.

向双云，周珍辉，曹金元，等．黄芪多糖对雏鸡生产性能及新城疫免疫性能的影响[J]．饲料研究，2018(2)：71-74，9.

谢菲．低聚木糖在生长育肥猪饲粮中的应用效果研究[D]．成都：四川农业大学，2018.

辛跃强，梁荣荣，王瑞明．低聚半乳糖对肠道益生菌产胞外多糖作用的研究[J]．生物技术通报，2015，31(6)：144-150.

熊阿玲．日粮添加甘露寡糖对肉鸡生长性能及天然免疫相关基因表达的影响研究[D]．南昌：江西农业大学，2014.

熊宇龙，匡欣薇，陈卫国，等．壳寡糖的免疫调节效应及其机制研究进展[J]．现代生物医学进展，2009(9)：1787-1789.

许洁宁．中草药饲料添加剂在动物营养中的应用[J]．畜牧兽医科学(电子版)，2019(19)：155-156.

许青松，杜昱光．糖生物工程产品与健康养殖[J]．猪业科学，2011，28(9)：34-38.

徐盛明，郭勇，孙士军，等．黄芪多糖对断奶仔猪生长性能及抗氧化能力的影响[J]．南方农业，2017，11(26)：77-78.

徐勇，余世袁，勇强，等．低聚木糖对两歧双歧杆菌的增殖[J]．南京林业大学学报(自然科学版)，2002(1)：10-13.

阎桂玲，袁建敏，呙于明，等．啤酒酵母甘露寡糖对肉鸡肠道微生物及免疫机能的影响[J]．中国农业大学学报，2008(6)：85-90.

杨海英，杨在宾，杨维仁，等．益生素和低聚木糖对断奶仔猪生产性能和肠道形态学影响研究[J]．中国粮油学报，2008(1)：116-120.

杨开云．壳寡糖对母猪早期胎儿生长和繁殖性能的影响及机理研究[D]．成都：四川农业大学，2016.

杨立娜，吴凯为，朱力杰，等．益生元、多酚、蛋白质和多不饱和脂肪酸对肠道健康的影响[J]．食品工业科技，2017，38(22)：336-340.

杨钊，张真庆，管华诗．一种新的褐藻胶寡糖制备方法——氧化降解法[J]．海洋科学，2004(7)：19-22.

杨文博，佟树敏，沈庆，等．β-甘露聚糖酶酶解植物胶及其产物对双歧杆菌的促生长作用[J]．微生物学通报，1995(4)：204-207.

杨志强，李潇轩，李志辉，等．黄芪多糖对锦鲤生长和体组成的影响[J]．水产养殖，2019，40(7)：23-26，30.

冶文兴，张洁，陈林，等．甘露寡糖添加方式对哺乳期犊牛瘤胃细菌菌群结构的影响[J]．草业科学，2020，37(5)：984-992.

尤明珍，扶国才．低聚木糖与抗生素组合应用对肉用仔鸡生产性能的影响[J]．中国家禽，2007(24)：51-52.

尤新．功能性低聚糖生产与应用[M]．北京：中国轻工业出版社，2004.

于朝磊，常青，吕云云．甘露寡糖对半滑舌鳎(*Cynoglossus semilaevis* Günther)稚鱼生长、肠道发育和非特异性免疫水平的影响[J]．渔业科学进展，2014，35(6)：53-59.

于慧，杨培峰，柴霞，等．有机酸和益生元对蛋鸡生产性能和蛋壳质量的影响[J]．中国饲料，2019(16)：44-49.

于淼，邬应龙．甘薯抗性淀粉对高脂血症大鼠降脂利肝作用研究[J]．食品科学，2012(33)：244-247.

于艳梅.魔芋甘露寡糖对黄颡鱼的益生功能研究[D].武汉:华中农业大学,2010.

袁增宝,姚琼,王安香,等.枸杞多糖对鲤生长性能和肝胰脏抗氧化能力的影响[J].生物资源,2020(3):307-312.

张迪,邢宇,李新莉.水溶性壳聚糖对小鼠肠道菌群的影响[J].中国微生态学杂志,2017,29:1018-1021.

张冬洁,陈云,赵树平,等.低聚半乳糖增强免疫力功能研究[J].中国食品添加剂,2012(4):141-146.

张丽,史洪涛,李月勤,等.褐藻寡糖对断奶仔猪生长性能、抗氧化性能和肠道消化吸收功能的影响[J].中国饲料,2018(610):59-64.

张玲,陈代文,杨继文,等.壳寡糖对环磷酰胺应激仔猪生产性能和免疫功能的影响[J].中国畜牧杂志,2013(49):58-62.

张萍,王仲孚,黄琳娟.高效液相色谱-电喷雾质谱联用分析 ppmp 衍生化的壳寡糖[J].分析试验室,2012:6-11.

张树政,金城,杜昱光.糖生物工程[M].北京:化学工业出版社,2012.

张帅.魔芋甘露低聚糖与枯草芽孢杆菌对 lps 诱导肠道氧化损伤的保护作用及机制研究[D].武汉:华中农业大学,2018.

张素珍,李思施,韦婷婷,等.高脂高糖与高纤维膳食对小鼠肠道菌群影响的比较[J].中国现代医学杂志,2014(24):37-41.

张岩.不同热处理对抗性淀粉结构及相关功能的影响[D].天津:天津科技大学,2015.

张勇.浅谈纤维素的生物学作用[J].中国校外教育,2011(13):110.

张志国.功能性低聚半乳糖的研究进展及应用[J].中国食品添加剂,2012(6):207-213.

赵丹莉,谢明杰.高通量测序技术分析壳寡糖对小鼠肠道菌群的影响[J].营养学报,2018,40(5):449-453.

赵峰,仵天培,夏中生,等.果寡糖、枯草芽孢杆菌和非淀粉多糖酶及其组合对黄羽肉鸡生产性能和饲粮养分代谢率的影响[J].饲料研究,2019,42(11):33-37.

赵蕾,陈清华,易海秋.低聚木糖对保育猪生长性能、腹泻率和血清生化指标的影响[J].动物营养学报,2018,30(5):1887-1892.

赵若春,赵晓勤,毛开云.我国功能性低聚糖产业发展现状及发展趋势分析[J].生物产业技术,2018(6):5-8.

赵文文.黄芪多糖和丁酸梭菌对雏鸭生长、免疫及肠道微生物影响[D].哈尔滨:东北农业大学,2019.

赵晓静.全营养保健代乳粉及甘露寡糖对犊牛代谢及生长发育影响的研究[D].保定:河北农业大学,2005.

赵颖.超微粉碎低聚木糖对肉鸡生产性能、抗氧化及免疫机能的影响[D].南京:南京农业大学,2013.

甄玉国,陈雪,王晓磊,等.黄芪多糖(APS)对断奶仔猪生长性能、血液生理生化指标及菌群多样性的影响[J].中国兽医学报,2016,36(11):1954-1958,1968.

郑珊,杜宏举,马玲,等.低聚半乳糖对小鼠免疫功能的影响[J].首都公共卫生,2013,7(4):163-165.

钟晓霞,黄健,刘志云,等.甘露寡糖和复合益生菌对断奶仔猪生长性能及肠道形态结构、挥发性脂肪酸含量和菌群结构的影响[J].动物营养学报,2020,32(7):3099-3108.

周晓容,姚焰础,杨飞云,等.壳聚糖对育肥猪胴体性状及脂肪消化的影响[J].黑龙江畜牧兽医,2008(7):45-46.

周映华,张石蕊.甘露寡糖对肉鸡生产性能和肠道微生物以及免疫机能的影响[J].湖南农业大学学报(自然科学版),2003(3):250-253.

朱孟玲,田为刚.日粮添加甘露寡糖对沙门氏菌感染肉鸡盲肠相关参数及肠道细菌含量的影响[J].中国饲料,2019(24):59-62.

Aarstad O A, Tøndervik A, Sletta H, et al. Alginate sequencing: an analysis of block distribution in alginates using specific alginate degrading enzymes[J]. Biomacromolecules, 2012, 13(1):106-116.

Abasubong K P, Li X F, Zhang D D, et al. Dietary supplementation of xylooligosaccharides benefits the growth performance and lipid metabolism of common carp (Cyprinus carpio) fed high-fat diets[J]. Aquaculture Nutrition, 2018, 24(5):1416-1424.

Aggeletopoulou I, Konstantakis C, Assimakopoulos S F, et al. The role of the gut microbiota in the treatment of inflammatory bowel diseases[J]. Microbial Pathogenesis, 2019(137):103774.

Ahmad N, Zakaria M R, Mohd Yusoff M Z, et al. Subcritical water-carbon dioxide pretreatment of oil palm mesocarp fiber for xylooligosaccharide and glucose production[J]. Molecules, 2018, 23(6):1310.

Aida T M, Yamagata T, Abe C, et al. Production of organic acids from alginate in high temperature water[J]. The Journal of Supercritical Fluids, 2012(65):39-44.

Aida T M, Yamagata T, Watanabe M, et al. Depolymerization of sodium alginate under hydrothermal conditions[J]. Carbohydrate Polymers, 2010, 80(1):296-302.

Akpinar O, Ak O, Kavas A, et al. Enzymatic production of xylooligosaccharides from cotton stalks[J]. Journal of Agricultural and Food Chemistry, 2007, 55(14):5544-5551.

Akrami R, Razeghi Mansour M, Ghobadi S, et al. Effect of prebiotic mannan oligosaccharide on hematological and blood serum biochemical parameters of cultured juvenile great sturgeon (*Huso huso* Linnaeus, 1754)[J]. Journal of Applied Ichthyology, 2013, 29(6):1214-1218.

Alexiou H, Franck A. Prebiotic inulin-type fructans: nutritional benefits beyond dietary fibre source[J]. Nutrition Bulletin, 2008, 33(3):227-233.

Alizadeh A, Akbari P, Difilippo E, et al. The piglet as a model for studying dietary components in infant diets: effects of galacto-oligosaccharides on intestinal functions[J]. British Journal of Nutrition, 2016, 115(4):605-618.

Amorim C, Silvério S C, Prather K L J, et al. From lignocellulosic residues to market: production and commercial potential of xylooligosaccharides[J]. Biotechnology advances, 2019, 37(7):107397.

Amorim C, Silvério S C, Rodrigues L R. One-step process for producing prebiotic arabino-xylooligosaccharides from brewer's spent grain employing Trichodermaspecies[J]. Food chemistry, 2019(270):86-94.

Andersen K K, Marcotte H, Álvarez B, et al. In situgastrointestinal protection against anthrax edema toxin by single-chain antibody fragment producing lactobacilli[J]. BMC biotechnology, 2011, 11(1):1-11.

Aruoma O I. Free radicals, oxidative stress, and antioxidants in human health and disease[J]. Journal of the American oil chemists' society, 1998, 75(2):199-212.

Attia Y A, Al-Khalaifah H, Ibrahim M S, et al. Blood hematological and biochemical constituents, antioxidant enzymes, immunity and lymphoid organs of broiler chicks supplemented with propolis, bee pollen and mannan oligosaccharides continuously or intermittently[J]. Poultry Science, 2017, 96(12):4182-4192.

Babbar N, Dejonghe W, Gatti M, et al. Pectic oligosaccharides from agricultural by-products: production, characterization and health benefits[J]. Critical Reviews in Biotechnology, 2016, 36(4):594-606.

Bahrke S, Einarsson J M, Gislason J, et al. Sequence analysis of chitooligosaccharides by matrix-assisted laser desorption ionization postsource decay mass spectrometry[J]. Biomacromolecules, 2002, 3(4):696-704.

Bahrke S, Einarsson J M, Gislason J, et al. Characterization of chitooligosaccharides by mass spectrometry[J]. Advances in Chitin Science, 2003(6):10.

Bai Y Y, Xiao L P, Sun R C. Microwave-assisted conversion of biomass derived hemicelluloses into xylo-oligosaccharides by novel sulfonated bamboo-based catalysts[J]. Biomass and Bioenergy, 2015(75):245-253.

Bales P M, Renke E M, May S L, et al. Purification and characterization of biofilm-associated EPS exopolysaccharides from ESKAPE organisms and other pathogens[J]. Plos One, 2013, 8(6):e67950.

Balfegó M, Canivell S, Hanzu F A, et al. Effects of sardine-enriched diet on metabolic control, inflammation and gut microbiota in drug-naïve patients with type 2 diabetes: a pilot randomized trial[J]. Lipids in health and disease, 2016, 15(1):1-11.

Ballesteros L F, Teixeira J A, Mussatto S I. Extraction of polysaccharides by autohydrolysis of spent coffee grounds and evaluation of their antioxidant activity[J]. Carbohydrate polymers, 2017(157):258-266.

Ballongue J, Schumann C, Quignon P. Effects of lactulose and lactitol on colonic microflora and enzymatic activity[J]. Scandinavian Journal of Gastroenterology, 1997, 32(sup222):41-44.

Bassaganya-Riera J, Diguardo M, Viladomiu M, et al. Soluble fibers and resistant starch ameliorate disease activity in interleukin-10-deficient mice with inflammatory bowel disease[J]. The Journal of nutrition, 2011, 141(7):1318-1325.

Battistel M D, Azurmendi H F, Yu B, et al. NMR of glycans: Shedding new light on old problems[J]. Progress in Nuclear Magnetic Resonance Spectroscopy, 2014(79):48-68.

Baurhoo B, Ferket P R, Zhao X. Effects of diets containing different concentrations of mannanoligosaccharide or antibiotics on growth performance, intestinal development, cecal and litter microbial populations, and carcass parameters of broilers[J]. Poultry science, 2009, 88(11):2262-2272.

Baurhoo B, Phillip L, Ruiz-Feria C A. Effects of purified lignin and mannan oligosaccharides on intestinal integrity and microbial populations in the ceca and litter of broiler chickens[J]. Poultry science, 2007, 86(6):1070-1078.

Baxter S, Zivanovic S, Weiss J. Molecular weight and degree of acetylation of high-intensity ultrasonicated chitosan[J]. Food Hydrocolloids, 2005, 19(5):821-830.

Bednarczyk M, Stadnicka K, Kozłowska I, et al. Influence of different prebiotics and mode of their administration on broiler chicken performance[J]. Animal, 2016, 10(8):1271-1279.

Bhatia L, Sharma A, Bachheti R K, et al. Lignocellulose derived functional oligosaccharides: production, properties, and health benefits[J]. Preparative Biochemistry and Biotechnology, 2019, 49(8):744-758.

Bhatia S, Prabhu P N, Benefiel A C, et al. Galacto-oligosaccharides may directly enhance intestinal barrier function through the modulation of goblet cells[J]. Molecular nutrition & food research, 2015, 59(3):566-573.

Bian J, Peng P, Peng F, et al. Microwave-assisted acid hydrolysis to produce xylooligosaccharides from sugarcane bagasse hemicelluloses[J]. Food chemistry, 2014(156):7-13.

Bielecka M, Biedrzycka E, Majkowska A, et al. Effect of non-digestible oligosaccharides on gut microecosystem in rats[J]. Food Research International, 2002, 35(2-3):139-144.

Bindels L B, Delzenne N M, Cani P D, et al. Towards a more comprehensive concept for prebiotics[J]. Nature Reviews Gastroenterology & Hepatology, 2015, 12(5):303-310.

Biswas S, Raoult D, Rolain J M. Molecular mechanisms of resistance to antibiotics in Bartonella bacilliformis[J]. Journal of Antimicrobial Chemotherapy, 2007, 59(6):1065-1070.

Blaut M. Relationship of prebiotics and food to intestinal microflora[J]. European journal of nutrition, 2002, 41(1):11-16.

Bode L. Human milk oligosaccharides: structure and functions[J]. Milk, Mucosal Immunity and the Microbiome: Impact on the Neonate, 2020(94):115-123.

Boehm G, Jelinek J, Knol J, et al. Prebiotics and immune responses[J]. Journal of Pediatric Gastroenterology and Nutrition, 2004(39):772-773.

Boehm G, Moro G. Structural and functional aspects of prebiotics used in infant nutrition[J]. The Journal of Nutrition, 2008, 138(9):1818S-1828S.

Bornet F R J. Fructo-ligosaccharides and other fructans: Chemistry, structure and nutritional effects [M]. Blackwell Science Ltd, 2008.

Bourlioux P, Koletzko B, Guarner F, et al. The intestine and its microflora are partners for the protection of the host: report on the Danone Symposium "The Intelligent Intestine," held in Paris, June 14, 2002[J]. The American Journal of Clinical Nutrition, 2003, 78(4):675-683.

Brandt L A. Prebiotics enhance gut health[J]. Prepared Foods, 2001, 170(9):NS7-NS8,NS10.

Buddington R K, Williams C H, Chen S C, et al. Dietary supplement of neosugar alters the fecal flora and decreases activities of some reductive enzymes in human subjects[J]. The American Journal of Clinical Nutrition, 1996, 63(5):709-716.

Burana-osot J, Hosoyama S, Nagamoto Y, et al. Photolytic depolymerization of alginate[J]. Carbohydrate Research, 2009, 344(15):2023-2027.

Cai Q, Gu Z, Chen Y, et al. Degradation of chitosan by an electrochemical process[J]. Carbohydrate Polymers, 2010, 79(3):783-785.

Campbell J M, Fahey Jr G C, Wolf B W. Selected indigestible oligosaccharides affect large bowel mass, cecal and fecal short-chain fatty acids, pH and microflora in rats[J]. The Journal of Nutrition, 1997, 127(1): 130-136.

Cao Y X. Research approach on quality control of Astragalus polysaccharides based on polysaccharide receptor theory[J]. Chinese Traditional and Herbal Drugs, 2019:2201-2209.

Cardelle-Cobas A, Corzo N, Olano A, et al. Galactooligosaccharides derived from lactose and lactulose: influence of structure on *Lactobacillus*, *Streptococcus* and *Bifidobacterium* growth[J]. International Journal of Food Microbiology, 2011, 149(1):81-87.

Carvalho A F A, Marcondes W F, de Oliva Neto P, et al. The potential of tailoring the conditions of steam explosion to produce xylo-oligosaccharides from sugarcane bagasse[J]. Bioresource Technology, 2018 (250):221-229.

Chand N, Khan R U, Mobashar M, et al. Mannanoligosaccharide (MOS) in Broiler Ration during the Starter Phase: 1. Growth Performance and Intestinal Histomorpholgy[J]. Pakistan Journal of Zoology, 2019, 51(1):173-176.

Chandıa N, Matsuhiro B, Vásquez A. Alginic acids in *Lessonia trabeculata*: characterization by formic acid hydrolysis and FT-IR spectroscopy[J]. Carbohydrate Polymers, 2001, 46(1):81-87.

Chang S, Chu J, Guo Y, et al. An efficient production of high-pure xylooligosaccharides from corncob with affinity adsorption-enzymatic reaction integrated approach[J]. Bioresource Technology, 2017(241):1043-1049.

Che T M, Johnson R W, Kelley K W, et al. Mannan oligosaccharide improves immune responses and growth efficiency of nursery pigs experimentally infected with porcine reproductive and respiratory syndrome virus[J]. Journal of Animal Science, 2011, 89(8):2592-2602.

Chen H H, Chen Y K, Chang H C, et al. Immunomodulatory effects of xylooligosaccharides[J]. Food Science and Technology Research, 2012, 18(2):195-199.

Chen J, Liang R, Liu W, et al. Pectic-oligosaccharides prepared by dynamic high-pressure microfluidization and their *in vitro* fermentation properties[J]. Carbohydrate polymers, 2013, 91(1):175-182.

Chen Y, Cheng Y, Wen C, et al. Protective effects of dietary mannan oligosaccharide on heat stress-induced hepatic damage in broilers[J]. Environmental Science and Pollution Research, 2020, 27(23): 29000-29008.

Chen Y J, Kim I H, Cho J H, et al. Effects of chitooligosaccharide supplementation on growth performance, nutrient digestibility, blood characteristics and immune responses after lipopolysaccharide challenge in weanling pigs[J]. Livestock Science, 2009, 124(1-3):255-260.

Cheng L K, Wang L X, Xu Q S, et al. Chitooligosaccharide supplementation improves the reproductive performance and milk composition of sows[J]. Livestock Science, 2015(174):74-81.

Cheng W, Lu J, Lin W, et al. Effects of a galacto-oligosaccharide-rich diet on fecal microbiota and metabolite profiles in mice[J]. Food & Function, 2018, 9(3):1612-1620.

Cheng Y, Du M, Xu Q, et al. Dietary mannan oligosaccharide improves growth performance, muscle oxidative status, and meat quality in broilers under cyclic heat stress[J]. Journal of Thermal Biology, 2018, 75: 106-111.

Cho E J, Rahman A, Kim S W, et al. Chitosan oligosaccharides inhibit adipogenesis in 3T3-L1 adipocytes [J]. Journal of Microbiology and Biotechnology, 2008, 18(1):80-87.

Choi C R, Kim E K, Kim Y S, et al. Chitooligosaccharides decreases plasma lipid levels in healthy men [J]. International Journal of Food Sciences and Nutrition, 2012, 63(1):103-106.

Chonan O, Matsumoto K, Watanuki M. Effect of galactooligosaccharides on calcium absorption and preventing bone loss in ovariectomized rats[J]. Bioscience, Biotechnology, and Biochemistry, 1995, 59(2): 236-239.

Christakopoulos P, Katapodis P, Kalogeris E, et al. Antimicrobial activity of acidic xylo-oligosaccharides produced by family 10 and 11 endoxylanases[J]. International Journal of Biological Macromolecules, 2003, 31 (4-5):171-175.

Combo A M M, Aguedo M, Goffin D, et al. Enzymatic production of pectic oligosaccharides from polygalacturonic acid with commercial pectinase preparations[J]. Food and Bioproducts Processing, 2012, 90(3): 588-596.

Conway P L. Prebiotics and human health: the state-of-the-art and future perspectives [J]. Näringsforskning, 2001, 45(1):13-21.

Coxam V. Inulin-type fructans and bone health: state of the art and perspectives in the management of osteoporosis[J]. British Journal of Nutrition, 2005(93):111-123.

Cummings J H, Macfarlane G T, Englyst H N. Prebiotic digestion and fermentation[J]. The American Journal of Clinical Nutrition, 2001, 73(2):415-420.

Dai Z, Feng S, Liu A, et al. Anti-inflammatory effects of newly synthesized α-galacto-oligosaccharides on dextran sulfate sodium-induced colitis in C57BL/6J mice[J]. Food Research International, 2018, 109: 350-357.

Dang Y, Li S, Wang W, et al. The effects of chitosan oligosaccharide on the activation of murine spleen CD11c+ dendritic cells via Toll-like receptor 4[J]. Carbohydrate Polymers, 2011, 83(3):1075-1081.

Delgado G T C, Tamashiro W M S C, Pastore G M. Immunomodulatory effects of fructans[J]. Food Research International, 2010, 43(5):1231-1236.

Delzenne N, Aertssens J, Verplaetse H, et al. Effect of fermentable fructo-oligosaccharides on mineral, nitrogen and energy digestive balance in the rat[J]. Life Sciences, 1995, 57(17):1579-1587.

Delzenne N M. Oligosaccharides: state of the art[J]. Proceedings of the nutrition Society, 2003, 62(1): 177-182.

Delzenne N M, Cani P D, Neyrinck A M. Modulation of glucagon-like peptide 1 and energy metabolism by inulin and oligofructose: experimental data[J]. The Journal of Nutrition, 2007, 137(11):2547S-2551S.

Demigné C, Morand C, Levrat M A, et al. Effect of propionate on fatty acid and cholesterol synthesis and on acetate metabolism in isolated rat hepatocytes[J]. British Journal of Nutrition, 1995, 74(2):209-219.

Deng X, Li X, Liu P, et al. Effect of chito-oligosaccharide supplementation on immunity in broiler chickens[J]. Asian-Australasian Journal of Animal Sciences, 2008, 21(11):1651-1658.

Diaz T G, Branco A F, Jacovaci F A, et al. Inclusion of live yeast and mannan-oligosaccharides in high grain-based diets for sheep: Ruminal parameters, inflammatory response and rumen morphology[J]. Plos One, 2018, 13(2):e0193313-e0193313.

Dimitroglou A, Merrifield D L, Moate R, et al. Dietary mannan oligosaccharide supplementation modulates intestinal microbial ecology and improves gut morphology of rainbow trout, *Oncorhynchus mykiss* (Walbaum)[J]. Journal of Animal Science, 2009, 87(10):3226-3234.

Ding X M, Li D D, Bai S P, et al. Effect of dietary xylooligosaccharides on intestinal characteristics, gut microbiota, cecal short-chain fatty acids, and plasma immune parameters of laying hens[J]. Poultry Science, 2018, 97(3):874-881.

Eaimworawuthikul S, Tunapong W, Chunchai T, et al. Effects of probiotics, prebiotics or synbiotics on jawbone in obese-insulin resistant rats[J]. European Journal of Nutrition, 2019, 58(7):2801-2810.

Ebersbach T, Andersen J B, Bergström A, et al. Xylo-oligosaccharides inhibit pathogen adhesion to enterocytes in vitro[J]. Research in Microbiology, 2012, 163(1):22-27.

Aam B B, Heggset E B, Norberg A L, et al. Production of chitooligosaccharides and their potential applications in medicine[J]. Marine Drugs, 2010, 8(5):1482-1517.

Ertesvag H, Valla S. Biosynthesis and applications of alginates[J]. Polymer Degradation and Stability, 1998, 59(1-3):85-91.

Everard A, Belzer C, Geurts L, et al. Cross-talk between *Akkermansia muciniphila* and intestinal epithelium controls diet-induced obesity[J]. Proceedings of the National Academy of Sciences, 2013, 110(22):9066-9071.

Falkeborg M, Cheong L Z, Gianfico C, et al. Alginate oligosaccharides: Enzymatic preparation and antioxidant property evaluation[J]. Food Chemistry, 2014(164):185-194.

Fanaro S, Boehm G, Garssen J, et al. Galacto-oligosaccharides and long-chain fructo-oligosaccharides as prebiotics in infant formulas: a review[J]. Acta Paediatrica, 2005(94):22-26.

Fang W, Bi D, Zheng R, et al. Identification and activation of TLR4-mediated signalling pathways by alginate-derived guluronate oligosaccharide in RAW264. 7 macrophages[J]. Scientific Reports, 2017, 7(1):1-13.

Finney M, Smullen J, Foster H A, et al. Effects of low doses of lactitol on faecal microflora, pH, short chain fatty acids and gastrointestinal symptomology[J]. European Journal of Nutrition, 2007, 46(6):307-314.

Fooks L J, Gibson G R. In vitro investigations of the effect of probiotics and prebiotics on selected human intestinal pathogens[J]. FEMS Microbiology Ecology, 2002, 39(1):67-75.

Frost G S, Brynes A E, Dhillo W S, et al. The effects of fiber enrichment of pasta and fat content on gastric emptying, GLP-1, glucose, and insulin responses to a meal[J]. European Journal of Clinical Nutrition, 2003, 57(2):293-298.

Fukuda T, Tsujii Y, Miyamoto T. Structural characteristics of polysaccaride-based thermotropic liquid-crystals[J]. Macromolecular Symposia, 1995(99):257-267.

Fukushima A, Aizaki Y, Sakuma K. Short-chain fatty acids increase the level of calbindin-D9k messenger RNA in Caco-2 cells[J]. Journal of Nutritional Science and Vitaminology, 2012, 58(4):287-291.

Furrie E, Macfarlane S, Kennedy A, et al. Synbiotic therapy (Bifidobacterium longum/Synergy 1) initiates resolution of inflammation in patients with active ulcerative colitis: a randomised controlled pilot trial[J]. Gut, 2005, 54(2):242-249.

Gacesa P. Alginate-modifying enzymes: A proposed unified mechanism of action for the lyases and epimerases[J]. FEBS letters, 1987, 212(2):199-202.

Ghasemian M, Jahanian R. Dietary mannan-oligosaccharides supplementation could affect performance, immunocompetence, serum lipid metabolites, intestinal bacterial populations, and ileal nutrient digestibility in aged laying hens[J]. Animal Feed Science and Technology, 2016(213):81-89.

Giacco R, Costabile G, Della Pepa G, et al. A whole-grain cereal-based diet lowers postprandial plasma insulin and triglyceride levels in individuals with metabolic syndrome[J]. Nutrition, Metabolism and Cardiovascular Diseases, 2014, 24(8):837-844.

Gibson G R. Dietary modulation of the human gut microflora using prebiotics[J]. British Journal of Nutrition, 1998, 80(S2):S209-S212.

Gibson G R. Dietary modulation of the human gut microflora using the prebiotics oligofructose and inulin [J]. The Journal of Nutrition, 1999, 129(7):1438S-1441S.

Gibson G R, Hutkins R, Sanders M E, et al. The international scientific association for probiotics and prebiotics(ISAPP) consensus statement on the definition and scope of prebiotics[J]. Nature Reviews Gastroenterology & Hepatology, 2017, 14(8):491-502.

Gibson G R, Probert H M, Van Loo J, et al. Dietary modulation of the human colonic microbiota: updating the concept of prebiotics[J]. Nutrition Research Reviews, 2004,17(2):259-275.

Gibson G R, Roberfroid M B. Dietary modulation of the human colonic microbiota: introducing the concept of prebiotics[J]. The Journal of Nutrition, 1995, 125(6):1401-1412.

Gijs D B, Karen V E, K G A, et al. The role of short-chain fatty acids in the interplay between diet, gut microbiota, and host energy metabolism[J]. Journal of Lipid Research, 2013, 54(9):2325-2340.

Gobinath D, Madhu A N, Prashant G, et al. Beneficial effect of xylo-oligosaccharides and fructo-oligosaccharides in streptozotocin-induced diabetic rats[J]. British Journal of Nutrition, 2010, 104(1):40-47.

Gómez B, Gullón B, Yánez R, et al. Pectic oligosacharides from lemon peel wastes: Production, purification, and chemical characterization [J]. Journal of Agricultural and Food Chemistry, 2013, 61(42): 10043-10053.

Grizard D, Barthomeuf C. Non-digestible oligosaccharides used as prebiotic agents: mode of production and beneficial effects on animal and human health[J]. Reproduction Nutrition Development, 1999, 39(5-6): 563-588.

Gu Z, Cai Q, Liu Y, et al. Electrochemical degradation of chitosan using Ti/Sb-SnO_2 electrode[J]. Journal of Polymers and the Environment, 2013, 21(2):479-486.

Gudiel-Urbano M, Goni I. Effect of fructooligosaccharide on nutritional parameters and mineral bioavailability in rats[J]. Journal of the Science of Food and Agriculture, 2002, 82(8):913-917.

Guedes C M, Mourão J L, Silva S R, et al. Effects of age and mannanoligosaccharides supplementation on production of volatile fatty acids in the caecum of rabbits[J]. Animal Feed Science and Technology, 2009, 150(3-4):330-336.

Guglielmetti S, Fracassetti D, Taverniti V, et al. Differential modulation of human intestinal bifidobacterium populations after consumption of a wild blueberry (*Vaccinium angustifolium*) drink[J]. Journal of Agricultural and Food Chemistry, 2013, 61(34):8134-8140.

Guo J J, Xu F Q, Li Y H, et al. Alginate oligosaccharide alleviates myocardial reperfusion injury by inhibiting nitrative and oxidative stress and endoplasmic reticulum stress-mediated apoptosis[J]. Drug Design, Development and Therapy, 2017(11):2387.

Hamer S N, Cord-Landwehr S, Biarnés X, et al. Enzymatic production of defined chitosan oligomers with a specific pattern of acetylation using a combination of chitin oligosaccharide deacetylases[J]. Scientific Reports, 2015, 5(1):1-9.

Han K S, Balan P, Hong H D, et al. Korean ginseng modulates the ileal microbiota and mucin gene expression in the growing rat[J]. Food & Function, 2014, 5(7):1506-1512.

Han Z L, Yang M, Fu X D, et al. Evaluation of prebiotic potential of three marine algae oligosaccharides from enzymatic hydrolysis[J]. Marine drugs, 2019, 17(3):173.

Hansen C H F, Larsen C S, Petersson H O, et al. Targeting gut microbiota and barrier function with prebiotics to alleviate autoimmune manifestations in NOD mice[J]. Diabetologia, 2019, 62(9):1689-1700.

Haug A, Larsen B, Smidsrod O. A study of constitution of alginic acid by partial acid hydrolysis[J]. Acta Chemica Scandinavica, 1966, 20(1):183-190.

Hembach L, Cord-Landwehr S, Moerschbacher B M. Enzymatic production of all fourteen partially acetylated chitosan tetramers using different chitin deacetylases acting in forward or reverse mode[J]. Scientific Reports, 2017, 7(1):1-11.

Hesta M, Debraekeleer J, Janssens G P J, et al. The effect of a commercial high-fibre diet and an isomalto-oligosaccharide-supplemented diet on post-prandial glucose concentrations in dogs[J]. Journal of Animal Physiology and Animal Nutrition, 2001, 85(7-8):217-221.

Holub I, Gostner A, Hessdörfer S, et al. Improved metabolic control after 12-week dietary intervention with low glycaemic isomalt in patients with type 2 diabetes mellitus[J]. Hormone and Metabolic Research, 2009, 41(12):886-892.

Hosono A, Ozawa A, Kato R, et al. Dietary fructooligosaccharides induce immunoregulation of intestinal IgA secretion by murine Peyer's patch cells[J]. Bioscience, Biotechnology, and Biochemistry, 2003, 67(4):758-764.

Hu S, Wang Y, Wen X, et al. Effects of low-molecular-weight chitosan on the growth performance, intestinal morphology, barrier function, cytokine expression and antioxidant system of weaned piglets[J]. BMC Veterinary Research, 2018, 14(1):1-7.

Hu T, Li C, Zhao X, et al. Preparation and characterization of guluronic acid oligosaccharides degraded by a rapid microwave irradiation method[J]. Carbohydrate Research, 2013(373):53-58.

Hu Y, Ketabi A, Buchko A, et al. Metabolism of isomalto-oligosaccharides by *Lactobacillus reuteri* and *bifidobacteria*[J]. Letters in Applied Microbiology, 2013, 57(2):108-114.

Hu Y, Le Leu R K, Christophersen C T, et al. Manipulation of the gut microbiota using resistant starch is associated with protection against colitis-associated colorectal cancer in rats[J]. Carcinogenesis, 2016, 37(4):366-375.

Hua X, Zhou H, Zhang Y, et al. Effect of dietary supplemental chitosan and probiotics on growth and some digestive enzyme activities in juvenile fugu obscurus[J]. Acta Hydrobiologica Sinica, 2005, 29(3):299-305.

Huang R L, Deng Z Y, Yang C, et al. Dietary oligochitosan supplementation enhances immune status of broilers[J]. Journal of the Science of Food and Agriculture, 2007, 87(1):153-159.

Huang R L, Yin Y L, Wu G Y, et al. Effect of dietary oligochitosan supplementation on ileal digestibility of nutrients and performance in broilers[J]. Poultry Science, 2005, 84(9):1383-1388.

Hussein H S, Campbell J M, Bauer L L, et al. Selected fructooligosaccharide composition of pet-food ingredients[J]. The Journal of nutrition, 1998, 128(12):2803S-2805S.

Hutsko S L, Meizlisch K, Wick M, et al. Early intestinal development and mucin transcription in the young poult with probiotic and mannan oligosaccharide prebiotic supplementation[J]. Poultry Science, 2016,

95(5):1173-1178.

Huyghebaert G, Ducatelle R, Van Immerseel F. An update on alternatives to antimicrobial growth promoters for broilers[J]. The Veterinary Journal, 2011, 187(2):182-188.

Iji P A, Saki A A, Tivey D R. Intestinal structure and function of broiler chickens on diets supplemented with a mannan oligosaccharide[J]. Journal of the Science of Food and Agriculture, 2001, 81(12):1186-1192.

Imaizumi K, Nakatsu Y, Sato M, et al. Effects of xylooligosaccharides on blood glucose, serum and liver lipids and cecum short-chain fatty acids in diabetic rats[J]. Agricultural and Biological Chemistry, 1991, 55(1):199-205.

Iwamoto M, Kurachi M, Nakashima T, et al. Structure-activity relationship of alginate oligosaccharides in the induction of cytokine production from RAW264.7 cells[J]. FEBS Letters, 2005, 579(20):4423-4429.

Iwamoto Y, Xu X, Tamura T, et al. Enzymatically depolymerized alginate oligomers that cause cytotoxic cytokine production in human mononuclear cells[J]. Bioscience, Biotechnology, and Biochemistry, 2003, 67(2):258-263.

Jagtap S, Deshmukh R A, Menon S, et al. Xylooligosaccharides production by crude microbial enzymes from agricultural waste without prior treatment and their potential application as nutraceuticals[J]. Bioresource technology, 2017(245):283-288.

Jahanian E, Mahdavi A H, Asgary S, et al. Effect of dietary supplementation of mannanoligosaccharides on hepatic gene expressions and humoral and cellular immune responses in aflatoxin-contaminated broiler chicks[J]. Preventive Veterinary Medicine, 2019(168):9-18.

Jahanian E, Mahdavi A H, Asgary S, et al. Effect of dietary supplementation of mannanoligosaccharides on growth performance, ileal microbial counts, and jejunal morphology in broiler chicks exposed to aflatoxins[J]. Livestock Science, 2016(190):123-130.

Jelena V, Aleksandra J, George T, et al. A mixture of trans-galactooligosaccharides reduces markers of metabolic syndrome and modulates the fecal microbiota and immune function of overweight adults[J]. The Journal of Nutrition, 2013, 143(3):324-331.

Jiang M, Peng X, Fang J, et al. Effects of aflatoxin B_1 on T-cell subsets and mRNA expression of cytokines in the intestine of broilers[J]. International Journal of Molecular Sciences, 2015, 16(4):6945-6959.

Jiang Y, Jiang X, Wang P, et al. Effects of alginate-derived oligosaccharides on immune ability of farm-cultured shrimp penaeus vannamei and its resistance to vibrio harveyi[J]. North American Journal of Aquaculture, 2017, 79(4):317-321.

Jiao Y, Jha R, Zhang W L, et al. Effects of chitooligosaccharide supplementation on egg production, egg quality and blood profiles in laying hens[J]. Indian Journal of Animal Research, 2019, 53(9):1199-1204.

Jnawali P, Kumar V, Tanwar B, et al. Enzymatic production of xylooligosaccharides from brown coconut husk treated with sodium hydroxide[J]. Waste and Biomass Valorization, 2018, 9(10):1757-1766.

Jung S J, Houde R, Baurhoo B, et al. Effects of galacto-oligosaccharides and a Bifidobacteria lactis-based probiotic strain on the growth performance and fecal microflora of broiler chickens[J]. Poultry Science, 2008, 87(9):1694-1699.

Jung W J, Park R D. Bioproduction of chitooligosaccharides: present and perspectives[J]. Marine Drugs, 2014, 12(11):5328-5356.

Kang N H, Lee W K, Yi B R, et al. Modulation of lipid metabolism by mixtures of protamine and chitooligosaccharide through pancreatic lipase inhibitory activity in a rat model[J]. Laboratory Animal Research, 2012, 28(1):31-38.

Kankaanpää P, Nurmela K, Erkkilä A, et al. Polyunsaturated fatty acids in maternal diet, breast milk, and serum lipid fatty acids of infants in relation to atopy[J]. Allergy, 2001, 56(7):633-638.

Kankaanpää P, Yang B, Kallio H, et al. Effects of polyunsaturated fatty acids in growth medium on lipid composition and on physicochemical surface properties of lactobacilli[J]. Applied and Environmental Microbiology, 2004, 70(1):129-136.

Katsuraya K, Okuyama K, Hatanaka K, et al. Constitution of konjac glucomannan: chemical analysis and 13C NMR spectroscopy[J]. Carbohydrate Polymers, 2003, 53(2):183-189.

Kaur N, Gupta A K. Applications of inulin and oligofructose in health and nutrition[J]. Journal of Biosciences, 2002, 27(7):703-714.

Kawakami S, Han K H, Araki T, et al. Potato powders prepared by successive cooking-process depending on resistant starch content affect the intestinal fermentation in rats[J]. Bioscience, Biotechnology, and Biochemistry, 2017, 81(2):359-364.

Kawasaki K I, Nabeshima Y I, Ishihara K, et al. High level of 6, 9, 12, 15, 18, 21-tetracosahexaenoic acid found in lipids of Ophiuroidea Ophiura sarsi Lütken[J]. Fisheries Science, 2000, 66(3):614-615.

Kawasaki T, Seki E, Osajima K, et al. Antihypertensive effect of valyl-tyrosine, a short chain peptide derived from sardine muscle hydrolyzate, on mild hypertensive subjects[J]. Journal of Human Hypertension, 2000, 14(8):519-523.

Kelly-Quagliana K A, Nelson P D, Buddington R K. Dietary oligofructose and inulin modulate immune functions in mice[J]. Nutrition Research, 2003, 23(2):257-267.

Khan S, Tøndervik A, Sletta H, et al. Overcoming drug resistance with alginate oligosaccharides able to potentiate the action of selected antibiotics[J]. Antimicrobial Agents and Chemotherapy, 2012, 56(10):5134-5141.

Khat-Udomkiri N, Sivamaruthi B S, Sirilun S, et al. Optimization of alkaline pretreatment and enzymatic hydrolysis for the extraction of xylooligosaccharide from rice husk[J]. AMB Express, 2018, 8(1):1-10.

Kieffer D A, Piccolo B D, Vaziri N D, et al. Resistant starch alters gut microbiome and metabolomic profiles concurrent with amelioration of chronic kidney disease in rats[J]. American Journal of Physiology-Renal Physiology, 2016, 310(9):F857-F871.

Kim H S, Lee C G, Lee E Y. Alginate lyase: structure, property, and application[J]. Biotechnology and Bioprocess Engineering, 2011, 16(5):843-851.

Kim K W, Thomas R L. Antioxidative activity of chitosans with varying molecular weights[J]. Food chemistry, 2007, 101(1):308-313.

Kobayashi S, Terashima Y, Itoh H. Effects of dietary chitosan on fat deposition and lipase activity in digesta in broiler chickens[J]. British Poultry Science, 2002, 43(2):270-273.

Kok N N, Taper H S, Delzenne N M. Oligofructose modulates lipid metabolism alterations induced by a fat-rich diet in rats[J]. Journal of Applied Toxicology: JAT, 1998, 18(1):47-53.

Kong X F, Zhou X L, Lian G Q, et al. Dietary supplementation with chitooligosaccharides alters gut microbiota and modifies intestinal luminal metabolites in weaned Huanjiang mini-piglets[J]. Livestock Science, 2014(160):97-101.

Kubacková M, Karacsonyi S, Bilisics L. Structure of galactoglucomannan from Populus monilifera H[J]. Carbohydrate Polymers, 1992, 19(2):125-129.

Kurachi M, Nakashima T, Miyajima C, et al. Comparison of the activities of various alginates to induce TNF-α secretion in RAW264. 7 cells[J]. Journal of infection and chemotherapy, 2005, 11(4):199-203.

Lama-Muñoz A, Rodríguez-Gutiérrez G, Rubio-Senent F, et al. Production, characterization and isolation of neutral and pectic oligosaccharides with low molecular weights from olive by-products thermally treated[J].

Food Hydrocolloids, 2012, 28(1):92-104.

Lamari F N, Kuhn R, Karamanos N K. Derivatization of carbohydrates for chromatographic, electrophoretic and mass spectrometric structure analysis[J]. Journal of Chromatography B, 2003, 793(1):15-36.

Lasrado L D, Gudipati M. Antioxidant property of synbiotic combination of *Lactobacillus* sp. and wheat bran xylo-oligosaccharides[J]. Journal of Food Science and Technology, 2015, 52(7):4551-4557.

Lee K Y, Mooney D J. Alginate: properties and biomedical applications[J]. Progress in polymer science, 2012, 37(1):106-126.

Lee M Y, Var F, Shin-ya Y, et al. Optimum conditions for the precipitation of chitosan oligomers with DP 5-7 in concentrated hydrochloric acid at low temperature[J]. Process Biochemistry, 1999, 34(5):493-500.

Leforestier G, Blais A, Blachier F, et al. Effects of galacto-oligosaccharide ingestion on the mucosa-associated mucins and sucrase activity in the small intestine of mice[J]. European Journal of Nutrition, 2009, 48(8):457-464.

Leymarie N, Zaia J. Effective use of mass spectrometry for glycan and glycopeptide structural analysis [J]. Analytical Chemistry, 2012, 84(7):3040-3048.

Li K, Green A R, Dinges M M, et al. 1H NMR characterization of chitin tetrasaccharide in binary H_2O: DMSO solution: Evidence for anomeric end-effect propagation[J]. International journal of biological macromolecules, 2019a, 129:744-749.

Li S H, Jin E H, Qiao E M, et al. Chitooligosaccharide promotes immune organ development in broiler chickens and reduces serum lipid levels[J]. Histology and Histopathology, 2017, 32(9):951-961.

Li T, Teng H, An F, et al. The beneficial effects of purple yam (Dioscorea alata L.) resistant starch on hyperlipidemia in high-fat-fed hamsters[J]. Food & Function, 2019b, 10(5):2642-2650.

Li X, Ding X, Peng X, et al. Effect of chitosan oligosaccharides on antioxidant function, lymphocyte cycle and apoptosis in ileum mucosa of broiler[J]. Kafkas Univ Vet Fak Derg, 2017, 23(4):571-577.

Li X, Xu A, Xie H, et al. Preparation of low molecular weight alginate by hydrogen peroxide depolymerization for tissue engineering[J]. Carbohydrate Polymers, 2010, 79(3):660-664.

Li Z, Bai H, Zheng L, et al. Bioactive polysaccharides and oligosaccharides as possible feed additives to manipulate rumen fermentation in rusitec fermenters[J]. International Journal of Biological Macromolecules, 2018(109):1088-1094.

Lillo L, Alarcon J, Cabello G, et al. Antibacterial activity of chitooligosaccharides[J]. Zeitschrift für Naturforschung C, 2008, 63(9-10):644-648.

Limón-Pacheco J, Gonsebatt M E. The role of antioxidants and antioxidant-related enzymes in protective responses to environmentally induced oxidative stress[J]. Mutation Research/Genetic Toxicology and Environmental Mutagenesis, 2009, 674(1-2):137-147.

Lin S, Mao S, Guan Y, et al. Dietary administration of chitooligosaccharides to enhance growth, innate immune response and disease resistance of Trachinotus ovatus[J]. Fish & Shellfish Immunology, 2012, 32(5):909-913.

Linda A, Ying H, Paolo P, et al. Decreased fat storage by *Lactobacillus paracasei* is associated with increased levels of angiopoietin-like 4 protein (ANGPTL4)[J]. Plos One, 2010, 5(9)e13087-e13093.

Lindsay J O, Whelan K, Stagg A J, et al. Clinical, microbiological, and immunological effects of fructo-oligosaccharide in patients with Crohn's disease[J]. Gut, 2006, 55(3):348-355.

Liu L, Zhou Y, Zhao X, et al. Oligochitosan stimulated phagocytic activity of macrophages from blunt snout bream (*Megalobrama amblycephala*) associated with respiratory burst coupled with nitric oxide production[J]. Developmental & Comparative Immunology, 2014, 47(1):17-24.

Liu P, Piao X S, Kim S W, et al. Effects of chito-oligosaccharide supplementation on the growth performance, nutrient digestibility, intestinal morphology, and fecal shedding of *Escherichia coli* and *Lactobacillus* in weaning pigs[J]. Journal of Animal Science, 2008, 86(10):2609-2618.

Liu P, Piao X S, Thacker P A, et al. Chito-oligosaccharide reduces diarrhea incidence and attenuates the immune response of weaned pigs challenged with *Escherichia coli* K88[J]. Journal of Animal Science, 2010, 88(12):3871-3879.

Liu W, Wang H, Pang X, et al. Characterization and antioxidant activity of two low-molecular-weight polysaccharides purified from the fruiting bodies of Ganoderma lucidum[J]. International Journal of Biological Macromolecules, 2010, 46(4):451-457.

Liu X, Hao J J, Zhang L J, et al. Activated AMPK explains hypolipidemic effects of sulfated low molecular weight guluronate on $HepG_2$ cells[J]. European Journal of Medicinal Chemistry, 2014, 85:304-310.

Liu X, Liu Y, Jiang Z, et al. Biochemical characterization of a novel xylanase from *Paenibacillus barengoltzii* and its application in xylooligosaccharides production from corncobs[J]. Food Chemistry, 2018(264): 310-318.

Lodhi G, Kim Y S, Hwang J W, et al. Chitooligosaccharide and its derivatives: preparation and biological applications[J]. Biomed Research International, 2014:654913-654913.

Loginova K V, Shynkaryk M V, Lebovka N I, et al. Acceleration of soluble matter extraction from chicory with pulsed electric fields[J]. Journal of Food Engineering, 2010, 96(3):374-379.

Long J, Yang J, Henning S M, et al. Xylooligosaccharide supplementation decreases visceral fat accumulation and modulates cecum microbiome in mice[J]. Journal of Functional Foods, 2019, 52:138-146.

Lorenzoni A S G, Aydos L F, Klein M P, et al. Fructooligosaccharides synthesis by highly stable immobilized β-fructofuranosidase from Aspergillus aculeatus[J]. Carbohydrate Polymers, 2014, 103:193-197.

Lou Z, Wang H, Wang D, et al. Preparation of inulin and phenols-rich dietary fibre powder from burdock root[J]. Carbohydrate Polymers, 2009, 78(4):666-671.

Luan L Q, Nagasawa N, Ha V T T, et al. Enhancement of plant growth stimulation activity of irradiated alginate by fractionation[J]. Radiation Physics and Chemistry, 2009, 78(9):796-799.

Luo L, Cai X, He C, et al. Immune response, stress resistance and bacterial challenge in juvenile rainbow trouts Oncorhynchus mykiss fed diets containing chitosan-oligosaccharides[J]. Current Zoology, 2009, 55(6): 416-422.

Ma C, Feng M, Zhai X, et al. Optimization for the extraction of polysaccharides from Ganoderma lucidum and their antioxidant and antiproliferative activities[J]. Journal of the Taiwan Institute of Chemical Engineers, 2013, 44(6):886-894.

Ma Y, Wu X, Giovanni V, et al. Effects of soybean oligosaccharides on intestinal microbial communities and immune modulation in mice[J]. Saudi Journal of Biological Sciences, 2017, 24(1):114-121.

Maawia K, Iqbal S, Qamar T R, et al. Production of impure prebiotic galacto-oligosaccharides and their effect on calcium, magnesium, iron and zinc absorption in Sprague-Dawley rats[J]. Pharma Nutrition, 2016, 4(4):154-160.

Mabel M J, Sangeetha P T, Platel K, et al. Physicochemical characterization of fructooligosaccharides and evaluation of their suitability as a potential sweetener for diabetics[J]. Carbohydrate Research, 2008, 343(1):56-66.

Macfarlane S, Macfarlane G T, Cummings J H. prebiotics in the gastrointestinal tract[J]. Alimentary Pharmacology & Therapeutics, 2006, 24(5):701-714.

Mäkeläinen H, Saarinen M, Stowell J, et al. Xylo-oligosaccharides and lactitol promote the growth of

Bifidobacterium lactis and Lactobacillus species in pure cultures[J]. Beneficial Microbes, 2010, 1(2):139-148.

Mandalari G, Nueno Palop C, Tuohy K, et al. In vitro evaluation of the prebiotic activity of a pectic oligosaccharide-rich extract enzymatically derived from bergamot peel[J]. Applied Microbiology and Biotechnology, 2007, 73(5):1173-1179.

Manhart N, Spittler A, Bergmeister H, et al. Influence of fructooligosaccharides on Peyer's patch lymphocyte numbers in healthy and endotoxemic mice[J]. Nutrition, 2003, 19(7-8):657-660.

Manisha, Yadav S K. Technological advances and applications of hydrolytic enzymes for valorization of lignocellulosic biomass[J]. Bioresource Technology, 2017(245):1727-1739.

Manisseri C, Gudipati M. Prebiotic activity of purified xylobiose obtained from Ragi (Eleusine coracana, Indaf-15) Bran[J]. Indian Journal of Microbiology, 2012, 52(2):251-257.

Marmouzi I, Ezzat S M, Salama M M, et al. Recent Updates in Pharmacological Properties of Chitooligosaccharides[J]. BioMed Research International, 2019, 2019(4):4568039-4568054.

Marshall V M. Prebiotics: Development and application -edited by g. R. Gibson and r. A. Rastall[J]. International Journal of Dairy Technology, 2008, 61(3):310-311.

Martínez M, Gullón B, Yáñez R, et al. Kinetic assessment on the autohydrolysis of pectin-rich by-products[J]. Chemical Engineering Journal, 2010, 162(2):480-486.

Mathew A G, Robbins C M, Chattin S E, et al. Influence of galactosyl lactose on energy and protein digestibility, enteric microflora, and performance of weanling pigs[J]. Journal of animal science, 1997, 75(4):1009-1016.

Matsuki T, Tajima S, Hara T, et al. Infant formula with galacto-oligosaccharides (OM55N) stimulates the growth of indigenous bifidobacteria in healthy term infants[J]. Beneficial Microbes, 2016, 7(4):453-461.

Matsushima K, Minoshima H, Kawanami H, et al. Decomposition reaction of alginic acid using subcritical and supercritical water[J]. Industrial & Engineering Chemistry Research, 2005, 44(25):9626-9630.

McDonnell M J, Bouwhuis M A, Sweeney T, et al. Effects of dietary supplementation of galactooligosaccharides and seaweed-derived polysaccharides on an experimental Salmonella Typhimurium challenge in pigs1[J]. Journal of Animal Science, 2016, 94(3):153-156.

Meier J J, Gethmann A, Götze O, et al. Glucagon-like peptide 1 abolishes the postprandial rise in triglyceride concentrations and lowers levels of non-esterified fatty acids in humans[J]. Diabetologia, 2006, 49(3):452-458.

Meng X, Wang J, Wan W, et al. Influence of low molecular weight chitooligosaccharides on growth performance and non-specific immune response in Nile tilapia Oreochromis niloticus[J]. Aquaculture International, 2017, 25(3):1265-1277.

Mengíbar M, Mateos-Aparicio I, Miralles B, et al. Influence of the physico-chemical characteristics of chito-oligosaccharides (COS) on antioxidant activity[J]. Carbohydrate Polymers, 2013, 97(2):776-782.

Mensink M A, Frijlink H W, van der Voort Maarschalk K, et al. Inulin, a flexible oligosaccharide I: Review of its physicochemical characteristics[J]. Carbohydrate Polymers, 2015(130):405-419.

Milani E, Koocheki A, Golimovahhed Q A. Extraction of inulin from Burdock root (Arctium lappa) using high intensity ultrasound[J]. International Journal of Food Science & Technology, 2011, 46(8):1699-1704.

Miller T L, Wolin M J. Pathways of acetate, propionate, and butyrate formation by the human fecal microbial flora[J]. Applied and Environmental Microbiology, 1996, 62(5):1589-1592.

Miyake O, Hashimoto W, Murata K. An exotype alginate lyase in *Sphingomonas* sp. A1: overexpression in *Escherichia coli*, purification, and characterization of alginate lyase IV (A1-IV)[J]. Protein Expression and

Purification, 2003, 29(1):33-41.

Mohan K, Ravichandran S, Muralisankar T, et al. Application of marine-derived polysaccharides as immunostimulants in aquaculture: A review of current knowledge and further perspectives[J]. Fish & Shellfish Immunology, 2019(86):1177-1193.

Mohsen P, Chen Q, Mingming Y, et al. Mannan-and xylooligosaccharides modulate caecal microbiota and expression of inflammatory-related cytokines and reduce caecal *Salmonella Enteritidis* colonisation in young chickens[J]. FEMS Microbiology Ecology, 2016, 93(1).

Montagne L, Pluske J R, Hampson D J. A review of interactions between dietary fibre and the intestinal mucosa, and their consequences on digestive health in young non-ruminant animals[J]. Animal feed Science and Technology, 2003, 108(1-4):95-117.

Montalto M, D'onofrio F, Gallo A, et al. Intestinal microbiota and its functions[J]. Digestive and Liver Disease Supplements, 2009, 3(2):30-34.

Moreira L R S. An overview of mannan structure and mannan-degrading enzyme systems[J]. Applied Microbiology and Biotechnology, 2008, 79(2):165-178.

Morrison D J, Mackay W G, Edwards C A, et al. Butyrate production from oligofructose fermentation by the human faecal flora: what is the contribution of extracellular acetate and lactate? [J]. British Journal of Nutrition, 2006, 96(3):570-577.

Moura P, Marques S, Alves L, et al. Effect of xylo-oligosaccharides from corn cobs autohydrolysis on the intestinal microbiota of piglets after weaning[J]. Livestock Science, 2007, 108(1-3):244-248.

Mussatto S I, Mancilha I M. Non-digestible oligosaccharides: A review[J]. Carbohydrate Polymers, 2007, 68(3):587-597.

Nagasawa N, Mitomo H, Yoshii F, et al. Radiation-induced degradation of sodium alginate[J]. Polymer Degradation and Stability, 2000, 69(3):279-285.

Ndeh D, Rogowski A, Cartmell A, et al. Complex pectin metabolism by gut bacteria reveals novel catalytic functions[J]. Nature, 2017, 544(7648):65-70.

Niemelä K, Sjöström E. Alkaline degradation of alginates to carboxylic acids[J]. Carbohydrate Research, 1985, 144(2):241-249.

Ognik K, Krauze M. Dietary supplementation of mannanoligosaccharides to turkey hens on their growth performance and antioxidant status in the blood[J]. South African Journal of Animal Science, 2012, 42(4): 380-388.

Okazaki M, Fujikawa S, Matsumoto N. Effect of xylooligosaccharide on the growth of bifidobacteria[J]. Bifidobacteria and Microflora, 1990, 9(2):77-86.

Oliveira R P D S, Perego P, Oliveira M N D, et al. Effect of inulin as prebiotic and synbiotic interactions between probiotics to improve fermented milk firmness[J]. Journal of Food Engineering, 2011, 107(1): 36-40.

Olvera C, Centeno-Leija S, López-Munguía A. Structural and functional features of fructansucrases present in Leuconostoc mesenteroides ATCC 8293[J]. Antonie van Leeuwenhoek, 2007, 92(1):11-20.

Osman N, Adawi D, Molin G, et al. Bifidobacterium infantisstrains with and without a combination of Oligofructose and Inulin (OFI) attenuate inflammation in DSS-induced colitis in rats[J]. Bmc Gastroenterology, 2006, 6(1):1-10.

Parnell J A, Reimer R A. Weight loss during oligofructose supplementation is associated with decreased ghrelin and increased peptide YY in overweight and obese adults[J]. The American Journal of Clinical Nutrition, 2009, 89(6):1751-1759.

Pawar M M, Pattanaik A K, Sinha D K, et al. Effect of dietary mannanoligosaccharide supplementation on nutrient digestibility, hindgut fermentation, immune response and antioxidant indices in dogs[J]. Journal of Animal Science and Technology, 2017, 59(1):1-7.

Pawar S N, Edgar K J. Alginate derivatization: A review of chemistry, properties and applications[J]. Biomaterials, 2012, 33(11):3279-3305.

Perdijk O, Van Baarlen P, Fernandez-Gutierrez M M, et al. Sialyllactose and galactooligosaccharides promote epithelial barrier functioning and distinctly modulate microbiota composition and short chain fatty acid production*in vitro*[J]. Frontiers in Immunology, 2019(10):94.

Pierre F, Perrin P, Champ M, et al. Short-chain fructo-oligosaccharides reduce the occurrence of colon tumors and develop gut-associated lymphoid tissue in Min mice[J]. Cancer Research, 1997, 57(2):225-228.

Pourfarzad A, Habibi Najafi M B, Haddad Khodaparast M H, et al. Characterization of fructan extracted from Eremurus spectabilis tubers: a comparative study on different technical conditions[J]. Journal of Food Science and Technology, 2015, 52(5):2657-2667.

Powell L C, Pritchard M F, Emanuel C, et al. A nanoscale characterization of the interaction of a novel alginate oligomer with the cell surface and motility of *Pseudomonas aeruginosa*[J]. American journal of respiratory cell and molecular biology, 2014, 50(3):483-492.

Powell L C, Pritchard M F, Ferguson E L, et al. Targeted disruption of the extracellular polymericnetwork of *Pseudomonas aeruginosa* biofilms by alginate oligosaccharides[J]. NPJ Biofilms and Microbiomes, 2018, 4:1-10.

Praveena P E, Periasamy S, Kumar A A, et al. Cytokine profiles, apoptosis and pathology of experimental*Pasteurella multocida* serotype A1 infection in mice[J]. Research in Veterinary Science, 2010, 89(3):332-339.

Price N P J. Oligosaccharide structures studied by hydrogen-deuterium exchange and MALDI-TOF mass spectrometry[J]. Analytical Chemistry, 2006, 78(15):5302-5308.

Pritchard M F, Jack A A, Powell L C, et al. Alginate oligosaccharides modify hyphal infiltration of Candida albicans in an*in vitro* model of invasive human candidosis[J]. Journal of Applied Microbiology, 2017, 123(3):625-636.

Ramnani P, Chitarrari R, Tuohy K, et al. In vitro fermentation and prebiotic potential of novel low molecular weight polysaccharides derived from agar and alginate seaweeds[J]. Anaerobe, 2012, 18(1):1-6.

Raschka L, Daniel H. Mechanisms underlying the effects of inulin-type fructans on calcium absorption in the large intestine of rats[J]. Bone, 2005, 37(5):728-735.

Rasmussen S E, Frederiksen H, Struntze Krogholm K, et al. Dietary proanthocyanidins: occurrence, dietary intake, bioavailability, and protection against cardiovascular disease[J]. Molecular Nutrition & Food Research, 2005, 49(2):159-174.

Rastall R A. Functional oligosaccharides: application and manufacture[J]. Annual Review of Food Science and Technology, 2010(1):305-339.

Rastall R A, Maitin V. Prebiotics and synbiotics: towards the next generation[J]. Current Opinion in Biotechnology, 2002, 13(5):490-496.

Ren Z, Wang S, Cai Y, et al. Effects of dietary mannan oligosaccharide supplementation on growth performance, antioxidant capacity, non-specific immunity and immune-related gene expression of juvenile hybrid grouper (*Epinephelus lanceolatus* ♂ × *Epinephelus fuscoguttatus* ♀)[J]. Aquaculture, 2020(523):735195.

Respondek F, Gerard P, Bossis M, et al. Short-chain fructo-oligosaccharides modulate intestinal microbiota and metabolic parameters of humanized gnotobiotic diet induced obesity mice[J]. Plos One, 2013, 8 (8):e71026.

Respondek F, Swanson K S, Belsito K R, et al. Short-chain fructooligosaccharides influence insulin sensitivity and gene expression of fat tissue in obese dogs[J]. The Journal of Nutrition, 2008, 138(9): 1712-1718.

Richards P J, Flaujac Lafontaine G M, Connerton P L, et al. Galacto-oligosaccharides modulate the juvenile gut microbiome and innate immunity to improve broiler chicken performance[J]. Msystems, 2020, 5 (1):e00827-19.

Roberfroid M. Dietary fiber, inulin, and oligofructose: a review comparing their physiological effects[J]. Critical Reviews in Food Science & Nutrition, 1993, 33(2):103-148.

Roberfroid M B. Functional foods: concepts and application to inulin and oligofructose[J]. British Journal of Nutrition, 2002, 87(S2):S139-S143.

Roberfroid M B, Delzenne N M. Dietary fructans[J]. Annual Review of Nutrition, 1998, 18(1): 117-143.

Roller M, Rechkemmer G, Watzl B. Prebiotic inulin enriched with oligofructose in combination with the probiotics *Lactobacillus rhamnosus* and *Bifidobacterium lactis* modulates intestinal immune functions in rats [J]. The journal of Nutrition, 2004, 134(1):153-156.

Rossi M, Corradini C, Amaretti A, et al. Fermentation of fructooligosaccharides and inulin by bifidobacteria: a comparative study of pure and fecal cultures[J]. Applied and Environmental Microbiology, 2005, 71 (10):6150-6158.

Stéphane Trombotto, Catherine Ladavière, Frédéric Delolme, et al. Chemical preparation and structural characterization of a homogeneous series of chitin/chitosan oligomers[J]. Biomacromolecules, 2008, 9(7): 1731-1738.

Sabater-Molina M, Larqué E, Torrella F, et al. Dietary fructooligosaccharides and potential benefits on health[J]. Journal of Physiology and Biochemistry, 2009, 65(3):315-328.

Sako T, Matsumoto K, Tanaka R. Recent progress on research and applications of non-digestible galacto-oligosaccharides[J]. International Dairy Journal, 1999, 9(1):69-80.

Salminen S, Bouley C, Boutron M C, et al. Functional food science and gastrointestinal physiology and function[J]. British Journal of Nutrition, 1998, 80(S1):S147-S171.

Salminen S, Salminen E, Koivistoinen P, et al. Gut microflora interactions with xylitol in the mouse, rat and man[J]. Food and Chemical Toxicology, 1985, 23(11):985-990.

Samala A, Srinivasan R, Yadav M. Comparison of xylo-oligosaccharides production by autohydrolysis of fibers separated from ground corn flour and DDGS[J]. Food and Bioproducts Processing, 2015(94):354-364.

Samanta A K, Kotte A P, Elangovan A V, et al. Effects of corn husks derived xylo-oligosaccharides on performance of broiler chicken[J]. Indian J Anim Sci, 2017(87):640-643.

Scholz-Ahrens K E, Ade P, Marten B, et al. Prebiotics, probiotics, and synbiotics affect mineral absorption, bone mineral content, and bone structure[J]. The Journal of Nutrition, 2007, 137(3):838S-846S.

Scholz-Ahrens K E, Schrezenmeir J. Inulin and oligofructose and mineral metabolism: the evidence from animal trials[J]. The Journal of Nutrition, 2007, 137(11):2513S-2523S.

Seifert S, Watzl B. Inulin and oligofructose: review of experimental data on immune modulation[J]. The Journal of Nutrition, 2007, 137(11):2563S-2567S.

Shadid R, Haarman M, Knol J, et al. Effects of galactooligosaccharide and long-chain fructooligosaccharide supplementation during pregnancy on maternal and neonatal microbiota and immunity—a randomized, double-blind, placebo-controlled study [J]. The American Journal of Clinical Nutrition, 2007, 86 (5): 1426-1437.

Shang W, Si X, Zhou Z, et al. Characterization of fecal fat composition and gut derived fecal microbiota in high-fat diet fed rats following intervention with chito-oligosaccharide and resistant starch complexes[J]. Food & Tunction, 2017, 8(12):4374-4383.

Shashidhara R G, Devegowda G. Effect of dietary mannan oligosaccharide on broiler breeder production traits and immunity[J]. Poultry Science, 2003, 82(8):1319-1325.

Shi M, Zhang Z, Yang Y. Antioxidant and immunoregulatory activity of Ganoderma lucidum polysaccharide (GLP)[J]. Carbohydrate Polymers, 2013, 95(1):200-206.

Sirk T W, Friedman M, Brown E F. Molecular binding of black tea theaflavins to biological membranes: relationship to bioactivities[J]. Journal of Agricultural and Food Chemistry, 2011, 59(8):3780-3787.

Sonnenburg E D, Zheng H, Joglekar P, et al. Specificity of polysaccharide use in intestinal bacteroides species determines diet-induced microbiota alterations[J]. Cell, 2010, 141(7):1241-1252.

Sorndech W, Nakorn K N, Tongta S, et al. Isomalto-oligosaccharides: recent insights in production technology and their use for food and medical applications[J]. Lwt, 2018(95):135-142.

Souza K L A, Gurgul-Convey E, Elsner M, et al. Interaction between pro-inflammatory and anti-inflammatory cytokines in insulin-producing cells[J]. Journal of Endocrinology, 2008, 197(1):139-150.

Sreekumar R, Unnikrishnan J, Fu A, et al. Impact of high-fat diet and antioxidant supplement on mitochondrial functions and gene transcripts in rat muscle[J]. American Journal of Physiology-Endocrinology and Metabolism, 2002, 282(5):E1055-E1061.

Sun M, Wu W, Liu Z, et al. Microbiota metabolite short chain fatty acids, GPCR, and inflammatory bowel diseases[J]. Journal of Gastroenterology, 2017, 52(1):1-8.

Swanson K S, Grieshop C M, Flickinger E A, et al. Fructooligosaccharides and Lactobacillus acidophilus modify gut microbial populations, total tract nutrient digestibilities and fecal protein catabolite concentrations in healthy adult dogs[J]. The Journal of Nutrition, 2002, 132(12):3721-3731.

Swennen K, Courtin C M, Delcour J A. Non-digestible oligosaccharides with prebiotic properties[J]. Critical Reviews in Food Science and Nutrition, 2006, 46(6):459-471.

Tamura M, Hoshi C, Hori S. Xylitol affects the intestinal microbiota and metabolism of daidzein in adult male mice[J]. International Journal of Molecular Sciences, 2013, 14(12):23993-24007.

Tøndervik A, Sletta H, Klinkenberg G, et al. Alginate oligosaccharides inhibit fungal cell growth and potentiate the activity of antifungals against Candida and *Aspergillus* spp [J]. Plos One, 2014, 9 (11):e112518.

Torrecillas S, Montero D, Izquierdo M. Improved health and growth of fish fed mannan oligosaccharides: potential mode of action[J]. Fish & Shellfish Immunology, 2014, 36(2):525-544.

Trevisi P, De Filippi S, Minieri L, et al. Effect of fructo-oligosaccharides and different doses of Bifidobacterium animalis in a weaning diet on bacterial translocation and Toll-like receptor gene expression in pigs[J]. Nutrition, 2008, 24(10):1023-1029.

Tripodo G, Mandracchia D. Inulin as a multifaceted (active) substance and its chemical functionalization: From plant extraction to applications in pharmacy, cosmetics and food[J]. European Journal of Pharmaceutics and Biopharmaceutics, 2019(141):21-36.

Trojanova I, Rada V, Kokoška L, et al. The bifidogenic effect of Taraxacum officinale root[J]. Fitoterapia, 2004, 75(7-8):760-763.

Tufan T, Arslan C, Sari M, et al. Effects of chitosan oligosaccharides addition to Japanese quail's diets on growth, carcass traits, liver and intestinal histology, and intestinal microflora[J]. Kafkas Univ Vet Fak Derg, 2015, 21(5):665-671.

Tuohy K M, Rouzaud G C M, Bruck W M, et al. Modulation of the human gut microflora towards improved health using prebiotics-assessment of efficacy[J]. Current Pharmaceutical Design, 2005, 11(1):75-90.

Turner J R. Molecular basis of epithelial barrier regulation: from basic mechanisms to clinical application [J]. The American Journal of Pathology, 2006, 169(6):1901-1909.

Uno T, Hattori M, Yoshida T. Oral administration of alginic acid oligosaccharide suppresses IgE production and inhibits the induction of oral tolerance[J]. Bioscience, Biotechnology, and Biochemistry, 2006, 70 (12):3054-3057.

Varasteh S, Braber S, Garssen J, et al. Galacto-oligosaccharides exert a protective effect against heat stress in a Caco-2 cell model[J]. Journal of Functional Foods, 2015(16):265-277.

Vázquez-Fresno R, Llorach R, Perera A, et al. Clinical phenotype clustering in cardiovascular risk patients for the identification of responsive metabotypes after red wine polyphenol intake[J]. The Journal of Nutritional Biochemistry, 2016(28):114-120.

Veenashri B R, Muralikrishna G. In vitro anti-oxidant activity of xylo-oligosaccharides derived from cereal and millet brans-A comparative study[J]. Food Chemistry, 2011, 126(3):1475-1481.

Wan J, Yang K, Xu Q, et al. Dietary chitosan oligosaccharide supplementation improves foetal survival and reproductive performance in multiparous sows[J]. RSC Advances, 2016, 6(74):70715-70722.

Wang H, Song Z, Ciofu O, et al. OligoG CF-5/20 disruption of mucoid Pseudomonas aeruginosa biofilm in a murine lung infection model[J]. Antimicrobial Agents and Chemotherapy, 2016, 60(5):2620-2626.

Wang J, Cao Y, Wang C, et al. Wheat bran xylooligosaccharides improve blood lipid metabolism and antioxidant status in rats fed a high-fat diet[J]. Carbohydrate Polymers, 2011, 86(3):1192-1197.

Wang J, Tian S, Yu H, et al. Response of colonic mucosa-associated microbiota composition, mucosal immune homeostasis, and barrier function to early life galactooligosaccharides intervention in suckling piglets [J]. Journal of Agricultural and Food Chemistry, 2019, 67(2):578-588.

Wang J P, Yoo J S, Kim H J, et al. Nutrient digestibility, blood profiles and fecal microbiota are influenced by chitooligosaccharide supplementation of growing pigs[J]. Livestock Science, 2009, 125(2-3): 298-303.

Wang W, Li Z, Han Q, et al. Dietary live yeast and mannan-oligosaccharide supplementation attenuate intestinal inflammation and barrier dysfunction induced by *Escherichia coli* in broilers[J]. British Journal of Nutrition, 2016, 116(11):1878-1888.

Wang X X, Song P X, Wu H, et al. Effects of graded levels of isomaltooligosaccharides on the performance, immune function and intestinal status of weaned pigs[J]. Asian-Australasian Journal of Animal Sciences, 2016, 29(2):250-256.

Wang Y, Zeng T, Wang S, et al. Fructo-oligosaccharides enhance the mineral absorption and counteract the adverse effects of phytic acid in mice[J]. Nutrition, 2010, 26(3):305-311.

Wang Y, Zhou P, Yu J, et al. Antimicrobial effect of chitooligosaccharides produced by chitosanase from Pseudomonas CUY8[J]. Asia Pacific Journal of Clinical Nutrition, 2007(16):174-177.

Weaver C M. Inulin, oligofructose and bone health: experimental approaches and mechanisms[J]. British journal of Nutrition, 2005, 93(S1):S99-S103.

Weaver C M, Martin B R, Nakatsu C H, et al. Galactooligosaccharides improve mineral absorption and bone properties in growing rats through gut fermentation[J]. Journal of Agricultural and Food Chemistry, 2011, 59(12):6501-6510.

Wei J, Wang Z A, Wang B, et al. Characterization of porcine milk oligosaccharides over lactation between primiparous and multiparous female pigs[J]. Scientific Reports, 2018, 8(1):1-16.

Windey K, De Preter V, Louat T, et al. Modulation of protein fermentation does not affect fecal water toxicity: a randomized cross-over study in healthy subjects[J]. Plos One, 2012, 7(12):e52387.

Wolever T M, Spadafora P J, Cunnane S C, et al. Propionate inhibits incorporation of colonic [1, 2-13C] acetate into plasma lipids in humans[J]. The American Journal of Clinical Nutrition, 1995, 61(6):1241-1247.

Wright G D. The antibiotic resistome: the nexus of chemical and genetic diversity[J]. Nature Reviews Microbiology, 2007, 5(3):175-186.

Wu B, Cui H, Peng X, et al. Dietary nickel chloride induces oxidative intestinal damage in broilers[J]. International Journal of Environmental Research and Public Health, 2013, 10(6):2109-2119.

Wu G J, Tsai G J. Chitooligosaccharides in combination with interferon-gamma increase nitric oxide production via nuclear factor-kappa B activation in murine RAW264. 7 macrophages[J]. Food and Chemical Toxicology,2007, 45(2):250-258.

Wu S. Preparation of chitooligosaccharides from Clanis bilineata larvae skin and their antibacterial activity [J]. International Journal of Biological Macromolecules, 2012, 51(5):1147-1150.

Wu S J, Pan S K, Wang H B, et al. Preparation of chitooligosaccharides from cicada slough and their antibacterial activity[J]. International Journal of Biological Macromolecules, 2013(62):348-351.

Wu Y, Huang Y, Zhou Y, et al. Degradation of chitosan by swirling cavitation[J]. Innovative Food Science & Emerging Technologies, 2014(23):188-193.

Xia Z, Wu S, Chen J. Preparation of water soluble chitosan by hydrolysis using hydrogen peroxide[J]. International Journal of Biological Macromolecules, 2013(59):242-245.

Xing R, Liu S, Yu H, et al. Salt-assisted acid hydrolysis of chitosan to oligomers under microwave irradiation[J]. Carbohydrate Research, 2005, 340(13):2150-2153.

Xu X, Bi D, Wu X, et al. Unsaturated guluronate oligosaccharide enhances the antibacterial activities of macrophages[J]. The FASEB Journal, 2014, 28(6):2645-2654.

Xu X, Wu X, Wang Q, et al. Immunomodulatory effects of alginate oligosaccharides on murine macrophage RAW264. 7 cells and their structure-activity relationships[J]. Journal of Agricultural and Food Chemistry, 2014, 62(14):3168-3176.

Xu Z R, Hu C H, Xia M S, et al. Effects of dietary fructooligosaccharide on digestive enzyme activities, intestinal microflora and morphology of male broilers[J]. Poultry Science, 2003, 82(6):1030-1036.

Yamamoto S, Sahara T, Sato D, et al. Catalytically important amino-acid residues of abalone alginate lyase HdAly assessed by site-directed mutagenesis[J]. Enzyme and Microbial Technology, 2008, 43(6):396-402.

Yamamoto Y, Kurachi M, Yamaguchi K, et al. Induction of multiple cytokine secretion from RAW264. 7 cells by alginate oligosaccharides[J]. Bioscience, biotechnology, and biochemistry, 2007, 71(1):238-241.

Yamamoto Y, Kurachi M, Yamaguchi K, et al. Stimulation of multiple cytokine production in mice by alginate oligosaccharides following intraperitoneal administration[J]. Carbohydrate research, 2007, 342(8):1133-1137.

Yan G L, Guo Y M, Yuan J M, et al. Sodium alginate oligosaccharides from brown algae inhibit *Salmonella* Enteritidis colonization in broiler chickens[J]. Poultry Science, 2011, 90(7):1441-1448.

Yan J, Takakura A, Zandi-Nejad K, et al. Mechanisms of gut microbiota-mediated bone remodeling[J]. Gut Microbes, 2018, 9(1):84-92.

Yan L, Kim I H. Evaluation of dietary supplementation of delta-aminolevulinic acid and chitooligosaccharide on growth performance, nutrient digestibility, blood characteristics, and fecal microbial shedding in weaned pigs[J]. Animal Feed Science and Technology, 2011, 169(3-4):275-280.

Yang C M, Ferket P R, Hong Q H, et al. Effect of chito-oligosaccharide on growth performance, intestinal barrier function, intestinal morphology and cecal microflora in weaned pigs[J]. Journal of Animal Science, 2012, 90(8):2671-2676.

Yang H S, Xiong X, Li J Z, et al. Effects of chito-oligosaccharide on intestinal mucosal amino acid profiles and alkaline phosphatase activities, and serum biochemical variables in weaned piglets[J]. Livestock Science, 2016, 190:141-146.

Yang J H, Bang M A, Jang C H, et al. Alginate oligosaccharide enhances LDL uptake via regulation of LDLR and PCSK9 expression[J]. The Journal of Nutritional Biochemistry, 2015, 26(11):1393-1400.

Yang Y, Shu R, Shao J, et al. Radical scavenging activity of chitooligosaccharide with different molecular weights[J]. European Food Research and Technology, 2006, 222(1):36-40.

Yin Y L, Tang Z R, Sun Z H, et al. Effect of galacto-mannan-oligosaccharides or chitosan supplementation on cytoimmunity and humoral immunity in early-weaned piglets[J]. Asian-Australasian Journal of Animal Sciences, 2008, 21(5):723-731.

Yoshida N, Sasaki K, Sasaki D, et al. Effect of Resistant Starch on the Gut Microbiota and Its Metabolites in Patients with Coronary Artery Disease[J]. Journal of Atherosclerosis and Thrombosis, 2019, 26(8): 705-719.

Yu Z, Zhao L, Ke H. Potential role of nuclear factor-kappa B in the induction of nitric oxide ndtumor necrosis factor-alpha by oligochitosan in macrophages[J]. International Immunopharmacology, 2004, 4(2): 193-200.

Yuan L, Li W, Huo Q, et al. Effects of xylo-oligosaccharide and flavomycin on the immune function of broiler chickens[J]. PeerJ, 2018(6):e4435.

Yuan X, Zheng J, Jiao S, et al. A review on the preparation of chitosan oligosaccharides and application to human health, animal husbandry and agricultural production[J]. Carbohydrate Polymers, 2019(220): 60-70.

Zainol I, Akil H M, Mastor A. Effect of γ-irradiation on the physical and mechanical properties of chitosan powder[J]. Materials Science and Engineering: C, 2009, 29(1):292-297.

Zeng H, Huang C, Lin S, et al. Lotus seed resistant starch regulates gut microbiota and increases short-chain fatty acids production and mineral absorption in mice[J]. Journal of Agricultural and Food Chemistry, 2017, 65(42):9217-9225.

Zhang B. Dietary chitosan oligosaccharides modulate the growth, intestine digestive enzymes, body composition and nonspecific immunity of loach Paramisgurnus dabryanus[J]. Fish & Shellfish Immunology, 2019 (88):359-363.

Zhang J, Liu Y, Tian L, et al. Effects of dietary mannan oligosaccharide on growth performance, gut morphology and stress tolerance of juvenile Pacific white shrimp, Litopenaeus vannamei[J]. Fish & shellfish immunology, 2012, 33(4):1027-1032.

Zhang L, Ye X, Xue S J, et al. Effect of high-intensity ultrasound on the physicochemical properties and nanostructure of citrus pectin[J]. Journal of the Science of Food and Agriculture, 2013, 93(8):2028-2036.

Zhang W, Jiang S, Qian D, et al. Effect of liquiritin on human intestinal bacteria growth: metabolism and modulation[J]. Biomedical Chromatography, 2014, 28(9):1271-1277.

Zhang W, You Y, Lei F, et al. Acetyl-assisted autohydrolysis of sugarcane bagasse for the production of xylo-oligosaccharides without additional chemicals[J]. BioresourceTechnology, 2018(265):387-393.

Zhang Z, Yu G, Guan H, et al. Preparation and structure elucidation of alginate oligosaccharides degraded by alginate lyase from *Vibro* sp. 510[J]. Carbohydrate Research, 2004, 339(8):1475-1481.

Zhao L, Dong Y, Chen G, et al. Extraction, purification, characterization and antitumor activity of polysaccharides from Ganodermalucidum[J]. Carbohydrate Polymers, 2010, 80(3):783-9.

Zhao P, Piao X, Zeng Z, et al. Effect of Forsythia suspensa extract and chito-oligosaccharide alone or in combination on performance, intestinal barrier function, antioxidant capacity and immune characteristics of weaned piglets[J]. Animal Science Journal, 2017, 88(6):854-862.

Zhao P Y, Jung J H, Kim I H. Effect of mannan oligosaccharides and fructan on growth performance, nutrient digestibility, blood profile, and diarrhea score in weanling pigs[J]. Journal of Animal Science, 2012, 90(3):833-839.

Zhao X, Li B, Xue C, et al. Effect of molecular weight on the antioxidant property of low molecular weight alginate from Laminaria japonica[J]. Journal of Applied Phycology, 2012, 24(2):295-300.

Zhong Y, Cai D, Cai W, et al. Protective effect of galactooligosaccharide-supplemented enteral nutrition on intestinal barrier function in rats with severe acute pancreatitis[J]. Clinical Nutrition, 2009, 28(5):575-580.

Zhonghui Z, Xiaowei Z, Fang F. Ganoderma lucidum polysaccharides supplementation attenuates exercise-induced oxidative stress in skeletal muscle of mice[J]. Saudi journal of biological sciences, 2014, 21(2):119-123.

Zhou M, Tao Y, Lai C, et al. Effects of mannanoligosaccharide supplementation on the growth performance, immunity, and oxidative status of partridge shank chickens[J]. Animals, 2019, 9(10):817.

Zhou T X, Cho J H, Kim I H. Effects of supplementation of chito-oligosaccharide on the growth performance, nutrient digestibility, blood characteristics and appearance of diarrhea in weanling pigs[J]. Livestock Science, 2012, 144(3):263-268.

Zhu Y, Wu L, Chen Y, et al. Characterization of an extracellular biofunctional alginate lyase from marine *Microbulbifer* sp. ALW1 and antioxidant activity of enzymatic hydrolysates[J]. Microbiological Research, 2016(182):49-58.

Zhu Z, Bals O, Grimi N, et al. Better damage of chicory tissue by combined electroporation and ohmic heating for solute extraction[J]. Food and Bioproducts Processing, 2015(94):248-254.

Zhu Z, Bals O, Grimi N, et al. Pilot scale inulin extraction from chicory roots assisted by pulsed electric fields[J]. InternationalJournal of Food Science & Technology, 2012, 47(7):1361-1368.

Zykwinska A, Rondeau-Mouro C, Garnier C, et al. Alkaline extractability of pectic arabinan and galactan and their mobility in sugar beet and potato cell walls[J]. Carbohydrate Polymers, 2006, 65(4):510-520.

（本章编写者：杜昱光、石波）

第3章 生物饲料

【本章提要】 优质饲料原料严重不足是制约我国饲料业健康发展的主要问题之一。采用微生物发酵和酶解技术对多种饲料资源进行优质化处理，一方面可以提高其饲用价值，在一定程度上丰富能量蛋白饲料原料供给；另一方面，与发酵前的饲料原料相比，生物饲料富含多种有益物质，具有调节动物肠道微生态平衡、增强机体免疫功能、替代抗生素、改善机体内环境稳态等功能。同时，生物饲料还具有气味香、适口性好、诱食性强等优点。本章主要从生物饲料的定义和分类、替抗功效和作用机制、生产工艺及装备、生物饲料资源的开发及其在畜禽生产中的应用进行介绍。

3.1 生物饲料概述及其功效

3.1.1 生物饲料概述

1. 生物饲料定义

早在16世纪初叶，明代著名科学家徐光启编著的《农政全书》中，就有用青饲料发酵养猪“特为省力，易得肥腯”的记载(房司铎，1979)。长期以来，有关生物饲料的定义和范围的界定不尽一致。我国农业部颁布的《饲料原料目录》(农业部公告1773号)将发酵(fermentation)定义为“应用酵母、霉菌或细菌在受控制的有氧或厌氧条件下，增殖菌体、分解底物或形成特定代谢产物的过程”。国家饲料工程技术研究中心和《生物饲料产品分类》团体标准均对生物饲料(biological feed)作出了定义——使用《饲料原料目录(2013)》和《饲料添加剂品种目录(2013)》等允许的饲料原料和添加剂，通过发酵工程、酶工程、蛋白工程和基因工程等生物工程技术开发的饲料产品的总称，包括发酵饲料(fermented feed)、酶解饲料(enzyme hydrolyzed feed)、菌酶协同发酵饲料(microbe-enzyme synergistic fermented feed)和生物饲料添加剂(biological feed additives)[《生物饲料产品分类》(T/CSWSL 001—2018)]。具体而言，发酵饲料是指使用《饲料原料目录(2013)》和《饲料添加剂品种目录(2013)》等允许使用的饲料原料和微生物，通过发酵工程技术生产、含有微生物或其代谢产物的单一饲料和混合饲料；酶解饲料是指使用《饲料原料目录(2013)》和《饲料添加剂品种目录(2013)》等允许使用的饲料原料和酶制剂，通过酶工程技术生产的单一饲料和混合饲料；菌酶协同发酵饲料则是指使用《饲料原料目录(2013)》和《饲料添加剂品种目录(2013)》等允许使用的饲料原料、酶制剂和微生物，通过发酵工程和酶工程技术协同作用生产的单一饲料和混合饲料[《生物饲料产品分类》(T/CSWSL 001—2018)]。

2. 生物饲料分类

在团体标准《生物饲料产品分类》中，根据原料组成、菌种或酶制剂组成、原料干物质的主要营养特性，生物饲料可分为发酵饲料、酶解饲料、菌酶协同发酵饲料和生物饲料添加剂等4

个主类、10 个亚类、17 个次亚类、50 个小类和 112 个产品类别(图 3-1)[《生物饲料产品分类》(T/CSWSL 001—2018)]。

- 生物饲料
  - 发酵单一饲料
    - 发酵蛋白饲料
      - 发酵植物蛋白饲料
        - 单菌种发酵植物蛋白饲料
        - 多菌种发酵植物蛋白饲料
      - 发酵动物蛋白饲料
        - 单菌种发酵动物蛋白饲料
        - 多菌种发酵动物蛋白饲料
      - 微生物蛋白饲料
        - 细菌类蛋白饲料
        - 酵母类蛋白饲料
        - 霉菌类蛋白饲料
        - 微型藻类蛋白饲料
        - 其他
    - 发酵能量饲料
      - 发酵谷实类饲料
        - 单菌种发酵谷实类饲料
        - 多菌种发酵谷实类饲料
      - 发酵糠麸类饲料
        - 单菌种发酵糠麸类饲料
        - 多菌种发酵糠麸类饲料
      - 发酵块根块茎类饲料
        - 单菌种发酵块根块茎类饲料
        - 多菌种发酵块根块茎类饲料
      - 发酵其他能量饲料
        - 单菌种发酵块根块茎类饲料
        - 多菌种发酵块根块茎类饲料
    - 发酵粗饲料
      - 发酵秸秆类饲料
        - 单菌种发酵秸秆类饲料
        - 多菌种发酵秸秆类饲料
      - 发酵牧草类饲料
        - 单菌种发酵牧草类饲料
        - 多菌种发酵牧草类饲料
      - 发酵果蔬渣类饲料
        - 单菌种发酵果蔬渣类饲料
        - 多菌种发酵果蔬渣类饲料
      - 发酵其他粗饲料
        - 单菌种发酵其他粗饲料
        - 多菌种发酵其他粗饲料
  - 发酵混合饲料
    - 单菌种发酵混合饲料
    - 多菌种发酵混合饲料
  - 酶解单一饲料
    - 酶解蛋白饲料
      - 酶解植物蛋白饲料
        - 单菌种酶解植物蛋白饲料
        - 多菌种酶解植物蛋白饲料
      - 酶解动物蛋白饲料
        - 单菌种酶解动物蛋白饲料
        - 多菌种酶解动物蛋白饲料
    - 酶解能量饲料
      - 酶解谷实类饲料
        - 单菌种酶解谷实类饲料
        - 多菌种酶解谷实类饲料
      - 酶解糠麸类饲料
        - 单菌种酶解糠麸类饲料
        - 多菌种酶解糠麸类饲料
      - 酶解块根块茎类饲料
        - 单菌种酶解块根块茎类饲料
        - 多菌种酶解块根块茎类饲料
      - 酶解其他能量饲料
        - 单菌种酶解块根块茎类饲料
        - 多菌种酶解块根块茎类饲料
    - 酶解粗饲料
      - 酶解秸秆类饲料
        - 单菌种酶解秸秆类饲料
        - 多菌种酶解秸秆类饲料
      - 酶解牧草类饲料
        - 单菌种酶解牧草类饲料
        - 多菌种酶解牧草类饲料
      - 酶解果蔬渣类饲料
        - 单菌种酶解果蔬渣类饲料
        - 多菌种酶解果蔬渣类饲料
      - 酶解其他粗饲料
        - 单菌种酶解其他粗饲料
        - 多菌种酶解其他粗饲料
  - 酶解混合饲料
    - 单菌种酶解混合饲料
    - 多菌种酶解混合饲料
  - 菌酶协同发酵单一饲料
    - 菌酶协同发酵蛋白饲料
      - 菌酶协同发酵植物蛋白饲料
      - 菌酶协同发酵动物蛋白饲料
    - 菌酶协同发酵能量饲料
      - 菌酶协同发酵谷实类饲料
      - 菌酶协同发酵糠麸类饲料
      - 菌酶协同发酵块根块茎类饲料
      - 菌酶协同发酵其他能量饲料
    - 菌酶协同发酵粗饲料
      - 菌酶协同发酵秸秆类饲料
      - 菌酶协同发酵牧草类饲料
      - 菌酶协同发酵果蔬渣类饲料
      - 菌酶协同发酵其他粗饲料
  - 菌酶协同发酵混合饲料

图 3-1 生物饲料分类

1)按原料组成分类

按饲料原料组成的不同,发酵饲料可分为发酵单一饲料和发酵混合饲料,酶解饲料可分为酶解单一饲料和酶解混合饲料,菌酶协同发酵饲料可分为菌酶协同发酵单一饲料和菌酶协同发酵混合饲料。

2)按菌种或酶制剂组成分类

发酵饲料按添加的菌种组成的不同可分为单菌种发酵饲料和多菌种发酵饲料,酶解饲料按添加的酶制剂的组成不同可分为单酶酶解饲料和多酶酶解饲料。

3)按原料营养特性分类

按照原料干物质的主要营养特性不同,发酵饲料可分为发酵蛋白饲料、发酵能量饲料和发酵粗饲料等,酶解饲料可分为酶解蛋白饲料、酶解能量饲料和酶解粗饲料等。

还有根据饲料中添加生物饲料的比重,将生物饲料分为全价生物饲料和非全价生物饲料。其中,全价生物饲料主要包括流体发酵饲料(欧共体国家替代抗生素的主要途径)、固态发酵饲料(国内主流,将成为抗生素替代的主要饲料途径)。非全价生物饲料主要包括生物浓缩料(牛羊:鲜湿或干燥精补料生物饲料)、生物全价饲料(鲜湿粉料或制粒)、发酵豆粕(棉粕或菜粕)、农副产品加工废弃物(酒糟、豆渣、糖渣等以及水产加工废弃物等与其他原料配合)发酵饲料、几种原料混合发酵的鲜湿生物饲料、酵母发酵物、秸秆发酵饲料(牛羊用)等。此外,也可根据生产工艺和饲料水分含量,将发酵饲料分为固体发酵饲料和液体发酵饲料(卫爱莲等,2017;张秀林等,2017)。其中,固体发酵饲料是指在无流动液体水的固体饲料原料基质中,通过微生物生长并产生代谢产物生产的饲料。液体发酵饲料则是饲料原料与水按照(1:1.5)~(1:4)的比例混合,经过充分发酵后达到稳定状态而生产的饲料(Missotten 等,2015)。液体发酵饲料在国外使用较多,且普遍利用饲料中天然存在的乳酸菌、酵母菌发酵;而国内则普遍使用以益生菌发酵剂为主的固体发酵饲料技术。

3.1.2 生物饲料的替抗功效及作用机制

在配合饲料中,发酵饲料、酶解饲料、菌酶协同发酵饲料的添加量一般为2%~50%,但也有100%的全价发酵饲料产品。目前,应用发酵饲料饲养的动物涵盖了猪(徐博成等,2018;Xu等,2020)、禽(Sugiharto 和 Ranjitkar,2019;Yan 等,2019;阮栋等,2019;陈志敏,2020)、羊(Su等,2020)、牛(Du 等,2020)、兔(Melody Lalhriatpuii,2022)及水产动物(Zhang 等,2020)等。经过特种微生物发酵制备的发酵饲料、酶解饲料、菌酶协同发酵饲料中含有大量的微生物及其代谢产物(如消化酶、有机酸、抑菌素、B族维生素、氨基酸等物质),饲料体外发酵酶解的过程,相当于消化器官的延长和消化时间的增加。目前,一般认为,利用乳酸菌、酵母菌、霉菌和芽胞杆菌等有益微生物自身的生长代谢活动,能降解和转化饲料中的抗营养因子等有害物质、分解大分子营养组分、生成新的微生物代谢物质,生产出的饲料更易于被畜禽采食、消化、吸收,且生物有效性更高。与发酵前的饲料相比,生物饲料具有调节肠道微生态平衡、增强机体免疫功能、替代抗生素、改善机体内环境稳态等功能。此外,生物饲料还具有气味香、适口性好、诱食性强等优点(刘莫尘等,2018);在发酵或酶解过程,饲料原料中的毒性物质被脱除或减少,且生成了多种有益物质(姜锡瑞等,2016),可以发挥良好的经济、社会、生态效益。

1. 生物饲料促进畜禽生长的功效及其作用机制

1)提高畜禽的生长性能

在生长性能方面,饲喂发酵饲料能够提升综合经济效益,主要表现为:

(1)降低饲料原料中的抗营养因子水平,改善饲料营养价值　发酵处理能降低饲料原料中某些可降低饲料营养成分利用率、影响动物生长速度和动物健康的抗营养因子(如蛋白酶抑制剂、植酸、单宁、棉酚等)。此外,发酵过程中发生的一系列生物化学反应可使饲料中的淀粉、纤维、蛋白质等复杂的大分子有机物降解为动物肠道易消化吸收的单糖、双糖、低聚糖、氨基酸和小肽等小分子物质(张秀林等,2017;许晨远等,2019),改善了饲料的适口性,并提高了动物对营养物质的消化吸收。

已有研究证实,饲喂发酵豆粕提高了动物对蛋白质的利用效率,降低了回肠、盲肠、结肠中残留蛋白质的含量,进而降低了后肠道与蛋白质分解相关菌群丰度,减轻了蛋白质发酵的代谢产物(如吲哚、组胺、硫化氢、粪臭素等有害物质)对肠道细胞结构的破坏。另外,发酵饲料中的乳酸菌进入对数生长期后,可产生大量的乳酸,从而降低饲料的 pH 值,使发酵饲料呈现独特的酸香味;同时,通过刺激动物口腔内的味蕾细胞,增加其唾液分泌,提高动物的采食量。发酵饲料的 pH 降低,还能促进动物胃蛋白酶的分泌,加速蛋白质的分解,且对幼龄动物效果更为明显。此外,通过酵母等真菌固体发酵还能将无机氮源转化成蛋白质,并优化蛋白质的氨基酸组成。

Feng 等(2007)研究表明,豆粕经过米曲霉发酵后,可消除其中的蛋白酶抑制剂,提高蛋白酶活性。程秀芳等(2013)用枯草芽胞杆菌和植物乳杆菌对不同比例混合的棉粕和豆粕底物进行发酵,结果表明,棉粕含量最高组的棉酚降解率为 81%。张文举等(2006)利用热带假丝酵母 ZD-3、黑曲霉 ZD-8 对棉籽饼进行复合固态发酵,棉酚含量与发酵前相比减少了 91.64%。同时发酵过程中棉籽饼的营养价值也显著提高,粗蛋白质含量提高了 20.90%,总氨基酸含量提高了 26.16%,必需氨基酸体外消化率提高了 24.47%,对猪比较重要的两种限制性氨基酸(赖氨酸和蛋氨酸)含量分别增加了 20.24%和 66.29%。马文强等(2008)用枯草芽胞杆菌、酿酒酵母、乳酸菌对豆粕进行发酵,结果表明,发酵后豆粕中粗蛋白质的含量比发酵前提高了 13.48%,粗脂肪含量提高了 18.15%,氨基酸含量提高了 11.49%,且其中胰蛋白酶抑制因子和脲酶等抗营养因子基本消失;发酵后豆粕中大分子蛋白质含量比发酵前下降了 75.57%,中分子蛋白质含量降低了 86.77%,小分子蛋白质含量提高了 2.25 倍。除营养价值提高外,在发酵过程中益生菌还可利用饲料原料合成菌体蛋白。众所周知,菌体蛋白富含多种活性物质。此外,发酵饲料中含有各种益生菌,如乳酸菌、酵母菌、芽胞杆菌等,无论是活菌状态还是失活状态的微生物,都会在动物体内发挥一定作用。

(2)产生多种有益代谢物,提升饲料营养特性　饲料发酵过程会产生营养丰富的有益代谢产物,如氨基酸、有机酸、酯、醇、醛、维生素、激素、活化的微量元素等,从而改善饲料的品质,提高其营养水平。芽胞杆菌发酵饲料能够产生维生素 B_1、维生素 B_2、维生素 B_6 等 B 族维生素,维生素 C,蛋白酶,淀粉酶和脂肪酶及多种代谢产物;有益微生物在体内可产生消化酶,提高饲料转化率。在饲料发酵过程中,会产生乳酸、乙酸、丙酸等有机酸,降低 pH,抑制多种革兰氏阴性病原菌的生长。Carlson 等(2003)报道,小麦或大麦经乳酸菌发酵后,其中的植酸磷可被降解或析出,转变为更易被动物机体吸收的有效磷。陈洁梅等(2011)利用芽胞杆菌对豆粕进行固体发酵试验,发酵后样品中粗蛋白质含量从 50.6%增加到 54.1%,大豆肽含量从 1.8%

提高到29.5%，乳酸含量从0.7%增加到4.7%，游离氨基酸含量从5.57 mg/g增加到92.65 mg/g。

2)促进动物肠道发育

正常情况下，初生仔猪的消化器官虽已形成，但功能并不完善，其体积和质量都比较小，胃酸和消化酶的分泌量也不足，防御机制不完善。整个消化道发育最快的阶段在20～70日龄，其间胃肠道结构、pH和消化酶浓度均有较大变化。发酵饲料中含有活的益生菌和发酵过程中产生的多种有益代谢产物，可调节动物体内微生态平衡，改善仔猪肠黏膜的形态结构，使肠道成熟细胞增多，有助于减少仔猪腹泻和增强仔猪对营养物质的消化吸收能力。有研究证实，给仔猪饲喂芽胞杆菌制剂，能促进小肠上皮细胞和微绒毛发育，显著提高仔猪十二指肠和空肠中段的绒毛高度，以及绒毛高度与隐窝深度比值，空肠、回肠和结肠的黏膜厚度也显著增加，进而提高了肠道壁与肠道内食糜的接触面积，增强了营养物质的吸收。

2.生物饲料对动物健康的影响及其机理

1)维持动物肠道菌群平衡

益生菌发酵饲料中存在的有益微生物能在肠道内迅速繁殖，增加肠道内益生菌数量，通过竞争性抑制作用阻止病原微生物在肠黏膜附着与繁殖，例如乳酸杆菌可抑制埃希氏大肠杆菌和沙门氏菌等有害菌黏附到肠壁细胞上，并能通过竞争性拮抗作用驱逐致病菌。此外，发酵饲料中益生菌在发酵过程中会产生乳酸、乙酸、丙酸和丁酸等有机酸，饲喂仔猪后可使消化道的pH降低，抑制病原菌生长，进而降低疾病的发生。胡新旭等(2013)采用发酵饲料饲喂断奶仔猪，对仔猪十二指肠、空肠和盲肠部位肠道食糜及肠道黏膜中菌群数量做了对比检测。结果表明，饲喂发酵饲料可以显著增加十二指肠、空肠和盲肠食糜及各段肠道黏膜中的乳酸菌数量，同时发现粪便中大肠杆菌和沙门氏菌的数量也明显减少。刘金萍(2004)用植物乳杆菌(A6)发酵饲料饲喂仔猪，试验组仔猪空肠、盲肠内容物中乳酸菌数量较对照组仔猪分别提高了9.65%、18.11%；而空肠内大肠杆菌和沙门氏菌的数量分别降低了9.26%与5.93%，盲肠内大肠杆菌和沙门氏菌的数量分别降低了2.32%与17.58%。但是，对于抗逆性差的益生菌，尤其是在发酵过程或贮运过程中益生菌已经死亡时，发酵饲料活菌功能也就难以发挥作用。

2)对体液免疫的调节作用

在宿主体液免疫中B细胞占主导地位，是机体内唯一能产生抗体的细胞，而抗体是构成机体体液免疫的主要物质。免疫球蛋白IgG和IgA在机体体液免疫中具有重要作用，抗体含量的高低也反映了机体对疾病的抵抗能力。发酵饲料中含有大量的益生菌和有益的发酵产物，可刺激肠黏膜上皮细胞，通过影响细胞因子的生成来调节体液免疫，如IL-4可发挥协同IL-6和转化生长因子的作用，可诱导B细胞表面非胸腺依赖性的IgM向IgA的转化，并能通过这种途径增加肠道固有层IgA+B细胞的数量。此外，发酵饲料中常用的枯草芽胞杆菌能刺激动物免疫器官的生长发育，激活B淋巴细胞，提高抗体水平，从而增强体液免疫。胡新旭等(2013)采用乳酸杆菌、枯草芽胞杆菌和酵母菌等益生菌发酵无抗全价乳猪配合饲料，分别替代0、10%、20%和30%的无抗基础日粮饲喂9.5 kg左右的“杜长大”三元杂交仔猪。结果表明，20%和30%发酵饲料组仔猪的血清总蛋白、白蛋白、球蛋白、IgM和IgA均高于对照组，且3个发酵饲料组仔猪的血清IgG含量均显著高于对照组，表明发酵饲料有助于提高机体免疫能力。王娟娟等(2011)采用乳酸杆菌、酿酒酵母和枯草芽胞杆菌发酵玉米-豆粕基础日粮，饲喂14 kg左右“杜长大”三元杂交仔猪，在试验第21天发酵饲料组仔猪血清中IgA浓度显著高于其他两组。

3)对细胞免疫的调节作用

发酵饲料中的益生菌对调节机体细胞因子生成有重要作用。细胞因子可有效地调节免疫应答和炎症反应，它决定着 T 淋巴细胞的分化方向，T 淋巴细胞转化率的高低常作为衡量机体细胞免疫水平的指标，T 细胞转化率越高，意味着淋巴细胞在外来因子的刺激下增殖反应越强，机体的细胞免疫能力越强。发酵饲料中含有活的益生菌及其发酵产生的小肽等均对 T 淋巴细胞有激活作用，如乳酸杆菌能影响 T 细胞的增殖、分化和产生细胞因子的能力。有研究认为发酵饲料中的益生菌对 T 淋巴细胞特别是 CD^{8+} T 具有激活作用，其主要功能是细胞杀伤作用。王娟娟等(2011)采用乳酸杆菌、酿酒酵母和枯草芽胞杆菌发酵饲料饲喂 14 kg 左右“杜长大”三元杂交仔猪，在试验第 7 天，发酵饲料组淋巴细胞转化率极显著高于其他两组($P<0.01$)。试验期末淋巴细胞转化率仍以发酵饲料组最高，抗生素组次之，对照组最低(显著低于其他两组)。以上这些结果表明，在日粮中添加发酵饲料能增强仔猪的细胞免疫。

4)对肠道黏膜免疫的调节作用

发酵饲料中乳酸杆菌能与肠上皮表面的特异性受体结合，稳定有序地定植在肠上皮表面，进而发挥黏膜屏障的保护效应。此外，定植在肠道内的乳酸杆菌还能促进小肠淋巴组织集合 B 细胞增生，增强宿主黏膜的免疫反应，诱导浆细胞产生大量的 sIgA，进而增强机体的免疫功能。发酵饲料中的益生菌及代谢产物能激活肠黏膜中的淋巴细胞，促进白细胞介素、肿瘤坏死因子和干扰素等细胞因子的生成。这些细胞因子刺激 B 细胞增殖分化，促进活化的 B 细胞分化成 IgA + B 细胞，并能促进淋巴细胞增殖。张秀林等(2017)以断奶仔猪为研究对象，试验组在断奶、生长和育肥阶段的饲料中分别加入 10%、20%和 30%发酵饲料，对照组饲喂常规的含有抗生素饲料。研究结果发现，饲喂无抗生素发酵饲料可以增加十二指肠、空肠和回肠的绒毛高度，降低隐窝深度，提高绒腺比，增加了小肠内壁的吸收面积，且减少绒毛杯状细胞数目，增加肠上皮细胞与营养物质接触机会，增强肠道的吸收功能；并能增加小肠上皮间淋巴细胞、M 细胞和 CD3＋T 细胞数量，从而提高小肠的黏膜免疫力。

5)对血清溶菌酶的调节作用

溶菌酶(lysozyme，N-乙酰胞壁质酶)广泛分布于各种生物体中，是一种存在于机体正常体液及组织中能水解黏多糖的碱性水解酶。研究表明，当添加发酵饲料后，仔猪的血清溶菌酶浓度增加，这可能是由于发酵饲料中具有足够数量的乳酸杆菌和枯草芽胞杆菌等活菌能定植于小肠上皮，调节机体胃肠道微生态平衡，并可促进肠道相关淋巴组织生理活动，使免疫器官发育加快，免疫系统成熟度提高，T、B 淋巴细胞以及潘氏细胞的数量增加，溶菌酶的分泌增多。

3. 生物饲料提高畜禽产品品质的功效及其作用机制

1)改善畜禽肉品的感官和食用品质

肉品品质的研究领域主要包含屠宰性能、产肉性能、理化指标、食用品质等方面。其中，屠宰性能主要包括屠宰率、胴体重、眼肌面积、系水力、pH、色泽等；产肉性能主要包括生长速度、体重、总增重、日增重、饲料转换率等；理化指标包括水分、蛋白质、粗灰分、粗脂肪及氨基酸组成；食用品质包括嫩度、熟肉率、风味物质、多汁性及肌纤维直径等(王莉梅，2013)。现有研究表明，发酵饲料可能具有改善猪肉(朱坤等，2018)、羊肉(王莉梅，2013)、鸡肉(廉俊红，2016)以及水产品(钟小群，2018)肌肉的感官和食用品质的功能。饲喂发酵饲料可增加血清中的对香豆酸和丁香酚含量，降低机体谷胱甘肽代谢，抑制细胞膜脂质的过氧化反应，增强了机体的抗应激能力，从而延缓了肌肉中肌红蛋白氧化成为高铁血红蛋白导致肉色变暗的过程，使屠宰后背最长肌细胞中糖酵解速度减慢，pH 下降速度减缓，降低了肌红蛋白、肌动蛋白等蛋白质的变性程度，因此，显著提高了背最长肌 a^* 值和肉色评分，使猪肉色泽更加鲜艳（朱坤等，2018）。

嫩度是肉品口感的重要物理指标，也是肉品质地的反映。相关研究已经证实，育肥猪饲粮中添加发酵饲料具有提高肌内脂肪含量，显著降低背最长肌的剪切力值，增加肉的保水性，减少汁液损失，提高肉的嫩度，改善猪肉品质的效应（朱坤等，2018）。

2）对禽蛋品质的影响

在生产性能方面，饲喂发酵饲料除了总体上可提高禽类的产蛋率，降低料蛋比和饲粮成本，增加养殖经济效益外，还可能显著提高蛋中蛋清重和蛋黄颜色。由于与发酵豆粕和发酵麸皮相比，发酵酒糟富含叶黄素，可调节禽蛋蛋黄颜色。因此，以酒糟为底物的发酵酒糟在改善蛋黄颜色和哈夫单位方面优于以玉米、豆粕和麸皮为底物的发酵混合饲料（钟小群，2018）。

3.2 生物饲料的生产工艺及装备

3.2.1 生物饲料生产工艺

1. 好氧发酵

1）好氧发酵的定义

好氧发酵是在有氧气的条件下利用好氧益生菌进行发酵的过程，常用的好氧微生物包括芽孢杆菌、酵母菌、曲霉等。好氧发酵在发酵过程中需要不断通入新鲜空气，并不断搅拌，以满足微生物的呼吸需要。

2）好氧发酵的优点

（1）发酵速度快，可以充分利用物料中的无机氮源，如氧化铵、硫酸铵等来合成菌体蛋白，有利于提高真蛋白质的含量，一般可以提高 5%左右。俄罗斯就有很多利用纸浆废水、淀粉废水甚至石油等，再加入无机氮进行液体深层搅拌发酵生产酵母蛋白质的例子。

（2）可以更好地产生生物活性物质，如维生素、酶、未知生长因子，并促进物料的分解利用。

（3）微生物繁殖速度快，生成的益生菌数量多。

（4）好氧发酵可以生产高附加值的产品，如液体深层搅拌发酵生产液体酶制剂、产生抗生素、维生素等。

3）好氧发酵的缺点

（1）设备投资巨大，如果采用浅层发酵法，依靠空气对流来导入空气，则占地面积大，物料只能铺成 5 cm 厚度发酵。

（2）技术要求高，易污染杂菌，成功率不高，常常有氨气产生。

（3）因为与空气充分接触，杂菌污染机会多，还可能产生霉菌毒素，所以要求接种量大。

（4）经过好氧发酵后，物料中的能量基本上被微生物消耗殆尽，好氧发酵通过氧化磷酸化途径获得能量，只要一直有氧气参与发酵，则可以把可利用的能量（如消化能，代谢能）全部消耗掉，能量载体（如碳水化合物）全部氧化成二氧化碳挥发，干物质损失较大。尽管好氧发酵可以提高蛋白质含量 5%左右，但付出的代价是可利用能量被消耗，而在养殖业中，消化能或代谢能也是最重要的营养参数之一。

4)好氧发酵的应用

好氧发酵如果发生在无菌条件下,并通入无菌空气,才能避免空气中或外界的杂菌污染,还必须不断搅拌,使微生物能充分接触空气,满足发酵微生物的呼吸需求,这需要在专业设备下发酵。如果在没有任何消毒措施或易污染环境中进行好氧发酵,非常容易污染杂菌,导致发酵产热严重,营养损失大,还容易杂菌超标或产生霉菌毒素。

好氧发酵时如果进行原料杀菌,并在无菌环境下通入无菌空气发酵,则一般不会出现生物安全性问题,但养殖者或饲料厂采用好氧发酵时不经任何必要的卫生操作,产品安全风险很大。例如,在一块空地铺上饲料,撒上菌种,经过几次人工搅拌,达到规定时间即认为发酵结束,这样的发酵饲料不但不会起到促进消化吸收和对动物益生的效果,而且大量杂菌的生长会分解饲料中的营养物质,甚至产生霉菌毒素,从而大大降低了饲料的饲用价值,影响动物健康。

好氧发酵后的饲料仍然残留大量的杂菌,不利于保存,除非采用烘干,将饲料水分降低至12%以下。所以,鉴于好氧发酵的缺点,目前好氧发酵主要用于液体深层发酵生产高附加值的产品或者制作堆肥。

2.厌氧发酵

1)厌氧发酵的定义

厌氧发酵是指将调配好水分和养分的原料,接种厌氧菌后,置于密封容器或密封环境内,经过一段时间的发酵,制成营养丰富、适口性好、消化利用率高,并含有大量益生菌及其代谢产物的保健、促生长微生态饲料。与好氧发酵相比,由乳酸菌主导的厌氧发酵是相对安全的发酵。因为缺氧环境抑制好氧性霉菌、腐败菌的生长,但利于乳酸菌生长。乳酸菌在绝对或相对无氧环境下发酵产生大量乳酸、乳酸菌素等天然抑菌物质,抑制大部分有害菌的生长,防止霉菌毒素产生,从而保障发酵饲料的安全;大量的乳酸还可以提高饲料的适口性,降低动物肠道pH,促进消化吸收。

2)厌氧发酵的优点

(1)操作简单,容易掌握,只要掌握了不让空气进入的原则,则基本不会失败,这是厌氧发酵应用广泛的主要原因。

(2)占地面积小,可以深层发酵,如每平方米可以发酵1 t以上,而好氧浅层发酵只能发酵少量物料。

(3)营养保存完好,物料在发酵中的损耗不会超过5%,可利用能量多数情况下甚至在发酵中会上升,这是好氧发酵无法比拟的优势。

(4)发酵产生有机酸(如乳酸等),以及各种乳酸菌素(生物抗生素)、未知免疫因子和生长因子。

(5)发酵后,只要密封好,保存期长,这一点是好氧发酵做不到的。

(6)厌氧发酵产生的菌体细胞壁薄,容易自溶,菌体营养更容易释放,营养价值相对高一些。

3)厌氧发酵的缺点

(1)细菌繁殖数量不如好氧发酵,产生的维生素等生物活性物质也不如好氧发酵。

(2)厌氧发酵对物料的分解力度不够,但这可以通过采用添加外源复合酶制剂的方法来解决。

4)厌氧发酵饲料的功效

(1)体外预消化,营养更容易消化吸收。蛋白质分解成多肽、小肽、氨基酸;淀粉分解成葡萄糖等,进一步转化成乳酸等小分子营养物质,使动物更好地消化吸收,并节省动物在体内消化时消耗的能量。

(2)提高饲料营养价值及利用率。厌氧发酵可降解饲料中的抗营养因子(大豆抗原、胰蛋白酶抑制因子等)和有毒物质(如芥子酸、硫代葡萄糖苷等),释放难以被动物利用的营养素(如植酸磷等)、螯合微量元素(如把碳酸钙变成乳酸钙)并促进微量元素的吸收,降解粗纤维成单糖。

(3)改善饲料适口性,提高采食量。发酵后的饲料具有特殊的酸香气味,含有丰富的乳酸,诱食效果好,采食量高。

(4)提高饲料安全性。发酵后的饲料呈酸性,pH 在 4.5 左右,有害菌(大肠杆菌、沙门氏菌和金黄色葡萄球菌易在偏中性 pH 条件下生长)数量极低,大大提高了饲料的安全性,还能吸附或降解饲料中部分霉菌毒素,减少霉菌毒素对动物的影响。

(5)产生许多益生物质,促进动物健康。发酵后的饲料中含有大量的活性益生菌和其代谢产物(如乳酸、乳酸菌素、小肽、B 族维生素、促生长因子等),可改善动物肠道健康,提高动物免疫力,减少动物疾病,促进动物生长和健康性能。

3. 兼性发酵

1)兼性发酵的定义

兼性发酵是利用好氧菌、厌氧菌和兼性厌氧菌共同完成的发酵过程。不同类型的微生物在不同的氧气浓度环境生长并发挥作用,兼有有氧呼吸和无氧发酵两种功能。在有氧或缺氧条件下,可通过不同的氧化方式获得能量,如酵母菌在有氧环境中进行有氧呼吸;在缺氧条件下发酵葡萄糖生成酒精。

2)饼粕类饲料的兼性发酵过程

饼粕类原料蛋白含量相对高,氨基酸平衡好,且具有抗氧化、适口性好等优点,但粗纤维含量较高,单胃动物对其能量和粗蛋白质利用率较低,同时存在多种抗营养因子。霉菌、酵母或细菌在好氧发酵过程中产生丰富的蛋白酶、纤维素酶等水解酶类,能够降解棕榈粕及豆粕中的纤维素和蛋白质等大分子为易吸收的小分子营养物,同时可以消除豆粕中的抗营养因子。乳酸菌在厌氧发酵过程中能够迅速生长繁殖,因而,发酵饲料含有丰富的乳酸菌,其营养价值高、易消化,具有抗生素替代潜力,可以提高猪的生产性能,改善猪的健康状况。刘桂香等(2016)以棕榈粕和豆粕为主要原料,以麸皮、玉米粉、次粉为配料,采用米曲霉、根霉、啤酒酵母、枯草芽胞杆菌以及乳酸菌经过好氧、厌氧两步法联合发酵,目的是获得一种富含蛋白质、乳酸菌以及高水解酶活性的优质饲料。在好氧发酵阶段,霉菌、枯草芽胞杆菌旺盛生长,产生淀粉酶、蛋白酶、纤维素酶水解原料中的淀粉、蛋白质、纤维素等大分子物质为小分子营养物质,为酵母菌、乳酸菌以及其他细菌的生长提供营养物质;在厌氧阶段,霉菌溶解,细胞内的水解酶释放到饲料中,进一步水解饲料中的大分子营养物质为小分子营养物质,酵母菌和乳酸菌继续生长,生成的乳酸及厌氧条件能够较好地抑制有害细菌的生长,保证益生菌的活性。饲料产品以蛋白质含量、淀粉酶活性、酸性蛋白酶活性以及益生菌活菌含量等为主要考察指标。

3)青贮饲料兼性发酵过程

青贮发酵饲料的原理是将新鲜的植物切短后填入青贮窖、塔或其他容器，经过压实、密封形成厌氧条件，通过乳酸菌为主的微生物发酵将原料中的糖分转化为乳酸、乙酸等有机酸类，当青贮物料中的 pH 下降到 3.8～4.2 时，抑制所有微生物的活动，从而使青饲料中的营养价值得以长期保存。青贮过程大致分为有氧呼吸、厌氧发酵、稳定期 3 个阶段：①有氧呼吸阶段。填入青贮窖的粉碎原料经过压实后，其缝隙中仍然有氧气残留，物料上附着的好氧微生物（酵母、霉菌等）生命活动还比较活跃，同时植物细胞没有死亡，其有氧呼吸仍在继续。这些有氧活动不断分解碳水化合物产生二氧化碳、水等物质并产生热量。一旦氧气耗尽，这一阶段便结束了，此阶段仅仅持续几小时。②厌氧发酵阶段。随着青贮窖内的氧气被耗尽，乳酸菌生长繁殖所需要的厌氧条件形成，厌氧发酵阶段便开始了。此时，乳酸菌在数量上逐渐形成绝对优势，主要以同型发酵和异型发酵为主。其中，同型发酵菌将葡萄糖和果糖等碳水化合物分解成乳酸，异型发酵除了产生乳酸外，还产生乙酸、乙醇、二氧化碳等。在这个阶段开始，产乙酸的异型发酵乳酸菌生长繁殖相对活跃，发酵可溶性碳水化合物产生乙酸和乳酸使青贮料 pH 下降；当 pH 降低到 5.0 以下时，产乙酸菌生长受到抑制，而同型发酵乳酸菌的活性逐渐增强，继续发酵可溶性碳水化合物产生乳酸等酸性物质，使青贮饲料 pH 下降到 4.0 以下，抑制腐败菌、酪酸菌等有害微生物的生长，同时乳酸菌的生长也逐渐受到抑制，使青贮饲料进入一个相对稳定的状态。③稳定阶段。此阶段厌氧发酵阶段产生的乳酸、乙酸等酸性物质使青贮料 pH 足够低（玉米青贮 pH 一般在 4.0 以下），抑制了所有微生物的活动，乳酸菌也不再生长，耐酸的酵母菌、梭状芽胞杆菌等都以孢子的形式存在，青贮料的营养特性保持相对稳定。

3.2.2 菌酶协同发酵饲料生产工艺

菌酶协同发酵饲料中的菌种及酶制剂的种类仅限于《饲料添加剂品种目录（2013）》（根据 2045 号公告及后续修订公告汇总，截至 2022 年 11 月）。在菌种种类、添加量及发酵工艺相同的条件下，添加酶制剂有助于益生菌发酵。酶制剂对原料酶解实现初步预消化，产生的小分子营养物质会提高益生菌的增殖速度。采用菌酶协同发酵尽量先用合适的酶制剂对发酵饲料原料进行预处理，然后再进行益生菌发酵，会更好地发挥菌酶协同发酵的效果。

酶制剂的作用在于对大分子营养物质，如淀粉、蛋白质、纤维素等进行预消化，降解为吸收效率更高的小分子营养物质，如单糖、双糖、氨基酸、小肽等，通过酶制剂的作用，将原来不被肠道消化吸收的大分子营养物质变成可吸收的小分子营养物质，进一步发掘原料的可利用价值。益生菌在发酵过程中，也会分泌大量的消化酶，对营养物质进行消化；同时还会合成和分泌大量的功能性代谢产物，如乳酸、过氧化氢、乙酸、抗菌肽等，对肠道代谢起到调控作用。菌酶协同相互促进，既提高饲料酶解与发酵效率，又提高发酵产品的益生功能。

发酵饲料中使用的酶制剂应在《饲料添加剂品种目录（2013）》（根据 2045 号公告及后续修订公告汇总，截至 2022 年 11 月）中，目前主要有 13 种，包括产自黑曲霉、解淀粉芽胞杆菌、地衣芽胞杆菌、枯草芽胞杆菌、长柄木霉、米曲霉、酸解直链淀粉芽胞杆菌和大麦芽的淀粉酶；产自黑曲霉的 α-淀粉酶；产自长柄木酶、黑曲霉、孤独腐质霉和蝇状青霉的纤维素酶；产自黑曲霉的 β-葡聚糖酶；产自枯草芽胞杆菌、长柄木酶、蝇状青霉、解链芽胞杆菌和棘孢曲霉的 β-葡聚糖酶；产自特异青霉和黑曲霉的葡萄糖氧化酶；产自黑曲霉和米曲霉的脂肪酶；产自枯草芽胞杆菌的麦芽糖酶；产自迟缓芽胞杆菌、黑曲霉、长柄木霉的 β-甘露聚糖酶；产自黑曲霉、棘孢曲霉的果胶酶；产自黑曲霉、米曲霉、枯草芽胞杆菌、长柄木霉和地衣芽胞杆菌的角蛋白酶；产自米曲霉、孤独腐质霉、长柄木霉、枯草芽胞杆菌、绳状青霉、黑曲霉和毕赤酵母的木聚糖酶等（李旺等，2020）。

3.2.3 典型发酵饲料工艺控制

1. 发酵饲料工艺控制

1）菌种活化

菌种活化就是将发酵菌剂投入温糖水中复苏的过程，使用的糖类包括葡萄糖、蔗糖、糖蜜等，糖水中含糖量为1%～2%、活化温度在30～40 ℃、活化时间在2～12 h为宜。发酵菌剂是否需要活化取决于发酵的菌种及发酵物料组成，当菌种活性低或者物料可利用率比较差时，活化后的菌种接种后能够迅速进行占位增殖，从而抑制物料中的杂菌生长。菌种除了活化之外，有些厂家或者养殖户还会对菌种进行扩培，主要是在活化菌种时不仅加入糖类碳源，还加入一些氮源，目的是降低菌种的成本。其实没有严格进行无菌操作的菌种扩培是非常容易造成杂菌污染的，甚至被大肠杆菌、沙门氏菌等致病菌污染。另外，在扩培后各菌的比例将被改变，最终影响发酵饲料的质量。因此，条件允许时进行菌种活化是非常有必要的，但是无法在严格无菌环境下进行菌种扩培操作是不可取的。

2）发酵水分

发酵的水分是发酵饲料至关重要的因素之一，固体发酵饲料水分含量范围比较大，水分太高或者太低都不利于发酵，一般在30%～60%（李龙等，2010）。过高的水分会导致可溶性碳水化合物的损失，同时引起不良微生物的繁殖，产生大量丁酸，使饲料发臭、变黏；过低的水分会使饲料变得粗硬，不易压实，饲料间存有部分空气会造成产热，导致有氧菌大量繁殖，最终引起饲料发霉变质。刘晓明等（2016）评估了含水量对不同饲料原料发酵品质的影响，结果发现，利用乳酸菌、酵母菌、枯草芽胞杆菌分别发酵的最佳含水量为50%，利用乳酸菌和枯草芽胞杆菌分别发酵豆粕和棉籽粕的最佳含水量为60%，利用酵母菌发酵豆粕和棉籽粕的最佳含水量为50%，说明不同微生物和不同饲料原料发酵时所需含水量均有所不同。

3）粉碎细度

发酵原料是否需要粉碎并没有严格的要求，根据不同的情况而定。发酵单一原料（如豆粕）在发酵前并不做粉碎处理，烘干后再根据不同的要求进行粉碎处理，而复合原料发酵饲料大多时候是不进行烘干的，直接拌料使用，所以在发酵前都根据饲喂对象进行不同粒度的粉碎处理。就微生物发酵而言，对原料进行粉碎处理是非常有意义的。对物料进行粉碎能够增加物料表面积，促进营养物质溶解，有利于微生物的增殖及物料的降解。粉碎后的物料的间隙小，存留的氧气比较少，有利于缩短好氧发酵时间，促进厌氧乳酸菌尽快进入生长状态，抑制原料中杂菌的生长。粉碎的物料直接拌料使用，更容易被畜禽消化吸收。

4）发酵pH

微生物生长都有其适宜pH，比如枯草芽胞杆菌适宜生长pH为6.0～7.5，酿酒酵母适宜生长pH为5.0～6.5，嗜酸乳杆菌适宜生长pH为5.5～6.0（陈洪仪等，2009）。不同菌株对酸碱的耐受程度也不一样，枯草芽胞杆菌在pH＜5.0的情况下基本不生长，嗜酸乳杆菌在pH＜4.0的情况下仍能生长。因此复合菌发酵饲料对起始pH的设置比较关键，一般起始pH为6.0～7.5是比较合理的。在发酵物料中如果大比例使用熟麦皮、DDGS、喷浆玉米胚芽粕等比较酸的物料时，应该在底物配方中添加0.5%～2%的小苏打或者轻质碳酸钙中和部分的酸，使得起始发酵pH不至于太低，保证耐酸性差的菌在发酵时不受影响。

5)接种量

液体发酵的接种量是指移入种子液的体积和培养液体积的比例，固体发酵接种量如果单纯地用体积或者质量比来表示接种量不太恰当，按照接种后底物原料中活菌的数量级更为合适。接种量的多少与诸多因素相关，比如菌种、底物原料的杂菌数、底物营养、发酵水分等。发酵饲料选择生料发酵的比较多，如果原料中的杂菌比较多，而接种量又相对比较低的话，益生菌接种后就很难达到菌群优势，从而不能抑制原料中的杂菌生长。常规原料中杂菌含量一般<10^5 CFU/g，所以发酵前要求接种量>10^6 CFU/g为宜，或者根据原料的实际情况进行适当的调整(刘晓明等，2015)。

6)发酵温度

菌株生长必须在适合的温度才具有最佳的生长增殖活性，不同菌株对应的最适生长温度不一样，对温度的耐受范围也不一样。一般酵母菌、霉菌能够在低温条件下生长，发酵温度>25 ℃就能够生长，而细菌一般要>30 ℃才具有生长的活性(王剑等，2017)。菌株繁殖周期与温度也是息息相关的，在最适温度范围内，温度越高，繁殖的速度就越快，生长周期也就越短，所以发酵时间的长短与环境温度有关。在环境温度比较低的情况下，发酵饲料发酵需要一个起始的温度，一般可以通过使用热水混合物料来提高物料的起始温度；在高温的夏天，尽量缩小发酵单元，不宜大量堆积，便于散热，不至于物料温度过高。好氧菌通过好氧发酵是产热的，而厌氧菌发酵产热就比较少，所以选择厌氧菌发酵的时候更应该关注发酵的温度。当环境温度达不到发酵要求的时候需要建设保温房进行发酵，这有利于保证发酵质量的稳定。

7)评价指标

发酵饲料产品比较多，发酵目的也不尽相同，暂时并没有统一的评价指标，比较常见的指标有pH、酸溶蛋白、总酸、活菌数、大肠杆菌、沙门氏菌、霉菌毒素等。复合菌发酵饲料活菌数检测包括芽胞杆菌、酵母菌、乳酸菌的含量检测。活菌数受贮存时间的影响比较大，贮存时间越长，活菌数就越低，但是死菌体仍然具有益生功效，对发酵饲料的饲喂效果不会造成太大的影响。活菌数的检测最好是在发酵结束后立即进行检测为宜，这样检测的结果才能反映发酵效果，从而指导发酵工艺的调整。除发酵产品监测外，原料的质量监测也非常必要，尽量要选择新鲜、无霉变的饲料进行发酵，再者还需要对原料的总菌数、大肠杆菌、沙门氏菌、霉菌毒素等卫生指标进行检测，这样发酵饲料的质量与稳定性才有保障。目前大多数厂家都不具备这些指标的检测条件，所以非常不利于发酵饲料质量的监测。在这些指标中，pH检测对设备及技术要求比较低，而且pH的变化能够比较直观反映发酵的水平，即发酵的进程及产品的性能。发酵pH检测应该落实到每一批发酵料，这样才能保证产品质量的稳定性。另外，对其他指标的定期抽样检测也是非常必要的，这样才能对发酵产品质量进行全面的评价。

2.典型发酵豆粕工艺

发酵豆粕的工艺方法主要包括固态发酵技术和液态发酵技术。基于环保和经济方面的综合考虑，对于低质的豆粕发酵，目前多采用的是固体发酵(图3-2)，而液体发酵虽然能够保证产品的优良品质和稳定性，但是设备造价高，发酵过程中的废液排放易造成环境污染，处理成本高，不宜被采用。生产的工艺条件对发酵豆粕产品质量有很大影响，因此，需要对原料的状态(如含水量、pH、底物组成、料水比等)和发酵条件(发酵时间、菌种的组成和接种量、温度、通气量等)进行优化。

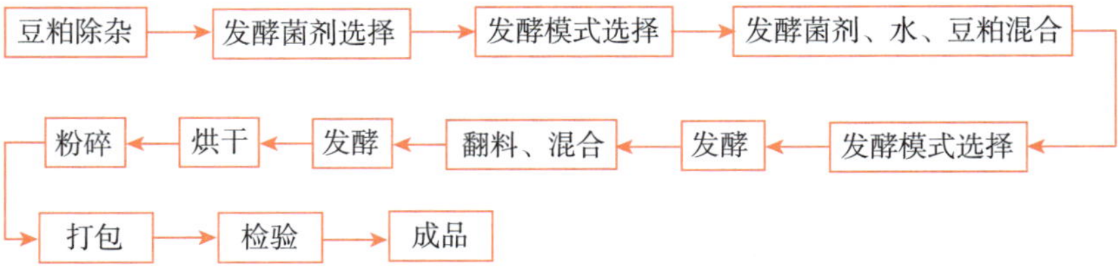

图 3-2　发酵豆粕工艺流程图

3. 典型发酵棉粕工艺

发酵棉粕工艺(图 3-3)主要步骤包括:菌种制作、原料粉碎、混合、发酵、包装。

(1)菌种制作　筛选脱毒效果好,生长繁殖旺盛,产酸能力强的菌种作为生产菌种,并严格控制逐级扩大培养的过程,保证菌种无杂菌污染。

(2)原料粉碎　严格控制粉碎粒度,以满足发酵对物料粒度的要求。

(3)混合　严格控制发酵菌种原料和水混合时间,保证物料水分和菌种充分混匀。

(4)发酵　发酵池严格按消毒规程杀菌消毒,厌氧,温度控制在 30～40 ℃。

(5)包装　发酵完毕,尽快包装,要求物料压实,密闭。

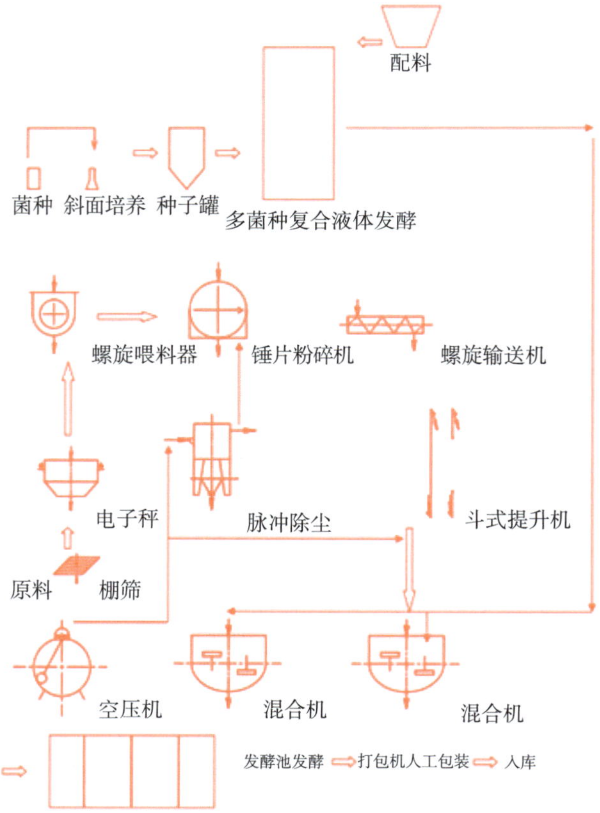

图 3-3　发酵棉粕工艺流程图

3.2.4 新型发酵酶解设备

1. 发酵设备

1）常见发酵设备

固态发酵是发酵饲料生产环节中最重要的工序，其设备运行的可靠性、适用性直接决定产品的品质和产量。培养微生物的发酵设备必须具备微生物稳定生长繁殖的条件，以获得稳定的质量和产量（张林泉，1996）。我国根据物料的周转形式将固态发酵分为静态式和动态式（姚跃飞、曾柏全，2005）。

静态式发酵的优点是场地简单，操作方便，产量大；其明显的缺点是热量、氧气和其他营养物质的传递困难，从而导致物料内部温度、湿度、酸碱度和菌体生长状态不均匀，物料品质难以保证；这种方式大多是人工作业，劳动强度大、易受杂菌污染，国内小型饲料企业一般采用这种方式。动态式发酵是通过固定容器进行发酵，能实现一定程度的自动化，发酵环境好，可以进行多种工艺运作，产品品质稳定，但设备造价高，难以维护。

静态式固态发酵根据物料布设方式的不同分为平地堆放式、池式、槽式 3 种。物料发酵堆放高度为 0.5～0.8 m，堆放量为200～400 kg/m^2，场地面积根据实际情况可大可小，为了保温通常搭建薄膜式暖棚。平地堆放式发酵方法是目前中小型发酵饲料生产企业采用最多的方式，见图 3-4。这种方法有足够空间就能实施作业，技术要求低、简便易行。但开放式发酵环境因素（如温度、湿度等）极易因为人为的影响而受到干扰。此外，堆放式发酵的物料周转如装卸、搬运、翻料等完全需要人力进行，工人生产劳动强度极大，且易将外界杂菌带入车间，这些不利因素对成品品质造成极大影响。池式发酵方法是将物料置于水泥砌面的地坑中进行固态发酵，见图 3-5。地坑深度通常为 1 m 左右，宽度为 2～5 m，呈长条状，地坑四壁做防水处理。这种方法减少了人为污染，利于保温，容易产生稳定的发酵环境。但是由于物料搬运困难，工人操作的劳动强度依然很大。由于地坑的修建和物料的周转十分繁琐，这种方式只适用于产量不大的生产条件，我国的饲料生产企业目前较少采用。槽式发酵结合了平地堆放式和池式发酵的优点，见图 3-6。利用在地面砌墙规划成若干条发酵槽，墙高 1.2～1.5 m，墙体间隔为 2.0～2.5 m，长度为 15～30 m。这种方法使发酵生产条件有了较大的改善，尤其是大槽发酵利用两平行的墙体形成发酵区间，墙体上可安装布料、翻料设备，实现一些简易的机械化操作。但由于技术的限制，这些设备需要工人现场操控，一定程度上影响了发酵环境。另外发酵槽底层的物料仍然很难处理，残留量不易清理，易霉变。物料最后的搬运工作仍然十分繁重。

图 3-4　平地堆放式发酵

图 3-5　池式发酵

图 3-6　槽式发酵

动态式发酵是将物料放在有机械动力的容器中，能实现间断或连续的运动状态，由电气控制物料的周转，强化了传热和传质，自动化程度相对较高，物料品质好，易实现自动化控制和无人操作；但由于机械结构相对复杂，灭菌消毒比较困难，产量大时设备比较庞大，投资大。目前我国常见的动态式固态发酵设备有皮带式和车阵式。

皮带式发酵设备是将物料放置于透气的尼龙材质皮带上，料层高度为 300～400 mm，由链轮机构拖动皮带缓慢运动，将物料直接由混合接种端送到后续工段，物料在输送时完成发酵过程，为节省场地空间，皮带由上往下可分成若干层，设备内部通常有加温、排风、监测等部件，见图 3-7。该设备动力结构简单，运行稳定可靠，内部环境调节设备使发酵环境稳定，规模扩展方便，投资相对不高。由于皮带式发酵是连续生产，所以应变能力差，一旦出现故障会使整个生产线停止。此外，皮带输送易产生漏料等现象。

车阵式发酵设备是将物料置于若干规格相同的特制容器中，容器材质一般为杉木等透气材料，容积为 1～2.5 m^3。容器分成若干发酵队列，加上两条分配道和一条返回队列由拖拽机构实现运动。能通过电气控制实现物料的分配、翻料和输送，每个容器上安装监测设备，由厂房内部设备实现环境调控，见图 3-8。该设备灵活，应变能力好，发酵环境稳定，产量高。但制作维护成本较高，控制复杂，容器消毒困难。

图 3-7　皮带式发酵

图 3-8　车阵式发酵

2）新型发酵设备

除上述设备外还有一些新型发酵设备，如矩形槽式发酵床、平床式发酵机、圆形发酵机、圆形发酵塔等。

（1）矩形槽式发酵床　见图 3-9，主要特点如下。

①带辅助加热功能；

②一般用于兼性发酵，先好氧，后相对厌氧或厌氧；

③厌氧接种混合后的物料运送至发酵床，根据实际生产情况，料层厚度可适当调节，一般为 700～2 000 mm；

④在生产过程实现“自动进料，发酵结束后自动出料”的功能；

⑤根据工艺需要可实现翻料。

图 3-9 矩形槽式发酵床

(2)平床式发酵机 见图 3-10,主要特点如下。

①自动调节温度、湿度和通风量,实现发酵过程控制;

②一般用于好氧发酵;

③接种混合后的物料风送至发酵床,根据实际生产情况,料层厚度可适当调节,一般为 300～450 mm,为浅料层发酵;

④在生产过程实现“自动进料,发酵结束后自动出料”的过程;

⑤根据工艺需要可实现翻料。

图 3-10 平床式发酵机

(3)圆形发酵机 见图 3-11,主要特点如下。

①自动调节温度、湿度和通风量,实现发酵过程控制;

②一般用于好氧发酵;

③接种混合后的物料风送至发酵床,根据实际生产情况,料层厚度可适当调节,一般为 400～600 mm,为浅料层发酵;

④在生产过程实现“自动进料,发酵结束后自动出料”的过程;

⑤根据工艺需要可实现翻料。

图 3-11　圆形发酵机

(4)圆形发酵塔　见图 3-12,主要特点如下。

①一般用于相对厌氧发酵;

②根据实际生产情况,料层厚度可适当调节,一般为 1 000～2 000 mm,为高料层发酵;

③在生产过程实现“自动进料,自动出料”;

④将传统平面流程改为竖向立体流程,原料提升至立式结构顶部,自上而下完成投料、发酵、出料过程;

⑤处理量大:100～300 t/d。

图 3-12　圆形发酵塔

此外,还存在比较简易的发酵方式(赖水明,2020),如吨袋发酵、发酵桶发酵、塑料袋发酵、呼吸袋发酵等。这些发酵方式设备投入小,污染容易控制,密封情况下能够长期保存。此类发酵方式由于发酵单元较小,蓄热能力较差,在环境温度比较低的情况下需要在保温房进行发酵,否则发酵很难进行。呼吸袋技术是近年来兴起的一种发酵技术,该技术的核心在于发酵产生的气体可以通过一个单向透气阀排到袋子外面,当袋内压力过大时可以通过平衡阀排到外界，不至于破袋。由于平衡阀是单向的，只有压力超过临界值时才会开启，外界的气体始终没有机会进入发酵袋中，彻底解决了固体发酵杂菌污染难以控制的技术难题。

2. 酶解设备

1）生物酶解罐产品概述

生物酶解罐广泛应用于蛋白的酶解转化、生物降解废水、纺织印染等领域。控温酶解罐是一种可提供酶解工艺所需的温度，调整 pH 并提供搅拌混合等保持酶活化及发挥酶作用，加速提高并完成生物反应过程的不锈钢容器。生物酶解技术就是利用合适的生物催化剂，即生物酶，让物质分解，加速分解转化的过程，并变成利于利用的物质及实验或生产工艺想完成的目的。

2）生物酶解罐产品结构

生物酶解罐的主罐体由饲料行业的螺带混合改造而成，主要增加了酶解液喷雾部件及加热、冷却、保温等部件。

酶解系统主要包括酶解罐、循环（冷、热水）加热、冷却、保温系统、混合系统、（气动）出料系统、清洗系统、电控、配制罐等部分。

3）生物酶解罐系统具有以下功能：

（1）自动加料　由配料秤、配料仓等组成，可将不同的原料按一定的比例一起加入酶解罐；

（2）混合功能　在酶解罐内设计有内外反向的螺带，可实现多种物料的混合；

（3）预热功能　在酶解之前，循环热水通过酶解罐上夹层对物料进行加热，使物料达到酶解需要的温度；

（4）自动添加酶解液功能　可将定量的酶解液以雾化的形式添加到物料中；

（5）自动保温功能　酶解进行过程中物料放热，物料温度升高，降低酶活性，这时冷水通过酶解罐的夹层对物料降温；

（6）自动清洗功能　酶解工作完成后，可启动清洗程序，热水（或 CIP 液）通过雾化喷头清洗酶解罐每个角落；

（7）自动化生产　酶解系统通过 PLC 控制，可实现自动化生产。

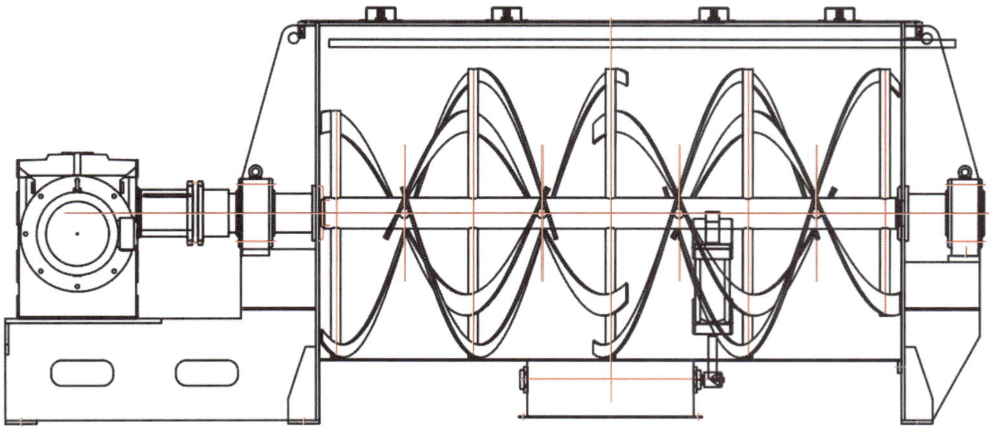

图 3-13　酶解罐

3.3 生物饲料资源的开发

3.3.1 发酵饼粕饲料资源开发

1. 发酵豆粕

1）豆粕与发酵豆粕的定义

（1）豆粕的定义及其性质　豆粕（soybean meal）是大豆经预压浸提或直接溶剂提取油后得到的副产品，或由大豆饼提取油后获得的副产品，一般外观呈浅黄褐色或淡黄色不规则的碎片段（李爱科等，2012）。根据国家标准《饲料原料豆粕》（GB/T 19541—2017）规定，豆粕质量等级分为特级品、一级品、二级品和三级品。

豆粕的产量大，应用广泛，具有蛋白质含量高、氨基酸构成相对合理、消化吸收率高、适口性好等特点。但是，豆粕中含有胰蛋白酶抑制剂、脲酶、凝血素、致甲状腺肿素等热不稳定性抗营养因子，以及抗原蛋白、植酸、皂苷等热稳定性抗营养因子。这些抗营养因子对幼龄动物的肠道结构影响很大，引发腹泻等疾病。同时，大豆蛋白分子结构复杂、相对分子质量大，导致消化率和生物学效价不及鱼粉等动物性蛋白质。

（2）发酵豆粕的定义及其性质　《饲料原料发酵豆粕》（NY/T 2218—2012）给出的定义为：以大豆粕为主要原料（≥95%），以麸皮、玉米皮等为辅助原料，使用《饲料添加剂品种目录（2013）》（根据农业部第 2045 号公告及后续修订公告汇总）中批准使用的微生物菌种进行固态发酵，并经干燥制成的蛋白质饲料原料产品。

发酵豆粕结合现代发酵工程技术手段，利用微生物的某些特定功能，降解或钝化豆粕中的抗营养因子，将原料中大分子蛋白质水解成中小分子的肽或游离氨基酸，将非淀粉多糖水解为寡糖或单糖，使微生物增殖并获得更多的微生物蛋白。通过这一过程，原料豆粕的氨基酸模式更加合理，营养价值和饲料效率得以提高，从而扩大了豆粕的用量和范围。

2）发酵豆粕的特点

（1）有效去除或钝化豆粕中的抗营养因子　豆粕中含有多种抗营养因子，包括胰蛋白酶抑制剂、脲酶、大豆凝集素、大豆抗原蛋白、大豆低聚糖（胀气因子）、植酸、非淀粉多糖。刘家维等（2020）分别利用短小芽胞杆菌固态发酵豆粕，胰蛋白酶抑制剂的活性从 22.26 mg/g 降至 1.03 mg/g，通过分离和纯化，得到有降解活性的蛋白质（两种肽酶）。徐力等（2016）利用米曲霉、酿酒酵母等混菌固态发酵豆粕，脲酶活性降低 95.93%。魏爱彬（2012）利用干酪乳杆菌和植物乳杆菌固态发酵豆粕，其中的大豆凝集素的含量降低了 59.14%。李锡阁等（2019）利用微生物组合（枯草芽胞杆菌、酿酒酵母、米曲霉、产黄青霉）固态发酵豆粕，大豆抗原蛋白分子质量在 10 ku 以下，大豆球蛋白、β-伴大豆球蛋白含量显著降低（$P<0.05$）。王健（2018）利用蛙源酵母菌产生植酸酶，发酵豆粕中植酸磷的降解率为 41.68%。

（2）提高蛋白质、小肽、氨基酸含量　豆粕中的蛋白质，可在微生物产生的酶的作用下降解为可溶性蛋白、多肽、小肽以及游离氨基酸，有利于动物的消化吸收。袁新杰（2019）利用多菌种组合（枯草芽胞杆菌、酵母菌、乳酸菌）混合发酵豆粕，酸溶蛋白含量提高。李文立等（2013）同样利用枯草芽胞杆菌、酵母菌、乳酸菌等多菌种组合发酵豆粕，蛋白质含量提高 12.12%，氨基酸态氮含量是发酵前的 10.87 倍，发酵豆粕中必需氨基酸/非必需氨基酸的比值显著提高。

(3)改善产品风味和适口性　发酵豆粕中的小肽、游离氨基酸、乳酸等有机酸，均可改善产品的气味，提高豆粕适口性，并增加动物采食量。研究发现，不同菌株产酸的类型不一样。枯草芽胞杆菌发酵的豆粕呈酱香味，以好氧发酵为主，不产生酸或产生极少量的酸；乳酸菌发酵的豆粕具有酸香味，以产生乳酸为主(郁元年等，2020)。王晓平等(2019)将 39 头犊牛随机分为 3 组，分别为对照组、8%发酵豆粕组和 12%发酵豆粕组(发酵豆粕全部替换豆粕)，结果表明，发酵豆粕替代豆粕后可以增加犊牛采食量，替代量越多，采食量越高，犊牛日增重效果越明显。

(4)富含多种生物活性因子和消化酶　发酵豆粕富含益生菌及菌体蛋白、叶酸、B 族维生素、乳酸及未知生长因子等多种生物活性因子，有利于动物的肠道菌群平衡，改善处于幼龄、体弱、应激状态下动物的生长和发育。微生物代谢产生的蛋白酶、淀粉酶、纤维素酶等消化酶，可以促进蛋白质和多糖的降解与吸收。

(5)有效替代饲用抗生素　发酵豆粕按一定比例添加到饲粮中能够有效替代饲用抗生素的添加，得到更加安全的动物产品。张煜等(2018)用 10%的发酵玉米-豆粕饲料，相比 100 mg/kg 喹乙醇和 50 mg/kg 吉他霉素添加组，仔猪的采食量和日增重显著增加。赵娜等(2016)将基础日粮中 10%的豆粕代替为发酵酶解豆粕，仔猪的日增重、末重、平均采食量、腹泻率及血清指标均与 60 g/t 吉他霉素试验组无显著差异，而盲肠、大肠中乳杆菌数量显著高于上述抗生素试验组。林靖等(2016)发现：相比添加 20 mg/kg 弗吉尼亚霉素对照组，5%发酵豆粕可以显著提高生长猪生长性能，促进蛋白质的沉积和养分的吸收利用，减少氮的排出；但用 10%、15%发酵豆粕替代豆粕，在提高生长猪生长性能和降低粪便中养分排出方面没有明显优势。

3)常见工艺流程

发酵豆粕的常见工艺流程见图 3-14。

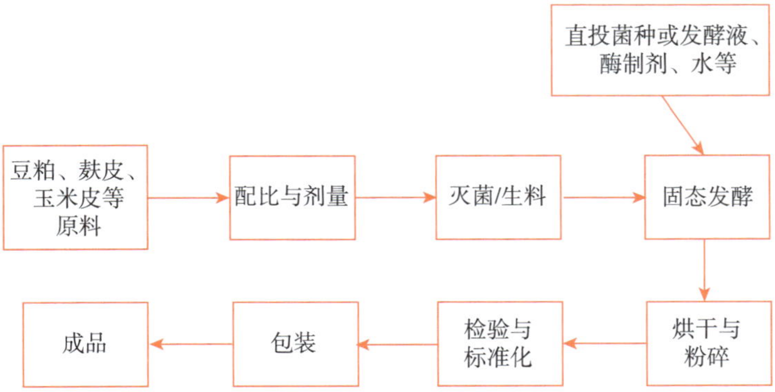

图 3-14　发酵豆粕的常见工艺流程

4)发酵豆粕的质量评价和指标要求

(1)主要营养指标　见表 3-1。

(2)感官指标　外观为浅黄色或浅棕色，色泽均匀一致，无结块，无异味且有醇香味，无异物。

(3)脲酶活性　≤0.02 mg/(g·min)。

(4)蛋白质的 KOH 溶解度　≥95%。

(5)水分　≤12%。

表 3-1　发酵豆粕营养指标(DM 基础)

指标	标准
粗蛋白质	≥48.0%
粗纤维	≤5.0%
酸溶蛋白质(占粗蛋白质含量)	≥15.0%
粗脂肪	≤3.0%
粗灰分	≤7.0%
棉籽糖+水苏糖	降解 30.0%以上
抗原蛋白降解率	≥50.0%
益生菌数量	≥10^8 CFU/g
酸度	pH≤4.5

2.发酵棉粕

1)棉粕与发酵棉粕的定义

(1)棉粕的定义及其性质　棉粕包含棉籽饼、棉籽粕和棉籽蛋白。棉籽饼(cottonseed cake),又称棉饼,是棉籽经脱绒、脱壳和压榨取油后的副产品。棉籽粕(cottonseed meal),又称棉粕,是棉籽经脱绒、脱壳、仁壳分离后,经预压浸提或直接溶剂提取油后得到的副产品,或棉籽饼浸提取油后得到的副产品。棉籽蛋白(cottonseed protein)),是以棉籽或棉籽粕生产的粗蛋白质含量在 50%以上的饲料原料棉籽蛋白和脱酚[脱毒]棉籽蛋白,它是一类蛋白质含量较高的棉籽加工产品的总称。

我国的棉花产量大,它的主要副产物——棉粕的来源很丰富。棉粕的蛋白质含量高达 38%~50%,且蛋氨酸、色氨酸这两种必需氨基酸含量相对较多,维生素 E 和 B 族维生素也相对丰富。但是,棉粕中含有大量的游离棉酚、单宁、环丙烯类脂肪酸等抗营养因子,尤其对幼龄动物的毒害大。氨基酸含量不均衡,赖氨酸含量少,精氨酸含量多。由于去壳和脱绒不彻底,有时粗纤维含量也相对较高。

(2)发酵棉粕的定义及其性质　发酵棉粕(fermented cottonseed meal),以棉籽粕(饼)或棉籽蛋白为主要原料(≥95%),以麸皮、玉米等为辅助原料,使用《饲料添加剂品种目录(2013)》(根据农业部第 2045 号公告及后续修订公告汇总)中批准使用的微生物菌种进行固态发酵,并经干燥制成的蛋白质饲料原料产品。

发酵棉粕一般指粗蛋白含量在 46%以上的产品,通过微生物的发酵处理以及酶制剂的作用后能够显著降低游离棉酚,将原料中大分子蛋白质水解成中小分子的肽或游离氨基酸,将非淀粉多糖水解为寡糖和单糖,使微生物增殖并获得更多的微生物蛋白,平衡了棉粕中的蛋白质营养水平,从而提高了棉粕的安全性、营养性能和饲用价值,扩大了使用范围。

2)发酵棉粕的特点

(1)有效去除游离棉酚　游离棉酚分子结构中含有活泼的醛基与羟基,能与蛋白质等物质发生某些反应,且被动物摄入后不能被完全排出,会在动物体内累积,对动物的生长、发育、繁殖具有一定毒害作用。微生物发酵棉粕降解游离棉酚的机理主要有两个方面:发酵原料中的游离棉酚在高温高湿的环境与蛋白质、氨基酸、糖类等结合;微生物代谢产生的酶类等降解或结合游离棉酚(李爱科等,2012)。

王晓玲等(2016)以醋酸棉酚为唯一碳源,筛选得到一株枯草芽胞杆菌,与酿酒酵母组合固态发酵棉粕,游离棉酚的脱除率达 48.5%。赵静(2017)发现,经过发酵条件优化,土曲霉对棉籽粕的脱毒效率最好,脱毒率可达 88.3%,推测木聚糖酶和 β-1,4-内切-木聚糖酶可能在棉酚降解过程中发挥了重要的作用。洪振(2016)使用酵母菌、枯草芽胞杆菌、乳酸菌发酵棉粕,将棉粕中游离棉酚的含量从 1 173 mg/kg 降到 175 mg/kg,脱毒率达 85.11%。周媛媛(2016)发现黑曲霉对棉酚的降解率为 76.08%,并利用高通量转录组测序,对黑曲霉进行 GO 和 KEGG 分析,推测黑曲霉降解棉酚的相关过程。

(2)提高小肽、氨基酸、有机酸、维生素等含量,提高棉粕的消化利用率 诸葛斌等(2011)利用黑曲霉和枯草芽胞杆菌按 2∶1 比例混菌发酵棉粕,发酵后棉粕的小肽含量提高至 18.36%,平均肽链长度降至 4.23,体外消化率提高至 88.59%;并从多肽降解效果角度说明,混菌发酵的效果优于单菌发酵。乔晓艳等(2013)利用热带假丝酵母和干酪乳杆菌发酵棉粕,发酵后棉粕中游离棉酚的含量降低至 270 mg/kg,脱毒率达到 48.1%;棉粕中小肽含量提高到 14.43%;总氨基酸和必需氨基酸含量分别提高了 10.81%和 11.57%,其中赖氨酸和蛋氨酸含量分别提高了 11.24%和 35.48%。吴妍妍(2013)发现嗜酸乳杆菌 S5 菌种发酵后,棉粕中有机酸(戊酸、琥珀酸、柠檬酸)、B 族维生素(维生素 B_1、维生素 B_2、维生素 B_3、维生素 B_5)、游离氨基酸(亮氨酸、苯丙氨酸)等含量分别有不同程度的显著性提高,由此认为,微生物发酵有助于棉粕品质的改善。

3)常见工艺流程

发酵棉粕的常见工艺流程见图 3-15。

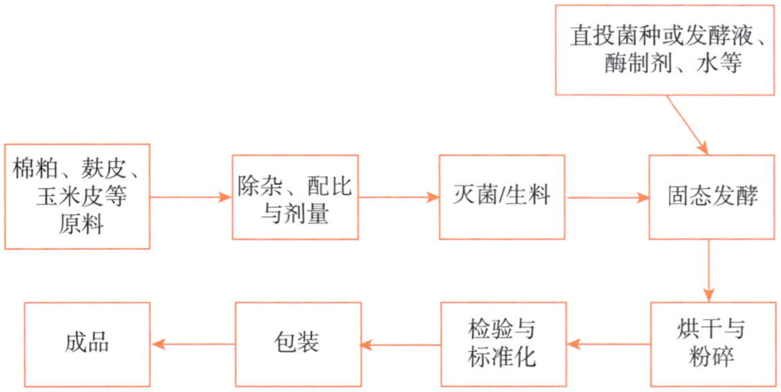

图 3-15 发酵棉粕的常见工艺流程

4)发酵棉粕的质量评价和指标要求

(1)主要营养指标 见表 3-2。

表 3-2 发酵棉粕营养指标(DM 基础)

项目	标准
粗蛋白质	≥46.0%
氨基酸总量占粗蛋白质比例	≥85.0%
酸溶蛋白质	≥7.0%
粗纤维	≤13.0%

续表 3-2

项目	标准
粗灰分	≤8.0%
酸度	pH≤5.0

(2)感官指标　外观呈褐色、棕色或黄色，色泽均匀一致，无结块，无异味且有醇香味，无异物。

(3)游离棉酚　≤400 mg/kg。

(4)水分　≤12%。

3. 发酵菜粕

1)菜粕与发酵菜粕的定义

(1)菜粕的定义及其性质　菜粕又称菜籽粕(rapeseed meal)，是油菜籽经预压浸提或直接溶剂浸提取油后获得的副产品，或由菜籽饼浸提取油后获得的副产品。我国是菜籽的第一生产大国，菜粕产量丰富，其蛋白质含量达 34%～42%，其氨基酸含量丰富且组成合理。但由于硫苷及其分解产物、多酚、植酸等内源毒素及抗营养因子存在，限制了菜粕在饲料中的添加量。

(2)发酵菜粕的定义及其性质　根据《发酵菜籽粕加工技术规程》(NY/T 3217—2018)给出的定义，发酵菜粕(fermented rapeseed meal)是以菜籽粕为主要原料(≥95%)，使用《饲料添加剂品种目录(2013)》(根据农业部第 2045 号公告及后续修订公告汇总，截至 2022 年 11 月)中批准使用的微生物菌种进行固态发酵，并经干燥制成的蛋白质饲料原料产品。

菜粕经过发酵处理，蛋白质和维生素含量都有明显提高，黏性适度，钙、磷易吸收，硫苷降解彻底，脱毒效果好，菜粕的饲料效价得到改善。

2)发酵菜粕的特点

(1)有效脱除硫苷、单宁、植酸等抗营养因子　何小丽等(2016)利用地衣芽胞杆菌、芬氏纤维微菌等混菌固态发酵菜粕，其中硫苷的降解率为 66.1%，单宁的降解率为 39.8%。张志新等(2014)将菜粕、菠萝汁、活化剂、菌种及水按 20.0∶7.5∶0.01∶0.1∶2.25 的比例组成进行箱式固态发酵，异硫氰酸酯、噁唑烷硫酮、硫苷的含量分别为 0 mg/g、0 mg/g、2.25 μmol/g，相对应的解毒率分别为 100%、100%、97.79%。帖余等(2019)通过黑曲霉和酶解两步法处理菜粕，与单步固态发酵相比，经菌酶协同处理的菜粕，硫苷、植酸含量分别降低了 33.20%、96.18%；与空白对照相比，硫苷、植酸含量分别降低了 63.96%、97%以上。

(2)蛋白质水解为小肽或氨基酸，使消化效率提高　肖萌(2014)利用纳豆芽胞杆菌和短乳杆菌对菜籽粕进行单菌、混菌固态发酵，以活菌数、纳豆激酶酶活和小肽含量为指标评价发酵产品质量。先接入纳豆芽胞杆菌，2 d 后再接入短乳杆菌总共发酵 4 d，菜籽小肽含量从 0.53%增长到 5.38%；总氨基酸和总必需氨基酸分别提高了 18.72%和 26.34%。

(3)风味和适口性得到改善　杜静等(2017)采用固相微萃取与气质联用方法研究发酵菜粕中的风味物质；发现发酵前对风味贡献最大的物质是 2-硝基噻吩，占总挥发酸总量的 17.77%～22.21%；发酵后 2-硝基噻吩和苯丙腈组分在新疆发酵菜粕风味物质组分的质量分数变化不大，分别为 18.30%和 12.15%，但在“四川菜粕”和“中双 11 菜粕”这 2 种发酵菜粕风味物质组分的质量分数变化较大；醛类的含量都显著降低，吡嗪类、醇类、酯类含量都显著增加。酸香味是评价饲料风味的重要指标。吴正可等(2018)报道，菜籽粕经单菌发酵和混菌发酵后，总酸含量显著提高（$P<0.05$），由 1.01%分别提高到 3.10%和 3.91%；粗蛋白质含量由 38.41%分别提高到 44.94%和 45.59%。

3）常见工艺流程

发酵菜粕的常见工艺流程见图 3-16。

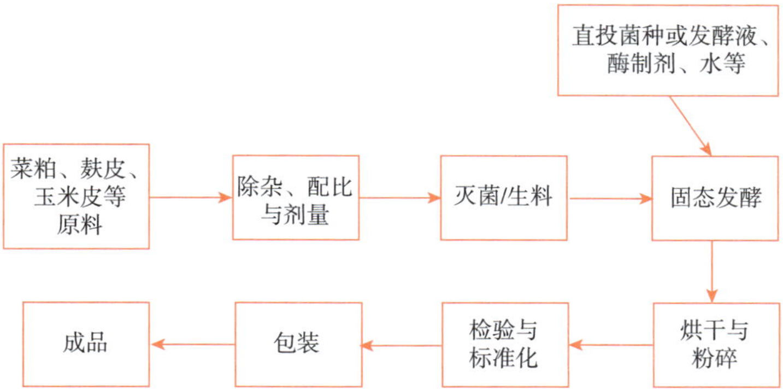

图 3-16 发酵菜粕的常见工艺流程

4）发酵菜粕的质量评价和指标要求

（1）主要营养指标 发酵菜粕营养指标见表 3-3。

表 3-3 发酵菜粕营养指标（DM 基础）

项目	标准
粗蛋白质	≥40.0%
酸溶蛋白质	≥8.0%
粗纤维	≤12.0%
粗灰分	≤10.0%
益生菌数量	≥2×10^8 CFU/g
酸度	pH≤5.0

（2）感官指标 外观呈黄褐色或褐色，色泽均匀一致，无结块，无异味且有醇香味，无异物。

（3）硫苷 ≤35.0 μmol/g。

（4）异硫氰酸酯 ≤2 000 mg/kg。

（5）水分 ≤12%。

4. 发酵花生粕

1）花生粕与发酵花生粕的定义

（1）花生粕的定义及其性质 根据《饲料用花生粕》（GB 10382—1989），花生粕（peanut meal）又称花生仁粕，是花生经预压浸提或直接溶剂浸提取油后获得的副产品，或由花生饼浸提取油获得的副产品。

花生粕的可利用能为 12.3 MJ/kg，是饼粕类中最高的，粗蛋白质含量高，含有丰富的黄酮类、三萜、甾类等活性物质，不饱和脂肪酸占比高，维生素和矿物质含量丰富。但是，花生粕中赖氨酸和蛋氨酸含量低，其精氨酸含量却是动、植物饲料中最高的。花生粕易感染黄曲霉而带有黄曲霉毒素，使禽类中毒，损害肝脏、血管和神经系统。

(2)发酵花生粕的定义及其性质　发酵花生粕(fermented peanut meal)，以花生粕为主要原料，使用《饲料添加剂品种目录(2013)》(根据农业部第 2045 号公告及后续修订公告汇总，截至 2022 年 11 月)中批准使用的微生物菌种进行固态发酵，并经干燥制成的蛋白质饲料原料产品。

发酵花生粕应尽量选用未受黄曲霉污染的原料，通过微生物发酵，花生粕中单糖、双糖、低聚糖、小肽和游离氨基酸等小分子成分增加，营养价值相应提高；乳酸等有机酸含量提高、pH 降低，适口性改善；有益微生物的繁殖抑制寄生曲霉等萌发，通过代谢产物降解或细胞结合黄曲霉毒素，从而达到降解毒素的目的。

2)发酵花生粕的特点

(1)提高产品的营养价值　姜晓阳等(2019)利用纳豆芽胞杆菌和红曲霉混合固态发酵花生粕，提高了纳豆激酶的活力[(844.56±13.80)U/g]，得到了 γ-氨基丁酸[(105.25±0.25) mg/g]，并且抗氧化物质含量有所提高。徐会茹等(2015)将酵母菌、乳酸菌、芽胞杆菌等多种菌种混合加入花生粕中进行发酵，产品中蛋白质含量由原来的 54.22%提高到 58.45%，原粕中缺乏的苏氨酸、蛋氨酸、赖氨酸含量均显著提高，富含乳酸(5%以上)及益生菌(10^8 CFU/g)，植酸含量由发酵前的 2.49%降低到发酵后的 0.12%。刘冬梅等(2014)利用枯草芽胞杆菌发酵花生粕，蛋白质含量达 56.20%，比发酵前提高了 23.49%；发酵花生粕中非必需氨基酸、必需氨基酸和总氨基酸的含量分别提高了 4.92%、43.97%和 16.49%。此外，发酵可以去除花生粕中的黄曲霉毒素，刘睿杰等(2013)使用巨大芽胞杆菌固态发酵花生粕，黄曲霉毒素 B_1 的去除率达到 68.54%。

(2)改善风味和适口性　黄定武等(2019)研究了花生粕和淘米水联合发酵产挥发性脂肪酸的协同效应。通过与花生粕空白组和淘米水空白组对比，C/N=15∶1 和 25∶1 时协同效应均显著，挥发性脂肪酸的最高浓度分别为 11 939.95 mg/L/和 17 228.06 mg/L。

3)常见工艺流程

发酵花生粕的常见工艺流程见图 3-17。

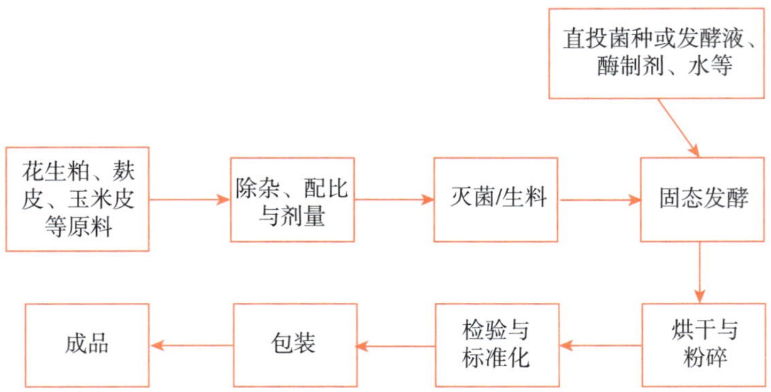

图 3-17　发酵花生粕的常见工艺流程

4)发酵花生粕的质量评价和指标要求

(1)主要营养指标　发酵花生粕营养指标见表 3-4。

表 3-4 发酵花生粕营养指标(DM 基础)

项目	标准
粗蛋白质	≥45.0%
粗纤维	≤11.0%
粗灰分	≤8.0%
益生菌数量	≥2×10^8 CFU/g
酸度	≤5.0

(2)感官指标 外观呈黄褐色或浅褐色,色泽均匀一致,无结块,无异味且有醇香味,无异物。

(3)水分 ≤12%。

(4)黄曲霉毒素含量 应该在国家《饲料卫生标准》限定之下。

5. 发酵芝麻粕

1)芝麻粕与发酵芝麻粕的定义

芝麻粕(sesame seed meal),是芝麻籽经预压浸提或直接溶剂浸提取油后的副产品,或芝麻籽饼浸提取油后的副产品。

发酵芝麻粕(fermented sesame seed meal),以芝麻粕为主要原料,使用《饲料添加剂品种目录(2013)》(根据农业部第 2045 号公告及后续修订公告汇总,截至 2022 年 11 月)中批准使用的微生物菌种进行固态发酵,并经干燥制成的蛋白质饲料原料产品。

2)发酵芝麻粕的特点

(1)提高产品的营养价值 梁玉禧(2019)利用米曲霉发酵芝麻粕,每 100 g 产品中还原糖含量、总酸含量、蛋白质含量、游离氨基酸含量及氨基酸态氮含量均逐渐上升到 0.736、0.067 5、44.465、7.454 6 及 1.532 8 g;多肽含量先上升后下降,最终含量为每 100 g 产品 16.936 g;酸性蛋白酶活力先上升后下降,最终每 100 g 产品酶活力为 579.003 U;米曲霉孢子数增加至 8.42×10^9 个/g,发酵期间无 5-羟甲基糠醛产生。袁艳超(2017)利用解淀粉芽胞杆菌产生的蛋白酶,水解芝麻粕中的蛋白质大分子,制备芝麻多肽。

(2)降低植酸含量 彭惠惠(2012)选用枯草芽胞杆菌、乳酸菌、酵母菌多菌种发酵芝麻粕,植酸含量为 0.08%,植酸的降解率达到 86.21%。此外,粗蛋白质含量为 49.85%、酸溶蛋白质含量为 9.07%、挥发性盐基氮为 2.075 5 g。

3)常见工艺流程

发酵芝麻粕的常见工艺流程见图 3-18。

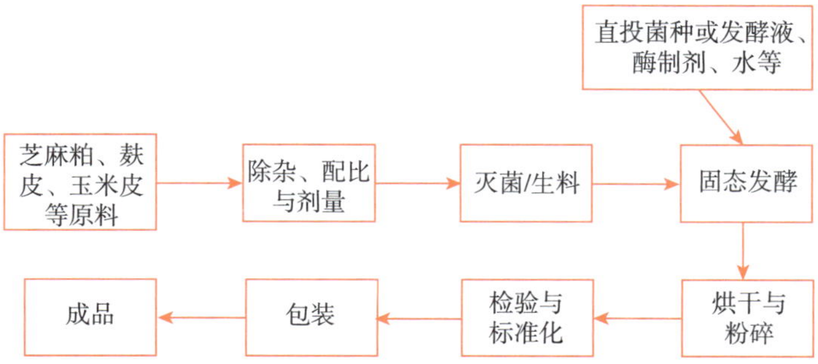

图 3-18 发酵芝麻粕的常见工艺流程

4)发酵芝麻粕的质量评价和指标要求

(1)主要营养指标　发酵芝麻粕营养指标见表 3-5。

表 3-5　发酵芝麻粕营养指标(DM 基础)

项目	标准
粗蛋白质	≥38.0%
粗纤维	≤9.0%
粗脂肪	≤4.0%
粗灰分	≤7.0%
益生菌数量	≥2×10^8 CFU/g
酸度	≤5.0

(2)感官指标　外观呈黄色或浅褐色,色泽均匀一致,无结块,无异味且有醇香味,无异物。

(3)水分　≤12%。

3.3.2　发酵酶解小麦/玉米淀粉加工副产物

1.发酵麦麸

麦麸是小麦面粉厂在生产粗面粉时产生的副产品,因其营养价值高,并含有大量可调节肠道健康的膳食纤维和非淀粉多糖,被作为饲料原料广泛应用于畜禽生产。小麦麸一般由种皮、糊粉层、部分胚芽及少量胚乳组成,其营养价值随胚乳含量升高而提高,也可食用、入药和用于酿酒等。小麦麸按小麦品种可分为红粉麸和白粉麸;按面粉加工精度可分为精粉麸、特粉麸和标粉麸;按产出麦麸的形态、形状,可将其分为片麸和面麸;按不同制粉工艺中产出物的形态、成分,又可分为大麸皮、小麸皮(李浩等,2018)。

我国麦麸年产量在 3 000 万 t 左右。麦麸的成分受小麦产地、气候、贮存条件、制粉工艺的影响较大,其常规养分含量如表 3-6 所示。麦麸中含有丰富的膳食纤维和非淀粉多糖,对畜禽肠道健康的调节有着重要意义。由于麦麸中非淀粉多糖主要为阿拉伯木聚糖,其对肠道的作用除了保健功能以外,还具有抗营养性,即阿拉伯木聚糖不能被畜禽自身的消化酶分解,并具有很高的黏性,畜禽在采食木聚糖含量高的饲料后,在肠道内形成黏性食糜,会使饲料的养分利用率降低。因此,麦麸的使用还受到其在饲料中添加量的影响,表现为过量添加能显著降低总能和养分的表观全肠道消化率,蛋白质品质差,必需氨基酸含量不能满足畜禽的营养需要,吸水性较强,在潮湿、不通风情况下易发生结块、霉变,也容易受呕吐毒素等污染,不宜长时间贮存等。

表 3-6　几种饲料原料的常规养分(DM 基础)　%

饲料原料	干物质	粗蛋白质	粗脂肪	无氮浸出物	粗灰分	中性洗涤纤维	酸性洗涤纤维	Ca	P	有效磷 A-P
小麦	88	13.4	1.7	69.1	1.9	13.3	3.9	0.17	0.41	0.21
裸大麦	87.0	13.0	2.1	67.7	2.2	10.0	2.2	0.04	0.39	0.12
小麦麸	87	15.7	3.9	56	4.9	37.0	13.0	0.11	0.92	0.32
米糠粕	87	15.1	2.0	53.6	8.8	23.3	10.9	0.15	1.82	0.25

注:摘自中国饲料成分及营养价值表(2021 年第 32 版),中国饲料数据库。

麸皮通过微生物的发酵可以改变纤维的结构，降低抗营养因子含量，提高蛋白质含量及消化率，可部分替代蛋白质饲料，是一种优质的蛋白质饲料原料。常用于麸皮发酵的微生物主要有乳酸菌、枯草芽胞杆菌、酵母菌、霉菌等。麸皮经过微生物发酵后，与原麸皮比较有以下优点：①分解部分霉菌毒素，增加在饲料中的使用量，有利于畜禽健康。②分解部分戊聚糖，改善动物肠道生理机能，提高饲料转化率，减少动物肠胃疾病发病率。③发酵产生大量的活性肽，显著增加麸皮的消化利用率，减少猪圈舍的臭味，特别是在小猪阶段使用发酵麸皮可以提高日增重，母猪日粮中使用可改善产后食欲，公猪日粮中使用有助于配种后体能恢复。④发酵麸皮富含的氨基酸可以螯合微量元素（如铁），并可提高维生素效价。⑤发酵麸皮、次粉中含有大量的有益微生物，显著改善仔猪肠道微生态平衡，抑制有害细菌如大肠杆菌、沙门氏菌等，可以一定程度地降低抗生素与药物的用量，从而有利于饲料与养殖行业的健康发展。

发酵麸皮在动物饲料中的应用研究已有报道，均已表明发酵麸皮应用于动物饲料具有良好的效果。刘春雪等（2017）的研究表明，用发酵麸皮等量替代基础日粮中5%的麸皮可以有效提高育肥猪生长性能，改善肉品质。利用发酵麸皮代替麸皮饲喂的育肥猪日采食量增加3.7%，耗料增重比下降4.3%，同时日增重提高8.2%。曹香林等（2014）进行草鱼的离体消化试验研究，即通过对不同比例枯草芽胞杆菌、酵母菌及乳酸菌固态发酵组合的研究，筛选出麸皮发酵的最优条件，结果显示最优组发酵麸皮的粗蛋白质含量提高56.56%，且发酵麸皮的干物质、粗蛋白质消化率和氨基酸生成量较发酵前也有明显的提高。此外，Wang等（2017）使用10%的发酵麸皮替代玉米饲喂肉鸡，结果表明，由真菌发酵的麦麸可以增加木质纤维素分解酶活性和提高肉鸡抗氧化能力。麸皮发酵后作为酵母菌饲料，可以提高畜禽蛋白质含量，在家禽上的应用表明，产蛋率可以提高20%左右（夏超笃等，2017）。

2.发酵玉米皮

玉米是我国的第一大粮食作物，年产量约为2.7亿t。玉米在加工过程中会产生多种副产品，如玉米蛋白、玉米胚芽、玉米皮等。其中，玉米皮约占玉米干质量的14%，相比其他的副产品所占比重最大（周瑾琨等，2019）。玉米皮中所含的营养成分十分丰富，每千克玉米皮中含有50～115 g蛋白质，100～200 g淀粉，31～52 g脂肪，0.01～0.09 g玉米黄色素，128～178 g阿拉伯糖，以及其他纤维和酯类（原喆，2019）。目前，玉米皮主要应用于饲料生产，分为普通玉米皮和喷浆玉米皮两种，其中，喷浆玉米皮又叫作喷浆纤维，是指普通玉米皮添加玉米浆后经干燥的产品，蛋白质含量较普通玉米皮更高，主要适用于饲料业生产。玉米皮喷浆处理后的颜色呈淡黄色，有香味和大量矿物质，能帮助禽畜更好地吸收蛋白质，因而可通过减少饲料中其他可替代成分而降低饲料的成本。

虽然玉米皮利用转化总量尚可，但是主要用于饲料行业，存在着深加工程度低、附加值小、资源严重浪费的现象，不符合产业发展的要求。玉米皮发酵饲料质地柔软，带有醇香、酸香味，适口性好，能增强动物机体新陈代谢，促进蛋白质和酶的合成，提高猪体的免疫能力，促进猪体的生长，提高猪胴体的性能，改善猪肉的品质，提高饲料的利用率，降低饲养成本，减少或替代饲用抗生素的使用，有效提高生猪养殖的经济效益（明雷等，2019）。发酵玉米皮有益菌增加，显著改善生猪的肠道微生态平衡，迅速生成优势菌群，抑制大肠杆菌、沙门氏菌等病原菌的生长，具有预防腹泻和提高免疫力的显著效果。玉米皮发酵饲料中性蛋白酶活性、α-淀粉酶的活性提高，可提高饲料中蛋白质和能量的消化利用率，进而提高猪生长性能（明雷等，2019）。此外，发酵玉米皮产生乳酸菌及其细胞碎片，不但具有降解和吸附霉菌毒素，减轻这些有毒有害物质对生长猪的伤害，还使生猪肠道的 pH 降低，抑制有害菌增长，提高猪屠宰性能及肉品质，提高经济效益；发酵玉米皮饲料具有较为浓郁的发酵香味和酸味，能提高饲料的适口性，可以提高生猪的采食速度和采食量，粪便氨气、硫化氢等有害气体浓度显著降低，蝇蛆数量明显减少，环境污染明显降低（明雷等，2019）。

3.3.3 发酵糟渣等非常规饲料资源

农产品加工是将农业的主、副产品制成各种食品或其他用品的一种生产活动，主要包括粮食加工、饲料加工、榨油、酿造、制糖、制茶、烤烟、纤维加工以及果品、蔬菜、畜产品、水产品等的加工。糟渣类是各种加工行业的副产品，常见的有豆腐渣、豌豆粉糟、酱油糟、米酒糟、高粱酒渣、饴糖渣等，以干物质计算，粗蛋白质含量可达 20%以上（表 3-7），所以，一般将其归入蛋白质饲料。

表 3-7 几种糟渣的营养成分 %（DM 基础）

饲料种类	粗蛋白	粗纤维	钙	磷	消化能（猪）/（Mcal/kg）	产奶净能（奶牛）/Mcal/kg）
豆腐渣	28.0	17.0	0.5	0.3	8.74	—
豌豆粉渣	23.3	18.0	0.87	—	10.04	1.44
酱油渣	31.7	15.2	0.49	0.13	12.59	1.66
米酒渣	29.6	5.4	—	—	—	2.49
高粱酒渣	24.7	9.0	—	—	13.01	2.18
啤酒渣	27.6	15.2	0.36	0.48	10.71	1.66
饴糖渣	31.0	2.2	0.04	0.18	17.36	1.76

来源：彭国华，1992

1. 马铃薯渣

我国是世界马铃薯生产第一大国。产量和种植面积大幅增长，带动了马铃薯深加工产业的发展，也由此产生了大量的马铃薯废渣。鲜马铃薯渣由马铃薯的细胞碎片、细胞壁残余物、残余淀粉颗粒及细胞壁、薯皮细胞、细胞结合物构成，是生产淀粉后的主要副产品。渣中富含粗纤维、果胶、淀粉等可利用资源（表 3-8），具有很高的利用价值。但由于马铃薯渣中的水分含量高达 80%，不易贮存和运输，也易造成环境污染和资源的浪费。因此，在我国，生产淀粉后产生的马铃薯渣主要以掩埋的方式处理，有些甚至直接丢弃，大量的马铃薯渣没有得到合理利用。

表 3-8 新鲜马铃薯渣的主要成分含量 %

成分	质量分数（湿基）	质量分数（干基）
固体物	13.0	—
淀粉	4.9	37
纤维素	2.2	17
果胶	2.2	17
半纤维素	1.8	14
灰分	0.5	4
粗蛋白质	0.5	4

来源：白梦娇等，2017

新鲜的马铃薯渣粗纤维含量高，适口性差，不适合给动物直接食用，但是经过发酵处理后，马铃薯渣粗蛋白质和真蛋白质含量可分别提高至30%和12%以上。已有研究采用坑贮池乳酸菌发酵的马铃薯渣喂猪，结果表明，猪平均日增重、投入产出比有显著提升（白梦娇等，2017）。发酵马铃薯渣由于含有大量的纤维，用于反刍动物饲料的研究较多。发酵薯渣对反刍动物最明显的改善是增重和提升产奶量。李伟等利用发酵的马铃薯糟渣替代精料中玉米饲喂奶牛，产奶量达到21.11 kg/d，与对照组相比产奶量、生产性能无显著差别。陈亮等（2014）以混合青贮发酵的马铃薯糟渣与玉米秸秆，代替全株青贮玉米饲喂肉牛，结果表明，在育肥肉牛日粮中添加马铃薯淀粉渣代替全株玉米青贮，可达到促进肉牛生长、提高增重效果、降低饲养成本、增加经济效益的目的。

2. 酒糟

我国酿造业非常发达，酒类产量很大。全年全国生产各种酒类共计达4 654.8万t，其中白酒和曲酒715.6万t，啤酒3 562.4万t，葡萄酒26.8万t。各种酒糟总计可达2 880万t，主要分布在酒类生产区，白酒产量最多的是山东、四川、浙江、江苏、安徽、河南等省；啤酒产量最高的是山东省，其次为浙江、辽宁、河北、黑龙江等地。

酒糟种类众多，营养价值随原料和加工工艺不同各异。根据酿制原料可将酒糟分为玉米酒糟、高粱酒糟、甘薯酒糟、大麦酒糟和糖蜜酒糟等。根据酿制的酒类又可将酒糟分为：①白酒糟。白酒糟类的营养价值随原料的种类和加工方法而异，最常用的原料为玉米、甘薯、高粱等。②啤酒糟。啤酒糟，是啤酒工业的主要副产品，是以大麦为原料，经发酵提取籽实中可溶性碳水化合物后的残渣。其粗蛋白质含量高于白酒糟，无氮浸出物占39%～43%。啤酒糟可作为蛋白质饲料，但粗纤维含量高。③啤酒酵母。啤酒酵母是啤酒发酵终产物残渣经干燥而成，含蛋白质50%左右，是优质蛋白质饲料。必需氨基酸、赖氨酸、蛋氨酸含量高于豆粕，同时富含B族维生素、矿物质及未知生长因子。④麦芽根。大麦在制作啤酒前需发芽干燥脱根，所得的根为麦芽根，数量占原大麦的3%～5%。麦芽根粗蛋白质含量26%左右，其中1/3是酰胺酸，对单胃动物营养价值不高。麦芽根富含B族维生素和未知生长因子，且含糖化酶、半乳糖酶、蛋白酶等消化酶，有助于动物消化。麦芽根含有大麦芽碱，味苦，适口性不好，同时钙少磷多。⑤果酒糟。果酒是利用水果榨汁、将汁水发酵酿造出来的。所用原料不同，果酒糟的营养成分也不同。我国果酒产量以葡萄酒为主，葡萄酒厂的下脚料如葡萄籽、皮和梗，含有一定量蛋白质、矿物质等。但限制性氨基酸如赖氨酸、色氨酸和含硫氨基酸含量很低，其粗纤维含量也高，所以只能替代饲料中的部分籽实和麸皮饲用。几种酒糟的营养成分如表3-9所示。

部分酒糟富含蛋白质、脂肪、维生素、纤维素以及各种微量元素等，可作为饲喂牲畜的优良饲料，如玉米干酒糟（DDGS）。然而，一部分酒糟，如白酒糟，可以被直接用来饲喂动物，但也存在一些问题。以鲜白酒糟为例，虽具有浓郁的醇香味，但由于水分高达60%左右，酸度较高（pH约为4），且粗纤维含量较高（以干基计约20%左右），因此，如果直接作为饲料，只能饲喂对饲料营养要求较低，特别是对纤维要求不高的动物，最适合的饲喂对象是牛、羊等反刍动物，也可以在草鱼饲料和生长育肥猪以及肉鸡、肉鸭、肉鹅中部分添加，以代替部分饲料原料，节约成本（池永宽等，2018）。

表 3-9　常用酒糟的成分及营养价值　　%

饲料种类	干物质	粗蛋白质	粗脂肪	粗纤维	粗灰分	无氮浸出物
玉米 DDG	94.0	30.6	14.6	11.5	3.6	33.7
玉米 DDGS	92.2	34.2	11.8	15.4	1.3	29.5
玉米 DDS	93.0	26.9	9.1	4.0	8.0	45.0
甘薯酒糟	91.9	20.6	7.2	18.1	12.3	33.7
糖蜜酒糟	92.07	10.81	0.58	0.66	23.24	56.78

来源：单安山，2005

大量研究表明，发酵酒糟目前在畜禽生产的各个领域中都有应用，其对畜禽的增重、增产和改善肉质方面均起到良好的促进作用。也有部分研究发现，添加益生菌发酵酒糟饲喂畜禽如替代日粮成分不当，甚至可能产生不良的影响，如添加益生菌发酵酒糟替代玉米饲喂育肥猪不但降低了育肥猪的平均日采食量，还提高了养殖成本。此外，添加不同比例的益生菌发酵酒糟会对畜禽的生长性能、免疫力产生不同的影响(梅世慧等，2021)。目前，发酵酒糟主要采用的技术为固态发酵工艺。研究表明，采用固态发酵技术生产蛋白质饲料应用广泛，可将谷物的糠麸、饼粕、糟渣类加工副产物加工成蛋白质饲料饲喂畜禽，既节约了饲料资源又提高了加工副产物的利用率(沈桂宇，2015)。发酵效果方面，王敬勉等(1997)采用三株菌种混合固态发酵的方法，大大提高了其营养价值。葡萄酒渣经发酵后，纤维素含量由 22.68%下降到 13.88%(池永宽等，2018)。宋善丹等(2015)将产朊假丝酵母、黑曲霉、米曲霉、枯草芽孢杆菌进行组合发酵，发现酒糟中加入 0.08%产朊假丝酵母、0.05%黑曲霉、0.05%米曲霉组合发酵效果最佳，粗蛋白和真蛋白含量增加率最高，分别为 21.82%和 14.93%，中性洗涤纤维和酸性洗涤纤维含量降幅最大，分别为 24.7%和 25.28%。

3. 糖蜜酒精废液

糖蜜酒精废液是糖厂的副产品。糖蜜经发酵蒸馏提取酒精后排放的废醪液，化学耗氧量达 40～50 g/L，生物需氧量达 20～30 g/L，氨氮 1.5～2.5 g/L，其中还含有许多氨基酸、蛋白质、糖类以及 Na、K、Ca、Mg、P 等矿物元素，其固形物含量为 8%～10%。如不经处理直接排放，不仅浪费资源，还会造成环境严重污染。广西为我国产糖大省，废糖蜜用于生产酒精，每年排放糖蜜酒精废液总量达到 255 万～280 万 t。因此，如何有效地对糖厂糖蜜酒精废液进行综合利用是当前的研究热点之一，也是环保上急需解决的一大难题。国外在糖蜜酒精废液处理方面积累了较丰富的经验。近几年研究的热点主要是如何充分发挥微生物的生物降解作用和提高生化反应的效率。国内对糖蜜酒精废液治理利用也进行了广泛研究，如利用糖蜜酒精废液培养白地霉、酵母等生产单细胞蛋白饲料，酵制沼气，制作肥料(钾肥)等；利用腐殖酸、复合微生物菌剂等处理降低其有机物，使废水达标排放。糖蜜酒精废液蔗渣吸附发酵产物(MABFP)，经初步的动物饲养试验观察，认为其可以替代生长肥育猪配合饲料的麦麸而不影响动物生产性能。

4. 番茄渣

我国是世界三大主要番茄种植区域之一。自 2007 年开始，我国的番茄酱出口贸易量已居世界首位，到 2011 年，番茄酱出口量已大约达到全球番茄酱出口量的 40%。番茄渣是番茄酱加工副产品，全国年产量可达 100 万 t(武安泉等，2014)。番茄渣中含有番茄皮、番茄籽、纤维素和部分黏附的番茄果肉，按照干物质计算，粗蛋白质含量在19.2%～22.3%，粗脂肪含量可达14.6%～24.5%，中性洗涤纤维含量58%，酸性洗涤纤维含量43%，另外，赖氨酸含量比大豆高13%，B族维生素、维生素A和维生素E含量也较高，是潜在的优质饲料来源。番茄渣中番茄红素含量丰富，具有抗氧化、诱导细胞间隙通信、影响肿瘤细胞增殖、调节机体免疫力等功能。

新鲜的番茄渣含70%左右的水分，很容易腐败变质，而且酸度高，也难于贮藏，即使进行青贮，也容易发生霉变，影响饲喂效果。大量研究发现，番茄渣发酵饲料能够提高新疆褐牛机体的抗氧化性能；用番茄干渣饲喂肉雏鸡可延长鸡肉的保质期；在公鸡的日粮中添加30%干番茄渣能够改善其精液品质。在日粮中，添加番茄渣也被证实能够提高育肥猪生长性能、养分表观消化率、抗氧化性能及经济效益(李贝贝，2017)。

5. 果渣

中国是水果大国，水果加工副产品产量巨大，年产苹果渣300万t，柑橘渣1 200万t，菠萝渣80万t，葡萄渣近1 000万t，沙棘果渣几十万吨。果渣种类及资源丰富，不同品种水果的果渣营养成分存在差异。如表3-10所示，果渣除了含粗蛋白质、粗纤维、粗脂肪、钙、磷等营养物质，还富含维生素A、维生素B_1、维生素B_2、维生素C和维生素E等多种维生素、黄酮类物质、多酚、植物多糖、有机酸及天然色素等丰富的活性物质。因此，果渣具有良好的饲用价值，是潜力巨大的良好饲料资源。

果渣也存在含水量高、易发生霉变、不利于运输及贮存等问题。果渣的pH为3.0～5.0，粗纤维含量高，还含有果胶(苹果渣含1%～1.8%，柑橘渣含10%～30%)、单宁(苹果渣含0.025%～0.27%，葡萄渣约含10%)、木质素和植酸等抗营养物质，因此，直接饲喂影响其适口性及消化率，不利于动物消化吸收和利用。果渣经微生物发酵后，可产生如下变化：①微生物可利用其自身合成的纤维素酶、植酸酶、蛋白酶等降解果渣中纤维素、木质素、植酸、果胶和凝集素等大分子物质为小分子易消化吸收的物质，进而降低纤维素含量，提高还原糖和氨基酸总量；②微生物繁殖过程中可产生有机酸(如乳酸)，降低果渣pH，增加果渣酸香味；③微生物一方面促进饲料中无机氮向有机氮转化，另一方面也加强了对纤维素、脂肪等营养物质的利用，并在合成自身繁殖所需的蛋白质的同时，增加果渣中蛋白质含量(田志梅等，2019)。

6. 豆腐渣

豆腐渣是豆腐生产过程的副产物，每加工1 kg大豆产生约1.2 kg鲜豆腐渣，其富含蛋白质、大豆异黄酮、皂苷等成分，具有高纤维、高蛋白质、低脂肪、低还原糖、高钾低钠及钙镁含量较高等特点。通过国标方法、电感耦合等离子体原子发射光谱法对豆腐渣的营养成分进行测定，鲜豆腐渣中含水81.6%，豆腐渣(以干基计)中营养成分含量为：不溶性膳食纤维36.29%、粗纤维9.62%、蛋白质17.84%、粗脂肪5.90%、还原糖2.57%、总糖37.40%、粗灰分3.85%、黄酮0.22%。矿物质元素含量：钾9.36 mg/g、钙4.19 mg/g、钠0.96 mg/g、镁2.57 mg/g、锌0.026 mg/g、铁0.11 mg/g、铜0.006 7 mg/g、铬0.001 8 mg/g、锰0.019 mg/g(王东玲等，2010)。豆腐渣原料来源会影响检测结果，有研究者报道豆腐渣中粗蛋白质含量为14%～25%，粗脂肪含量为1.9%～2.9%(潘树国，2017)。由于豆腐渣口感较差，以前大多被作为食物糟粕而废弃，随着科技的进步，对豆腐渣的研究利用也逐渐增多。

表 3-10　果渣中的营养成分含量

果渣	营养成分/%				矿质元素/(mg/kg)										
	粗蛋白质	粗脂肪	粗纤维	粗灰分	钙	磷	铜	锌	铁	硒	锰	镁	钾	钠	碘
苹果渣	4.00～6.25	14.80～16.86	3.73～6.76	1.20～3.35	0.11～0.40	0.10～0.12	11.80	15.40	158	0.08	14	700	7500	200	—
柑橘渣	6.16～6.70	12.28～16.17	2.20～3.70	3.90～6.60	1.03～4.32	0.10～0.13	3.72	1.62	49.70	—	8.75	—	—	—	0.07
菠萝渣	4.71～7.60	27.70～45.22	0.61～2.40	2.24～5.43	0.54	0.06	6.30	18.10	362	—	37.00	180.2	2.6	0.1	—
葡萄渣	8.11～14.39	24.45～28.40	1.23～16.42	3.80～9.19	0.55～1.08	0.24～0.33	50	20	670	—	30	1 740	21 740	—	—
沙棘渣	17.45～26.06	12.65～32.22	9.02～16.61	1.96～6.48	0.19～0.47	0.15～0.39	13	10.40	580	35	28	1 800	5 500	800	—

来源：田志梅等，2019

刘维等(2019)采用发酵菌剂(酵母菌 1 g、戊糖片球菌 0.2 g、复合水解酶 100 g)与混合好的 50 kg 豆腐渣和 50 kg 米糠充分混匀,分装于密封袋中,>30 ℃条件下发酵 3 d,<30 ℃延长发酵时间至 5 d。发酵豆腐渣营养成分见表 3-11。发酵后的豆腐渣饲喂生长育肥猪结果表明,日粮中添加发酵豆腐渣对育肥猪的平均日增重、平均日采食量及料重比均无显著影响;试验组饲料成本比对照组饲料成本低 0.20 元/kg,产肉成本试验组比对照组低 0.44 元/kg。发酵豆腐渣代替部分全价料对育肥猪生长性能无显著影响,同时降低了养殖成本,增加经济效益。

表 3-11 发酵豆腐渣营养成分

项目	含量
水分/%	46.00
粗蛋白质/%	8.36
粗脂肪/%	5.67
粗纤维/%	5.21
小肽/%	13.65
总酸/%	3.13
戊糖片球菌/(CFU/g)	4.4×10^{6}
酵母菌/(CFU/g)	5.0×10^{7}
赖氨酸/%	0.32
蛋氨酸/%	0.16
消化能/(MJ/kg)	1.92

来源:刘维等,2019

7. 菌糠

我国食用菌产量占世界食用菌总产量的 70%以上,位居世界第一。每年产生超过 7 万 t 的菌糠。在食用菌生产中,据估计,培养基的生物学效率约为 10%,有大约 90%的营养物质残余在培养基中。因此,菌糠的营养价值与常规麦麸类饲料相近(陈鑫珠等,2018)。

许多报道表明,菌糠替代育肥牛、绵羊、鸡、猪、兔的部分日粮,不仅能够提高其生长性能、降低饲料成本,还可缓解饲料短缺的压力,从而提高养殖企业的经济效益。目前,只有少部分的菌糠被作为有机肥等开发利用,大部分被废弃或焚烧处理,这不仅浪费资源,还造成严重的环境污染。菌糠无法被大部分利用的主要原因是其蛋白质丰富的菌丝体等极易霉变,不易保存利用。

3.4 发酵饲料在畜禽生产中的应用

3.4.1 发酵饲料在猪生产中的应用

1. 发酵饲料在仔猪生产中的应用

发酵饲料饲喂仔猪可以促进饲料中营养物质的消化吸收,提高仔猪的生长性能,增强免疫机能,降低腹泻率和改善肠道健康。王玉田等(2018)研究了用屎肠球菌、枯草芽胞杆菌、地衣芽胞杆菌和酵母菌等复合益生菌发酵玉米-豆粕为主的复合发酵饲料对断奶仔猪生产性能、腹泻率和血液指标的影响。结果表明，用5%或10%的发酵饲料分别替代30 mg/kg或60 mg/kg金霉素，断奶仔猪的平均日增重均显著高于对照组，腹泻率和血清尿素氮含量均显著低于对照组；用10%的发酵饲料替代60 mg/kg金霉素组效果最佳。李玉侠等(2018)研究了发酵饲料在断奶仔猪上的应用效果，对照组为玉米-豆粕型基础饲粮，发酵饲料组添加20%发酵饲料，抗生素组添加20 mg/kg恩拉霉素。结果表明，发酵饲料组猪的平均日增重和粗蛋白质表观消化率显著高于对照组，料重比和腹泻率低于对照组；血清尿素氮、免疫球蛋白G(IgG)、免疫球蛋白M(IgM)、球蛋白含量显著高于对照组，表明发酵饲料在一定程度上可以增强猪的分解代谢能力，提高猪的免疫能力。党文庆等(2020)研究表明，发酵豆粕可显著降低仔猪料重比，显著提高营养物质消化率，降低大肠杆菌和沙门氏菌的数量；当发酵豆粕添加量为10%时，饲喂效果最佳。

曾李等(2020)报道了发酵饲料对仔猪生产性能、血液免疫水平及肠道微生物的影响。对照组饲喂含土霉素钙的常规保育料，试验1组和2组分别饲喂以玉米、豆粕等为主要原料，采用乳杆菌、酵母菌、丁酸梭菌等优良菌株复合发酵而制成的不同发酵饲料。结果表明，使用发酵饲料能明显改善仔猪生产性能和血液免疫水平，提高肠道微生物稳定性和饲料利用率。罗建(2010)研究表明，给断奶仔猪饲喂无抗发酵饲料组比常规饲料组平均日增重、料重比分别提高了5.56%和降低了3.53%，但各项指标均没有表现出显著差异；试验组对猪瘟抗体产生具有更好的促进作用，且各免疫蛋白IgA、IgG、IgM含量与对照组结果差异显著，说明无抗发酵饲料对增强断奶仔猪免疫功能具有一定的功效。胡新旭等(2013)研究发现，与对照组(含抗生素)相比，20%无抗发酵饲料组断奶仔猪的平均日增重提高6.37%，料重比降低5.54%，腹泻率降低63.63%，同时粪便中乳酸菌数量显著增加、大肠杆菌数量显著降低。李泳宁等(2015)研究发现，与对照组相比，断奶仔猪日粮中添加1.0%的发酵饲料后，平均日增重、直肠中双歧杆菌和乳杆菌的数量分别提高15.69%、11.83%和15.24%，腹泻率、料重比和直肠内容物pH分别降低66.65%、12.89%和2.86%，表明发酵饲料对直肠中大肠杆菌的生长繁殖有一定的抑制作用。

2.发酵饲料在生长育肥猪生产中的应用

发酵饲料在生长育肥猪生产上的应用较多。众多研究证实，发酵饲料具有提高生长育肥猪生长速度、促进饲料消化吸收、增强机体免疫力和抗氧化能力及改善肠道健康的功能。刘双等(2020)分析了不同比例乳杆菌和酵母菌混合发酵饲料所具有的营养价值，探讨其提升生长猪生产性能的可能性。对照组进行常规饲料喂养，试验组进行不同复合菌比例发酵饲料喂养(2∶3，3∶2，1∶1)。结果表明乳杆菌和酵母菌按照2∶3和3∶2比例混合发酵后的饲料营养价值有改善趋势，但是同常规组对比差异不明显，而猪日增重与常规组比较差异显著，按照2∶3和3∶2乳杆菌和酵母菌比例发酵饲料饲养生长猪，能够提高生长猪生产性能。杨立杰等(2020)研究固态发酵醋糟饲料(SFVD)对育肥猪生长性能、养分表观消化率、血清指标及粪便中挥发性脂肪酸含量的影响。结果表明，基础饲粮中添加5%的SFVD对育肥猪生长性能、肠道健康及免疫性能具有潜在的提升作用。刘辉等(2019)研究报道，利用副干酪乳杆菌发酵饲料不仅可提高生长猪的生长性能，还可以调节肠道菌群平衡，增强机体免疫功能并增加粪便中挥发性脂肪酸的含量。孙佩佩等(2019)报道，发酵菜籽粕可在一定程度上改善生长猪的生长性能，降低血清中三碘甲状腺原氨酸(T3)、四碘甲状腺原氨酸(T4)和总胆固醇的含量，提高抗氧化能力。

刘志云等(2018)研究发现,乳酸菌和地衣芽胞杆菌混合发酵的玉米-豆粕型全价固体饲料可显著提高生长猪的平均日增重和饲料转化效率,与抗生素组(40 mg/kg 杆菌肽锌)相比,生长性能无显著差异。这表明发酵后的全价料具有减少或替代饲用抗生素使用的能力。邓卉等(2017)用发酵菜籽粕等氮替代 2.5%、5.0%和 7.5%基础饲粮中的豆粕,认为等氮替代 7.5%豆粕对三元杂交生长猪的生长效果最佳。周红妹(2016)研究结果表明,用底物为全价配合饲料的发酵饲料饲喂育肥猪的效果更优于底物为玉米豆粕饲料的发酵饲料,并且显著提高育肥猪的平均日增重、降低饲养成本、提高机体抗氧化能力、降低细胞受损伤程度和增强机体免疫力。李志云等(2014)研究发现用发酵全价配合饲料饲喂中猪和大猪可以使其平均日增重分别提高 23.66%和 20.18%,耗料增重比分别下降 6.43%和 3.77%。周映华等(2015)研究发现,与对照组相比,20%无抗生物发酵饲料生长育肥猪平均日增重和平均日采食量分别提高 10.89%和 5.86%,耗料增重降低 4.38%,饲料中粗蛋白质和粗纤维的表观消化率分别提高 4.66%和7.47%,同时显著增加生长育肥阶段中期和后期粪便中的乳酸菌数量,减少粪便中大肠杆菌和沙门氏菌数量。

3.发酵饲料在母猪生产中的应用

在母猪日粮中添加发酵饲料可以改善母猪的繁殖性能,促进断奶仔猪的健康生长。隋洁等(2019)研究了发酵饲料对母猪繁殖性能的影响,结果表明:微生物发酵饲料可显著提高母猪妊娠中期和后期的采食量,且有提高母猪背膘厚的趋势;试验组母猪与对照组相比,窝均产仔数提高了 11%,产活仔数提高了 16%,初生窝重提高了 11%,试验组仔猪生产性能相比对照组均有提升,其中断奶窝重极显著高于对照组;试验组母猪妊娠期血清谷丙转氨酶含量显著低于对照组,妊娠前期和妊娠中期血清总蛋白和球蛋白含量均显著高于对照组。总体而言,发酵饲料可提高母猪的免疫性能和繁殖性能,有利于母猪健康。Wang 等(2016)试验表明,在哺乳母猪日粮中用 10%~15%的发酵豆粕替代豆粕,可以显著提高哺乳母猪的营养物质消化率,明显提高血清中催乳素水平和抗氧化能力,且断奶仔猪数和仔猪断奶成活率分别提高 26.17%~28.07%和 10.28%~21.98%。赵会英等(2013)研究证实,在母猪妊娠后期饲喂添加 10%的生物发酵饲料可以使仔猪出生重提高 0.31%、弱仔率降低 1.85%,经济效益增加 34.65 元/头。李志云等(2014)用发酵全价配合饲料饲喂后备母猪和经产母猪,发现后备母猪的胎平均产仔数和仔猪平均出生重分别增加 10.71%和 30.50%,而经产母猪的平均发情率、胎平均产仔数和仔猪平均出生重分别增加 6.7%、21.03%和 28.41%。熊立寅等(2015)研究也发现,在妊娠期和哺乳期的母猪日粮中全程添加 5%~10%的发酵饲料能够增加母猪采食量、改善母猪机体的免疫机能和促进生长激素的分泌,初生窝活仔重、断奶仔猪数、断奶窝重和断奶成活率分别提高 18.20%~25.10%、19.65%~21.03%、34.86%~38.59%和 8.33%~10.62%。

3.4.2 发酵饲料在家禽生产中的应用

1.发酵饲料在黄羽肉鸡生产中的应用

孙焕林(2015)研究了枯草芽胞杆菌发酵棉籽粕对黄羽肉鸡生长性能、免疫性能和肉品质的影响,结果表明,8%发酵棉籽粕组具有高的营养物质代谢率、饲料报酬及肉鸡屠宰率。王朝阳等(2016)研究表明,饲粮中添加 2%~8%枯草芽胞杆菌发酵棉籽粕能不同程度提高黄羽肉鸡屠宰率、全净膛率、半净膛率等屠宰性能，并且随发酵棉籽粕添加量的提高，屠宰性能和肉品质的提高效果越好。张晓羊等(2017)报道，发酵棉籽粕也可显著增强黄羽肉鸡的免疫功能和抗氧化性能，嗜酸乳杆菌对黄羽肉鸡的免疫功能和抗氧化性能有一定的促进作用，但效果不显著。张晓羊等(2016)研究了嗜酸乳杆菌发酵棉籽粕对黄羽肉鸡生长性能、屠宰性能和血清生化指标的影响。结果表明，饲粮中添加发酵棉籽粕可改善黄羽肉鸡的生长性能和屠宰性能，增强黄羽肉鸡对蛋白质、脂肪和钙等营养物质的消化吸收。阿布都如苏力·艾尔肯等(2014)研究嗜酸乳杆菌发酵豆粕对肉仔鸡生长前期(7～28 日龄)、后期(29～55 日龄)两阶段生长性能和屠宰性能的影响，结果发现，发酵豆粕饲料要优于普通豆粕饲料，并可代替抗生素。许丽惠等(2013)研究在基础饲粮中分别用 3%、6%、9%的发酵豆粕替代部分普通豆粕对黄羽肉鸡生长性能、血清生化指标、肠道黏膜免疫功能及微生物菌群的影响，发现在黄羽肉鸡生长前期用 9%发酵豆粕替代部分普通豆粕能够提高日增重，改善料重比，提高血清中碱性磷酸酶活性并降低尿酸含量，同时提高十二指肠绒毛高度，稳定肥大细胞和 sIgA 阳性细胞数量，增强肠道黏膜免疫功能，并降低盲肠大肠杆菌数量，增加乳酸菌数量，改善肠道微环境。

2. 发酵饲料在白羽肉鸡生产中的应用

白羽肉鸡添加发酵饲料后有利于提高饲料利用率，加快生长和发育，提高生产性能及增强免疫功能。刘江英等(2019)研究了玉米、麸皮、豆粕复合发酵饲料对肉鸡抗沙门氏菌感染的影响，设计了对照组、基础饲粮+10%未发酵饲料组、抗生素组(20 mg/kg 硫酸黏杆菌素)和发酵饲料组(分别用 5%、10%发酵饲料替代基础饲粮中的未发酵饲料)，结果表明，沙门氏菌感染导致肉鸡血清促炎因子[白细胞介素-1β(IL-1β)、白细胞介素-6(IL-6)、肿瘤坏死因子-α(TNF-α)]、脂多糖(LPS)、D-乳酸(D-LA)含量显著上升，Toll 样受体 4(TLR4)信号通路中的关键信号分子 TLR4、髓样分化因子 88(MyD88)、肿瘤坏死因子受体相关因子 6(TRAF6)、核因子-κB(NF-κB)基因表达显著上调，而抗生素组及 5%、10%发酵组相关指标均有不同程度的改善，说明多菌种联合发酵饲料能够通过抑制由沙门氏菌感染导致的 TLR4-MyD88-TRAF6-NF-κB 信号通路的激活，降低促炎因子 IL-1β、IL-6、TNF-α 基因表达，从而减缓沙门氏菌感染导致的炎症反应和肠道屏障受损，其效果接近 20 mg/kg 硫酸黏杆菌素。Hu 等(2016)研究表明，在肉鸡饲粮中添加 9.41%发酵菜籽粕可显著提高血清中 SOD 活性，有降低丙二醛含量的趋势。刘长松等(2015)用菜籽粕和发酵菜籽粕分别替代基础饲粮中 12%的豆粕，结果发现，发酵菜籽粕组肉鸡的生长性能优于菜籽粕组；然而，与菜籽粕组相比，发酵菜籽粕组的饲养成本降低，价肉比(饲料单价×料重比)降低了 0.2 元/kg。

魏莲清等(2019)研究发现，在饲粮中添加 6%发酵棉籽粕可显著降低白羽肉鸡血清葡萄糖、三酰甘油和总胆固醇含量，并降低了 42 日龄肉鸡皮下脂肪厚度。此外，发酵棉籽粕调节脂代谢的作用效果与发酵棉籽粕添加量有关，因为发酵棉籽粕可调节脂肪氧化和脂蛋白酯酶等脂肪合成相关基因表达(Niu 等，2019)。罗远琴等(2020)研究表明，肉鸡饲粮中添加一定比例的富含棉籽肽的发酵棉籽粕可在一定程度上提高肉鸡的生长性能、免疫器官指数、巨噬细胞吞噬指数和免疫性能，其中 6%添加组(饲粮棉籽肽含量 12.20 g/kg)效果最优。魏莲清等(2020)研究了饲粮中添加 3%、6%和 9%用热带假丝酵母发酵制得的发酵棉籽粕对白羽肉鸡蛋白质代谢的影响，发现其可通过提高肉鸡养分表观消化率和表观代谢能，增加蛋白质代谢相关酶活性和激素含量，促进机体的蛋白质沉积，且 6%添加量效果最优，生长前期添加效果优于生长后期。魏莲清等(2019)研究也表明日粮中添加适量发酵棉粕可一定程度上改善科宝肉鸡生长性能，提高屠宰性能，降低血清中的三酰甘油（TG）和葡萄糖（GLU）含量，增加血清总蛋白（TP）含量。张孟阳等（2019）研究表明发酵饲料能显著增加白羽肉鸡肠道乳杆菌丰度，同时降低肠道中脱硫弧菌属、螺杆菌等致病菌的数量，间接证明乳杆菌可以抑制脱硫弧菌增殖，预防肠道疾病；饲喂发酵饲料能增加厚壁菌门丰度，显著降低拟杆菌门与厚壁菌门丰度的比例，促进仔鸡的生长。刘济等（2012）研究发现，发酵豆粕可提高0～42日龄AA肉鸡平均日采食量8.81%，平均日增重提高11.20%，料重比降低2.31%。

3.发酵饲料在蛋鸡生产中的应用

发酵饲料在蛋鸡生产中的应用研究已表明，发酵生物饲料有助于改善生产性能，提高鸡蛋品质，改善机体抗氧化能力。易春霞等（2020）研究了以玉米黄粉和玉米胚芽粕为底物的发酵饲料替代10%基础饲粮对大午金凤蛋鸡生长性能、蛋品质和抗氧化能力的影响，结果表明，蛋鸡饲喂发酵饲料后，平均产蛋率显著增加，破损蛋率显著降低，血清丙二醛（MDA）含量和过氧化氢酶（CAT）活性显著降低；蛋鸡饲粮中添加10%发酵饲料可提高大午金凤蛋鸡生长性能和蛋品质，并达到了改善血清和肝脏抗氧化指标的效果。丁小青等（2020）研究指出仙居鸡饲粮中添加以茶渣、豆粕和麸皮为底物的发酵饲料可以降低料蛋比、破软蛋率，提高鸡蛋哈夫单位、蛋壳厚度和蛋黄颜色，改善机体抗氧化能力，增强机体蛋白质合成代谢。黄竹等（2019）研究发酵饲料对海兰褐蛋鸡生产性能及蛋品质的影响。以玉米和豆粕为发酵底物，利用乳酸菌和酿酒酵母进行发酵。结果表明，在基础日粮中添加不同比例的发酵饲料，可在一定程度上提高海兰褐蛋鸡的生产性能及蛋品质，5%添加水平效果最佳。

朱风华等（2015）研究表明，在产蛋第15、30、45天发酵饲料试验组的产蛋量分别高于对照组4.37%、6.30%和9.56%。在第45天时试验组较对照组哈夫单位提高5.61%，在第60天时哈夫单位较对照组提高了9.03%，在整个试验过程中蛋壳厚度和钙含量都显著低于对照组。陈庆达等（2014）试验结果表明，发酵饲料试验组在蛋壳厚度、蛋重、蛋形指数比值均高于对照组，并且试验组的血清总抗氧化能力（T-AOC）和过氧化氢酶（CAT）活性比显著高于对照组，而丙二醛（MDA）含量显著低于对照组。由此可知，饲喂发酵饲料的蛋鸡在产蛋性能、蛋品质以及血清生化指标方面比饲喂普通饲料的对照组均有显著提高。

4.发酵饲料在水禽生产中的应用

饲喂发酵饲料可以促进肉鸭的生长，提高饲料转化率和成活率，降低饲养成本。陈小连等（2019）研究了嗜酸乳杆菌、枯草芽胞杆菌和酿酒酵母混菌发酵的菜籽粕对28～49日龄白羽公番鸭的生长性能、血清生化、激素和抗氧化指标的影响，对照组和试验组分别饲喂含8%普通菜籽粕和8%发酵菜籽粕，结果表明，发酵菜籽粕可提高番鸭的生长性能，而对血清生化和激素指标无显著影响。陈小连等（2020）研究表明，饲粮添加12%、16%和20%的发酵菜籽粕等氮代替基础饲粮中的豆粕不会影响番鸭的生长性能，其中添加16%的发酵菜籽粕效果较好。骆延波等（2015）以枫叶鸭为试验对象，在基础日粮中添加0.1%的发酵菌种，在38日龄时肉鸭的平均体重和日增重比对照组（基础日粮）分别提高3.93%和7.8%，平均每增加1 kg体重减少饲料消耗0.12 kg，提高饲料报酬7.77%，死亡率降低80.03%。杨卫兵等（2012）以樱桃谷肉鸭为试验对象，将原基础日粮中的豆粕替换为发酵豆粕，结果表明，发酵饲料可以一定程度上改善肉鸭生产性能、提高对蛋白质的消化率、增加肉鸭蛋白质的沉积。阮栋等（2019）研究了不同水平的发酵混合饲料和发酵酒糟对蛋鸭产蛋性能、蛋品质、肠道消化酶活性及免疫功能的影响。对照组饲喂基础饲粮，试验组分别在基础饲粮中添加2%、4%的发酵混合饲料和

2%、4%的发酵酒糟。结果表明，发酵酒糟组蛋鸭产蛋性能、蛋品质、肠道消化酶活性和免疫功能优于发酵混合饲料组，且以4%的添加水平效果更好。牛自康等(2020)研究了不同添加量发酵饲料对1～55日龄肉鹅生长性能、血清生化指标及免疫指标的影响。对照组饲喂基础饲粮，试验组饲喂在基础饲粮中分别添加2.5%、5.0%和7.5%发酵饲料的试验饲粮。结果表明，在1～55日龄肉鹅饲粮中添加7.5%发酵饲料的饲喂效果优于添加2.5%和5.0%发酵饲料。

3.4.3 发酵饲料在水产动物中的应用

经过发酵之后的饲料可以获得充足的湿化处理，相应的抗营养因子被有效降解，使饲料颗粒的性能不断增强，适口能力获得优化，达到提升饲料利用效率的目的。发酵饲料中的有益菌属于优质蛋白质，可以形成众多对动物营养消化有利的有益因子，让鱼、虾、蟹的成活率、生长率和饲料效率提高，有效提高养殖经济效益。郭坤等(2020)探究发酵饲料对池塘养殖条件下克氏原螯虾生长性能、肌肉品质及免疫机能的影响。结果显示，发酵饲料显著提高克氏原螯虾增重率和相对增长率；发酵饲料对肌肉的含肉率和蒸煮损失有显著影响，而对pH和滴水损失无显著影响；试验组血清中的溶菌酶(LZM)、碱性磷酸酶(AKP)、酸性磷酸酶(ACP)和肝胰腺中超氧化物歧化酶(SOD)和过氧化氢酶(CAT)活性显著高于对照组，而肝胰腺中MDA的含量显著低于对照组。这些结果说明，发酵饲料可以明显提高克氏原螯虾生长性能、肌肉品质、抗氧化能力和免疫机能。马仁胜等(2019)报道，采用发酵饲料喂养的克氏原螯虾，在生长初期增重速率明显高于投喂膨化饲料的对照组，发酵饲料组虾田水体pH和溶氧都略低于膨化饲料组，氨氮对比差异不明显。发酵饲料更易于克氏原螯虾生长初期消化吸收，可部分代替膨化饲料使用，且对水质影响较小。赵云龙等(2020)探索了蜜环菌发酵饲料对洛氏鱥生长、免疫和抗氧化能力以及肠道菌群的影响。试验在基础饲料中分别添加0、6、12、18 mL/kg蜜环菌菌液，20 ℃发酵48 h制成饲料。饲养试验结果表明，发酵饲料可提高洛氏鱥的生长性能、免疫功能和抗氧化能力，优化肠道有益菌群丰度。

宋鹏等(2019)研究表明，用发酵芝麻粕替代草鱼饲料中11.8%～23.5%的菜籽粕蛋白质时，鱼体的生长性能和饲料利用率均有上升趋势，同时可改善草鱼的肠道形态结构，优化肠道菌群组成，并上调肠道中小肽转运相关基因的表达。蔡润佳等(2019)研究表明，添加发酵饲料后，罗非鱼消化酶活力明显增强，肝脏胰蛋白酶、胃胰蛋白酶活力增加，能够提升蛋白质利用效率。研究还发现，发酵饲料对机体促消化功能改善存在部位、消化酶类别的差异。综合生长、消化酶活力、成活率等指标来看，饲料发酵对提高饲料营养利用效率、促进机体免疫能力等作用显著，通过改善其物理性能、添加比例，可以达到预期的促生长效果。许晨远等(2019)研究发酵饲料对中华绒螯蟹幼蟹生长性能、抗氧化能力、免疫机能和代谢的影响。结果发现，额外投喂发酵饲料后，各组幼蟹的增重率和特定生长率均较对照组显著升高；额外添加日投喂量20%比例以下的发酵饲料，可以提升肝胰腺中胰蛋白酶、胃蛋白酶活性；投喂发酵饲料可以促进中华绒螯蟹幼蟹的生长，还可以提高其抗氧化能力、免疫机能和蛋白质代谢能力。王永杰等(2019)也报道了发酵饲料能提高杂交鲂鲌的生长性能，优化肠道中的微生物菌群，提高消化酶活性，从而使饵料的利用率得到提升。此外，发酵饲料能提高杂交鲂鲌的非特异性免疫和抗病能力。黄传书等(2019)报道，桑叶粉混合发酵饲料养殖草鱼，不仅可以提高草鱼的健康性，还可以提高鱼肉营养成分和风味。

李百安等(2016)研究了花生粕和发酵花生粕替代基础饲料中鱼粉对罗非鱼生长性能、肌肉常规成分、氨基酸组成和消化道蛋白酶活性的影响,结果表明,花生粕和发酵花生粕可分别替代鱼粉用量的 1/3 和 2/3。张哲等(2015)研究表明,用枯草芽胞杆菌和产朊假丝酵母发酵的饲料组黄河鲤生长性能提高显著,溶菌酶、超氧化物歧化酶和过氧化氢酶活性增强,产朊假丝酵母发酵饲料组增效更为显著。说明混合原料经固态发酵后可改善黄河鲤的营养特性,提高其利用率,增强其抗氧化能力。

3.4.4 发酵饲料在特种经济动物生产中的应用

1. 发酵饲料在肉鸽、鹌鹑生产中的应用

发酵饲料在肉鸽和鹌鹑生产中应用具有促进肉鸽和鹌鹑的生长,提升饲料报酬,亦可改善鹌鹑蛋的品质。黄笑筠等(2016)研究了发酵饲料对肉鸽生产性能的影响,结果表明,日粮中添加 5%发酵饲料组,乳鸽平均日增重和料重比均显著优于对照组($P<0.05$),且乳鸽肤色、毛色较红润和光亮,鸽群整体健康状态良好,均匀度较好,残次率下降 12.5%。日粮中添加 5%的发酵饲料对于肉鸽的生长有明显的促进作用,鸽群的精神状态和整体健康水平有明显的提升,饲料报酬也有明显提高。

李元奇(2013)探索了发酵饲料对鹌鹑蛋中胆固醇含量的影响,给鹌鹑饲喂发酵饲料有助于降低鹌鹑蛋中胆固醇含量,尤其饲喂添加乳酸菌谷物发酵饲料效果最明显。吴红翔等(2013)试验也表明,添加发酵饲料试验组的鹌鹑蛋的蛋黄水分明显低于对照组,熟蛋率明显高于对照组,同时发酵饲料降低了蛋黄三酰甘油的含量,游离氨基酸的含量也下降,但并未达到显著水平,说明发酵饲料可以显著提高鹌鹑蛋的蛋黄品质。

2. 发酵饲料在水貂生产中的应用

赵玉快等(2020)探索了饲粮中不同发酵饲料添加水平对哺乳期水貂营养物质消化率、氮平衡及仔貂生长性能的影响,结果表明,发酵饲料对水貂粗脂肪、干物质、粗蛋白质的消化率、粪氮、蛋白质生物学价值和仔貂 45 日龄校正体重影响显著,哺乳期水貂日粮中发酵饲料的添加量不超过 7.5%对母貂没有不良影响,但考虑到仔貂的生长性能,建议哺乳期水貂日粮中发酵饲料的添加量不超过 5%。杨菲菲等(2019)研究了发酵饲料对哺乳期水貂的营养物质消化率、氮平衡及生长性能的影响,推断发酵饲料可用于哺乳期水貂的饲料中,推荐用量为 5%。

曾晓倩等(2019)探索了玉米-豆粕发酵饲料对哺乳期母貂营养物质消化率、氮平衡以及生产性能的影响,分别用玉米-豆粕发酵饲料替代 0、2.5%、5.0%和 7.5%的全价商品料,结果表明:玉米-豆粕发酵饲料对哺乳期母貂粗脂肪消化率、食入氮、尿氮、氮沉积和蛋白质生物学价值影响显著,对其他养分消化率和粪氮无显著影响;除 7.5%发酵饲料组的粗脂肪消化率低于对照组,发酵饲料对各营养物质消化率(干物质、粗蛋白质、有机物)及母貂生产性能(仔貂 30 日龄校正体重、45 日龄校正体重、哺乳活仔数和仔貂成活率)均无不良影响;日粮中含有 7.5%发酵饲料可显著降低氮的摄入量和尿氮排出量、显著提高蛋白质生物学价值和氮的沉积率;相关分析表明,随着发酵饲料用量的增加,摄入氮呈显著的一次线性和二次曲线降低,尿氮呈一次线性降低,氮沉积率和蛋白质生物学价值呈显著的一次线性和二次曲线增加。试验证明,玉米-豆粕经过发酵后可直接应用于哺乳期母貂日粮中。

3. 发酵饲料在獭兔生产中的应用

发酵饲料对獭兔生产性能影响的报道比较多。研究已表明,发酵饲料可以提高獭兔对养分的消化率，改善生长性能。吴灵丽等(2019)报道，饲粮中添加 28.8%的发酵苹果渣可以通过提高养分消化率，改善小肠黏膜形态来提高獭兔的生长性能，并可降低腹泻率。卢海强等(2019)以生物发酵饲料利菌肽 1 号和利菌肽 2 号替代无抗基础日粮(对照组)的 3%(试验一组)和 2%(试验二组)饲喂断奶獭兔，两个试验组日增重、日耗料、料重比均优于对照组，发酵饲料有助于提高适口性，降低料重比。宋献艺等(2018)研究发现，在獭兔日粮中添加发酵苹果渣可提高獭兔生长性能、屠宰性能，改善其肉品质和提高血液免疫的作用，在试验条件下添加 30%的效果最佳。齐聪岩等(2017)以 20%的发酵玉米秸秆饲喂生长獭兔，与对照组比较，日增重、平均日采食量均显著增加，料重比下降。

3.5 发酵饲料开发和应用存在的问题及未来发展趋势

生物饲料属新兴产业，为畜牧业发展的升级转型提供了方向。我国发展生物饲料产业的意愿非常强烈。近几年，围绕生物饲料的相关理论与应用研究处于爆发式增长阶段，遥遥领先于其他国家。以发酵饲料为例，越来越被饲料主流企业所认可，一些科研单位和饲料界巨头，纷纷开始进入到这一行业，相继推出了各类产品。此外，更多的小企业也蜂拥进入了这一行业。这些企业大部分对生物技术不了解，没有专门人才，导致生产工艺不达标，产品质量不稳定。出现了发酵饲料产品品种繁多、等级不一、产品品质标示方法各异等现象，影响了消费者对这类产品的信任度。我国生物饲料产业开发整体研究与产业化开发相对落后，且发展很不平衡(姜锡瑞等，2016；邓雪娟等，2019)，还存在一些亟待解决的问题。

3.5.1 发酵饲料开发和应用存在的问题

1. 产品研究方面存在的问题

在产品研究方面，发酵饲料并未得到应有的重视，研发力量薄弱且分散，投入有限，关键共性技术突破不够，源头创新能力不足；偏重于基础研究，缺乏工程化验证平台；与产业发展脱节，科技与产业之间缺乏沟通的桥梁与通道(姜锡瑞等，2016)，直接导致发酵饲料产品在发酵过程中小分子营养物质的流失，总能下降，发酵菌种、菌剂的协同或拮抗机制不清晰，产品质量标准存有争议。发酵饲料与肉质关系、与动物(尤其对于宠物、观赏动物、非反刍动物等)健康关系的研究不够深入。

2. 生产设备方面存在的问题

目前，我国生物饲料的生产方式多种多样，存在平地堆放式发酵、池式发酵、槽式发酵、皮带式发酵、车阵式发酵、矩形槽式发酵床、平床式发酵机等，这些发酵方式中自动化、智能化的设备应用程度较低，缺乏专业的生物饲料设备研制厂家，自动化、智能化的设备研发和应用相对滞后。

3. 应用技术方面存在的问题

应用方面主要存在对动物营养和微生物营养的协同性和安全性认识不足，有待提高；营养数据库和适宜添加量尚需完善。

4. 发酵过程存在安全风险

生物饲料发酵过程中使用的微生物菌种存在来源不明、不纯和菌种退化现象，菌株耐药基因转移、有害代谢产物、黏膜损伤、超敏反应等的威胁也在不断增加。此外，发酵原料中毒素、有害物质残留与次生代谢物质也存在安全隐患。针对诸多的安全隐患，各级政府及科研机构应该高度重视生物饲料质量安全问题。为强化安全意识，农业农村部专门成立生物饲料质量安全预警工作小组，在全国范围建立监测网点，监督生物饲料质量安全，从源头上把控产品安全。

5. 发酵饲料标准及其体系有待完善

除明确的营养常规指标外，酸溶蛋白、乳酸、益生菌活菌数等有益指标和挥发性盐基氮、霉菌和霉菌毒素等有害指标均未纳入产品标准（邓雪娟等，2019）。各级标准体系和质量评价体系亟待建立与完善。

3.5.2 发酵饲料的未来发展趋势

2020 年全国工业饲料总产量 25 276.1 万 t，同比增长 10.4%，其中：配合饲料产量 23 070.5 万 t，同比增长 9.8%；浓缩饲料产量 1 514.8 万 t，同比增长 22.0%；添加剂预混合饲料产量 594.5 万 t，同比增长 9.6%（全国饲料工业发展概况，2020）。

姜锡瑞等（2016）报道，我国约 40% 的耕地生产出来的粮食被用于生产饲料，存在人畜争粮、饲料资源紧缺等问题，不得不大量依赖进口。饲料资源紧缺已成为长期限制我国畜牧业发展的瓶颈；另外，受现有饲料加工与消费方式等条件的限制，传统饲料营养价值的提升空间已十分有限；与此同时，数量可观的杂粕等资源因无法充分利用，造成资源浪费和环境污染（蔡辉益，2021）。面对如此现状，目前认为，发酵饲料的开发有助于缓解饲料资源及饲料添加剂匮乏的现状，同时促进替抗减抗产业的发展，未来开发的趋势主要集中在以下几个方面：①建立和发展饲用微生物育种的新方法和新技术，开展饲用微生物资源发掘领域研究，获得一批有自主知识产权、有应用价值的饲用微生物新菌种资源；②针对动物种类、生长发育阶段及益生功能的不同，研制差异化、个性化混菌配伍技术和制剂产品；③发展和完善饲用微生物发酵工程技术，开发安全、高效、稳定的新型微生物蛋白质和能量饲料；④突破目前存在于无菌模式动物和多种标记示踪等技术中的瓶颈，推进饲用微生物对宿主微生态和生命活动的微观影响研究，探索其对畜禽的内分泌及免疫机能产生影响的作用机制。同时，在积极促进技术发展的同时要高度重视具有应用潜力的新的饲用微生物对人类健康和生态环境可能存在的风险，严格按照国家生物安全相关管理条例和国务院颁布的《饲料和饲料添加剂管理条例》要求，认真开展饲用微生物的生物安全性评价研究；根据饲用微生物的特点，尤要注意研究建立准确、灵敏的生物饲料有效成分的检测方法，加强饲用微生物在体内与环境中定植、存活、扩散能力以及与非靶标生物种群相互关系的监测等。

农业部“十三五”规划也明确提出生物饲料产业发展是供给侧改革的重要突破口，是实现畜牧业可持续发展的重要途径，对于促进农副资源饲料化与高效利用、推动饲料配方体系的变革、改善动物生产性能、降低养殖成本、实现从减抗到无抗养殖、减排环保以及应对大豆供应危机等具有重要意义。目前，我国从事生物饲料行业的企业数量达 1 000 余家，发酵豆粕、酿酒酵母培养物、发酵糟渣等发酵产品稳定增长、逐渐形成规模，且在饲料企业和养殖场得到广泛应用。预计未来 10 年内，发酵饲料总量将超过饲料总量的 10%～20%（蔡辉益，2021）。未来的生物饲料将是传统工业饲料中最重要的新的表达方式，或者在 3 亿 t 饲料的结构再调整中成为非常突出的或最具潜力的一部分，将会带来养殖业和饲料业的革命性变化。

参考文献

阿布都如苏力·艾尔肯，张文举，聂存喜. 嗜酸乳杆菌发酵豆粕对黄羽肉鸡生长性能和屠宰性能的影响[J]. 黑龙江畜牧兽医，2014(23):12-16.

白梦娇，王思珍，牛化欣，等. 酶解与发酵马铃薯渣生物饲料的营养价值及其应用研究进展[J]. 黑龙江畜牧兽医，2017(15):65-68.

蔡润佳，汤保贵，邝杰华，等. 发酵饲料对吉富罗非鱼生长的影响[J]. 当代水产，2019,44(12):88-89.

蔡辉益. 生物发酵饲料研究与应用技术发展趋势[J]. 北方牧业，2021(10):25-26.

曹香林，陈建军. 混菌固态发酵麸皮条件优化及离体消化研究[J]. 中国畜牧兽医，2014,41(4):123-127.

陈洁梅，熊娟，常磊，等. 芽孢杆菌在豆粕固态发酵中的应用研究[J]. 饲料工业，2011,32(9):15-19,6.

陈洪仪，杨楠. 嗜酸乳杆菌培养的研究[J]. 现代食品科技. 2009,25(6):82-86.

陈亮，洪龙，张凌青，等. 马铃薯淀粉渣与玉米秸秆混贮饲喂肉牛效果的研究[J]. 饲料研究，2014(9):45-48.

陈庆达，柯芙容，詹湉湉，等. 湿性发酵豆粕对蛋鸡生产性能、蛋品质、血清抗氧化功能及粪便成分的影响[J]. 中国农学通报，2014,30(35):42-47.

陈小连，占今舜，曾艳兵，等. 发酵菜籽粕对番鸭生长性能和血液指标的影响[J]. 草业科学，2020,37(3):566-573.

陈小连，占今舜，黄江南，等. 发酵菜籽粕对 28-49 日龄白羽公番鸭生长性能及血清生化、激素和抗氧化指标的影响[J]. 动物营养学报，2019,31(9):4044-4051.

陈鑫珠，李文杨，刘远，等. 菌糠发酵饲料品质的动态变化[J]. 中国草食动物科学，2018,38(3):76-78.

陈志敏，郑爱娟，常文环，等. 植物乳杆菌和枯草芽胞杆菌混菌发酵饲料对肉鸡生长性能、屠宰性能和肠道结构的影响[J]. 中国畜牧兽医，2020,37(12):3909-3916.

池永宽，熊康宁，宋淑珍，等. 西南喀斯特地区白酒糟饲料化开发利用关键技术研究[J]. 中国饲料，2018(1):77-82.

程秀芳，朱丽梅，李丹，等. 固体联合发酵对棉粕发酵产物富肽蛋白产量及脱毒效果的影响[J]. 家畜生态学报. 2013,34(9):56-60.

党文庆，梁兴龙，何敏，等. 不同含量发酵豆粕对断奶仔猪生产性能、养分表观消化率、粪便微生物的影响[J]. 山西农业科学，2020,48(6):986-990.

邓卉，屈东，邹成义，等. 发酵菜籽粕对生长猪生长性能、机体抗氧化及免疫功能的影响[J]. 西南农业学报，2017,30(7):1662-1666.

邓军，李云锋，杨倩. 枯草芽胞杆菌和猪源乳酸杆菌混合饲喂对仔猪肠绒毛发育的影响[J]. 畜牧兽医学报，2013,44(2):132-138.

邓雪娟，于继英，刘晶晶，等. 我国生物发酵饲料研究与应用进展[J]. 动物营养学报，2019,31(5):1981-1989.

丁小青，侯艳彬，姚垒，等. 生物发酵饲料对仙居鸡产蛋性能、蛋品质及血清生化指标的影响[J]. 中国畜牧杂志，2020,56(9):113-118.

杜静，钮琰星，周琦，等. 固相微萃取条件优化及发酵菜粕风味物质分析[J]. 中国粮油学报，2017,32(07):114-121.

房司铎. 关于发酵饲料发展问题的商榷[J]. 微生物学通报，1979(01):44-45.

郭坤，方刘，孙柯，等. 生物发酵饲料对池塘养殖克氏原螯虾生长性能、肌肉品质及免疫机能的影响[J]. 饲料研究，2020,43(1):18-21.

何小丽，李冲，张妮娅，等. 生物发酵法改善菜粕品质的研究[J]. 中国粮油学报，2016,31(11):85-91.

洪振. 微生物固态发酵法降低棉粕中游离棉酚含量的研究[D]. 武汉：武汉轻工大学，2016.

胡新旭，周映华，刘惠知，等. 无抗发酵饲料对断奶仔猪生长性能、肠道菌群、血液生化指标和免疫性能的影响[J]. 动物营养学报，2013，25(12)：2989-2997.

黄传书，赵珮，黄先智，等. 桑叶粉混合发酵饲料对草鱼健康性及鱼肉风味品质影响[J]. 蚕学通讯，2019，39(2)：10-15.

黄定武，方茜，吉诗敏，等. 花生粕和淘米水联合发酵产酸的协同效应[J]. 环境工程学报，2019，13(2)：465-473.

黄笑筠，冯开容，邹永新，等. 活性微生物发酵饲料对肉鸽生产性能的影响观察[J]. 中国家禽，2016，38(12)：59-60.

黄竹，姜丹，王丽娟，等. 发酵饲料对海兰褐蛋鸡生产性能及蛋品质的影响[J]. 畜牧与饲料科学，2019，40(10)：14-18.

姜锡瑞，霍兴云，黄继红，等. 生物发酵产业技术[M]. 北京：中国轻工业出版社. 2016.

姜晓阳，胡迎芬，郑靖义，等. 混菌固态发酵花生粕的工艺优化[J]. 食品工业科技，2019，40(22)：120-124.

李爱科，贠婷婷，张晓琳，等. 新型优质发酵及酶解饼粕蛋白饲料资源开发利用现状与展望[J]. 饲料工业，2012，33(22)：1-6.

李百安，冷向军，李小勤，等. 罗非鱼饲料中花生粕和发酵花生粕替代鱼粉的效果研究[J]. 大连海洋大学学报，2016，31(1)：50-57.

李贝贝. 番茄渣对育肥猪生长性能、胴体品质、肉品质和抗氧化能力的影响[D]. 乌鲁木齐：新疆农业大学，2017.

李浩，宋泽和，范志勇. 麦麸的主要营养特性及其在畜禽饲料中的应用[J]. 中国饲料，2018(03)：66-69.

李龙，陈小连，徐建雄. 复合益生菌发酵饲料工艺参数及品质研究[J]. 上海交通大学学报(农业科学版)，2010，28(6)：46-49.

李旺，丁轲，曹平华，等. 饲料中菌酶协同作用的研究与应用进展[J]. 动物营养学报，2020，32(8)：3469-3475.

李文立，孙振钧，任慧英. 组合微生物发酵提高豆粕品质的方法与优化工艺研究[J]. 中国粮油学报，2013，28(1)：88-92.

李锡阁，周成翀，吴志新，等. 微生物复合发酵对豆粕营养品质的影响[J]. 华中农业大学学报，2019，38(6)：123-131.

李泳宁，朱宏阳，吴砚，等. 1 种微生物发酵饲料在断奶仔猪养殖上的应用[J]. 江苏农业科学，2015，43(5)：206-208.

李玉侠，舒丹平，张晓杰，等. 发酵饲料替代抗生素在断奶仔猪日粮中的应用[J]. 饲料博览，2018(1)：17-20，24.

李元奇，马召娅，李元晓，等. 发酵饲料对饲料及鹌鹑血液和蛋中胆固醇含量的影响[J]. 饲料工业，2013，34(9)：41-43.

李志云，李倩. 猪用发酵饲料的饲喂试验[J]. 湖南饲料，2014(6)：35-36.

廉俊红. 多糖对益生菌体外生长的影响及发酵饲料对雪峰乌骨鸡肉品质的影响[D]. 广州：华南农业大学，2016.

赖水明. 发酵饲料生产工艺控制要点分析[J]. 饲料博览，2020，(3)：16-18.

梁玉禧. 米曲霉发酵对芝麻粕理化性质及抗氧化性的影响[D]. 南昌：南昌大学，2019.

林靖，钟燕萍，许道光，等. 发酵豆粕对生长猪生长性能、血液生化指标、抗氧化指标和粪便中养分排出量的影响[J]. 黑龙江畜牧兽医，2016(5)：118-120.

刘长松，潘忠礼，何荣海，等. 混菌固态发酵菜粕对肉仔鸡生长性能、血清生化指标及免疫功能的影响[J]. 中国家禽，2015，37(24)：24-27.

刘春雪，张放，张政，等. 发酵麸皮对育肥猪生长性能、屠宰性能及肉品质的影响[J]. 中国畜牧杂志，2017，

53(2):70-73.

刘冬梅,陈浩,胡小慧,等.花生粕的枯草芽胞杆菌BSH001发酵及产物性质[J].华南理工大学学报(自然科学版),2014,42(11):129-135,142.

刘桂香,史瑛,赵建新,等.多菌种两步法联合发酵饲料的研究[J].粮食与饲料工业,2016,(3):43-48

刘辉,季海峰,王四新,等.副干酪乳杆菌发酵饲料对生长猪生长性能、粪便菌群数量与挥发性脂肪酸含量以及血清生化和免疫指标的影响[J].动物营养学报,2019,31(8):3747-3754.

刘济,戚亚伟,刘艳芬.微生物发酵豆粕对AA肉鸡免疫功能和消化酶的影响[J].广东饲料,2012,21(8):21-24.

刘江英,朱建津,蒋蓉,等.多菌种联合发酵饲料对肉鸡抗沙门氏菌感染能力的影响[J].浙江农业学报,2019,31(2):229-234.

刘金萍.植物乳杆菌A6(*lactobacillus plantarum* A6)生物学特性及在发酵饲料中应用的研究[D].南宁:广西大学,2004.

刘家维,黄昆仑,梁志宏.降解大豆胰蛋白酶抑制剂的短小芽胞杆菌菌株及其胞外蛋白的鉴定[J].现代食品科技,2020,36(2):129-136,84.

刘莫尘,等.固态发酵饲料自动发酵饲喂一体设备设计与试验[J].农业机械学报,2018,49(11):141-147.

刘睿杰,常明,孙丰芹,等.响应面优化巨大芽胞杆菌固态发酵去除花生粕中黄曲霉毒素B_1的研究[J].中国油脂,2013,38(3):28-30.

刘双,孙亚楠,李传民,等.不同复合菌比例发酵饲料对饲料营养价值及生长猪生产性能的影响分析[J].畜禽业,2020,31(2):14.

刘维,励飞,聂勇,等.发酵豆腐渣对育肥猪生长性能的影响[J].饲料博览,2019,(9):23-26.

刘晓明,刘法孝,李兆勇,等.含水量对不同饲料原料发酵参数的影响[J].中国粮油学报,2016,31(9):100-106.

刘晓明,杨在宾,李兆勇,等.不同原料对发酵参数的影响[J].中国畜牧兽医.2015,42(9):2358-2363.

刘志云,钟晓霞,谢跃伟,等.发酵玉米-豆粕型全价饲料对生长猪生长性能、粪便臭味物质和菌群区系的影响[J].畜牧兽医学报,2018,49(6):1169-1177.

卢海强,谷新晰,刘亚娟,等.生物发酵饲料对断乳獭兔早期生产性能和成活率的影响[J].中国养兔,2019(1):10-13.

罗建.无抗微生物发酵饲料对断奶仔猪免疫功能影响的研究[J].饲料与畜牧,2010(7):27-29.

骆延波,付道领,胡明,等.发酵饲料对枫叶鸭生产性能的影响[J].家禽科学,2015(08):12-15.

罗远琴,芦岩,牛俊丽,等.富含棉籽肽发酵棉粕对AA肉鸡生长性能和免疫功能的影响[J].中国畜牧兽医,2020,47(5):1395-1403.

明雷,王松,明宏璋.玉米皮发酵饲料对猪生长性能、肉品质的影响及经济效益分析[J].饲料工业,2019,40(19):20-23.

马仁胜,高常年,鲍俊杰,等.发酵饲料在克氏原鳌虾喂养中的应用研究[J].安徽农业科学,2019,47(24):122-124.

马文强,冯杰,刘欣.微生物发酵豆粕营养特性研究[J].中国粮油学报,2008,23(1):121-124.

梅世慧,陈国权,阎朝华,等.益生菌在发酵酒糟生产及畜禽养殖中的应用概述[J].贵州畜牧兽医,2021,45(4):3-6.

牛自康,叶成智,张鑫蕊,等.不同添加量的发酵饲料对1～55日龄肉鹅生长性能、血清生化指标及免疫指标的影响[J].动物营养学报,2020,32(7):3412-3419.

潘树国.废豆渣生产生物蛋白饲料可行性研究[J].现代畜牧科技,2017(10):8-9.

彭惠惠.芝麻粕发酵条件优化及其小肽抗氧化活性研究[D].合肥:安徽农业大学,2012.

齐聪岩,李红亚,王树香.发酵玉米秸秆对獭兔生长性能的影响及其促生长机理的研究[J].中国畜牧兽医,2017,44(7):2003-2008.

乔晓艳,蔡国林,陆健.微生物发酵改善棉粕饲用品质的研究[J].中国油脂,2013,38(5):30-34.

阮栋,刘建高,陈伟,等.发酵饲料对蛋鸭产蛋性能、蛋品质、肠道消化酶活性及免疫功能的影响[J].动物营养学报,2019,31(12):5740-5749.

沈桂宇.固态发酵技术设备及在饲料工业中的应用研究进展[J].饲料工业,2015,36(8):58-60.

宋鹏,曹申平,唐建洲,等.饲料中发酵芝麻粕替代菜粕对草鱼生长性能、肠道形态和微生物及小肽转运相关基因表达的影响[J].水生生物学报,2019,43(6):1147-1154.

宋善丹,陈光吉,饶开晴,等.白酒糟固态发酵条件的筛选及营养价值评定[J].中国畜牧杂志,2015,51(15):66-70.

宋献艺,刘虎,张伯池,等.发酵苹果渣对獭兔生长性能、屠宰性能、肉品质和免疫指标的影响[[J].中国饲料,2018(17):44-47.

隋洁,田和平,陶泽宇,等.微生物发酵饲料对母猪繁殖性能的影响[J].家畜生态学报,2019,40(10):61-66.

孙焕林.枯草芽胞杆菌发酵棉粕对黄羽肉鸡生产性能、免疫性能和肉品质的影响研究[D].石河子:石河子大学,2015.

孙佩佩,周晓容,宋代军,等.发酵菜籽粕替代豆粕饲喂生长猪对其生长性能、血清生化指标、抗氧化能力和免疫功能的影响[J].动物营养学报,2019,31(2):874-882.

田志梅,马现永,鲁慧杰,等.果渣营养价值及其发酵饲料在畜禽养殖中的应用[J].中国畜牧兽医,2019,46(10):2955-2964.

帖余,李丽,刘军,等.菌酶协同处理对发酵菜粕的影响[J].食品与发酵工业,2019,45(17):117-122.

王朝阳,孙焕林,冯江鑫,等.枯草芽胞杆菌发酵棉粕对黄羽肉鸡屠宰性能和肉品质的影响[J].黑龙江畜牧兽医,2016(15):102-104.

王东玲,李波,芦菲,等.豆腐渣的营养成分分析[J].食品与发酵科技,2010,46(04):85-87.

王健.蛙源酵母菌 ZR1 发酵豆粕对牛蛙生长、消化和肠道健康的影响[D].厦门:集美大学,2018.

王剑,曹云鹤,陆文清,等.发酵饲料工艺技术的影响因素[J].猪业科学,2017,34(9):38-40.

王敬勉,廖德胜,张永洪.发酵葡萄皮渣喂蛋鸡和猪的研究[J].饲料研究,1997(2):5-7.

王娟娟,王顺喜,陆文清,等.无抗生素微生物发酵饲料对仔猪免疫及抗氧化功能的影响[J].中国饲料,2011(16):25-28.

王莉梅.全混合发酵饲料对羊肉品质的影响[D].呼和浩特:内蒙古农业大学,2013.

王晓玲,刘倩,韩伟,等.棉酚脱除菌株的筛选及棉粕混菌固态发酵研究[J].粮油食品科技,2016,24(1):81-85.

王晓平,王霞.发酵豆粕对低温环境下断奶犊牛生长性能和免疫反应的影响[J].中国饲料,2019(20):81-85.

王永杰,甘小顺,徐双贵,等.发酵饲料对杂交鲂鲌“皖江 1 号”生长性能、生理生化指标以及养殖水质的影响[J].安徽农业科学,2019,47(16):110-112,118.

王玉田,郑瑞峰,李富伟,等.发酵饲料替代抗生素对断奶仔猪生产性能和血液指标的影响[J].当代畜禽养殖业,2018(1):3-5.

魏爱彬.益生乳酸菌 *L. casei Zhang* 和 *L. plantarum* IMAU10120 在豆粕中发酵特性的研究[D].呼和浩特:内蒙古农业大学,2012.

卫爱莲,李吕木,李姗,等.发酵饲料在养殖业中的研究进展[J].饲料博览.2017(05):8-12.

魏莲清,牛俊丽,罗远琴,等.热带假丝酵母发酵棉籽粕对白羽肉鸡蛋白质代谢的影响[J].动物营养学报,2020,32(1):169-179.

魏莲清,牛俊丽,赵官正,等.添加不同水平的发酵棉粕对科宝肉鸡生长性能、屠宰性能和血清生化指标的影响[J]. 中国畜牧兽医,2019,46(7):1953-1961.

武安泉,王文奇,刘艳丰,等. 番茄渣对绵羊生长性能和瘤胃发酵参数的影响[J]. 动物营养学报,2014,26(8):2289-2295.

吴红翔,藩东福,谌南辉,等. 苹果渣发酵饲料及中草药对鹌鹑蛋品质的影响[J]. 饲料工业,2013,34(1):56-59.

吴灵丽,张凯,宋献艺,等. 发酵苹果渣对獭兔生长性能、养分消化率、小肠黏膜形态及分泌型免疫球蛋白A浓度的影响[J]. 动物营养学报,2019,31(4):1857-1863.

吴妍妍. 高产乳酸菌种的选育及其发酵棉粕营养特性的研究[D]. 石河子:石河子大学,2013.

吴正可,刘国华,蔡辉益,等. 硫甙脱毒菌株的筛选及其发酵菜籽粕的效果[J]. 动物营养学报,2018,30(1):313-320.

夏超笃,艾琴,向娜娜,等. 发酵麸皮的功能及在动物饲料中的应用[J]. 中国畜牧杂志,2017,53(12):17-21.

肖萌. 益生菌混合发酵菜籽粕及其营养特性的研究[D]. 长沙:湖南农业大学,2014.

熊立寅,田科雄. 发酵饲料对母猪繁殖性能的影响[[J]. 湖南饲料,2015(2):24-26.

徐博成,路则庆,邓近平,等. 发酵饲料对断奶仔猪和生长育肥猪生长性能影响的 Meta 分析[J]. 饲料工业,2018,39(24):40-48.

徐会茹,初丽君,李秋,等. 花生粕固态发酵产业化生产及品质分析[J]. 粮食与食品工业,2015,22(6):38,40+43.

徐力,田永强,刘惠琴,等. 响应面法优化复合菌种发酵豆粕条件[J]. 大豆科学,2016,35(3):498-504.

许晨远,迟骋,郑肖川,等. 发酵饲料对中华绒螯蟹幼蟹生长、抗氧化、免疫和蛋白代谢的影响[J]. 水产学报,2019,43(10):2209-2217.

许丽惠,祁瑞雪,王长康,等. 发酵豆粕对黄羽肉鸡生长性能、血清生化指标、肠道黏膜免疫功能及微生物菌群的影响[J]. 动物营养学报,2013,25(4):840-848.

杨菲菲,曾晓倩,赵玉快,等. 发酵饲料对哺乳期水貂营养物质消化率、氮平衡及仔貂生长性能的影响[J]. 饲料工业,2019,40(19):60-64.

杨立杰,薛新升,宋青龙,等. 固态发酵醋糟饲料对育肥猪生长性能、养分表观消化率、血清指标及粪便中挥发性脂肪酸含量的影响[J]. 动物营养学报,2020,32(4):1576-1585.

杨卫兵,章竹岩,祝溢锴,等. 发酵豆粕对肉鸭生产性能、肌肉成分、肉品质及血清指标的影响[J]. 中国粮油学报,2012,27(2):71-75.

姚跃飞,曾柏全. 现代固态发酵技术在食品加工业中的应用[J]. 食品与机械,2005(6);92-95.

易春霞,刘晓兰,王燕,等. 发酵饲料对大午金凤蛋鸡生产性能、蛋品质和抗氧化能力的影响[J]. 饲料工业,2020,41(11):46-51.

郁元年,张彬,张佩华,等. 发酵豆粕在反刍动物生产中的研究及应用进展[J]. 中国饲料,2020(15):107-111.

原喆. 工业玉米副产品玉米皮精深加工技术分析与研究[J]. 食品安全导刊,2019(30):126.

袁新杰. 多菌种发酵豆粕优化工艺研究[D]. 泰安:山东农业大学,2019.

袁艳超. 蛋白酶高产菌株的筛选及其发酵芝麻粕制备芝麻多肽的研究[D]. 南昌:江西师范大学,2017.

张文举. 高效降解棉酚菌种的选育及棉籽饼粕生物发酵的研究[D]. 杭州:浙江大学,2006.

张孟阳,毕付提,李洁,等. 发酵饲料对仔鸡肠道微生物群落多样性影响[J]. 中国家禽,2019,41(13):30-36.

张梦媛,张雨,丁常晟,等. 总状毛霉与鲁氏酵母耦合发酵对豆粕营养和风味的增强效应[J]. 食品工业科技,2020,41(8):15-20,25.

张晓羊,王永强,张文举,等. 嗜酸乳杆菌发酵棉籽粕对黄羽肉鸡生长性能、屠宰性能和血清生化指标的影响[J]. 动物营养学报，2016，28(12)：3885-3893.

张晓羊，张文举，王永强，等. 嗜酸乳杆菌发酵棉粕对黄羽肉鸡免疫功能和抗氧化性能的影响[J]. 中国畜牧兽医，2017，44(8)：2311-2318.

张秀林. 无抗生素发酵饲料对猪小肠消化吸收和黏膜免疫功能的影响[D]. 新乡：河南科技学院. 2017.

张煜，石常友，王成，等. 菌酶协同发酵改善玉米-豆粕型饲料营养价值的研究[J]. 中国粮油学报，2018，33(3)：70-77.

张哲，殷海成，贾峰，等. 发酵饲料对黄河鲤生长、非特异性免疫功能的影响[J]. 粮食与饲料工业，2015(3)：56-59.

张志新，林文辉，王亚军，等. 不同配比菜粕发酵的抗营养因子脱除效果比较[J]. 广东农业科学，2014，41(23)：86-89.

赵会英，杨在冥，王功赢，等. 日粮中添加发酵饲料对妊娠后期母猪和育肥猪生产性能的影响和效益分析[[J]. 山东畜牧兽医，2013(5)：13-14.

赵静. 高效降解棉酚菌株的分离、鉴定及其降解机理的研究[D]. 新乡：河南师范大学，2017.

赵娜，杨雪海，陈芳，等. 豆粕酶解发酵物对仔猪生长性能、血清指标及肠道菌群结构的影响[J]. 动物营养学报，2016，28(12)：3962-3969.

赵玉快，姜凤琴，郑菲菲，等. 发酵饲料对哺乳期水貂营养物质消化率、氮平衡及仔貂生长性能的影响[J]. 黑龙江畜牧兽医，2020(1)：135-138.

赵云龙，叶梅燕，王嘉婧，等. 发酵饲料对洛氏鱥生长、免疫、抗氧化能力以及肠道菌群影响[J]. 中国畜牧杂志，2020，56(8)：172-176.

钟小群，李向飞，蔡万存，等. 发酵饲料对鲤鱼幼鱼生长性能、消化酶活性、肌肉品质和免疫机能的影响[J]. 南京农业大学学报，2018，41(1)：154-162.

周红妹. 两种发酵饲料对育肥猪生长性能及免疫机能的影响[D]. 沈阳：沈阳农业大学，2016.

周瑾琨，尹志慧，赵玮. 玉米皮纤维素提取工艺优化及结构表征[J]. 食品工业科技，2019，40(5)：207-212.

周映华，胡新旭，卞巧，等. 无抗发酵饲料对生长育肥猪生长性能、肠道菌群和养分表观消化率的影响[J]. 动物营养学报，2015，27(3)：870-877.

周媛媛. 高效棉酚降解菌的筛选及黑曲霉 AN-1 高通量转录组测序分析[D]. 合肥：安徽农业大学，2016.

诸葛斌，刘俊，方慧英，等. 混菌发酵改良棉粕蛋白工艺及协同作用研究[J]. 中国生物工程杂志，2011，31(9)：62-68.

曾李，邓琳，倪冬娇，等. 生物发酵饲料对仔猪生产性能、血液免疫水平及肠道微生物的影响[J]. 广东饲料，2020，29(1)：28-31.

曾晓倩，杨菲菲，任恋甜，等. 玉米-豆粕发酵饲料对哺乳期母貂营养物质消化率、氮平衡及生产性能的影响[J]. 中国畜牧杂志，2019，55(10)：94-97.

朱风华，陈甫，徐进栋，等. 乳酸菌发酵饲料对蛋鸡生产性能及蛋品质的影响[J]. 饲料研究，2015(6)：48-52.

朱坤，毛胜勇，朱崇淼，等. 发酵素资料对育肥猪生长性能、胴体形状、肉品质、血清生化指标和代谢产物的影响[J]. 动物营养学报. 2018，30(10)：4244-4250.

Carlson D，Poulsen H D. Phytate degradation in soaked and fermented liquid feed-effect of diet，time of soaking，heat treatment，phytase activity，pH and temperature[J]. Animal Feed Science&Technology，2003，103(14)：141-154.

Du Z，Yamasaki S，Oya T，et al. Ensiling characteristics of total mixed ration prepared with local feed resources in Mozambique and their effects on nutrition value and milk production in Jersey dairy cattle[J]. Anim-Sci J，2020，91：e13370.

Feng J，Liu X，Xu Z R，et al. The effect of *Aspergillus oryzae* fermented soybean meal on growth performance, digestibility of dietary components and activities of intestinal enzymes in weaned piglets[J]. Animal Feed Science & Technology, 2007, 134(3):295-303.

Hu Y N, Wang Y W, Li A K, et al. Effects of fermented rapeseed meal on antioxidant functions, serum biochemical parameters and intestinal morphology in broilers[J]. Food and Agricultural Immunology, 2016, 27(2):182-193.

Melogy Lalhriatpuii, Amlan Kumar Patra. Feeding rice fermented bbeer waste improves growth performance, nutrient digestibility and nitrogen utilization in growing rabbits[J]. J AnimPhysiolAnimNutr (Berl), 2022,106(1):147-155.

Missotten J A, Michiels J, Degroote J, et al. Fermented liquid feed for pigs: an ancietn technique for the future[J]. J AnimSciBiotechnol, 2015, 6(1):4.

Su Y, Chen G, Cai Y, et al. Effects of *Broussonetia papyrifera*-fermented feed on the growth performance and muscle quality of Hu sheep[J]. Canadian Journal of Animal Science, 2020, 100(4):771-780.

Sugiharto S, Ranjitkar S. Recent advances in fermented feeds towards improved broiler chicken performance, gastrointestinal tract microecology and immune responses: A review[J]. Animal Nutrition, 2019, 5(1): 1-10.

Wang P, Fan C G, Chang J, et al. Study on effects of microbial fermented soybean meal on production performances of sows and suckling piglets and its acting mechanism [J]. Journal of Animal and Feed Sciences, 2016, 25(1):12-19.

Wang Y W, Deng Q Q, Song D, et al. Effects of fermented cottonseed meal on growth performance, serum biochemical parameters, immune functions, antioxidative abilities, and cecal microflora in broilers[J]. Food and Agricultural Immunology, 2017, 28(4):725-738.

Xu B, Li Z, Wang C, et al. Effects of fermented feed supplementation on pig growth performance: A meta-analysis[J]. Animal Feed Science and Technology, 2019, 2020, 259.

Yan J, Zhou B, Xi Y, et al. Fermented feed regulates growth performance and the cecal microbiota community in geese[J]. Poultry Science, 2019, 98(10):4673-4684.

Zhang M, Pan L, Fan D, et al. Study of fermented feed by mixed strains and their effects on the survival, growth, digestive enzyme activity and intestinal flora of *Penaeus vannamei* [J]. Aquaculture, 2020, 530 (5):735703.

（本章编写者：张晓琳、仉磊、曲扬华、孙玉丽、周毅、常寨成、韩伟）

第 4 章 中草药类替抗产品

【本章提要】 农业农村部第 194 号公告主要内容是自 2020 年 1 月 1 日起，退出饲料中除中药外的所有促生长类药物饲料添加剂品种。该公告的出台为我国畜牧业实施减量替代抗生素进行了严格的限制与政策指导。公告所释放的政策红利对中医药理论，特别是药食同源养生理论指导下的天然植物饲料原料和饲料添加剂的推广应用起到关键作用。本章主要从植物提取物等中草药饲料原料和饲料添加剂的定义和分类、植物活性成分的提取技术、功效及应用实例进行介绍。

中药是指在中医指导下应用的药物，资源丰富，总量已达 12 000 余种，其中绝大部分是植物来源的。我国使用天然植物做饲料或饲料添加剂有悠久的历史。中国饲料博物馆的资料显示，西汉时期（公元前 206—公元 25 年）刘安（公元前 179—前 122 年）著《淮南万毕术》载：取麻子三升，捣千余杵（相当于现在的粉碎），煮为羹，加盐一升著中，和以糠斛，饲豚，则肥也。随后各朝代均有以天然植物饲喂猪和鸡的记载。

我国饲料工业和规模养殖发展起来以后，天然植物饲料添加剂的应用也随之起步和发展。1980 年在承德召开了全国中草药饲料添加剂学术讨论会。1995 年北京市饲料工业协会成立中草药天然饲料添加剂委员会，中草药饲料添加剂的研究课题被列为国家“八五”重点攻关项目，从此开展了广泛的深入研究。2008 年以前，由于担心饲用植物的有效成分不清、作用机理不明、产品质量不稳定，未列入《饲料添加剂品种目录(2013)》。后来随着实践应用案例不断增加，饲用植物的独特应用效果得到认可，企业纷纷试用，市场上也出现了一些混乱。药食同源中药是指从中华人民共和国国家卫生健康委员会公布的食药物质中筛选而来，传统上作为食品，且列入《中华人民共和国药典》的物质。这些中药中 117 种列入 2013 版《饲料原料目录》7.6 项下，称为可饲用天然植物，包括所称植物或植物的特定部位经干燥、粗提或粉碎获得的产品，使可饲用天然植物由以前的不合规使用改为获得饲料生产企业审查合格证后备案生产应用。

随着限抗政策的逐步出台，中药作为替抗产品之一得到了农业农村部的政策支持。农业农村部第 194 号公告的发布标志着畜牧业开始实施史上最严格的禁抗、限抗、无抗政策。同时，公告所释放的政策红利对中草药类饲料添加剂作为抗生素替代品的推广应用具有重要意义。

4.1 植物提取物

4.1.1 植物提取物的定义与分类

植物提取物以植物为原料，依据产品用途的需要，采用物理、化学、生物等技术手段，经过提取、发酵及分离等工艺，定向获取和富集植物中含有的一种或多种活性物质而制得的具有促进养殖动物生长、提高饲料转化效率和改善养殖动物产品品质等功效的饲料添加剂。

植物提取物主要是从植物的不同部位或全株植物中提取的产品，其活性成分的含量和功能会因使用部位、收获季节和产地的差异而不同。植物提取物按照物理形态，可分为固体和液体两种；按照有效成分不同，可分为多酚、多糖、萜类、生物碱、黄酮、精油和皂苷等。

根据《饲料添加剂品种目录(2013)》(根据农业部第 2045 号公告及后续修订公告汇总，截至 2022 年 11 月)，植物提取物类饲料添加剂有如下类别和品种：

维生素及类维生素：β-胡萝卜素，天然维生素 E，甜菜碱；

抗氧化剂：茶多酚，天然维生素 E，迷迭香提取物；

着色剂：β-胡萝卜素、辣椒红、天然叶黄素(源自万寿菊)；

调味和诱食物质：索马甜、食品用香料(源于植物)、牛至香酚；

黏结剂、抗结块剂、稳定剂和乳化剂：卵磷脂、海藻酸钠、琼脂、瓜尔胶、阿拉伯树胶、木质素磺酸盐、卡拉胶、决明胶、刺槐豆胶、果胶；

其他：天然类固醇、皂角苷(源自丝兰)、天然三萜烯皂角苷(源自可来雅皂角树)、二十二碳六烯酸(DHA)、糖萜素(源自山茶籽饼)、苜蓿提取物(有效成分为苜蓿多糖、苜蓿黄酮、苜蓿皂苷)、杜仲叶提取物(有效成分为绿原酸、杜仲多糖、杜仲黄酮)、淫羊藿提取物(有效成分为淫羊藿苷)、共轭亚油酸、紫苏籽提取物(有效成分为 α-亚油酸、亚麻酸、黄酮)、硫酸软骨素、植物甾醇(源于大豆油/菜籽油，有效成分为 β-谷甾醇、菜油甾醇、豆甾醇)。

本书重点介绍与替抗/减抗有关的植物提取物类饲料添加剂和兽药。

4.1.2 植物活性成分提取技术

传统提取技术有溶剂提取法、水蒸气蒸馏法等。在植物提取中常用的溶剂提取方法有回流法、索氏提取法、冷浸法、渗流法等。回流提取和索氏提取需要长时间的加热，极有可能使植物中的有效成分发生改变，冷浸法和渗流法则提取时间较长，溶剂使用量大。针对传统提取技术存在的不足，拥有产率好、纯度高、速度快、能耗少等优点的新式提取技术在植物提取中逐渐得到广泛的应用，主要包括超临界流体萃取、亚临界流体萃取、生物酶法、仿生提取法和超声提取技术等。

1. 溶剂提取法

溶剂提取法是应用时间最长的植物提取物提取方法之一。同一溶剂中，不同的物质有不同的溶解度，同一物质在不同溶剂中的溶解度也不同。利用样品中各组分在特定溶剂中溶解度的差异，使其完全或部分分离的方法即为溶剂提取法。该方法的缺点是处理工艺过程比较复杂，经过多次提取才能提取完全，因而导致生产耗能非常大；另外，该方法通常选用有机溶剂作为提取剂，毒性相对较大，生产成本也略高。

2. 树脂吸附分离法

树脂吸附分离法的原理是利用大孔树脂具有的选择性吸附和解吸后能反复使用的特点，对植物精油、多糖、皂苷、白藜芦醇、黄酮化合物、植物多酚等成分进行分离和纯化。该方法具有设备简单、操作方便、节省能源、产品纯度高、不吸潮等优点。主要问题是工艺成本大、树脂的使用量大、树脂的吸附量不高，树脂的循环寿命短，因此不适用于大批量生产。

3. 超声提取法

超声提取法的原理是基于超声波强烈的振动和空化效应，造成溶剂和被提取的物料之间的强烈摩擦，从而使细胞壁遭到破坏，使活性成分溶解在溶剂中。超声波在其传递的过程中也同时伴随着能量的转换，声能转换成了热能。所以，随着超声时间的延长，溶剂和原料的温度逐渐增加，从而使得植物提取物的有效成分的溶解度也随之增加，因此，超声波提取在天然产物中活性成分的提取中得到了广泛的应用。该方法利用机械破碎功能，增大了扩散速率，浸提充分，提取时间得以缩短，超声波还具有一定的杀菌作用，能保证萃取液不易变质。缺点是容器复杂以及噪声、设备放大等问题。

4. 微波萃取法

微波萃取技术的原理，就是利用不同组分吸收微波能力的差异，使基体物质的某些区域或萃取体系中的某些组分被选择性加热，从而使得被萃取物质从基体或体系中分离，进入到介电常数较小、微波吸收能力相对较差的萃取剂中，并达到较高的产率。在植物提取物有效成分提取中，微波萃取技术的优势在于：选择性好；微波具有极强的穿透力；加热效率高、仪器设备简单、低廉，适应面广；试剂用量少，萃取率高，节时、节能、污染小。但是微波萃取机理目前还不明确。

5. 临界流体萃取法

1）超临界流体萃取

超临界流体萃取技术是20世纪80年代逐步在我国得到应用的一种高效、快速的提取技术，一般以二氧化碳作为萃取剂。因为超临界二氧化碳的疏水性较高，常用于提取疏水性化合物，如脂溶性维生素、类胡萝卜素、脂肪酸和脂肪族烃等，加入适量的夹带剂也可以对极性物质进行提取。Cao 和 Ito（2003）进行了超临界流体萃取葡萄籽油的研究，在高压（30～40 MPa）和低温（35～40 ℃）的优化条件下，加入10%的乙醇作为改性剂，葡萄籽油最大产率达到6.2%，游离脂肪酸、不饱和脂肪酸在油中占约70%。张良等（2008）对川贝母游离生物碱的超临界CO_2流体萃取条件进行优化，结果显示当乙醇用量为300 mL，萃取压力为20 MPa，萃取时间为2 h，萃取温度为45 ℃时，萃取率可达0.195%。

超临界流体萃取可分为萃取和分离两个过程，在临界点附近利用流体与溶剂之间良好的传质性能，将所需组分从原料中萃取出来；恢复常温常压，提取物与气态的超临界流体分离。与传统提取方法相比，超临界流体萃取的温度为30～70 ℃，有利于挥发性、热敏性物质的提取；萃取剂一般为二氧化碳，无残留；提取速度快、效率高。但超临界萃取提取一些极性大、相对分子质量大的物质时，需要加入夹带剂，而且操作压力大，对设备要求高，因此更适合用于提取附加值高的物质。

2）亚临界流体萃取

亚临界流体萃取是在一定温度（介于沸点和临界温度之间）和一定的压力（低于临界压力）下使提取溶剂保持液体状态并进行提取的一种新兴技术。丁烷和丙烷是最早应用的亚临界流体，随后液氮、二甲醚、水等溶剂也应用到亚临界流体萃取中。因为这些溶剂的极性不同，在应用中也各具特色。丙烷、丁烷、四氟乙烷为非极性溶剂常用于提取脂溶性物质，二甲醚既能提取极性物质也能提取非极性物质，液氮可用于水溶性成分的提取。在亚临界条件下水的极性降低，可用于对中弱极性物质的提取。王林林等（2016）对超临界CO_2萃取法、亚临界丁烷萃取法、有机溶剂萃取法和压榨法所得的石榴籽油进行分析，结果表明亚临界丁烷萃取法得到的石榴籽油的酸值和过氧化值最低，理化性质更好，抗氧化能力更强。Ravber 等（2015）用亚临界水提取法从向日葵种子中同时去除油和水溶性相，在不同的温度和料液比下研究萃取动力学，水溶性提取物在100 ℃时发生水热降解产生各种水热降解产物，总酚含量降低，总体的抗氧化能力升高。亚临界水可以避免萃取产物受有机溶剂污染、萃取耗时等困扰，是一种清洁的提取方式。目前，亚临界提取技术主要应用于挥发油及活性物质的提取。

6. 酶法提取和半仿生提取

1)酶法提取

酶法提取是利用酶催化反应的专一性、高效性，较温和地分解植物组织，使有效成分快速溢出，提高传质过程，提升收率、纯度和提取速度的一种提取方法。生物活性成分常常处于细胞质中，由纤维素、半纤维素、木质素等组成的细胞壁会抑制活性成分的溢出。添加纤维素酶、α-淀粉酶和果胶酶等特定酶能够破坏细胞壁并水解结构多糖。傅博强等(2002)比较了酶法和水提法对多糖提取率的影响，结果表明酶法提取的多糖提取率增加63.3%，粗多糖增加98.9%。酶提取法反应温和，能够避免热敏组分分解，同时能去除无效成分，提高提取物的品质，但是酶对温度、酸碱度反应敏感，只能在一个较窄的范围波动，酶反应也可能改变某些活性成分，造成提取率降低，引入其他杂质等，例如纤维素酶能水解黄芩苷降低其提取率。

2)半仿生提取法

半仿生提取是模拟口服药物在人体胃和肠道中的消化过程，选用特定pH的酸性溶液和碱性溶液依次提取，以提取目标组分含量高的“活性混合物”。相对于其他提取方式，半仿生提取是以某一种有效成分为目的的优化提取工艺，提取方法更加注重整体作用。同时，提取方法要符合工业化，不能完全与人体相同，故而称为半仿生。半仿生提取多应用于中药或中药复方活性成分的提取。张晓丹等(2007)用半仿生提取法提取中药复方银翘散，探讨了提取时间、溶媒用量、pH值对得率的影响。与水提法相比较，半仿生提取可提高银翘散的疗效。半仿生提取法不适合热敏性物质的提取，pH的变化也可能产生副产物。

4.1.3 主要活性成分及功效

植物提取物的活性成分主要分为生物碱类、苷类、黄酮类、有机酸类、多糖类、挥发油类。当前应用较多的主要是植物精油、多糖、皂苷、白藜芦醇、黄酮化合物、植物单宁等成分。

1. 植物多糖

常用的植物多糖是由10个以上、通常由几百甚至几千个单糖分子聚合而成的一类化合物，作为饲料添加剂的中药植物多糖，具有增强机体免疫功能、降低血糖、抗氧化及抗肿瘤等药理作用。到目前为止，有300多种活性多糖被从天然植物中提取出来，已有研究证明牛膝多糖、黄芪多糖、白术多糖和枸杞多糖等100多种植物来源的多糖及衍生物具有抗氧化、降血糖、抗菌、抗肿瘤和提高动物免疫力等多种生物活性。黄芪多糖、白术多糖和牛膝多糖均对大肠杆菌、沙门氏菌和金黄色葡萄球菌有一定的抑菌效果(表4-1)。黄芪多糖、牛膝多糖和白术多糖等，通过调控猪小肠葡萄糖转运载体SGLT1、GLUT2，紧密连接蛋白Occludin、ZO-1表达，降低LPS处理后IPEC-J2细胞膜的通透性，以维系IPEC-J2细胞的损伤修复，且这种修复机制主要依赖于TLR/NF-κB信号通道的激活(谢红兵，2018)。

表 4-1 不同多糖的抑菌效果比较

多糖类型	浓度/(mg/mL)	抑菌圈直径/mm			
		大肠杆菌	沙门氏菌	金黄色葡萄球菌	枯草芽胞杆菌
黄芪多糖	30	8.96±0.21	10.43±0.14	14.67±0.24	13.23±0.19
牛膝多糖	30	11.96±0.21	10.53±0.14	14.87±0.16	13.19±0.08
白术多糖	30	10.63±0.17	11.31±0.19	14.41±0.22	9.52±0.19

植物多糖的糖苷键有 α 型和 β 型两种类型，其糖链的结合以 β-1,3 或 β-1,6 糖苷键为主。山药多糖由甘露糖、葡萄糖以及半乳糖组成，其平均分子质量为 7.28×10^4。主要由 α-*D*--(1,4)吡喃葡萄糖残基构成，具有清除体外自由基的功能(Zhou 等,2021)。灵芝多糖主要由甘露糖、葡萄糖、半乳糖、岩藻糖、阿拉伯糖等构成，其摩尔比为 47.5∶26.3∶16.9∶2.9∶2.9。此外，灵芝多糖结构中大于 300ku 的多糖占比为 33.7%，单糖、二糖和寡糖占比为 46.8%(Chang，等,2015)。百合多糖由 *D*-葡萄糖、*D*-半乳糖和 *D*-甘露糖等三种多糖组成，摩尔比为 10∶19∶1。牛膝多糖由果糖和葡萄糖组成，摩尔比为 8∶1(陈清华,2008)。常见饲料添加剂植物多糖简介如下。

1)黄芪多糖

(1)主要来源植物　黄芪(*Astragalus membranaceus*)是多年生豆科植物蒙古黄芪或膜荚黄芪的干燥根。根据药材的颜色不同，前者习称“黑皮芪”，后者习称“白皮芪”。山西和黑龙江省产品质量为最佳。黄芪为中药益气药，现已证实其中所含黄芪多糖、胆碱和多种维生素，可明显提高人体白细胞诱生干扰素的功能，调节机体免疫，促成抗体形成。通过调节、诱导干扰素破坏体内病毒以达到治疗效果。黄芪多糖是黄芪药材中含量最多、免疫活性最强的一类物质(盛耀光等,2019)。

(2)分子结构　黄芪多糖(*Astragalus* polysaccharide)是一种相对分子质量分布广泛(8.7×10^3 u～4.8×10^5 u)、结构复杂的混合物，其化学结构尚无可行方法精准测定。姚丹和王红军(2012)等用衍生化结合气相色谱法测定黄芪多糖的单糖组成，鉴定出黄芪多糖含有阿拉伯糖、果糖、葡萄糖和甘露糖。陈虎虎等(2012)采用柱前衍生化-液相色谱法测定蒙古黄芪多糖中单糖的组成，结果显示蒙古黄芪多糖由甘露糖、鼠李糖、半乳糖醛酸、葡萄糖、阿拉伯糖组成，物质的量之比为 0.02∶0.05∶0.17∶1∶0.18。

(3)提取工艺　Yu 等(2018)采用水煎煮提取法，黄芪粉末用蒸馏水以料液比 1∶10、提取温度 80 ℃、提取时间 2 h 的条件下提取 2 次。胡碧君(2018)采用超声波提取法，发现在 95%乙醇以液料比 30.5(g/mL)，提取时间 22.1 h 的条件下提取率最高。闫巧娟等(2005)在蒙古黄芪中加入纤维素酶 60 U/g，酶处理时间 1.5 h，多糖得率为 30.3%。

(4)主要生物学活性　免疫增强作用、抗氧化作用和抑菌作用。

免疫增强作用：研究报道，黄芪多糖促进 IL-2 产生的能力最显著，50～100 mg/kg 的黄芪多糖可使大黄建立的脾虚模型小鼠低活性 IL-2 水平提高，推测 IL-2 含量增加是黄芪多糖扶正的重要机理之一(倪峰,2001)。黄芪多糖可以改善环磷酰胺免疫抑制小鼠的体重和免疫器官质量，促进脾淋巴细胞增殖，显著增加其特异性和非特异性免疫功能(曹宇欣,2020)；能抑制促炎因子 NO 和 TNF-α 表达上调，促进抑炎因子 IL-10 表达上调(范信晖等,2021)。使用黄芪多糖治疗溃疡性结肠炎发现黄芪多糖可以促进结肠自噬相关基因 Atg5、Atg7、Atg16L、Beclin1 和抑炎因子 IL-22、IL-10、IL-4 的 mRNA 表达，降低促炎因子 TNF-α、IL-1β 和 IL-2 的表达，紧密连接蛋白 Occludin、Claudin-1 的表达升高，证明在溃疡性结肠炎小鼠模型下，黄芪多糖可激活结肠组织自噬，减轻小鼠结肠炎症，修复肠黏膜屏障(应艺，2021)。

抗氧化：黄芪多糖可改善大鼠抑郁行为及海马神经元损伤，并升高海马 Nrf2 mRNA、Nrf2 总蛋白、Nrf2 核蛋白、SOD、GSH-Px、CAT、HO-1 水平，降低 MDA 水平，激活 Nrf2-ARE 通路从而改善机体氧化应激能力(宿宏佳，2021)。

抑菌：从表 4-1 的结果可知，黄芪多糖对各种菌的抑菌效果为：金黄色葡萄球菌＞枯草芽胞杆菌＞沙门氏菌＞大肠杆菌。

2)白术多糖

(1)主要来源植物　白术(*Atractylodes macrocephala* Koidz.)为多年生菊科草本植物，主要分布于四川、云南、贵州等山区湿地。白术具有健脾益气、燥湿利水、止汗、安胎功效，是中国传统的一味中药材(左军等，2021)。白术的主要活性成分有挥发油、内酯类化合物、多糖、白术三醇等多种成分。

(2)分子结构　白术多糖(polysaccharide of *Atractylodes macrocephala*)大致可分为两类，一类是结构不太明确的白术多糖提取物，这些提取物的相对分子质量为 1867～136000，分别由葡萄糖、半乳糖、甘露糖、阿拉伯糖等七种单糖组成(杨颖等，2021)；另一类是已有明确结构式的精致白术多糖，这类精致白术多糖分子质量小，单糖组成简单。Wang 等(2014)通过对白术多糖 UAM 结构进行研究，发现其相对分子质量为 2 921 u，主要以 β-*D*-1→3 和 β-*D*-1→3,6 连接。

(3)提取工艺　白术多糖中含有葡萄糖、半乳糖、甘露糖、阿拉伯糖等单糖，其中葡萄糖、半乳糖和甘露糖出现的比例最高，均可达到 68.7%(杨颖等，2021)。常用超声提取法提取(刘胜姿，2010；吴铭，2015)，主要提取条件：料液比为 1∶20(g/mL)、提取时间为 45 min、提取温度为 50 ℃时，白术多糖的得率约为 8.5%。

(4)主要生物学活性　白术多糖主要有免疫调节作用、胃肠黏膜保护作用、抗氧化作用和抑菌作用。

免疫调节作用：白术多糖可以缓解环磷酰胺诱导的岭南黄鸡氧化应激，并且能够抑制促炎因子的表达，可通过 p38/MAPK 信号通路抑制环磷酰胺诱导的岭南黄鸡肝脏自噬和凋亡，对肝脏起到保护作用。给免疫抑制小鼠灌胃白术多糖 14 d 后，免疫抑制小鼠的脾脏指数和胸腺指数上升，免疫器官质量增加(陈红伟等，2015)。使用白术多糖培养猪外周血淋巴细胞，发现不同浓度的白术多糖均可显著提高猪外周血淋巴细胞的增殖反应，并刺激 NO 产生，提高 cAMP 浓度，促进 IFN-γ 分泌(朱南山等，2007)。胡晓蕾等(2006)在大鼠日粮中添加 0.2%的白术多糖，发现可以显著提高外周血 T、B 淋巴细胞和脾脏 T、B 淋巴细胞的转化率。Li 等(2011)在早期断奶仔猪的基础日粮中添加白术多糖，可以提高仔猪肠道乳酸菌的增殖、mRNA 的表达和细胞因子的水平来改善免疫反应，改善淋巴细胞的增殖和代谢状态，提高仔猪免疫能力。

胃肠黏膜保护作用：研究发现白术多糖能够提高大鼠小肠上皮 IEC-6 细胞钙离子水平以促进细胞迁移和 E-钙黏蛋白表达，从而促进胃肠黏膜损伤修复(伍婷婷等，2017)；能够增强 Bcl-2 蛋白表达，且减少 Bax 蛋白表达，从而对运动应激性溃疡大鼠胃黏膜起到保护作用(曹艳霞等,2016);白术多糖能调节部分肠道黏膜修复因子,从而促进肠道黏膜修复(尚秋辰,2017)。

抗氧化作用:刘婕(2015)通过体外抗氧化能力测定,发现白术多糖对羟自由基、DPPH自由基和超氧阴离子有较强的清除能力。徐丽珊等(2003)通过给小鼠连续灌胃15天白术多糖,发现小鼠的脑及肝的SOD活力显著提高,MDA含量显著下降,小鼠的抗氧化能力显著增强;白术多糖还能降低小鼠血清及脑组织中的MDA、Lipo含量及MAO活性,升高小鼠血清中的SOD,GSH-Px,CAT活性以及脑组织中的SOD,T-AOC活性,提高机体抗氧化能力(石娜等,2014)。

抑菌:白术多糖对各种菌的抑菌效果为:金黄色葡萄球菌>大肠杆菌>沙门氏菌>枯草芽胞杆菌(表4-1)。

3)牛膝多糖

(1)主要来源植物　牛膝,又名怀牛膝、白牛膝、山苋菜、百倍、鸡胶骨等。牛膝常生长在山坡林下,主要分布于中国除东北外全国各地,非洲、俄罗斯、越南、印度、马来西亚、菲律宾、朝鲜均有分布。牛膝多糖(*Achyranthes bidentata* polysaccharide, ABP)是由苋科植物牛膝的根经水提、醇沉所得的一种小分子多糖化合物,具有保护机体组织器官、抗氧化、缓解应激、抑制肿瘤细胞、改善机体免疫功能等作用(陈清华,2008;欧淑琦等,2019)。

(2)分子结构　牛膝多糖化学组成中,元素分析结果不含N、P和S等杂元素,表明无氨基糖、多肽、磷脂和硫酸酯等。单糖组分分析表明牛膝多糖由果糖∶葡萄糖(8∶1)组成,其分子质量为1 400 u,而且该多糖为均一成分。牛膝多糖是由不同聚合度的六碳糖组成,含有4～21糖;糖链中既含有1,2-连接的果糖残基和2,6-连接的果糖残基,又含有分支。

(3)物理化学特性　牛膝多糖是一种小分子水溶性多糖,相对分子质量为1 300～1 400 u,水溶性好,易被机体吸收。

(4)提取工艺　牛膝多糖的提取工艺与一般植物多糖的提取工艺基本相同,即清洗—烘干—粉碎—水提—浓缩—粗品。为提高多糖的得率,郭婕等(2017)对超声波提取工艺参数进行了研究,发现当料液比为1∶20(g/mL)时,选取浸取温度70 ℃、微波功率600 W、微波处理时间4 min的条件下,怀牛膝多糖的提取率可达12.37%。易军鹏等(2018)先用蒸汽爆破技术预处理怀牛膝,然后再用热回流提取多糖,经试验验证,如此可显著提高牛膝多糖的提取率,经预处理的得率约为未处理的2倍。谷旭晗等(2015)采用纤维素酶提取川牛膝多糖,发现在药材粒径550～830μm、酶用量4 mg/g、酶解温度50 ℃、酶解时间90 min、溶剂pH 5.0、料液比1∶60(g/mL)和提取时间30min的工艺条件下,川牛膝多糖得率为71.70%。

(5)主要生物学活性　牛膝多糖主要有抗氧化、抗炎、增强免疫和抗菌活性。

抗氧化:牛膝多糖具有和维生素C相当甚至更强的体内抗氧化活性,可作为一种优良的天然抗氧化剂来源。研究发现牛膝多糖能提高睾丸抗氧化酶活性,降低精子畸形、提高精子数量和品质,缓解生精小管损伤,提高生殖器官质量,改善雄性大鼠生殖功能(毛晨龙等,2017);牛膝多糖可通过上调Bcl-2和Survivin表达,下调Fas、bax和p53表达,达到减少肾、视网膜和脑细胞凋亡,提高机体抗氧化能力(张杰等,2010;杨旭东等,2010;2011)。牛膝多糖能够显著提高血清GSH-Px、T-AOC活性,改善断奶仔猪氧化应激反应及免疫力(秦文雅,2012)。川牛膝多糖能够减少H_2O_2对PC12细胞的氧化作用,增强细胞保护作用(吴丽红等,2019)。

抗炎:牛膝多糖能显著上调巨噬细胞的吞噬作用、降低其炎性细胞因子的表达(杨林松等,2020)。研究表明牛膝多糖可通过调节EOS凋亡基因Fas、Bcl-2的表达,进而促进EOS在哮喘气道的凋亡以至减轻或预防哮喘气道炎症的形成。牛膝多糖可缓解免疫应激仔猪生长的抑制，降低 TNF-α 的含量，并推测其机制可能与其抑制炎性介质的分泌有关（朱惠玲等，2011）。

增强免疫：牛膝多糖能提高免疫器官指数，不同程度促进细胞免疫、体液免疫及非特异性免疫功能，改善机体免疫功能。牛膝多糖的免疫调节机制与通过 TLR4/MyD88 信号传导刺激 NF-κB 通路来分泌细胞因子有关（Fan et. al,2021）。杨媚等（2020）发现牛膝多糖能提高猪瘟疫苗免疫仔猪的抗体效价，提高其血清白细胞数和淋巴细胞比例，进而增强猪瘟疫苗的免疫效果。

抑菌：牛膝多糖的抑菌活性具有量效关系，抑菌作用的强弱关系为：金黄色葡萄球菌＞枯草芽胞杆菌＞大肠杆菌＞沙门氏菌（表 4-1）。

4）茯苓多糖

（1）主要来源植物　茯苓（*Poria cocos*）隶属于担子菌亚门层菌纲非褶菌目多孔菌科茯苓属，又名茯灵、茯菟、松柏芋等，是我国一种传统中药材。茯苓适应能力强，野生资源分布广泛，多寄生在松科植物赤松、马尾松和云南松等的树根上，在我国的云南、安徽、福建、四川等省份均有分布。茯苓中富含多种化学成分，主要有三萜类、多糖类和甾醇类等，

（2）分子结构　茯苓多糖为茯苓的主要活性成分。茯苓多糖来源广泛，主要包括菌核、菌丝体以及发酵液。茯苓多糖按照单糖组成特点可分为两大类：一类是茯苓聚糖，主要是含（1,6）或（1,2）支链的 β-（1,3）-*D*-葡聚糖，即 β-茯苓聚糖（β-pachyman），分子式为 $(C_6H_{10}O_5)n$，以及少数的 α-（1,3）-*D*-葡聚糖；另一类是以葡萄糖为主的杂多糖，包括阿拉伯糖、甘露糖等。

（3）理化特性　大多数茯苓多糖为碱性多糖，不溶于水，生物活性低，因此可通过化学修饰改善茯苓多糖的相关性质。羧甲基茯苓多糖是由茯苓多糖通过羧甲基化后修饰糖残基上的羟基、羧基、醇羟基等基团获得水溶性较好的多糖衍生物。

（4）提取工艺　茯苓中多糖类化合物的主要来源有茯苓子实体、菌丝体以及液体发酵液，其中子实体和菌丝体内的多糖称为胞内多糖，发酵液内的多糖称为胞外多糖。国内外最常采用的提取方法是热水浸提法和稀碱浸提法，为进一步提高多糖得率和产品质量，缩短反应时间，现在常结合物理波、生物酶等技术辅助提取。近年来发展的一些新的提取技术，如超临界流体萃取法、高压脉冲电场法等，虽可高效、温和提取多糖成分，但由于设备昂贵，使用率较低。同时，研究发现不同提取技术可能对多糖的结构和生物活性产生不同影响，需根据研究目的优选最合适的提取方法。

（5）主要生物学活性　茯苓多糖有增强免疫作用、抗氧化作用、抗炎作用、抗病毒作用及抗菌作用等生物学活性。

增强免疫作用：茯苓多糖能够提高机体的特异性免疫和非特异性免疫功能，包括体液免疫和细胞免疫，同时刺激 IgA、IgM 和 IgG 的合成。茯苓多糖通过促进巨噬细胞、B 细胞和 T 细胞等免疫细胞产生免疫调节因子，进而刺激 NK 细胞、辅助性 T 细胞和杀伤 T 细胞等参与免疫调节（彭小彬等，2013）。茯苓多糖还可以促使巨噬细胞上调诱导型一氧化氮合酶基因的表达（刘星汶等，2021）。茯苓多糖在巨噬细胞中的信号传导有两条途径：一是 Ca^{2+}/PKC/p38 蛋白激酶/NF-κB 信号通路可能参与茯苓多糖的免疫调节作用；二是茯苓多糖激活 TLR4 信号通路，增加 MyD88 和 TRAF6 的表达，从而增强下游 TRAF 6/NF-κB 信号转导，促进体内外的免疫调节和抗癌活性。

抗氧化作用：茯苓多糖能升高机体组织中的超氧化物歧化酶活力并降低丙二醛含量，从而

增强机体组织的抗氧化能力，降低脂质过氧化水平，其中胞内多糖的抗氧化活性优于胞外多糖和菌核多糖（黄聪亮等，2016）。通过采用凝胶渗透色谱-示差检测-多角度激光光散射联用法检测羧甲基茯苓多糖的结构，并分析羧甲基茯苓多糖抗氧化活性的"构-效"关系，得出类球形羧甲基茯苓多糖的抗氧化活性较强，无规卷曲的活性最弱（杨焕治等，2018）。

抗炎：茯苓多糖在肝炎和肠炎模型中均有抗炎作用。对茯苓多糖的抗炎机制进行研究发现，茯苓多糖对对乙酰氨基酚诱导的小鼠肝损伤之所以具有药理活性，可能是因为抑制了肝细胞中 NF-κB 途径的细胞凋亡和炎性应激。采用蛋白质组学和代谢组学评估羧甲基茯苓多糖对三硝基苯磺酸诱导的小鼠结肠炎模型的干预作用，表明羧甲基茯苓多糖通过降低结肠炎小鼠血清中的促炎细胞因子水平，提高抗炎细胞因子水平对肠炎小鼠起到保护作用。羧甲基茯苓多糖的抗炎机制一方面是通过脂肪酸代谢、过氧化物酶体增殖物激活受体（peroxisome proliferator activated receptor，PPAR）信号通路等发挥抗炎作用；另一方面可通过油酸和二氢睾丸激素途径进行抗炎，进而降低肠炎的严重性。

抗病毒：茯苓多糖的抗病毒活性主要集中于细胞层面的研究。王楠（2019）研究证明羧甲基茯苓多糖钠对病毒所致的细胞病变具有抑制作用。采用细胞病变抑制试验方法分析羧甲基茯苓多糖钠体外抗单纯疱疹病毒Ⅰ型（herpes simplex virus-Ⅰ，HSV-Ⅰ）所具有的作用，证明羧甲基茯苓多糖钠量为 2.0 mg/mL 时，对 HSV-Ⅰ所致猪肾传代细胞中的细胞病变有明显的抑制作用。以阿昔洛韦作为阳性对照，观察羧甲基茯苓多糖的人肝癌 Hep G2.2.15 细胞毒作用，并观察羧甲基茯苓多糖对肝纤维化小鼠细胞因子的影响，蛋白质印迹法检测 Smad 3 和 Smad 7 的表达结果显示，羧甲基茯苓多糖具有抑制乙型肝炎病毒，调节转化生长因子 β/Smad 信号转导通路等作用（陈继岩，2015）。

抗菌：茯苓多糖还具有抗菌作用。茯苓多糖对枯草芽孢杆菌和金黄色葡萄球菌均有显著的抑菌性。别蒙等（2020）研究了不同取代度（0.350～0.728）的羧甲基茯苓多糖的理化性质、结构表征及体外抑菌活性，认为羧甲基茯苓多糖取代度越高，其抑菌效果越好，且对革兰氏阳性菌的抑菌效果比对革兰氏阴性菌的要高。原因可能是羧甲基茯苓多糖的取代度越高，其水溶性及电位绝对值越高，进而破坏了细菌的细胞膜，抑制细菌的生长繁殖。此外，茯苓多糖与莲花种子中的低聚原花青素具有协同抗菌作用，一方面由于茯苓多糖和原花青素间的氢键、疏水性和静电相互作用使得二者混合物的电位发生变化，影响细菌细胞壁的电荷分布从而降低细胞壁的稳定性；另一方面茯苓多糖和原花青素的混合增加了氧化应激反应对细胞膜造成的损害。

5）虫草多糖

（1）主要来源　冬虫夏草（*Ophiocordyceps sinensis*，OS）是由冬虫夏草菌寄生于高山草甸土中的鳞翅目蝠蛾幼虫并使幼虫身躯僵化，夏季由僵虫头端抽生出长棒状的子座而成的冬虫夏草的子实体与僵虫菌核构成的复合体，主产于我国四川、西藏、青海和云南等地。冬虫夏草作为名贵天然药物，已有逾 500 年的应用历史，具有极高的药用价值。蛹虫草的药理作用与冬虫夏草类似，故称为北冬虫夏草（Chen 等，2018）。由于野生冬虫夏草资源的稀缺，蛹虫草的人工培养和应用创新得到强化，以促进蛹虫草的研发，目前已经有人工栽培的产品面市，未来蛹虫草产品将具有更加广阔的应用前景。

（2）分子结构　虫草多糖又称为蛹虫草多糖，有研究表明，虫草多糖主要由葡萄糖组成，以 α-1，4-葡萄糖为骨架，包含如甘露糖、鼠李糖、阿拉伯糖、木糖、半乳糖等（Zhang 等，2011）。于晓凤（2019）从虫草中分离出一种水溶性多糖，是一种葡萄糖甘露聚糖。

(3)提取工艺　常用水浸提法提取。在料液比为 1∶95(g/mL)、提取温度 65 ℃、提取时间 1.5 h 下提取的虫草多糖含量较高(姜玲，2021)。袁媛等(2020)对北虫草中虫草素和虫草多糖进行超声同步提取，发现在超声时间 50 min、超声温度 55 ℃、料液比 1∶40(g/mL)的条件下，提取效率最好，虫草素含量为 2 640.8 mg/kg，虫草多糖的得率为 75.3%。

(4)主要生物学活性　虫草多糖具有抗氧化、免疫刺激和降脂等生物学活性。

抗氧化：蛹虫草多糖可增强免疫抑制小鼠的抗氧化活性，显著提高超氧化物歧化酶、过氧化氢酶和谷胱甘肽过氧化物酶水平和总抗氧化能力，降低体内丙二醛水平(Wang 等，2012)。虫草多糖能显著提高体外培养细胞的抗 H_2O_2 氧化能力，并能逆转因移植肿瘤而引起的小鼠组织中 MDA 的升高和 SOD 的降低(盛璐等，2009)。

免疫刺激：虫草多糖作为一种免疫刺激剂，可以提高电离辐射诱导小鼠免疫功能(Zhang 等，2011)。Ying 等(2020)发现虫草多糖能减少环磷酰胺诱导小鼠的肠黏膜免疫力下降和肠道微生物的失调。虫草多糖可以增强巨噬细胞的吞噬活性和免疫相关因子的释放，发挥免疫活性调节作用。虫草多糖能提高 T 淋巴细胞及 $CD4^{-}CD8^{+}$ 亚群的数量，其作用机制可能是通过上调 Bcl-2 mRNA 的转录，提高 Bcl-2/Bax 的比值，进而抑制淋巴细胞凋亡。

降脂：虫草多糖可通过抑制肝细胞合成胆固醇以及促进胆固醇以胆酸盐形式排出，从而发挥降胆固醇功效。在高脂饲喂的模式下，虫草多糖能促进胆固醇逆向转运和泡沫细胞胆固醇外流，达到降脂的作用。虫草多糖还能改善糖尿病小鼠的脂代谢紊乱现象，对受损胰岛有一定的修复作用。

6)白花蛇舌草多糖

(1)主要来源植物　白花蛇舌草为茜草科耳草属，又名白花十字草、羊须草、蛇总管、鹤舌草等。白花蛇舌草是一年生披散草本植物。主要分布在云南、广西、浙江、广东、福建、江苏、安徽等地。现代药理研究发现，白花蛇舌草具有良好的抑菌消炎、调节免疫、抵抗肿瘤、保肝利胆、抵抗化学诱变等功效，临床外用可治疗毒蛇咬伤等症状。白花蛇舌草已被发现含有 171 种化学成分，主要包括多糖类、蒽醌类、黄酮类、环烯醚萜类、甾醇类、三萜类、有机酸等成分。

(2)分子结构　白花蛇舌草多糖是一种杂多糖，由甘露糖、鼠李糖、半乳糖醛酸、葡萄糖、半乳糖和阿拉伯糖组成，物质的量之比为 0.005∶0.033∶0.575∶1.000∶0.144∶0.143。

(3)提取工艺　常采用热水浸提法提取白花蛇舌草多糖，在料液比为 1∶30(g/mL)，浸提温度为 100 ℃，时间为 4 h 的条件下，提取效率高。可以使用纤维素酶法提取白花蛇舌草多糖来提高得率，在 pH 为 7.8、提取温度 55.7 ℃、酶用量为 2.5%、提取时间为 1 h 的条件下提取比较好。

(4)主要生物学活性　白花蛇舌草多糖具有增强免疫、抗氧化活性。

增强免疫：白花蛇舌草多糖能显著提高免疫抑制小鼠血清 IL-2、IL-6、TNF-α 含量，可促进小鼠骨髓细胞增殖反应和 IL-2 的分泌，刺激小鼠产生抗体，对淋巴细胞增殖有明显促进作用；能显著提高小鼠的细胞免疫和体液免疫水平，对小鼠的体重增长亦有显著的促进作用，可显著增强小鼠的免疫力。邵珊等(2011)发现白花蛇舌草多糖能提高仔猪外周血 $CD3^{+}$、$CD4^{+}$、$CD8^{+}$ T 细胞亚群百分比，提高机体细胞免疫。

抗氧化：白花蛇舌草多糖有较强的抗氧化能力，对体外自由基有较好的清除作用。白花蛇舌草多糖可显著延长游泳小鼠的力竭游泳时间，提高肝糖原和肌糖原水平，降低血清 MDA 浓度，提高血清 SOD 浓度，并在体外具有良好的清除氧自由基和羟自由基的活性(李明，2014)。

2. 植物多酚类化合物

1)茶多酚

茶多酚(tea polyphenol, TP)是一类提取自茶叶的天然活性物质,因其良好的抗菌、抗氧化等生物性能逐渐被人们认可,现已应用于食品、医药、日化等领域。大量研究证明茶多酚具有多种功效,如抗氧化作用、抗菌作用、抑制病毒活性、抗溃疡作用、调节心血管疾病以及抗辐射伤害作用等,其中食品领域应用最主要的是抗氧化和抑菌作用。

(1)主要来源植物 茶叶。

(2)分子结构 茶多酚又称为茶单宁,主要由多羟基酚类化合物组成,包括儿茶素类、黄酮类、花青素类等 30 多种化合物,其中儿茶素类是主要的活性物质,占茶多酚的 60%~80%,其次是黄酮类。按照化学结构,茶多酚可分为四类,即黄烷醇类(儿茶素)、花色苷类、黄酮醇类和酚酸类。在这四类物质中,儿茶素含量最高,通常占茶叶干重的 30%~40%,是茶多酚的主要功能活性物质。儿茶素类化合物主要有 4 种,包括表没食子儿茶素没食子酸酯(epigallocatechin gallate,EGCG)、表没食子儿茶素(epigallocatechin,EGC)、表儿茶素没食子酸酯(epicatechin gallate,ECG)和表儿茶素(epicatechin, EC)(图 4-1)。其中,EGCG 是最主要的儿茶素物质(占儿茶素的 50%~80%),也是最重要的功能性物质。

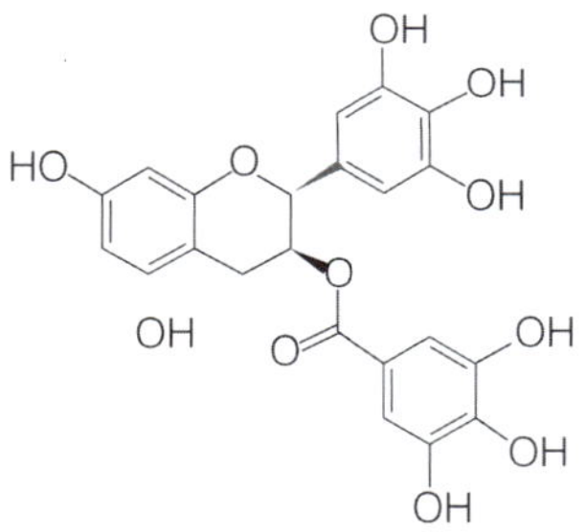

表没食子儿茶素没食子酸酯 (EGCG)

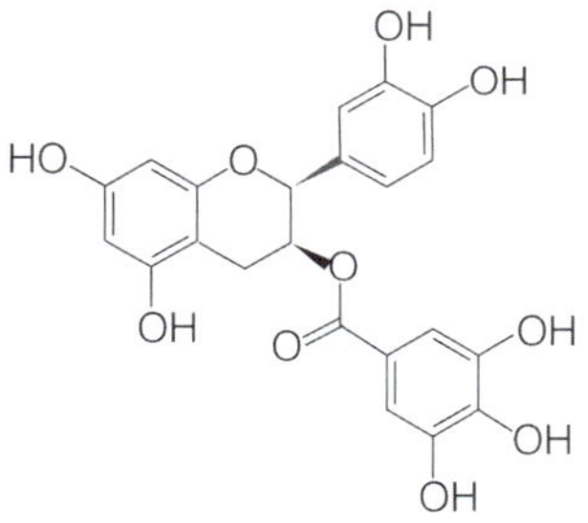

表儿茶素没食子酸酯 (ECG)

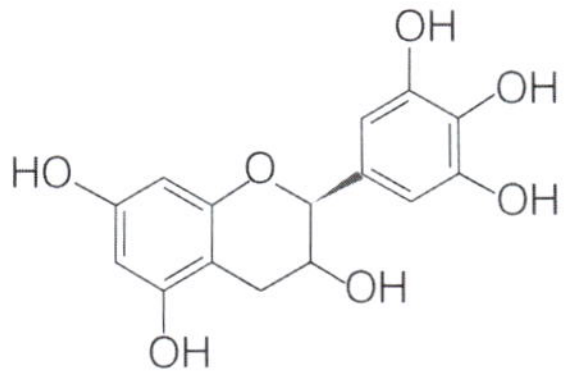

表没食子儿茶素 (EGC)

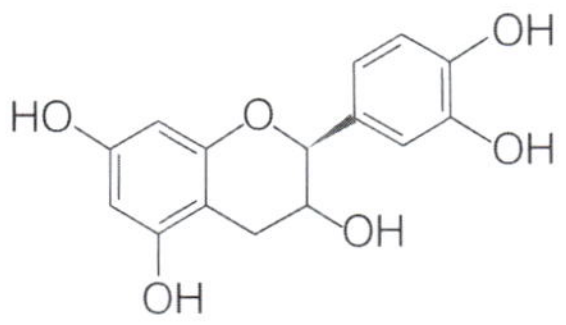

表儿茶素 (EC)

图 4-1 几种主要茶多酚的结构

(3)物理化学特性 茶多酚的纯品呈白色,无固定形状,易溶于乙醇、乙酸乙酯,微溶于油脂,难溶于氯仿等有机溶剂;能够进行氧化还原反应、络合反应等。

(4)提取工艺 目前,常用的提取工艺有溶剂萃取法、超声波辅助提取法、微波辅助提取法、超临界萃取法、离子沉淀法、树脂吸附分离法、酶提取法等,不同的提取工艺有不同的优势特点,但受现有工艺条件的限制,只有溶剂萃取法和离子沉淀法适合于工业化分离纯化茶多酚。

超声波辅助提取可抑制茶叶中的一些大分子物质(如蛋白质、果胶等)的浸出,相比于微波浸提,更有利于儿茶素的提取。同时大量研究发现,超声提取 2 次后茶多酚的提取率可达到

90%左右，且再增加提取级数对茶多酚的提取率并无明显影响(伍璇等，2013)。其工艺流程同溶剂萃取法。

微波提取法主要利用物质在微波场中分子高速振动可以破坏细胞壁结构，达到深层加热的效果，大大缩短浸提时间，不仅减少了茶多酚的氧化，还节约了人力和物力，有效降低了环境对样品的污染，提高茶多酚的浸提率，有研究发现微波辅助浸提2次后茶多酚的提取率也可达90%(程慧青等，2006)。

酶提取法利用酶反应的高度专一性等，选择相应的酶软化细胞壁，使有效成分最大限度地溶出，提高茶多酚的提取率。经低温或酶抑制剂处理，该方法可抑制茶叶内酶的活性，因此能保护茶多酚在提取过程中不被氧化，损失少，作为一种新型的提取技术，有广阔的应用前景。有研究者发现将3.5%的复合酶经60 ℃、pH 4.8的条件下酶解预处理3 h后，在60%乙醇、70 ℃提取温度、1∶50料液比下提取茶多酚1.5 h，其提取率可达25.82%，比传统水提法提高69.87%(谢蓝华等，2013)。但目前酶提取法技术尚不成熟，只处于实验室阶段，且成本较高，较难大规模实际生产使用。

(5)主要生物学活性　茶多酚具有抗氧化、抑菌、抗病毒等活性。

抗氧化：茶多酚多种化学成分中首要发挥抗氧化作用的是儿茶素类。酚羟基上的活泼氢在反应过程中能够给予较多的质子或中子，与自由基结合，螯合过量金属离子，抑制脂质过氧化，以此增加体内抗氧化酶的活性，减少对机体的损伤。

茶多酚与铁离子进行络合反应能够达到一定的抗氧化作用(赵保路，2002)。而茶多酚亦可整合人体细胞内的钙，抑制黄嘌呤氧化酶的产生，起到防止高磷酸盐氧化的作用(Leopoldini，2011)。当表没食子儿茶素没食子酸酯(EGCG)、表没食子儿茶素(EGC)、表儿茶素没食子酸酯(ECG)、表儿茶素(EC)4种儿茶素浓度相同时，在人体内，EGCG清除自由基的能力最强，而EC的能力最弱(罗一帆等，2005)。

茶多酚可调节氧化还原酶系统，提高机体的抗氧化能力。茶多酚可提高大鼠血清CAT、GSH-Px和SOD的水平，并能减少MDA的产生(Ahmed等，2017；Negishi等，2004)，并缓解由细菌感染和肠道损伤引起的氧化应激(Zhang等，2019)。体外试验表明，EGCG通过抑制体内ROS的积累具有抗癌活性，并且EGCG可以在不伤害正常细胞的情况下通过阻断癌细胞DNA合成加速细胞程序性死亡(Chen等，2001)。用EGCG刺激山羊原代肝细胞可以促进细胞增殖，改善细胞膜完整性，对抗氧化应激，促进细胞存活和功能活性(Zhong，2013)。EGCG、ECG、EGC、EC均有抑制人结肠癌细胞HCT-116、SW-480增殖的作用，但EGCG效果最好，这主要与其含量有关(Du等，2012)。在细胞信号通路中，EGCG通过蛋白激酶B(Akt)和c-Jun N-末端激酶(JNK)信号通路调控氧化应激诱导的凋亡。低浓度的EGCG和ECG上调丝裂原活化蛋白激酶(MAPK)、抗氧化反应元件(ARE)基因表达，从而增强细胞抗氧化防御系统的能力(Nie等，2002)。此外，机体抗氧化剂的关键细胞途径是核因子红细胞2相关因子2(Nrf2)、核因子-kappa B(NF-κB)等(Jiang等，2017)。此外，茶多酚可以恢复硫唑嘌呤所致肝毒性大鼠肝脏中血清总蛋白、TNF-α和caspase-3的水平(El-Beshbishy等，2011)。这表明茶多酚通过抗氧化、抗炎和抗凋亡机制防止大鼠肝损伤。茶叶中ECG、EGC、EC的含量较低，用作动物饲料添加剂的报道较少。

抑菌、抗病毒：近年来，关于茶多酚抑菌能力的研究一直处于高热化状态(杨海伦等，2015)。茶多酚具有广谱性的抗菌效果，既可抑制G^+菌，也可抑制G^-菌。研究证明，茶多酚对蜡样芽胞杆菌(*Bacillus cereus*)、金黄色葡萄球菌(*Staphylococcus aureus*)、霍乱弧菌(*Vibrio cholerae*)、弯曲杆菌(*Campylobacter*)、产单核细胞李氏杆菌(*Listeria monocytogenes*)、致病性大肠杆菌(*Escherichia coli* O157:H7)、沙门氏菌(*Salmonella* sp)、假单胞菌(*Pseudomonas* spp.)等一系列典型食品致病菌及腐败菌都有抑制作用(Friedman 等,2007;Reygaert,2014;Yi 等,2011)。

对茶多酚抑菌保鲜机制进行研究的报道主要可以分为4类:①茶多酚破坏了菌体的细胞膜结构。茶多酚可以通过改变膜的渗透性来达到破坏菌体细胞膜结构的目的(Haslam 等,1992),或者通过破坏细胞壁的完整性,影响细胞膜的渗透性和流动性,物质渗出,造成细胞代谢紊乱,从而起到抑制假单胞菌的作用(孙京新等,2010)。②茶多酚改变了菌体正常形态。茶多酚干预肠道致病菌,沙门氏菌在茶多酚诱导下进入非可培养状态(VBNC),细菌表面皱缩,形状由短杆状变成变形杆状(许奇等,2014)。③茶多酚与遗传物质结合,干扰菌体DNA的正常功能。茶多酚能与大肠杆菌的遗传物质DNA发生相互作用,观察经茶多酚处理后的菌体的DNA条带出现变暗、拖尾的现象(董璐等,2015)。④茶多酚阻碍菌体蛋白质的合成与表达,使微生物正常生长受到抑制。菌体蛋白质通常以酶的形式参与多种生化生理反应,其合成与表达的程度影响着菌体的生长代谢(Madhan 等,2007)。

茶多酚不仅具有广泛的抑菌的作用,还有较好的抗病毒作用。据报道,茶多酚对于胃肠炎病毒,甲型肝炎病毒,甲、乙型流感病毒,人体呼吸系统合胞体病毒均有抑制作用;儿茶素及其衍生物对HIV-RT及DNA聚合酶具有抑制作用,其中EGCG的抑制作用比叠氮胸苷三磷酸(AZT)的作用还要强。

其他功能:茶多酚可通过抗氧化作用保护生物膜、肾、肝脏等功能的完整性,提高机体血清免疫蛋白的含量及胸腺、脾脏的相对质量。茶多酚还能通过调节机体肠道中有益菌和有害菌数量来改善肠道微生物环境,从而提高机体的免疫功能。此外茶多酚还具有除臭,降血脂,调节体内雌激素、胰岛素等激素水平的生物学功能。茶多酚能诱导肿瘤细胞凋亡。研究发现茶多酚可使鼻咽癌CNE2细胞停滞于G1期,并诱导其凋亡(郝东磊等,1998)。EGCG诱导人肺癌细胞PC-9停滞于G2-M期,诱导MOLT-4B(人急性淋巴母细胞性白血病细胞)的凋亡。

2)槲皮素

槲皮素(quercetin)作为一种广泛存在于自然界的天然黄酮类化合物,获得深入的研究,目前已经发现它具有多重生物活性,如抗氧化、抗病毒、抗炎作用。

(1)主要来源植物　常以糖苷的形式广泛地分布于双子叶植物,特别是一些木本植物的花和叶中,包括壳斗科植物伊比利亚栎、小檗科植物红八角莲、金丝桃科植物红旱莲以及夹竹桃科植物红麻等,在植物的生长、发育、开花、结果以及抗菌防病等方面起着重要的作用。

(2)分子结构　槲皮素又名栎精、槲皮黄素,分子式为$C_{15}H_{10}O_7$,化学结构式如图4-2。

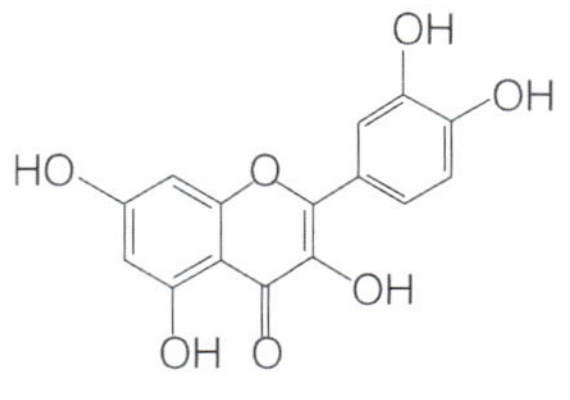

图4-2　槲皮素化学结构式

(3)物理化学特性　槲皮素的二水合物为黄色针状结晶或结晶性粉末,在95~97 ℃成为无水物,312~314 ℃分解。它几乎不溶于水,难溶于乙醇,但溶于冰醋酸,碱性水溶液呈黄色。槲皮素微毒,小鼠口服半数致死量为4.386 g/kg。

(4)提取工艺　槲皮素的制备方法有酸水解法、酶转化法等,其中以酶转化法最为实用。

酶转化法：采用酶法水解芦丁大量制备植物中含量较少的槲皮素单体，操作简单安全，整个过程经济适用，产量大，适合工业化生产，并且产物纯度>90%，可以满足食品和临床应用需要。因此，酶转化法无疑是一种极具前景的制备方法。

酸水解法：槲皮素的芸香苷（芦丁）在自然界分布广泛，含量高，如槐米中含量高达20%以上。从槐米中先提取芦丁，再经过酸水解后生成槲皮素，这种方法生产上是可行的。芦丁的提取方法主要有碱提酸沉法、有机溶剂提取法、浸渍法，其中以碱提酸沉法最实用。选择0.05% NaOH溶液煮沸20 min，趁热过滤，同法提取4次，得到芦丁的碱水溶液，加酸使其析出，过滤后再加酸使其水解而得到不溶于水的槲皮素，过滤、水洗、干燥而得到槲皮素固体。

（5）主要生物学活性　槲皮素主要有抗氧化、抗病毒和对心血管系统作用等活性。

抗氧化：槲皮素是一种天然的螯合剂，能够螯合机体中的铁，降低机体内铁过载，减少铁过载导致的氧化损伤（王中旺等，2017）。给C57BL/6小鼠补充含铁食物，口服槲皮素后，蛋白表达恢复正常，小鼠机体的氧化损伤也明显减轻（Tang 等，2014）。槲皮素的综合抗氧化能力强可能与其多羟基、羟基未成苷的结构特点有关（杨晓敏等，2015）。

抗病毒：槲皮素在感染疱疹病毒-1（HSV-1）的Raw264.7细胞中显著降低了HSV感染，抑制了HSV蛋白和基因表达，对TLR-3表达的抑制导致炎症的转录因子被抑制（NF-κB和IRF3），说明在Raw264.7细胞中槲皮素的抗HSV-1效应与抑制TLR-3依赖性炎症反应有关（Lee 等，2017）。Epstein-Barr病毒（EBV）是一种人类γ-1型疱疹病毒，槲皮素能减少信号转导刺激病毒感染的细胞凋亡，诱导EBV基因转录，抑制EBV感染（Lee 等，2015）。对A型流感病毒（IAVs）而言，槲皮素在流感感染的早期表现出抑制活性，用假病毒药物筛选系统还证实槲皮素可以抑制H5N1病毒的侵入（Wu 等，2016）。

对心血管系统的作用：研究发现槲皮素具有降血压和保护心肌缺血再灌注损伤等作用。槲皮素在25～40 μmol/L浓度时，能剂量依赖性地抑制凝血酶引起血小板胞质游离钙的升高，而使血小板活化聚集受到抑制，从而间接地起到保护心血管的作用，能够扩张动脉，降低血压，抗心律失常，体内外抑制胶原、二磷酸腺苷、花生四烯酸（AA）等诱导的血小板聚集及5-羟色胺（5-HT）的释放（肖东等，1995）。槲皮素能显著抑制血小板衍生生长因子诱导的肺动脉平滑肌细胞增殖（王昌明等，1999），对于肺动脉高压的防治具有重要作用。

3）白藜芦醇

白藜芦醇（resveratrol）是一种非黄酮类的多酚化合物，存在于多种植物中，结构上存在顺式和反式2种构型，紫外线可促进其由顺式向反式异构体的转化。研究表明，白藜芦醇能够抑制和清除体内过量的自由基，激活机体抗氧化酶系统，发挥抗氧化功能；通过调控一系列炎症或抗炎通路，降低机体内炎性因子表达，降低炎症反应（马玉静等，2019；Meng 等，2021）。

（1）主要来源植物　部分食品中的白藜芦醇含量见表4-2。

表4-2　部分食品中的白藜芦醇含量　mg/kg

植物	含量
桑葚 Mulberries	50
越橘 Lingonberries	30
小红莓 Cranberries	19.2
红醋栗 Red currants	15.7

续表 4-2

植物	含量
欧洲越橘 Bilberries	6.7
蓝莓 Blueberries	3.83
花生 Peanuts	11.2
开心果 Pistachios	1.1
新鲜的葡萄 Fresh grapes	2.4～12.5
红葡萄汁 Red grape juice	5

(2)分子结构　见图 4-3。

(3)物理化学特性　白藜芦醇是一种天然多酚类物质，学名 3,4,5-三羟基-反-二苯代乙烯，分子式为 $C_{14}H_{12}O_3$，相对分子质量 228.25，纯品形态为白色针状结晶，较难溶于水，易溶于有机溶剂(李先宽等，2016)。白藜芦醇在光照条件下不稳定，且 pH > 10 时稳定性较差，一般在避光中性 pH 和低温条件下进行保存。在自然界，白藜芦醇以自由态及其糖苷形式存在，但以糖苷形式为主，且具有顺式和反式 2 种异构体(Fremont，2000)。虽然两种结构形式的白藜芦醇都有生物活性，但真正行使其生物活性功能的主要是反式白藜芦醇。因为反式白藜芦醇较顺式白藜芦醇性质稳定、生理活性更强，而顺式白藜芦醇在紫外线诱导下易发生转变(反式异构体在紫外线照射下也可转变为顺式异构体)。

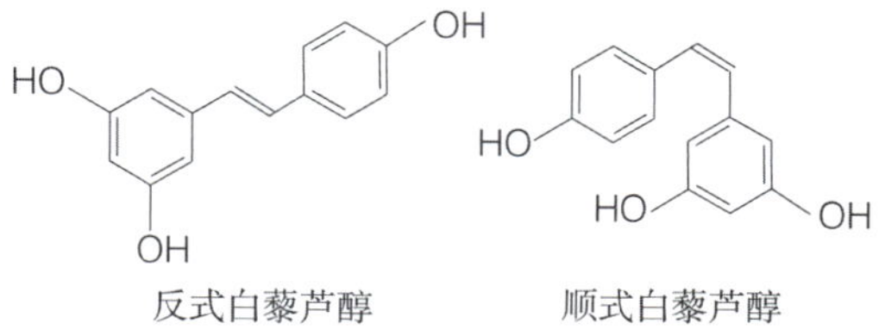

图 4-3　白藜芦醇结构

白藜芦醇半衰期短(12～15 min)，生物利用度低(约为 38%)，纯品白藜芦醇较非纯品白藜芦醇的有效性高。口服白藜芦醇时，在体内可通过硫酸化和葡萄糖化快速代谢，肠道、肝脏和肺脏对其的利用起到重要作用。

(4)提取工艺　白藜芦醇的主要提取方法有溶剂提取法、超临界流体萃取、大孔吸附树脂分离、微波辅助提取和超声波辅助提取法等，目前溶剂提取法应用较广泛，但存在很多缺点，如得率低、成本高等；超临界流体萃取具有高效、不污染环境、所得产品质量高等优点，但生产成本高；超声波辅助提取法具有保护产品有效成分、高效等优点，但不适用于工业化生产；微波辅助提取法具有快速、节能、提取纯度高等特点，但微波会产生较高热量，不适用于热敏物质提取。

纯化的目的主要是对白藜芦醇粗提物中的白藜芦醇顺、反式异构体及白藜芦醇苷进行分离，以获得单一的反式白藜芦醇。分离纯化白藜芦醇的常用方法有硅胶柱色谱、薄层色谱和高效逆流色谱等，其中柱层析分离技术是应用最广泛的分离提纯方法，利用高效液相色谱和硅胶柱层析分离法纯化白藜芦醇费用较高，且纯化效果差，高效逆流色谱法可得到较好的纯化结果。

(5)主要生物学活性　白藜芦醇具有抗氧化、抗炎等生物学活性。

①抗氧化功能：研究表明，白藜芦醇通过多种途径调节机体抗氧化功能，降低氧化应激。白藜芦醇的结构式为多酚类化合物，含有 3 个酚羟基，酚羟基能够与机体内的自由基结合，改变自由基上的电子成对情况，使自由基没有多余的电子进行链式连续反应，从而发挥抗氧化功

能。从酿酒葡萄皮渣中提取的白藜芦醇具有较强的抗氧化活性，对 1,1-二苯基-2-三硝基苯肼(DPPH)和超氧阴离子自由基具有剂量依赖式的清除效果(王虹玲等,2018)。母猪饲料中添加 300 mg/kg 的白藜芦醇时，可提高母猪和仔猪胎盘、乳汁和血浆中抗氧化酶活性，降低 MDA 和 H_2O_2 水平(Qing 等,2018)。

白藜芦醇还可通过激活 Nrf_2 信号通路和 PI3K/Akt 信号转导通路，促进抗氧化基因的表达，继而发挥抗氧化功能。大量研究表明，白藜芦醇作为 Nrf_2 的激活剂可通过激活 Nrf_2 和 SIRT1 信号来预防炎症和氧化应激(Eun 等,2018)。Ungvari 等(2010)在培养的冠状动脉内皮细胞中，发现白藜芦醇可剂量依赖式显著增加 Nrf_2 的转录活性，显著上调 Nrf_2 靶基因的表达，上调 Nrf_2-ARE 依赖的抗氧化酶，包括重组人血红素氧合酶(Hmox1)和谷胱甘肽过氧化物酶(GSH-Px)的表达(Ungvariz 等,2007)。Meng 等(2015)给脑缺血大鼠饲喂含 10 mg/kg 白藜芦醇的饮用水 21 d，发现白藜芦醇可对脑缺血大鼠的神经产生保护和抗氧化作用，可显著减少 TUNEL 阳性细胞数量，并以剂量依赖式增加 SIRT1 mRNA 的表达，增加 SIRT1 活性，减轻 ROS 的产生。邓颖等(2018)研究发现，舌下静脉推注 20 mg/kg 白藜芦醇可使心肌缺血/再灌注损伤大鼠心肌组织中 PI3K 和 Akt(p-Akt)蛋白表达水平升高，血浆和心肌中 MDA 水平降低，提高 SOD 活性。Hou 等(2018)发现，白藜芦醇能明显改善缺血性大鼠神经功能，减少神经元损伤，显著上调 p-Aktp-mTOR B 淋巴细胞瘤-2 基因(Bcl-2)的表达，说明白藜芦醇可通过激活 PI3K/Akt/mTOR 通路发挥其抗氧化功能。

氧化应激可通过激活 TLRs 信号通道促进促炎因子的释放，引起炎症反应。白藜芦醇可通过抑制 TLRs 信号通路的转导发挥抗氧化功能。TLRs 与配体结合后本身二聚化，后经 TLR 区域传递信号，激发下游反应。Hyung 等(2005)研究表明，白藜芦醇可抑制 TLR3 和 TLR4 通路中的 TRIF 信号，调节 TLR 介导的信号转导和炎性靶基因表达，降低氧化应激引起的炎症反应。综上所述，白藜芦醇抗氧化作用的产生是多条通路共同作用的结果，在今后的研究中应综合考虑相关因素，关注各种因素间的相互作用。

②抗炎：白藜芦醇通过下调促炎细胞因子，抑制多种炎症因子的表达，降低炎症反应。白藜芦醇可以抑制 ConA、IL-2 或异体抗原诱导的脾脏细胞的增殖，更有效地防止淋巴细胞产生 IL-2 和 IFN-γ 以及巨噬细胞产生 TNF-α 或 IL-12(Gao 等,2001)。研究发现，白藜芦醇可在体外诱发对 IL-1α、IL-6 和 TNF-α 产生的剂量依赖性抑制，并下调 IL-17 的 mRNA 表达和蛋白质分泌(Fuggetta 等,2016)。饮食中补充白藜芦醇能够改善紧密连接蛋白 zonula occludens-1、occludin 和 claudin-1 的表达，以降低体内的肠道通透性(Zhang 等,2017;Zhang 等,2020)。白藜芦醇治疗还能减少炎症因子、糖化终产物受体(RAGE)、NF-κB(P65)和烟酰胺腺嘌呤二核苷酸磷酸酯(NADPH)氧化酶 4(NOX4)的表达，改善肾脏病理结构(Xian 等,2020)。此外，有研究表明，从蓼科植物中分离出的白藜芦醇苷——Polydatin，在体内和体外都能显著降低由五倍子支原体诱导的 IL-6、IL-1β 和 TNF-α 的表达，表明 Polydatin 也具有抗炎作用(Zou 等,2020)。

NF-κB 是治疗炎症性疾病的一个分子靶点。研究表明，白藜芦醇通过抑制 NF-κB 介导的炎症反应从而发挥抗炎功效(Uchida 等,2005;Ren 等,2013)。白藜芦醇还可通过抑制丝裂原激活蛋白激酶(MAPK)信号通路减弱免疫细胞的活性，进而抑制促炎介质的合成和释放(Mart 等,2004)。白藜芦醇还是一种 SIRT1 激活剂，可通过激活 SIRT1 发挥抗炎作用。白藜芦醇能显著降低由 IL-1β 刺激导致的人脂肪组织 IL-6、IL-8 及 IL-1 表达量的增加，SIRT1 抑制剂能抑制这种趋势，说明白藜芦醇可通过调节 SIRT1 的表达调节 NF-κB 信号通路来调节炎症反应（Meng 等，2015）。白藜芦醇对 SIRT1 的激活必须要有腺苷酸激活蛋白激酶（AMPK）参与（Yico 等，2011；Parksj 等，2012）。

4）绿原酸

绿原酸最早发现是在 1897 年，是由 Osbome 和 Campbell 在葵花籽中发现，直到 1909 年 Gorter 等最终确定了此物质为绿原酸。

（1）主要来源植物　绿原酸在植物中分布广泛，目前我国获得绿原酸的主要途径多数是从金银花中分离纯化而来。随着对绿原酸开发和利用的加大，人们在多种植物中均分离得到了绿原酸，如杜仲叶、野菊花、烟草、咖啡豆等。其中杜仲叶中绿原酸含量在 0.8%～2.9%，甚至高达 1%～5.5%。杜仲叶中绿原酸的含量虽不如金银花高，但是其资源丰富，价格低廉，大大增加了杜仲叶开发和利用的价值。

（2）分子结构　绿原酸化学结构的首次确定是在 1947 年，Rudkin 与 Nelson 研究得出绿原酸的分子式为 $C_{16}H_{18}O_9$，分子质量为 354.30，其化学结构见图 4-4。

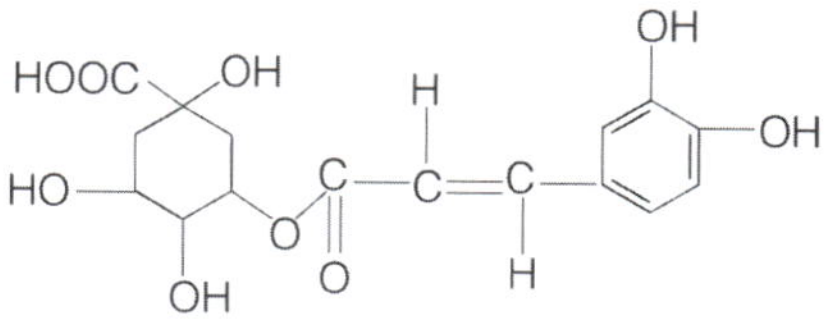

图 4-4　绿原酸的化学结构

（3）物理化学特性　纯净绿原酸的颜色为白色或微黄色，它是一种针状结晶物，熔点 208 ℃。绿原酸在水、甲醇、丙酮中易溶解，在热水中更易溶解，在乙酸乙酯溶液中绿原酸有微量溶解，在氯仿等弱极性溶剂中绿原酸则很难溶解。由于绿原酸为缩酚结构，所以导致它的化学结构很不稳定，绿原酸在碱性溶液中容易变成橙色，而与稀酸溶液在共同加热的情况下，易分解产生咖啡酸，遇铁易产生黑色化合物。绿原酸在高温及光照下极易分解，失去原有的活性，因而绿原酸应注意低温，避光保存。

（4）提取工艺　有机溶剂提取法的原理是利用绿原酸易溶于甲醇、乙醇和丙酮等极性溶剂的特性。刘军海等（2005）用乙醇作溶剂提取杜仲叶中绿原酸，并采用响应面优化其工艺条件，得到最佳工艺参数：乙醇浓度 51.7%，温度 55.8 ℃，料液比 1∶12.8（g/mL），提取时间 2 h，在此工艺条件下绿原酸得率为 1.558%。以丙酮作溶剂提取杜仲叶中绿原酸，也取得良好的效果。通过两种方法的比较得出结论：乙醇和丙酮提取工艺简单；绿原酸得率较高；均能够抑制多糖和蛋白质的析出，有利于后续的纯化；但它们都是采用回流提取，提取时间比较长；乙醇和丙酮的投入，增加了溶剂回收成本，同时易污染环境。

利用超声波辅助提取杜仲叶中绿原酸，确定最佳工艺参数：乙醇浓度 45%，料液比 1∶8（g/mL），超声波屏极电流 0.60 A，超声时间 30 min，在此工艺条件下绿原酸得率为 2.81%。该工艺溶剂用量较少，提取时间短，绿原酸得率较高；但超声设备成本较高，难以批量生产（岳鹃等，2010）。

微波提取法的原理是利用微波加热形成分子极化和离子导电效应穿透和破碎细胞，加速植物活性成分进入溶剂。房李艳等（2010）利用微波辅助提取杜仲叶中绿原酸，确定最佳工艺参数：乙醇浓度 70%，微波温度 60 ℃，pH 值 6.0，料液比 1∶30（g/mL），微波时间 25 min，在此条件下绿原酸得率为 4.856 8%。微波辅助提取热效率高，升温快速均匀，提取时间短；但微波设备不宜工业化生产。

（5）主要生物学活性　绿原酸具有抗菌、抗病毒、抗氧化和预防、治疗心血管系统疾病等生物学活性。

①抗菌、抗病毒：从不同植物中分离纯化得到的绿原酸，对多种致病菌有较好的抑制和杀

灭作用。国外学者的研究证实了绿原酸具有抑菌作用(Bong 等,2013;Guang 等,2013)。国内学者通过对烟草绿原酸分离提取物抑菌效果的研究发现,烟草中的绿原酸分离提取物对大肠杆菌以及枯草芽胞杆菌等均具有一定的抑制作用(王海燕等,2008)。王宏军等(2003)研究发现绿原酸对乳房链球菌、无乳链球菌、停乳链球菌等均具有一定的抑制作用,而这些菌群正是引起奶牛乳房炎的常见菌。除此之外,绿原酸还对根霉、青霉、黄曲霉、黑曲霉等有一定的抑制作用(梁引库,2013;赵良忠等,2006),这些霉菌在腐败食品中很容易滋生,这为开发新型无污染的食品防腐剂提供了参考依据。绿原酸对藤黄微球菌、痢疾杆菌、嗜水气单胞菌等也有一定抑制和杀灭作用(林学政等,2004;贾梅珍等,2013;王红连等,2009)。

绿原酸还有一定的抗病毒效果。通过研究发现绿原酸在对抗猪细小病毒(王学兵等,2008)及疱疹病毒 1 型(盛卸晃等,2008)的感染中有一定的抑制作用,除此之外绿原酸有潜在治疗 H5N1 亚型禽流感病毒(Hua 等,2011)及 HIV (柳云溪等,1997)感染的作用。

②抗氧化:研究发现,绿原酸具有抗氧化性。绿原酸的化学结构中含有很多 R-OH 基,这一特殊结构使得绿原酸形成了具有抗氧化作用的羟自由基。这些具有抗氧化作用的羟自由基则用于消除羟基自由基和超氧阴离子等自由基,发挥其抗氧化性,绿原酸抗氧化的能力要高于咖啡酸和丁香酸等常见的抗氧化剂(陈少洲等,2008)。高纯度的绿原酸拥有较强的抗氧化活性,抗氧化能力与绿原酸浓度成正比,且绿原酸清除 OH 的能力要比茶多酚强(张星海等,2007)。

③对心血管系统的作用:绿原酸具有预防和治疗心血管系统疾病的生物活性,其主要是通过保护血管内皮细胞,从而起到预防和治疗动脉粥样硬化、高血压、血栓等疾病的作用。绿原酸可以使钾离子的浓度升高,使三酰甘油及胆固醇等物质的水平降低,从而发挥其预防心血管系统疾病的作用(Andersen 等,2006)。鼠和人自发性高血压疾病的患者在使用从绿咖啡豆中分离的绿原酸后,其血压明显降低(Watanabe 等,2006)。

④其他生物学活性:除以上生物活性外,绿原酸还具有抑制细胞突变,以及对抗肿瘤的作用,因而绿原酸被认为是预防癌症的有效化学物质(黄绍重,2006)。绿原酸还可以通过刺激胆汁的分泌从而达到利胆的功效。绿原酸还具有抗紫外线、抗辐射等功效,这为开发防晒等护肤品提供参考,现在在欧洲已经有关于添加绿原酸的防晒霜专利产品(李望等,2008)。

5)迷迭香酸

迷迭香,唇形科迷迭香属多年生芳香植物,为灌木状。世界各地均有种植,原产于地中海地区,于 1981 年首次引种至我国,现分布于湖南、云南、海南等南方地区。迷迭香酸是一种具有多种生理活性的天然水溶性酚类化合物。

(1)主要来源植物　迷迭香(*Rosmarinus officinalis* L.)、紫苏[*Perilla frutescens* (L.) Britton]、夏枯草(*Prunella vulgaris* L.)、丹参(*Salvia miltiorrhiza Bunge*)、鼠尾草(*Salvia japonica* Thunb.)、肾茶[*Clerodendranthus spicatus* (Thunb.)]、薄荷(*Mentha hyplocalyx* Briq.)、牛至(*Origanum vulgare* L.)等。

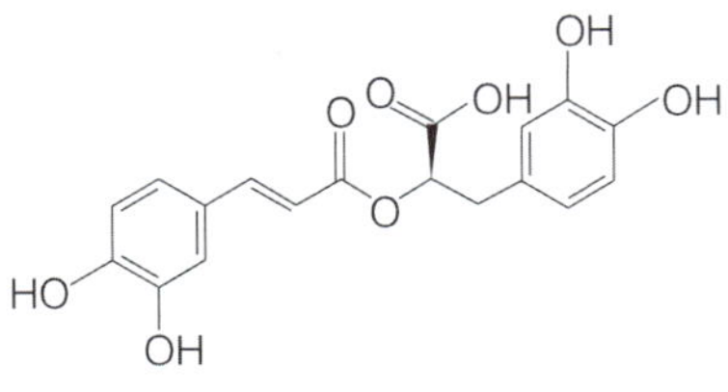

图 4-5　迷迭香酸化学结构

(2)分子结构　迷迭香酸,分子式为 $C_{18}H_{16}O_8$,相对分子质量为 360.3,化学结构见图 4-5,CAS 号为 20283-92-5。

(3)物理化学特性　迷迭香酸为水溶性物质,低含量迷迭香为浅黄色至棕色粉末,高含量为白色粉末;易吸潮;具有迷迭香特殊草本气味;熔点 171～175 ℃,遇三氯化铁-铁氰化钾溶液显蓝绿色。迷迭香酸的稳定性较好。食盐和蔗糖对迷迭香酸的稳定性没有影响;pH 和温度对迷迭香酸的稳定性影响较小,迷迭香酸更适宜在酸性以及低温的条件下保存使用;光照对迷迭香酸的影响较大,故在使用时应尽量避光;Ca^{2+}、Mg^{2+} 对迷迭香酸的稳定性影响较大,其他金属离子对迷迭香酸影响较小,在使用时应尽量避免与钙、镁接触;低浓度的苯甲酸钠、山梨酸钾对迷迭香酸的稳定性影响较小,使用时应按照食品添加剂使用卫生标准适量添加;抗坏血酸对迷迭香酸有一定的影响,低浓度影响较小;氧化剂过氧化氢对迷迭香酸的影响大;还原剂焦亚硫酸钠对迷迭香酸的影响较小。

(4)提取工艺 传统溶剂提取法即依据“相似相溶”的原理进行提取。金坚敏(2001)选择70%的丙酮水溶液作为溶剂对迷迭香叶进行提取,经石油醚、乙酸乙酯、正丁醇充分萃取,其中水溶性抗氧化剂得率约为10%。杨海麟等(2002)用乙醚、氯仿提取迷迭香中抗氧化剂得率均为2.5%,而采用乙醇和甲醇提取,则得率分别为3.6%和5.3%,甲醇和乙醇提取迷迭香酸的得率高于其他有机溶剂。乙醇与甲醇相比较经济实惠、无毒害、回收方便,所以是目前最佳的迷迭香酸提取剂。

热水浸提法经常用于提取中草药有效成分,其优势表现为经济效益高,速度快,操作方便,便于工业化生产(周平等,2007)。朱惠丽(2004)将粉碎的紫苏叶片,于80 ℃ 热水中提取后粗滤;合并浸提液,用盐酸调 pH,进行抽滤;将清液用乙酸乙酯萃取,得到迷迭香酸,得率为0.82%。

超临界流体萃取法是利用超临界流体作为萃取剂的一种提取工艺。迷迭香酸作为迷迭香抗氧化剂的成分,通常先采用传统方法分离迷迭香精油,然后在较高的压力条件下以体积分数为95%的乙醇为夹带剂,经超临界 CO_2 萃取实现分离。毕良武等(2007)研究发现利用超临界萃取装置中多级分离器存在较大压力差的特点,以迷迭香叶片为原料分别在高压分离器和低压分离器中同步得到迷迭香抗氧化剂和精油,迷迭香酸抗氧化剂的平均得率为11.93%,其中迷迭香酸的质量分数为5.13%。超临界流体萃取法也存在着一些不足,如 CO_2 消耗较大,且损失一定量的芳香化合物。

超声波辅助提取法:张春艳(2009)研究表明,先将迷迭香叶片利用超声波预处理10 min,再利用15%的乙醇溶液进行热回流提取1 h,此条件下迷迭香酸的提取率为94.94%。提取液经膜过滤、X-5 树脂分离纯化,得到迷迭香酸产品纯度为96.82%。与溶剂提取、热水浸提法相比,超声波辅助提取可减少提取时间;另外,除了单独使用超声波进行辅助提取,还可以将超声波和其他方法结合使用。

以迷迭香叶为原料,微波法提取迷迭香酸,提取率可达到92.59%;在微波法最佳实验条件的基础上采用超声波辅助提取,提取率提高到了94.54%,提取更加充分(翟婷,2008)。

(5)主要生物学活性 迷迭香酸具有抗氧化、抗炎、免疫调节、抑菌、抗病毒等生物学活性。

①抗氧化及清除自由基:迷迭香酸与脂质过氧基结合能力超过不饱和脂肪酸,因此起到降低脂质过氧化速率的作用,此外迷迭香酸还能抑制低密度脂蛋白的氧化(黄幼霞等,2010)。

迷迭香酸可通过抗氧化抑制细胞凋亡。如通过抑制活性氧分子和激活特定激酶而抑制阿霉素引起的心肌细胞凋亡(Kim 等,2005);通过减少活性氧生成、增加线粒体膜势能和抑制天冬氨酸特异性半胱氨酸蛋白酶-3(caspase-3)的活化而防止大脑星状胶质细胞的凋亡(Li 等,2005);凭借其强抗氧化性,可以抑制山梨糖醇引起的 DNA 断裂及细胞凋亡(Salimei 等,2007);刺激抗氧化酶血红素氧合酶-1 的产生而用于防治神经退行性疾病,如阿尔兹海默症(Lee 等,2008);保护过氧化氢诱导的多巴胺神经细胞、血管平滑肌凋亡(郭峰等,2007)。

研究表明,病理性血管的生成可导致早产儿视网膜病变、糖尿病性视网膜病变等各年龄段的失明病症。迷迭香酸可以减少细胞内活性氧，阻碍内皮生长因子的表达，减少细胞 IL-8 因子的释放（Huang 等，2006），增加细胞周期过程中 p21 蛋白（WAF1）的表达，从而抑制视网膜新生血管的生成，可能应用到视网膜病症的治疗（Kim 等，2009）。

②抗炎及免疫调节：迷迭香酸能抑制花生四烯酸代谢中的 5-脂氧化酶；抑制对补体依赖性淋巴结病变（PGL_2）的形成；抗氧化和消除自由基。研究表明，迷迭香酸对肾炎、轻度特异性皮肤炎（Lee 等，2008）、关节炎、肺损伤、轻度季节性结膜炎均有一定的抑制作用。相对于吲哚美辛的抗炎作用，迷迭香酸高效、副反应小，因此更具优势。通过迷迭香酸有效抑制角叉菜胶引发的小鼠后足肿胀试验表明，小鼠血清中过氧化氢酶、超氧化物歧化酶活性提高，即迷迭香酸通过抑制炎症因子的合成或释放起抗炎作用（吕晓玲等，2010）。

③抑菌、抗病毒：迷迭香酸具有广谱抗微生物活性，对细菌和真菌均有抑制作用。迷迭香酸对枯草芽胞杆菌、藤黄微球菌、大肠杆菌、金黄色葡萄球菌及立枯丝核菌等细菌有明显的抑制作用。迷迭香酸可抑制龋齿链球菌、变异链球菌的生长和生物膜形成，降低它们的葡萄糖基转移酶活性，可用于口腔疾病的预防、治疗。迷迭香酸的抗菌作用机制研究表明：迷迭香酸一方面可增大细菌细胞膜的通透性，造成糖类、蛋白质大量渗漏，影响细菌正常代谢；另一方面也可影响细菌的蛋白代谢，对 *Taq* DNA 聚合酶亦有抑制作用。迷迭香酸对革兰氏阴性菌大肠杆菌和革兰氏阳性菌金黄色葡萄球菌均有抗菌活性，但金黄色葡萄球菌对迷迭香酸的敏感性明显高于大肠杆菌。

迷迭香酸对 I 型和 Ⅱ 型单纯性疱疹病毒显示特别活性，是控制疱疹病的一种有效成分，其抗病毒活性除抑制病毒生活周期中某些酶活性外，还能迅速与病毒外壳蛋白结合，从而使病毒失活。迷迭香酸能抑制人类免疫缺陷病毒 1（HIV-1）整合酶的活性。

6）厚朴酚

厚朴（*Magnolia officinalis*）是传统中医学和日本汉方医学（Kampo medicine in Japan）广泛使用的一味药物，临床多用来治疗细菌感染、炎症和胃肠道疾病等。自 1973 年日本人藤田先后从原药材中分离得到 2 种主要活性成分厚朴酚（magnolol）及其异构体和厚朴酚（honokiol）后，国内外学者便对这 2 种成分展开了诸多研究。既往研究证实厚朴酚具有中枢性肌肉松弛、中枢神经抑制、抗炎、抗菌、抗溃疡、抗氧化、抗肿瘤、激素调节等药理作用。

（1）主要来源植物　厚朴。

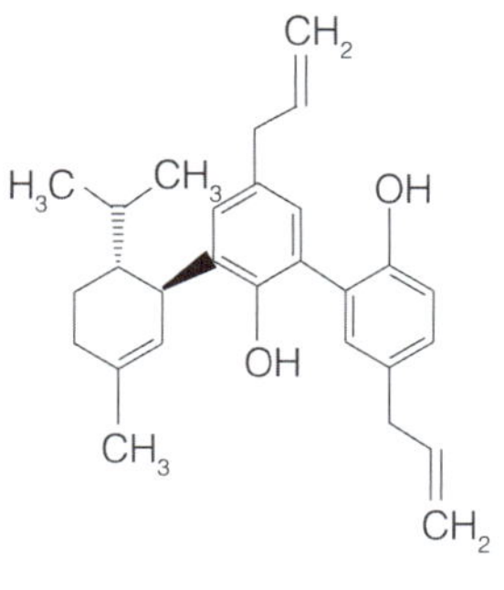

图 4-6　厚朴酚的化学结构

（2）分子结构　厚朴酚（$C_{18}H_{18}O_2$），别名 5′，5-二烯丙基-2，2′-联苯二酚，化学结构见图 4-6；和厚朴酚（$C_{18}H_{18}O_2$），别名 3′，5-二-2-丙烯基-1，1′-联苯-2，4′-二酚。

（3）物理化学特性　厚朴酚为白色至黄褐色粉末，和厚朴酚为棕褐色至白色精细粉末。厚朴酚与和厚朴酚互为同分异构体，化学性质相似，与三氯化铁甲醇溶液反应显蓝黑色，与 Millon 试剂反应现棕色沉淀，与间苯三酚盐酸溶液反应现红色沉淀。两者虽互为同分异构体，物理性质却相差较大，如厚朴酚的熔点为 102 ℃，和厚朴酚的熔点却为 87.5 ℃。厚朴酚与和厚朴酚在同一溶剂同一温度下，在 60 ℃时，和厚朴酚在环己烷的溶解度是厚朴酚的 5.7 倍。

（4）提取工艺　天然活性物质提取的一般方法有水提法、碱提酸沉法、溶剂提取法、超临界 CO_2 萃取技术、超声波辅助提取法、高速逆流色谱法等。

微波提取技术是利用微波提高提取率的一种高效、新型的提取方法。在微波提取的过程中，微波辐射使植物细胞内的极性物质吸收微波能，产生大量热量，使细胞内温度迅速上升，液态水汽化所产生的压力在细胞膜和细胞壁上形成微小孔洞，使胞外溶剂容易进入细胞内，溶解并释放出胞内物质。微波技术应用于植物细胞破壁，可有效提高收率，且具有操作简便、短时高效、节能等优点。

超声波技术是利用超声空化效应能在空化泡周围产生瞬时高温、高压，从而提高了溶剂对细胞的渗透性，加强了传质的过程；同时超声空化效应在溶剂内部会产生强烈的冲击波以及速度极快的微射流，有效地将提取体系中的固液边界层减薄，进而增大了传质的速率；且微射流或冲击波产生的强大剪切力能使得植物细胞壁破裂，使细胞放出内含物。此外，超声波的热效应和机械效应也能加速有效组分的扩散释放，并充分与溶剂混合、利于提取。因此，与常规溶剂法相比，它具有提取时间短、产品得率高、节省溶剂消耗等优点。

超临界 CO_2（SFE-CO_2）萃取技术主要是利用在 CO_2 的超临界温度及临界压强下，CO_2 所表现出的扩散系数比液体大得多、黏度与气体相似的双重特性，在高压、低温下可将有效成分溶解出，而后在升高温度或降低压强的条件下，利用有效成分溶解度降低，实现有效分离。用超临界二氧化碳萃取技术萃取中草药有效成分，与传统的中药提取方法相比具有非常独特的优点：萃取能力强，提取率高；萃取温度低，能较好地保存中草药中的有效成分不被破坏、不发生次生化，尤其适合热敏性强、易氧化分解、易破坏成分的提取；萃取的周期短、环保；还具有抗氧化、灭菌等作用，有利于保证和提高产品质量等。超临界萃取技术的推广和使用在提高中草药产品的质量，提高中草药产品的附加值、增强中草药产品在国际市场上的竞争力等方面起着举足轻重的作用。

（5）主要生物学活性　厚朴酚、和厚朴酚具有抑菌、保护心血管、抗脂肪肝形成等生物学活性。

抑菌：厚朴酚及和厚朴酚对革兰氏阳性菌、耐酸性菌、丝状真菌有显著的抗菌活性，对变形链球菌（*Streptococcus mutans*）有更加显著的抗菌作用，对葡萄球菌的抑制作用最强。厚朴酚与和厚朴酚可通过抑制 Ras1-cAMP-Efg1 途径中 *RAS*1、*EFG*1、*TEC*1 和 *CDC*35 基因的表达水平，抑制白色念珠菌生物膜形成。据报道厚朴酚与和厚朴酚可延长感染白色念珠菌线虫的存活时间，降低白色念珠菌感染的发病率（Sun 等，2015）。厚朴酚与和厚朴酚还可通过抑制 *mecA*、*mecI*、*femA* 和 *femB* 基因在 mRNA 水平的表达抑制金黄色葡萄球菌（*Staphylococcus aureus*）的活性，试验还发现厚朴酚具有恢复 β-内酰胺抗生素（MRSA）和其他 β-内酰胺抗金黄色葡萄球菌菌株效力的潜力，为新型联合抗生素的发展提供可能（Kim 等，2015）。Fang 等（2015）试验发现和厚朴酚能抑制 2 型登革病毒（DENV-2）活性，可通过抑制 NS1、NS3 和 dsRNA 的表达来抑制 DENV-2 的复制，有可能成为新型抗 DENV-2 的化疗药物。

保护心血管：自 1994 年发现厚朴酚具有心血管保护功效以来，对其心血管保护机制及适宜剂量研究颇多。在中低剂量下厚朴酚具有保护心脏免受缺血 /再灌注损伤（Wang 等，2013），减少动脉粥样硬化变化（Qiu 等，2015），保护内皮细胞免于凋亡，抑制嗜中性粒细胞-内皮黏附的能力，中等浓度厚朴酚可诱导血管平滑肌细胞凋亡，高浓度厚朴酚可抑制其增殖，高浓度的厚朴酚还有消除血小板、活化血栓的功效。Chen 等（2002）发现厚朴酚可抑制体内血管细胞黏附因子的表达，并降低人体主动脉内皮细胞的黏附能力，为预防动脉粥样硬化提供理论指导。去乙酰化酶（SIRT3）是一种特殊的蛋白质，可帮助衰老的血液干细胞应对衰老过程的氧化应激反应。Pillai 等(2015)发现厚朴酚可作为 SIRT3 的激活剂,减少心肌细胞的增殖反应,并且可以减弱纤维细胞增殖阻止心脏纤维化。

抗脂肪肝形成:高脂肪的摄入(HFD)对人体有很大的负面影响,固醇调节元件结合蛋白(SREBP-1c)在肝脏脂肪变性的发展和合成中起重要作用。研究发现,厚朴酚与和厚朴酚合用(HM)可阻断肝 X 受体-α 激动剂诱导 SREBP-1c 活化的路径,通过 HM 的共同处理使由 HFD 所引起的脂肪肝得到抑制(Lee 等,2015)。

7)芦丁

芦丁是黄酮醇化合物槲皮素的芸香糖苷,是一种从植物中提取的黄酮类化合物。

(1)主要来源植物　芦丁存在于芸香、苦荞麦、槐树蕾、楸树叶、番茄的茎、叶及籽壳内,将要开花时的干燥荞麦内约含 3%,大枣、山楂、银杏、枸杞、益母草、柴胡、夏枯草、芦荟、绞股蓝等都含有芦丁。在豆科植物槐(*Sophora japonica* L.)的花蕾槐米中,含量可达 20%以上,是我国医药工业提取芦丁的主要原料。

(2)分子结构　芦丁的分子式为 $C_{27}H_{30}O_{16}$,相对分子质量为 610.53,化学分子结构见图 4-7。

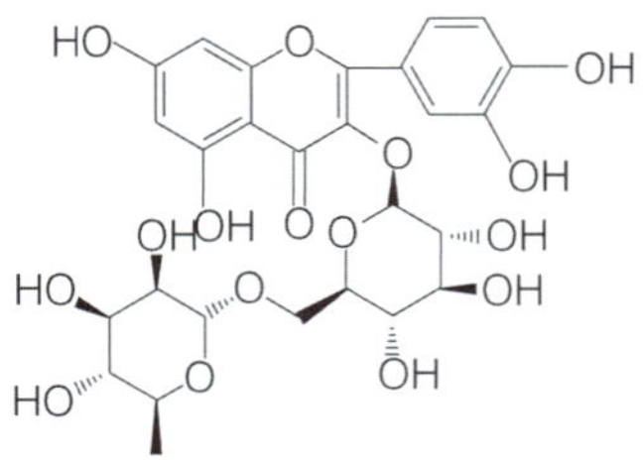

图 4-7　芦丁的化学结构

(3)物理化学特性　浅黄色针状结晶。熔点:176～178 ℃,易溶于碱水;可溶于热水、甲醇、乙醇和吡啶;难溶于冷水、氯仿和乙醚。

(4)提取工艺　采用水提法、碱溶酸沉法、超声波法等均可提取槐米芦丁。研究人员采用正交法、响应面法考察了槐米粉碎度、提取时间、溶剂用量、提取次数、超声波功率以及料液比等因素对芦丁得率的影响。姚佳等(2021)的研究结果表明采用超声波辅助碱溶酸沉法从槐米中提取芦丁的最适工艺条件为超声时间 39 min、酸沉 pH 1.5、超声温度90 ℃。采用该工艺得到的芦丁提取率达 10%。

(5)主要生物学活性　芦丁具有清除自由基的作用。

芦丁能够清除细胞产生的活性氧自由基,如超氧阴离子、羟基及过氧化氢自由基等。氧分子在细胞代谢中是以单电子的形式还原的,在体内产生 H_2O_2 以及毒性极大的·OH 自由基,因此影响皮肤的光滑性,甚至可能促使皮肤老化。芦丁可通过提高肝细胞色素 P450 酶系统的活性,减少超氧阴离子的释放和氧自由基的形成,从而间接发挥自由基清除作用。

8)鼠尾草酸

鼠尾草酸(carnosic acid,CA)是迷迭香和鼠尾草等植物中重要的天然抗氧化活性成分。作为重要的天然抗氧化剂,鼠尾草酸被广泛地应用于油脂及含脂食品、医药、饲料和化妆品等方面。此外,鼠尾草酸所具有的良好抑菌活性也得到了广泛关注。

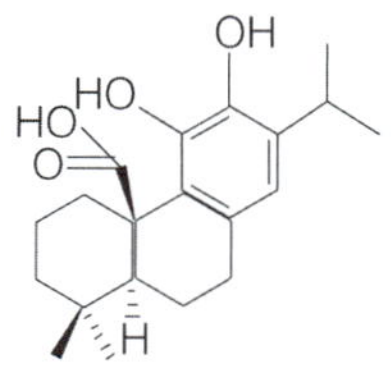

鼠尾草酸

图 4-8　鼠尾草酸的化学结构

(1)主要来源植物　迷迭香。

(2)分子结构　鼠尾草酸的化学结构见图 4-8。

(3)物理化学特性　鼠尾草酸的外观为无色至淡黄色粉末晶体,易溶于油脂,不溶于水,具有高效、安全、耐高温等特性。

(4)提取工艺　目前,提取鼠尾草酸常用的方法有传统的溶剂提取、匀浆提取、超临界二氧化碳萃取、超声波辅助提取、无机碱液提取、微波辅助萃取、亚临界萃取等。

可以用于提取鼠尾草酸的溶剂有很多，最常用的就是乙醇、甲醇、丙酮、石油醚、正己烷、乙酸乙酯，混合溶剂以及植物油等也可以。有机溶剂提取对鼠尾草酸等抗氧化剂成分缺乏有效的选择性，因此提取效率并不高，而且不可避免会有少量的溶剂残留在抗氧化剂产品中，因此，该方法只用于对迷迭香叶中鼠尾草酸的初步提取，所得产物中鼠尾草酸的含量并不是很高。此外，为了提高该方法的提取率，还可以将迷迭香叶子或提取后的残渣和滤渣进行再发酵处理，从而释放出更多的目标活性物质(Weinberg 等，1999)。黄立海(2003)将已蒸去迷迭香精油的迷迭香叶进行再次提取，活性炭脱色，得到含鼠尾草酸的抗氧化剂产品。马文彬等(2003)采用迷迭香鲜叶先经水蒸气蒸馏得到迷迭香精油，然后将已去精油的迷迭香叶粉碎后用有机溶剂粗提，所得粗产物再经超临界二氧化碳萃取和喷雾干燥或冷冻干燥，得到迷迭香抗氧化剂成品，当采用喷雾干燥时，收率约为 10.1%，采用冷冻干燥时，收率可高达 10.6 %。

Haworth 等(2003)使用低沸点的四氟乙烷和丙酮等混合溶剂来从粉碎的迷迭香叶中提取鼠尾草酸等抗氧化剂，产品活性较高，在混合溶剂中加入甲醇还可以提高总收率。Haworth 等(2003)使用低沸点的四氟乙烷和丙酮等混合溶剂从粉碎的迷迭香叶中提取鼠尾草酸等抗氧化剂，产品活性较高，在混合溶剂中加入甲醇还可以提高总收率。

(5)主要生物学活性　鼠尾草酸主要有抗氧化和抗炎活性。

抗氧化：鼠尾草酸具有多种药理及生物活性，研究最多的是其抗氧化活性。应丽莎等(2012)选用鼠尾草酸质量分数分别为 5%和 20%的迷迭香(CAP05、CAP20)，分别以一定质量浓度梯度的迷迭香喷射到生鲜猪肉表面，然后将猪肉置于超市标准荧光灯下冷藏 8 d，检测迷迭香对猪肉贮藏期间色相、氧合肌红蛋白、正铁肌红蛋白、TBZ(硫代巴比妥酸值)、蛋白质羰基和感官评价的影响，发现 5%鼠尾草酸的抗氧化效果总体优于 20%鼠尾草酸的作用效果，较大程度上延缓了肉品的变色及脂肪和蛋白质的氧化。杜纪权等(2011)采用 ORAC 分析方法测定了鼠尾草酸的抗氧化能力指数，并与常用的合成抗氧化剂 BHA、BHT 及天然抗氧化剂维生素 E 进行对比，发现鼠尾草酸的抗氧化能力指数是 BHT、维生素 E 的 3 倍。Zunin 等(2010)研究了鼠尾草酸的添加对初榨橄榄油的氧化稳定性效果，发现 60 ℃时鼠尾草酸对原发性和继发性氧化产物形成的抑制作用呈现剂量依赖性，在一定浓度范围内鼠尾草酸清除自由基活性的效果随浓度的增加而增强；180 ℃时无脂质氧化的防护作用，自由基活性清除能力几乎为零，这大概是由于温度过高鼠尾草酸转变成了抗氧化能力弱或者无的物质。Zhang 等(2010)通过测量过氧化值、硫代巴比妥酸值、游离脂肪酸含量和对甲氧基苯胺值等探究在加速氧化贮存条件下鼠尾草酸和合成抗氧化剂对葵花籽油的抗氧化作用，探究发现 CA 表现出了比 BHT 和 BHA 更强的对葵花籽油的抗氧化作用，但其抗氧化作用稍微弱于 TBHQ。

抗炎：研究发现 20 g/mL 的鼠尾草酸对人体无毒，且可以降低皮层中各种炎症；鼠尾草酸可以阻止诱发皮炎的革兰氏阳性和阴性微生物(如痤疮丙酸杆菌、绿脓杆菌、金黄色葡萄球菌)的生长，同时预测鼠尾草酸有望成为抑制皮肤炎症反应的抗炎药物(Oh 等，2012)。鼠尾草酸预处理可以降低 TNF-α 所活化的细胞外调节蛋白激酶 ERK、应激活化蛋白激酶 JNK，在脂肪族细胞中，鼠尾草酸可以减弱肿瘤坏死因子 TNF-α 诱导的发炎反应(林育如，2012)。鼠尾草酸是迷迭香提取物中含量最丰富和具有抗炎效果的重要植物化学成分，当鼠尾草酸浓度为 22.5 或 7.47 g/mL 时，其抑制炎症效率可以达到 50%(IC_{50})(Kuo 等，2011)。低浓度的类胡萝卜素和酚类化合物的组合对 LPS 诱导巨噬细胞生成促炎因子具有非常显著的抑制效果(Hadad 等，2012)。

9)矢车菊素-3-O-葡萄糖苷及其代谢产物

(1)主要来源植物　矢车菊素-3-O-葡萄糖苷(C3G)是花色苷类的一种,大量存在于黑米、黑豆、紫甘蓝、紫薯、黑接骨木、黑莓、黑葡萄、黑树莓、血橙、桑葚等有色谷物、水果和蔬菜中。其代谢产物种类繁多,主要分为 C3G 的甲基化、葡萄糖醛酸化、硫酸盐化和去糖基化产物,以及 C3G 降解生成的原儿茶酸、香草酸、阿魏酸等。其中原儿茶酸是一种在植物界中分布广泛的天然酚酸,在覆盆子、蓝莓和桑葚等水果,传统中草药刺五加、五味子、杜仲等中均含量丰富。香草酸在当归、胡黄连、三七等药用植物中有极高的含量。阿魏酸最初从树脂中分离,主要与单糖和寡糖、多胺、脂质和多糖结合而存在于植物中,很少以游离状态存在,是当归、仙茅和山楂等中草药的有效成分。

(2)分子结构　C3G 的化学式为 $C_{21}H_{21}O_{11}$,其主要代谢产物中的原儿茶酸的化学式为 $C_7H_6O_4$,香草酸的分子式为 $C_8H_8O_4$,阿魏酸的分子式为 $C_{10}H_{10}O_4$。C3G 及其主要代谢产物的化学结构式见图 4-9。

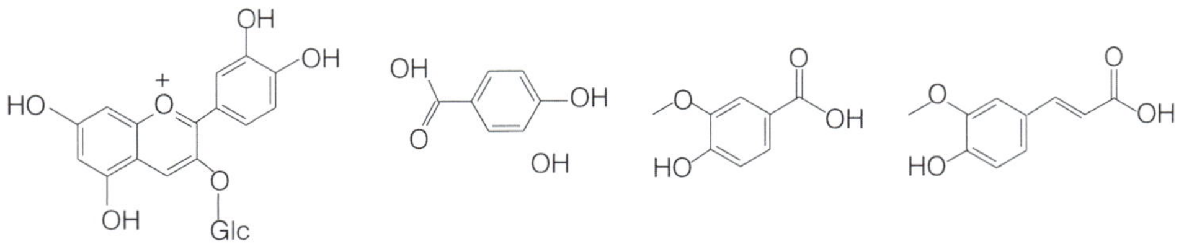

图 4-9　矢车菊素-3-O-葡萄糖苷及其主要代谢产物的化学结构式

(3)物理化学特性　C3G 通常为盐酸盐,又称氯化矢车菊素-3-O-葡萄糖苷,为黑棕色结晶粉末,不溶于水、氯仿、乙醚,易溶于甲醇、乙醇、丙酮。原儿茶酸为白色至褐色结晶粉末,溶于 50 份水、乙醇、乙醚。熔点约 200 ℃,密度为 1.54 kg/m³。香草酸为白色结晶粉末,熔点约为 209 ℃。阿魏酸为淡黄色固体,熔点约为 170 ℃,密度为 1.131 5 kg/m³。

(4)提取工艺　C3G 是花色苷类的一种,传统用于提取植物中花色苷类的方法为溶剂浸提法,但由于其存在时间长、提取效率低等缺点,近年来开发了新兴的提取方法,如超高压辅助提取法和超声辅助提取法等。

溶剂浸提法是选用合适的溶剂渗入植物组织细胞内部,溶解可溶性物质,造成细胞内外溶质的浓度差,使溶质由高浓度向低浓度扩散,得到所需的有效成分。

超高压辅助提取法是以水或者其他流体为媒介,将植物样品在 100 MPa 以上的压力下使其细胞壁结构被破坏,从而使目标产物得以充分释放。

超声提取法是利用超声波破碎植物细胞壁,同时利用恒温水浴防止热效应破坏有效成分,使有效成分高效地溶出,具有耗时短、效率高的优点。

(5)主要生物学活性　C3G 具有多种生物学活性。

C3G 能减少机体炎性物质的产生,从而降低代谢性疾病、心血管疾病、非酒精性脂肪肝炎等慢性疾病的风险,C3G 还具有抗氧化、抗癌等作用。但由于 C3G 进入体内后容易被迅速降解,因此进入体内发挥生理功能的可能是其代谢产物。

在体外试验中,原儿茶酸能有效清除 DPPH 自由基和 H_2O_2,并降低脂质过氧化水平。原儿茶酸还能上调机体超氧化物歧化酶、过氧化氢酶和谷胱甘肽过氧化物酶含量,并降低丙二醛含量，增强机体抗氧化能力。原儿茶酸能够抑制革兰氏阳性菌、革兰氏阴性菌等致病菌以及真菌的生长。原儿茶酸还可以减少促炎因子的生成，缓解炎症反应。

香草酸具有很强的抗氧化能力，在体内试验中香草酸能提高抗氧化酶含量和活性，提高机体抗氧化能力，还能通过抑制 NF-κB 的活化，降低促炎症因子的产生，缓解炎症。

阿魏酸独特的化学结构，其特有的酚羟基和不饱和侧链极易于形成稳定的苯氧基，给出的氢离子则能淬灭活性氧自由基，具有很强的抗氧化能力。阿魏酸还能通过抑制 MAPK 通路中 ERK1/2、p38、JNK 的磷酸化，降低促炎症因子含量，缓解机体炎症反应。同时阿魏酸还有着极强的抑菌能力，还能与抗生素产生协同作用。

10）熊果酸

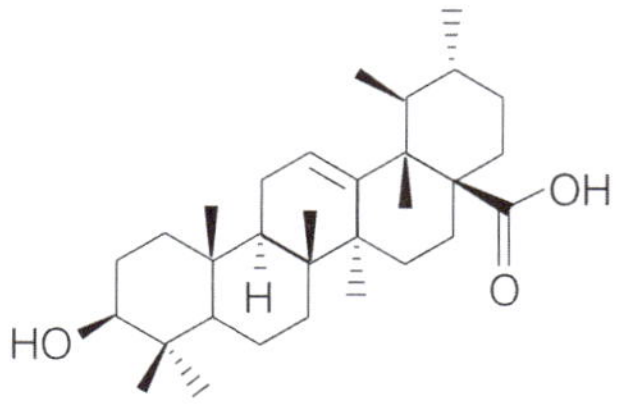

图 4-10　熊果酸的化学结构

熊果酸是存在于天然植物中的一种三萜类化合物（图 4-10），具有镇静、抗炎、抗菌、抗糖尿病、抗溃疡、降低血糖等多种生物学效应，熊果酸还具有明显的抗氧化功能，因而被广泛地用作医药和化妆品原料。

熊果酸临床表现有显著而迅速地降低谷丙转氨酶、血清转氨酶、消退黄疸、增进食欲、抗纤维化和恢复肝功能的作用，具有见效快、疗程短、效果稳定的特点。

熊果酸在心血管疾病的研究中显示通过调控巨噬细胞表型，抑制活性氧的产生发挥抗炎作用；在神经系统中通过抑制 Th1/Th17 表型，抗阿尔兹海默症；熊果酸可通过免疫调节和直接髓鞘化治疗发挥抗多发性硬化症的双重作用。

3. 植物精油

植物精油是从植物体组织器官中提取的一类芳香性油状液体，可由植物的根、树干、树皮、茎、叶、花、种子和果实等部位合成，组成成分复杂，易于挥发，不易水解，其发挥生物学作用的主要成分包括萜类的混合物以及许多低分子质量的脂肪族的烃类化合物。目前，已知大约有 3 000 种精油，其中 300 种具有重要的商业价值。植物精油能够清除体内的自由基，发挥抗氧化的功能，同时它还具有调节肠道菌群平衡、杀灭病原菌、促进消化液分泌等功能，是目前应用较多的植物提取物。

1）牛至精油

（1）主要来源植物　牛至精油是从唇形科、牛至属植物牛至中提取的一种植物精油。牛至，又名止痢草、小叶薄荷，是一种耐寒的多年生草本植物，开白色或紫色的花，广泛分布于欧洲、非洲北部和亚洲地区，在我国主要集中于华北、西北及长江以南地区。近年来因其抗菌、抗炎、抗氧化以及不具耐药性等作用而广受关注。

（2）分子结构　牛至精油共含有 33 种化合物，主要是由百里香酚、香芹酚、沉香醇、松油烯-4-醇、β-石竹烯、反式香桧烯、α-萜品烯、γ-萜品烯、对伞花烃等组成，其中最主要的成分是苯酚类物质——百里香氛和香芹酚，二者为同分异构体，分子式为 $C_{10}H_{14}O$，图 4-11 分别为百里香酚（左）和香芹酚（右）的化学结构式。

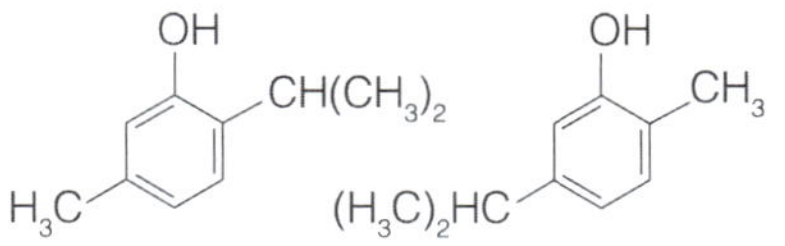

图 4-11　百里香酚和香芹酚的化学结构式

（3）物理化学特性　牛至精油为浅黄色至棕红色油状液体，具有辛辣芳香气味，不溶于甘油和水，溶于乙醇，也溶于大多数非挥发油和丙二醇。沸点为 236～237 ℃，熔点为 0.5～1 ℃，相对密度为 0.939 kg/m^3。

(4)提取工艺　目前提取牛至精油的方法多见传统的水蒸气蒸馏法和溶剂提取法等，传统方法设备简便，操作简单，但具有容易造成挥发性化合物的损失、提取效率低、不饱和化合物或酯化合物降解、有毒溶剂残留以及耗时等缺点，因此近年来开发了超临界流体萃取法、超声波辅助提取法和无溶剂微波萃取法等新兴方法。

水蒸气蒸馏法是一种常用的提取方法，原理是当水与互不相溶液体成分共存时，根据道尔顿分压定律，整个体系的总蒸汽压等于两组分蒸汽压之和，而各组分自身的沸点高于混合液的沸点，当总蒸汽压等于外界大气压时，混合物开始沸腾并被蒸馏出来。将植物与水共同蒸馏，使其中挥发性成分扩散至水蒸气中，随水馏出，再经冷凝进行水油分离，最终得到精油。

溶剂提取法的原理是在渗透、扩散作用下，利用合适的溶剂渗入植物组织细胞内，溶解可溶解性物质，造成细胞内外溶质的浓度差，溶质由高浓度向低浓度扩散，直至细胞内外溶液中被溶解的化学成分的浓度达到平衡，过滤后对溶剂进行蒸馏，去除溶剂得到精油，残渣再加入新溶剂，再平衡，重复操作。

超临界流体萃取法已被广泛应用于多种植物精油的提取，其原理是根据超临界流体具有较好的穿透力和较强的溶解能力，且在温度和压力变化时，流体的密度、黏度和扩散系数随之变化，对溶质的亲和力也随之变化，达到萃取和分离的目的。

无溶剂微波萃取法是将微波加热与常压干馏相结合，用于分离和浓缩新鲜植物材料中的精油。此方法中，若使用新鲜植物材料，则无须添加任何溶剂或水，如果使用干燥的植物材料，则需要在水中浸泡一段时间后再排出多余水分使样品水化。将水化后的植物材料置于与克莱文格装置结合的平底烧瓶中，在微波炉中进行提取，过程中，蒸汽通过微波腔外的冷凝器冷凝，得到精油。

(5)主要生物学活性　牛至精油具有抗菌、抗炎和抗氧化等功能。

酚类化合物表面活性以及脂溶性的特点，通过改变 H^+ 和 K^+ 在细胞膜上的通透性，能够较易进入细菌细胞内，使膜上蛋白质变性，导致菌体细胞内的内容物外漏和水分流失，从而导致细菌失活，以此达到灭菌效果(何兰花，2004)。研究发现牛至精油对革兰阳性菌、阴性菌、霉菌、酵母菌均有很强的抑菌作用(顾仁勇和刘莹莹，2006)。

牛至精油可减少促炎细胞因子的产生，增加巨噬细胞抗炎因子的分泌，缓解机体炎症，牛至精油还显示出对炎症信号通路的抑制作用。

而牛至精油中含有酚酸类和萜类物质，因此具有很强的抗氧化作用，其有效成分中的酚羟基基团的氢离子与自由基结合，保护细胞免受自由基的影响，起到抗氧化作用；萜类化合物中含有不饱和键，容易发生加成反应，因此极易与氧化性很强的物质发生氧化还原反应，属于强还原性物质。

2)百里香精油

(1)主要来源植物　百里香精油主要从植物百里香中提取，百里香属于唇形科、百里香属，半灌木，叶为卵圆形，花呈紫色或粉红色，最早发现于欧洲，在我国北方分布较多。百里香精油的主要成分为百里酚，百里酚是一种酚类化合物，在食品、医疗和化妆品领域应用广泛，近年因其作为饲料添加剂在动物生产中的作用受到关注。

(2)分子结构　百里香精油中的主要成分为百里酚，一般指 5-甲基-2-异丙基苯酚，与香芹酚为同分异构体，分子式为 $C_{10}H_{14}O$，分子结构见图 4-11。

(3)物理化学特性　百里香精油颜色淡黄，具有草药味。其主要成分百里酚，在常温下为无色晶体或无色结晶粉末，有百里草或麝香草的气味。沸点为133 ℃，熔点为51.5 ℃，相对密度0.969 9 kg/m^3。微溶于水，溶于乙酸、石蜡油、乙醇、氯仿和乙醚等。对皮肤、眼睛和黏膜有刺激作用。

(4)提取工艺　百里香精油通常使用传统的水蒸气蒸馏或溶剂提取等方法进行提取，近年来也有相对较新且更环保绿色的提取方法，如加压液体萃取法、微波辅助提取法等。水蒸气蒸馏法和溶剂提取法作为最常用的传统提取方法，已在前文中进行叙述。下面主要介绍两种新方法。

加压液体萃取法是在高于溶剂正常沸点的温度和高压下使用溶剂，使提取液在整个提取过程中保持在液态，减少溶剂的使用量，实现更快的提取过程和更高的提取率。

微波辅助提取法是利用各种物质吸收微波能的能力不同，微波透过对微波透明的萃取剂到达植物内部，由于植物含水量高，吸收微波能很快升温，使细胞内部的压力增大，当压力超过细胞壁可承受的能力时，细胞壁破裂，位于细胞内的有效成分自由流出，进入萃取剂，过滤除去残渣即可达提取的目的。

(5)主要生物学活性　百里香精油的主要成分百里酚具有改善消化酶分泌、抗菌、抗炎、抗氧化等功能。

大量研究表明，百里酚具有刺激消化酶分泌(如唾液淀粉酶、胰酶、脂肪酶等)并增加酶活性(如麦芽糖酶、胰蛋白酶等)的作用，进而提高饲料利用效率，改善生长性能。

百里酚作为天然的抗菌化合物，其作用方式主要归因于破坏膜结构，导致菌体的死亡。同时百里酚与其他抗菌类药物混合使用，可以抑制细菌对青霉素和其他抗生素的耐药性，还能诱导耐药病原体对抗生素的敏感性。

百里酚能通过抑制NF-κB和MAPK信号通路抑制炎症反应，并降低机体促炎细胞因子(如TNF-α、IL-6等)的产生。百里酚还能调节T细胞的免疫反应，进而发挥抗炎作用(杨媚等，2020)。

百里酚具有很强的抗氧化功能，能提高机体内抗氧化酶(如谷胱甘肽过氧化物酶、超氧化物歧化酶等)的活性，能抑制脂质过氧化、降低活性氧和丙二醛的产生，减少氧化应激以及细胞和DNA损伤。

4. 生物碱

生物碱是以氨基酸为底物通过天然生物合成的一类含氮化合物，一般包含一个环状结合的氮，有似碱的性质和显著生物活性。生物碱是一类广泛存在于植物中的次生代谢产物，是目前应用最广泛的天然产物类别之一。自然界中生物碱化合物约有12 000种，其中吗啡、可待因、奎宁、小檗碱、辣椒素、胡椒碱、甜菜碱等都是应用广泛的生物碱化合物。生物碱是植物在长期自然进化过程中形成的具有抵御环境中“敌、病、虫、害”等作用的一类次级代谢产物，往往表现为刺激性、抗微生物、抗病毒、抗炎、抗氧化等广泛的生物活性，是重要的天然药物和抗生素替代品开发的资源库。

国家二类中兽药博落回散是基于生物碱资源开发的饲用促生长抗生素替代类产品，其主要活性组分为血根碱(sanguinarine)。血根碱是一种苯并菲啶苄基异喹啉生物碱，分子式$C_{20}H_{14}NO_4$，相对分子质量332.329，分子结构式如图4-12所示。血根碱呈橘黄色，味苦，易溶于乙醇、氯仿、丙酮、乙酸乙酯、甲醇等有机溶剂，受氮环上正电荷的影响，血根碱原碱不稳定，常以盐的形式存在，如盐酸血根碱和硫酸血根碱。

血根碱最早从北美印第安人的传统草药血根草(*Sanguinaria Canadensis*)的根中提取获得，并作为抑菌剂用于牙膏和漱口水。20 世纪 80 年代，在我国传统中药材植物博落回中发现并提取获得血根碱，之后形成产业化生产，目前全球血根碱供应主要从博落回植物中提取获得。2005 年主要成分为血根碱的博落回提取物在欧盟注册为饲料添加剂。2011 年主要成分为博落回来源的血根碱和白屈菜红碱在中国注册为二类新兽药〔(2021)新兽药证字 34 号〕，并于 2012 年获批药物饲料添加剂文号〔兽药添字(2012)180415250〕，2020 年饲用促生长抗生素禁用，博落回散是仍可以在商品饲料和养殖过程中使用的中兽药产品(农业农村部 194 号、246 号公告)。

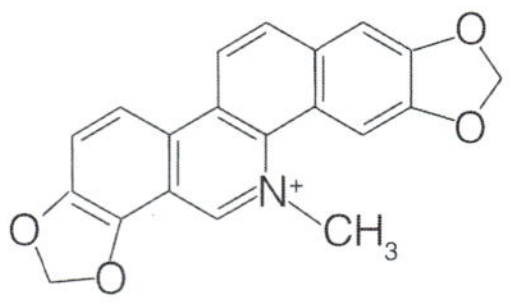

图 4-12　血根碱的分子结构式

生物碱一般采取“酸提、碱沉、醇溶、精提”的提取工艺(图 4-13)。博落回来源血根碱的提取工艺如下：①筛选原料药材博落回果荚；②浓硫酸液渗漉，分离药渣获得渗漉液；③碱沉渗漉液，板框压滤，获得沉淀；④沉淀干燥、粉碎，获得粗提取；⑤粗提取进行醇溶；⑥提取液加酸成盐，板框压滤；⑦沉淀干燥、粉碎，即获得主要成分为血根碱的博落回提取物。

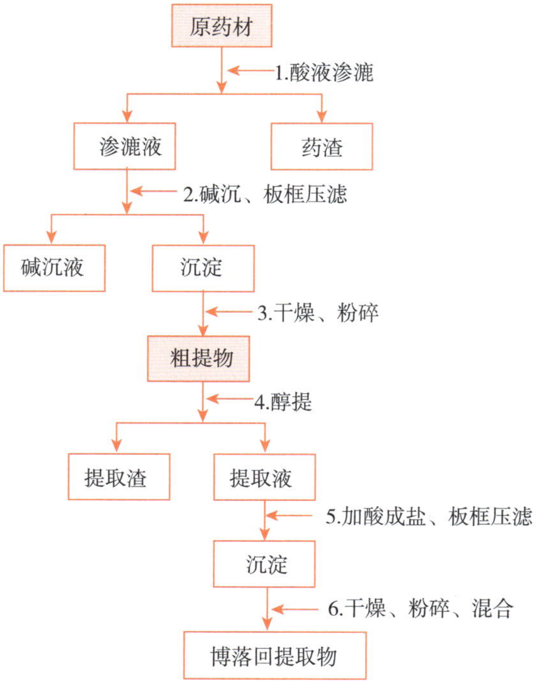

图 4-13　生物碱的提取工艺

血根碱的主要生物活性为抗微生物、抗炎、抗氧化、改善肠道健康及增强免疫力。血根碱对畜禽生产过程中的主要病原菌(如沙门氏菌、金黄色葡萄球菌、大肠杆菌等)具有较强的抑制作用。研究表明血根碱对枯草芽胞杆菌等益生菌的抑制作用较小，此外血根碱具有清除病原菌的生物被膜的作用。体外抑菌试验证明血根碱对金黄色葡萄球菌、肠球菌具有强的抑制作用，且与抗生素无交叉耐药性。血根碱对多种真菌具有明显的抗真菌活性，可为安全、高效地解决动物生产中霉菌毒素问题提供支持。

血根碱通过抑制核转录因子-κB(nuclear factor-kappa B，NF-κB)的活化，进而降低炎症因子的表达，发挥抗炎作用。NF-κB 以一种无活性状态潜伏在细胞质中，一般表现为一种包含 p50、p65 以及 IκB-α 的异源三聚体。一般情况下，NF-κB 在细胞质内是静默稳定的，只有当这个复合物激活时，IκB-α 依次发生磷酸化、泛素化和降解，从而释放出的异源二聚体 p50-p65 发生核易位，进入细胞核内介导炎症相关基因表达，产生大量的炎症因子，机体炎症反应增强。血根碱能够抑制 IκB-α 磷酸化进而阻止 NF-κB 的激活，进而抑制动物炎症的表达。

5. 其他活性物质

1)大豆异黄酮

黄酮类化合物是多酚类化合物中一个亚类,可增加蛋白质的周转率,具有抗炎症、抗氧化的功能。

(1)主要来源植物 大豆为豆科植物大豆[*Glycine max* (L.) Merr.]的成熟种子,是我国和世界许多国家和地区的主要食物品种之一。近年来研究表明,大豆和豆制品具有广泛的生物功效,而且均与异黄酮密切相关。

(2)化学结构 大豆异黄酮是多酚类混合物,其组成、存在形式主要包括染料木素(金雀异黄素,genistein)、大豆黄素(daidzein)和黄豆黄素(glycitein)。天然情况下它们大多以β-葡萄糖苷形式存在,近年来发现发生乙酰化、丙二酰化、琥珀酰化转变的异黄酮苷。其中起到生理功效的主要是染料木素、大豆黄素及其苷。

(3)主要生物学活性 大豆异黄酮具有增强免疫和抗炎等生物学活性。

免疫增强:大豆异黄酮具有提高非特异性免疫的功能。分别喂饲大鼠 20 mg/kg 和 40 mg/kg 大豆黄素,结果表明其具有剂量依赖性提高非特异性免疫功能的作用,可增强鼠的巨噬细胞功能,提高脾质量,使脾脏生成 IgM 作用增强,外周血淋巴细胞含量增多。大豆黄素对免疫系统的促进作用强于染料木素,能提高 Con A 激活的淋巴细胞分泌 IL-2 和 IL-3。

抗炎:早在几千年前中国文献就记载了大豆有治肠炎的作用。现代研究表明,这种作用主要与染料木素有关。慢性炎症疾病通常伴有氧自由基和 NO 提高,诱导型 NO 合成酶(iNOS)促进 NO 形成。iNOS 与酪蛋白激酶介导的信号传导途径相联系。染料木素作为酪氨酸激酶的抑制剂,起到一定的抑制 NO 形成的作用。研究者发现染料木素抑制 IL-1、TNF、LPS 诱导 NO 产物的生成。研究表明,用 IL-1β 诱导氮产物生成,NO 合成酶激活和 mRNA 表达,加入染料木素后,此作用受到抑制。

2)皂苷

皂苷在化学结构上是高分子质量的苷类,即糖与三萜烯或是甾族的糖苷配基结合在一起形成的一种化合物。在传统营养学里,皂苷常被视为抗营养因子,但后来研究表明,适宜剂量的皂苷添加在反刍动物或单胃动物的日粮中能发挥多种有益的生物学功能,包括降低山羊瘤胃氨的浓度、增加氮利用率、抑制瘤胃原虫、降低甲烷产量等。

3)植物单宁

植物单宁是一类高分子质量水溶性多酚类化合物的总称,广泛分布于植物的叶、根、果实和表皮等不同组织中,特别是在茶叶、红酒、咖啡、姜和辣椒中含量尤为丰富。研究已证实,植物单宁具有清除自由基、防止 DNA 受损、调节细胞内抗氧化防御系统及抗肿瘤、抗炎、抗肥胖等生物学功能。

4.1.4 植物提取物应用实例

近年来,植物提取物饲料添加剂作为饲用促生长抗生素的替代产品,广泛应用于畜禽饲料,主要用于改善生产性能、提高抗氧化能力、调节肠道菌群结构、提高免疫功能、改善产品品质、改善养殖环境。

1. 改善生产性能

育肥猪日粮中添加天然植物提取物可明显促进生长,显著降低料重比(田允波等,2007)。

李成洪等(2012)研究了植物提取物和金霉素对生长猪生产性能的影响,结果发现植物提取物组日增重最高,料肉比最低;植物提取物组和金霉素组腹泻频率、腹泻指数和腹泻率均低于对照组,且植物提取物组腹泻指数与对照组差异达到显著水平,植物提取物在促生长和预防猪腹泻方面的效果比金霉素佳,可作为抗生素的替代品。孙丹彤等(2014)研究发现,蛋鸡分别采食含有0.02%、0.04%的槲皮素日粮后,产蛋率显著提高,料蛋比显著降低,但对平均蛋重、日采食量无显著影响。马铁华等(2018)报道,肉鸡日粮中添加植物提取物,随着植物提取物添加水平的提高,1～14 d采食量显著线性降低,29～42 d日增重呈显著线性和二次曲线关系;1～42 d料重比呈显著线性关系,采食量呈显著二次曲线关系。王珍珊和孙鹏(2018)在育肥猪日粮中添加紫苏和苜蓿的复合植物提取物后,试验末重显著提高,平均日增重显著提高,料重比显著降低。日粮添加黄芪多糖、白术多糖和牛膝多糖可改善其肠道内环境,降低仔猪腹泻,从而改善断奶仔猪的生长性能,且以三者联合添加效果最佳(谢红兵等,2018)。

近年来,血根碱作为饲用促生长抗生素的替代产品,广泛应用于畜禽饲料。在断奶仔猪上的研究表明,日粮中添加0.45 mg/kg血根碱,仔猪的生长性能显著提高,仔猪腹泻率显著降低,与日粮中添加100 mg/kg金霉素效果相当。陈家顺等(2018)研究了断奶仔猪日粮中添加金霉素(75 mg/kg)和血根碱(0.75 mg/kg)对断奶仔猪生长性能、肠道健康和肠道免疫的影响,结果表明饲粮中添加血根碱可以改善肠黏膜形态,提高小肠黏膜免疫功能,从而提高断奶仔猪的生长性能,达到与添加抗生素相当的效果。断奶仔猪日粮中添加50 mg/kg博落回提取物(血根碱含量1.5%),在生长性能、腹泻率、血液抗氧化能力、肠道形态、肠道微生物等方面与日粮中添加20 mg/kg黄霉素和100 mg/kg金霉素没有明显差异(许飞龙,2017)。断奶仔猪日粮中添加450 mg/kg博落回散(血根碱含量0.15%)和800 mg/kg无水甜菜碱,能降低仔猪的料重比,提高机体抗氧化性能,缓解腹泻,进而提高生长性能,其应用效果优于日粮中添加75 mg/kg金霉素+40 mg/kg杆菌肽锌+100 mg/kg喹乙醇的抗生素日粮。生长猪日粮中分别添加40 mg/kg血根碱和200 mg/kg硫酸黏杆菌素,试验猪日增重、采食量显著增加,料重比显著降低,试验第14天血液赖氨酸浓度显著升高;血根碱组血液缬氨酸、亮氨酸、异亮氨酸显著高于硫酸黏杆菌素组和对照组;血根碱组试验期间腹泻评分显著降低,空肠黏膜ZO-1和Claudin-1蛋白表达显著增加。沙门氏菌攻毒仔猪日粮中添加1.5 mg/kg异喹啉生物碱(血根碱和白屈菜红碱),可显著提高仔猪生长性能,降低仔猪粪便中沙门氏菌检测率,提高仔猪回肠跨膜电阻(TER),且效果优于日粮中添加59.4 mg/kg金霉素。

2.提高抗氧化能力

动物机体在新陈代谢中会不断产生自由基,自由基对维持机体正常的生理功能具有重要意义,但过量的自由基会对动物产生氧化损伤,造成畜禽生产性能降低、产品品质下降等。而植物提取物能清除畜禽机体内的有害自由基,增强机体抗氧化能力。史东辉等(2013)报道,日粮中添加止痢草植物提取物可提高肉鸡血清总抗氧化能力(T-AOC)、超氧化物歧化酶(SOD)和谷胱甘肽过氧化物酶(GSH-Px)活性,降低血清和肌肉中丙二醛(MDA)含量,具有良好的抗氧化效果。孙丹彤等(2014)研究发现,槲皮素可不同程度地提高蛋鸡血清和肝脏中T-AOC和SOD、GSH-Px活性,降低MDA含量,最适宜的添加量为0.04%。刘丽莉(2014)观察到白藜芦醇可以提高循环热应激下乌骨鸡抗氧化能力,血清GSH-Px、T-SOD和过氧化氢酶(CAT)活性增强。晁娅梅等(2016)报道,茶多酚可降低育肥猪血清中GSH-Px的活性,提高肝脏GSH-Px活性和T-AOC,降低肝脏中MDA含量,同时还降低了肝脏GSH-Px、CAT和醌氧化还原酶Ⅰ(NQOI)三种抗氧化基因的表达量,茶多酚可与抗氧化酶协同清除机体产生的有害自由基,提高机体抗氧化能力。Hu等(2019)综述了植物多酚作为抗应激剂通过提高机体的抗氧化性能,从而改善家禽生产性能。

3.调节肠道菌群结构

植物提取物可通过促进肠道有益菌生长,抑制有害菌过度繁殖来调节肠道微生态平衡。据报道,仔猪采食含有0.3%的天然植物提取物日粮后,盲肠内的梭菌和大肠杆菌数分别降低58.07%、84.38%,乳酸杆菌和双歧杆菌数分别增加29.69%、69.65%,乳酸杆菌数与大肠杆菌数的比值也明显增加,植物提取物对肠道微生物的生长与区系平衡具有良好的调控作用(刘容珍和田允波,2007)。研究发现,在肉鸡日粮中分别添加200 mg/kg肉桂、丝兰、一串红、桂花植物提取物可降低盲肠中大肠杆菌数,提高乳酸杆菌数,其中,1~3周,大肠杆菌数分别降低了6.65%、3.89%、12.42%、3.51%,乳酸杆菌数分别显著增加了3.88%、5.99%、10.36%、6.63%;4~6周,乳酸杆菌数增加了9.37%、4.44%、9.68%、10.16%;同时还可降低肉鸡排泄物中大肠杆菌数,提高乳酸杆菌数(周霞,2012)。研究发现,白藜芦醇[200 mg/(kg·d)]可改善高脂饮食小鼠的肠道菌群失调,提高拟杆菌门/厚壁菌门比例,显著抑制粪肠球菌生长,促进乳酸杆菌和双歧杆菌的生长,表明白藜芦醇可能通过调节动物微生物进而发挥改善免疫的作用(Qiao等,2014)。牛至精油可降低肉鸡回肠、盲肠中大肠杆菌、肠球菌和葡萄球菌的数量,增加乳酸菌的数量(Koufos等,2016)。百里香精油可显著降低回肠中乳酸球菌、大肠杆菌含量和十二指肠中沙门氏菌的含量(王晓杰等,2018)。

血根碱在改善肠道健康方面也发挥重要作用。研究表明,血根碱可以促进肠上皮细胞增殖;促进肠绒毛生长,增加绒毛吸收面积;增加肠道紧密连接蛋白表达,增强肠道屏障功能;调控肠道微生物菌群,抑制有害菌增殖,促进有益菌增殖;增强肠道黏膜免疫功能等。

4.提高免疫功能

植物提取物对畜禽免疫功能的调节与细胞因子的产生和活性、免疫球蛋白的分泌分化、淋巴细胞增殖等有关(李璐璐等,2009)。刘容珍和田允波(2007)研究发现,植物提取物可显著提高仔猪血液中的cAMP、cGMP含量和cAMP/cGMP比值,提高血清中的IgA、IgG和IgM含量,显著提高补体C3、C4水平和白细胞数量,其中淋巴细胞、嗜酸性细胞、嗜中性细胞和单核细胞分别增加了76.60%、440.00%、28.02%、80.79%,差异均达到显著水平,植物提取物可有效提高仔猪的体液免疫功能。周霞(2012)报道,肉鸡分别采食含有肉桂、丝兰、一串红、桂花植物提取物日粮后,在1~3周,丝兰、一串红、桂花组$CD4^+$细胞含量显著高于对照组,桂花组$CD4^+$细胞/$CD8^+$细胞显著高于对照组;4~6周一串红组和桂花组$CD4^+$细胞含量显著高于对照组,丝兰组和桂花组$CD4^+$细胞/$CD8^+$细胞显著高于对照组,$CD8^+$细胞含量均有所下降,且各植物提取物组新城疫抗体滴度均高于对照组。陈鲜鑫等(2017)报道,植物提取物对蛋鸡产蛋性能有提高的趋势,可显著提高血清中免疫球蛋白G(IgG)含量。吕明其等(2018)比较研究了两种复合植物提取物对断奶仔猪免疫功能的影响,结果发现,两种提取物均可提高仔猪45日龄、60日龄血清中IgA、IgM、IgG、C3、C4、IL-2、IL-6和IFN-γ的含量,并可提高血液中红细胞数量。添加复合植物提取物能够提高仔猪免疫力,缓解仔猪因断奶应激造成的影响。李宁等(2019)研究表明,日粮中添加300 g/t黄芪蒲公英提取物和1 000 g/t丁酸钠能够增强仔猪抗氧化能力,提高机体免疫力,降低仔猪腹泻和咳喘发生率,提高仔猪生长性能。

5. 改善畜产品品质

植物提取物所用植物来源广泛，所含成分种类丰富，可作为多能化的饲料添加剂。因此，可根据人们对畜禽产品颜色、肉质、风味、保健等需要，有针对性地添加。如通过添加胡萝卜素以调节蛋黄颜色；添加植物雌激素以提高畜禽肌肉产量，降低腹脂、背脂率等。周艳(2015)在育肥猪日粮中添加杜仲叶多酚提取物，结果表明育肥猪背最长肌的肉质得到改善，肌肉的亮度、黄度、肌内脂肪含量和肌纤维密度显著升高，而肌纤维的直径显著降低。晁娅梅等(2016)指出，茶多酚对育肥猪的胴体和肉品质无显著影响，但育肥猪屠宰后 45 min 亮度值(L^*)、24 h 的 pH 分别提高了 3.74%和 1.65%，而 24 h 后的 L^* 值却降低了 4.26%；茶多酚还能提高 pH，减慢猪肉变质速度，降低 PSE 肉形成的风险。陈鲜鑫等(2017)报道，植物提取物可显著降低蛋中胆固醇含量，显著提高蛋中 ω-3 和 ω-6 多不饱和脂肪酸含量(PUFA)，显著提高单一不饱和脂肪酸(棕榈油酸、顺二十碳一烯酸)含量，植物提取物提高蛋品质的功能。研究表明，白藜芦醇可显著提高母鸡的饲料转化率，剂量依赖式地提高鸡蛋的哈夫单位和蛋白高度、降低血清中总胆固醇、总三酰甘油、低密度脂蛋白胆固醇、极低密度脂蛋白胆固醇和蛋黄胆固醇含量(Feng 等，2017)。王珍珊和孙鹏(2018)研究发现，日粮添加 4%、8%紫苏和苜蓿植物提取物后，育肥猪肉色分别提高 17.93%、15.41%，瘦肉率分别提高 6.45%、6.32%，胴体率、屠宰率、眼肌面积均显著高于对照组，平均背膘厚分别降低了 7.49%、6.59%。添加 4%紫苏和苜蓿植物提取物即可提高育肥猪胴体品质。郑梓等(2018)报道，植物提取物在提高育肥猪眼肌面积，降低背膘厚、失水率和剪切力的同时，还可改善脂肪酸组成，有效提高了背最长肌中油酸、亚油酸、亚麻酸、棕榈酸和棕榈油酸含量，降低豆蔻酸、硬脂酸、芥酸、脂肪和胆固醇含量。

6. 改善养殖环境

畜禽排泄物中的含氮物质分解后所产生的氨气过多，不仅会引发多种疾病，还会造成环境污染。马彦博等(2004)研究发现，肉用仔鸡日粮中添加丝兰属植物提取物后，鸡舍内氨气平均浓度(4.75 mg/L)远低于对照组鸡舍内氨气浓度(13.80 mg/L)，肉鸡的死亡率降低(1.75%)，且患腹水症死亡鸡占总死亡鸡的比率降低 51.1%，有效地改善了养殖环境。梁国旗等(2009)报道，樟科植物提取物和丝兰植物提取物可使仔猪粪便中脲酶活性显著降低，尿素氮浓度显著降低，并可减少粪尿中可溶性硫化物的生成，降低硫化氢排放量，改善猪舍空气环境。周霞(2012)报道，肉桂、丝兰、一串红、桂花植物提取物可降低肉鸡肠道中脲酶活性，减少肠道内和排泄物中氨态氮、尿酸、尿素氮含量，有效降低鸡舍内氨气浓度，减轻了对肉鸡的应激，可作为理想的畜禽饲料添加剂。

4.2 中药饲料添加剂

中药作为饲料来源最早记载于《神农本草经》中卷，云："桐叶，味苦，寒，主治恶蚀疮着阴"(吴普，1982)。三国著名医家名医华佗弟子李当之撰《李当之本草经》及西晋时期张华撰《博物志》记载："梓叶饲猪，肥大三倍"、"桐花及叶饲猪，极能肥大，且易养"(张华，2007)。西汉时期，刘安在《淮南·万毕术》中记有"麻盐肥猪法"，即"取麻子三升，捣千余杵，煮为羹，以盐一升着中，和以糠三斛，饲豕即肥也"(刘安，2017)。在此基础上，古人研制出了一种"肥猪粉"：用水麻子和盐一起，研成末，每次喂食时撒一点，可使猪增肥、增重。清代医家赵学敏在《串雅内外编》一书中指出"鸡瘦，土硫磺研细，拌食则肥"(赵学敏，2007)。清代《豳风广义》中讲述"鸡有瘟疫者以雄黄末拌饭喂之皆能不病”（杨屾，2007）。中医在防治疾病的发生发展即“治未病”过程中，主要强调未病先防和疾病防变。对动物来说，病理亦是如此。早在 2000 年前，古人就已经开始尝试用中医药为大型牲畜治病了，并沿用至今。汉朝《列仙传・马师皇篇》记载“乃针其唇下及口中，以甘草汤饮之”，讲的是采用针灸与中药甘草结合的方法医马（刘向，2021）。明代《滇南本草》中记有“黄药子，味苦，性大寒。不可入药，医马之良药也”（兰茂，1959）。李时珍著《本草纲目》中记有“郁金，马用之，活血而补”（李时珍，1998）。明代《广嗣要语》中记载了治疗猪瘟、猫犬病的方法，即：“治猪瘟方，川乌、草乌、白芷、苍术、猪牙皂角上药等分，为细末，用芦吹入鼻中，嚏之即愈；猫犬病，乌药一味，磨水灌之，即愈（俞桥，2015）。针对鸡病，古人多采用灌真麻油的方法，如《农政全书》《物理小识》《卫生易简方》中均有记载；针对鸡瘟，古人多采用捶碎巴豆仁，拌米食的方法，如《奇方类编》（清吴世昌）、《验方新编》。明代《农政全书》还记载了治斗鸡病方，即“以雄黄末，搜饭饲之，可去其胃虫。此药性热，又可使其力健”（徐光启，2011）。明代方以智撰《物理小识》、徐春甫撰《古今医统大全》以及清代鲍相環撰《验方新编》还介绍了治疗禽兽诸疾如狗、猪、羊、牛、马、鸽、鹤、龟、鹿、猿的中药治疗方法。新中国成立后，中草药有了很大的发展，尤其是从 20 世纪 70 年代末以来，中草药添加剂随饲料工业的发展进入了快速发展阶段。1980 年在河北省承德市召开了首次全国中草药饲料添加剂学术讨论会。1995 年 1 月，北京市饲料工业协会成立了中草药天然饲料添加剂委员会，中草药饲料添加剂的研究课题被列为国家“八五”重点攻关项目。2012 年国务院公布修订《饲料和饲料添加剂管理条例》后，农业部 1773 公告将 115 种可饲用种天然植物正式列入 7.6 项下，第 22 号中又更新增补了绿茶和迷迭香 2 种天然植物[《天然植物饲料原料通用要求》（GB/T 19424—2018）]。可见，并不是所有的中草药都能直接用于畜禽生产，能够直接用于畜禽生产的中草药为《饲料原料目录》7.6 部分列出的 117 种天然植物饲料原料。

根据《兽药管理条例》《饲料和饲料添加剂管理条例》有关规定，按照《遏制细菌耐药国家行动计划（2016—2020 年）》和《全国遏制动物源细菌耐药行动计划（2017—2020 年）》部署，为维护我国动物源性食品安全和公共卫生安全。2019 年 7 月 10 日，农业农村部公告第 194 号要求自 2020 年 1 月 1 日起，退出饲料中除中药外的所有促生长类药物饲料添加剂品种。来源于“药食同源”的《饲料原料目录》7.6 部分的 117 种天然植物饲料原料成为替抗关注的焦点。

4.2.1 中药饲料添加剂的分类

《饲料原料目录》中 7.6 项下列出的 117 种天然植物饲料原料均属于药食同源类中药，其应用形式包括干燥物、粉碎物、粗提物（中华人民共和国农业部（公告第 1773 号），2012）。目前，中药饲料添加剂在国内外尚无明确的统一分类标准，在实际生产应用中常根据其功效与应用进行分类（钟赣生，2019），见表 4-3。

（1）解表类中药　具有解表作用的中草药主要包括发散风寒类中药生姜、香薷、紫苏，发散风热类中药薄荷、淡豆豉、葛根、菊花、牛蒡子、桑叶、升麻。它们主要用于外感风寒、风热，呕吐，咳嗽等。

（2）清热类中药　具有清热作用的中草药主要包括清热泻火类中药淡竹叶、决明子、罗汉果、知母，清热凉血类中药赤芍，清热解毒类中药积雪草、金荞麦、金银花、马齿苋、蒲公英、土茯苓、野菊花、鱼腥草、越橘、绿茶，清虚热类中药地骨皮。它们主要用于抑制或杀灭细菌、病毒、寄生虫，抵制感染等。

(3)泻下类中药　具有泻下通便作用的中草药有芦荟，主要用于消化不良、大便不通、食积肚胀等。

表 4-3　117 种中草药饲料添加剂的分类

序号	功效	中草药
1	解表	生姜、香薷、紫苏、薄荷、淡豆豉、葛根、菊花、牛蒡子、桑叶、升麻
2	清热	淡竹叶、决明子、罗汉果、知母、赤芍、积雪草、金荞麦、金银花、马齿苋、蒲公英、土茯苓、野菊花、鱼腥草、越橘、绿茶、地骨皮
3	泻下通便	芦荟
4	温里	八角茴香、丁香、干姜、高良姜、花椒
5	祛风湿	木瓜、桑枝、首乌藤、五加皮
6	化湿	白扁豆、苍术、藿香、荷叶、杨树花
7	利水	茯苓、薏苡仁、泽泻、车前子
8	理气	佛手、厚朴、厚朴花、橘皮(陈皮)、玫瑰花、木香、青皮、香附、薤白、槐花、枳壳、迷迭香
9	消食运脾	莱菔子、沙棘、山楂、酸角
10	杀虫	榧子
11	止血	侧柏叶、大蓟、槐实、白茅根、小蓟、蒲黄、茜草
12	活血	川芎、姜黄、泽兰、银杏叶、益母草
13	止咳平喘	桑白皮、白果叶、桔梗
14	安神	酸枣仁、柏子仁、远志
15	补益	白术、刺五加、党参、甘草、红景天、黄芪、绞股蓝、人参、人参叶、山药、白芍、当归、何首乌、百合、枸杞子、黄精、麦冬、女贞子、桑葚、天冬、玉竹、补骨脂、杜仲、杜仲叶、骨碎补、黑芝麻、胡芦巴、韭菜子、菟丝子、益智
16	收敛固涩	诃子、肉豆蔻，乌梅、五味子、金樱子、莲子、山茱萸

(4)温里类中药　具有温里作用的中草药包括八角茴香、丁香、干姜、高良姜、花椒，主要用于胃寒呕吐、腹痛泄泻等。

(5)祛风湿类中药　具有祛风湿作用的中草药主要包括祛风湿舒经活络药木瓜、桑枝、首乌藤，祛风湿强筋骨药五加皮，主要用于湿困脾胃、呕吐、泄泻、水肿等。

(6)化湿类中药　具有化湿作用的中草药主要包括白扁豆、苍术、藿香、荷叶、杨树花，主要用于暑湿腹泻、脾胃虚弱等。

(7)利水类中药　具有利水作用的中草药主要包括利水消肿类中药茯苓、薏苡仁、泽泻，利尿通淋类中药车前子，主要用于水肿尿少、脾虚食少、便溏泄泻等。

(8)理气类中药　具有调理气机作用的中草药主要包括佛手、厚朴花、橘皮(陈皮)、玫瑰花、木香、青皮、香附、薤白、槐花、枳壳、迷迭香，主要用于脾胃气滞、肚腹胀痛、食欲不振、消化不良等。

(9)消食类中药　具有消食运脾作用的中草药主要包括莱菔子、沙棘、山楂、酸角，主要用于伤食腹胀、消化不良等。

(10)其他类　具有杀虫作用的中草药主要有榧子；具有止血作用的中草药主要包括凉血止血类中药侧柏叶、大蓟、槐实、白茅根、小蓟，化瘀止血类中药蒲黄、茜草；具有活血作用的中草药主要包括活血消肿止痛类中药川芎、姜黄、泽兰、银杏叶，活血调经药益母草；具有制止咳嗽或平定喘息作用的中草药主要包括止咳平喘药桑白皮、白果叶、桔梗；具有安神作用的中草药主要包括养心安神类中药酸枣仁、柏子仁、远志；具有补益作用的中草药主要包括补气类中药白术、刺五加、党参、甘草、红景天、黄芪、绞股蓝、人参、人参叶、山药，补血类中药白芍、当归、何首乌，滋阴类中药百合、枸杞子、黄精、麦冬、女贞子、桑葚、天冬、玉竹，补阳、补肝肾类中药补骨脂、杜仲、杜仲叶、骨碎补、黑芝麻、胡芦巴、韭菜子、菟丝子、益智；具有收敛固涩作用的中草药主要包括涩肠止泻类中药诃子、肉豆蔻、乌梅、五味子，固精缩尿止带药金樱子、莲子、山茱萸。

4.2.2　中药饲料添加剂的应用

1. 中药饲料添加剂在单胃动物生产中的应用

中药饲料添加剂在单胃动物生产中的应用广泛，能提高肥猪、断奶仔猪生产性能，改善母猪泌乳性能及热应激，改善猪泄泻等。此外，还能提高肉兔的生长性能、改善肉兔盲肠发酵（梁秀丽等，2015）。

(1)提高肥猪生产性能　目前，研究发现部分中草药饲料添加剂能提高肥猪生产性能。饲料原料中添加八角茴香，可以抑制饲料霉菌的增长，有效提高猪生产性能、改善肉品质和增强机体免疫力等（周雪梅等，2017）。在猪肥育阶段的基础饲粮中添加 8%鲜绿车前草，能显著改善猪的采食量、料重比和增重性，使其达到最佳生长水平（赵必迁，2015a）。在母猪妊娠前期的基础饲粮中添加 8%车前草，妊娠后期的基础饲粮中添加 4%车前草饲喂，能显著改善母猪的生产性能（赵必迁，2015b）。日粮中添加 3%葛根粉可以影响生长猪的生产性能，具有与添加抗生素相当的促生长作用（满晨等，2009）。枸杞渣含有氨基酸、多糖类成分，能调节动物免疫功能，在饲料中添加 5%的枸杞渣可明显提高猪日增重，降低料重比，增加其养殖效益（黄红卫等，2015）。

目前，研究发现多味中药合用能提高肥猪生产性能。白芍以 25%的比例与王不留行、菟丝子等组成的配方作为中草药添加剂添加于母猪的基础日粮中可以改善母猪繁殖性能，提高母猪产仔猪后生长性能（王应权等，2010）。当归、香附、益母草、淫羊藿等配制的中草药添加剂可通过影响公猪激素的合成和分泌来改善公猪的繁殖性能（谭千洪等，2011）。日粮中添加由党参、茯苓、白术、薏苡仁、山药、白扁豆、甘草等复合配制而成的参苓白术散可改善育肥猪的生产性能（周晓英等，2018）。薄荷、羌活、鱼腥草等组成的清凉饮能提高猪的采食量，促进其生长；改善胴体性状和品质，提高瘦肉率；缓解夏季高温、高湿环境对猪的生产性能的影响，从而提高其生产效益（穆然和年国森，2011）。日粮中添加刺五加、黄芪、当归等组成的刺五加散，能提高育肥猪的生产性能和免疫功能（刘东风，2017）。此外，有研究发现黄芪、刺五加、党参等具有补气养血、健脾益肺作用的天然植物能显著提高育肥猪猪肉的大理石纹、肉色红度值（李军等，2021）。经微生物发酵的杜仲、黄芪、山楂等天然产物可增强猪抗病能力、提升猪生长性能、提高猪胴体瘦肉率（邓位喜等，2021）。五味子、野山楂、苍术等组成的应用配方可促进育肥猪消化道对营养物质的吸收和利用，增强机体抵抗力和抗病能力，降低发病率和死亡率，从而提高育肥猪的日增重（刘金凤和赵春法，2021）。

（2）提高断奶仔猪生产性能　目前研究发现八角茴香、杜仲叶提取物可提高断奶仔猪平均日增重，具有提高蛋白利用率和免疫力的作用，并具有抵抗肝脏炎症反应、氧化应激的能力以及提高仔猪抗病和肠道消化吸收的能力，表明八角茴香、杜仲叶粗提物对抗生素具有一定的替代作用（陈鹏等，2017a；b）。有研究发现断奶仔猪饲料中添加 0.2%的发酵北苍术能显著提高断奶仔猪血清中 IgA、IgG、IgM、总蛋白及白蛋白的含量，增强断奶仔猪的免疫力，提高其生产性能（王利军等，2016）。日粮中添加 0.1%甘草粉可降低仔猪大肠杆菌病的发病率，提高仔猪成活率及抗病能力，降低猪群应激反应（贾春英和李海，2011）。日粮中添加 0.6%的女贞枸杞散可有效提高断奶仔猪生长性能，增强仔猪免疫力（陈贯超，2012）。

（3）改善母猪泌乳性能　目前，研究发现母猪日粮中添加 10 g/kg 姜粉、5 g/kg 八角粉等中草药饲料添加剂，在不影响母猪繁殖性能的同时可提高母猪血清和初乳的抗氧化水平，提高初乳营养价值（李雪艳等，2016）。

（4）改善母猪热应激　目前，研究发现金银花、地肤子、黄柏、大黄等具有清热解毒功效的天然植物能抑制细菌的生长，治疗细菌性疾病（如猪气喘病、腹泻、高热病、丹毒等）（张军，2021；赵布和等，2021；谢燕玲等，2021；于伏国，2021）。另外，有研究发现白扁豆汤给猪群饮用后可消食健胃、清热解暑，从而缓解母猪热应激（韩晓林，2014）。

（5）改善猪泄泻　目前研究发现多味中草药合用能显著改善猪泄泻症状。乌梅肉、黄连、熟艾等组成的乌梅散不仅能提高猪群的抗病能力，还能对病毒性疾病（如猪传染性胃肠炎）起到很好的防护效果（李晓楠，2020）。白扁豆、党参、白术等组成的参苓白术散能改善牲畜泄泻（张宗景，2016）。赤芍、枳实、知母等组成的赤芍散能改善由湿热毒邪郁结肠道引起的腹痛、下痢、泻而不畅、赤白脓血等症状（龚福兰，2008）。葛根、黄芩、黄连等构成的葛根芩连汤能缓解仔猪白痢以及牛秋冬季腹泻，使其精神好转，进食正常（王明，2012；刘琦，2017；牛永新，2007）。女贞枸杞散可有效防治早期断奶仔猪腹泻，提高其免疫力，且 8 g/kg 添加量的效果最好（陈贯超等，2012）。其中，女贞子可通过诱生细胞因子以及提高其基因表达等多种途径增强细胞免疫与体液免疫功能。生姜性味辛温，可驱风散寒、健胃止呕，能有效改善仔猪白痢、寒湿泄泻（华木兰，2002）。生姜经炮制成干姜，与甘草组成的干姜甘草汤能有效改善仔猪白痢（杨永清，2009）。干姜甘草汤中添加附子，可用于改善猪低温症（刘长有，2000）。

2. 中药饲料添加剂在禽类动物生产中的应用

部分中草药添加剂具有提高家禽生产性能、改善蛋鸡热应激、提高饲料转化率、调节免疫、抗菌、抗病毒和抗球虫等功效，如芦荟、黄连、大黄、黄芩等（李丽等，2021；李春，2021）。

（1）提高家禽生产性能　目前研究发现中草药饲料添加剂能提高家禽生产性能。有研究发现随着基础日粮中薄荷叶添加水平的增加，蛋鸡采食量、蛋重、蛋产量显著增加，血清总蛋白显著增加，血清胆固醇显著降低，而且蛋鸡饲料中添加 0.1%的薄荷粉能消除鸡蛋的腥臭味（Abdel-Wareth A 等，2014；阎兴才，2002）。基础日粮中添加不同剂量的刺五加能显著提高贵妃鸡的平均体重、平均日增重，其中 1%的添加剂效果最显著；同时乌鸡的生产性能得到提高，其中刺五加含量为1.2%的添加剂效果最好；免疫器官指数（如胸腺指数、脾脏指数）较对照组显著提高，其中 0.75%的刺五加添加剂效果最显著（才絮等，2018；林凯等，2011；杜杰等，2014）。基础日粮中添加不同剂量的红景天药渣可有效改善鸡群健康、提高免疫力，从而达到促生长、提高鸡肉蛋白质含量的目的（吴华等，2010）。添加0.2%的花椒能促进雏鸡生长、提高雏鸡免疫机能，还能促进肉鸡产肉性能、屠宰性能，同时提高其免疫力（谢红兵等，2011b）。此外，甘草残渣、关苍术茎叶均能显著提高番鸭生产性能与免疫性能（张瑞等，2011）。

目前研究发现多味中草药合用能提高家禽生产性能。有研究发现当归、白芍、川芎、白术、益母草按一定比例混合加入鸡的基础日粮中对提升蛋鸡产蛋率、改善鸡蛋品质有良好的作用（戚守登等，2001）。日粮中添加0.3%柴芪散（黄芪、柴胡、白芍、当归等）能有效保护肝脏功能，显著提高蛋鸡的产蛋率（李立顺等，1999）。补骨脂、当归、党参等补益类中草药添加于基础日粮中，能显著提高鹌鹑产蛋率，降低料蛋比（朱建津等，2001）。基础日粮中添加0.3%的中草药小茴香和八角（小茴香和八角各占50%）后，霍尔多巴吉雏鹅平均日增重提高了11.69%，同时料重比明显降低（左瑞华等，2016）。此外，有研究发现大枣富含氨基酸、脂肪、糖类、维生素及钙、磷、铁等微量元素；黄芪富含氨基酸、蛋白质、叶酸及微量元素等。大枣、黄芪、人参、土炒白术等按照抗菌消炎、理气消食、益脾健胃及增强免疫的组方原则配制而成的中草药添加剂，能改善三黄鸡的生产性能，促进肠道健康（李姣清等，2021）。

（2）改善蛋鸡热应激　苍术、藿香等中草药按照一定的比例添加于基础日粮中，可以显著增加蛋鸡产蛋量及产蛋数，提高高温季节产蛋鸡的抗热应激能力（何欣等，2006；彭晓青等，2011）。

（3）防治鸡传染性疾病　百合、麦冬、玄参、生地等组成的百合固金散能有效防治鸡传染性支气管炎（褚耀诚等，2011）。其中百合、麦冬具有镇咳解热功效，可提高鸡机体免疫力。临床扩大试验证明射干、地龙、北豆根、五味子等组成的射干地龙颗粒可用于防治鸡传染性支气管炎，降低其死亡率。因为射干地龙颗粒不仅能明显改善病鸡呼吸系统临床症状，还能提高病鸡群的产蛋性能（谢家声等，2015）。此外，有研究发现丁香、苍术、橘红等组成的复方丁香苍术散对鸡传染性喉气管炎有较好的治疗效果（王世祥，2009）。大黄、黄连、金银花等8味中药混合制成超微粉对鸡滑液支原体病有治疗效果（刘凡等，2021）。

（4）提高饲料转化率　研究者发现在日粮中添加100～200 mg/kg丁香可有效改善肉鸡的饲料转化率（林又米，2012）。刘澜（2014）研究发现，在肉鸡的全价饲料中添加0.2%中药粉碎物能显著降低肉鸡的料肉比，增加肉鸡的出栏重量，并通过分析其肉鸡死亡淘汰率、总增重、料肉比，从饲料转化率和经济效益方面进一步筛选得到由淫羊藿、柴胡、黄芪、甘草中药组成的优势配方。

3.中药饲料添加剂在反刍动物生产中的应用

部分中草药添加剂具有提高牛羊生产性能，改善奶牛泌乳性能，改善牲畜尿血、便血、鼻出血等功效，同时还能提高饲料转化率等。

（1）提高牛羊生产性能　山楂、神曲、天冬、黄芪、党参、陈皮、苍术、肉桂、甘草等中草药混合加减制成的中草药添加剂能促进羊体重的增加。它们所含有的生物碱、多糖等活性物质，可提高羊免疫力，减少疾病的发生（朱应民等，2014）。鱼腥草、丁香、黄芪、麦芽、槟榔、远志等12味中药制成饲料添加剂饲喂肉牛后，增重快、屠宰率高、产肉性能良好（周学辉等，2015）。

（2）改善奶牛泌乳性能　目前研究发现奶牛日粮中添加100 g中药饲料添加剂当归、黄芪、桑寄生、蒲公英、淫羊藿，可明显降低乳中体细胞数、减缓奶牛在泌乳中后期产奶量的下降（陈虹等，2010）。奶牛日粮中添加150～200 g中药饲料添加剂党参、白术、黄芪、当归、川芎、益母草、王不留行、丝瓜络、路路通、甘草，在不显著影响奶牛乳成分的前提下可以显著提高奶牛产乳量(张庆茹等,2005)。此外,益母生化散、扶正解毒散等中药方剂均可用于治疗母牛不孕症,防治效果良好(安世杰,2021)。

(3)改善牲畜尿血、便血、鼻出血　目前研究发现经过炮制炒黑后的侧柏叶能改善牲畜便血,新鲜的侧柏叶能改善牛尿血及家畜鼻出血(王兆栋等,1996;杜玉兰,2013)。有研究发现大蓟、当归、白芍等多个中草药组合应用于治疗牛血尿症时可达到标本兼治的效果(刘晟,2018)。小蓟、蒲黄、淡竹叶等组成的小蓟饮子治疗羊血尿症效果显著(刘春元,2012)。

(4)提高饲料转化率　有研究发现在精料中添加1.5%的中草药添加剂山楂、厚朴、枳实、苍术、黄芪、绞股蓝等可加快断乳羔羊的生长,提高饲料利用率,使脂肪沉积变少(尹立强,2009)。

参考文献

安世杰.中草药在牛羊养殖中的应用[J].畜牧兽医科学(电子版),2021(8):159-160.

柏华,牛竹叶,高玉鹏,等.日粮中添加复方中草药添加剂对产蛋后期蛋用种母鸡繁殖性能和新城疫抗体效价的影响[J].饲料工业,2007(9):50-52.

毕良武,赵振东,李冬梅,等.迷迭香抗氧化剂和精油综合提取技术研究(Ⅲ):超临界 CO_2 萃取法[J].林产化学与工业,2007,27(6):8-12.

别蒙,谢笔钧,孙智达.不同取代度水溶性羧甲基茯苓多糖的制备、结构表征及体外抑菌活性[J].食品科学,2020,41(12):67-76.

才絮,王春清,王洪贺.刺五加对贵妃鸡生长性能的影响[J].中国饲料,2018(17):37-39.

曹艳霞,白光斌.白术多糖对运动应激性溃疡大鼠抗氧化作用和胃黏膜 Bcl-2,Bax 表达影响的实验研究[J].西北大学学报(自然科学版),2016,46(4):553-557

曹宇欣.基于多糖分子量分布和免疫活性比较的黄芪质量研究[D].太原:山西大学,2020.DOI:10.27284/d.cnki.gsxiu.2020.000609

曾建国.植物提取物标准化研究-方法与示范[M].北京:化学工业出版社,2011.

晁娅梅,陈代文,余冰,等.茶多酚对育肥猪生长性能、抗氧化能力、胴体品质和肉品质的影响[J].动物营养学报,2016,28(12):3996-4005.

陈贯超.女贞枸杞散对断奶仔猪生长性能和免疫力的影响[D].河南科技大学,2012.

陈贯超,董发明,张晓锋,等.女贞枸杞散预防断奶仔猪腹泻效果和对血液白细胞数的影响[J].动物医学进展,2012,33(2):113-116.

陈虹,魏恒杰,乔顺风,等.中药饲料添加剂对泌乳中后期奶牛产奶性能的影响[J].畜牧与兽医,2010,42(3):39-40.

陈红伟,何俭,黄庆洲,等.不同工艺制备的白术多糖对小鼠血清中细胞因子的影响[J].西南大学学报(自然科学版),2015,37(1):60-64.

陈虎虎,孙静,杨金颖,等.柱前衍生化-高效液相色谱法测定蒙古黄芪多糖中单糖的组成[J].现代药物与临床,2012,27(5):468-470.

陈继岩.羧甲基茯苓多糖抗乙型肝炎病毒的体内与体外研究[J].中国生化药物杂志,2015,35(2):66-70.

陈家顺,康宝聚,曾建国,等.血根碱对断奶仔猪生长性能、肠道形态结构及小肠黏膜免疫功能的影响[J].动物营养学报,2018,30(5):1845-1853.

陈鹏,杨在宾,黄丽波,等.八角和杜仲叶提取物对断奶仔猪生长性能、血清酶活性及肝脏肿瘤坏死因子-α分布和表达的影响[J].动物营养学报,2017a,29(3):874-881.

陈鹏,杨在宾,张庆,等.八角和杜仲叶提取物对断奶仔猪生长性能、血清代谢产物及肠道健康的影响[J].

饲料工业,2017b,38(4):8-11.

陈清华. 牛膝多糖对猪的营养效应和免疫调控机理研究[D]. 湖南农业大学,2008.

陈少洲,吕飞杰,台建祥. 葵粕中绿原酸的研究进展与应用前[J]. 食品与发酵工业,2008,28(11):51-55.

陈鲜鑫,王金全,鲜凌瑾. 天然植物提取物对蛋鸡产蛋性能、蛋品质和血清生化免疫指标的影响[J]. 中国家禽,2017,39(5):35-38.

程慧青,肖荔人,林云珠,等. 微波法提取茶多酚工艺优化实验[J]. 福建农业科技,2006(2):51-53.

程玥,丁泽贤,张越,等. 茯苓多糖及其衍生物的化学结构与药理作用研究进展[J]. 中国中药杂志,2020,45(18):4332-4340.

褚耀诚. 复方中草药添加剂提高蛋鸡生产性能的试验[J]. 中兽医学杂志,2004(3):4-5.

褚耀诚,赵凤玲,冯继宗. 百合固金散防治鸡传染性支气管炎的临床试验[J]. 养禽与禽病防治,2011(3):42-43.

邓位喜,经有林,吴廷昌,等. 复方杜仲中草药发酵制剂对猪生产性能影响试验[J]. 中国畜禽种业,2021,17(6):17-18.

邓颖,张雄,胡红. 白藜芦醇后处理通过 PI3K/Akt/Nfr2 上调 HO-1 对大鼠心肌 I/R 的保护研究[J]. 重庆医学,2018,47(9):1176-1178.

翟婷. 迷迭香中迷迭香酸的提取纯化及提取物活性测定的研究[D]. 南宁:广西大学,2008.

丁冶春,夏侯国论,王家智,等. 稀土卢丁配合物的合成和表征及抗肿瘤活性研究[J]. 光谱实验室,2011,28(2):614-617.

董发明,王天奇,邱妍,等. 中草药添加剂对蛋鸡热应激的影响[J]. 黑龙江畜牧兽医,2008(11):89-90.

董璐,代增英,韩晴,等. 茶多酚对大肠杆菌抑菌机理的研究[J]. 生物学杂志,2015,32(1):72-75.

杜纪权,徐鸿,陈雪香,等. 迷迭香中鼠尾草酸分离纯化及抗氧化能力指数测定[J]. 食品与机械,2011,27(6):87-91.

杜杰,范秋实,魏永为,等. 刺五加添加剂对乌鸡屠宰性能及免疫器官指数的影响[J]. 黑龙江畜牧兽医,2014(17):171-172.

杜玉兰. 树根叶皮在畜牧生产中的妙用[J]. 农村. 农业. 农民(B 版),2013(6):52.

范信晖,李科,杨一丹,等. 黄芪多糖中抗炎组分的结构及其活性的初步研究[J]. 山西医科大学学报,2021,52(10):1346-1356.

房李艳,赵亚洲,朱燕,等. 微波辅助浸提杜仲叶中绿原酸的工艺研究[J]. 江苏调味副食品,2010,27(1):39-42.

傅博强,谢明勇,周鹏,等. 纤维素酶法提取茶多糖[J]. 无锡轻工大学学报(食品与生物技术),2002(4):362-366.

葛凯. 鸡球虫的分离鉴定及预防鸡球虫病中草药复方制剂的研究[D]. 合肥:安徽农业大学,2008.

龚福兰. 赤芍散治疗耕牛痢疾[J]. 中国兽医杂志,2008(10):75-76.

顾仁勇,刘莹莹. 牛至精油抑菌及抗氧化性能研究[J]. 食品与发酵工业,2006(10):51-53.

谷旭晗,刘傲霞,成悦,等. 纤维素酶法提取川牛膝多糖[J]. 生物加工过程,2015,13(6):75-80.

郭婕,李季平,刘中华. 怀牛膝多糖的微波提取工艺研究[J]. 中国果菜,2017,37(4):16-19.

郭峰,朱炳阳,迟秀玲,等. 迷迭香酸抗过氧化氢诱导血管平滑肌细胞凋亡作用的研究[J]. 中国药理通报,2007,23(3):365-370.

韩晓林. 缓解哺乳母猪热应激的有效措施[J]. 畜牧兽医科技信息,2014(11):91-92.

郝东磊,谢冰芬,刘宗潮,等. 茶多酚对人鼻咽癌 CNE2 细胞周期影响的流式细胞术的检测[J]. 国外医学,1998,25(5):64.

何宝林. 蛹虫草多糖的分离纯化、结构解析及其免疫调节活性研究[D]. 广州:华南农业大学,2019.

何兰花. 新型植物抗生素——牛至油[J]. 畜牧与兽医,2004(5):22-23.

何胜利，沈婕，徐选福，等. 厚朴酚联合 5-FU 对人结肠癌 HCT-8 细胞增殖和 SFRP-4 表达的影响[J]. 肿瘤，2014，34(12)：1097-1101.

何欣，张琳，朱晓宇，等. 苍术、黄柏、藿香对夏季蛋用种鸡生产性能的影响[J]. 北京农学院学报，2006(3)：66-68.

贺宇佳，刘明，伍树松. 植物多酚对氧化应激与炎症信号通路的调控机制[J]. 动物营养学报，2019，31(4)：1554-1563.

胡碧君. 黄芪多糖提取工艺优化及其抗氧化活性研究[J]. 中国药业，2018，27(24)：11-14.

胡广英，曹暄雅，曹日亮，等. 中草药添加剂对不同猪种肉质中脂肪酸和胆固醇含量的效应[J]. 养猪，2018(1)：65-68.

胡晓蕾，胡迎利，汪以真. 白术及白术多糖对 SD 大鼠生长性能和免疫功能的影响[J]. 中国兽药杂志，2006(1)：2-6.

胡晓苗，汪丽，张丹俊. 中草药防治仔猪红痢的研究[J]. 养猪，2007(4)：55-56.

胡忠泽，朱辉，李敏娜. 复方中草药添加剂对肉鸡肉质的影响[J]. 粮食与饲料工业，2005(9)：37-39.

华木兰. 姜喂猪治病又催肥[N]. 云南科技报，2002，7(1)：5.

黄聪亮，郑佳俐，李凤林，等. 茯苓多糖对 2 型糖尿病小鼠肾组织抗氧化能力及 Bax、Bcl-2 蛋白表达影响[J]. 食品与生物技术学报，2016，35(1)：82-88.

黄红卫，杜杰，尹庆宁，等. 枸杞渣对育肥猪生长性能、抗病力及猪肉品质的影响[J]. 黑龙江畜牧兽医，2015(17)：131-134.

黄纪念，屠鹏飞，蔡同一. 超临界 CO_2 流体萃取迷迭香中抗氧化活性成分的工艺研究[J]. 中草药，2004，35(2)：149-153.

黄建东，王建中，孟阿会，等. 卢丁络的合成及其辅助降血糖作用观察[J]. 食品工业科技，2011，32(6)：376-378.

黄立海. 用提取香精油后的迷迭香余渣萃取抗氧化剂的方法：中国，1417286[P]. 2003-05-14.

黄绍重. 绿原酸的提取及应用[J]. 应用化工，2006，35(6)：467-469.

黄银姬，黄保，戴小瑜，等. 中草药添加剂对肉仔鸡生产性能和免疫功能的影响[J]. 饲料研究，2007(8)：58-60.

黄幼霞，黄荣贵，郑兴中. 迷迭香酸药理作用的研究进展[J]. 海峡药学，2010，22(5)：17-20.

黄占华. 微波与超声波辅助提取落叶松中的阿拉伯半乳聚糖及纯化[D]. 哈尔滨：东北林业大学，2003.

贾春英，李海. 甘草粉在养猪生产中的应用[J]. 畜牧兽医科技信息，2011(4)：98-99.

贾梅珍，冯昕. 蒲公英中绿原酸的提取及抑菌活性的初步研究[J]. 食品工业，2013，34(10)：14-16.

姜玲. 虫草菌发酵与干燥工艺优化及其多糖抗氧化、免疫活性研究[D]. 长春：吉林大学，2021.

姜天团，王爱国，张鑫，等. 中草药添加剂对断奶仔猪生产性能的影响[J]. 中国畜牧杂志，2011，47(11)：57-59.

蒋逸凡，金梦圆，周选围. 茯苓多糖及其免疫调节功能研究进展[J]. 食用菌学报，2021，28(02)：130-139.

金坚敏. 来自于迷迭香的高效天然抗氧化剂和其制备方法：中国，CN1076380C[P]. 2001-12-19.

兰茂. 滇南本草[M]. 云南：云南人民出版社，1959.

李成洪，王孝友，杨睿，等. 植物提取物饲料添加剂对生长猪生产性能的影响[J]. 饲料工业，2012，33(17)：14-16.

李春. 中草药防控禽大肠杆菌病的作用[J]. 饲料博览，2021(1)：80-81.

李姣清，余史婷，况伟，等. 饲料中添加复方中草药制剂对三黄鸡生长性能和肠道健康的影响[J]. 中国饲料，2021(11)：55-59.

李军，蒋微，王永雄. 日粮添加中草药添加剂对猪肉品质的影响[J]. 中国动物保健，2021，23(7)：57-58.

李立顺，时维静，张松杰. 柴芪散对蛋鸡生产性能的影响[J]. 中国家禽，1999(5)：19.

李丽，王金莉，王轶. 芦荟及其提取物在鸡生产中的应用研究进展[J]. 饲料研究，2021，44(8)：131-134.

李璐璐，郑亚秋，刘祥国. 中药免疫增强剂在动物生产中的应用[J]. 兽医导刊，2009(3)：32-35.

李明. 白花蛇舌草多糖的抗疲劳抗氧化作用研究[J]. 食品科技，2014，39(7)：190-193.

李宁，穆淑琴，闫峻，等. 植物提取物和酸制剂替代抗生素对断奶仔猪健康的影响[J]. 饲料研究，2019，42(11)：22-26.

李时珍. 本草纲目[M]. 北京：中国中医药出版社，1998.

李望，崔国贤，祖文华，等. 栽培植物的绿原酸研究进展[J]. 作物研究，2008，22(5)：323-327.

李先宽，李赫宇，李帅，等. 白藜芦醇研究进展[J]. 中草药，2016，47(14)：2568-2578.

李晓楠. 中草药防治猪传染性胃肠炎[J]. 畜牧兽医科学(电子版)，2020(15)：107-108.

李雪艳，杨在宾，姜淑贞，等. 妊娠后期和泌乳期日粮添加生姜、八角和丹参对母猪抗氧化性能和繁殖性能的影响[J]. 中国畜牧兽医，2016，43(1)：134-139.

李占锋，薛白，王立志，等. 黄芪组方中草药添加剂抗奶牛热应激效果及其作用机理的研究[J]. 中国畜牧杂志，2012，48(1)：51-55.

梁国旗，王旭平，王现萌，等. 樟科、丝兰属植物提取物对仔猪排泄物中氨和硫化氢散发的影响[J]. 中国畜牧杂志，2009，45(13)：22-26.

梁秀丽，方磊涵，王中华. 薄荷茎叶粉对肉兔生长性能和盲肠发酵的影响[J]. 饲料工业，2015，36(13)：35-37.

梁引库. 巨大型蒲公英绿原酸的分离纯化及其抑菌实验研究[J]. 食品科技，2013，38(6)：227-230.

林凯，刘为为，张南南，等. 刺五加对乌鸡生产性能影响的研究[J]. 中国畜牧兽医文摘，2011，27(6)：187-188.

林学政，柳春燕，陈靠山，等. 不同地域牛蒡叶绿原酸的含量比较及其抑菌实验[J]天然产物研究与开发，2004(4)：328-330.

林又米. 日粮中添加适量丁香可提高肉鸡饲料转化率[J]. 中国家禽，2012，34(12)：50.

林育如. 在 3T3-L1 成熟脂肪細胞中鼠尾草酸抑制 TNF-α 所造成的发炎反应和胰岛素抗性[D]. 台中：中国医药大学，2012.

凌敏，翟婷，李利明. 超声波微波辅助萃取法提取迷迭香酸的工艺研究[J]. 食品工业科学，2008(4)：194-195.

刘安. 淮南子·万毕术[M]. 北京：国家图书馆出版社，2017.

刘晟. 中西医结合治疗牛血尿症[J]. 中兽医学杂志，2018(2)：92.

刘春元. 小蓟饮子治疗羊血尿症[J]. 中兽医学杂志，2012(2)：52.

刘东风. 刺五加散对育肥猪生产性能和免疫功能的影响[J]. 中兽医学杂志，2017(3)：22-23.

刘凡，郭磊，陈秀红，等. 复方中草药制剂对鸡滑液支原体病的治疗效果[J]. 动物医学进展，2021，42(5)：136-140.

刘家国，赵志辉，张宝康，等. 几种中药方剂对蛋鸡产蛋中后期生产性能的影响[J]. 畜牧与兽医，2004(2)：8-10.

刘婕. 黄芪多糖和白术多糖及其硒化衍生物增强免疫和抗氧化活性的研究[D]. 南京：南京农业大学，2015.

刘胜姿，邱细敏. 超声提取白术多糖的工艺研究[J]. 企业技术开发，2010，29(9)：32-35.

刘金凤，赵春法. 中草药添加剂对肉鸡及育肥猪的饲喂效果试验[J]. 饲料博览，2021(3)：35-37.

刘军海，裘爱泳. 绿原酸的提取分离和含量测定[J]. 中国油脂，2005，30(3)：942-946.

刘澜. 复方中药饲料添加剂对肉鸡增重和疫苗免疫效果的影响研究[J]. 饲料工业，2014，35(23)：38-40.

刘丽莉. 白藜芦醇对乌骨鸡热应激损伤的修复机制研究[D]. 长沙：湖南农业大学，2014.

刘琦. 葛根芩连散治疗仔猪白痢[J]. 甘肃畜牧兽医，2017，47(10)：77-78.

刘容珍，田允波．天然植物提取物对仔猪生长性能的影响及其作用机理研究[J]．安徽农业科学，2007(16)：4866-4868．

刘向．列仙传[M]．北京：中华书局，2021．

刘星汶，徐晓飞，刘玮，等．茯苓多糖的提取、结构、活性和作用机理研究进展[J]．食品研究与开发，2021，42(8)：172-178．

刘长有．四逆汤治疗猪低温症[J]．中兽医学杂志，2000(4)：24．

柳云溪．欧洲植物药会议介绍[J]．国外医药植物药分册，1997，12(6)：257-260．

罗土炎，饶秋华，钟金满，等．中草药验方对乏情母猪繁殖性能的影响[J]．现代农业科学，2009，16(5)：191-193．

罗一帆，郭振飞，许旋，等．儿茶素及其组合物清除自由基能力的研究(英文)[J]．林产化学与工业，2005，25(4)：26-30．

吕明其，王小辉，王冠淞，等．两种植物提取物复合物对断奶仔猪免疫功能的影响[J]．天然产物研究与开发，2018，30(10)：1787-1792，1842．

吕晓玲，马立强，孙明浩，等．迷迭香酸对小鼠炎症介质的影响[J]．天津科技大学学报，2010，25(2)：5-8．

马铁华，马立，贾荣玲．植物提取物对肉鸡生长性能、养分消化率及盲肠微生物组成的影响[J]．中国饲料，2018(20)：46-51．

马文彬，庞保灵，秦强华，等．一种提取迷迭香天然抗氧化剂的方法，中国，1441030[P]．2003-09-10．

马彦博，白东英，朱松波，等．丝兰属植物提取物降低鸡舍氨气浓度的效果试验[J]．江苏农业科学，2004(4)：80-81．

马玉静，何荣香，杨玲，等．白藜芦醇的生物学功能及其在动物生产中的应用[J]．中国畜牧兽医，2019，46(11)：3234-3243．

满晨，干小英，杨建涛．葛根粉对生长猪生产性能的影响[J]．饲料与畜牧，2009(5)：10-12．

孟令丽，梁成云，李洪龙．日粮中添加中草药对冻藏猪肉品质的影响[J]．黑龙江畜牧兽医，2007(12)：112-114．

毛晨龙，李健，陈耀星，等．牛膝多糖对炔雌醚致大鼠生精损伤的保护作用研究[J]．中国兽医杂志，2017，53(12)：95-97，70

倪峰．免疫活性的重要多糖[J]．福建中医药学院学报，2001，11(1)：57-58

穆然，牟国森．清凉饮对育肥猪生产性能及肉质的影响[J]．饲料广角，2011(17)：48-50．

牛永新．葛根芩连汤加味治疗[J]．中兽医学杂志，2007(3)：16-18．

欧淑琦，刘祝英，郭丹，等．血根碱和牛膝多糖对黄羽肉鸡生长性能及免疫性能的影响[J]．动物营养学报，2019，31(1)：360-368．

彭小彬，邱小惠，余传林，等．茯苓多糖对环磷酰胺所致免疫功能低下小鼠体液免疫功能的影响[J]．中药药理与临床，2013，29(5)：69-72．

彭晓青，刘凤华，颜培实．中草药复合制剂对热应激条件下猪生产性能和血液生化指标的影响[J]．畜牧与兽医，2011，43(6)：22-27．

戚守登，王自珍，王转霞．当归散在蛋鸡生产中的应用[J]．河南畜牧兽医，2001(9)：35．

秦文雅．牛膝多糖对免疫应激仔猪肠道的影响及其作用机理[D]．湖南农业大学，2012．

屈静．低分子量黄芪多糖的分离纯化和结构分析[D]．哈尔滨：东北师范大学，2010．

瞿俊勇．白花蛇舌草多糖提取工艺及免疫调节作用研究[D]．长沙：湖南农业大学，2015．

任艳．复方中草药对肉鸡传染性法氏囊病的防治效果观察[J]．辽宁农业职业技术学院学报，2009，11(4)：1-3．

尚秋辰．白术多糖对大肠杆菌腹泻模型小鼠肠道黏膜修复机理研究[D]．扬州：扬州大学，2017．

邵珊．黄芪多糖与白花蛇舌草多糖增强猪繁殖与呼吸综合征灭活疫苗免疫效力及其机理研究[D]．南京：

南京农业大学,2009.

邵珊,王贵平,李春玲.黄芪多糖和白花蛇舌草多糖对猪繁殖与呼吸综合征灭活疫苗免疫猪T细胞亚群及抗体水平的影响[J].中国兽医学报,2011,31(8):1196-1199.

盛璐,李静,陈佳萍,等.虫草菌酸性胞外多糖的抗氧化作用[J].中国药科大学学报,2009,40(4):370-373.

盛卸晃,刘文谦,薛霞,等.绿原酸体外抗单纯疱疹病毒作用[J].中国天然药物,2008,6(3):232-234.

盛耀光,刘少静,马秀,等.黄芪多糖的药理作用及剂型研究进展[J].广州化工,2019,47(15):28-30.

史东辉,陈俊锋,赵连生,等.唇形科植物提取物对肉鸡血清抗氧化功能和鸡肉脂类氧化的影响研究[J].中国畜牧杂志,2013,49(7):63-67.

石娜,苏洁,杨正标,等.白术多糖对D-半乳糖致衰老模型小鼠的抗氧化作用[J].中国新药杂志,2014,23(05):577-581,584.

宿宏佳,王冬梅,张腾,等.黄芪多糖对抑郁大鼠海马Nrf2-ARE通路的影响[J].中国药理学通报,2021,37(06):839-843.

孙丹彤,滕楠,由莹,等.日粮添加槲皮素对蛋鸡生产性能及抗氧化能力的影响[J].中国饲料,2014(21):8-13.

孙京新,王文娟.茶多酚对假单胞菌抑菌机理研究[J]肉类工业,2010(1):36-39.

孙亚波,宋先忱,丛玉艳,等.复方中草药添加剂对辽宁绒山羊种公羊繁殖性能的影响[J]中国草食动物,2011,31(6):17-21.

谭千洪,张兆旺,范首君,等.中草药添加剂提高种猪繁殖性能的研究进展[J].养猪,2011(3):11-12.

陶玉顺,汤德元,邓林.中药添加剂对猪增重的效果试验[J].中国兽医杂志,2006,42(6):43.

田应仙,郭洪杞.不同含量中草药添加剂对贵州白山羊生产性能的影响[J]养殖技术顾问,2010(7):116-117.

田允波,葛长荣,高士争,等.天然植物提取物对肥育猪生长性能和生长激素相关指标的影响[J].仲恺农业技术学院学报,2007,20(1):1-4.

田允波,周家容.天然植物添加剂[M].广州:中山大学出版社,2008.

王彩玲,高树朋,杨宝生,等.虫草真菌发酵中草药对母猪繁殖性能的影响[J].养猪,2011(4):9-11.

王昌明,张珍祥.槲皮素对肺动脉平滑肌细胞增殖及大鼠低氧性肺动脉高压的影响[J].中华物理医学与康复杂志,1999,21(2):103-105.

王海燕,张仕华,赵谋明,等.烟草绿原酸分离纯化及其抑菌性研究[J].现代食品科技,2008,24(3)233-236+213.

王红连,张凌裳,张东升,等.杜仲叶提取物对鲫鱼出血性病原菌抑菌试验的研究[J].饲料工业,2009,30(12):28-30.

王宏军,吴国娟,李焕荣,等.金银花中绿原酸提取方法的筛选及其抑菌作用[J].北京农学院学报,2003,18(4):262-265.

王虹玲,吴优,于子箫,等.酿酒葡萄皮渣中白藜芦醇的提取及抗氧化抗肿瘤活性研究[J].中国酿造,2018,37(7):112-116.

王洪鸽,汤承,王航,等.白花蛇舌草多糖对小鼠免疫功能和生长发育的影响[J].中国畜牧兽医,2013,40(10):140-143.

王利军,叶应建,金三俊,等.发酵北苍术对断奶仔猪生长性能及血清免疫和生化指标的影响[A].中国畜牧兽医学会.第八届全国畜牧兽医青年科技工作者学术研讨会论文集[C].中国畜牧兽医学会:中国畜牧兽医学会,2016,172.

王林林,祁鲲,杨倩,等.不同制油方法对石榴籽油品质的影响[J].中国油脂,2016,41(6):35-38.

王明.葛根芩连汤加味治疗仔猪白痢[J].中兽医医药杂志,2012,31(3):73-74.

王楠.羧甲基茯苓多糖钠体外抗单纯疱疹病毒Ⅰ型的作用[J].航空航天医学杂志,2019,30(8):933-934.

王世祥.复方丁香苍术散对鸡传染性喉气管炎(白喉型)的疗效观察[J].畜牧兽医杂志,2009,28(5):88.

王晓杰,黄立新,张彩虹,等.植物提取物饲料添加剂的研究进展[J].生物化学工程,2018,52(3):50-58.

王学兵,魏战勇,崔保安,等.绿原酸的提取及其对猪细小病毒的体外作用研究[J].中国畜牧兽医,2008,35(12):123-125.

王应权,冯杰,周兴龙.复方中草药添加剂对关岭母猪产后仔猪生长性能的影响[J].贵州农业科学,2010,38(9):145-149.

王兆栋,席家华.中草药治疗牛便血[J].中国兽医科技,1996(12):17.

王珍珊,孙鹏.饲料中添加复合紫苏植物提取物对育肥猪生长性能和胴体品质的影响[J].中国饲料,2018,(23):55-58.

王中旺,许梦川,杨雯茜,等.槲皮素对2型糖尿病患者机体铁代谢的影响[J].河北师范大学学报(自然科学版),2017,41(3):272-276.

吴华,张辉,马继贤.红景天药渣对放牧肉鸡肉品质的影响[J].黑龙江畜牧兽医,2010(11):80-81.

吴丽红,怀雪,马智超,等.川牛膝多糖对H2O2诱导PC12细胞氧化损伤保护作用的研究[J].化学工程师,2019,33(2):68-70,49.

吴铭,韩丹,郭立泉.白术多糖的提取及其抗氧化活性的研究[J].食品研究与开发,2015,36(21):42-44.

伍婷婷,李茹柳,曾丹,等.白术多糖调控钙离子以促进细胞迁移及E-钙黏蛋白表达的研究[J].中药新药与临床药理,2017,28(2):145-150.

吴普.神农本草经[M].北京:人民卫生出版社,1982.

伍璇,张媛,刘玉德,等.各因素对超声辅助提取茶多酚的影响综述[J].食品工业科技,2013,34(24):401-403.

肖东,顾振纶.槲皮素对血小板激活时胞浆游离钙的影响[J].苏州医学院学报,1995,5(1):40-42.

谢红兵.植物多糖对断奶仔猪肠道生理特征和免疫机能的影响及相关机理研究[D].长沙:湖南农业大学,2018.

谢红兵,常新耀,苗志国,等.花椒对蛋雏鸡生长性能及免疫机能的影响[J].西北农业学报,2011a,20(6):51-54.

谢红兵,常新耀,魏刚才,等.花椒对肉鸡生长性能、免疫指标和屠宰性能的影响[J].江苏农业学报,2011b,27(3):581-586.

谢红兵,邹云,刘丽莉,等.植物多糖对断奶仔猪生长性能及肠道内环境的影响[J].动物营养学报,2018,30(7):2662-2671.

谢家声,王贵波,辛蕊华,等.射干地龙颗粒防治产蛋鸡传染性支气管炎效果[J].家禽科学,2015(2):44-46.

谢蓝华,肖南,张嘉怡,等.复合酶解辅助乙醇提取茶多酚工艺研究[J].茶叶科学,2013,33(1):27-33.

谢燕玲,陈玉霞,郭坚.中草药治疗猪高热病效果好[J].吉林畜牧兽医,2021,42(4):31.

谢仲权,牛树琦.天然植物饲料添加剂生产技术和质量标准[M].北京:中国农业科学技术出版社,2004.

徐丽珊,金晓玲,邵邻相.白术及白术多糖对小鼠学习记忆和抗氧化作用的影响[J].科技通报,2003(06):513-515.

徐光启.农政全书[M].上海:上海古籍出版社,2011.

许飞龙.金霉素预混剂在断奶仔猪中合理使用的研究[D].南京:南京农业大学,2017.

许美解,何华西.中草药饲料添加剂对奶牛繁殖性能的影响研究[J]家畜生态学报,2010,31(1):79-82.

许奇,王丽,余碧丽,等.茶多酚影响肠道菌群活的非可培养状态(VBNC)状态转变的研究 J]食品与发酵工业,2014,40(8):12-17.

阎兴才.薄荷能改变鸡蛋腥臭味[J].湖南农业,2002(23):17.

闫巧娟,韩鲁佳,江正强.纤维素酶法提取黄芪多糖[J].中草药,2005(12):1804-1807.

杨海麟,鲁时瑛,杨胜利,等.迷迭香抗氧化剂的提取方法研究[J].天然产物研究与开发,2002,14(4):20-23.

杨海伦,刘小香,朱军莉,等.茶多酚的抗菌特性研究进展[J].食品工业科技,2015,36(21):3385-389.

杨焕治,刘欣,杨岚,等.不同构型羧甲基茯苓多糖(CMP)抗氧化活性研究[J].湖南师范大学自然科学学报,2018,41(5):29-33.

杨林松,钟慧,王璐瑶,等.怀牛膝多糖对RAW264.7细胞吞噬活性、表型和细胞因子表达的调节[J].常州大学学报(自然科学版),2020,32(04):55-62.

杨玲,胡睿智,夏嗣廷,等.植物多糖的功能性研究进展及其在动物生产中的应用[J].动物营养学报,2019,31(6):2534-2543.

杨媚,杨泰,陈凤鸣,等.牛膝多糖对猪瘟疫苗免疫仔猪的猪瘟抗体效价及血常规指标的影响[J].中国兽医学报,2020,40(12):2293-2297.

杨屾.豳风广义[M].北京:中国农业出版社,2007.

杨晓敏,张天娇,许可嘉,等.葛根素、大豆素、槲皮素及芦丁对 CCl_4 诱导小鼠急性肝损伤保护作用的比较研究[J].世界科学技术-中医药现代化-中医研究,2015,17(10):2024-2028.

杨旭东,张杰,包海花.牛膝多糖对糖尿病大鼠视网膜细胞凋亡的影响[J].中国中医眼科杂志,2011,21(1):8-10.

杨旭东,张杰,吴英俊.牛膝多糖对糖尿病大鼠肾组织细胞凋亡的影响[J].中国药物与临床,2010,10(08):878-880.

杨颖,魏梦昕,伍耀业,等.白术多糖提取分离、化学组成和药理作用的研究进展[J].中草药,2021,52(2):578-584.

杨永清.干姜甘草汤治疗仔猪白痢[J].中国兽医杂志,2009,45(1):68.

姚丹,王宏军.黄芪多糖单糖组分的气相色谱分析[J].安徽农业科学,2012,40(9):5128-5129.

姚佳,潘利平,龙应霞,等.响应面法优化槐米中芦丁的提取工艺研究[J].生物化工,2021,7(5):54-57.

易军鹏,王赛,李欣,等.蒸汽爆破提取牛膝多糖工艺优化及抗氧化性研究[J].食品与机械,2018,34(6):145-151.

尹立强.中草药添加剂对小尾寒羊饲料转化率及养分消化率的影响[J].饲料广角,2009(21):22-24.

应丽莎,赵东方,傅阳,等.迷迭香对生鲜猪肉颜色变化与抗氧化稳定性的影响[J].食品科学,2012,33(5):1-6.

应艺.黄芪多糖通过调控自噬缓解溃疡性结肠炎的实验研究[D].云南中医药大学,2021.

于伏国.猪丹毒的中草药治疗措施[J].中国动物保健,2021,23(4):4-13.

于晓凤.蛹虫草菌胞外多糖结构、合成相关酶及降血糖活性研究[D].天津:天津科技大学,2019.DOI:10.27359/d.cnki.gtqgu.2019.000210

俞桥.广嗣要语[M].北京:中国中医药出版社,2015.

袁文军,黄兴国.抗热应激中草药对育肥猪生产性能及肉质的影响[J].湖南饲料,2010(1):34-37.

袁媛,张雪,王莎莎,等.北虫草中虫草素和虫草多糖超声同步提取工艺研究[J].粮食与油脂,2020,33(12):129-132.

岳鹃,崔荣建.超声波辅助提取杜仲叶中绿原酸的工艺研究[J].农产品加工,2010,2(2):33-35.

张春艳.迷迭香酸的提取与分离纯化工艺研究[J].中国食品添加剂,2009(6):184-186.

张海霞.中药对幼犬生长性能及饲料利用率的影响[D].东北农业大学,2008.

张华.博物志[M]张恩富,整理.重庆:重庆出版社,2007.

张杰,杨旭东,宋高臣.牛膝多糖对糖尿病大鼠脑组织保护作用及其机制[J].中医药通报,2010,9(05):58-59+57.DOI:10.14046/j.cnki.zyytb2002.2010.05.017.

张军.自拟中草药方剂治疗猪气喘病的效果分析[J].国外畜牧学(猪与禽),2021,41(2):48-49.

张良,袁瑜,李玉锋.CO_2超临界萃取川贝母游离生物碱工艺研究[J].西华大学学报(自然科学版),2008,(1):39-41,103.

张乃峰,刁其玉,张丛娥,等.中草药添加剂对奶牛乳房炎及生产性能的影响[J].中国奶牛,2007(2):2-5.

张庆茹,李建国,倪耀娣.中药饲料添加剂对奶牛泌乳性能的影响[J].兽药与饲料添加剂,2005(5):11-12.

张瑞,赵景辉,王英平,等.甘草残渣、关苍术茎叶对番鸭生产性能和免疫性能的影响[J].特产研究,2011,33(3):19-21.

张善芝.中草药添加剂对奶牛生产性能、乳房健康状况的影响[J].畜牧与兽医,2011,43(10):34-37.

张世昌,王志祥.复方中草药添加剂对断奶仔猪生长性能、抗氧化和免疫器官指数的影响[J].畜牧与兽医,2010,42(10):56-59.

张世昌,王志祥.复方中草药添加剂对断奶仔猪生长性能和免疫机能的影响[J].养猪,2010(3):17-19.

张晓丹,刘向前,姚金鹏.半仿生提取法提取中药复方银翘散的工艺研究[J].中成药,2007(12):1771-1774.

张星海,王岳飞.茶多酚与绿原酸生物活性的比较研究[J].茶叶科学,2007,27(1):39-44.

张云利,尚丽娟.中草药添加剂对肉仔鸡生产性能的影响[J].中国畜禽种业,2012,8(7):125-126.

张宗景.参苓白术散加减治疗牲畜泄泻[J].中兽医学杂志,2016(5):67.

赵保路.茶多酚的抗氧化作用[J].科学通报,2002,47(16):1206-1210.

赵必迁.车前草对妊娠母猪生产性能的影响[J].养猪,2015a,1:9-12.

赵必迁.鲜绿车前草对夏季肥育猪生长性能的影响[J].养猪,2015b,2:11-13.

赵布和,高娃,巴图.猪腹泻的中草药防治[J].畜牧兽医科技信息,2021(3):151-152.

赵良忠,蒋贤育,段林东,等.金银花水溶性抗菌物质的提取及其抑菌效果研究[J].中国生物制品学杂志,2006,19(2):201-203.

赵学敏.串雅内外编[M].北京:人民卫生出版社,2007.

郑学斌,杜江,余先祥,等.中草药提取物对蛋鸡生产性能和蛋品质的影响[J].当代畜牧,2009(1):27-29.

郑梓,闫峻,穆淑琴,等.植物提取物对育肥猪生长性能、肉品质及营养成分的影响[J].粮食与饲料工业,2018(11):42-45.

中华人民共和国农业部(公告第1773号),2012.饲料原料目录[M].

钟赣生.中药学[M].北京:中国中医药出版社,2019.

周平,吕晓玲,姚秀玲.超声波辅助提取紫苏中迷迭香酸条件的优化[J].天津科技大学学报,2007,22(2):72-75.

周淑芹,王晓楠,周启扉,等.中草药添加剂对预防鸡白痢的试验[J].养殖技术顾问,2008(6):142-143.

周霞.四种植物提取物对肉鸡氨气散发、生长性能和生化指标的影响[D].泰安:山东农业大学,2012.

周晓英,黄解珠,胡杨,等.参苓白术散在育肥猪生长中的应用效果[J].中兽医学杂志,2018(6):3-4.

周学辉,李伟,杨世柱,等.中草药饲料添加剂对河西肉牛生产性能及食用品质影响的研究[J].黑龙江畜牧兽医,2015(4):3.

周雪梅,杨崇武,宋振帅,等.八角抑制霉菌作用和改善猪生产性能研究进展[J].猪业科学,2017,34(3):92-93.

周艳.杜仲叶多酚提取物对猪肉品质及绿原酸缓解肝-肠损伤研究[D].南昌:南昌大学,2015.

朱惠丽.紫苏中迷迭香酸的提取及紫苏提取物抗氧化性的研究[D].天津:天津科技大学,2004.

朱惠玲,刘玉兰,郭广伦,等.牛膝多糖对免疫应激仔猪生长性能、炎性介质和内分泌激素的影响[J].中国畜牧杂志,2011,47(5):48-51.

朱建津,谷建勇,华雪锋.补益中药制剂对鹌鹑产蛋性能的影响[J].饲料工业,2001(8):30-31.

朱南山，张彬，李丽立，等. 白术多糖对仔猪血淋巴细胞转化及信号转导相关分子的影响[J]. 华北农学报，2007(2)：18-21.

朱应民，姜伟，傅建功. 中草药添加剂对提高肉羊生产性能的应用研究[J]. 山东畜牧兽医，2014，35(12)：12-13.

朱志刚，胡建刚，章华其，等. 中草药添加剂防治断奶仔猪腹泻和促生长效果试验[J]. 浙江畜牧兽医，2011，36(2)：27-28.

邹正午，徐理纳，田金英。迷迭香酸抗血栓和抗血小板聚集作用[J]药学学报，1993，28(4)：241-245.

左军，张金龙，胡晓阳. 白术化学成分及现代药理作用研究进展[J]. 辽宁中医药大学学报，2021，23(10)：6-9.

左瑞华，黄仁术，夏伦斌，等. 中草药饲料添加剂对霍尔多巴吉雏鹅生产性能的影响[J]. 畜牧与饲料科学，2016，37(12)：46-47.

Abdel-Wareth A，Lohakare J D. Effect of dietary supplementation of peppermint on performance，egg quality，and serum metabolic profile of Hy-Line Brown hens during the late laying period[J]. Animal Feed Science & Technology，2014，197：114-120.

Ahmed N A，Radwan N M，Aboul Ezz H S，et al. The antioxidant effect of green tea mega EGCG against electromagnetic radiation-induced oxidative stress in the hippocampus and striatum of rats[J]. Electromagnetic Biology and Medicine，2017，36：63-73.

Andersen L F，Jacobs D R，Carlsen M H，et al. Consumption of coffee is associated wither duced risk of death attributed to inflammatory and cardiovascular diseases in the Iowa Women's Health Study[J]. American Journal of Clinical Nutrition，2006，83 (5)：1039.

Bong G K，Woo D J，Hyejung M，et al. Production of hydroxycinnamoyl-shikimates and chlorogenic acid in *Escherichia* coli：production of hydroxycinnamic and conjugates[J]. Microbial Cell Factories，2013，12 (15)：1-11.

Cao X，Ito Y. Supercritical fluid extraction of grape seed oil and subsequent separation of free fatty acids by high-speed counter-current chromatography[J]. Journal of Chromatography A，2003，1021 (1)：117-124.

Chang C J，Lin C S，Lu C C，et al. Ganoderma lucidum reduces obesity in mice by modulating the composition of the gut microbiota. Nature communications，2015(6)：7489.

Chen L，Liu Y，Guo Q，el al. Metabolomic comparison between wild Ophiocordyceps sinensis and artificial culfwred Cordyceps militaris[J]. Biomedical Chromatography，2018，32(9)：e4279.

Chen Y H，Lin S J，Chen J W，et al. Magnolol attenuates VCAM-1 expression in vitro in TNF-α-treated human aortic endothelial cells and *in vitro* in the aorta of cholesterol-fed rabbits[J]. British Journal of Pharmacology，2002，135(1)：37-47.

Chen Z H，Zhou B，Yang L，et al. Antioxidant activity of green tea polyphenols against lipid peroxidation initiated by lipid-soluble radicals in micelles[J]. Journal of the Chemical Society Perkin Transactions，2001，59 (9)：1835-1839.

Cheng S J，Castillo V，Eliaz I，et al. Honokiol suppresses metastasis of renal cell carcinoma by targeting KISS1 / KISS1R signaling[J]. International Journal of Oncology，2015，46(6)：2293-2298.

Du G J，Zhang Z Y，Wen X D，et al. Epigallocatechin gallate (EGCG) is the most effective cancer chemopreventive polyphenol in green tea[J]. Nutrients，2012，4：1679e91.

El-Beshbishy H A，Tork O M，El-Bab M F，et al. Antioxidant and antiapoptotic effects of green tea polyphenols against azathioprine-induced liver injury in rats[J]. Pathophysiology，2011，18(2)：125-135.

Eun K，Jih L，Min K，et al. Resveratrol，an Nrf2 activator，ameliorates aging-related progressive renal injury [J]. Aging，2018，10(1)：83-99.

Fan S, Wang Y, Zhang Y, et al. Achyranthes bidentata polysaccharide activates nuclear factor-kappa B and promotes cytokine production in J774A. 1 cells through TLR4/MyD88 signaling pathway[J]. Frontiers in Pharmacology, 2021,12:2452.

Fang C Y,Chen S J,Wu H N,et al. Honokiol,a lignan biphenol derived from the magnolia tree,inhibits dengue virus type 2 infection[J]. Viruses,2015,7(9):4894-4910.

Feng Z H,Gong J G,Zhao G X,et al. Effects of dietary supplementation of resveratrol on performance, egg quality,yolk cholesterol and antioxidant enzyme activity of laying hens[J]. British Poultry Science,2017,58(5):544-549.

Fremont L. biological effects of resveratrol[J]. Life Sciences,2000,8(66):663-673.

Friedman M. Overview of antibacterial,antitoxin,antiviral,and antifungal activities of tea flavonoids and teas[J]. Molecular Nutrition & Food Research,2007,51(1):116-134.

Fuggetta M P,Bordignon V,Cottarelli A,et al. Downregulation of proinflammatory cytokines in HTLV-1-infected T cells by Resveratrol[J]. Journal of Experimental & Clinical Cancer Research,2016,35:1-9.

Gabaldon J A,Castillo J,Alcaraz M,et al. Rosmarinic acid,a photo-protective agent against UV and other ionizing radiations[J]. Food and Chemical Toxicology,2009,47(2):386-392.

Gao X,Xu Y X,Janakiraman N. Immunomodulatory activity of resveratrol:suppression of lymphocyte proliferation,development of cell-mediated cytotoxicity,and cytokine production[J]. Biochemical Pharmacology, 2001,62:1299-308.

Guang H H,Xin W,Yun F X,et al. Antimicrobial effect and mode of action of chlorogenic acid on *Staphylococcus aureus*[J]. European Food Research and Technology,2013,12 (9):1-8.

Hadad N,Levy R. The synergistic anti-inflammatory effects of lycopene,lutein,β-carotene and carnosic acid combinations via redox-based inhibition of NF-κB signaling[J]. Free Radical Biology and Medicine,2012, 53(7):1381-1391.

Hahm E R,Karlsson A L,Bonner M Y,et al. Honokiol inhibits androgen receptor activity in prostate cancer cells[J]. Prostate,2014,74(4):408-420.

Haslam E,Lilley T H,Warminski E,et al. Polyphenol complexation:A study in moled cular recognition [J]. Acs Symposium Series,1992(506):8-50.

Haworth J,Brinkhaus F,Greaves J. Method of extracting antioxidants from Lamiaceae species and the extract products thereof:US,2003 0185916[P],2003.

Hou Y Y,Wang K,Wan W J,et al. Resveratrol provides neuroprotection by regulating the JAK2/STAT3/PI3K/AkT/mTOR pathway after stroke in rats[J]. Genes& Diseases,2018,5(3):245-255.

Hu R,He Y,Arowolo M A,et al. Polyphenols as potential attenuators of heat stress in poultry production [J]. Antioxidants (Basel,Switzerland),2019,8(3):67-77.

Hua J L,Jun Z W,Jiang F C,et al. Docking study on chlorogenic acid as a potential H5N1 influenza A virus neuraminidase inhibitor[J]. Medicinal Chemistry Research,2011,20:554-557.

Huang S,Zheng R. Rosmarinic acid inhibits angiogenesis and its mechanism of action *in vitro*[J]. Cancer Letters,2006,239(2):271-280.

Hyungs Y,Joo Y L,Katherine A F,et al. Specific inhibition of MyD88-independent signaling pathways of TLR3 and TLR4 by resveratrol:Molecular targets are TBK1 and RIP1 in TRIF complex[J]. The Journal of Immunology,2005,175(5):3339-3346.

Jiang L,Tang C,Rao J,et al. Systematic identification of the druggable interactions between human protein kinases and naturally occurring compounds in endometriosis[J]. Computational Biology and Chemistry,2017, 71:136-143.

Kim D S, Kim H R, Woo E R, et al. Inhibitory effects of rosmarinic acid on adriamycin-induced apoptosis in H9c2 cardiac muscle cells by inhibiting reactive oxygen species and the activations of c-Jun Nterminal kinase and extracelluiar signal-regulated kinase[J]. Biochemical Pharmacology, 2005, 70(7): 1066-1078.

Kim J H, Lee B J, Yu Y S, et al. Rosmarinic acid suppresses retinal neovascularization via cellcycle arrest with increase of p21 expression[J]. European Journal of Pharmacology, 2009, 615(1 /2 /3): 150-154.

Kim S Y, Kim J, Jahng K Y, et al. Antimicrobial Effect and resistant regulation of magnolol and honokiol on methicillin-resistat staphylococcus aureus[J]. Biomed Research International, 2015: 283630-283638.

Koufos I, Giannenas I, Tontis D, et al. Effects of oregano essential oil and attapulgite on growth performance, intestinal microbiota and morphometry in broilers[J]. South African Journal of Animal Science, 2016, 46 (1): 77-88.

Kuo C, Su J, Chiu C, et al. Anti-inflammatory effects of supercritical carbon dioxide extract and its isolated carnosic acid from Rosmarinus officinalis leaves[J]. Journal of Agricultural and Food Chemistry, 2011, 59(8): 3674-3685.

Lee H J, Cho H S, Park E, et al. Rosmarinic acid protects human dopaminergic neuronal cells against hydrogenperoxide-induced apoptosis[J]. Toxicology, 2008, 250(2 /3): 109-115.

Lee J H, Jung J Y, Jang E J, et al. Combination of honokiol and mgnolol inhibits hepatic steatosis through AMPK- SREBP-1c pathway[J]. Experimental Biology & Medicine, 2015, 240(4): 508-518.

Lee J, Jung E, Koh J, et al. Effect of rosmarinic acid on atopic dermatitis[J]. Journal of Dermatology, 2008, 35(12): 768-771.

Lee M, Son M, Ryu E, et al. Quercetin-induced apoptosis prevents EBV infection[J]. Oncotarget, 2015, 6 (14): 12603-12624.

Lee S, Lee H H, Shin Y S, et al. The anti-HSV-1 effect of quercetin is dependent on the suppression of TLR-3 in Raw264. 7 cells[J]. Archives of Pharmacal Research, 2017, 40 (5): 623-630.

Leopoldini M N M. The molecular basis of working mechanisn of natural polyphenolic antioxidants[J]. Food Chemistry, 2011, 125(2): 288-306.

Li L L, Yin F G, Zhang B, et al. Dietary supplementation with *Atractylodes macrophala* Koidz polysaccharides ameliorate metabolic status and improve immune function in early-weaned pigs[J]. Livestock Science, 2011, 142(1-3): 33-41.

Li W, Pi R, Chan H H N, et al. Novel dimeric acetylcholinesterase inhibitor bis(7) -tacrine, but not donepezil, prevents glutamate-induced neuronal apoptosis by blocking N-methyl-D-aspartate receptors[J]. Journal of Biological Chemistry, 2005, 280 (18): 18179-18188.

Liu L L, He J H, Xie H B, et al. Resveratrol induces antioxidant and heat shock protein mRNA expression in response to heat stress in black-boned chickens[J]. Poultry Science, 2014, 93(1): 54-62.

Liu Y, Cao W, Zhang B, et al. The ntural compound magnolol inhibits invasion and exhibits potential in human breastcancer therapy[J]. Scientific Reports, 2013(3): 3098.

Lugemwa F N. Extraction of betulin, trimyristin, eugenol and carnosic acid using water-organic solvent mixtures[J]. Molecules, 2012(17): 9274-9282.

Madhan B G, Krishnamoorthy G, Rao J R, et al. Role of green tea polyphenols in the inhibition of collagenolytic activity by collagenase[J]. Internationa I Journal of Biological Macromolecules, 2007, 41(1): 16-22.

Mart A R, Villegas I, La Casa C, et al. Resveratrol, a polyphenol found in grapes, suppresses oxidative damage and stimulates apoptosis during early colonic inflammation in rats[J]. Biochemical Pharmacology, 2004, 67(7): 1399-1410.

Meng T, Xiao D, Muhammed A D, et al. Anti-inflammatory action and mechanisms of resveratrol[J]. Molecules, 2021, 26.

Meng Z, Li J, Zhao H, et al. Resveratrol relieves ischemia-induced oxidative stress in the hippocampus by activating SIRT1[J]. Experimental and Therapeutic Medicine, 2015, 10(2): 525-530.

Nakamura Y, Ohto Y, Murakami Y, et al. Superoxide scavenging activity of rosmarinic acid from *Perilla frutescens* Britton var. acutaf. viridis[J]. Journal of Agricultural Food Chemistry, 1998, 46(11): 4545-4550.

Negishi H, Xu J W, Ikeda K, et al. Black and green tea polyphenols attenuate blood pressure increases in stroke-prone spontaneously hypertensive rats[J]. Journal of Nutrition, 2004, 134(1): 38-42.

Nie G, Cao Y, Zhao B. Protective effects of green tea polyphenols and their major component, on 6-hydroxydopamine-induced apoptosis in PC12 cells[J]. Redox Report, 2002, 7(3): 171-177.

Oh J, Yu T, Choi S J, et al. Syk/Src pathway-targeted inhibition of skin inflammatory responses by carnosic acid[J]. Mediators of Inflammation, 2012: 781375-781375.

Park S, Ahmad F, Philp A, et al. Resveratrol ameliorates aging-related metabolic phenotypes by inhibiting cAMP phosphodies-terases[J]. Cell, 2012, 148(3): 421-433.

Parksj. Resveratrol ameliorates aging—related metabolic phenotypes by inhibiting cAMP phosphodies—terases[J]. Cell, 2012, 148(3): 421-433.

Pillai V B, Samant S, Sundaresan N R, et al. Honokiol blocks and reverses cardiac hypertrophy in mice by activating mitochondrial SIRT3[J]. Nature Communications, 2015(6): 6656.

Qiao Y, Jin S, Shu F X, et al. Effects of resveratrol on gut microbiota and fat storage in a mouse model with high-fat-induced obesity[J]. Food & function, 2014, 5(6): 1241-1249.

Qing W M, Tao G, Gao Q L, et al. Dietary resveratrol improves antioxidant status of sows and piglets and regulates antioxidant gene expression in placenta by Keap1-Nrf2 pathway and Sirt1[J]. Journal of Animal Science and Biotechnology, 2018, 9: 34.

Qiu L, Xu R, Wang S, et al. Honokiol ameliorates endothelial dysfunction through suppression of PTX3 expression, a key mediator of IKK /IκB /NF-κB, in atherosclerotic cell model[J]. Experimental & Molecular Medicine, 2015, 47(7): e171.

Ravber M, Knez Ž, Škerget M. Hydrothermaldegradation of fats, carbohydrates and proteins in sunflower seeds after treatment with subcritical water[J]. Chemical and Biochemical Engineering Quarterly, 2015, 29(3): 351-355.

Ren Z, Wang L, Cui J, et al. Resveratrol inhibits NF-κB signaling through suppression of p65 and IkappaB kinase activities[J]. Pharmazie, 2013, 68: 689-694.

Reygaert W C. The antimicrobial possibilities of green tea[J]. Front Microbiology, 2014, 5: 434.

Romina B, Maria F L, Miriam E, et al. Impact of volatile compounds generated by essential oils on Aspergillus section Flavi growth parameters and aflatoxin accumulation[J]. Journal of the Science of Food and Agriculture, 2009, 89(9): 1473-1480.

Salimei P S, Marfe G, Renzo L D, et al. The interference of rosmarinic acid in the DNA fragmentation induced by osmotic shock[J]. Frontiers in Bioscience, 2007, 12(4): 1308-1317.

Sun J, Fu X, Liu Y, et al. Hypoglycemic effect and mechanism of honokiol on type 2 diabetic mice[J]. Drug Design Development & Therapy, 2015, 9(1): 6327-6342.

Sun L, Liao K, Wang D. Effects of magnolol and honokiol on adhesion, yeast-hyphal transition, and formation of biofilm by Candida albicans[J]. Plos One, 2015, 10(2): 1-20.

Tang Y, Li Y, Yu H, et al. Quercetin attenuates chronic ethanol hepatotoxicity: implication of "free" iron uptake and release[J]. Food & Chemical Toxicology An International Journal Published for the British Industrial Biological Research Association,2014,67(3):131-138.

Uchida Y,Yamazaki H,Watanabe S,et al. Enhancement of NF-kappaB activity by resveratrol in cytokine-exposed mesangial cells[J]. Clinical and Experimental Immunology,2005,142:76-83.

Ungvariz,Bagiz,Feher A,et al. Resveratrol confers endothelial protection via activation of the antioxidant transcription factor Nrf2[J]. American Journal of Physiology Heart and Circulatory Physiology,2010,299(1):18-24.

Ungvariz,Oroszz,Rivera A,et al. Resveratrol increases vascular oxidative stress resistance[J]. American Journal of Physiology-Heart and Circulatory Physiology,2007,292(5):2417-2424.

Wang M,Meng X,Yang R. Cordyceps militaris polysaccharides can enhance the immunity and antioxidation activity in immunosuppressed mice[J]. Carbohydrate Polymers,2012,89(2):461-466.

Wang R, Zhou G, Wang M, et al. The Metabolism of polysaccharide from *Atractylodes macrocephala* Koidz and its effect on intestinal microflora[J]. Evidence-Based Complementray and Alternative Medicine, 2014:926381.

Wang Y,Zhang Z,Wu Y,et al. Honokiol protects rat hearts against myocardial ischemia reperfusion injury by reducing oxidative stress and inflammation[J]. Experimental & Therapeutic Medicine,2013,5(1):315-319.

Watanabe T,Arai Y,Mitsui Y, et al. The blood pressure lowering effect and safety of chlorogenic acid from green coffee bean extract in ess ential hypertension[J]. Clinical and Experimental Hypertension,2006,28:439-449.

Weinberg Z G,Akiri B,Potoyevski E,et al. Enhancement of polyphenol recovery from rosemary (*Rosmarinus officinalis*) and sage (*Salvia officinalis*) by enzyme-assisted ensiling (ENLAC)[J]. Journal of Agricultural and Food Chemistry,1999,47 (7):2959-2962.

Wu W,Li R,Li X,et al. Quercetin as an Antiviral Agent Inhibits Influenza A Virus(IAV)Entry[J]. Viruses,2016,8 (1):6.

Xian Y,Gao Y,Lv W,et al. Resveratrol prevents diabetic nephropathy by reducing chronic inflammation and improving the blood glucose memory effect in non-obese diabetic mice[J]. Naunyn-Schmiedebergs Archives of Pharmacology,2020,393:2009-2017.

Yi S,Li J,Zhu J,et al. Effect of tea polyphenols on microbiological and biochemical quality of Collichthys fish ball[J]. Journal of the Science of Food and Agriculture,2011,91(9):1591-1597.

Yico,Byeongtakj,Hyunjs,et al. Resveratrol activates AMPK and suppresses LPS-induced NF-κB-dependent COX-2 activation in RAW264. 7 macrophage cells[J]. Advances in Anatomy Embryology and Cell Biology,2011,44(3):194-203.

Ying M,Yu Q,Zheng B,et al. Cultured Cordyceps sinensis polysaccharides modulate intestinal mucosal immunity and gut microbiota in cyclophosphamide-treated mice[J]. Carbohydrate Polymers,2020,235:115957.

Yu J,Ji H,Liu A. Alcohol-soluble polysaccharide from Astragalus membranaceus: preparation, characteristics and antitumor activity[J]. International Journal of Biological Macromolecules,2018,118:2057-2064.

Zhang J, Yu Y, Zhang Z, et al. Effect of polysaccharide from cultured Cordyceps sinensis on immune function and anti-oxidation activity of mice exposed to ^{60}Co. Int Immunopharmacol. 2011;11(12):2251-2257.

Zhang L,Gui S,Wang J,et al. Oral administration of green tea polyphenols (TP) improves ileal injury and intestinal flora disorder in mice with *Salmonella typhimurium* infection via resisting inflammation,enhancing antioxidant action and preserving tight junction[J]. Journal of Functional Foods,2019,103654.

Zhang Q,Zhao W,Ye C,et al. Honokiol inhibits bladder tumor growth by suppressing EZH2 /miR-143 axis[J]. Oncotarget,2015,6(35):37335-37348.

Zhang Y,Yang L,Zu Y,et al. Oxidative stability of sunflower oil supplemented with carnosic acid compared with synthetic antioxidants during accelerated storage[J]. Food Chemistry, 2010, 118(3): 656-662.

Zhang C, Zhao X H, Yang L, et al. Resveratrol alleviates heat stress-induced impairment of intestinal morphology, microflora, and barrier integrity in broilers[J]. Poultry Science, 2017, 96: 4325-4332.

Zhang H, Chen Y, Chen Y, et al. Comparison of the protective effects of resveratrol and pterostilbene against intestinal damage and redox imbalance in weanling piglets[J]. Journal of Animal Science and Biotechnology, 2020, 11: 52.

Zhang J L, Yu Y C, Zhang Z F. Effect of polysaccharide from cultured Cordyceps sinensis on immune function and anti-oxidation activity of mice exposed to ^{60}Co. International Immunopharmarmacology, 2011, 11 (12): 2251-2257.

Zhang W, Li J, Qiu S, et al. Effects of the exopolysaccharide fraction (EPSF) from a cultivated Cordyceps sinensis on immunocytes of H22 tumor bearing mice[J]. Fitoterapia, 2008, 79(3): 168-173.

Zhong R Z. Effect of tea catechins on regulation of cell proliferation and antioxidant enzyme expression in H_2O_2-induced primary hepatocytes of goat *in vitro*[J]. Journal of Animal Physiology and Animal Nutrition, 2013, 97: 475e84.

Zhou S, Huang G, Chen G. Extraction, structural analysis, derivatization and antioxidant activity of polysaccharide from Chinese yam. Food Chem, 2021; 361: 130089.

Zou M, Yang W, Niu L, et al. Polydatin attenuates *Mycoplasma gallisepticum* (HS strain)-induced inflammation injury via inhibiting the TLR6/ MyD88/NF-kappaB pathway[J]. Microbial Pathogenesis, 2020, 104552.

Zunin P, Leardi R, Bisio A, et al. Oxidative stability of virgin olive oil enriched with carnosic acid[J]. Food Research International, 2010, 43(5): 1511-1516.

（本章编写者：贺建华、杨培龙、李秀梅、周炜炜、符晨星、肖定福、孟田田、刘华、杨茜梓、刘峰成）

第5章 与无抗饲料相关的酶制剂

【本章提要】 20世纪90年代起饲料用酶行业成为全球不可缺少的重要产业，我国饲料用酶的产业化始于1998年植酸酶研究的重大突破。随着基因工程、蛋白质工程、酶高效表达技术和发酵工程的不断发展，饲料用酶的种类和性能不断提升，生产成本大幅度降低，极大地促进了饲料用酶的应用。本章主要从饲用酶制剂的定义和分类、营养性饲料用酶、功能性酶制剂、酶制剂替抗机制、生产及其在无抗饲料中的应用进行介绍。

5.1 酶制剂的定义及分类

5.1.1 酶和酶制剂

酶是活细胞产生的具有催化功能的生物大分子，是一类生物催化剂，分为蛋白类酶和核酸类酶。目前用于饲料工业的酶均为蛋白类酶。酶的来源广泛，可来自动物、植物或微生物。微生物具有种类繁多、繁殖快、培养简单、易于筛选、产量高等特点，是各类酶最理想的来源。目前工业应用的酶多来源于微生物。国际酶学委员会根据酶所催化反应的类型把酶分为6大类，即氧化还原酶类、转移酶类、水解酶类、裂合酶类、异构酶类和合成酶类。饲料中使用最多的酶是水解酶类，另外，还有少量的氧化还原酶类和裂合酶类。

酶制剂是从生物中提取具有催化能力的酶，并辅以其他成分，按照一定的质量标准要求，加工成一定规格且能稳定发挥酶功能的制品。从形态上，酶制剂可以分为固体酶和液体酶；从组成上可以分为单一酶和复合酶；从用途上可以分为饲料酶制剂、食品酶制剂、医药酶制剂、洗涤酶制剂、纺织酶制剂等。

5.1.2 饲料用酶制剂

饲料用酶制剂是指作为饲料添加剂的酶制剂，能够改善动物对饲料的消化利用率、促进动物生长、消除饲料中的抗营养因子、补充内源消化酶的不足、减少抗生素使用、消除饲料中的有害物质或对动物有其他特殊作用等（Alagawany 等，2018；Abbasi 等，2019）。

1. 饲料用酶的发展历史

20世纪60年代，Burnett（1966）研究发现大麦饲料中添加β-葡聚糖酶可以降低饲料黏度，提高饲料营养价值和利用率，从此饲料酶制剂产业开始起步。但由于酶制剂价格昂贵，阻碍了其在饲料中的应用。随着生物技术的进步，饲料用酶的研究迅速发展，1984年在芬兰开始出现商品化的饲料用酶，90年代起饲料用酶行业成为全球不可缺少的重要产业。我国饲料用酶的产业化始于1998年植酸酶研究中取得了重大突破（姚斌等，1998）。随着基因工程、蛋白质工程、酶高效表达技术和发酵工程的不断发展，饲料用酶的种类和性能不断提升，生产成本大幅度降低，极大地促进了饲料用酶的应用，并带动了养殖行业的发展。

2. 饲料用酶的分类

根据其在动物体内发挥的作用可分为营养性饲料用酶和功能性饲料用酶。

营养性饲料用酶是一类能够直接参与养分消化过程的饲料添加剂，包括消化酶和非消化酶。消化酶直接补充动物体内酶的不足来提高或稳定饲料的消化吸收效果，包括淀粉酶、蛋白酶、脂肪酶等；非消化酶是动物自身不能产生的酶，主要用于分解动物自身不能消化的物质或消除抗营养因子，促进动物对营养物质的吸收利用，包括植酸酶、非淀粉多糖酶（木聚糖酶、葡聚糖酶、甘露聚糖酶、α-半乳糖苷酶、纤维素酶、果胶酶等）。

功能性饲料用酶指通过酶制剂的添加在一定程度上减少抗生素使用、提高动物免疫水平、去除饲料中有害因子等的酶制剂，包括具有抗菌抑菌作用的酶，如葡萄糖氧化酶、溶菌酶、几丁质酶等；能够产生益生元，调节动物肠道微生物的酶，如高产寡糖木聚糖酶、高产寡糖甘露聚糖酶、果糖基转移酶、β-葡萄糖苷酶等；去除饲料中有害物质的酶，如霉菌毒素降解酶、棉酚降解酶等。

这些酶制剂可以单独使用，也可以复合使用。

5.2 营养性饲料用酶

5.2.1 消化酶

1. 淀粉酶

淀粉酶是能够催化水解淀粉的一类酶的总称。按照水解方式不同，可以分为 α-淀粉酶、β-淀粉酶、糖化酶、α-葡萄糖苷酶、普鲁兰酶等（Vihinen 等，1989）。α-淀粉酶（α-1，4-葡聚糖水解酶，EC 3.2.1.1）是一种高效的内切酶，又叫作液化酶，是饲料中应用最为广泛的一种淀粉酶。它能随机切割淀粉内部的 α-1，4 糖苷键为葡萄糖、麦芽糖、麦芽三糖和 α-环糊精等的混合物，使淀粉黏度迅速下降。

淀粉是饲料中的主要营养物质，为动物能量需要的重要来源，不同来源淀粉对动物生长性能、营养物质消化吸收等存在差异（李岫怡等，2019）。动物自身产生的淀粉酶包括唾液淀粉酶和胰淀粉酶，均为中性 α-淀粉酶。由于饲料在口腔停留时间短，所以淀粉在口腔消化作用不大。单胃动物胃液中不含淀粉酶，所以淀粉主要在动物的小肠内依靠胰淀粉酶进行消化（高研等，2016）。胰淀粉酶最适作用 pH 为 6.9，作用 pH 范围为 5.5～8.0。外源淀粉酶主要来源于微生物，包括细菌淀粉酶和真菌淀粉酶，高效的真菌和细菌淀粉酶产生菌多属于曲霉和芽胞杆菌（Gopinath 等，2017）。来源于芽胞杆菌的淀粉酶多为中性淀粉酶，来源于丝状真菌的淀粉酶一般为酸性淀粉酶。外源添加中性淀粉酶需要酸稳定性好，能够耐受胃的酸性环境而最终进入到肠道发挥作用。而酸性淀粉酶可以在动物的胃部降解淀粉。Yuan 等（2017）研究表明不同来源的淀粉酶对动物的应用效果不同。同时，外源淀粉酶的作用效果还受到添加剂量、饲粮成分及营养水平等因素的影响。目前，外源淀粉酶主要在猪、鸡等单胃动物饲料中使用，尤其在仔猪及低日龄禽类饲料中使用较多，添加淀粉酶可改进营养物质的消化吸收，提高饲料转化率和动物生长率（Stefanello 等，2015；2019）。

2. 蛋白酶

蛋白酶指通过水解肽键导致蛋白质分解的一类酶。蛋白酶来源十分广泛，大量分布于动物、植物、微生物中。自然界中约2%的基因被用来编码蛋白酶及其类似物(Jacob等,2011)。目前,已有259个蛋白水解酶家族被收录于MEROPS数据库(http://merops.sanger.ac.uk/)。植物中提取的蛋白酶主要是中性蛋白酶,该蛋白酶生产依赖于植物种植,这易受到季节、地理、气候等多因素的影响。动物源性蛋白酶多从牛、羊和猪等的胰脏中提取而得,生产成本较高。微生物源蛋白酶具有培养方便、操作简单和产酶量高的特点,便于工业化的批量生产而得以大规模生产应用(胡学智和王俊,2008)。据统计,微生物蛋白酶占据了世界蛋白酶销售份额的70%(Claus和Mojsov等,2018)。

1)蛋白酶的分类

目前已报道的蛋白酶数量庞大,种类繁多,结构多样,性质各异,且测定过程中使用的底物和方法也不完全一致。因此,难以用一套原则对所有蛋白酶进行分类。所以,往往根据实际需求,从不同方面对蛋白酶进行分类。目前,用来对蛋白酶进行分类的标准主要有最适作用pH、最适作用温度、被水解肽键的位置以及活性中心。

以最适作用pH为标准,蛋白酶可分为酸性蛋白酶、碱性蛋白酶及中性蛋白酶。酸性蛋白酶的最适作用pH通常处于pH 2.0～5.0,且在酸性条件下保持稳定,不同个体间可能存在差异,但整体嗜酸性。第一个酸性蛋白酶于1954年,由日本科学家从黑曲霉中发现。目前,工业用酸性蛋白酶主要来源于微生物,尤其是霉菌(董文超,2018)。中性蛋白酶一般在pH 7.0左右表现出最大活性,且通常在pH 6.0～9.0的环境中保持稳定。大多数中性蛋白酶的蛋白相对分子质量处于35～40 ku。目前,工业用中性蛋白酶主要来源于枯草芽胞杆菌类蛋白酶以及耐热解蛋白芽胞杆菌、灰色链霉菌等(秦艳梅等,2017)。碱性蛋白酶的最适pH在pH 7.5～11.0均有分布,且通常在偏碱环境中保持稳定,少数碱性蛋白酶在酸性条件下也有一定的耐受性。碱性蛋白酶的蛋白相对分子质量通常在18～34 ku。工业用碱性蛋白酶主要来源于杆菌属,例如:枯草芽胞杆菌、解淀粉芽胞杆菌等,且目前碱性蛋白酶在蛋白酶制剂总销量中占比最大(雷攀先,2013)。

以最适作用温度为标准,蛋白酶被划分为低温蛋白酶、中温蛋白酶及高温蛋白酶。以被水解肽键所在位置,将蛋白酶分为外肽酶和内肽酶两种。外肽酶是指从端部对蛋白质进行水解的一类蛋白酶,且每次从蛋白质中释放的片段长度有限,一般为单个氨基酸,或二肽、三肽等。目前,人们最为认可的是根据催化中心进行划分,按照这一标准可将蛋白酶分为丝氨酸蛋白酶、天冬氨酸蛋白酶、半胱氨酸蛋白酶和金属蛋白酶。丝氨酸蛋白酶的最适pH偏碱,目前已知的碱性蛋白酶基本上均为丝氨酸蛋白酶。常见的丝氨酸蛋白酶有胰蛋白酶、枯草杆菌类蛋白酶等(Ibrahim等,2015)。天冬氨酸蛋白酶的活性中心含有天冬氨酸残基,在偏酸性的环境中活性最高(Rocha等,2015),胃蛋白酶和凝乳酶是典型的天冬氨酸蛋白酶。

2)蛋白酶在饲料中的应用

饲料原料如豆粕、菜粕、鱼粉等的蛋白质含量高,动物摄入的蛋白质在内源蛋白酶,如胃蛋白酶、胰蛋白酶、糜蛋白酶的作用下被水解成寡肽和氨基酸,然后在动物小肠内被吸收,为动物提供营养或发挥其他功能性作用。未能被消化分解的蛋白质会进入动物大肠被有害微生物分解利用,引发动物肠道微生物紊乱并诱发肠炎和腹泻,危害动物健康。另外,未消化蛋白排出体外还造成了蛋白的浪费和环境污染。通过补充外源蛋白酶,提高蛋白质转化和利用率,最大限度地降低未消化蛋白进入后肠是一有效途径。在饲料中添加蛋白酶可以有效地将难以利用的大分子蛋白转化成利于动物吸收的氨基酸或寡肽,提高饲料转化效率。尤其,幼龄动物的消化道酶系比较薄弱，对饲料中的大分子蛋白质消化能力差，蛋白质含量高的饲料易引起腹泻并影响其生长。研究表明，在幼龄动物的日粮中添加适量的蛋白酶能有效缓解腹泻症状，提升蛋白的吸收效率（侯玉煌，2018；郭建来等，2007）。蛋白酶还能有效消除饲料中的抗营养因子。豆粕中的大豆抗原蛋白能够扰乱动物肠道吸收引发仔猪腹泻从而影响动物的生长，通过添加蛋白酶可以有效降解饲料原料中的抗原蛋白、缓解幼龄动物的过敏反应（石慧等，2011）。将蛋白酶作为一种饲料用酶不仅提升养殖产业的经济效益，其生态效益还日渐显著，能减少氮磷的排放而减轻环境污染。当前用于饲料添加的蛋白酶主要有角蛋白酶、天冬氨酸蛋白酶、芽胞杆菌来源的碱性蛋白酶等（侯玉煌，2018）。近年来，随着蛋白质饲料原料价格的上涨，通过向饲料中添加蛋白酶提升畜禽的生产性能和饲料利用率的研究受到越来越多的关注。

3. 脂肪酶

脂肪酶（lipase，E. C. 3. 1. 1. 3），属于丝氨酸水解酶家族，是一类长链三酰基甘油酰基水解酶，可催化三酰甘油完全水解生成甘油及长链脂肪酸，或不完全水解成二酰甘油、单酰甘油。脂肪酶和酯酶的区别在于，脂肪酶催化不溶于水的中链和长链（大于等于 10 个碳原子）三酰甘油水解，且脂肪酶只有处于油水界面才能被激活。而长度小于 10 个碳原子的短链酰基甘油被认为是酯酶的底物（Anthonsen 和 Baptist，1995）。

天然的脂肪酶广泛存在于动物、植物和微生物中（孙宏丹等，2001）。植物脂肪酶主要存在于油料种子中，动物脂肪酶主要存在于高等动物的胰脏和脂肪组织。微生物脂肪酶来源非常广泛，细菌、真菌和酵母均能产生脂肪酶（张中义和吴新侠，2007）。产脂肪酶的细菌主要集中在假单胞菌属、葡萄球菌属、芽胞杆菌属（Haki 和 Rakshi，2003）。由于真菌脂肪酶在有机溶剂中具有高活性，且提取成本比较低的优点，很多真菌脂肪酶已实现商业化（汪小锋等，2008）。按酶作用的最适 pH 可以将脂肪酶分为酸性脂肪酶、中性脂肪酶和碱性脂肪酶。因其水解甘油酯的特点可以分为底物选择性、区域选择性和立体选择性三大类（Sharma 等，2001）。

脂肪是畜禽饲粮的重要原料，尤其在高产、生长快速及幼龄动物饲粮中起到重要作用。肉鸡饲粮中添加脂肪酶可提高采食量，可以弥补消极生长过程中脂肪消耗率低的情况，满足肉鸡对高能量饲粮需求，减少因脂肪消化不良造成的营养性腹泻（刑法禄，2017；何前等，2010）。对于幼禽幼畜消化机能尚未发育健全和内源性消化酶分泌量不足的情况，添加外源性脂肪酶可提高饲料中的脂肪消化率（陈枫和韦仕航，2014；王海燕等，2007）。在水产上，将脂肪酶添加于饲料中可以改善对脂肪的利用（杨新文等，2010；王敏，2016）。

有研究表明饲料中添加外源脂肪酶能够促进脂肪的消化并释放出脂肪酸，能够增加和改进饲料的香味和风味，促进家畜的食欲，并能调控胃肠道的微生物环境，显著抑制有害肠道菌群的生长，从而达到抗生素替代作用（Decuypere 和 Dierick，2003）。

5.2.2 植酸酶

植酸酶（phytase）即肌醇六磷酸水解酶（myo-inositol hexakisphosphate phosphohydrolase），是一类特殊的磷酸单酯水解酶，能够水解植酸及其盐类并释放出无机磷。植酸酶广泛分布于动、植物和微生物中，其中以植物和微生物来源的植酸酶为主。根据植酸酶水解植酸时水解第一个磷酸基团所在肌醇环上的位置，将植酸酶分为 3-植酸酶（EC 3. 1. 3. 8）和 6-植酸酶（EC 3. 1. 3. 26）。来源于百合花的碱性植酸酶（Barrientos 等，1994）优先水解 *D*-构象植酸肌醇环 C_5 磷酸基团，定义为 5-植酸酶（EC 3. 1. 3. 72）。大部分微生物来源植酸酶属于 3-植酸酶。

Escherichia coli（Greiner 和 Rodehutscor，1993）、担子菌纲真菌（Lassen 等，2001）和植物来源植酸酶属于 6-植酸酶。根据作用的最适 pH 的不同，植酸酶可分为酸性植酸酶、中性植酸酶和碱性植酸酶。根据结构和催化机制不同，将植酸酶分为组氨酸酸性磷酸酶（histidine acid phosphatase，HAP），beta-折叠桶磷酸酶（β-propellar phytase，βPP）、半胱氨酸磷酸酶（cysteine phosphatase，CP）和紫色酸性磷酸酶（purple acid phosphatase，PAP）等（Lei 和 Porre，2003）。大部分来源于真菌和细菌的植酸酶属于 HAP 植酸酶家族。

磷是动物生长、繁殖及代谢所必需的元素之一。动物植物性饲料中的磷主要以植酸盐形式存在，单胃动物因自身缺乏分解植酸所必需的酶而不能有效地利用植酸磷，因而为了满足动物正常的生长、代谢需要，必须在动物的饲料中添加无机磷，这不仅提高了饲料的成本、造成磷源浪费，不可利用的磷还会随动物粪便排出会造成环境污染。同时，植酸还是一种抗营养因子，它在动物胃肠道的消化吸收过程中会与多种金属离子以及蛋白质螯合成相应的不溶性复合物，从而降低了动物对这些营养元素的有效利用（姚斌和范云六，2000）。在畜禽日粮中添加植酸酶能有效提高植酸磷的利用率，降低磷污染并消除植酸的抗营养作用，其饲喂效果已得到了广泛的确证。动物采食量增多、体重增加，动物生产性能得到改善（于彩云等，2019；李元凤等，2019）。

目前工业生产的植酸酶主要有两种：一种是真菌来源的植酸酶，如来源于黑曲霉（*A. niger*）的植酸酶及其改良酶（姚斌等，1998）。真菌来源的植酸酶最适 pH 为 2.0～6.5，最适温度都集中在 40～70 ℃。一种是细菌来源的植酸酶，最适 pH 在 4.0～7.0，最适温度为 40～70 ℃。来源于大肠杆菌的植酸酶及其改良酶值得关注，大肠杆菌植酸酶是迄今所知的分解植酸能力最强的植酸酶之一（Golovan 等，2000；罗会颖等，2004）。通过蛋白质工程改良后大肠杆菌植酸酶可以耐受 90 ℃以上的高温（姚斌等，2013）。

5.2.3 非淀粉多糖水解酶

非淀粉多糖（non-starch polysaccharides，NSP）是指淀粉以外的多糖，主要包括纤维素、半纤维素（木聚糖、葡聚糖、甘露聚糖等）、果胶等，是饲料纤维的主要成分。这些非淀粉多糖将饲料营养物质包裹在细胞壁里面，阻止营养物质从细胞壁里释放出来，另外部分纤维溶解于水产生黏性物质，这些黏性物质抑制动物的正常消化功能，妨碍动物吸收营养物质。饲料原料玉米、小麦中均含有大量的 NSP，大豆粕等植物蛋白源同样含有 NSP。

非淀粉多糖水解酶主要包括纤维素酶、木聚糖酶、甘露聚糖酶、葡聚糖酶和果胶酶以及降解这些多糖侧链和寡糖的辅酶，如 α-半乳糖苷酶、木糖苷酶、阿拉伯呋喃糖苷酶、阿魏酸酯酶、果胶甲酯酶等。非淀粉多糖水解酶来源广泛，自然界能够降解非淀粉多糖的微生物多种多样，例如细菌、真菌以及古菌等，其对非淀粉多糖的降解和转化是碳循环的重要组成部分，但不同的微生物在生存形态、产酶方式和种类以及代谢调节等均存在差异，并且非淀粉多糖具有非常复杂的结构，其降解过程需要多种酶参与，因此非淀粉多糖水解酶种类繁多，性质各异。目前饲料中应用的非淀粉多糖水解酶主要有纤维素酶、葡聚糖酶、木聚糖酶、甘露聚糖酶、α-半乳糖苷酶等。

1. 纤维素酶

纤维素（cellulose）是人类研究比较早的一类多糖，它是植物细胞壁的重要组成成分之一，占植物干重的 30%～50%（Yang 等，2006）。纤维素是由 β-*D* 吡喃葡萄糖经 β-(1,4)糖苷键连接形成的直链多聚体，基本结构单元组成是由两个葡萄糖基经二次螺旋形成的纤维二糖(Béguin 等，1994)，其结构中没有分支(Foreman 等，2003)。

纤维素被完全降解需要多种酶的共同作用，这些酶统称为纤维素酶。纤维素酶主要包含三大类：内切 β-1，4-葡聚糖酶(endoglucanase，EG)(EC3.2.1.4)、外切 β-1，4-葡聚糖酶[又称纤维二糖水解酶(cellobiohydrolase，CBH)](EC3.2.1.91)、β-*D*-葡萄糖苷酶(β-glucosidase，BG)(EC3.2.1.21)(Zhang 和 Lynd，2006)。内切 β-1，4-葡聚糖酶从纤维素糖链的内部随机水解 β-1，4 糖苷键，并暴露出外切葡聚糖酶的识别切割位点(Beckham 等，2010；高培基，2003)。外切纤维素酶可以持续地在纤维素的结晶区切割糖苷键，纤维素单链在催化通道内与催化域相结合，沿着纤维素链向结晶区单方向持续性催化，产物主要为纤维二糖(赵越等，2003)。β-葡萄糖苷酶能够从外切纤维素酶的水解产物(纤维二糖)中进一步释放出两分子的葡萄糖，这在纤维素的水解过程中发挥着重要的作用(潘利华和罗建平，2006)。另外，除了这些传统的纤维素水解酶，还有一类单加氧酶 LPMO(lytic polysaccharide monooxygenases)，它可以通过氧化反应裂解糖苷键(Voshol 等，2017)，将纤维素氧化降解，与纤维素酶混合使用可以提高纤维素的降解效率，因此，LPMO 也逐渐成为纤维素酶系的组成部分(Agger 等，2014；Vaaje-Kolstad 等，2017)。目前，商品化的纤维素酶多为内切 β-1，4-葡聚糖酶、外切 β-1，4-葡聚糖酶及 β-葡萄糖苷酶的混合酶。

β-葡萄糖苷酶(EC3.2.1.21)，又称 β-*D* 葡萄糖苷葡萄糖水解酶，能够水解结合于末端非还原性的 β-*D* 葡萄糖键，同时释放出 β-*D* 葡萄糖和相应的配基。作为它纤维素降解酶系的重要组成部分，它是纤维素降解过程的关键限速酶(Singhania 等，2013)。β-葡萄糖苷酶在饲料领域的应用主要体现在对于大豆异黄酮的利用上，大豆中大豆异黄酮的主要存在形式是不具活性的糖苷结合型，经 β-葡萄糖苷酶水解为游离型苷元能够促进动物生长，提高机体免疫力。特别是对妊娠母猪的保健具有显著效果(Mazur 等，1998；Setchell，2000)。但由于饲料消化过程中会产生较高浓度的葡萄糖，不同的 β-葡萄糖苷酶对葡萄糖的耐受不同，饲料中应用的β-葡萄糖苷酶对葡萄糖的耐受作用非常重要。

2. 葡聚糖酶

β-葡聚糖是由 1 000 个以上的 *D*-葡萄糖通过 β-1，3 或 β-1，4 糖苷键连接而成的线性高分子化合物，β-葡聚糖在谷物胚乳细胞壁中含量非常丰富。内切葡聚糖酶可以特异性地切割 β-葡聚糖中的 β-1，3 或 β-1，4 糖苷键而使大分子的葡聚糖降解为小分子的寡糖或单糖，根据葡聚糖酶对于糖苷键的切割类型，可以将葡聚糖酶分为 4 类，分别是内切 β-1，3-葡聚糖酶(laminarinase，EC 3.2.1.39)，此酶可以切割 β-1，3 糖苷键；内切 β-1，3-1，4-葡聚糖酶(lichenase，EC 3.2.1.73)它可以特异性地切割 β-1，4 糖苷键，该糖苷键所连接的葡萄糖残基的三号位必须有取代基团，但是内切 β-1，3-1，4-葡聚糖酶不能切割单独的 β-1，3 或 β-1，4 键；第三种类型为内切 β-1，3(4)-葡聚糖酶(EC 3.2.1.6)，该葡聚糖酶既能够切割 β-1，3 糖苷键又能够切割 β-1，4 糖苷键。而我们前面介绍的纤维素酶中的内切 β-1，4-葡聚糖酶也可以切割葡聚糖的 β-1，4 糖苷键。因此葡聚糖酶可以有效分解饲料中麦类和其他谷类植物胚乳细胞壁中的 β-葡聚糖。

3. 木聚糖酶

木聚糖广泛存在于一切天然木质纤维中，主要包括麦麸、米糠、玉米秸秆、玉米芯、甘蔗渣等，大约占自然界中有机碳含量的 1/3(Prade，1995)。木聚糖的结构复杂(图 5-1)，主链由吡喃木糖通过 β-1，4-*D*-木糖苷键连接而成，聚合度在 150～200，侧链含有多种形式的取代基或取代基团，常见的取代基包括阿拉伯糖、葡萄糖酸、半乳糖、阿魏酸、乙酸以及香豆酸等（Liab 等，2000；Squina 等，2009）。不同植物来源（如禾本植物、木本植物）、植物的不同发育阶段（如幼苗期、成熟期）、同一植物不同部位（如玉米秸秆、玉米芯、玉米种皮）的木聚糖结构也不相同，由于木聚糖酶对底物的选择性不同，同一木聚糖酶对不同木聚糖的降解效果不同。因此，要想实现饲料中木聚糖的有效降解，需要了解饲料中木聚糖的来源，并根据木聚糖酶的底物特异性进行选择，或配合辅酶对木聚糖酶进行共同降解。

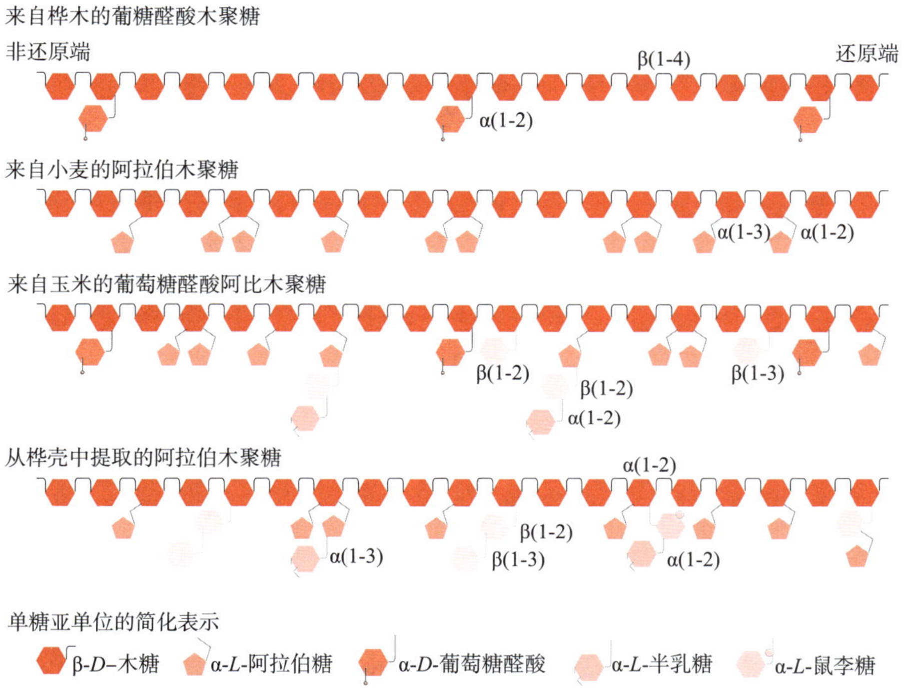

图 5-1 不同植物组织来源的木聚糖结构（Eva 等，2018）

降解木聚糖的酶（图 5-2）主要包括内切 β-1，4-木聚糖酶（endo-1，4-β-xylanase，EC3. 2. 1. 8）进行主链的随机降解生成低聚木糖及木糖，这是饲料中使用最广泛的酶，主要是来自瘤胃微生物和真菌的 GH11 家族和 GH10 家族木聚糖酶；β-木糖苷酶（β-xylosidase，EC 3. 2. 1. 37）以外切方式从非还原性末端水解低聚木糖，水解产物为木糖；阿拉伯呋喃糖苷酶（*α-L*-arabinofuranosidase，EC 3. 2. 1. 55）、乙酰木聚糖酯酶（acetylxylan esterase，EC 3. 1. 1. 72）、葡萄糖醛酸苷酶（*α-D*-glucuronidase，EC 3. 2. 1. 139）、香豆酸酯酶（p-coumaric acid esterase，EC 3. 2. 1. 1）和阿魏酸酯酶（ferulic acid esterase，EC 3. 2. 1. 73）等，主要进行支链水解（Chávez 等，2006；Colllins 等，2005），其中，阿拉伯呋喃糖苷酶和阿魏酸酯酶可以在饲料中配合木聚糖酶降解难以降解的木聚糖。如小麦阿拉伯木聚糖，由于主链木糖上含有大量取代的阿拉伯糖，其降解产物通常含有阿拉伯糖侧链，该类木聚糖通常需要使用阿拉伯呋喃糖苷酶进行脱支处理后再用木聚糖酶进行处理，这样才能较为有效地被利用。玉米麸皮中的木聚糖因为极高的取代程度，是目前公认的难以降解的木聚糖，已发现少数对玉米麸皮木聚糖有降解效果的内切木聚糖酶，但催化活性均较低（Labourel 等，2016；洛伦森等，2016）。孔海洋等（2020）从嗜酸黑曲霉中获得一个 GH10 木聚糖酶，具有高的小麦阿拉伯木聚糖降解活性，同时具有玉米麸皮木聚糖的降解活性。

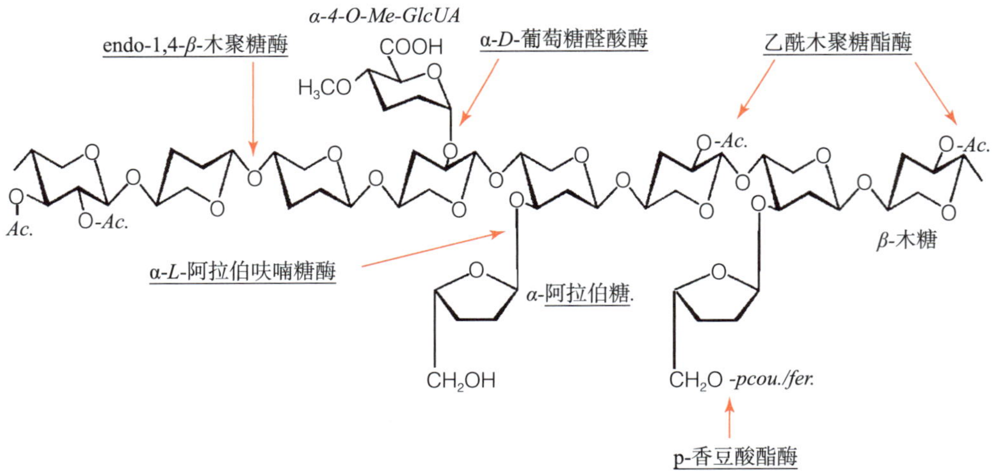

图 5-2　木聚糖降解相关酶(Collins 等,2005)

图注:主链由 β-1,4-木糖残基相连而成,侧链连接有修饰取代基(Ac. 乙酰基团;α-araf. α-阿拉伯呋喃糖苷酶;α-4-*O*-Me-GlcUA. α-4-*O*-甲基葡萄糖醛酸;pcou. 香豆酸酯;fer. 阿魏酸酯)以及木聚糖降解酶类的切割位点。

4. 甘露聚糖酶

豆粕是动物饲料的主要成分,β-甘露聚糖是存在于豆粕中的一种主要的半纤维素,其他的饼粕饲料(如棕榈粕、椰子粕)中甘露聚糖含量更是高达 30%以上。由于甘露聚糖较强的黏水性,即使低浓度的甘露聚糖也会造成食糜黏度的提高,另外甘露聚糖也会通过干扰胰岛素的分泌从而降低葡萄糖在肠道的吸收。添加 β-甘露聚糖酶可以降低饲料中含有的 β-甘露聚糖,提高动物的生长性能(张建新等,2019)。β-1,4-甘露聚糖酶(β-1,4-mannanase,EC 3.2.1.78)是一种内切糖苷水解酶,能够随机切割甘露聚糖主链的糖苷键。甘露聚糖酶广泛地存在于植物、软体动物和微生物之中,微生物来源的甘露聚糖酶具有种类多、高活性、提取方便等特点,已在生产中得到广泛应用(Chauhan,2012)。细菌甘露聚糖酶主要来自革兰氏阳性细菌,如芽胞杆菌,其最适 pH 大多数是中性或偏碱性的,最适温度也较高(Araujo 等,1990);而真菌来源的甘露聚糖酶大多偏酸性,其最适反应温度大多集中在 40~70 ℃(Van 等,2010)。目前,这两类甘露聚糖酶在饲料工业中均有应用。

饲料工业中主要应用的 β-甘露聚糖酶即 β-1,4-甘露聚糖酶,它除了具有其他的非淀粉多糖酶类似功能外,其分解甘露聚糖产生的甘露寡糖具有更好的生物调节功能,如改善肠道微生物菌群和提高肠黏膜的完整性、显著促进动物肠道内有益菌(双歧杆菌等)的增殖、减轻便秘、促进营养物质吸收、提高饲料养分利用率等。

5. α-半乳糖苷酶

豆粕以及其他饼粕是动物饲料的主要蛋白质原料,但其中存在大量的可溶性 α-半乳糖苷寡糖类,如棉籽糖和水苏糖等,其在动物胃肠道中不能被彻底消化,经过大肠消化时会促进有害菌的增长,被发酵产生大量气体,导致动物出现胀气、胃肠道紊乱和腹泻等不良症状,严重损害动物的健康,降低动物饲料的转化效率,降低动物的生长速度。饲料中添加 α-半乳糖苷酶,可以有效地降解此类物质,从而消除大豆中引起消化不良的棉籽糖和水苏糖。有研究将 α-半乳糖苷酶添加至玉米-豆粕型日粮，发现可以提高代谢能、提高日粮的消化率，而且还可以增强蛋白质的消化率、动物体重明显增加（谢启宇，2000；蒋小丰等，2009；Baucells 等，2016）。

α-半乳糖苷酶（α-galactosidase，EC 3.2.1.22）也称蜜二糖酶，可特异性水解底物中非还原性末端 α-1，6-半乳糖苷键（Gregg 等，2001），释放出末端的半乳糖残基，其底物包括半乳糖寡糖（如蜜二糖、棉籽糖和水苏糖）、分支多糖（如半乳甘露聚糖）和半乳糖脂。研究最多的 α-半乳糖苷酶主要分布在 GH27 和 GH36 两个家族中。植物、动物、酵母和大多数丝状真菌来源的 α-半乳糖苷酶多数属于 27 家族，而 36 家族的 α-半乳糖苷酶多数来源于细菌和少数的真菌。一般来说，真菌来源的 α-半乳糖苷酶大多数为酸性，而细菌来源的 α-半乳糖苷酶大部分为碱性。

6. 果胶酶

果胶是存在于植物细胞壁和细胞间的一种起黏连作用的碳水化合物衍生物，主要是由 d-半乳糖醛酸以 α-1，4 糖苷键连接形成的直链和中性糖（鼠李糖、阿拉伯糖、半乳糖和木糖）形成的侧链所组成的一种高分子聚合物，属于非淀粉多糖。果胶酶是一系列可以降解果胶类物质的酶的总称，是一个多酶复合体系。现阶段饲料工业中所应用的果胶酶是果胶水解酶（多聚半乳糖醛酸酶），它专一分解果胶质中半乳糖醛酸残基间的 α-1，4 糖苷键，将大分子的半乳糖醛酸降解为小分子物质，是果胶最关键的水解酶。

经过加工制粒后的玉米豆粕型饲料往往含有果胶、单宁等大量的非淀粉性多糖，这些物质在动物肠道内消化后，形成了胶黏状的食糜并附着在肠道表面，使得动物不能很好地消化和吸收。所以，在饲料酶制剂中添加果胶酶，能够有效降解细胞壁中的果胶，降低果胶的黏性，促进细胞壁的分解，提高营养物质消化率，改善动物生长性能。

5.3 功能性酶制剂

功能性酶制剂主要包括在功能上能够替代抗生素的酶制剂、提高动物免疫水平的酶制剂和提高饲料安全水平的酶制剂。在功能上能够直接替代抗生素的酶制剂主要包括两类：一类是能够直接杀菌、抑菌的酶制剂，包括细菌溶菌酶（肽聚糖水解酶）、真菌溶菌酶（几丁质酶、β-1，3-葡聚糖酶）、磷脂酶等；另一类是间接杀菌、抑菌的酶，主要通过分解底物产生具有抑菌、杀菌功能的化合物以及产生抑制、干扰致病菌毒力物质的酶，如葡萄糖氧化酶、蛋白酶、淬灭酶等。通过提高动物免疫水平来实现抗生素替代的酶制剂，主要通过产生益生元，调节肠道微生物、肠道健康，提高免疫力的酶，如甘露聚糖酶、木聚糖酶、葡聚糖酶、β-半乳糖苷酶等多种非淀粉多糖酶。提高饲料安全水平的酶制剂主要是消除饲料中有害物质的酶，如霉菌毒素降解酶、棉酚降解酶以及去除豆粕中的抗营养物质的酶等。

5.3.1 抗菌抑菌作用的酶

1. 直接杀菌、抑菌的酶

1）溶菌酶

溶菌酶是一种专门作用于微生物细胞壁的酶，包括细菌细胞壁溶菌酶（肽聚糖水解酶）和真菌细胞壁溶菌酶（几丁质酶、β-1，3-葡聚糖酶、甘露聚糖酶）等。其功能主要是抗菌、消炎、抗病毒、增强动物机体免疫力。

(1)细菌细胞壁溶菌酶——肽聚糖水解酶　细菌溶菌酶(lysozyme,LYZ)又称胞壁质酶(muramidase),是一种在自然界中广泛存在的酶,可催化水解N-乙酰胞壁酸和N-乙酰葡萄糖胺间的β-1,4糖苷键,从而切割构成细菌细胞壁的聚合物肽聚糖,溶解细菌细胞壁以达到杀灭细菌的目的,主要作用于革兰氏阳性细菌的细胞壁。1909年Laschtschenko首先发现了鸡蛋清的抗菌特性。1922年,亚历山大弗莱明偶然发现在人的鼻涕黏液中存在一种杀菌物质,将其命名为溶菌酶(Fleming和Edward,1922),后来他发现在唾液、泪液、消化道分泌物等很多地方都存在这种杀菌物质。溶菌酶可分为c型(chicken-type)、g型(goose-type)和p型(phage-type)3种类型。鸡蛋清溶菌酶是目前研究与应用最多的溶菌酶,该酶在蛋清蛋白中约占3.5%,由129个氨基酸组成,含4对二硫键,其结构相对稳定。蛋清溶菌酶可以通过直接提取获得,还可以利用基因工程手段,通过异源表达和微生物发酵获得。另外,噬菌体来源的溶菌酶具有裂解效率高,不易产生耐药性,抗菌谱较广的特点(Fischetti,2005),具有更广阔的应用前景。

溶菌酶是一种天然蛋白质,无毒性,可作为安全绿色的饲料添加剂。在畜禽的饲料中添加溶菌酶可以改善胃肠道健康,减少腹泻、提高免疫能力、提高生长性能和饲料效率,提高肉质品质。溶菌酶还可以增强动物巨噬细胞的吞噬和消化功能,与细菌脂多糖结合,减少内毒素的释放,提高机体抵抗力。溶菌酶对革兰氏阳性菌具有良好的抗菌作用,但对于革兰氏阴性菌作用很弱。近年来,人们采用酶修饰或蛋白质工程来提高溶菌酶对革兰氏阳性菌的杀菌作用已经取得了一定的效果(Freitas和Abrahaonet,2010;Zhu等,2017)。

(2)真菌细胞壁溶菌酶——几丁质酶　真菌细胞壁主要由几丁质、甘露聚糖、β-(1,3)-葡聚糖和β-(1,6)-葡聚糖组成,能够降解这些物质的酶均对真菌细胞壁具有破坏作用。其中几丁质酶和β-(1,3)-葡聚糖酶是研究较多的真菌细胞壁溶菌酶。

几丁质(又名甲壳素),是世界上含量最丰富的天然有机物之一,其在自然界的数量仅次于纤维素,几丁质是由N-乙酰氨基葡萄糖通过β-1,4-糖苷键连接起来的线性高分子物质(龚福明等,2017)。几丁质酶(chitinase,EC 3.2.1.14)又名甲壳素酶,随机切割几丁质中的β-1,4-糖苷键生成几丁低聚糖。所以几丁质酶有优良的抗病原菌和病虫害能力,在饲料中添加几丁质酶能够杀灭一些致病真菌,促进动物健康和生长。利用几丁质酶对霉菌的抑制作用可以应用在以植物为主要成分的动物饲料中,作为饲料防霉剂成分。几丁质酶广泛应用在水产领域,可以提高鱼类的免疫力、改善鱼类的肠道环境、提高饲料利用率和改善抗病性。由于肽聚糖和几丁质的糖骨架具有相似的结构,一些几丁质酶也具有细菌溶菌酶活性。同时,几丁质酶降解几丁质产生的寡糖对水产动物的生长发育,改善动物肠道结构,提高抗病力和免疫功能都有促进作用(霍凤敏等,2016)。

(3)溶菌酶多聚体　溶菌酶多聚体是使用蛋清溶菌酶,利用现代生物技术对单体溶菌酶及其蛋白质分子结构进行改造的多聚体组合物,同时提高非酶活性,通过传导系统吸引免疫细胞集中到感染部位,最终消灭入侵的病原菌(沈芃,2014)。因质量检验标准中主要检测活性和二聚体的含量,因此也简称为溶菌酶二聚体。溶菌酶多聚体结构见如下质谱图(图5-3)。

溶菌酶多聚体生产工艺流程图如图5-4所示。

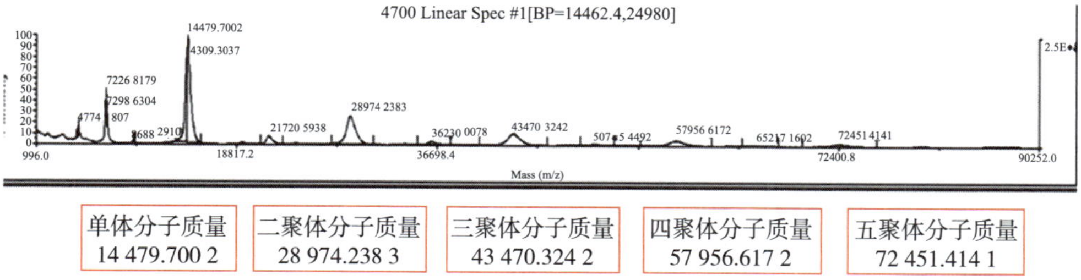

图 5-3 溶菌酶多聚体结构

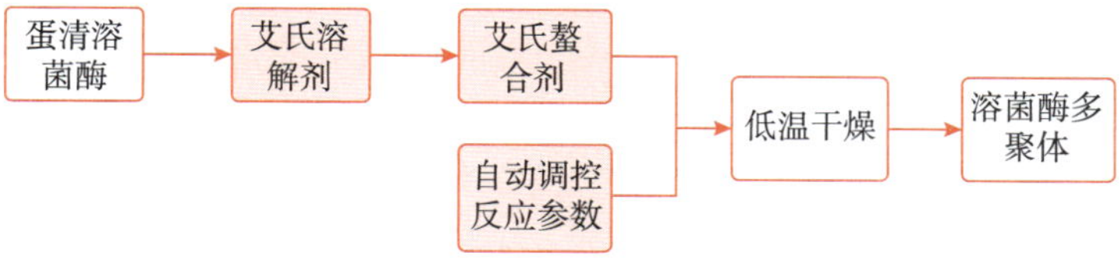

图 5-4 溶菌酶多聚体生产工艺流程

单体溶菌酶与溶菌酶多聚体功效比较如表 5-1 所示。

表 5-1 单体溶菌酶与溶菌酶多聚体功效比较

名称	二聚体	单体
成分组成	二聚体+≥50%	单体
空间结构	多聚体结构	单体结构
检测项目	酶活+二聚体	酶活
产品功能	抗菌、抗病毒、抗炎症、抗组胺； 抑制 TNF 的合成；刺激 IFN 的合成； 提高吞噬细胞活性（Dudek 等，2018；石建凯，2018；肖再利等，2020）。 聚合作用，溶菌酶及非酶活性倍增（Dudek 等，2018）	抗菌、抗病毒、抗炎症
其他功效	安全无毒副作用 提高非特异性免疫 解毒功能 促进毛发的生长（石建凯，2018）	暂无报道
人医上的应用	高纯度溶菌酶二聚体，用以补充或替代传统的化疗中通常应用的毒性极高的抗癌药物	暂无报道

溶菌酶多聚体在动物生产中应用，是安全可靠的非特异性免疫因子（功能蛋白），发挥五大主要作用：组织损伤修复、激活相关非特异免疫因子、减少营养物质消耗、维护肠道菌群平衡、改善动物健康度和提高健仔数，提高的体液免疫和细胞免疫（Rymuszka 等，2005；Cegielska-Radziejewska 等，2008）。溶菌酶多聚体经农业部兽药安全监督检验测试中心（北京）评价认为安全性好，其在生猪养殖上的应用方案如表 5-2 所示。

表 5-2 溶菌酶多聚体在猪健康中的应用方案

阶段	添加量/(kg/t)	功效
公猪料	1.5	异常精子减少 3 倍、活力提高
后备母猪料	0.8	准时发情
妊娠母猪料	1	减少便秘
哺乳母猪料	0.8	断奶重多 300 g
教槽料	1.2	腹泻率小于 3%
保育料	1	30 d 多增重 1 kg,肤红毛亮
仔猪料	1	日增重多 30 g 以上
生长育肥猪料	0.5	料重比减少 0.1

2)磷脂酶

磷脂酶可将磷脂水解为磷脂酸及氨基醇,水解微生物的膜磷脂,从而破坏微生物细胞膜。分泌型磷脂酶 A2(sPLA2)能有效地分解革兰氏阳性细菌的膜磷脂,造成细菌细胞膜受损。而对于哺乳动物,因为特殊的表面磷脂成分使细胞对磷脂酶有抗性。Lee 等(2004)研究表明含有 1 μg/mL PLA2 的血清可灭杀金黄色葡萄球菌、化脓链球菌、大肠埃希氏菌等。另外,PLA2 对革兰氏阴性细菌也具有一定的影响。sPLA2 是一种 14 ku 的酶,分子小巧、紧凑且在极端温度和 pH 下非常稳定,具有极好的饲料添加优势。另外,磷脂酶还可以间接改善饲料乳化性质,提高禽畜免疫力,是无抗饲料时代饲料添加剂中非常重要的一类酶。

3)蛋白酶

我们在前面已经介绍了蛋白酶,蛋白酶有很多种,其中有一些蛋白酶具有很强的抗菌消炎活性,蛋白酶包括胰蛋白酶、糜蛋白酶、金属蛋白酶和碱性蛋白酶等。早在 1957 年,胰蛋白酶和糜蛋白酶就被用于组织损伤和炎症的治疗(Martin,1957;Innerfield,1957),胰蛋白酶在人医临床上主要用于肺脓肿、肺支气管炎等的治疗,同时胰蛋白酶和糜蛋白酶可以用于对伤口消炎及防止局部水肿(聂陆娥等,2004;孙逸佃,1984)。王喆等(2015)将胰蛋白酶和糜蛋白酶用于奶牛乳腺炎的治疗,效果显著。与溶菌酶只能抑制革兰氏阳性菌不同,胰蛋白酶和糜蛋白酶对革兰氏阳性菌和革兰氏阴性菌都具有抑制作用。蜘蛛酶是一种高活性的碱性金属蛋白酶,具有强大的蛋白分解能力和很强的抗菌消炎活性。蜘蛛酶对许多致病菌,如大肠杆菌、分枝杆菌、金黄色葡萄球菌等都具有抑菌活性,对各类炎症有明显的消炎作用,能有效抑制疼痛和水肿,可预防和缓解多种呼吸道疾病和大肠杆菌引起的腹泻,降低乳腺炎的发生从而提高奶牛产奶量、改善乳品质(周春香等,2012;孙贵斌等,2010)。Siritapetawee 等(2012)报道波罗蜜来源的 48 ku 蛋白酶 AMP48 具有抗菌功能,能够抑制铜绿假单胞菌、白色念珠菌。*Bacillus Tequilensis* ZMS-2 来源的碱性蛋白酶对金黄色葡萄球菌、地衣芽胞杆菌、肺炎克雷伯菌、大肠杆菌都具有抗菌作用(Khan 等,2019)。

2. 间接杀菌、抑菌的酶

1)葡萄糖氧化酶

葡萄糖氧化酶(glucose oxidase,Gox,EC 1.1.3.4)是近几年快速发展起来的一类饲料用酶,在畜禽生产上通过改善肠道环境、预防肠道感染和腹泻,从而提高饲料消化利用率,促进其生长。葡萄糖氧化酶是一种黄素依赖型蛋白，黄素腺嘌呤二核苷酸(flavin adenine dinucleotide, FAD)与酶分子非共价结合。在催化反应过程中，Gox 利用 FAD 作为氧化还原反应的载体，以分子氧为电子受体，催化 β-*D*-葡萄糖生成 *D*-葡萄糖酸-δ-内酯和过氧化氢，再经非酶促反应水解成葡萄糖酸。目前，开发利用的 Gox 主要来源于黑曲霉(*A. niger*)和尼崎青霉(*P. amagasakiense*)，黑曲霉来源的 Gox 比青霉属的 Gox 的 pH 反应范围更宽、稳定性更好，青霉来源的 Gox 具有高底物专一性和高催化效率(Bodade 等，2010)。由于饲料用酶制剂在催化活性、热稳定性及生产成本方面有严格的要求，天然葡萄糖氧化酶往往很难直接应用于生产，因此通过酶的分子改良研究获得综合性能优良的突变酶，并通过异源表达实现低成本生产，促进了葡萄糖氧化酶在饲料中的应用(Tu 等，2019；姚斌等，2019)。

葡萄糖氧化酶作为一种安全高效、无毒副作用的饲料添加剂，其在饲料工业的显著应用效果成为推动人们探索研究 Gox 的原动力。Gox 可催化动物肠道内的葡萄糖产生具有杀菌作用的过氧化氢。当过氧化氢的浓度在动物肠道中积累到一定浓度时，可抑制大肠杆菌、金黄色葡萄球菌、弧菌等致病菌的生长繁殖，从而改善动物肠道的微生物环境。Gox 在动物肠道内发生催化反应的同时消耗大量的氧气，为厌氧有益菌的生存提供厌氧环境，促使厌氧有益菌形成微生态竞争优势，抑制有害细菌繁殖，从而进一步提高机体免疫力。Gox 在催化过程中可产生葡萄糖酸，降低动物胃肠道内 pH，可以有效抑制有害菌群的生长，促进有益菌群的增殖。较低的 pH 还可激活胃蛋白酶的活性，有效改善动物对饲料的消化率，提高营养成分的消化吸收。此外，Gox 作为抗氧化剂，可消除肠道内因动物肠道应激状态下产生的大量自由基，保证肠道上皮细胞的完整性。

2)蛋白酶

蛋白酶酶解饲料中的蛋白质底物后可以产生功能各异的生物活性肽，包括抗氧化活性肽、抗菌活性肽和免疫调节活性肽等(Tang 等，2015；Hajfathalian 等，2018)。消化道蛋白酶对于特定饲料蛋白质的水解位点是保守的，因此代谢产物中的寡肽类型和比率相对稳定，但也使得内源性寡肽的种类和数量受到限制。外源添加蛋白酶并实现蛋白的定向切割，产生特定功能肽将是今后的一个研究重点，为蛋白酶的抗生素替代提供新的方向。

5.3.2 去除饲料中有害物的酶

1. 霉菌毒素降解酶

霉菌毒素又被称为真菌毒素，是真菌生长繁殖过程中生成的次级代谢产物，其生理功能仍旧未知(Escrivá 等，2017)。存在于食品及饲料中的霉菌毒素，严重危害着人类和动物的健康(Molina 等，2019)。目前已有超过 500 种霉菌毒素被鉴定出来(Broom，2015)，其中，黄曲霉毒素、玉米赤霉烯酮和呕吐毒素对动物健康有显著的负面影响，被认为是对经济影响最为严重的霉菌毒素(Gruber-Dorninger 等，2019)。

目前，霉菌毒素脱毒方法有物理法、化学法、生物法 3 种(Aiko 和 Mehta，2015)。生物脱毒方法不但能够起到有效的脱毒效果，且具有特异性强、作用条件温和、对环境更友好等优点(Zhou 等，2017)。生物脱毒方法主要包括微生物法和酶降解法两种。利用酶对霉菌毒素进行降解能够满足实际应用中的环境友好、反应安全等要求(Iqbal 等，2018)。目前，具有霉菌毒素降解能力的酶主要包括氧化还原酶、水解酶、转移酶、羧肽酶以及一些特异性降解酶等。

1)漆酶

漆酶(laccase,EC 1.10.3.2)是一种含有铜离子的多酚氧化酶(Blanquez 等,2019),相对分子质量介于 58～90 ku,能够氧化多种芳香族化合物,特别是具有给电子基团(如羟基)的物质。漆酶的首次发现是在日本漆树中,而后被发现也存在于其他植物中。作为被研究最多的木质素氧化酶,漆酶广泛分布于真菌中,已知的许多子囊菌和担子菌类的基因组中都含漆酶基因。漆酶还存在于细菌、昆虫和古细菌中,不同漆酶具有不同的底物特异性、催化性质、调节机制及定位。它们的分泌取决于营养条件、培养基成分、发育阶段,其表达还可以受培养基中添加成分的诱导(Munoz 等,1997)。

研究表明漆酶能够对霉菌毒素进行降解。多种微生物来源的漆酶,如 *B. subtilis* 和灵芝(王晓璐,2020)能够对黄曲霉毒素 B_1、玉米赤霉烯酮进行有效降解,这种降解能力在适当介体存在时会得到显著增强(Wang 等,2019a;Wang 等,2019b)。目前,漆酶已经有工业化生产的产品,但漆酶在饲料中应用于去除霉菌毒素的工艺仍需进一步探索。

2)锰过氧化物酶

锰过氧化物酶(manganese peroxidase,MnP,EC 1.11.1.13)是一种胞外糖基化蛋白,相对分子质量介于 32～62.5 ku,属于氧化还原酶家族(Gold 和 Alic,1993),在活性蛋白中,一个血红素辅基作为锰过氧化物酶的辅因子。锰过氧化物酶于 20 世纪 80 年代首次在 *Phanerochaete chrysosporium* 被鉴定出来(Glenn 等,1986),其广泛存在于多种担子真菌中。所具有的广泛底物氧化能力使锰过氧化物酶成为工业生产应用的生物技术热点。

锰过氧化物酶具有降解饲料中多种霉菌毒素(黄曲霉毒素、玉米赤霉烯酮、呕吐毒素和伏马菌素)的能力,且这可能是锰过氧化物酶的共性。其机制为依赖于酶和底物的直接接触或自由基间接进行(Wang 等,2019)。但是,产锰过氧化物酶的野生菌株的酶生产水平较低,无法满足市场需求而限制了其广泛应用。因此,对该酶进行异源高效表达是解决该酶应用问题的一种有效途径。王晓璐(2020)利用毕赤酵母和里氏木霉作为宿主表达了 *M. roreri* 来源锰过氧化物酶,发酵液中锰过氧化物酶酶活可达到 2 000 U/L 以上,为其商业化生产奠定了基础。

3)内酯水解酶

玉米赤霉烯酮(zearalenone,ZEN)广泛存在于霉变的玉米、高粱等谷类作物,具有较强的生殖、发育毒性,其能与雌激素受体结合从而使动物不孕或流产,给畜牧业造成重大经济损失,并可通过食物链进入人体,对人体健康造成巨大威胁。酶降解法作为一种环保、高效、成本低廉且特异性高的降解 ZEN 的方法,受到越来越多的关注。内酯水解酶(lactonohydrolase,EC 3.1.1)能够有效降解 ZEN。2002 年,来源于 *Clonostachys rosea* IFO 7063 的 ZEN 内酯水解酶 ZHD101 被首次报道,该酶具有降解 ZEN 的能力(Takahashi-Ando 等,2002)。于心蕊(2020)通过融合表达,实现了 ZHD101 在毕赤酵母中的高效表达,为其大规模产业化生产奠定了基础。通过分子改良,对来源于 *Phialophora americana* 的内酯水解酶 ZHD607 进行了突变研究,突变体的比活可高达 16 652 U/mg,是野生型的 3.4 倍,为很好的工业应用的 ZEN 水解酶候选者。

4)羧肽酶

羧肽酶(carboxypeptidase,CP,EC 3.4.16-3.4.18)是一种可专一性地从肽链的 C 端开始逐个降解,释放出游离氨基酸的肽链外切酶。根据底物类型,羧肽酶可以被分为羧基肽酶 A(对含有芳香族或支链烃的氨基酸有更强偏好)、羧肽酶 B(能裂解带正电的氨基酸,如精氨酸、赖氨酸)、谷氨酸羧肽酶(从 N-乙酰-*L*-天冬氨酸-*L*-谷氨酸中切割下 C 端的谷氨酸)和 prolyl 羧肽酶(从含有 Pro-Xaa 序列的肽段中切割下 C 端的残基)。羧肽酶可用于食品和饲料中赭曲霉素的去除、用作脱苦味剂等(荣雅利,2020)。

5.4 酶制剂减少抗生素使用的机制作用机理

5.4.1 直接杀菌、抑菌的酶作用机理

溶菌酶、几丁质酶、β-1,3-葡聚糖酶和磷脂酶通过破坏致病菌的细胞壁或细胞膜来达到直接抑制或杀灭微生物的作用,从而实现抗生素替代的作用。

1. 细菌溶菌酶抑菌机理

溶菌酶不仅具有抗菌、抗病毒、抗肿瘤的作用,还具有止血、消肿、防腐以及加快组织修复等功能。溶菌酶能够有效地水解细菌细胞壁肽聚糖,通过由谷氨酸和天冬氨酸两个催化残基组成的活性中心水解 N-乙酰胞壁酸(NAM)的 1 号位碳原子和 N-乙酰葡萄糖胺(NAG)的 4 号位碳原子之间的 β-葡萄糖苷键,实现断裂肽聚糖的骨架、破坏细菌细胞壁的作用,从而使菌体在渗透压的作用下发生细胞胀裂,引起细菌裂解死亡(Ragland 和 Criss,2017)。由于革兰氏阳性菌的细胞壁主要由肽聚糖组成,而革兰氏阴性菌的肽聚糖层则被包裹在两层细胞膜之间,外膜的存在阻碍了溶菌酶与肽聚糖直接接触,这就导致很多溶菌酶只能破坏革兰氏阳性菌的细胞壁,而对革兰氏阴性菌作用不大,比如蛋清来源的溶菌酶。而人和动物细胞中无细胞壁结构,更无肽聚糖,因此溶菌酶对人和动物的体细胞没有毒性作用。目前也发现了能够杀灭革兰氏阴性菌的溶菌酶,金敏(2014)发现来自深海噬菌体的溶菌酶 LysK1 抗菌谱较广,对金黄色葡萄球菌(G^+)、大肠杆菌(G^-)、恶臭假单胞菌(G^-)、太平洋火色杆菌(G^-)均起到一定的杀灭作用。在其他类型溶菌酶的相关研究人们发现溶菌酶的抗菌活性不完全依赖其酶活性,某些非酶活性质(比如局部的氨基酸序列和结构)也起到一定的作用)。

2. 几丁质酶和 β-1,3-葡聚糖酶抑菌机理

几丁质是一种广泛分布于多数真菌细胞壁上的成分,它是 N-乙酰葡萄糖胺(GlcNAc,NAG)以 β-1,4-糖苷键连接的多聚物。几丁质酶则可通过降解病原真菌细胞壁中的几丁质从而致使病原体死亡。由于成熟的真菌菌丝顶端还有 β-1,3-葡聚糖、类脂层等暴露在表面,β-1,3-葡聚糖酶能催化水解真菌细胞壁的主要成分 β-1,3-葡聚糖和 β-1,3-1,6-葡聚糖,因此,几丁质酶还需要与其他 β-1,3-葡聚糖酶等防卫蛋白协同作用才可以充分发挥抑菌活性,体外抑菌试验也证明了这一点。几丁质酶和 β-1,3-葡聚糖酶协同作用比单酶作用的抑菌能力更强。Mauch 等(1988)研究报道,通过从烟草中提取的几丁质酶和 β-1,3-葡聚糖酶进行抑菌效果分析,几丁质酶和 β-1,3-葡聚糖酶对 *Fusarium solani* 菌体生长具有最高的抑菌活性,可明显导致菌丝顶端的裂解并进而抑制该菌的生长。此外,几丁质酶和 β-1,3-葡聚糖酶还对黄曲霉侵染具有明显的抵御作用和协同抑制作用。有研究发现,几丁质酶和 β-1,3-葡聚糖酶可以有效保护玉米组织被黄曲霉侵染。

3. 磷脂酶的杀菌机理

磷脂双分子层是组成微生物细胞膜的基本骨架,磷脂酶 A2(PLA2),能有效地分解革兰氏阳性细菌的膜磷脂,造成细菌细胞膜受损,从而使细菌死亡,是一种非常有效的抗菌剂。淳于

柳爽(2013)进一步对人ⅡA型磷脂酶A2衍生多肽杀菌活性进行研究,结果表明,以人ⅡA型磷脂酶A2为模板的不同长度的衍生多肽对金黄色葡萄球菌和大肠杆菌均有杀菌活性。

同时,在饲料中添加磷脂酶A2,能分解饲料中的磷脂,使其更容易被动物吸收,而分解产生的溶血磷脂是一种良好的乳化剂,能改善磷脂的HLB值(亲水基团与亲油基团比例)。将磷脂酶A2加入饲料中可以改善幼龄动物对脂肪的消化能力。另外,有研究表明,在鱼、甲壳动物、鸡、牛饲料中添加PLA2可显著改善其生长,提高饲料转化比例。

溶血磷脂是在磷脂酶的水解作用下产生,是磷脂失去脂肪酸链的产物,因为其抑菌性能及表面活性广泛应用于饲料行业,可以促进禽畜对营养物质的吸收和代谢,补充微量元素,改善仔猪断奶后的营养性腹泻(霍亚峰和汪银东,2012)。因此,在饲料中添加磷脂酶A2,能在杀灭细菌的同时提高饲料中营养物质的消化吸收率。

5.4.2 间接杀菌、抑菌的酶——葡萄糖氧化酶的作用机理

葡萄糖氧化酶(Gox)作为一种安全高效、无毒副作用的替代抗生素的新型饲用酶制剂,其在饲料工业的显著应用效果成为推动人们探索研究Gox的原动力。其生理功能主要表现在以下几个方面:①Gox可催化动物肠道内的葡萄糖产生具有杀菌作用的过氧化氢。当过氧化氢的浓度在动物肠道中积累到一定浓度时,可抑制大肠杆菌、金黄色葡萄球菌、弧菌等致病菌的生长繁殖,从而改善动物肠道的微生态环境。②Gox可以保持肠道菌群生态平衡,提高机体免疫力。在动物肠道内发生催化反应的同时消耗大量的氧气,为厌氧有益菌的生存提供厌氧环境,促使厌氧有益菌形成微生态竞争优势,抑制有害细菌繁殖,从而进一步提高机体免疫力。③Gox在催化过程中可产生葡萄糖酸,降低动物胃肠道内pH,可以有效抑制有害菌群的生长,促进有益菌群的增殖。较低的pH还可激活胃蛋白酶的活性,有效改善动物对饲料的消化率,提高营养成分的消化吸收。④Gox作为抗氧化剂,可消除动物肠道应激状态下产生的大量自由基,保证肠道上皮细胞的完整性。⑤Gox可以缓解肠道霉菌毒素中毒,减少饲料霉菌超标危害。有文献报道,加入葡萄糖氧化酶的饲料添加剂或配合饲料具有缓解肠道霉菌毒素中毒,减少饲料霉菌超标的危害作用。

5.4.3 非淀粉多糖酶的作用机理

在饲料中添加非淀粉多糖酶的应用最早开始于20世纪80年代,可以解决非淀粉多糖,如甘露聚糖、木聚糖、葡聚糖等的抗营养问题,从而大幅度提高饲料消化率。非淀粉多糖酶裂解植物的细胞壁,使细胞营养物质释放出来,促进下一步降解,不仅提高动物对饲料的吸收率,还会促进非淀粉多糖的消化,进而改善高纤维饲料的利用率。此外,在饲料中添加非淀粉多糖酶,还可以改善消化道酶系的多样性、酶的活性以及酶的分泌量等来实现对消化道环境的改善。在饲料中非淀粉多糖酶除了具有以上两个方面的优势以外,对缓解或消除饲料抗营养因子的影响也具有重要意义。非淀粉多糖酶的添加可以将纤维素、半纤维素、果胶等大分子物质降解为单糖和寡糖,达到降低饲料的黏稠度的效果,从而促进内源酶的扩散,对提高饲料中养分的吸收率具有重要作用,而寡糖可以作为益生元直接促进特定肠道菌增殖,增加肠道微生物的活性,改变了微生物的组成、增加了微生物的量,从而调节动物肠道健康,提高动物免疫水平。除此之外,非淀粉多糖酶对维持小肠绒毛形态的完整发挥重要功能,可以提高对营养物质吸收率(Kiarie等,2013)。

甘露聚糖酶分解甘露聚糖产生甘露寡糖和单糖，为了提高其益生效果，我们在筛选甘露聚糖酶的时候主要筛选高产甘露寡糖的甘露聚糖酶。甘露寡糖的益生机理主要有以下几个方面：①通过对病原微生物的识别、黏附和排除作用来调节非免疫防御系统。许多病原菌细胞表面均含有键合碳水化合物的蛋白质，也成为外源凝集素，这些病原菌通过凝集素与消化道低聚糖结构的受体结合，黏附在这些组织壁上繁殖，从而引起肠黏膜病变。甘露寡糖可结合肠黏膜上皮细胞受体，竞争性排除病原微生物，打断病原菌附着-繁殖-致病的危害途径，使得病原菌排出体外，从而促进动物胃肠道健康。②通过与肠绒毛免疫细胞表面蛋白质受体相互作用，或通过干预存在于淋巴结和黏膜固有层记忆细胞上的信号系统进行免疫调节。具体表现在，甘露寡糖可提高吞噬细胞的活性以及血浆中 IgG 的浓度，通过刺激巨噬细胞的应答反应，基于免疫系统的互补途径来增强巨噬细胞的活性。

果寡糖(fructoologosaccharide，FOS)又被称为低聚果糖、寡果糖，是在蔗糖分子上以 β-1，2-糖苷键结合 1～3 个 *D*-果糖所形成寡糖的总称。用于饲料添加剂的果寡糖主要由寡果三糖、寡果四糖和寡果五糖，它们具有低热、稳定、安全无毒的理化性质。其益生的作用机理主要有以下几种：①增殖肠道内有益菌，抑制有害菌。前面已经提到，低聚果糖是以 β-1，2-糖苷键的形式连接的，而动物体内分泌的消化酶(如 α-淀粉酶、蔗糖酶和麦芽糖酶等)均只能降解 α-1，4-糖苷键，因此低聚果糖不能被降解，可以顺利通过胃肠道而不被利用。然而在消化道后段，肠道中的有益微生物(如双歧杆菌、乳酸菌等)可产生一系列的果糖苷酶，可以水解低聚果糖的末端糖苷键，并将产物作为碳源利用。因此，低聚果糖可以促进肠道内有益菌的增殖，抑制有害细菌的繁殖，改善动物肠道微生态环境。②增强动物机体免疫力。低聚果糖在动物体内代谢可以产生大量的免疫物质，如 S-TGA 免疫球蛋白等，一方面可以提高细菌附着于宿主肠黏膜组织的能力；另一方面可刺激肠道免疫细胞的增殖，增加抗体的效价，激活巨噬细胞的活性，增强免疫功能。此外，低聚果糖还可作为免疫佐剂与细菌素、病毒和真核细胞表面的结合，与外源抗原直接参与机体细胞免疫和体液免疫调节，这大大减少了抗原的吸收，增加了抗体的效价。③调节动物肠道的生理功能。病原菌细胞表面或者其绒毛膜上具有类几丁质结构，如植物凝血素等，可识别动物肠壁细胞上的特异性糖类受体，并与之结合，在肠壁黏膜上发育繁殖，导致肠道疾病的发生。低聚果糖可竞争性地和病原菌细胞表面的外源凝集素结合，阻止病原菌在肠黏膜黏附，促进其随粪便排泄，减少对肠道的危害。也有多项研究报道，低聚果糖可以改善胃肠道组织形态，从而促进营养物质的吸收。④促进脂质和矿物质的代谢。低聚果糖被肠道微生物利用后产生短链的脂肪酸，如乙酸、丙酸、丁酸，这些短链脂肪酸通过门静脉到达肝脏后，对胆固醇合成进行调控，可有效改善脂质代谢，具有降脂效应。被肠道吸收后，在一定程度上会影响脂类代谢，促进脂肪的沉积。此外，随着低聚果糖不断被分解利用，其代谢产物提供酸性环境，导致矿物质元素的溶解速度增加，从而有利于 Ca、Zn、Se、Fe 等矿物质元素的吸收。

木寡糖又称为低聚木糖，是由 2～7 个木糖分子以 β-1，4-糖苷键结合而成的功能性聚合糖，是来源于一些农林业废弃物(如秸秆、玉米芯等)中提取的新型添加剂产品。它们具有稳定性好、甜度低、黏度低、热值低、水分活度低、抗冻性好等理化性能，其益生的作用机理主要有以下几种：①改善动物肠道内环境。木寡糖对动物肠道有益菌尤其是双歧杆菌有选择性的增殖效果，被认为是一种双歧因子和益生元。前面已经提到，动物内源性的消化酶主要作用于 α-1，4-糖苷键，因此对以 β-1，4-糖苷键结合的木寡糖也不能发挥水解作用。而木寡糖在被肠道有益菌利用发酵之后产生乳酸、乙酸、丙酸等短链脂肪酸，从而降低肠道内的 pH。木寡糖在这一点上的益生机理与果寡糖相似，但有研究报道，木寡糖对于小鼠可以显著促进双歧杆菌增殖的同时，抑制产气荚膜梭菌和大肠杆菌的增殖，而且效果要优于果寡糖。②改变动物肠道组织形态。有研究发现，木寡糖可以显著增加盲肠隐窝深度，同时结肠肠壁厚度也有显著增加。此外，木寡糖还有保护动物肠道黏膜，防止其受损伤的作用。③对脂质和矿物质的代谢调节。木果糖是以半纤维素的分解产物形成的低聚糖类，具有可溶性膳食纤维的特征，在胃肠道中可与脂肪球形成纤维-脂肪复合物排出体外，从而减少脂肪的吸收。此外，前面已经提到，木寡糖可促进双歧杆菌的生长，所产生的胆酸水解酶可结合胆酸形成游离形式的胆酸，并和固醇类物质形成沉淀并排出体外。而且通过促进双歧杆菌的生长所产生的乙酸、丙酸、丁酸等短链脂肪酸，一方面可以抑制肝脏中胆固醇的合成；另一方面可以产生乙酸盐而抑制肝脏中糖原的异化作用，从而减少脂肪的生成。

5.4.4 蛋白酶的替抗机制

饲料中添加蛋白酶不仅可以协同改善蛋白质的水解效果，有效地将难以利用的大分子蛋白转化成利于动物吸收的氨基酸或寡肽，提高饲料的利用效率，还可通过补充外源蛋白酶，增加前段肠道蛋白质的消化与吸收，最大限度地降低未消化蛋白质进入后段肠道，减少后肠蛋白质发酵引起的炎症反应，降低蛋白质的浪费和环境污染，生态效益显著提高。更重要的是，蛋白酶本身还具有抗菌和消炎作用，它能够破坏细菌的表面结构，对革兰氏阳性和革兰氏阴性菌都具有杀灭作用。目前，已经有很多种具有抑菌消炎活性的蛋白酶被应用到畜牧行业中。蛋白酶除了具有直接抗菌消炎的作用效果以外，其水解产物也可以直接或者间接影响畜禽的生长性能和免疫健康。代谢寡肽不仅易于消化吸收，还有着重要的生理调节的作用，如抗氧化、抗菌消炎和提高免疫力等。除此之外，其还可以改善饲料适口性和畜禽食欲，提高生产性能。因此，蛋白酶作为一种多功能饲料添加剂，正确合理地使用到饲料行业中，在无抗的大前提下实现经济利用最大化。

饲用酶制剂在饲料中添加的重要功能是提高饲料转化效率并促进促进动物生长，部分饲料用酶具有抗感染和抑菌杀菌的作用，饲料酶的降解产物能有效提高动物的免疫力，因此饲料用酶是较为理想的替抗产品。但目前仍然没有单独一种产品可以完全替代抗生素，我们需要根据不同的日粮、不同的动物及生长阶段以及不同的目的来选择不同酶来配合使用或者把酶和其他替抗产品配合使用等，最终实现对饲用抗生素的替代。

5.5 酶制剂生产

多年来，饲料用酶已经被广泛证实是应用效果极为显著的新型绿色饲料添加剂，能显著提高饲料转化效率、降低氮磷等排放，改善动物健康状况，减少药物性添加剂的使用，从而实现节约饲料、改善养殖环境和提升动物产品安全。欧美发达国家于 20 世纪 90 年代开始推广饲料用酶并进入中国市场，但其特殊的性能要求及高昂的制造成本等瓶颈问题始终未能有效解决，因此限制了其在养殖业的普及与推广应用。我国饲料酶制剂通过近 20 年的发展，从基础研究到实际应用都取得了长足的进步，在国家“863”、重大专项、支撑计划、行业专项等各类科技计划的支持下，我国饲用酶制剂的科技创新能力正不断提升，一大批酶制剂酶种被陆续研究并成功开发为饲用酶制剂，为从源头解决我国养殖业发展面临的突出问题奠定了坚实基础，有效地解决了饲料用酶性能、成本、知识产权和可持续研发等产业化应用的瓶颈问题，目前已经广泛在畜牧养殖业中应用，并取得了巨大的经济和社会效益。

5.5.1 酶制剂生产常用菌株及特点

目前用于生产饲用酶制剂的菌株多为丝状真菌类（如黑曲霉、里氏木霉）、芽胞杆菌类（如枯草芽胞杆菌、解淀粉芽胞杆菌）和酵母类（如毕赤酵母）。

1. 丝状真菌表达系统

丝状真菌在工业上主要用于生产各种酶、抗生素、有机酸等物质，在饲用酶制剂的生产中扮演着重要的角色。丝状真菌表达系统主要是以里氏木霉、黑曲霉及米曲霉为代表的表达系统，特别是以里氏木霉为代表的丝状真菌表达系统近些年得到了长足的发展。里氏木霉，又称为瑞氏木霉，为无性型红褐肉座菌，可通过产生无性分生孢子进行繁殖传播。目前里氏木霉是纤维素酶和半纤维素酶的主要工业生产菌株。丝状真菌作为宿主菌有许多优点：①该菌无毒无害，是美国 FDA 认证的食品安全级的工业生产菌株；②里氏木霉具有强大的外源蛋白分泌能力，已有研究表明，其胞外纤维素酶分泌量可达到 30 g/L，并且占到胞外分泌总蛋白的 70%以上，非常有利于后期的纯化操作；③该表达系统具有与高等哺乳动物相似的糖基化修饰系统和分泌机制，因此可以表达许多真核生物来源的蛋白。里氏木霉所具有的这些优良特性使其成为极具吸引力的重组蛋白表达宿主。研究发现，在里氏木霉中纤维二糖水解酶 CBH 的启动子被认为是里氏木霉中最强的启动子，目前多种外源蛋白主要是利用该启动子进行表达。

2. 芽胞杆菌表达系统

芽胞杆菌表达系统作为基因工程表达系统，因具有可以利用廉价原料、表达量高、外源蛋白易分离纯化、表达的外源蛋白不会形成包涵体、无致病性等多种优势而被广泛地研究和应用。目前很多工业酶（比如淀粉酶、中性蛋白酶等）都在芽胞杆菌表达系统中获得成功表达。目前芽胞杆菌作为基因工程表达系统得到了越来越广泛的应用，该系统可表达耐热性酶制剂、多肽类药物和杀虫蛋白等外源蛋白，有的已经投入大规模生产，具有良好的应用前景。

常见的芽胞杆菌表达系统菌株有巨大芽胞杆菌（*B. megaterium*）、解淀粉芽胞杆菌（*B. amyloliquefaciens*）、短小芽胞杆菌（*B. pumilus*）、地衣芽胞杆菌（*B. licheniformis*）等都可用作表达宿主菌。特别是枯草芽胞杆菌，该菌是一类好氧型杆状菌，其细胞外膜很薄，有利于目的蛋白直接分泌到培养基中，易于分离和纯化。同时该菌具有生长速率快、培养周期短的特性，通常在 20～30 h 即可完成发酵全过程，这对于提高工业酶制剂生产强度及降低生产成本都具有重要意义。枯草芽胞杆菌作为模式菌株具有丰富的质粒表达工具和成熟稳定的遗传操作技术，相应的基因编辑工具和表达调控工具也比较成熟。枯草芽胞杆菌因其无内毒素产生，无致病性的优点，现已被开发成为食品级表达系统，在食物加工、医学药品、生物农药、生物饲料、生物降污等工业应用上都具有特殊的重要性。虽然芽胞杆菌表达系统有很多优势，但该系统存在着分泌自身内源性蛋白酶和质粒不稳定的缺点，因此国内外研究的解决方法主要是使用蛋白酶缺陷菌株或通过发酵工艺的优化降低内源蛋白酶的分泌。

3. 毕赤酵母表达系统

甲基营养型毕赤酵母（*Pichia pastoris*，也称 *Komagataellaphaffifii*）是一种能以甲醇为唯一碳源的酵母菌。自 20 世纪 80 年代被开发用作异源基因表达的宿主以来，毕赤酵母已经广泛应用于重组蛋白的生产。迄今已有超过 600 种蛋白质成功利用这一微生物细胞工厂实现基因表达。毕赤酵母表达系统中常用的启动元件可分为甲醇诱导型和非甲醇诱导型两大类,前者主要是 pAOX1(alcohol oxidase,醇氧化酶),后者以 pGAP(glyceraldehyde-3-phosphatedehydrogenase,3-磷酸甘油醛脱氢酶)为代表,近年来陆续有一些新型高强度组成型酵母启动子被挖掘,如细胞壁蛋白基因启动子 pGCW14 等。目前用于商业生产的多数为甲醇诱导型启动子。

毕赤酵母作为表达系统具有以下优势:①遗传背景清晰,转化效率高,分子操作简单,染色体整合,遗传稳定性好(目前毕赤酵母的基因组已经测序完成);②可以在廉价的无机盐合成培养基中进行高密度培养发酵,生长速度快,菌体湿重可达 500 g/L 以上;③具有强大的蛋白分泌表达能力,且胞外杂蛋白较少,外源表达蛋白通常能占到总分泌蛋白的 80%以上,对于一些需要纯化使用的外源蛋白可以显著降低下游纯化的成本;④作为真核表达系统,能进行复杂的翻译后修饰,这对于很多真菌来源的蛋白保持生物活性尤为重要;⑤毕赤酵母菌株的安全性上也和酿酒酵母一样,被美国 FDA 认证为安全菌株(GRAS),目前美国 FDA 已经批准用来生产磷脂酶及大豆血红素蛋白。我国也陆续批准了多个来源于毕赤酵母的食品用酶制剂(如木聚糖酶、磷脂酶 C、乳糖酶)及饲用酶制剂(如植酸酶及木聚糖酶)。已经有多个毕赤酵母表达的外源蛋白被批准在医药行业使用。

5.5.2 酶制剂的生产工艺

1. 影响发酵酶活的因素

微生物发酵生产酶制剂是一个复杂的系统工程,在培养过程中有很多的因素直接或者间接地影响到最终的发酵活力。

1)营养物质

微生物同其他生物一样,为了生存必须从环境中获取各种物质,以合成细胞物质、提供能量及在新陈代谢中起调节作用,这些物质称为营养物质。在发酵工业中通常将微生物利用的营养物质分为碳源、氮源、无机元素及微量元素等。

碳源是指可构成微生物细胞和代谢产物中碳架来源的营养物质。碳源的主要作用是构成细胞物质和供给微生物生长发育所需的能量。大多微生物以有机含碳化合物作为碳源和能源,如糖类、甘油、淀粉、油脂、甲醇等。

氮源对微生物的生长发育有重要的作用,它主要是提供合成原生质和细胞其他结构的原料,一般不提供能量。在微生物工业中,氨水、蛋白胨、酵母粉、尿素、豆饼粉和玉米浆等是较为常用的氮源。

无机元素也是微生物生长不可缺少的营养物质,它的主要功能是:①构成细胞的组成成分,如磷、硫、镁、铁、钾、钙等;②作为酶的组成成分,许多蛋白具有金属离子结合位点;③维持酶的催化作用,如漆酶当中的铜离子,过氧化氢酶的铁离子;④调节细胞渗透压、氧化还原电位等。

有些有机物是微生物维持正常生活所不可缺少的,但其需要量又不大,一般称为生长因子(growth factor)。根据化学结构和代谢功能可将其分为三类:维生素类、氨基酸类和嘌呤、嘧啶。工业生产中,由于高纯度的生长因子都较昂贵,因此常利用玉米浆、酵母抽提物、组氨酸、生物素等作为生长因子的来源。

2)温度

温度是影响微生物生长和繁殖最重要的因素之一。在一定范围内,微生物的代谢活动与生长繁殖随着温度的上升而增加,温度上升到一定程度,开始对机体产生不利影响,如温度继续提高,细胞功能急剧下降,以至于死亡。各种生物有其最适生长温度,并且,最适生长温度和外源蛋白最佳分泌温度通常也会不一样。通常微生物酶制剂工业使用的菌株属于中温菌,其最适生长温度通常在 30～40 ℃。由于目前工业发酵过程很大的一项能耗是降温,当然如果能利用高温菌发酵,则可以使用常温的冷却循环水进行降温,这将从很大程度上节省能源并且防止污染。

3)pH

不同微生物有其最适生长的 pH 范围,大多数自然环境的 pH 为 5～9。工业酶制剂发酵,菌株通常适合在酸性的环境中生长,比如大多数醇母与霉菌适合在 pH 为 4～5 生长,而芽胞杆菌通常适合在 pH 6～8 生长。需要特别强调的是,微生物的最适生长 pH 区间不一定是最佳产酶 pH,因此通常要根据不同的菌株和不同的酶在小试工艺上进行探索。比如利用毕赤酵母产木聚糖酶的时候,通常在菌体生长阶段将 pH 控制在 4.5,而在诱导产酶阶段则将 pH 逐渐升高到 5.5。其中的具体原因较为复杂,可能是不同的 pH 对其分泌是有影响的,也可能本身一些酶在最适 pH 下不稳定。

4)溶解氧

根据微生物对氧需求性的不同,可将微生物分为厌氧型、好氧型和兼性厌氧型 3 类。厌氧型指不能利用氧,氧对菌体的生长繁殖有毒害的一类微生物(如产甲烷菌);好氧型是指生长繁殖必须有氧存在的一类微生物(如霉菌、酵母和芽胞杆菌);第三类是指既可利用氧,但无氧也能生长繁殖的一类微生物(如酵母和部分乳酸菌)。在工业发酵生产酶制剂使用的菌株多为好氧型,因此关注发酵培养过程的溶解氧状况尤为重要。

溶解氧顾名思义就是溶解在水中的氧,氧只有在溶解状态下才能被微生物利用。在发酵工业中,我们通常使用溶氧电极对发酵过程的溶解氧进行检测。使用溶氧电极时,通常我们把发酵培养的初始状态定为 100%,以无氧气环境为 0。无氧环境通过用过饱和的亚硫酸氢钠模拟,因此在溶氧电极的校准过程中,通常是先在外部环境进行第一步的零氧校准,然后再接种培养后进行 100%的校准。由于现代酶制剂工业发酵多数采用高密度发酵工艺,高密度的菌体带来对氧气的需求量也显著增加,因此关注发酵培养工程中的溶解氧水平非常重要。

2. 发酵过程优化与控制策略

不同菌株,甚至同类菌株的不同酶种的发酵工艺是不同的,因此要针对不同菌株的生长特点及不同酶种的性质对整体发酵工艺进行控制策略的调整和优化。

1)温度控制策略

不同微生物的最适生长温度是不一样的,比如芽胞杆菌和大肠杆菌的最适生长温度为 37～42 ℃,而酵母及丝状真菌类的最适生长温度通常在 30 ℃左右。同一菌株的最适生长温度和最佳产酶温度往往也不一致。比如重组大肠杆菌的最适生长温度为 37 ℃,而在诱导产酶期通常把温度降低到 30 ℃以下。产中性蛋白酶的枯草芽胞杆菌在发酵过程增加一个梯度升温的过程对于发酵酶活的提升是非常有利的。毕赤酵母的最适生长温度为 30 ℃,而在表达部分对宿主本身有毒害作用的外源酶制剂,比如脂肪酶、甘露聚糖酶时,发现降低诱导温度非常有利于酶的持续分泌表达。

2)pH 控制策略

正如不同微生物的最适生长温度是不一样的，不同微生物的最适生长 pH 也不同。比如芽胞杆菌和大肠杆菌的最适生长 pH 为 6.5～7.5，而酵母及丝状真菌类的最适生长 pH 通常在 4.0～5.0。而且同一菌株的最适生长 pH 往往和最佳产酶 pH 也不一致。如为提高基因工程菌 *B. subtilis* WSHB06-07 发酵生产角质酶的产量和生产强度，采用 pH 两阶段控制策略，即 0～4 h 时控制 pH 7.5，然后将 pH 调至 6.5，角质酶最终酶活比恒定 pH 7.5 控制模式下提高了 122.6%。为了提高黑曲霉(*Aspergillus niger*)生产木聚糖酶的能力，通过两阶段 pH 控制策略，最终产酶比恒定 pH 4.5 时提高了 14.3%。毕赤酵母的最适生长 pH 通常为 4.0～5.0，而在表达部分酶时，比如木聚糖酶和葡聚糖酶，发现在诱导阶段将 pH 提升到 5.5，更有利于酶的分泌表达。

3)补料控制策略

对于现代酶制剂工业，多数采用的是液体深层发酵方式进行生产，而且为了提高表达量，通常都选用高密度培养的方式进行生产，比如采用芽胞杆菌和毕赤酵母作为生产菌株，在发酵过程结束，其细胞干重最高可以达到 170 g/L 以上。要实现高密度发酵，通常采用在发酵过程中补料的方式实现。但是由于在发酵培养过程中，发酵液中的生物量是动态变化的，发酵液的体积也是发生变化的，因此补料的速度通常也需要进行不断调整。

补料的方式有很多种，通常分为两大类，即无反馈控制及反馈控制流加。无反馈控制比如恒速补料，以发酵液体积变化为基础的变速补料和以微生物的比生长速率为定值的指数流加方式进行补料。恒速和变速流加很容易理解，对于指数流加方式，主要是通过采用随时间呈指数性变化的方式在培养过程中流加限制性营养物质(通常是碳源)维持微生物对数生长的操作方法。采用指数流加方式的前提是相应的微生物生长数学模型要相当可靠。由于微生物每次培养都有可能有微小的变化，因此无反馈控制的流加方式适用范围较窄，对设备的自动化控制要求也较高。反馈控制的流加方式通常更为实用和更容易操作。所谓反馈控制就是将补料速度与培养过程的关键参数进行偶联，比如可以通过与发酵过程的溶解氧、pH 进行关联，也可以与发酵液中糖、甲醇、生物量及尾气中二氧化碳的浓度等相互关联。通过监测这些参数的实时变化进行流加速度的调整。在毕赤酵母工业发酵过程中，甲醇的流加速度通常和发酵液中的甲醇浓度进行关联，通过实时监测发酵液中甲醇的浓度，调整甲醇的流加速度，进而实现维持发酵液体中甲醇在某一个相对恒定的浓度下，这样既可以维持较强的诱导强度，又可以防止甲醇浓度过高对酵母细胞造成伤害。对于芽胞杆菌类则通常将补料速度与发酵液中还原糖浓度进行关联，通过调整流加速度使发酵液中还原糖保持在一个合适的浓度范围内。

4)溶解氧控制策略

由于现代酶制剂工业多采用高密度培养的方式进行生产，高密度发酵培养的典型矛盾是高浓度微生物生长带来的对氧气的巨大消耗量与高浓度菌液带来的低氧传质能力的矛盾，因此这也是现代酶制剂发酵工业常常采用大高径比、高通风量、高转速的原因。在酶制剂工业放大过程中，由于培养基营养配方、温度、pH 基本上可以从小试规模直接迁移到大型发酵罐，而对于溶解氧来说，就是要系统考虑并设计增加溶解氧的供给能力，因此以下重点讨论一下影响溶解氧的因素。

(1)通风量　在工业发酵中通常使用 VVM 这个概念单位，VVM 的概念就是每分钟通入发酵罐的风量体积与罐体实际料液体积的比值，其中的气体体积以标准常压状态计。工业发酵中 VVM 值通常在 0.5～2.0。通风量过低，导入发酵罐的空气量不够，影响到发酵液体中溶解氧，同时导致搅拌功率快速上升。当然通风量过大，尽管从风量上看有利于溶解氧的提升，但是过大的通风量会在发酵罐底部影响搅拌桨对气体的打碎能力，反而对溶解氧不利。为了增加溶解氧，增加搅拌转速比增加通风量效果更为显著，能耗也相对较低。

(2)搅拌转速　搅拌的主要目的一是可以将通入的空气打碎，增加空气与发酵液的接触面积，进而增加溶解氧；二是通过搅拌将发酵液进行充分混合，这对于发酵工艺的补料环节尤为重要。

(3)搅拌桨叶类型　不同搅拌桨叶类型对应的搅拌功率差异很大，对通入气体的粉碎能力也差异较大。通常涡轮直叶设计其剪切力最大，对气体的粉碎能力最强，但是对应的搅拌功率也最大，对生物的损伤[特别是丝状菌株(曲霉、放线菌类)]也非常大，因此在实际生产中要全面综合考虑。

(4)罐压　增加罐压可以提高溶氧的水平，同时也提高二氧化碳的溶解率，因此常将压力维持在一个适宜的水平(0.03～0.05 MPa)。

(5)发酵液黏稠度　发酵液黏度增加，影响传质能力，进而降低溶氧水平。特别是在高密度发酵工艺中，在发酵的中后期，发酵液黏稠度快速提升，严重影响到溶解氧的水平。

(6)罐体几何尺寸比例　高径比(罐体直筒的高度与直径比)大的罐体，由于可以增加输入单位气体的停留时间，因此是可以提升供氧能力的。但高径比过大，不仅会增加厂房的高度，还会显著增加轴功率，重心上升，抖动变大，进而增加制造难度，高密度发酵通常将发酵罐的高径比维持在 2.0～3.0。

5.5.3　酶制剂的后加工

酶制剂在顺利完成发酵过程后，需要通过一系列的后续工业操作将其生产为最终产品。在后加工过程中通常需要四段工序(固液分离-微滤除菌-超滤浓缩-制剂干燥)，假设每一段的收率为 90%，则最终收率为 66%。若每一段的收率为 80%，则最终收率仅为 41%。在实际生产中酶的总收率差异较大，有的能达到 90%以上，有的酶种甚至在 20%以下，因此深入开展酶制剂的后加工工艺的系统研究显得极为重要。在这过程中，重点要关注两个方面的关键技术问题，一是尽可能地减少发酵结束到成品的工序，每减少一个工序可以直接提高总收率，而且也可以简化生产工艺、提高生产强度，二是从技术工艺上进行系统优化，尽可能提高每个工段的收率。

1. 固液分离

酶制剂生产过程中，酶通常以胞外分泌的方式存在于上清液中，因此发酵结束后的第一道工序通常需要固液分离操作。对于酵母类体积较大的微生物，通常采用碟片离心机进行分离，比如目前用于食品的活性干酵母、酵母抽提物等均采用这种工艺进行分离。但是在酶制剂工业中，由于酶制剂发酵工艺通常都是高密度发酵工艺，发酵周期较长，在产酶达到高峰时，通常伴随着部分菌体的自溶，导致发酵醪液黏度升高，降低了分离系数，因此在酶制剂工业使用酵母离心机通常很难将发酵液离心澄清。板框压滤由于处理量大，造价低，目前绝大多数饲用酶制剂企业采用板框压滤进行固液分离。

使用板框压滤需要注意的要点：①发酵液预处理：对于丝状真菌类，通常不需要进行预处理，但是对于芽胞杆菌和酵母类，由于自身形成滤饼的能力较弱，可以使用聚丙烯酰胺类絮凝剂进行絮凝处理，这对于后期的过滤是至关重要的。②滤布选择：不同型号的滤布其对应的过滤能力和质量是不一样的，在实际应用中，还是以经过小试测试为准。③助滤剂选择：高密度发酵工艺的发酵液通常较为黏稠，因此直接过滤效率很低，采用合适的助滤剂可以有效提升过滤效率，降低清液中的固形物含量。通常采用粗细搭配的方式，硅藻土较为细腻，而珍珠岩颗粒较大，搭配起来使用即可以增加过滤效率，又可以很好地改善澄清度。④稀释处理：如果发酵液直接进行固液分离时，多方探索仍不能获得满意效果，此时可以考虑将发酵液进行稀释，降低发酵液的黏稠度，然后再尝试进行固液分离工艺的探索，这也是目前很多酶制剂产品采用的工艺。

2. 超滤浓缩

固体分离工艺获得的上清液的澄清度对于后续浓缩至关重要，直接决定了其后续浓缩的效率和浓缩比例。对发酵上清液进行浓缩有很多种方式，选择哪种浓缩方式要根据不同酶制剂的特点进行选择。当然不管最终采用哪种浓缩方式，目前较为统一的是首先使用超滤浓缩对发酵液进行初级浓缩，相应的中空纤维或者卷式膜组件被广泛使用。使用膜组件进行浓缩时要注意以下几点：①膜孔径的选择。通常根据目标蛋白质的相对分子质量进行选择，考虑到收率和过滤效率，通常采用目标蛋白质相对分子质量的30%～50%。②过滤方式。卷式膜过滤面积大，占地小，过滤效率高，过滤压力大等优点，目前被广泛使用。中控纤维膜组件由于造价低，清洗和更换方便，目前也仍有很多企业在使用。③清洗。每次过滤膜使用完毕要进行彻底清洗，一方面是保持其后期的过滤效率；另一方面在过滤浓缩一些蛋白酶等产品时，残留的蛋白酶会对其他酶制剂产生破坏作用。

通过超滤浓缩后，根据不同的需求和酶制剂的特点可以进一步进行浓缩，比如，对盐不敏感的酶制剂类可以采用盐析的方式进行浓缩；蛋白酶通常使用硫酸铵进行蛋白沉淀方式浓缩。

3. 粉状饲用酶制剂的生产

目前市场上的喷雾干燥塔主要有两类：离心盘式干燥塔、压力式喷雾干燥塔。目前粉状酶制剂主要采用离心式喷雾干燥塔进行生产。将浓缩好的发酵上清液加入载体后，通常固形物含量在20%～40%，通过高速离心盘分散后进入干燥腔，与热空气混合瞬间达到干燥效果。离心盘喷雾干燥塔由于颗粒较小，在干燥腔的保留时间短，因此通常酶活收率相对较高。

4. 颗粒状饲用酶制剂的生产

粉状酶制剂由于在使用过程中粉尘较大，流动性差，因此影响了其在饲料中的混合均匀度。颗粒状酶制剂起尘值低，流动性好，容易在饲料中混合均匀，因此目前饲用酶制剂多数是以颗粒状的方式进行生产。颗粒状饲用酶制剂的生产方式主要有以下几种工艺。

1）喷雾干燥制粒

正如前述，目前市场上的喷雾干燥塔主要有两类：一是离心盘式干燥塔，二是压力式喷雾干燥塔。压力式喷雾干燥塔可以通过高压气体对料液的雾化，将料液雾化成微小的液滴，然后在干燥腔体中与热风相遇，干燥后成为微小的颗粒。酶制剂通过喷雾干燥塔的方式生产本身也是酶活浓缩的过程，对于耐热的酶制剂，喷雾干燥获得的酶制剂酶活通常提升3～4倍。目前饲用酶制剂的颗粒状产品有很多是采用这种方式生产的。由于微小的液滴干燥需要相对较长的时间，因此压力式喷雾干燥塔体高度通常较高，液滴在干燥腔体保留时间相对较长，因此对于热敏感的物料要考虑添加保护剂或者稳定剂。同时为了保证颗粒在干燥后具有一定的韧性，通常需要在料液中加入一定量的黏合剂（比如CMC-Na）。压力式喷雾干燥塔由于塔体高，制造难度大，因此造价也显著增高。

2）摇摆制粒

摇摆制粒具有造价低、工艺简单、制粒效率高等优点，目前被广泛使用。摇摆制粒机可以将混合的粉末状物料制成颗粒。在饲用酶制剂工业中，通常用淀粉等吸水性物质作为载体，加入不同的黏合剂（糊精、CMC-Na 和 HPMC 等），按比例加入浓缩好的酶液，先在混合机制成软材，然后通过摇摆制粒机的挤压，成为不规则的微小颗粒。颗粒的大小可以通过网筛的孔径进行调整。然后将这些颗粒在沸腾流化床进行干燥处理后，过筛即为颗粒状的产品。应用摇摆制粒工艺时，要特别注意以下问题：①载体选择酶活稳定性好、价格低廉、软硬适合，过硬的载体会严重缩短晒网的寿命。②黏合剂选择酶活稳定性好、价格低廉、干燥后粉末含量低。③网孔直径应根据颗粒大小的需要，选用相应的网孔直径。由于颗粒在干燥过程中失水，体积会变小，因此通常选择目标颗粒直径的 1.5～2.0 倍的孔径。比如希望获得直径在 0.5 mm 左右直径的颗粒，通常选用网孔直径在 0.8～1.0 mm 的网筛。

3）湿法混合制粒

湿法制粒含有纵向和横向搅拌装置，粉状物料从锥形料斗上方投入物料锅，纵向搅拌装置使粉料在容器内作旋转运动，同时物料沿锥形壁方向由外向中心翻滚，形成半流动的高效混合状态，物料被碰撞分散达到充分混合，物料与黏合剂在圆筒形容器底部充分混合成湿润软材，同时由横向的高速粉碎装置切割成均匀的湿颗粒，因此湿法制粒可以一次性完成混合和颗粒制备，而且处理量较大，通常一次混合和切割过程在 1～2 min 内就可以完成。同时湿法制粒机（图 5-5）不需要更换网筛，使用寿命长。在饲用酶制剂工业生产中，通常将固体物料置于圆筒状容器中，开启纵向搅拌装置，混合物料，然后在开启横向搅拌装置同时，利用大容量雾化枪将发酵浓缩酶液均匀地喷入腔体中，完成混合和制粒的过程。湿法制粒的缺点是造价较高，也只能生产出不规则的颗粒，目前该制粒方法已被许多酶制剂企业使用。

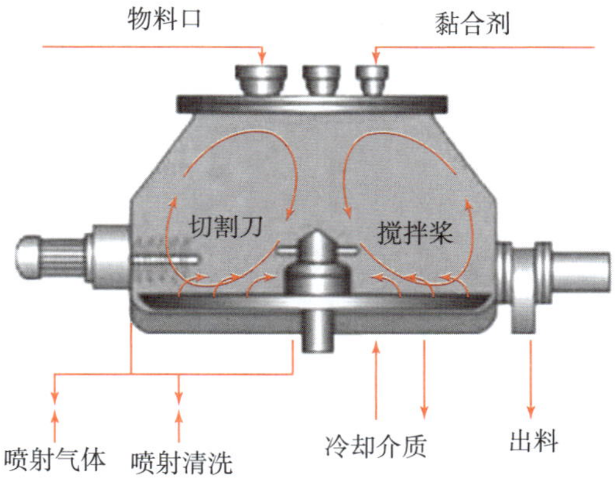

图 5-5　湿法混合制粒机构造（薛迎迎，2017）

4）离心制丸制粒

摇摆制粒和湿法制粒尽管产量大，效率高，但是制备的颗粒均为不规则状颗粒，难以满足后续包衣工艺的需要。离心制丸工艺是目前制药行业普遍采用的制丸工艺。

粉粒物料受转盘离心力、摩擦力和环隙气体浮力的共同作用，与喷入雾化了的浆液黏合剂混合、黏合聚集完成起母、造粒、颗粒放大、滚圆的过程。采用离心制丸工艺获得的微丸颗粒均匀度好，结构紧密，圆整度好，特别适合后面的包衣工艺。离心制丸的过程大致可以分为起母、造粒、颗粒放大、滚圆等步骤。粉料开始在少量黏合剂的作用下慢慢形成微小的丸芯，然后加大供液量和粉料的进入量，丸芯开始慢慢增大，由于在增大的过程中受到颗粒间的相互挤压作用，颗粒变得更加紧实，同时外表面的棱角逐渐被磨平，因此微丸的表面非常光滑。颗粒表面的棱角对于后续的包衣是很不利的，包衣形成的膜如果覆盖不完全，则颗粒内容物很容易释放到外部环境当中。为了进一步提高圆整度，在辅材的选择上也很重要，具有较强塑性的物料对后期的颗粒圆整度有直接的影响。

离心制丸工艺虽然制备的微丸品质高，但是设备造价昂贵，产量相对较低，同时对操作人员的经验积累和技术要求均较高。

5）包被型固体颗粒酶制剂

由于饲用酶制剂需要耐受高温的饲料制粒过程，同时还要耐受动物胃肠道的酸性环境及蛋白酶的破坏作用，因此部分酶制剂可以考虑采用包衣工艺来弥补本身酶特性的不足。

包衣就是在特定的设备中（通常采用流化床或者包衣锅）按特定的工艺将具有良好成膜性能的材料均匀涂覆在微丸颗粒的外表面，在涂覆的同时进行干燥，然后形成致密的包裹完全的且有一定韧性的保护膜。因此包被工艺对丸芯的质量要求较高，表面圆整光滑的微丸是包衣能否成功的关键。

包衣时具体选择哪种包材，要视具体目的而定。在医药工业中，比如需要在肠道释放的，则需要肠溶型丙烯酸树脂进行包被。如果需要在胃里释放的，则选择胃溶型的树脂进行包被。在饲料工业中，有些酶不能够耐受胃的酸性环境和胃蛋白酶的水解，因此常选择肠溶性的包材。有些酶不能够耐受高温制粒过程，则需要在酶颗粒微丸的表面包被一层疏水性的膜，防止在饲料制粒过程的热蒸汽的渗入。

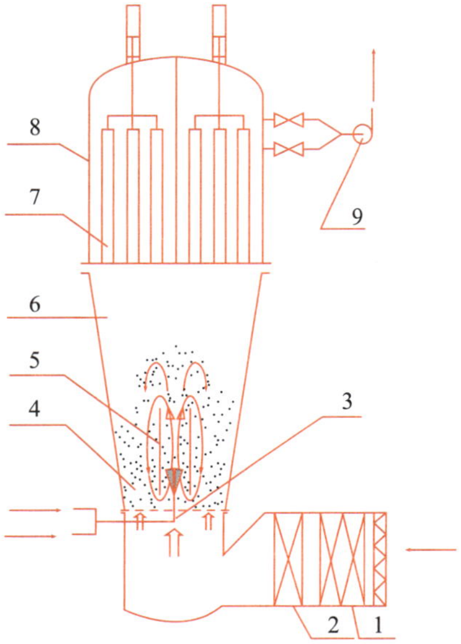

1.进风过滤器；2.加热器；3.底喷式喷枪；4.流化床；5.导向筒；6.沉降室；7.过滤网；8.顶塔；9.引风机

图 5-6 底喷流化床包衣机工作示意图（邹龙贵，2006）

包衣工艺虽然发展了很多年，工艺也较为成熟，但是多数都是集中在医药行业，对包材的成本相对不敏感。饲用酶制剂行业的特点决定了包材的成本要低，因此按照医药工业的一些标准去选择包材是很难在饲料行业广泛使用的，开发性能好并且价格低廉的包材是非常有必要的。

底喷流化床包衣机（图 5-6）是目前最常选择的包衣设备。这种设备可以在物料流化干燥的过程中，持续从底部喷入包衣剂，实现边喷液边干燥，防止颗粒之间相互粘连，包材可以均匀地涂敷在颗粒的外表面。对于成膜性能好的包材（比如 HPMC），通常增重 5%就能实现完全包被。

目前，我国饲用酶制剂的研发更多集中在酶的性能改善及高效表达上，也取得了巨大的进步，但是在酶制剂后加工环节的研究明显不够。系统研究并探索相关单元操作的工艺，不仅可以直接带来酶制剂生产成本的降低（总收率提升），还可以在应用环节通过减少酶的用量，进一步降低使用成本，因此具有重要的现实意义。

5.6 酶制剂在无抗饲料中的应用与展望

无抗饲料是指不含任何促生长类抗生素的饲料；符合国家法律法规，具有安全、优质和环保的特征，经国家或国际标准规定的方法检测无相关抗生素药物的饲料；即要符合两个方面的特征：一是饲料中无促生长类抗生素，二是所有的饲料组分不受抗生素污染，包括植物性及动物性饲料原料的污染。酶制剂作为一种新型高效饲料添加剂，在开辟新的饲料资源、降低饲料生产成本的同时还可以提高动物生产性能、减少养殖排泄物的污染，通过在饲料中应用酶制剂而减少抗生素等饲料添加剂的使用以获得优质、安全的动物产品，为饲料工业和养殖业的高效、节粮、环保等可持续发展提供技术保障。

随着玉米和豆粕等饲料原料的价格不断上涨，我国配合饲料已不仅仅局限于一般的玉米-豆粕型日粮，还有在此基础上加入不同比例的大麦、小麦或棉粕等非常规饲料原料，这些非常规饲料原料的加入使得饲用酶制剂的应用越来越普遍。酶制剂作为一类专一性制剂，在降解非常规饲料原料方面具有独特的功能优势，必将充分显示出巨大的应用潜力。在酶制剂的应用研究方面，一是要通过与微生物发酵技术紧密结合，研究饲料原料的体外酶解技术。开发并完善更具有针对性、效率更高的分解抗营养因子的酶制剂，甚至是单项专用的酶制剂谱系。目前在我国饲料原料的开发中以酶解羽毛粉为主，也有大豆、大米和玉米等原料的酶解蛋白。加大对一些非粮饲料的酶解技术研究，通过酶解可破坏植物细胞壁，消除饲料中的抗营养组分，降低对动物的抗营养作用，促进营养物质的释放，增加营养物质的消化吸收效率，最终提高饲料的利用效率。二是根据不同类型日粮的特点，设计饲用酶制剂的酶种组成和活性含量，如含有大麦或啤酒渣的日粮，以β-葡聚糖酶为主；含有小麦或麸皮的日粮，以戊聚糖酶为主。近年来，已有一些“玉米-豆粕”型饲用酶、“玉米-麸皮-豆粕”型饲用酶、“小麦-豆粕”型饲用酶等。这些酶制剂是根据日粮的组成及其特性而开发生产的，这样可以避免漫无目的地应用酶制剂。三是根据不同动物不同生长发育阶段及不同生产用途而设计出不同组成、活性的酶制剂，例如：早期断奶仔猪日粮专用酶制剂，含有一定的蛋白酶、淀粉酶和脂肪酶；蛋鸡日粮专用酶制剂含有降解水溶性非淀粉多糖（NSP）的酶制剂，以保持蛋品的清洁度，提高产品质量等。四是要更加充分运用分子生物学、基因组学、蛋白组学等先进技术开发应用新型酶制剂，持续补充并更新酶制剂的种类和功能。五是要建立和完善饲料原料基础信息库，充分考虑饲料中抗营养因子的含量，例如各种聚糖，准确测定水溶性和水不溶性聚糖的含量，作为定量添加酶制剂的依据。六是要充分结合目前生物学研究的热点，研究酶制剂调节机体代谢通路上微生物和小分子物质的变化规律，阐明酶制剂进一步发挥作用的靶点，促进酶制剂的研发创新。

参考文献

陈枫，韦仕航. 微生物脂肪酶在动物饲料中的应用探讨[J]. 当代畜牧，2014(6)：84-85.

淳于柳爽. 人ⅡA型磷脂酶A2衍生多肽杀菌活性研究及比较[D]. 南宁：广西医科大学，2013.

董文超. 白曲霉酸性蛋白酶在无孢黑曲霉SH-2中的表达研究[D]. 广州：华南理工大学，2018.

傅小蒙，孔令聪，裴志花，等. 毕赤酵母表达系统优化策略概述[J]. 中国生物工程杂志，2015，35(10)：86-90.

高培基. 纤维素酶降解机制及纤维素酶分子结构与功能研究进展[J]. 自然科学进展，2003，13(1)：21-29.

高研，吴勃，傅罗琴，等. 淀粉酶在动物饲料中的应用[J]. 饲料添加剂，2016(5)：45-48.

龚福明，何彩梅，唐小艳，等. 微生物几丁质酶的研究进展及应用现状[J]. 中国酿造，2017，36(8)：20-5.

郭建来，魏红芳. 酸性蛋白酶对仔猪生产性能及养分表观消化率的影响[J]. 饲料博览（技术版），2007，162(3)：10-12.

何前，陈庄，容庭，等. 脂肪酶对黄羽肉鸡生产性能及养分表观利用率的影响[J]. 中国饲料，2010(19)：17-19.

侯玉煌. 三种蛋白酶对苏淮断奶仔猪生长性能、营养物质表观消化率和血清生化等指标的影响[D]. 北京：中国农业科学院，2018.

胡学智，王俊. 蛋白酶生产和应用的进展[J]. 工业微生物，2008，38(4)：49-61.

霍凤敏，冉超，杨雅麟，等. 一种具有高 β-葡聚糖酶活性的几丁质外切酶基因的克隆、表达和性质鉴定(英文)[J]. 微生物学报，2016，56(5)：787-803.

霍亚峰，汪银东. 中国溶血卵磷脂对断奶仔猪生长性能及营养性腹泻影响[A]. 中国畜牧兽医学会动物营养学分会第十一次全国动物营养学术研讨会论文集，2012(5).

贾式儒. 生物反应工程原理[M]. 北京：清华大学出版社，2011.

蒋小丰，戴求仲，蒋桂韬，等. α-半乳糖苷酶对断奶仔猪生产性能、血液生化指标和营养物质消化率的影响[J]. 家畜生态学报，2009，30(6)：44-49.

金敏. 深海嗜热噬菌体 GVE2 裂解宿主菌的机制及 GVE2 感染相关代谢物的功能研究[D]. 杭州：浙江大学，2014.

孔海洋. 玉米麸皮木聚糖降解酶基因挖掘与分子改良[D]. 北京：中国农业科学院，2020.

雷攀先. 地衣芽胞杆菌 GXT-1 两个碱性蛋白酶基因的克隆表达、酶学性质研究及分子改造[D]. 南宁：广西大学，2013.

李岫怡，杨桂芹，郭东新. 不同来源淀粉的组成、结构及其在动物生产上的应用研究进展[J]. 动物营养学报，2019，31(3)：1053-1060.

李元凤，何健，敖翔，等. 超剂量植酸酶在猪生产中的应用研究进展[J]. 中国畜牧杂志，2019，55(12)：52-57.

罗会颖，姚斌，袁铁铮，等. 来源于 *Escherichiacoli* 的高比活植酸酶基因的高效表达[J]. 生物工程学报，2004，20(1)：78-84.

洛伦森 R H，阿兰特伦德 S，克拉默 J F，等. 包含木聚糖酶变体的组合物和方法 CN106103709A[P]，2016110p.

聂陆娥，胡卿香，程丽红，等. 糜蛋白酶治疗褥疮的疗效评价[J]. 中华国际护理杂志，2004，3(12)：882-884.

潘利华，罗建平. β-葡萄糖苷酶的研究及应用进[J]. 食品科学，2006(12)：803-807.

潘梦妍. 甲壳素酶的克隆表达与分子改造研究[D]. 无锡：江南大学，2019.

秦艳梅，刘春卯，郑翔，等. 微生物中性蛋白酶在食品工业的最新进展及应用前景[J]. 食品工业，2017(3)：210-213.

荣雅利. 南极磷虾羧肽酶的分离纯化及酶学性质[D]. 上海：上海海洋大学，2020，

沈芃. 溶菌酶抗菌作用及其在防控医院感染中的应用[J]. 中国消毒学杂志，2014，31(10)：1089-1091.

石慧，赵述淼，梁运祥. 降解大豆抗原蛋白枯草芽胞杆菌的筛选及发酵条件[J]. 湖北农业科学，2011，50(10)：1969-1971.

石建凯. 妊娠后期和泌乳期饲粮添加溶菌酶对泌乳母猪生产性能和免疫功能影响的研究[D]. 成都：四川农业大学，2018.

孙贵斌，关静姝，张泽虎. 蜘蛛酶及其对奶牛生产性能的影响[J]. 中国奶牛，2010(3)：33-35.

孙宏丹，孟秀香，贾莉，等. 微生物脂肪酶及其相关研究进展[J]. 大连医科大学学报，2001，23(4)：292-295.

孙逸佃. 胰蛋白酶在治疗蛇伤中的应用[J]. 中国医院药学杂志，1984(6)：10-11.

汪小锋，王俊，杨江科，等. 微生物发酵生产脂肪酶的研究进展[J]. 生物技术通报，2008(4)：47-53.

王海燕，李富伟，高秀华. 脂肪酶的研究进展及其在饲料中的应用[J]. 饲料工业，2007，28(6)：14-17.

王敏. 脂肪酶在花鲈高油脂饲料中的应用研究[D]. 武汉：华中农业大学，2016.

王晓璐. 广谱降解饲料中主要霉菌毒素的酶作用机制及高效表达[D]. 北京：中国农业科学院，2020.

王喆，刘茜倩，庞博，等. 胰蛋白酶和糜蛋白酶与抗生素联用的体外抗菌活性研究[J]. 南京农业大学学报，2015，38(4)：636-644.

肖再利，谭清甜，陈家烙，等. 饲粮中添加溶菌酶对蛋鸡生产性能、蛋品质和血清生化指标的影响[J]. 饲料工业，2020，41(19)：54-59.

谢启宇. 酶制剂对豆粕 α-半乳糖苷的作用[J]. 国外畜牧科技，2000(27)：29-30.

刑法禄. 饲用脂肪酶在动物生产中的应用[J]. 饲料博览，2017(9)：18-20.

邢亚梅，陈勇，应汉杰. 黑曲霉(*Aspergillus niger*)发酵生产木聚糖酶的 pH 调控策略[J]. 生物加工过程，2015，13(1)：23-27.

薛迎迎，魏增余，陈春. 湿法制粒设备结构、原理及其在中药颗粒剂生产中的应用[J]. 机电信息，2017(8)：25-30.

闫子详，杨然，李秀婷. 微生物表达系统研究进展[J]. 中国食品学报，2013，13(10)：126-135.

杨新文，杨毅，冷向军，等. 脂肪酶对南方鲇生长性能、消化酶活性及血液生化指标的影响[J]. 淡水渔业，2010，40(3)：23-27，35.

姚斌，张春义，王建华，等. 高效表达具有生物学活性的植酸酶的毕赤酵母[J]. 中国科学(C 辑)，1998，28(3)：237-243.

姚斌，黄火清，罗会颖，等. 一种产生热稳定性改良的植酸酶突变体的方法以及植酸酶变体及其应用：PCT/CN2013/086943[P]，20150521.

姚斌，范云六. 植酸酶的分子生物学与基因工程[J]. 生物工程学报，2000(1)：5-9.

姚斌，杨培龙，黄火清. 中性植酸酶的研究与前景[J]. 生物产业技术，2010(4)：42-47.

姚斌，罗会颖，涂涛，等，葡萄糖氧化酶 GOD 突变体及其基因和应用[P]. CN：108893453A，2019.

于彩云，杨在宾，刘延杰，等. 不同植酸酶理化性能及肉鸡应用效果研究[J]. 中国粮油学报，2019，34(11)：70-75.

于心蕊. 真菌毒素玉米赤霉烯酮降解酶基因资源挖掘及其催化效率分子改良研究[D]. 北京：中国农业科学院，2020.

翟亚峰，罗长辉，王银东，等. 溶血卵磷脂对断奶仔猪生长性能及营养性腹泻的影响及机理探讨[J]. 广东饲料，2012(12)：20-23.

张芙华，陈晟，张东旭，等. pH 两阶段控制策略发酵生产重组角质酶[J]. 中国生物工程杂志，2008(5)：59-64.

张建新，宋宜乐，冯军厂，等. 微生物 β-甘露聚糖酶的研究进展[J]. 中国酿造，2019，38(4)：7-10.

张维娇，金学荣，徐雅晴，等. 枯草芽胞杆菌表达与调控工具相关研究进展[J]. 生物技术通报，2020，36(4)：26-33.

张中义，吴新侠. 脂肪酶的研究进展[J]. 食品与药品，2007，9(12A)：46-54.

赵越，武彬，阎伯旭，等. 纤维二糖抑制外切纤维素酶水解作用机理的分析[J]. 中国科学，2003，33(5)：454-460.

周春香，孟础，卢炜. 蜘蛛酶对僵猪、弱仔猪生长性能的影响[J]. 河南畜牧兽医(综合版)，2012(7)：3-4.

邹龙贵. 流化床包衣机的设计与 cGMP[J]. 机电信息，2006(S1)：52-54.

Abbasi F, Fakhur-Un-Nisa T, Liu J, et al. Low digestibility of phytate phosphorus, their impacts on the environment, and phytase opportunity in the poultry industry[J]. Environmental Science & Pollution Research International, 2019, 26(10):9469-9479.

Agger JW, Isaksen T, Várnai A, et al. Discovery of LPMO activity on hemicelluloses shows the importance of oxidative processes in plant cell wall degradation[J]. Proceedings of the National Academy of Sciences of the United States of America, 2014, 111(17):6287-6292.

Aiko V, Mehta A. Occurrence, detection and detoxification of mycotoxins[J]. Journal of Biosciences, 2015, 40(5):943-954.

Alagawany M, Elnesr S S, Farag M R. The role of exogenous enzymes in promoting growth and improving nutrient digestibility in poultry[J]. Iranian Journal of Veterinary Research, 2018, 19(3):157-164.

Anthonsen H W, Baptista A. Lipases and esterases:a review of their sequences, structure and evolution [J]. Biotechnology Annual Review, 1995, 1:315-319.

Araujo A, Ward O P. Hemicellulases of Bacillus species: preliminary comparative studies on production and properties of mannanases and galactanases[J]. Journal of Applied Microbiology, 1990, 68:253-261.

Arima H, Ibrahim H R, Kinoshita T, et al. Bactericidal action of lysozymes attached with various sizes of hydrophobic peptides to the C-terminal using genetic modification[J]. Febs Letters, 1997, 415(1):114-118.

Barrientos L, Scott J J, Murthy P P N. Specificity of hydrolysis of phytic acid by alkaline phytase from lily pollen[J]. Plant Physiology, 1994, 106:1489-1495.

Baucells F, Perez PF, Morales J, et al. Effect of alpha-galactosidase supplementation of cereal-soya-bean-pea diets on the productive performances, bility and lower gut fermentation in growing and finishing pigs[J]. Animal Science, 2016, 71(1):157-164.

Beckham G T, Bomble Y J, Matthews J F, et al. The O-glycosylated linker from the *Trichoderma reesei* Family 7 cellulase is a flexible, disordered protein[J]. Biophysical Journal, 2010, 99(11):3773-3781.

Béguin P, Aubert J P. The biological degradation of cellulose[J]. FEMS Microbiology Reviews, 1994, 13(1):25-58.

Blanquez A, Rodriguez J, Brissos V, et al. Decolorization and detoxification of textile dyes using a versatile Streptomyces laccase-natural mediator system[J]. Saudi Journal of Biological Sciences, 2019, 26(5):913-920.

Bodade R G, Khobragade C N, Arfeen S. Optimization of culture conditions for glucose oxidase production by a *Penicillium chrysogenum* SRT 19 strain[J]. Engineering of Life Sciences, 2010, 10:35-39.

Broom L. Mycotoxins and the intestine[J]. Animal Nutrition, 2015, 1(4):262-265.

Burnett G S. Studies of viscosity as the probable factor involved in the improvement of certain barleys for chickens by enzyme supplementation[J]. British Poultry Science, 1966, 7(1):55-75.

Cegielska-Radziejewska R, Lesnierowski G, Kijowski J. Properties and application of egg white lysozyme and its modified preparations—a review[J]. Polish Journal of food and nutrition sciences, 2008, 58(1).

Chauhan P S. Mannanases: microbial sources, production, properties and potential biotechnological applications[J]. Applied Microbiology and Biotechnology, 2012, 93:1817-1830.

Chávez R, Bull P, Eyzaguirre J. The xylanolytic enzyme system from the genus Penicillium[J]。Journal of biotechnology, 2006, 123(4):413-433.

Claus H, Mojsov A K. Enzymes for Wine Fermentation: Current and perspective applications[J]. Fermentation, 2018, 4(52):73-82.

Collins T, Gerday C, Feller G. Xylanases, xylanase families and extremophilic xylanases[J]. FEMS Microbiology Reviews, 2005, 29(1):3-23.

Decuypere J A, Dierick N A. The combined use of triacylglycerols containingmedium-chain fatty acids and exogenous lipolytic enzymes as an alternative toin-feed antibiotics in piglets: concept, possibilities and limitations[J]. Nutrition Research Reviews, 2003, 16(2):193-210.

Escriv L, Font G, Manyes L, et al. Studies on the presence of mycotoxins in biological samples: an overview[J]. Toxins, 2017, 9(8):251.

Escrivá L, Manyes L, Font G, et al. Mycotoxin analysis of human urine by LC-MS/MS: A comparative extraction study[J]. Toxins, 2017, 9(10):330.

Eva N K, Eva S, Javier A L P, et al. Endo-xylanases as tools for production of substituted xylooligosaccharides with prebiotic properties[J]. Applied Microbiology and Biotechnology, 2018, 102 (21):9081-9088.

Fischetti V A. Bacteriophage lytic enzymes: novel anti-infectives[J]. Trends Microbiol, 2005, 13: 491-496.

Fleming A, Edward W A. On a remarkable bacteriolytic element found in tissues and secretions[J]. Royal Society, 1922, 93:306-317.

Foreman P K, Doug B, Lydia D, et al. Transcriptional regulation of biomass-degrading enzymes in the filamentous fungus *Trichoderma reesei*[J]. Journal of Biological Chemistry, 2003, 278(34):31988-31997.

Freitas D S, Abrahao-neto J. Biochemical and biophysical characterization of lysozyme modified by PEGylation[J]. International Journal of Pharmaceutics, 2010, 392(1/2):111-117.

Glenn J K, Akileswaran L, Gold M H. Mn (II) oxidation is the principal function of the extracellular Mn-peroxidase from Phanerochaetechrysosporium[J]. Archives of Biochemistry and Biophysics, 1986, 251 (2):688-696.

Golovan S, Wang G, Zhang J, et al. Characterization and overproduction of the *Escherichia coli* appA encoded bifunctional enzyme that exhibits both phytase and acid phosphatase activities[J]. Canadian Journal of Microbiology, 2000, 46:59-71.

Gopinath S C, Anbu P, Arshad M K, et al. Biotechnological processes in microbial amylase production [J]. Biomed Research International, 2017, 1272193.

Gregg L F W, Richad L E, Karen J, et al. Galaetofuranoic-oligoman nose N-linked glyeans of α-galactosidase A from *Aspergillus niger*[J]. European Journal of Biochemistry, 2001, 268:4134-4143.

Greiner R, Rodehutscord M. Advances in phytase research[M]//Martin-Luther-University Halle Wittenberg, 2006:11-18.

Gruber-Dorninger C, Jenkins T, Schatzmayr G. Global mycotoxin occurrence in feed: a ten-year survey [J]. Toxins, 2019, 11(7):375.

Hajfathalian M, Ghelichi S, García-Moreno P J, et al. Peptides: Production, bioactivity, functionality, and applications[J]. Critical Reviews in Food Science and Nutrition, 2018, 58(18):3097-3129.

Haki G D, Rakshit S K. Developments in industrially important thermostable enzymes: a review[J]. Bioresour Technol, 2003, 89:17-34.

Hou Y, Wu Z, Dai Z, et al. Protein hydrolysates in animal nutrition: Industrial production, bioactive peptides, and functional significance[J]. Journal of Animal Science & Biotechnology, 2017, 8:24.

Ibrahim A S, Al-Salamah A A, El-Badawi Y B, et al. Detergent-, solvent- and salt-compatible thermoactive alkaline serine protease from halotolerant alkaliphilic Bacillus sp. NPST-AK15: purification and characterization[J]. Extremophiles, 2015, 19:583-586.

Innerfield I. The anti-inflammatory effect of parenterally administered proteases[J]. Annals of the New York Academy of Sciences, 1957, 68:167-177.

Iqbal H M N, Kyazze G, Tron T, et al. Laccase from *Aspergillus niger*: a novel tool to graft multifunctional materials of interests and their characterization[J]. Saudi Journal of Biological Sciences, 2018, 25(3): 545-550.

Jacob M, Jaros D, Rohm H. Recent advance in milk clotting enzymes[J]. International Journal of Dairy Technology, 2011, 64:14-33.

Karbalaei M, Rezaee S A, Farsiani H. Pichia pastoris: A highly successful expression system for optimal synthesis of heterologous proteins[J]. Journal of Cellular Physiology, 2020, 235.

Khan Z, Shafique M, Nawaz H R, et al. Bacillus tequilensis ZMS-2: A novel source of alkaline protease with antimicrobial, anti-coagulant, fibrinolytic and dehairing potentials[J]. Pakistan Journal of Pharmaceutical Sciences, 2019, 32(4)(Suppl):1913-19184.

Kiarie E, Romero L F, Nyachoti C M. The role of added feed enzymes in promoting gut health in swine and poultry[J]. Nutrition research reviews, 2013, 26(1):71-88.

Labourel A, Crouch L I, Bras JLA, et al. The mechanism by which arabinoxylanases can recognize highly decorated xylans[J]. Journal of Biological Chemistry, 2016, 291(42):22149-22159.

Lassen S F, Breinholt J, Ostergaard P R, et al. Expression, gene cloning, and characterization of five novel phytases from four basidiomycete fungi: *Peniophora lycii*, *Agrocybe pediades*, a *Ceriporia* sp. and *Trametes pubescens*[J]. Applied and Environmental Microbiology, 2001, 67:4701-4707.

Lee S P, So C H, Rashid A J, et al. Dopamine D1 and D2 receptor Co-activation generates a novel phospholipase C—mediated calcium signal[J]. Journal of Biological Chemistry, 2004, 279(34):35671-35678.

Lei X G, Porres J M. Phytase enzymology, applications, and biotechnology[J]. Biotechnology Letters, 2003, 25(21):1787-1794.

Li Y N, Yang PL, Meng K, et al. Gene Cloning, Expression and Characterization of a Novel beta-mannanase from *Bacillus circulans* CGMCC 1416[J]. Journal of Microbiology and Biotechnology, 2008, 18(1):160-166.

Liab K, Azadi P, Collins R, et al. Relationships between activities of xylanases and xylan structures[J]. Enzyme and Microbial Technology, 2000, 27(1-2):89-94.

Martin G J. Anti-inflammatory effect of trypsin[J]. Annals of the New York Academy of Sciences, 1957, 68:70-88.

Martinelle M, Holmquist M, Hult K. On the interfacial activation of *Candida antarcticalipase* A and B as compared with *Humicola lanuginosa* lipase[J]. Biochimica et Biophysica Acta (BBA)-Lipids and Lipid Metabolism, 1995, 1258(3):272-276.

Mauch F, Mauch-Mani B, Boller T. Antifungal hydrolases in pea tissue: II. Inhibition of fungal growth by combinations of chitinase and β-1, 3-glucanase[J]. Plant physiology, 1988, 88(3):936-942.

Mazur W, Wahala K, Wang G J, et al. Dietary phytoestrogens from chemistry to chemoprevention[J]. Kemia-kemi, 1998, 25(1):48-54.

Mishra H N, Das M. A review on biological control and metabolism of aflatoxin[J]. Critical Reviews in Food Science and Nutrition, 2003, 43(3):245-264.

Molina A, Chavarr A G, Alfaro-Cascante M, et al. Mycotoxins at the start of the food chain in Costa Rica: analysis of six Fusarium toxins and ochratoxin a between 2013 and 2017 in animal feed and aflatoxin M1 in dairy products[J]. Toxins, 2019, 11(6):312.

Munoz C, Guillen F, Martinez A T, et al. Induction and characterization of laccase in the ligninolytic fungus *Pleurotus eryngii*[J]. Current Microbiology, 1997, 34(1):1-5.

Prade R. Xylanases: from biology to biotechnology[J]. Biotechnology and Genetic Engineering Reviews, 1995, 13(1):101-131.

Ragland S A, Criss A K. From bacterial killing to immune modulation: Recent insights into the functions of lysozyme[J]. PLoS Pathog, 2017, 13(9):e1006512.

Rocha G F, David O W, Fernando M, et al. Isolation and characterization of an aspartic protease from *Salpichroa origanifolia* fruits[J]. Protein and Peptide Letters, 2015, 22:279-290.

Rymuszka A, Studnicka M, Siwicki A K, et al. The immunomodulatory effects of the dimer of lysozyme (KLP-602) in carp (*Cyprinuscarpio* L.)—*in vivo* study[J]. Ecotoxicology and Environmental Safety, 2005, 61(1):121-127.

Setchell K D. Absorption and metabolism of soy isoflavones-from food to dietary supplements and adults to infants[J]. Journal of Nutrition, 2000, 130(3):654S-5S.

Sharma R, Chisti Y, Banerjee U C. Production, purification, characterization, andapplications of lipases [J]. Biotechnology Advances, 2001, 19(8):627-662.

Singhania R R, Patel A K, Sukumaran R K, et al. Role and significance of β-glucosidases in the hydrolysis of cellulose for bioethanol production[J]. Bioresource Technology, 2013, 127:500-507.

Siritapetawee J, Thammasirirak S, Samosornsuk W. Antimicrobial activity of a 48-kDa protease (AMP48) from Artocarpusheterophyllus latex[J]. European Review for Medical and Pharmacological Sciences, 2012, 16(1):132-137.

Squina F M, Mort A J, Decker S R, et al. Xylan decomposition by *Aspergillus clavatus* endo-xylanase [J]. Protein Expression and Purification, 2009, 68(1):65-71.

Stefanello C, Vieira S L, Santiago G O, et al. Starch digestibility, energy utilization, and growth performance of broilers fed corn-soybean basal diets supplemented with enzymes[J]. Poultry Science, 2015, 94 (10):2472-2479.

Stefanello C, Vieira SL, Soster P, et al. Utilization of corn-based diets supplemented with an exogenous α-amylase for broilers[J]. Poultry Science, 2019, 98(11):5862-5869.

Takahashi-Ando N, Kimura M, Kakeya H, et al. A novel lactonohydrolase responsible for the detoxification of zearalenone: enzyme purification and gene cloning[J]. Biochemical journal, 2002, 365(1):1-6.

Tang W, Zhang H, Wang L, et al. Targeted separation of antibacterial peptide from protein hydrolysate of anchovy cooking wastewater by equilibrium dialysis[J]. Food Chemistry, 2015, 168:115-123.

Thammasirirak S, Pukcothanung Y, Preecharram S, et al. Antimicrobial peptides derived from goose egg white lysozyme[J]. Comparative Biochemistry and Physiology C-Toxicology & Pharmacology, 2010, 151(1): 84-91.

Tu T, Wang Y, Huang H, et al. Improving the thermostability and catalytic efficiency of glucose oxidase from Aspergillus niger by molecular evolution[J]. Food Chemistry, 2019, 281:163-170.

Vaaje-Kolstad G, Forsberg Z, Loose J S, et al. Structural diversity of lytic polysaccharide monooxygenases[J]. Current Opinion in Structural Biology, 2017, 44:67-76.

Van Z, Rose S H, Trollope K, et al. Fungal β-mannanases: mannan hydrolysis, heterologous production and biotechnological applications[J]. Process Biochemistry, 2010, 45:1203-1213.

Vihinen M, Mäntsälä P. Microbial amylolytic enzymes[J]. Critical Reviews in Biochemistry and Molecular Biology, 1989, 24(4):329-418.

Voshol G P, Vijgenboom E, Punt P J. The discovery of novel LPMO families with a new Hidden Markov model[J]. Bmc Research Notes, 2017, 10(1):105.

Wang N, Wu W, Pan J, et al. Detoxification strategies for zearalenone using microorganisms: a review [J]. Microorganisms, 2019a, 7(7):208.

Wang X, Bai Y, Huang H, et al. Degradation of aflatoxin B1 and zearalenone by bacterial and fungal laccases in presence of structurally defined chemicals and complex natural mediators[J]. Toxins, 2019b, 11(10):609.

Whittington H, Kerry-Williams S, Bidgood K, et al. Expression of the *Aspergillus niger* glucose oxidase gene in *A. niger*, *A. nidulans* and *Saccharomyces cerevisiae*[J]. Current Genetics, 1990, 18:531-536.

Witt S, Singh M, Kalisz H M. Structural and kinetic properties of nonglycosylated recombinant *Penicillium amagasakiense* glucose oxidase expressed in *Escherichia coli*[J]. Applied and Environmental Microbiology, 1998, 64:1405-1411.

Yang H, Yan R, Chen H, et al. Characteristics of hemicellulose, cellulose and lignin pyrolysis[J]. Fuel,

2006, 86(12):1781-1788.

Yang P L, Li Y N, Wang Y R, et al. A novel β-mannanase with high specific activity from *Bacillus circulans* CGMCC1554: gene cloning, expression and enzymatic characterization[J]. Applied Biochemistry and Biotechnology, 2009, 159(1):85-94.

Yu X R, Tu T, Luo H Y, et al. Biochemical characterization and mutational analysis of a lactone hydrolase from *Phialophora americana*[J]. Journal of Agricultural and Food Chemistry, 2020, 68(8):2570-2577.

Yuan J, Wang X, Yin D, et al. Effect of different amylases on the utilization of cornstarch in broiler chickens[J]. Poultry Science, 2017, 96(5):1139-1148.

Zhang Y H, Lynd L R. A functionally based model for hydrolysis of cellulose by fungal cellulase[J]. Biotechnology and Bioengineering, 2006, 94(5):888-898.

Zhou G, Chen Y, Kong Q, et al. Detoxification of aflatoxin B_1 by *Zygosaccharomyces rouxii* with solid state fermentation in peanut meal[J]. Toxins, 2017, 9(1):42.

Zhu D W, Cai G L, Li X M, et al. Enhancing the antimicrobial activity of *Sus scrofa* lysozyme by N-terminal fusion of a sextuple unique homologous peptide[J]. Journal of Biotechnology, 2017, 243:61-68.

（本章编写者：罗会颖、黄火清、涂涛、柏映国、王苑、沈水宝）

第 6 章 生物活性肽类产品

【本章提要】 生物活性肽是源于蛋白质的多功能化合物，从其发现到形成产业化已有100百多年的历史，生物活性肽因具有较强的活性和多样性而广泛应用于医疗、食品以及畜牧养殖等多个领域，引发了21世纪营养革命。本章简要对生物活性肽进行介绍，主要包括定义和分类、作用机制、生产工艺和分离提取技术、生物活性肽的应用和展望。

6.1 定义和分类

6.1.1 生物活性肽的定义

生物活性肽(bioactive peptides，BAP)是蛋白质中20种天然氨基酸以不同组成和排列方式构成的从二肽到复杂的线性、环形结构的不同肽类的总称，是源于蛋白质的多功能化合物(王红梅等，2008)，相对分子质量介于50～10 000 u之间(李子健等，2019)。

从肽的发现、逐步发展，以及形成产业化，已经有100多年的历史了。1902年，伦敦医学院的2位生理学家在动物胃肠里发现了胰泌素，这是人类第1次发现多肽物质(轩贵平等，2017)。1952年，美国生物化学家将肉瘤植入小鼠胚胎的试验中，发现小鼠交感神经纤维生长加快、神经节明显增大。1960年该种现象被证明是因一种多肽物质在起作用，并将该多肽物质称为神经生长因子(NGF)(王新玲，2010)。20世纪60年代，梅里菲尔德首次提出多肽固相合成法(简称SPPS)，并因此于1984年荣获诺贝尔化学奖(郭晓强，2010)。20世纪70年代，神经肽的研究进入高峰，脑啡肽及阿片肽相继被发现，人类开始了对多肽影响生物胚胎发育的研究(刘威等，2003)。1986年，诺贝尔生理学或医学奖授予发现“生长因子”的美国生物化学家斯坦利·科恩和意大利女生物学家丽塔·莱维—蒙塔尔奇尼(Lee等，2011)。1987年，美国批准了第一个基因药物——人胰岛素(李亚萍，2006)。1996年，中国制药企业三九集团旗下的武汉九生堂生物工程有限公司用生物酶降解全卵蛋白，人工合成世界上第一个小分子活性多肽，即“酶法多肽”，并实现了工业化和产业化(宋克杰，2003)。2005年，瑞典皇家科学院宣布把2004年诺贝尔化学奖授予以色列科学家阿龙·切哈诺沃(Aaron Ciechanover)、阿夫拉姆·林什科(Avram Hershko)和美国科学家欧文·罗斯(Inwin Rose)，表彰他们发现了泛素介导的蛋白质降解(焦姣等，2005)。

肽引发21世纪营养革命，因为其具有较强的活性和多样性，广泛应用于医疗、食品以及畜牧养殖等领域，为人类的健康发展做出巨大贡献(王文，2000)。

6.1.2 生物活性肽的分类

1. 按来源和分泌部位划分

生物活性肽分布广泛，多来源于动植物体，包括牛奶、鸡蛋、肉、鱼类、大豆、小麦，也有一些来源于海洋生物和微生物等。主要分为内源性活性肽和外源性活性肽(张开平等,2015)。

(1)内源性活性肽　人体内存在的天然生物活性肽。主要包括体内一些重要内分泌腺分泌的肽类激素(侯虎,2011),如生长激素释放激素(GHRH)、促甲状腺素(TSH)、胸腺分泌的胸腺素、脾脏中的脾脏活性肽(STF)、胰腺分泌的胰岛素等;由血液或组织中的蛋白质经专一的蛋白水解酶作用而产生的组织激肽,如缓激肽;作为神经递质或神经活动调节因子的神经多肽;以及由昆虫、微生物、植物等生物体产生的抗菌肽等。

(2)外源性活性肽　存在于动、植物、海洋生物和微生物体内的天然生物活性肽以及蛋白质降解后产生的生物活性肽成分。外源性生物活性肽直接或间接来源于动物及食物蛋白质,如动物乳汁(尤其是初乳)可直接提供多种生物活性肽,包括乳源性表皮生长因子(EGF)、转化生长因子(CTGF)等。动物饲料蛋白质原料,包括筋肉、牛乳酪蛋白、小麦谷蛋白、小麦醇溶蛋白、玉米醇溶蛋白、大豆蛋白等在动物胃肠道消化后可间接提供多种生物活性肽;也可以进行人工合成,如 KG(风味肽)、ID(苦味肽)等。外源性生物活性肽进入机体后可经磷酸化作用、糖基化作用或酰基化作用变换为多种其他形式的肽。外源性生物活性肽与内源性生物活性肽的活性中心序列相同或相似,在蛋白质消化过程中被释放出来,通过直接与肠道受体结合参与机体的生理调节作用或被吸收进入血液循环,从而发挥与内源性活性肽相同的功能。

2. 按功能划分

(1)抗菌肽　抗菌肽(anti-bacterial peptides, ABP)又称宿主防御肽,系具有广谱抗菌性的一类小肽,是动物在诱导条件下,免疫防御系统产生的一类对抗外源性病原体致病作用的防御性肽类活性物质,是动物免疫防御系统的一个重要组成部分。截至目前世界上有包含 6 个门共3 236 种抗菌肽,抗菌肽的氨基酸数目小于 100,常带正电荷,并有大量的研究表明,抗菌肽不仅具有广谱的抗菌作用,还有高效的抗真菌、抗病毒、抗原虫和抗肿瘤活性。抗菌肽在宿主防御中除了能直接杀死病原菌,还有其他功能:充当单核细胞和 T 淋巴细胞的趋化因子,使它们能快速聚集在炎症反应部位;促进化学因子的表达和 T 辅助淋巴细胞的增殖反应;抑制细菌产物(如脂多糖、脂壁酸)诱导产生对宿主有害的细胞因子,避免内毒素血症的发生;促使巨噬细胞及激活的淋巴细胞凋亡,也就是指具有潜在消灭感染细胞的功能。

抗菌肽种类繁多,按其来源可分为动物源抗菌肽(昆虫、哺乳动物、两栖动物、鱼类、鸟类等,2 405 种)、植物抗菌肽(几丁质结合蛋白、几丁质酶、葡聚糖酶等,360 种)、微生物抗菌肽(杆菌肽、短杆菌肽、多黏菌素 E、乳链菌肽、枯草杆菌素、酵母菌产生的抗菌多肽、霉菌产生的抗菌多肽、藻类产抗菌多肽等),另外,有细菌源抗菌肽(358 种)、真菌源抗菌肽(20 种)、病毒源抗菌肽(HIV-1 包膜蛋白胞质尾部)等(唐馨等, 2019)。抗菌肽的来源十分广泛,其中动物源昆虫抗菌肽可分为 cecropin 类、defensin 类、富含脯氨酸类(铃蟾肽)和富含甘氨酸类(蜂蜜素)四大类。根据其作用对象的不同,抗菌肽又可以分为抗细菌肽、抗真菌肽、抗肿瘤肽,既抗细菌又抗真菌的抗菌肽,既抗肿瘤又抗微生物的抗菌肽等类型。根据所带电荷不同,抗菌肽分为阳离子、阴离子和中性三大类。根据抗菌肽的氨基酸组成和结构特征可分为 α-螺旋结构、β-折叠型抗菌肽、线性结构抗菌肽、环状结构抗菌肽。根据抗菌肽的结构,可将其分为 5 大类:s 拓展型、β-折叠形、β-发夹形、α-螺旋形、环形(Ageitos 等, 2017)。与常规抗生素相比,经过人工改造的抗菌肽具有广谱、快速、高选择性和低毒性的特点。更为重要的是,抗菌肽是先天免疫系统的重要组成部分,可通过与细胞膜脂质组分的非特异性静电相互作用来杀死细菌,同时其还存在细胞壁和细胞质内的多种特殊靶点,这使细菌很难对它们产生耐药性。由于抗菌肽具有可变的氨基酸组成、净电荷、空间构象、两亲性(亲水性和亲油性)和膜流动性,这使它具有与抗生素不同的作用机制。

(2)免疫活性肽 是指存在于生物体内具有免疫功能的多肽,在体内的含量较低、结构多样,是一种细胞信号传递物质。免疫活性肽是继从喂食了牛乳酪蛋白酶解物的豚鼠小肠中发现阿片样肽后,第二个被发现的生物活性肽,也是人乳蛋白中第一个被生物学家发现的生物活性肽(李宁等, 2019)。免疫活性肽能增强巨噬细胞吞噬功能、刺激淋巴细胞增殖并增强机体免疫力,以及提高机体抵御外界病原体感染的能力,部分免疫活性肽甚至参与机体的抗肿瘤作用(Mazorra 等, 2018;Giromini 等, 2019)。免疫活性肽对先天免疫和适应性免疫均有调节作用。体外和体内试验发现,免疫活性肽可影响局部肠道免疫效应及系统免疫效应,可通过影响肠道的上皮细胞排列,并由此诱导肠腔上皮细胞和免疫细胞间的交流。此外,免疫活性肽并不直接与病原体相互作用,而是通过与提呈细胞内的 MHCⅡ分子结合后参与免疫调节作用,提高宿主防御病原体的能力(Jurewicz 等, 2019)。免疫活性肽不仅会影响局部的肠道免疫组织,还会影响全身其他的免疫组织,如脾脏、腹膜细胞以及血液等。选择经济高效的方法分离纯化蛋白质酶解产物以获得高活性肽,是免疫活性肽研究开发的基础。基于活性肽的分子质量、静电荷及亲疏水性等特点,目前应用较广泛的分离纯化方法包括膜过滤法、大孔吸附树脂法、凝胶色谱分离法(GPC)、离子交换层析法(IEC)、高效液相色谱法(HPLC)、电泳法、快速蛋白质液相层析法等方法(舒一梅, 2015)。目前,对免疫活性肽的探讨还处于初级阶段,大量蛋白质未被充分利用,如何对其进行更高效率的提取和分离纯化,是研究活性肽潜在价值的关键。因此,有必要进行更加深入的研究,获得更加有效的分离和筛选策略,并解析免疫活性肽的肽序规律。在肽组学和免疫信息学的研究基础上,探索免疫活性肽高效筛选方法,加速免疫活性肽的研究和应用。结合蛋白组学、转录组学和生物信息学技术,动态分析免疫活性肽参与免疫调控的蛋白质和基因表达量变化,并采用组学工具分析这些关键基因之间的相互关系,绘制细胞内参与免疫活性肽调控作用的动态网络图。结合动物免疫试验,检测相关免疫细胞、细胞因子及免疫球蛋白的变化,最终解析免疫活性肽作用的分子机制。相信随着酶工程、基因工程、分离纯化技术的不断改进和提升,一些活性物质及其衍生产品作为天然免疫调节剂的研究将更加完善,并且应用于新药物、饲料添加剂的研发,替代抗生素的使用。

免疫活性肽根据来源又可分为细胞因子(白细胞介素、干扰素、转移因子等)、动物来源(EGF、胸腺素等)和微生物来源(细菌素等)免疫活性肽。

①细胞因子:是一类由免疫细胞(淋巴细胞、单核-巨噬细胞等)及相关细胞(成纤维细胞、内皮细胞等)产生的调节细胞功能的高活性多功能蛋白质多肽分子。

白细胞介素(interleukin,IL)是由白细胞或其他体细胞产生的能在白细胞间起调节作用和介导作用的一类细胞因子,也是对机体细胞免疫和体液免疫具有重要作用的一类糖蛋白分子。IL 由单核巨噬细胞、纤维母细胞、骨髓基质细胞和 T 细胞等多种细胞产生(Lotze 等, 1981;Grimm 等, 1982)。目前研究表明,许多白细胞介素不仅介导白细胞间的相互作用,还参与其他细胞间的相互作用,如造血干细胞、血管内皮细胞、神经细胞和纤维母细胞等。白细胞介素作为细胞间信号传递分子主要参与介导和调节机体免疫应答和炎症反应以及抗肿瘤等功能(Kogut 等, 2002;Ravas 等, 1988),是机体的主要细胞因子之一。在动物的白细胞介素研究方面,除小鼠外,其他动物特别是经济动物牛、猪、羊的 IL 研究较少。随着分子生物学等相关学科的发展,有关鸡白细胞基因与功能的研究也已逐渐成为热点,现在已经克隆出的 IL

有 IL-1、IL-2、IL-6、IL-12、IL-15、IL-16、IL-17 及 IL-18 等(马大龙，1993)。

干扰素(interferon,IFN)是最早发现,研究最多,第一个用于临床治疗疾病的细胞因子(Timmermann 等,2019)。干扰素作为一种多功能性细胞因子,广泛存在于动物的肝脏、脾脏、肾脏、外周血淋巴细胞和骨髓等部位。根据干扰素受体的结构不同可将干扰素分为Ⅰ型干扰素、Ⅱ型干扰素和Ⅲ型干扰素。Ⅰ型干扰素主要包括 α 干扰素、β 干扰素、ε 干扰素、ω 干扰素和 κ 干扰素。Ⅱ型干扰素即为 γ 干扰素。Ⅲ型干扰素包括 λ1 干扰素(又称 IL-29)、λ2 干扰素(又称 IL-28A)、λ3 干扰素(又称 IL-28B)和 λ4 干扰素。干扰素对热稳定,4 ℃可以保存几个月,−70 ℃可长期保存其活性(Lazear 等,2019)。干扰素无抗原性,不被免疫血清中和,也不能被核酸灭活,并且具有无毒副作用,无药物残留等优点(Borden 等，2007),因此干扰素产品的研发对动物疾病的预防和治疗具有重大的临床意义。早期干扰素的研发主要利用干扰素的诱生剂诱导免疫细胞生产干扰素,但是将研究成果转化到大规模的生产过程中常受到生产条件及干扰素产量的限制。随着分子生物学和现代基因工程技术的发展,基因重组型干扰素产品因其类型单一、产量高和适应于大规模生产等特点而得到了广泛的应用(侯云德等,2018)。

转移因子(transfer factor,TF)是人或动物的白细胞中具有免疫活性的 T 淋巴细胞释放的、可透析的小分子多肽与核苷酸复合物(Lawrence 等，1955)。TF 具有传递免疫信息、激发免疫细胞活性、调节免疫功能、增强机体特异性和非特异性细胞免疫功能等作用。TF 带有致敏淋巴细胞的特异性免疫信息,在受者体内能够诱导 T 细胞转变为特异性致敏淋巴细胞,因此它能够特异地将供者的细胞免疫力被动地转移到受者体内,使受者获得特异性细胞免疫功能,即转移和扩大细胞免疫力。TF 含有多种氨基酸、相对分子质量小、无抗原性、无热原、无毒副作用、不引起过敏反应、不产生特异性抗体、无种属差异,可跨越种系界限应用,具有增强和调节机体的细胞免疫和骨髓造血功能等作用。目前根据细胞来源不同将转移因子分为人转移因子(H-TF)、猪转移因子(P-TF)、牛转移因子(B-TF)、羊转移因子(S-TF)、鸡转移因子(C-TF)和鹅转移因子(G-TF)等。从免疫特性上可分为特异性转移因子(STF)和非特异性转移因子(TF)两大类。此外,还有重组转移因子(rTF)等。

②动物免疫活性肽:是一种以动物源性蛋白为原料,经水解及分离纯化后得到的具有抗菌、抗炎以及具有免疫调节功能的蛋白水解物,其氨基酸残基数目不等,且相对分子质量一般较小。动物免疫活性肽包括乳蛋白免疫活性肽、水生动物免疫活性肽及鹿茸免疫活性肽等。

乳蛋白免疫活性肽:乳蛋白通过相应的酶水解,得到乳清蛋白、酪蛋白及球蛋白,属于免疫活性肽的产生方式之一(程媛等，2015)。很多研究人员先后运用分离提纯技术,从乳酪及乳清蛋白中得到与机体免疫调节有关的活性肽,这种方式使得生物抗过敏性、抗菌与抗氧化性大大增强。

水生动物免疫活性肽:对于生活在水中的生物,因环境中富含大量的蛋白质,同时生物体内氨基酸的结构也区别于其他陆上生物,分离出的活性肽携带正电荷,可与显负电性的细胞因子受体大量结合,最终实现增强机体免疫力的作用(罗文奇，2019)。

鹿茸免疫活性肽:鹿茸是鹿未发育完成的、带有大量茸毛的幼角,具有珍贵的药用价值(张维等，2021)。其药性主要用于提高生物的细胞及体液免疫功能,调节体液淋巴细胞转化,其水解的氨基酸达到了总量的 50%以上。鹿茸能有效改善体质,促进血液凝固,抗菌抗感染等。

表皮生长因子(epidermal growth factor,EGF)是最早发现的生长因子,对调节细胞生长、增殖和分化起着重要作用。表皮生长因子通过与细胞表面的表皮生长因子受体(EGFR)结合而起作用。它与表皮生长因子受体的高亲和力结合，会激发受体内在的酪氨酸激酶的活性，从而启动信号转导系统的级联反应，发生多种生物化学变化。细胞内 Ca^{2+} 水平上升，增加糖酵解与蛋白质合成，增加某些基因（包括表皮生长因子受体）的表达，最终导致 DNA 合成和细胞增殖（谢文文等，2021）。

胸腺素/肽（thymosin，THN）是最早从小牛胸腺组织中提取的具有增强细胞免疫作用的多肽类物质。1965 年 Goldstin 从小牛的胸腺中分离出一种活性物质，人们认为该物质是激素或者激素类似物，因此 1966 年该物质被命名为 Thymosin，之后人们发现这种具有生物活性的多肽混合物，由 28 个氨基酸组成，等电点为 4.2，相对分子质量为 3 108，是一种免疫增强剂，在机体的免疫系统、神经分泌系统、生殖系统中起到重要的调节作用，其能够改善机体的免疫状态、调节内分泌，提高机体对细菌、病毒感染的抵抗力。胸腺素一般是由几十个氨基酸组成的多肽，其空间结构比较简单，包含线性结构、α-螺旋和 β-折叠等较为简单的结构。根据胸腺素的等电点（isoelectric point，pI）的不同，将胸腺素分为 α、β、γ 三大家族。

③微生物免疫活性肽：是从微生物源蛋白质中提取，而非机体自身产生却具有促进免疫系统功能的肽类物质，包括藻类免疫活性肽和菌类免疫活性肽等（邵伟等，2021）。

藻类免疫活性肽：海洋微生物的免疫活性物质包括蛋白类、多糖类及氨基酸类等，绝大部分海藻中的蛋白质含量接近甚至超过大豆中所含蛋白质。因其短肽和氨基酸类中的活性成分可直接被机体吸收，作为食品添加剂能够有效调节血压血脂、促进免疫系统功能。

菌类免疫活性肽：某些特殊的菌类蛋白质，其氨基酸分子呈线性排列，异种的菌有不同的氨基酸排列。同时，从菌类蛋白的粗提取物中分离出来的多肽、环肽与多糖肽在体内外均具有免疫调节活性。

（3）营养肽　是指对人或动物的生长发育有营养作用和生理效能的肽。这类肽具有转运速度快、耗能低、不易饱和、易消化吸收等特点，对人或动物机体的正常发育具有不可替代的作用。营养肽具有以下几种作用：①能迅速吸收，刺激胰岛素的分泌，将血液中的葡萄糖迅速转移到肝脏，参与肽链的延长，促进蛋白质的合成和肠道氨基酸或肽的转运；②促进矿物质的吸收，酪蛋白磷酸肽能促进矿物质元素的吸收利用；③提高动物生产性能，具有满足动物的营养需求，促进机体生长的功能；④能促进有益微生物生长，从而达到促进生长的作用（郑锐等，2016）。目前对营养肽的研究处于初级阶段，在研究工作中发现营养肽确实存在着良好的生理效应，随着研究手段和方法的不断提高，特别是随着蛋白工程和酶工程技术的不断发展，必将为营养肽的开发和利用带来广阔的前景。

（4）抗氧化肽　是一种主要存在于动植物体内细胞，并能产生多种抗氧化作用的一类肽（张丰文等，2021）。根据其产生来源，抗氧化肽可分为植物源抗氧化肽和动物源抗氧化肽。植物抗氧化肽可分为大豆肽、玉米肽、大米肽等，植物含有丰富的蛋白质，为抗氧化肽的制备提供了很好的来源（Nath 等，2020；Hu 等，2020）。动物蛋白源抗氧化肽可分为天然肌肽抗氧化肽、海洋生物类抗氧化肽、乳制品抗氧化肽等，目前对动物蛋白源抗氧化肽还处于进一步开发中。虽然不同来源的抗氧化肽种类繁多，但大都有一个相似的特点：相对分子质量小，表现出很强的抗氧化性，有特定的氨基酸组成。抗氧化肽作为一种天然抗氧化剂，其结构相对简单、易吸收、稳定性好、无免疫反应性，不仅具有较强的抗氧化活性，还具有降血压和抗癌等其他保健功效，在食品、医疗、畜牧养殖领域越来越受到人们的关注（Jin 等，2018）。

目前抗氧化肽的应用主要体现在食品添加剂和功能性保健产品方面。食品在运输过程中容易发生氧化反应，引起油脂的腐败、食品色泽的改变和维生素等营养物质的破坏，从而导致产品劣变。蛋白水解产物和抗氧化肽可以作为添加剂加入食品中以减缓在贮藏过程中的氧化反应。研究表明，抗氧化肽的加入可以使食品获得更长的保质期，保护食品的营养成分。在功能保健品方面，抗氧化肽的应用也很多，包括肌肽、谷胱甘肽、大豆蛋白酶解物、乳清蛋白肽等。目前，谷胱甘肽在食品工业中可作为营养调节剂，也可作为稳定剂，将谷胱甘肽添加到酸奶中，可以起稳定作用。不同来源的抗氧化肽均能够对人类健康产生积极的影响，不仅在食品和功能性保健品方面应用广泛，还在化妆品、药品乃至生物学等领域显示出极为广阔的研究开发前景。然而在抗氧化肽作为天然抗氧化剂大规模地应用到人类营养、畜牧养殖领域之前，仍有许多科学和技术问题亟须解决。

3. 按分子大小划分

(1)小分子肽　被定义为长度小于 100 个氨基酸的胞外蛋白，它们来源于前体蛋白或直接翻译自嵌入较长转录本的短链开放阅读框(Tavormin 等，2015)。小分子肽信号分子通常产生于编码 N 末端区域的一个或多个保守的肽结构域，以及离散肽结构域一侧或两侧的可变区。小分子肽的结构有两种，一种是 5～20 个氨基酸翻译后修饰肽，它们在成熟过程中经历二硫键的形成，常见翻译后修饰(包括羟基化、硫酸化和阿拉伯糖基化)，这些修饰可以增加肽的稳定性，有助于受体间的相互作用，并提供更进一步的调节；另一种是在成熟过程中形成二硫键的半胱氨酸丰富肽(约 50 个氨基酸)(Matsubayashi 等，2014)。这些小分子肽信号分子主要与位于特定细胞和组织中的受体(包括受体激酶)相关，能够引起大量的生物和生理反应，使植物能够发育并适应周围环境的变化，参与植物发育、防御、细胞识别和细胞间通信。小分子肽可以是流动的，也可以是膜结合的，通常通过跨膜受体丝氨酸或苏氨酸激酶在细胞表面识别。然后，配体-受体联合启动细胞内信号转导级联，改变一个或多个转录因子的活性，最终导致细胞核内下游基因转录的变化。一方面，小分子肽可以通过它们的抗微生物特性与病原体直接相互作用；另一方面，它们通过干扰信号级联或代表细胞间通信中的重要信息发挥作用(Fletcher 等，2020)。

虽然小分子信号肽的研究已经取得一些进展，但由于功能肽段很短，在动植物体内的表达水平极低，因此该方面研究仍具有巨大的挑战。近 10 年来，各种组学技术日新月异，尤其是在植物中，近年来基因组和转录组学相关研究已从模式植物拟南芥、水稻等成功延伸到各种经济作物。越来越多的已知信号肽激素的同源物被发现和鉴定，特别是一些物种特异性和环境适应性的信号肽也得到进一步发掘和鉴定。但是如何验证众多的小分子肽的生物学功能并在生产中充分利用是未来研究的一个重要方向和巨大挑战。小分子肽是一个极具前景的研究领域，但其数量多、生物学功能研究难度大，加上目前小分子肽的研究技术手段也还不够成熟，给小分子肽的研究增加了难度，但同时也为小分子肽的研究提供了更大的契机，如在畜牧养殖中，与 2 价铁离子形成络合物应用到仔猪阶段，能够补充仔猪血红素铁。

(2)大分子肽或多肽　相对分子质量在 1 000～3 000 u 的肽称为“多肽”，相对分子质量在 3 000～5 000 u 的肽称为“大肽”，这些肽活性不如小肽，进入人体后，可能被人体消化系统进行二次降解，被二次降解后，有的可能被降解为小肽，有的可能被降解为氨基酸，被分解后容易被机体消化吸收。

4. 按合成形式划分

(1)人工合成肽　人工合成肽是通过将两种或多种具有不同生物功能的不同肽的序列进

行组合而设计，通过人为控制其特性可以发挥更广泛的作用（温赛等，2016）。目前研究较多的是人工合成抗菌肽，它与天然抗菌肽一样具有多效功能，不仅杀灭微生物，还参与调控宿主的生理功能，比如参与炎症反应、伤口愈合等。然而使用天然产生的抗菌肽作为治疗剂有一些需要克服的局限性，可能存在毒性、免疫原性、耐药性、溶血活性和其他副作用。因此，开发和制备能够克服上述缺点的新一代人工合成型抗菌肽替代饲用抗生素的使用具有重要意义。

（2）天然生物肽　是生物体内合成的，完成机体各种复杂的生理活性必不可少的参与者，所有细胞都能合成多肽物质，其功能活动也受多肽的调节。

6.2 作用机制

6.2.1 抗菌肽的作用机制

抗菌肽作用机制与细菌菌膜结构关系紧密（Shai 等，2002；Hancock 等，1999），天然抗菌肽大多数有一定比例正电荷氨基酸残基和疏水性氨基酸残基，生物细胞膜结构大多由磷脂类物质和膜蛋白组成，但细菌菌膜与宿主细胞膜组分存在差别（Yeaman 等，2003），菌膜特殊结构为抗菌肽作用提供靶向目标。抗菌肽在宿主体内发挥作用的主要原因是细菌膜结构与宿主体细胞膜结构存在差异，其通过细胞壁靶标、膜相互作用特异性和细胞内靶标等协同作用来杀灭微生物（Mitchell 等，2018；Nermina 等，2016）。细菌单层膜结构主要脂质成分包括磷脂酰甘油（phos-phatidylglycerol，PG）、磷脂酰乙醇胺（phosphatidyl-ethanolamine，PE）和心磷脂（cardiolipin，CL）（Epand 等，2011），不同种类细菌 3 种脂质成分含量和比例不同，除其他少量脂质成分，有些种类细菌还有大量糖基二酰甘油（glycosyl diglycerides）。细菌膜结构中带有阴离子脂质的部分暴露于表面，在宿主体细胞中，阴离子脂质部分被分解为单层，朝向细胞内侧，因此，具有阳离子特性的抗菌肽对细菌膜具有高细胞选择性。目前，开发有效作用于细菌膜结构的抗菌肽是未来研究方向，将 β 转角单元插入 α-螺旋结构抗菌肽中，可成功提高抗菌肽细胞选择性。

有些种类抗菌肽可直接靶向作用于革兰氏阴性菌和革兰氏阳性菌细胞膜质膜组分，其中很多环形或锁套形结构抗菌肽，具有可结合脂质组分刚性结合位点，这种特异性结合使抗菌肽可靶向作用于细胞膜，而对宿主体细胞无毒性（单安山等，2017）。革兰氏阳性菌细胞膜与革兰氏阴性菌细胞膜的分子组成和分层形态均有差异，抗菌肽可结合革兰氏阴性菌外膜，阻止周质和细胞外部溶质通过，产生细胞毒性。革兰氏阳性菌仅有一层细胞质膜，但其细胞壁较厚并含磷壁酸，主要细菌脂质组分磷脂酰甘油可通过细菌酶化学修饰，将脂质从阴离子转变为阳离子或两性离子形式，该过程中细菌对阳离子抗菌药物抗性增加，而抗菌肽酶抑制作用可抵抗由此产生的耐药性（单安山等，2018）。

6.2.2 免疫活性肽的作用机制

1. 白细胞介素-2 的作用机制

白细胞介素-2（IL-2）的生物作用是以刺激 T 细胞增生为主，故又称 T 细胞生长因子，除此之外还有其他重要作用：①刺激自然杀伤（NK）细胞的增殖和活化，并增强其活性（Choi 等，1999）；②诱导细胞毒性淋巴细胞，增强其溶细胞活性；③诱导淋巴因子活化杀伤（LAK）细胞，

LAK 细胞具有广谱的抗肿瘤活性,可以溶解多种肿瘤细胞。IL-2 不仅是产生 LAK 细胞的必需淋巴因子,在它的存在下还能维持 LAK 细胞的增殖和长期生长,因此,在临床抗肿瘤治疗时往往把 IL-2 和 LAK 细胞同时给予,这就是恶性肿瘤的过继免疫性治疗(adoptive immune therapy,AIT);④刺激肿瘤浸润淋巴细胞(TIL)的增生并增强其活性,动物试验证明,TIL 较 LAK 细胞的抗肿瘤活性高 50～100 倍;⑤不仅能促进 T 细胞增殖,还对细胞有促增殖和促分化作用。IL-2 发挥作用时,首先和反应细胞表面的 IL-2 受体(IL-2R)结合,IL-2R 至少由 3 种独特的膜成分,即 α 链(IL-2 Rα)、β 链(IL-2 Rβ)和 γ 链(IL-2 Rγ),这三种成分以不同的形式结合在一起,即形成不同类型的 IL-2R,每种受体与 IL-2R 有不同的亲和力(Cox 等, 1990)。高亲和力 IL-2R 必然有 IL-2Rα 参与,IL-2 Rγ 与 IL-2R 内化有关,β、γ 链的结合为 IL-2 开始发挥生物作用、传递信号所必需,IL-2 结合于 IL-2R 后发生内化,激活 Na^{+}、H^{+} 使细胞液碱化,激活 PCK,使 Ca^{2+} 内流,调节 cAMP、cGMP 等一系列第二信使,产生生物效应,进一步激活原癌基因,通过这些原癌基因产物调节细胞的生物活性,促进细胞增殖,增强细胞功能(Waldmann 等, 2001)。

2. 干扰素的作用机制

细胞受到病毒感染时,最早的原始防御反应就是诱导产生干扰素,诱生的干扰素立即释放到细胞外,与尚未受到病毒感染的细胞受体特异性结合,诱发细胞合成抗病毒蛋白来发挥抗病毒和免疫调节活性。Ⅰ型干扰素与 IFNAR 1 和 IFNAR2 组成的异二聚体受体结合,分别导致受体相关 Janus 酪氨酸蛋白激酶(Janus-activated kinases, JAKs)TYK2 和 JAK1 的激活,激活的 JAKs 使信号转导和转录激活因子 1(signal transducer and activator of transcription 1,STAT1)和 STAT2 的酪氨酸磷酸化,磷酸化的 STAT1 和 STAT2 形成的异二聚体再与干扰素调节因子 9(interferon-regulatory factor 9,IRF9)结合形成三聚体复合物,即干扰素刺激基因因子 3(interferon-stimulated gene factor 3,ISGF3),ISGF3 进入细胞核并结合到干扰素刺激基因(interferon-stimulated genes,ISGs)上游序列干扰素刺激应答元件(interferon-stimulated response elements,ISRE),诱导 ISGs 大量转录和表达(Taniguchi 等, 2001;Pestka 等, 2004;Ivashkiv 等, 2014)。Ⅰ型干扰素与不同的细胞表面受体 IFNGR 1 和 IFNGR 2 亚基结合,分别与 JAK 1 和 JAK 2 结合,激活的 JAKs 导致 STAT1 磷酸化,STAT1 同源二聚体入核后能够激活 GAS(interferon gamma activated sequence)元件,从而诱导 ISGs 表达(Takaoka 等,2000)。Ⅲ型干扰素结合受体是由 IFNR-γ1 和 IL-10 细胞因子家族共有受体 IL-10R2 组成的异二聚体,与Ⅰ型干扰素类似,采用 JAK-STAT 信号通路进行信号转导,诱导 ISGs 转录(Uze 等,2007)。不同种类的 ISGs 结构和细胞定位不同,在病毒复制的不同阶段以不同机制发挥抗病毒作用。

3. 转移因子的作用机制

转移因子(TF)可以促进中性粒细胞游走,促进巨噬细胞对抗原的呈递,刺激巨噬细胞产生淋巴细胞激活因子,能使动物体内 $CD3^{+}$、$CD4^{+}$ 细胞数量得以提高,$CD4^{+}/CD8^{+}$ 的值也得到提升,诱导巨噬细胞产生干扰素,同时也可修复淋巴细胞膜受体的免疫活性(靳晓慧等, 2016;Kirkpatrick 等, 1970)。转移因子也可调节淋巴细胞 mRNA 的合成,特异转移因子可抑制癌细胞 DNA 合成,显示出转移因子的免疫调节作用。转移因子对体液免疫的影响主要是通过 T 淋巴细胞辅助实现调节机体的免疫机能。转移因子作为免疫增强剂还可以使造血系统在短时间内产生活化淋巴细胞,促进 T 辅助细胞产生并释放更多的淋巴因子,从而提升 T

细胞的生长和分裂的功能，进而发挥抗放射、抗免疫抑制作用(Kirkpatrick 等，2000)。

4. 表皮细胞生长因子的作用机制

表皮细胞生长因子(EGF)是以定向靶机理作用于动物。动物中某些细胞上有 hEGF 受体，hEGF 受体是一种糖蛋白，存在于多种类型细胞的胞膜表面，以上皮细胞膜含量最为丰富，成纤维细胞和平滑肌细胞的胞膜上也存在很多 hEGF 受体，所有含 hEGF 的受体都接受 EGF 的作用(袁宇等，1999)。只有当 EGF 与 hEGF 受体结合，经过一系列复杂的细胞生化反应，促进细胞糖酵解、蛋白质合成、RNA 和 DNA 合成，才能促进细胞生长，加速细胞新陈代谢。EGF 附着在细胞膜上，通过靶细胞中酪氨酸蛋白激酶(TPK)作用，跨膜传递信号，导致受体蛋白酪氨酸残基磷酸化，使靶细胞的细胞核内基因活化，作用于 DNA 复制有关的酶和细胞增殖有关的基因表达，促进细胞的增殖分化，产生大量新生细胞，维持或改变新生细胞与衰亡细胞的比例关系。EGF 能增强细胞的增殖分化能力，能够抵御导致细胞内 DNA 断裂、变异的外来因素，如紫外线、药物、激素等刺激干扰，抑制细胞非正常凋亡速度，增加皮肤的抗干扰能力(朱淑萍等，2009)。EGF 可刺激内皮细胞、单核细胞等多种细胞的迁移，刺激肉芽组织的形成，加速启动创伤组织的再生(赵靖等，2002)。EGF 可促进脯氨酸合成，促使胶原及胶原酶的合成及分泌，调节胶原使其以线性方式排列。

5. 胸腺素的作用机制

胸腺素能够影响 T 细胞的发育、分化和成熟过程(Paul 等，1980)，在胸腺的微环境内对淋巴细胞产生作用，并诱导分化产生具有不同功能的淋巴细胞亚群，显著提高总 T 淋巴细胞的数量、$CD4^+/CD8^+$ 细胞的比例和 $CD4^+$ 细胞亚群，促进淋巴细胞增殖、促进 B 淋巴细胞产生抗体、增强 NK 细胞杀伤能力。胸腺素还能影响抗原递呈作用，提高巨噬细胞、树突状细胞(DC)、单核细胞的活性和吞噬功能，提高抗原递呈能力，从而增强免疫力。不仅如此，胸腺素还能对细胞因子的释放产生影响，例如白细胞介素-2(IL-2)可以促进巨噬细胞转移抑制因子(MIF)、集落刺激因子(CSF)、肿瘤坏死因子(TNF)、IL-1/6 等细胞因子的产生，从而增强机体的免疫能力以抵抗多种疾病。胸腺素除通过调节炎症相关细胞因子和促进免疫细胞的分化成熟来增强免疫之外，还能通过促进伤口愈合抵抗疾病，作为第一信使与特异性受体 G 蛋白结合，并与活化的腺苷酸环化酶协同提高 cAMP(第二信使)水平，逐步级联放大，提高酶活性，使细胞通透性改变，并发生各种免疫效应(刘春山等，1989)。

6. 细菌素的作用机制

1)羊毛硫抗生素的作用机制

羊毛硫抗生素分为 A、B 两大类(Chen 等，2003)，A 类羊毛硫抗生素的作用机制是抑制细胞壁的合成或在细胞膜上打孔(Todorov 等，2009)，通过这两种作用方式发挥抑菌作用，具体过程：①通过结合类脂Ⅱ(类脂Ⅱ是细胞膜合成过程的重要载体，负责将合成肽聚糖的成分从胞质中转运至细胞壁)阻止细胞壁合成，导致细菌死亡。②细菌素的 N-末端与靶细胞膜上的类脂Ⅱ结合，其 N-末端结构发生改变，使 C-末端插入靶细胞膜形成孔道，细胞内小分子物质(如 K^+、无机磷、谷氨酸和 ATP)从孔道中流失造成细菌死亡。乳酸链球菌肽(Nisin)是典型的通过这种机制抗菌的物质(Willey 等，2007；Parada 等，2007)，关于 Nisin 作用形成的孔道，公认有两种类型，分别是栅栏和楔形。栅栏是指每一个细菌素分子垂直插入膜内，形成栅栏型的横跨膜的离子通道；楔形是一定数量的细菌素分子同时插入膜中形成的楔形离子通道。B 类羊毛硫抗生素(如 mersacidin)也是通过与类脂Ⅱ结合形成复合体，终止靶细胞壁合成导致细菌死亡，但是B类羊毛硫抗生素与A类羊毛硫抗生素结合类脂Ⅱ的方式不同，B类和类脂Ⅱ的结合方式是通过静电作用与带二价正电荷的钙离子结合，形成一个三元复合体，从而终止靶细胞壁合成导致细菌死亡（Nishie 等，2012；Wiedemann 等，2006）。

2）非羊毛硫抗生素的作用机制

非羊毛硫抗生素分为Ⅱ类A型、Ⅱ类B型、Ⅱ类C型和Ⅲ类大分子蛋白芽胞杆菌细菌素4种，大多数非羊毛硫抗生素的杀菌机制是通过其两性螺旋结构插入靶细胞膜，使细胞内的离子（如 K^+、Na^+、Cs^+）和B族维生素流失，从而破坏靶细胞膜的质子动力势（proton motive force，PMF）和pH梯度，导致细胞死亡。Ⅱ类A型非羊毛硫抗生素也被称为类片球菌素或李斯特菌活性菌素，对食物病原菌 *Listeria monocytogenes*（产单核细胞李氏杆菌）有高度抑菌特异性，其N端的“片球菌素盒（pediocin box）”可以非特异性结合在细胞膜表面。Ⅱ类B型非羊毛硫抗生素被叫作二肽细菌素，这种细菌素可以使靶细胞膜电位丧失，细胞内的离子流出。Ⅱ类C型非羊毛硫抗生素的N端和C端由共价键连接形成一个环形结构。Ⅲ类大分子蛋白芽胞杆菌细菌素主要通过水解靶细胞的细胞壁使细胞溶解而最终致使细胞死亡。

6.2.3　营养肽的作用机制

营养肽对动物机体的正常发育具有不可替代的营养作用，其易消化吸收，在体内的消化吸收优于单一氨基酸。Hara 等计算了氨基酸的吸收强度，包括氨基酸的吸收率和吸收速度，并比较了大鼠对鸡蛋蛋白酶解产物和对应的氨基酸混合物的吸收率，结果发现以肽形式吸收的氨基酸强度比以单个氨基酸混合物形式吸收的游离氨基酸高，还有研究表明双甘肽的吸收率比甘氨酸高50倍（Hara 等，1984）。目前，日本已经开发出一系列以易消化吸收和低过敏性为特点的肽类功能保健食品，如酪蛋白、乳清蛋白肽类、大豆生物活性肽、胶原肽、血清肽、珠蛋白肽等产品。目前用于动物生产的消化吸收调节肽有阿片肽、β-酪啡肽等，它们可通过延长消化物在小肠中的停留时间增加营养物质的吸收，并对幼龄动物的腹泻有抑制作用（施用晖等，2001）。有研究报道1～21日龄的乳猪分别添加小肽铁和右旋糖苷铁，17日龄时检测血清铁蛋白含量，发现添加小肽铁组明显高于添加右旋糖苷铁组和对照组，说明小肽络合物形式的矿物离子更易被机体吸收（李永富等，2002）。此外，在酪蛋白、大豆蛋白酶解产物中都发现存在促进钙、铁等二价离子吸收的肽类，如酪蛋白磷酸肽，这些肽氨基酸序列中都含有丝氨酸磷酸基团和谷氨酰胺残基，二价离子 Ca^{2+}、Zn^{2+}、Fe^{2+} 等可与磷酸基团结合，防止二价离子不溶性沉淀出现，促进吸收。磷肽已用于食品工业，将酪蛋白磷酸肽（CPPs）作为功能食品，可促进儿童骨骼发育、牙齿生长、防止蛀牙、预防和改善骨质疏松症，作为药物可治疗佝偻症并促进骨折患者康复、预防治疗贫血等。

6.2.4　抗氧化肽的作用机制

抗氧化肽的抗氧化作用涉及许多复杂的机制，据文献报道，抗氧化肽可通过提供还原力、清除自由基、螯合金属离子、氧化损伤保护以及调节机体抗氧化、解毒酶活性等多种方式发挥抗氧化作用。在体外化学模型中，抗氧化肽的抗氧化作用主要体现在清除自由基和抑制脂质过氧化。抗氧化肽清除自由基的机制有两种：氢原子转移和单电子转移（张强等，2021）。

6.2.5　小分子肽的作用机制

研究表明，小分子肽被消化吸收后，在不同动物体内的转运方式可能不同，同种动物也可能有不同的转运方式。小分子肽在单胃动物中的吸收机制只依赖肠系膜系统，由小肠黏膜上皮细胞完成。作用机制包括：①具有 pH 依赖性的非耗能性 Na^+/H^+ 交换转运系统，当小分子肽以异化扩散方式摄入细胞，引起细胞内 pH 下降，并活化 Na^+/H^+ 互转通道而释放出 H^+，使细胞内 H^+ 值恢复到原来水平。②依赖 H^+ 浓度或 Ca^+ 浓度的主动转运过程，需要消耗 ATP，这种转运方式在缺氧或添加代谢抑制剂的情况下被抑制。③谷胱甘肽（GSH）转运系统与 Na^+、K^+、Li^+、Ca^+ 和 Mn^{2+} 的浓度梯度有关，而与 H^+ 浓度无关。由于谷胱甘肽在生物膜内具有抗氧化的作用，因而 GSH 转运系统可能具有特殊的生理意义，肠道中这种特殊的小肠吸收机制与游离氨基酸吸收机制并存，为动物广泛地适应环境、摄取营养提供了生理基础。小分子肽在反刍动物中的吸收作用存在肠系膜和非肠系膜两种机制。在一般情况下，消化道中的小肽在瘤胃、网胃、瓣胃、皱胃和十二指肠等部位的吸收是以非肠系膜系统进行的，在空肠、结肠、回肠和盲肠等部位是以肠系膜系统进行的。反刍动物对小分子肽的吸收，有的是以被动扩散的形式进行，有的则是以载体介导的主动转运方式进行的。

小分子肽促进氨基酸的吸收和蛋白质的合成机制：小肽与游离氨基酸具有相互独立的吸收机制（Jacqueline 等，2011），二者互不干扰，这就有助于减轻由于游离氨基酸相互竞争共同吸收位点而产生的拮抗作用，从而促进氨基酸的吸收，加快蛋白质的合成（Demeyer 等，2004）。另外，循环中的小肽也能直接参与组织蛋白质的合成。大鼠肌细胞、牛乳腺表皮细胞以及羊肌源性卫星细胞均能有效地利用含蛋氨酸的小肽，用于合成蛋白质和细胞增殖。此外，肝脏、肾脏、皮肤和其他组织也能完整地利用小肽，其中肾脏是消化循环肽和再获氨基酸的主要场所。有研究报道，当以小肽形式作为氮源时，整体蛋白质沉积高于相应的氨基酸日粮或完整蛋白质日粮。

小分子肽促进矿物质元素的吸收利用机制：要是小肽通过与金属元素形成螯合物，水溶性增加，从而促进矿物质元素的转运（乐国伟等，1998；叶芬芬等，2006）。酪蛋白磷酸肽（CPP）水解产物中有一类含有可与 Ca^{2+} 和 Fe^{2+} 结合的磷酸化丝氨酸残基，能提高其溶解性，肉类水解产物中的肽能使 Fe^{2+} 的可溶性及吸收率提高。在蛋鸡日粮中添加小肽制品后，血浆中的 Fe^{2+}、Ca^{2+} 和 Zn^{2+} 含量显著高于对照组，蛋壳强度提高。

小分子肽提高动物机体的免疫机能机制：小肽能加强有益菌群的繁殖，提高菌体蛋白的合成和动物机体的抗病力（刘莉如等，2012）。另外，某些活性小肽能令幼小动物的小肠提早成熟，并刺激消化酶分泌，提高机体的免疫能力。

6.2.6 人工合成肽的作用机理

人工合成的肽能够通过细胞膜的渗透作用以原型的方式直接进入细胞内，不需要再次消化，也不需要耗费能量，其直接介入血细胞、脑和神经细胞、肌肉细胞、生殖细胞、内分泌细胞、皮肤细胞的新陈代谢，参与细胞的生长、发育、生理功能以及分裂增殖等各个环节。人工合成肽参与酶的合成，激发酶的活性，强化酶的功能，维持酶的稳定。人工合成肽能够改善中间代谢膜（肠胃黏膜、毛细血管壁、肺泡、脑脊膜、红细胞壁、肾小球基底膜）的通透性，透过皮肤屏障、血脑屏障、胎盘屏障、肠胃黏膜屏障等屏障有效地吸收营养，排泄毒素，防御病原体的入侵。人工合成肽通过控制 DNA 的转录，保持细胞优势信息的遗传，通过合成特异蛋白质，产生特殊的生理效应。

6.3 生产工艺及分离提取技术

6.3.1 抗菌肽的生产工艺及分离提取

为了提高抗菌肽的表达量，黄家强(2021)及乔想金等(2018)通过将克隆好的抗菌肽基因导入到合适的宿主细胞，实现了抗菌肽的高效表达。宋雪莹等(2012)设计了一种名为牛乳铁蛋白素-天蚕素(LfcinB-Cecropin)的杂合抗菌肽，构建重组表达载体，并通过大肠杆菌异源表达，结果表明重组抗菌肽对革兰氏阴性菌的最低抑菌浓度(MIC)为 16 mg/L，说明该杂合肽 LfcinB-Cecropin 具有明显的抗菌活性。Curto 等(2014)将来自植物的天冬氨酸蛋白酶中能够抗植物病原菌的基因序列 PSI 连接到 pKLAC1 质粒中，经乳酸克鲁维酵母异源表达，分析表达产物发现，抗菌肽 PSI 的表达量达 4.67 mg/L，并且在 pH 为 5 的条件下对链格孢菌抑菌效果最佳，与原始植物来源的抗菌肽相比，显著提高了抑菌活性。目前，抗菌肽基因在细菌、酵母等多种表达宿主中成功实现了异源表达。发酵产物的分离、提取和纯化是发酵工业中重要的步骤，分离纯化技术的落后，会严重阻碍微生物工程产品的工业化进程，使实验室成果无法转化为生产力。分离纯化多采用层析分离技术，优点是操作方便、特异性强且分离产物活力损失较小，程佳(2016)介绍了新药研发过程中蛋白分离纯化与层析技术的重要性，分析了蛋白质分离纯化的特点和其所面临的困难，深刻阐述了蛋白提取过程的重要性。

冯露雅等(2022)指出全球耐药菌的增加和抗生素生长促进剂的禁用使得寻找新型预防细菌感染和促生长性能的替代物刻不容缓，抗菌肽作为抗生素替代品在促进动物生长，提高机体免疫和维持肠道微生态方面发挥了积极作用。然而抗菌肽产品生产成本较高，其耐药机制尚需进一步明确，这在一定程度上限制了其在畜牧生产中的推广应用。随着研究的不断深入，朱健等(2018)、刘辉等(2020)及秦德源等(2021)对宿主抗菌肽免疫调节功能进行充分发掘。未来应继续探讨抗菌肽与益生菌、药用植物提取物等联合使用对动物健康的改善效果，以不断降低成本、提高应用效果。更重要的是，要改变以往过度依赖抗生素的思维，从饲养管理、生物安全等多方面努力来降低疾病发生率、减少抗生素的使用。

6.3.2 免疫活性肽的生产工艺及分离提取

1. 白细胞介素的生产工艺及分离提取

白细胞介素(IL)的生产工艺较为复杂，首先是将其克隆表达出来，基于基因克隆技术，将鸡 IL-2(廖明，2017)、鸡 IL-15、猪 IL-2 和猪 IL-4 等的 DNA 与载体 DNA 分别用序列特异的限制性内切酶切开，然后用 DNA 连接酶将目的基因 DNA 同载体 DNA 连接起来形成重组 DNA 分子，再通过生物化学方法将重组的 DNA 分子送入宿主细胞中进行复制和扩增，最后筛选出携带有重组 DNA 分子的个体，进行目的蛋白的表达和鉴定。现举例说明 IL 的生产工艺(江国托，2003)：选用 pVB220 表达载体，通过原核生物实现目的蛋白的大量表达，过程如图 6-1 所示。

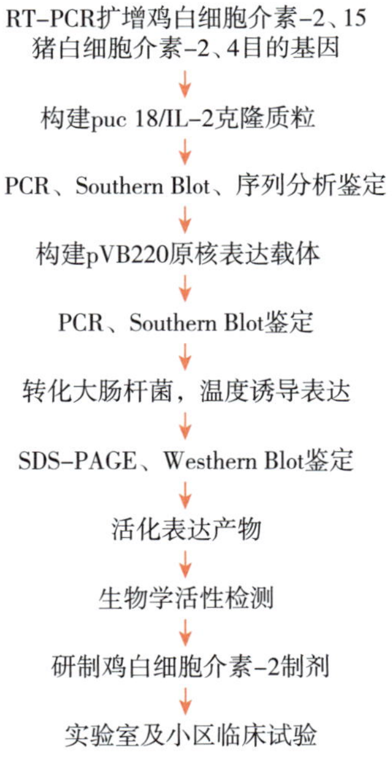

图 6-1 白细胞介素-2 的生产工艺

动物用基因工程白细胞介素产品主要利用大肠杆菌表达体系，该体系的生产工艺包括基因工程菌发酵、菌体分离、蛋白纯化和分装等阶段。其生产工艺根据生产实践过程，分为菌种库建立、种子液制备、发酵用培养基制备、种子液接种、发酵培养、菌体处理、包涵体或上清蛋白获取、蛋白质纯化、半成品制备和成品制备。其中包涵体或上清蛋白溶液经纯化后即为原液。原液中加入稳定剂后根据其剂型的不同进行稀释或冷冻干燥即为半成品，半成品经后续的分装和包装等操作得到白细胞介素产品的成品。

2. 干扰素的生产工艺及分离提取

干扰素基因的克隆表达是以基因工程技术为依托，将某种类型的干扰素蛋白基因克隆到蛋白表达载体上，通过原核生物实现目的蛋白的大量表达（王艳，2005）。该过程包括目的基因的合成，目的基因克隆到表达载体上，重组多克隆表达载体转化原核生物感受态细胞，重组多克隆表达载体筛选和目的蛋白的诱导表达（图 6-2）。基因工程干扰素蛋白表达系统主要有哺乳动物细胞表达系统、酵母表达系统和大肠杆菌表达系统。其中大肠杆菌表达系统因具有菌种培养条件简单、生长繁殖速度快、高效表达外源蛋白和成本低廉等优点，成为大规模生产干扰素的首选表达系统（何新柳，2017）。大肠杆菌表达系统生产的动物基因重组型干扰素产品的生产工艺主要包括基因工程菌的发酵、菌体分离、蛋白质纯化和分装 4 个阶段。根据生产实践过程以上四个阶段又细分为菌种库建立、种子液制备、发酵用培养基制备、种子液接种、发酵培养、菌体处理、包涵体或上清蛋白获取、蛋白质纯化、半成品制备和成品制备。其中包涵体或上清蛋白溶液经纯化后即为原液。原液中加入稳定剂后根据其剂型的不同进行稀释或冷冻干燥即为干扰素的半成品，半成品经后续的分装和包装等操作得到干扰素的成品。

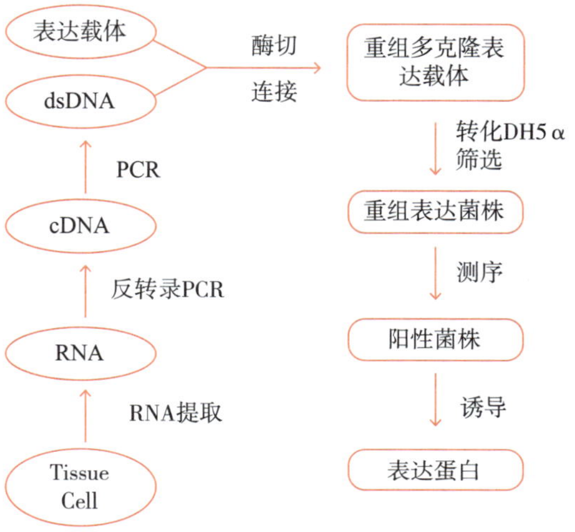

图 6-2 重组蛋白表达路线图

3. 转移因子的生产工艺及分离提取

静脉无菌采取抗凝血，分装于沉降管中，于无菌超净工作台沉降约 1 h，小心吸取中间白细胞层，尽量不要混入下层红细胞，用 Hank's 液吹洗后 800～1 200 r/min 离心沉淀 10 min，弃去上层清液，得白细胞沉淀物，再次加入适量 Hank's 液洗涤，离心，此过程重复 3 次，得下层白细胞沉淀物。细胞计数并按比例加入细胞培养液，调整细胞浓度为每毫升$(1\sim5)\times10^6$个。加小牛血清（终浓度为 10%），加入双抗（终浓度为 1%），于 37 ℃、60%～80%相对湿度、5%的 CO_2 环境中培养。培养结束后反复吹打细胞培养瓶，收集细胞液，160 W、5 min 超声波破碎细胞后，于透析袋（MW＝8 000～14 400）中兑去离子水，4 ℃透析 48 h，得到转移因子。过滤除菌后，分装，置－20 ℃保存。

4. EGF 的生产工艺及分离提取

EGF 主要有水解法（酶解法、微生物发酵法及化学试剂酸、碱水解法）、化学合成法、DNA 重组技术法等生产方法。其中酶解法因生产条件温和、水解条件易于控制、产品纯度高、不产生消旋作用、保护氨基酸、主要产物为肽等优点，是目前应用研究最多的方法。酶解蛋白类饲料主要有两种生产方式，即液态酶解和固相酶解，其操作原理为在待分解原料中直接添加预筛的酶并将酶解环境及条件调整到该酶的最适反应条件，最终得到目标产物。其中液态酶解需要专门的酶解罐，目标底物的浓度相对较低，在酶解过程中需要随时观测酶解条件，酶解后需要固液分离，经浓缩干燥后得到酶解目标产物。其产物纯度高，一般用于食品方面，很少用于动物，并且这种方法投资较大，生产成本相对较高，所以为减少生产成本且保证产物纯度，探索出固相酶解。固相酶解是将目标酶解底物加入少量水后与预筛的酶混合，在适宜的环境条件下于固相酶解器中进行动态酶解，获得含有还原糖、肽、蛋白质和碳水化合物等成分的饲料的方法。固相酶解的工艺简单、设备投资少，连续生产周期短，不消耗底物、蛋白质和能量，营养抗性因子和抗原均有所降低，适应能力强、生产成本低等，以上优势让固相酶解在小肽生产工艺中具有更高的选择性，并且已得到广大行业工作者的认可。随着酶解方法的发展，新型辅助酶解方法不断研发，如微波辅助蛋白酶解法、红外线辅助蛋白酶解法、超声波辅助蛋白酶解法。微波辅助酶解法是新开发的一种高效蛋白酶解技术，其优势在于反应周期短，酶解速率加快、最终产物可控等；红外线辅助蛋白酶解法是利用可控温的红外线装置代替传统酶解过程中的水浴作用，可降低酶解时间而提高酶解速率，且设备简易，具有可操控性；超声波辅助酶解法是在传统酶解操作过程前利用超声波的机械和空化效应将酶解底物进行预处理，再进行传统工艺的酶解操作，可显著提高酶解效率，提高二苯代苦味酰基自由基(DPPH)的清除率。除上述辅助方法外，还有些处于研发阶段的高科技的辅助方法，如利用低电压交流电产生的交变电场方法、低压交流电辅助的靶上酶解等方法，这充分说明酶解法是现在蛋白酶解条件比较成熟、研究较深入的方法，也是最有前景的蛋白水解方法。如果将上述的诸如酶解法和微生物发酵法等生产方法结合起来进行操作，将能提高酶解速率、提高小肽品质、降低生产成本。

5. 胸腺素的生产工艺及分离提取

胸腺素 Tα1 的生产工艺及分离提取方法有很多，第一种是从小牛胸腺中获得，以小牛胸腺为原料，除脂肪，去杂，用浓盐酸调纯化水至 pH 为 3.0 后，加 2 倍体积纯化水匀浆，加热至 80 ℃，保持 10 min，冷藏过夜，次日离心，上清液加热至 80 ℃，保持 10 min，冷置过夜，次日以氢氧化钠调上清液至 pH 为 11.0，微沸，冷藏过夜，次日离心，并将上清液以盐酸回调至 pH 符合国家标准要求(6.0～7.5)，超滤，即得。此方法成本较低，但是具有步骤繁琐、产量低以及引入外源性抗原的缺点。第二种是利用化学合成的方法得到，此方法具有简单、高效、纯度高等优点，临床上应用的 Tα1 即是此种方法获得的，但是此方法生产的 Tα1 成本高。第三种是用基因工程的手段表达，此方法成本低、效率高，但是获得的 Tα1 的纯度还达不到临床应用的要求。由于 Tα1 的分子质量小，易被细胞中的蛋白酶降解，故 Tα1 通常和融合标签融合表达。

6. 细菌素的生产工艺及分离提取

首先将嗜酸乳杆菌 P3 从－18 ℃冰柜中取出，放在 4 ℃的环境中解冻，解冻后在已灭菌好的无菌操作台中进行平板划线，厌氧培养后，在固体平板上挑取 1～2 个单个菌落进行革兰氏染色，如果镜检无杂菌，选取饱满单个菌落进行一级种子的制备。一级种子检测合格后，在无菌条件下，将一级种子倒入培养基中，后放入恒温培养箱中厌氧培养，制备二级种子，二级种子检测合格后，进行扩大生产，待发酵结束后，向罐体夹层通蒸汽升温使酶失活，通水冷却至室温后，采用 pH 吸附解析法分离细菌素，并用 0.22 μm 无菌滤膜过滤，最后将收集液体喷雾干燥得到细菌素成品。其生产工艺流程如图 6-3 所示。

6.3.3 营养肽的生产工艺及分离提取

基因工程技术是制备营养肽的一种有效方法，张之勇等(2007)首先利用氨基酸序列合成目的基因，其次以串联连接方式得到多拷贝的目的片段，最后采用原核表达的方法成功制备了神经营养肽 NP14。目前对营养肽的研究处于初级阶段，在研究工作中发现营养肽确实存在着良好的生理效应，随着研究手段和方法的不断提高，特别是随着蛋白工程和酶工程技术的不断发展，必将为营养肽的开发和利用带来广阔的前景。

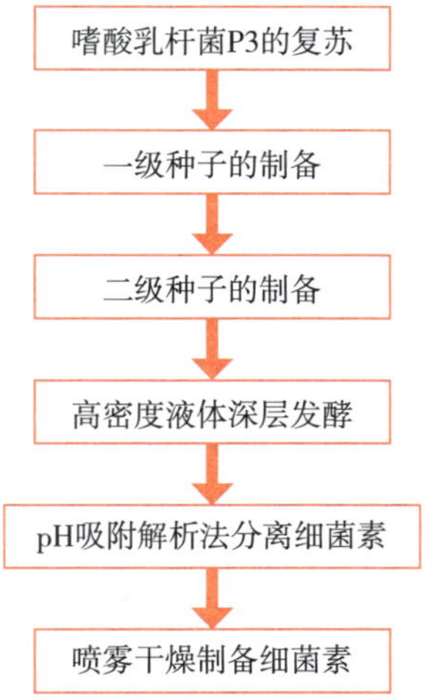

图 6-3 细菌素的生产工艺

6.3.4 抗氧化肽的生产工艺及分离提取

抗氧化肽的制备途径主要有 3 种：①直接从生物体中分离提取内源性抗氧化肽；②通过蛋白酶酶解、酸水解或发酵法降解可食性蛋白质制备抗氧化肽(Hu 等，2020；Jin 等，2018)；③通过化学反应或 DNA 重组手段人工合成抗氧化肽。在这些方法中，酶解法因具有条件温和、易于控制、专一性较强、副产物少、安全性高和易于推广等优点，研究较多，动物和植物蛋白是酶解法生产抗氧化肽的重要原料来源(Nath 等，2020)。除了动物和植物蛋白，近年来以食用菌分离蛋白为原料制备抗氧化肽的研究也越来越多，如源自阿魏菇、元蘑和双孢菇等食用菌蛋白的抗氧化肽均有报道。虽然不同来源制备的抗氧化肽种类繁多，但大都有一个相似的特点：分子质量小，表现出很强的抗氧化性，有特定的氨基酸组成。

6.3.5 小分子肽的生产工艺及分离提取

酶解法：酶解法具有生产条件温和、水解易于控制和可定位生产特定产品等优点，是目前小肽生产领域应用比较广泛的方法，水解液经滤膜分离，使蛋白酶可循环利用。但酶解法存在的缺点是植物蛋白利用率不高，仅限于少数几种微生物蛋白酶、动物蛋白酶和植物蛋白酶，酶解产肽率相对较低，而且成本高，肽酶价格和脱苦成本都相应增加生产成本。

微生物发酵法：目前研究者正探索微生物发酵法制备小肽产品，菌种多采用霉菌、细菌或酵母菌。利用活性微生物菌体发酵产生丰富的蛋白酶系，直接作用于大分子植物蛋白，将其降解成小分子蛋白和肽类物质。刘唤明和邓楚津(2006)用枯草芽胞杆菌液态发酵豆粕制备小肽饲料，在优化水解条件下产品水解度达到 60%。吴胜华等(2008)利用两种芽胞杆菌加上乳酸菌和酵母菌，采用固态发酵方法制备小肽，对发酵条件进行了优化研究。由于微生物发酵法还可以产生酒精乳酸等风味物质，能够直接掩盖苦味，制备的产品无论从风味、色泽等感官特性，还是营养效果上，均优于酶法水解的产物。另外，生产成本大大低于酶解法，因此有很好的发展前景。

化学合成法：化学合成法发展较早，技术也比较成熟，已广泛应用于生产高活性的小肽。其缺点是副产品多、成本高、效率低和产品需分离提纯，而且生产中大量使用有毒溶剂，造成环境污染，有损机体健康。

DNA 重组技术法：目前，此法仅限于生产大分子活性多肽和蛋白质。因为该方法存在小分子的基因片段操作困难、表达困难、检测工作困难、难筛选到高效表达的菌株和产量较低等缺点，制备的小肽种类受到限制，不能生产酰胺肽，也不适合制备短链肽。因此，应用 DNA 重组技术生产小肽制品还需要进一步完善。

6.3.6 人工合成肽的生产工艺及分离提取

人工合成肽的生产方法有很多，传统的方法主要有微生物发酵法、酸法、碱法、电法、人工嫁接法、基因表达法、酶解法等。

微生物发酵法：微生物发酵法的生产工艺技术主要是通过现代微生物发酵技术将大分子球蛋白转化为小分子肽，通过控制微生物的代谢和发酵条件可生产不同氨基酸排序和分子质量不同的肽。在发酵过程中，产生的游离氨基酸被微生物再次吸收利用，对微生物的代谢不会产生反馈抑制。通过微生物的代谢作用，对氨基酸和小肽进行移接和重排，对某些肽基团进行修饰和重组。例如以大豆豆粕为原料经过微生物发酵法生产的大豆肽，改变了大豆蛋白质固有的氨基酸序列，修饰了肽的疏水性氨基酸末端，使大豆肽没有苦味并且活性更高，并赋予大豆肽一些生物活性功能，该工艺属于生物工程的高新技术范围，其科技含量高，在食品行业、发酵工业、饲料行业、制药行业、化妆品行业和植物营养促进剂等行业中都能应用，具有十分广泛的用途和非常广阔的开发应用前景。

酸法：用化学强酸催化蛋白质获得肽的方法叫酸法，此法投资大、占地多、工艺复杂、污染大、分子质量难以控制，产品有化学残留，很难实现工业化生产，至今仍停留在实验室阶段。

碱法：用化学强碱催化蛋白质的方法叫作碱法，这种方法与酸法殊途同归，结果是一样的。

电法：电解蛋白质的方法叫作电法，此法有明显优势，生产成本低，与酶解法相比，口感好。

人工嫁接法：就是精细化工生产出的氨基酸，有选择地进行定向嫁接，这种方法基本上用机器来操作，生产量大，产出的肽无活性，生理功能不明显。

基因表达法：从动物的血液或组织分离提取的方法等统称基因表达法，此方法主要用于研究生产“肽类药物”。其代表产品有胸腺肽、胸腺五肽、干扰素、白细胞介素 1、白细胞介素 11、人血清白蛋白、免疫球蛋白、丙种球蛋白、肿瘤坏死因子等。

酶法：用生物酶催化蛋白质的方法称为酶法。酶法在传统法的基础上有所突破和创新，适应了低碳经济和绿色环保的要求。酶法就是用生物酶催化蛋白质使蛋白质降解，人工合成而获得多肽。酶法较酸法、碱法、电法等方法温和、环保、生产工艺简易、投资少、见效快，适宜工业化生产。酶法获得的肽，相对分子质量易控制、产品自身富有绿色属性，生产出来的肽无苦味、肽相对分子质量小（相对分子质量大都在 1 000 以下），这些小分子肽不需消化直接吸收，具有动力、载体、运输、递质和营养功能，特别是它具有极强的活性、多样性和重要的生物学功能。

水解法：肽可由膳食蛋白质（dietary protein）通过化学方法水解出来，也可以用人工方法取得。系由两个或以上的氨基酸（amino acids）聚合所构成，在细胞生理及代谢功能的调节上甚为重要。

6.4 生物活性肽的应用和展望

6.4.1 生物活性肽的应用效果研究

生物活性肽由于本身由氨基酸构成，饲喂动物具有无毒副作用、无残留等特点，对畜产品的品质无负面影响，可保证动物产品的质量与安全，因而生物活性肽成为绿色饲料添加剂研制、开发的首选对象。生物活性肽是根据分子生物学理论,应用现代生物工程和基因工程技术生产的,具有生物活性并可促进动物生长和保健的有机物质(李子健,2019)。

1. 生物活性肽功效

目前发现并经试验证实的生物活性肽功效如下。

(1)具有抗氧化、延缓衰老的作用(唐勤,2018)。其原理是捕捉金属离子或促进过氧化物的降解,清除细胞中多余的活性氧,达到抑制脂质过氧化的功效。目前,国内外对生物活性肽抗氧化作用的研究越来越多,胡文琴等(2004)对肌肽和谷胱甘肽的抗氧化作用及应用前景进行了详细的综述,显示出它们在医药、食品、饲料等领域应用的优势,其可以作为天然抗氧化物,具有无毒高效等特点。

(2)王帅等(2021)报道牛乳中生物活性肽具有影响人体行为、胃肠系统、激素调节、免疫反应、神经调节等功能。

(3)张秋萍(2013)阐述了生物活性肽的特殊生理功能,通过酶解技术分别制备抗菌和抗氧化活性肽。抗菌肽是生物体在抵御病原微生物的过程中产生的具有抗微生物和恶性细胞功能的小肽,抗菌肽具有较强的抗菌活性,尤其是对某些耐药性病原菌具有很强的杀伤力。抗菌肽的抗菌机制是非免疫球蛋白型抵御入侵的低分子质量蛋白质,通过产酸或是抑制细菌细胞壁合成达到抗菌作用,抗菌肽还可以用于抗病毒、真菌、原虫等。抗氧化肽可以抑制体内自由铁离子、血红蛋白、脂氧合酶和体外单线态氧催化的脂肪酸败作用。Chen 等(1995)从大豆酶解物中分离得到多种抗氧化肽,具有抗亚油酸脂质过氧化作用。

(4)还有研究报道生物活性肽具有抗癌、抗血栓、抗高血压、激素、免疫调节、感官风味改善、营养保健等功效(李宁等,2019;赵家龙等,2019;杨贵兰等,2021;樊蕊等,2018)。

由于生物活性肽的多种功效以及它在节约蛋白质饲料、提高动物生产性能等方面具有重要意义,所以有关肽制品的开发与研制正在不断加强,在饲料行业中生物活性肽主要应用于以下几个方面。

2. 生物活性肽的应用

(1)替代抗生素(Mohammad 等,2020)。感染使得动物机体将营养从生长转移到免疫反应有关的特定组织和细胞,这就导致了动物的饲料采食量及生长速度降低。在饲料中添加抗生素可以预防疾病和感染的发生,但随之而来的是环境污染、抗药性以及药物残留等问题。研究发现一些活性肽具有抗生素和抗病毒的作用,可作为健康促进剂取代抗生素。

(2)作为天然防腐剂提高饲料品质(Karimi 等,2021)。具有抗氧化作用的生物活性肽也叫抗氧化肽,具有清除自由基、抑制脂质氧化、金属螯合能力、激活机体本身内在抗氧化防御系统等功效,同时也具有良好的溶解性、高抗氧化活性、低黏度和低疏水性等特点,易于体内吸收,此外,部分生物活性肽具有抑制食品氧化变质和腐败微生物生长的功能,因而在动物饲料中可以作为天然抗氧化的防腐剂(柯勤勤等,2017;俞媛瑞等,2019)。

(3)改善饲料风味,提高饲料适口性(孙永泰,2014)。研究表明,某些生物活性肽可以改善饲料的风味,提高饲料的适口性,起到调味剂和诱食剂的作用。

(4)满足畜禽的营养需要。动物摄入的蛋白质在肠道内经过酶消化后,可释放出游离的氨基酸和肽,肽的吸收具有转运快、吸收效率高、耗能低、载体不易饱和、不竞争载体等优点,同时作为中间产物,直接被组织蛋白质合成利用,参与组织蛋白质的合成与调节。有些生物活性肽,例如酪蛋白磷酸肽,能提高矿物质元素的吸收利用率。

6.4.2 抗炎肽的功能预测、制备方法及应用研究实例

抗炎肽作为一种典型生物活性肽，主要的功效是具备抑制炎症因子，能保护动物的组织器官不被炎症因子攻击而生病，其在动物中常用于肠道炎症控制，抑制炎症的发生，从而保护肠道，促进动物的健康。下面主要从抗炎肽的发现、制备方法以及举实例来说明其应用的潜力。

1. 抗炎肽功能预测

生物信息学(bioinformatics)是一门新兴的交叉学科，也是21世纪生物科学的核心领域之一。它主要是通过运用计算机技术衍生的一些方法，对生物学的数据进行处理，包括对大量的生物信息进行收集处理，对比已知序列和试验序列的结构、功能关系(万跃华和何立民，2002)。此外通过对蛋白质等生物大分子的空间结构模拟和预测，可以根据特定蛋白质的功能进行必要的药物设计。

在20世纪后期，基因组合肽库和化学组合肽库相继出现(王克夷，2003)，学者们可以将试验得到的肽序列输进数据库进行对比，查看相似序列的功能信息。也可以模拟蛋白质的降解，来获得一系列的模拟肽序列，比如 PeptideMass 工具(Wilkins 等，1997)。但是此工具设定的酶切位点有限，而且对比序列时，需要将成百上千的肽序列手动输入文本框，再逐一点击相似序列的链接，查看相关信息，当进行大量多序列查询时，工程浩大，费时费力。基于活性肽数据库的生物活性肽自动查询预测系统(AQS)(李昊和饶平凡，2006)，实现了根据蛋白质酶切位点模拟裂解产生理论肽的功能，而且可以自动查询比对序列，预测理论活性肽及其功能。其原理主要是建立一个生物活性肽数据库，应用已有生物活性肽作为序列比对标准，实行大量未知生物活性的系列肽自动无人值守查询，和已知生物活性的肽序列比对查询，以发现新物种中(包括动物和植物)具有新的生物活性的功能肽。Li 等(2013)应用 AQS 方法已经成功地预测出蛋白水解混合物中具有活性的物质。抗炎症活性肽就是基于此信息学软件获得的。

2. 抗炎肽的制备方法

随着科学技术的发展，生物活性肽的制备方法越来越成熟，在过去二十几年，科研人员对活性肽的制备方法进行了不断地革新。目前，国内已有多位研究学者对生物活性肽的制备方法进行了分类，主要的制备方法有六类，有酶解法、微生物发酵法、化学合成法、化学水解法和基因重组法(张开平等，2015)。对于不同的活性肽，需要根据情况综合各方面因素，选择性价比相对较高的制备方法，例如：短肽可用固相合成法合成，大分子肽则需要应用重组 DNA 技术来实现(杜林和李亚娜，2005)。抗炎肽的制备方法如下。

1)酶解法

酶解法制备活性肽一般工艺流程为：原料蛋白→预处理→酶解→分离→脱苦味、脱色→精制→生物活性肽(李艳娟和李书国，2014)。

酶解法主要是根据酶在适宜的条件下，将蛋白质水解成特定的肽段，所以用该方法生产活性肽的关键因素是选择合适的酶及酶解条件。目前已有多种酶用于制备生物活性肽，这些酶包括木瓜蛋白酶、菠萝蛋白酶等植物蛋白酶、以及胃蛋白质酶、胰蛋白酶等动物蛋白酶和一些微生物酶。由于酶的专一性，导致使用一种酶较难达到生产目的，因此工业上多是两种或者三种酶复合使用。

酶解法的优点是生产条件温和、水解程度易于控制、可定位生产特定的肽、产品安全性高、生产成本低廉等，成为目前制备生物活性肽最常用的方法(李建杰等，2012)。但是在使用过程

中也存在许多问题,如副反应多、一些氨基酸衍生物在水中稳定性差等(杜林和李亚娜,2005)。此外还有一个问题是,在酶解过程中,芳香侧链或长链烷基侧链的疏水性氨基酸残基暴露,产生了使产品发苦的苦味肽,会影响产品的风味,因此应用该方法需配套脱苦设备。虽然目前已经研发出很多脱苦技术,如用硅藻土和外切酶等方法脱苦,但是这些方法操作起来比较复杂、成本高,而且多肽及氨基酸损失比较严重。

2)微生物发酵法

微生物发酵法制备活性肽,主要是利用微生物在生长过程中自身产生的蛋白酶,将蛋白质水解,再通过一定方法分离提取出需要的活性肽。

该方法最大的优点是无须进行酶的选择及制备,并且在生产活性肽过程中,可以直接对苦味肽的基团进行修饰,能使活性肽苦味减轻或者消失,改善产品风味的同时大大降低了生产成本。

但是在饲料开发方面,使用微生物发酵法存在一定的安全性问题,因为有很多优良的产酶菌株被证明是有毒害作用的。因此,目前应用的主要是无明显毒害作用的米曲霉、黑曲霉、枯草芽胞杆菌等有限的微生物,作为饲料开发的蛋白酶生产源。

3)化学合成法

目前,化学合成法主要应用于实验室水平,包括固相和液相两种方法。其中液相方法应用较早,它是合成小分子肽浓缩多肽片段的有效方法,但是使用该方法每次接肽后都要再用一些方法,对未反应的原料及副产物进行处理,以纯化所需目的产物,处理过程不但耗时耗力,而且往往对目标产物会产生影响,因此固相合成法应运而生。固相多肽合成法主要是将带有氨基保护基团的氨基酸的羧基端固定到不溶性树脂上,脱去该氨基酸上的氨基保护基,同下一个氨基酸的活化羧基形成酯键,从而延伸肽链形成多肽(魏宗友等,2010)。

固相合成法的优点是简化了多步合成反应,从而减少了样品在反复操作过程中造成的损失,同时也有利于肽链的固定和纯化等,容易实现自动化合成。而其主要的缺点表现为,直接合成的序列短、耗时、成本较高,副反应及残留化合物多,限制了规模化生产应用。

4)化学水解法

化学水解法就是利用合适的酸碱(主要是酸)作用于蛋白质,使其中的肽链断裂,然后通过分离纯化得到目标活性肽。

该方法的优点就是工艺简单、成本较低,但是水解程度较难控制,产生的副产物也较多,对肽的结构和功能有一定影响,从而降低了蛋白质的营养价值,而且水解结束需要去除盐酸等,这些因素同样限制了该方法的广泛使用。

5)基因重组法

随着分子生物学及相关技术的快速发展,基因重组的方法也在生物活性肽的制备中有所运用。利用 DNA 重组技术,将表达活性多肽的基因整合到宿主菌进行表达,其产量和纯度将会有很大的提高,是目前大量获得生物活性肽的有效途径,显示出其广阔的应用前景。利用基因工程技术对生产生物活性肽的酶进行改造,从而获得新特性的活性肽,将会是一个重要的发展方向(Puvion 等,1995)。

但该方法还不够完善,例如会出现翻译后难以修饰,易形成包涵体等不恰当的折叠构型等不利情况。此外采用 DNA 重组方法无法合成小肽类物质,在小肽制备过程中表达效率极低,浸提困难,现阶段只能用于大分子肽的合成,而且无法利用非自然氨基酸,也不能利用微生物表达体系来进行酰基化肽的生产。

3. 抗炎肽在动物生产上的应用

生物活性肽是畜牧业领域极具潜力的新兴产业，特别是 21 世纪提倡生态农业，其优点在于抑制肠道炎症，主要通过抑制炎症因子而起到抑制炎症的作用，从而保护肠道，使得养殖动物无须使用或者少用兽药，因此，具有替代抗生素的作用。下面以实例具体说明。

炎症(inflammation)是具有血管系统的活体组织，对损伤因子所产生的防御反应，也就是人们所说的"发炎"，主要表现为红、肿、热、痛。在炎症过程中，一方面损伤因子直接或间接造成组织和细胞的破坏；另一方面通过炎症充血和渗出反应，以稀释、杀伤和包围损伤因子，同时通过实质和间质细胞的再生，使受损的组织得以修复和愈合。因此，可以说炎症是引发机体损伤和抗损伤作用的共同过程。通常情况下，适当的炎症是有益的，可以清除机体的一些致病因子，促进机体组织结构和功能的修复，但是有的时候，炎症也是有害的，例如长期过度的炎症会破坏机体防御体系的抗氧化能力，形成氧化应激状态，其对人体自身组织的攻击造成人体多器官功能障碍等。例如：慢性支气管炎、哮喘和肺气肿等，而炎症性肠病只是临床上常见的一种。

炎症性肠病(IBD)是一种涉及肠道黏膜炎症、溃疡与再生的肠道慢性非特异性免疫疾病，主要包括溃疡性结肠炎(ulcerative colitis，UC)和克罗恩病(Crohn's disease，CD)。其主要表现为腹痛、腹泻、恶心、呕吐等消化道症状以及体重减轻、心率变快等。与 IBD 相关的因子有很多，包括细胞因子、趋化因子以及一些受体蛋白等，其中细胞因子可以分为促炎细胞因子和抗炎细胞因子两大类，随着对肠道炎症发病机制研究的逐渐深入，已经认识到，促炎因子和抗炎因子之间的失衡所致的免疫异常，在肠炎发病中起着重要的作用。常见的促炎细胞因子有 IL-1、IL-6、IL-8 以及 TNF-α，常见的抗炎因子有 IL-4、IL-10 及 IL-13。

Wang 和 Li(2018)将活性肽 QEPVL 用于炎症小鼠，发现 QEPVL 能通过显著提高小鼠肝脏抗氧化酶的酶活，提高机体抗氧化能力，而达到抗炎目的，为研究生物活性肽的抗炎功能，和其在调节氧化应激反应方面的应用奠定了基础。但是，此后国内鲜少有人对生物活性肽的抗炎作用进行更深入的研究，因此，研究具有潜在抗炎作用的活性肽，以期协助或取代目前常用、但有副作用的抗炎药物具有重大意义。鱼类肠炎在鱼类疾病中是最为常见的，同时也是养殖户最棘手的问题，若鱼类疾病得不到及时的治疗，对于水产养殖经济将会造成巨大的损失。抗炎肽在鱼类肠道炎症中的应用研究已取得较好进展，表明抗炎肽是替代抗生素药物的选择之一。抗炎肽潜在应用范围广泛，不仅仅能够用在水产类，还可以用在畜禽类及宠物上，作为一种新型开发的饲料添加剂，其发展前景相当巨大。

参考文献

程佳. 论新药研发过程中蛋白分离纯化与层析技术的重要性[J]. 人人健康，2016(24)：246.

程媛，曹慧，徐斐，等. 食源性蛋白中免疫活性肽的研究进展[J]. 食品科学，2015，36(17)：296-299.

单安山，郭涛，李高强，等. 抗菌肽作用机制及其在畜禽养殖中应用[J]. 东北农业大学学报，2017，48(9)：82-88.

单安山，田昊天，邵长轩，等. 抗菌肽抗细菌机理研究进展[J]. 东北农业大学学报，2018(3)：84-94.

杜林，李亚娜. 生物活性肽的功能与制备研究进展[J]. 中国食物与营养，2005(8)：18-21.

樊蕊，徐美虹，王军波，等. 生物活性肽在保健/功能食品中的应用[C]//营养健康新观察(第四十九期)：肽营养与健康，2018：19-25.

冯露雅，覃佐东，谭碧娥. 抗菌肽的生理功能和作用机制及其在断奶仔猪上的应用研究进展[J]. 中国畜牧杂志，2022，58(3)：13-19.

郭晓强. 固相肽类合成的发明者：梅里菲尔德[J]. 自然辩证法通讯，2010，32(5)：97-104.

何新柳. 猪 α 干扰素在大肠杆菌中的表达及生产工艺研究[D]. 广州：华南理工大学，2017.

侯虎. 鳕鱼免疫活性肽的可控制备及其免疫活性研究[D]. 青岛：中国海洋大学，2011.

侯云德，张国成. 重视重组人干扰素 α1b 的创新研究和儿科临床应用[J]. 中华实用儿科临床杂志，2018，33(18)：1361-1365.

胡文琴，王恬，孟庆利. 抗氧化活性肽的研究进展[J]. 中国油脂，2004(5)：42-45.

黄家强. 抗菌肽在毕赤酵母中高效表达及其抗菌性能研究[D]. 无锡：江南大学，2021.

江国托，李凤花，林云圣，等. 鸡白细胞介素-2(IL-2)基因的克隆及原核表达[Z]. 国家科技成果，2003.

焦姣，姚祝军. 泛素调节的蛋白质降解——2004 年诺贝尔化学奖成果简介[J]. 科技导报，2005，23(2)：22-25.

靳晓慧，梁秀丽，徐卫松，等. 猪转移因子增强猪细小病毒灭活疫苗猪体细胞免疫活性的研究[J]. 河南农业大学学报，2016，50(5)：641-645.

柯勤勤，钟海霞，李美良. 淡水鱼生物活性肽及其生物活性研究进展[J]. 天然产物研究与开发，2017，29(7)：1256-1263.

柯勤勤，钟海霞，李美良. 淡水鱼生物活性肽及其生物活性研究进展[J]. 天然产物研究与开发，2017，29(7)：1256-1263.

乐国伟，施用晖，蔡学林，等. 酶解酪蛋白与相应氨基酸混合物对雏鸡组织蛋白质合成的影响[J]. 畜牧兽医学报，1998，29(1)：10-16.

李昊，饶平凡. 生物活性肽自动查询预测系统[J]. 生物信息学，2006，4(4)：176-177.

李建杰，叶磊，荣瑞芬. 生物活性肽的酶法制备及分离鉴定研究进展[J]. 食品研究与开发，2012，33(2)：195-199.

李宁，石爱民，刘红芝，等. 生物活性肽抗癌活性及其作用机制研究进展[J]. 中国食品学报，2019，19(11)：261-269.

李文龙，张慧，汤琦，等. 高效液相色谱在多肽分离分析中的应用[J]. 分析仪器，2018(1)：63-67.

李亚萍. 浅议生物药物分析方法的进展[J]. 龙江医药，2006(1)：49-50.

李艳娟，李书国. 玉米生物活性肽制备、功能及其保健食品研究[J]. 粮食与油脂，2014(6)：13-16.

李永富，施用晖，潘茹芳. 小肽络合铁对新生仔猪补铁效果的研究[J]. 饲料研究，2002(3)：11-13.

李子健，刘秀丽，裴乐，等. 生物活性肽的研究进展[J]. 畜牧与饲料科学，2019，40(12)：20-24.

廖明. 家禽干扰素和白介素 2 高效表达技术和规模化生产工艺研究[D]. 广州：华南农业大学，2017.

刘春山，李绍明，葛光常. 胸腺素的生物活性、作用机制及其临床应用[J]. 宁夏医学杂志，1989(3)：190-192.

刘唤明，邓楚津. 发酵法生产大豆肽的研究[J]. 饲料工业，2006(19)：4-5.

刘辉，佘锐萍，刘天龙，等. 鸡血抗菌肽对保育猪生长及其免疫调节的研究[J]. 中国兽医杂志，2020，56(11)：1-5.

刘莉如，滑静，王晓霞，等. 抗菌肽对蛋用仔公鸡血液免疫指标和肠道菌群的影响[J]. 动物营养学报，2012，24(9)：1812-1818.

刘威，段海清，张兆山. 阿片受体的研究进展[J]. 生物技术通讯，2003，14(3)：231-234.

罗文奇. 三种水生生物活性肽的制备分离与促免疫活性研究[D]. 深圳：深圳大学，2019.

马大龙. 白细胞介素[J]. 自然杂志，1993(Z1)：36-41.

乔想金，李文新，白丽娟，等. 抗菌肽 VIP 在毕赤酵母中的高效表达及鉴定[J]. 生物工程学报，2018，34(6)：1002-1011.

秦德源，卞译烽，马赞．抗菌肽免疫调节功能分析[J]．畜禽业，2021，32(8)：17-18.

邵伟，施炜涛，仝钰洁．食源性小分子蛋白对生物机体健康的影响及其应用[J]．中国食品添加剂，2021，32(7)：75-80.

施用晖，乐国伟．生物活性短肽在动物生产中的应用前景[J]．饲料工业，2001，22(7)：34-36.

舒一梅．猪股骨降血压肽分离纯化的研究[D]．成都：四川农业大学，2015.

宋克杰．美籍专家的"'多肽'阻止'非典'论"不是梦——访生物活性多肽系列专利发明人、三九集团武汉九生堂生物工程公司董事长邹远东[J]．当代经济，2003(5)：3.

宋雪莹，冯兴军，李静，等．杂合抗菌肽牛乳铁蛋白素-天蚕素在大肠杆菌中的高效表达及其活性鉴定[J]．微生物学通报，2012，39(9)：1242-1249.

孙永泰．多功能饲料添加剂——生物活性肽[J]．江西饲料，2014(5)：17-19.

唐勤．浅谈蚕蛹生物活性肽的保健功效[J]．广东蚕业，2018，52(8)：4-6.

唐馨，毛新芳，马彬云，等．抗菌肽的研究现状和挑战[J]．中国生物工程杂志，2019，39(8)：86-94.

万跃华，何立民．网上生物信息学数据库资源[J]．情报学报，2002，21(4)：497-512.

王红梅，阚娟．生物活性肽的功能特性[J]．江苏调味副食品，2008(2)：37-39.

王克夷．开发小肽，筛选新药[J]．中国生化药物杂志，2003，24(1)：48-50.

王帅，王青云，粘靖祺，等．牛乳中生物活性肽的研究进展[J]．中国奶牛，2021(1)：42-45.

王文．生物工程——21 世纪全球科技攻关的中心[J]．经济世界，2000(5)：78.

王新玲．转基因的发展史[J]．党政论坛(干部文摘)，2010(10)：48-49.

魏宗友，潘晓花，季昀．生物活性肽的制备、功能及在动物生产中的应用研究进展[J]．中国饲料，2010(23)：22-26.

温赛，刘怀然，韩煦，等．人工合成型抗菌肽及其药学应用研究进展[J]．中国生物工程杂志，2016，36(8)：10.

吴胜华，李吕木，张邦辉，等．多菌种固态发酵豆粕生产小肽饲料[J]．食品与发酵工业，2008，34(10)：113-115.

谢文文，刘振华，张得香，等．表皮生长因子信号调控隐窝-绒毛轴更新和再生的研究进展[J]．动物营养学报，2021，33(7)：3726-3734.

轩贵平，李天平，李云贵．浅谈生物多肽的临床作用[J]．人人健康，2017(17)：92.

杨贵兰，秦松，李文军，等．海洋生物活性肽的功能、制备技术与作用机制研究进展[J]．海洋科学，2021，45(10)：123-132.

叶芬芬，陈新风．小肽的营养作用及其应用[J]．江西饲料，2006(6)：6-9.

俞媛瑞，王雪峰，王桂瑛，等．鸡肉中生物活性肽的研究进展[J]．食品研究与开发，2019，40(22)：220-224.

袁宇，张倩，黄培勇，等．hEGF 和 hTGF-etN 结构域与 C 结构域的功能差异[J]．生物化学与生物物理学报，1999，31(5)：519-522.

张丰文，董超，周丽亚，等．抗氧化多肽来源，提取及检测的研究进展[J]．生物技术，2021，31(1)：96-103.

张开平，苏仕林，刘燕丽，等．生物活性肽功能及制备方法的研究进展[J]．农产品加工，2015(12)：61-64.

张强，李伟华．抗氧化肽的研究现状[J]．食品与发酵工业，2021，47(2)：7.

张秋萍．豌豆分离蛋白酶解产生物活性肽的研究[D]．无锡：江南大学，2013.

张维，于珊珊，尹宏兵．超声法提取梅花鹿茸总多肽及其抗炎活性[J]．中国老年学杂志，2021，41(3)：622-625.

张之勇，苑辉卿，姜安丽，等．神经营养肽 NP14 基因的合成及其在大肠杆菌中的高表达[J]．中国病理生理杂志，2007(12)：2304-2308.

赵家龙，桂德芳．乳源生物活性肽的研究进展[J]．当代畜牧，2019(3)：30-32.

赵靖，谢立信，史伟云，等．表皮生长因子对人角膜内皮细胞损伤修复的影响[J]．眼科新进展，2002，22

(3):170-172.

郑锐,郑云峰,高潮.生物活性肽的种类、制备方法及其生理功能的研究进展[J].国外畜牧学:猪与禽,2016,36(6):6.

朱淑萍,李天巧,张曼欣.重组人表皮生长冈子在皮肤激光美容科的应用体会[J].中国美容医学,2009,18(7):1017-1101.

Ageitos J M, Sanchez P A, Calo M P, et al. Antimicrobial peptides (AMPs): Ancient compounds that represent novel weapons in the fight against bacteria[J]. Biochemical Pharmacology, 2017, 133:117-138.

Chen H, Hoover D G. Bacteriocins and their Food Applications[J]. Comprehensive Reviews in Food Science and FoodSafety, 2003, 2:82.

Chen Huamin, Muramoto K, Yamauchi F. Structural analy-sis of antioxidative peptides from soybean β-conglycinin[J]. Journal of Agricultural and Food Chemistry, 1995,43(3):574-578.

Choi K D, Lillehoj H S, Song K D, et al. Molecular and functional characterization of chicken IL-15[J]. Developmental and Comparative Immunology, 1999(23):165-177.

Cox G W, Mathieson B J, Giardina S L, et al. Characterization of IL-2 receptor expression and function on murine macrophages[J]. Journal of Immunology, 1990, 145(6):1719-1726.

Curto P, Lufrano D, Pinto C, et al. Establishing the yeast *Kluyveromyces lactis* as an expression host for production of the saposin-like domain of the aspartic protease cirsin[J]. Applied & Environmental Microbiology, 2014, 80(1):86-96.

Demeyer D, Fievez V. Is the synthesis of rumen bacterial protein limited by the availability of preformed amino acids and/or peptides[J]. British Journal of Nutrition, 2004, 91(2):175-176.

Epand R M, Epand R F. Bacterial membrane lipids in the action of antimicrobial agents[J]. Journal of Peptide Science, 2011, 17 (5):298-305.

Fletcher J C. Recentadvances in arabidopsis CLE peptide signaling[J]. Trends in Plant Science, 2020, 25 (10):1005-1016.

Giromini C, Cheli F, Rebucci R, et al. Invited review: dairy proteins and bioactive peptides: Modeling digestion and the intestinal barrier[J]. Journal of Dairy Science, 2019, 102(2):929-942.

Grimm E A, Mazumder A, Zhang H A, et al. lymphocyte-activated killer cell phenomenon[J]. Journal of Experimental Medicine, 1982, 155:1823-1841.

Hancock R E W, Chapple D S. Peptide antibiotics[J]. Antimicrobial Agents & Chemotherapy, 1999, 43 (6):1317-1323.

Hara H R, Funabik M. Portal absorption of small peptides in tats under unrestrained conditions[J]. Journal of Nutrition, 1984,114(6):1122-1129.

Wang H, Li H. Marine microalgae bioengineered *Schizochytrium* sp. meal hydrolysates inhibits acute inflammation[J]. Scientific Reports, 2018,8(9848):1-11.

Hu R, Chen G, Li Y. Production and characterization of antioxidative hydrolysates and peptides from corn gluten meal using papain, ficin, and bromelain[J]. Molecules, 2020, 25(18):4091.

Ivashkiv L B, Donlin L T. Regulation of type Ⅰ interferon responses[J]. Nature Reviews Immunology, 2014, 14(1):36-49.

Jacqueline B, Hannelore D, Britta S, et al. A glutathione peroxidase, intracellular peptidases and the TOR complexes re gulate peptide transporter PEPT-1 in Celegans[J]. Plos One, 2011, 6(9):25624.

Jin J E, Ahn C B, Je J Y. Purification and characterization of antioxidant peptides from enzymatically hydrolyzed ark shell (Scapharca subcrenata)[J]. Process Biochemistry, 2018, 72:170-176.

Jurewicz M M, Stern L J. Class Ⅱ MHC antigen processing in immune tolerance and inflammation[J].

Immunogenetics, 2019, 71(3):171-187.

Karimi N, Pourahmad R, Taheri S, et al. Isolation and purification of bioactive peptides from yogurt whey: Application as a natural preservative in a model food system[J]. Journal of Food Processing and Preservation, 2021,45(12).

Kirkpatrick C H, Chandler J W, Schimke R N. Chronic mucocutaneous moniliasis with impaired delayed hypersensitivity[J]. Clinical and Experimental Immunology, 1970, 6(5):375-385.

Kirkpatrick Charles H. Transfer factors: identification of conserved sequences in transfer factor molecules [J]. Molecular Medicine, 2000, 6(3):332-341.

Kogut M H, Rothwell L, Kaiser P. Differential effects of age on chicken heterophil functional activation by recombinant chicken interleukin-2 [J]. Developmental and Comparative Immunology, 2002, 26 (9): 817-830.

Lawrence H S. The transfer in human of delayed skin sensitivity to Streptococcal M Substance and to tuberculin with Disrupted Leucocytes[J]. The Journal of Clinical Investigation, 1955, 1955, 34(2):219.

Lazear H M, Schoggins J W, Diamond M S. Shared and distinct functions of type I and Type I interferons [J]. Immunity, 2019, 50(4):907-923.

Lee J S, Song J W, Wolters P J, et al. Bronchoalveolar lavage pepsin in acute exacerbation of idiopathic pulmonary fibrosis[J]. European Respiratory Journal, 2011, 39(2):352-358.

Li G, Liu W, Wang Y, et al. Functions and applications of bioactive peptides from corn gluten meal[J]. Advances in Food and Nutrition Research, 2019,87:1-41.

Li H, Li Q, Zhong J, et al. Enzymatic hydrolysis mixture of donkey serum albumin to inhibit tumor cell proliferation[J]. Journal of Food Biochemistry, 2013, 2013,37(5):611-618.

Lotze M H, Ehzabeth A, Mazumder G A, et al. Lysis of fresh and cultured autologous tumor by human lymphocytes cultured in T-Cell growth factor[J]. Cancer Research, 1981, 41:4420-4425.

Matsubayashi Y. Posttranslationally modified small-peptide signals in plants[J]. Annual Review of Plant Biology, 2014, 65(1):385-413.

Mazorra-Manzano M A, Ramírez-Suarez J C, Yada R Y. Plant proteases for bioactive peptides release: A review[J]. Critical Reviews in Food Science and Nutrition, 2018, 58(13):2147-2163.

Mitchell S A, Truscott F, Dickman R, et al. Simplified lipid II-binding antimicrobial peptides: Design, synthesis and antimicrobial activity of bioconjugates of nisin rings A and B with pore-forming peptides[J]. Bioorganic & Medicinal Chemistry, 2018, 26(21):5691-5700.

Mohammad M, Bahman N, Abbasali G,et al. Cottonseed meal bioactive peptides as an alternative to antibiotic growth promoters in broiler chicks[J]. International Journal of Peptide Research and Therapeutics, 2020,27:329-340.

Nath A, Kailo G G, Mednyanszky Z, et al. Antioxidant and antibacterial peptides from soybean milk through enzymatic-and membrane-based technologies[J]. Bioengineering, 2020, 7(1):5.

Nermina M, Karl L. Antimicrobial Peptides Targeting Gram-Positive Bacteria[J]. Pharmaceuticals, 2016, 9(3):59.

Parada J L, Caron C R, Soccol C R, et al. Bacteriocins from lactic acid bacteria: purification, properties and use as biopreservatives[J]. Brazilian Archives of Biology and Technology, 2007, 50(3):521.

Paul H N, Allan L G,金以丰. 胸腺素:环核苷酸和T细胞的分化[J].生理科学进展, 1980(3):271-274.

Pestka S, Krause C D, Walter M R. Interferons, interferon-like cytokines,and their receptors[J]. Immunological Reviews, 2004, 202:8-32.

Puvion D F,Venturini L, Guillemin M C,et al. Modification of biologically active peptides:production of a novel lipohexapeptide after engineering of Bacillus subtilis surfactin synthetase[J]. Experimental Cell Research, 1995, 221(2):448-461.

Shai Y. Mode of action of membrane active antimicrobial peptides[J]. Biopolymers(Peptide Science), 2002, 66(4):236-248.

Takaoka A, Mitani Y, Suemori H, et al. Cross talk between interferon-gamma and-alpha/beta signaling components in caveolar membrane domains[J]. Science, 2000, 288(5475):2357-2360.

Taniguchi T, Takaoka A. A weak signal for strong responses:interferon-alpha/beta revisited[J]. Nature Reviews Molecular Cell Biology, 2001, 2(5):378-386.

Tavormin P, Barbara D C, Nikonorova N, et al. The plant peptidome: An expanding repertoire of structural features and biological functions[J]. Plant Cell, 2015, 27(8):2095-2118.

Todorov S D. Bacteriocins from lactobaillus plantarum-production. geneticorganization and mode of action [J]. Brazilian Journal of Microbiology, 2009, 40:209.

Uze G, Monneron D. IL-28 and IL-29: newcomers to the interferon family[J]. Biochimie, 2007, 89(6-7):729-734.

Waldmann T A, Dubois S, Tagaya Y. Contrasting roles of IL-2 and IL-15 in the life and death of lymphocytes: implications for immunotherapy[J]. Immunity, 2001, 14:105-110.

Wiedemann I, B tiger T, Bonelli R R, et al. The mode of action of the lantibiotic lacticin 3147—a complex mechanism involving specific interaction of two peptides and the cell wall precursor lipid I[J]. Molecular Microbiology, 2006, 61(2):285.

Wilkins M R, Lindskog I, Gasteiger E, et al. Detailed peptide characterization using PEPTIDEMASS—a World-Wide Web accessible tool[J]. Electrophoresis, 1997, 18(3-4):403-408.

Willey J M, Donk W A. Lantibiotics:peptides of diverse structure and function[J]. Annual Review of Microbiology, 2007, 61:477.

Yeaman M R, Yount N Y. Mechanisms of antimicrobial peptide action and resistance[J]. Pharmacological Reviews, 2003, 55(1):27-55.

(本章编写者:江国托、刘艳、江庆国、单春乔、刘秋晨、李娟、刘恩、李昊)

第 7 章 与无抗饲料相关的酸化剂

【本章提要】 酸化剂可杀灭或抑制有害菌，促进有益菌生长，同时可降低动物消化道pH，刺激消化酶活性，提高饲料养分利用率。本章介绍酸化剂的定义、分类与应用功效，酸化剂替代饲料中抗生素促生长剂的作用机制。阐述影响酸化剂在饲料中应用效果的因素，列举了常用无机酸化剂、有机酸化剂和复合酸化剂在动物生产中的应用案例。简要介绍了饲料酸化剂的生产工艺及其对酸化剂应用效果的影响，并对饲料酸化剂在无抗饲料中的应用进行展望。

7.1 酸化剂的定义及分类

7.1.1 定义

酸化剂(acidifiers)是指人为地将无机酸或有机酸，单独或以混合物的形式加入畜禽的饲粮或饮水中，能使饲料 pH 下降，达到使其酸化的目的。饲料添加酸化剂可以增加动物消化道的酸度，刺激消化酶的活性，提高饲料养分利用率。此外，酸化剂既可杀灭或抑制饲料本身存在的微生物，又可抑制消化道内的有害菌，促进有益菌的生长。因此，使用酸化剂可以促进动物健康，减少疾病，提高生长速度和饲料利用率。

7.1.2 分类

目前饲料酸化剂主要分为两大类：单一酸化剂和复合酸化剂。其中，单一酸化剂又包括有机酸化剂(短链脂肪酸和中链脂肪酸)和无机酸化剂。国家规定允许使用的酸化剂及其辅料品种见表 7-1 和表 7-2。

1. 有机酸化剂

有机酸化剂的化学性质特殊，在消化道解离产生氢离子，降低消化道 pH，阴离子是体内中间代谢产物，参与能量代谢。其次，多数有机酸化剂具有良好的风味，故被广泛应用。常用的有机酸主要有柠檬酸、酒石酸、苹果酸、山梨酸、乳酸、甲酸、延胡索酸、琥珀酸、乙酸、己二酸、葡萄糖酸、戊酮酸、酪酸、丙酸、丁酸、异位酸。异位酸包括异戊酸、α-甲基丁酸、戊酸、异丁酸，是专用于成年反刍动物的有机酸化剂。有机酸化剂优于无机酸化剂，无机酸虽可使饲料 pH 降低，但其不能提高甚至还降低动物生产性能。Giesting 和 Easter(1986)认为，这可能是因为无机酸影响了适口性和电解质平衡。有机酸及其盐的化学特性见表 7-3。

2. 无机酸化剂

无机酸化剂主要包括盐酸、硫酸、磷酸，目前磷酸报道较多，因为磷酸具有双重的作用，既可作为酸化剂，又可作为磷的来源。

3. 复合酸化剂

复合酸化剂是利用几种特定的有机酸或无机酸复合而成，能迅速降低 pH，保持良好的缓冲值、生物性能及最佳添加成本。复合酸化剂具有用量少、成本低、酸度强、酸化效果快、作用效果好等特点。

表 7-1 允许使用的酸化剂品种[1]

序号	酸化剂名称	序号	酸化剂名称
1	甲酸	14	苯甲酸
2	甲酸铵	15	苯甲酸钠
3	甲酸钙	16	山梨酸
4	二甲酸钾	17	山梨酸钠
5	乙酸	18	富马酸
6	双乙酸钠	19	柠檬酸
7	丙酸	20	柠檬酸钾
8	丙酸铵	21	柠檬酸钠
9	丙酸钠	22	柠檬酸钙
10	丙酸钙	23	酒石酸
11	丁酸	24	苹果酸
12	丁酸钠	25	乙酸钙
13	乳酸	26	磷酸

注：[1]摘自《饲料添加剂品种目录(2013)》，根据农业部第 2045 号公告及后续修订公告汇总，截至 2022 年 11 月。

表 7-2 允许使用的酸化剂辅料名单[1]

序号	名称	序号	名称	序号	名称
一、固态剂型辅料		12	高岭土	二、液态剂型辅料[2]	
1	二氧化硅	13	沸石粉	1	丙二醇
2	可食用脂肪酸单/双甘油酯	14	滑石粉	2	丙三醇
3	聚丙烯酸树脂Ⅱ	15	麦饭石	3	水
4	海藻酸钠	16	蒙脱石	4	玉米油
5	琼脂	17	膨润土[斑脱岩、膨土岩]	5	菜籽油
6	瓜尔胶	18	石粉	6	大豆油
7	阿拉伯树胶	19	蛭石	7	花生油
8	黄原胶	20	淀粉	8	葵花籽油
9	羧甲基纤维素钠	21	糊精	9	棉籽油
10	硬脂酸	22	氯化钠	10	棕榈油
11	大麦壳粉	23	轻质碳酸钙	11	食用乙醇[食用酒精]

注：[1]摘自中华人民共和国国家标准《混合型饲料添加剂酸化剂通用要求》。辅料是指在混合型饲料添加剂酸化剂生产过程中所添加的用于溶解、分散、吸附、稀释、调节、保护酸化剂的物质。

[2]使用植物油作为辅料时允许添加适量抗氧化剂。

表 7-3 有机酸及其盐的化学特性

酸	化学名称	分子式	摩尔质量/(g/mol)	酸度系数(pKa)	水溶性	外观	嗅觉/味觉
蚁酸	甲酸	HCOOH	48.0	3.75	各比例可溶	无色透明液体，冒烟	强烈辛辣气味
醋酸	乙酸	CH_3COOH	60.1	4.75	各比例可溶	无色液体	酸性气味
甲基乙酸	丙酸	CH_3CH_2COOH	74.1	4.87	各比例可溶	无色油性液体	强烈辛辣气味
酪酸	丁酸	$CH_3CH_2CH_2COOH$	88.1	4.82	各比例可溶	无色油性液体	腐臭和苦涩气味，后味略甜
乳酸	2-羟基丙酸	$CH_3CH(OH)COOH$	90.1	3.08	极易溶	无色或微黄色液体	腐臭或酸奶气味
山梨酸	2,4-己二烯酸	$CH_3CH{=}CHCH{=}CHCOOH$	112.1	4.76	微溶	白色结晶粉末或颗粒	轻微刺激性酸味
延胡索酸	反丁烯二酸	$COOHCH{=}CHCOOH$	116.1	3.03/4.44	微溶	白色结晶粉末	酸味或水果味
苹果酸	2-羟基丁二酸	$HOOCCHOHCH_2COOH$	134.1	3.40	各比例可溶	白色结晶粉末	苹果味
酒石酸	2,3-二羟基丁二酸	COOHCH(OH)CH(OH)COOH	150.1	2.93	极易溶	白色结晶粉末	强酸味
柠檬酸	2-羟基丙烷-1,2,3-三羧酸	$COOHCH_2C(OH)(COOH)CH_2COOH$	210.1	3.14/5.95/6.39	极易溶	白色结晶粉末	酸味
安息香酸	苯甲酸	C_6H_5COOH	122.1	4.19	—	白色结晶粉末	浓芳香气味
蚁酸钙	甲酸钙	$Ca(HCOO)_2$	130.1	—	微溶	白色结晶粉末	似醋酸气味
蚁酸钠	甲酸钠	HCOONa	68.0	—	极易溶	白色结晶粉末	轻微甲酸气味
甲基乙酸钙	丙酸钙	$Ca(CH_3CH_2COO)_2$	186.2	—	易溶	白色结晶粉末	无臭或微带丙酸气味
乳酸钙	2-羟基丙酸钙	$(CH_3CHOHCOO)_2Ca \cdot 5H_2O$	308.3	—	微溶	白色结晶粉末	几乎无气味

Papatsiros 和 Billinis (2013)，Pearlin 等(2019)

7.2 酸化剂的效果与作用机制

7.2.1 酸化剂的应用功效

1. 提高日粮的酸度值和消化酶活性

不同的酶有不同的最佳酸碱环境，在 pH 2.0～3.5 的条件下，会激活蛋白水解酶，如胃蛋白酶，此时胃蛋白酶能够发挥最大效果，pH 超过 6.0 以后，胃蛋白酶将失去活性(Kil 等，2011)。酸化剂对动物消化道内 pH 有调节作用，在动物饲料中添加适量的酸化剂，能够促进胃蛋白酶激活，促进消化道中蛋白质的分解，提高蛋白质在胃内的消化。Ndelekwute 等(2019)研究了不同有机酸(0.25%的乙酸、柠檬酸、丁酸和甲酸)对肉鸡消化液 pH、消化液黏度、粪便水分和表观养分消化率的影响，结果表明，乙酸和丁酸可显著降低十二指肠的消化液 pH 和消化液黏度。

2. 延缓胃排空时间，缓解肠道消化压力

胃酸可很大程度地影响“肠胃反射”。当小肠内的 pH 下降到 3.5～4.0 时，胃排空反射性受到抑制，使食糜在胃内停留的时间变长，从而延缓胃的排空，增加胃内营养物质的消化吸收时间，提高机体对营养物质的消化利用率，减轻肠道的负担，降低腹泻率(罗佳捷等，2011)。丁酸钠作为一种酸化剂，可降低断奶仔猪胃排空和肠道绒毛重量，增加饲料消化率，从而提高仔猪生长性能(Gall 等，2009)。

3. 调控胃肠道微生物菌群平衡，改善肠道环境

胃肠道内微生态平衡直接关系到畜禽健康，日粮中添加适量酸化剂，可以促进有益菌增殖，抑制有害菌生长，从而创造有利于动物生长的微生态环境。大多数有害病原菌，如大肠杆菌最适宜的生长 pH 是 6.0～8.0，葡萄球菌的最适 pH 是 6.8～7.5，而梭状芽胞杆菌的最适 pH 则为 6.0～7.5，在 pH 为 4.0 时基本失活，而乳酸菌在肠道内 pH 为 3.5 时仍能生长(田冬冬等，2015)。李军(2011)研究表明，日粮中添加磷酸-乳酸复合酸化剂对 21 日和 42 日龄肉鸡盲肠大肠杆菌的增殖有抑制作用，对乳酸菌数量没有显著影响。

4. 参与体内代谢，提高营养物质的消化吸收

短链脂肪酸被结肠细胞吸收后，进入线粒体的柠檬酸循环，为细胞产生 ATP 和能量。有机酸如柠檬酸、延胡索酸可参与三羧酸循环。乳酸可通过糖异生作用释放能量，减少因糖异生的脂肪分解造成的组织损耗(Partanen 等，2002)。因此，日粮中添加有机酸可增强动物对干物质、蛋白质和能量的消化率。酸化剂通过降低胃肠道中的 pH，使酸性食糜进入小肠后，促进肠抑胃素的分泌，反射性地抑制胃的蠕动，使食物与胃液、肠液充分接触，有利于营养物质的消化吸收(胡贵丽等，2018)。张旭晖等(2012)在断奶仔猪日粮中添加 0.3%有机酸化剂后，与对照组相比，添加酸化剂后平均日增重提高了 13.79%，料重比降低了 6.4%。Yang 等(2019)研究表明日粮中添加 0.2%保护性有机酸对猪生长有促进作用，在 0～2 周和整个时期(0～6 周)内，给仔猪喂食保护性有机酸可提高平均日增重。

5. 增强动物的抗应激能力和免疫功能

复合酸化剂中的一些酸可以直接参与机体代谢，提供能量。在饲料中添加酸化剂，比如延胡索酸、柠檬酸等可缓解应激。延胡索酸具有镇定作用，会抑制中枢神经，使机体活动减少，缓

解应激所引起的不良后果(杨桂珠和方希修,2002)。Liu 等(2014)研究发现,在妊娠后期及泌乳期母猪日粮中添加 10～15 g/kg 柠檬酸可促进母猪的体液免疫功能,并通过初乳对仔猪产生有益的影响。

6. 促进矿物元素和维生素的吸收

酸化剂可与矿物质形成络合物,促进矿物质的吸收。部分矿物元素易受到碱性环境的中和形成一种盐类物质,这种物质难溶且不易被机体吸收,造成机体无法摄入足够的矿物元素。此时加入酸化剂在形成酸性环境的同时能够络合矿物元素加快其被机体吸收的速率,如延胡索酸、柠檬酸与钙、铁、锌、铜、镁等元素络合,从而更有利于被机体吸收(Luckstadt,2007),可减少矿物质添加量和排泄。

7. 有利于饲料贮存

饲用酸化剂是一种非常有效的饲料防霉剂,能在一定程度上抑制微生物的生长繁殖,保持饲料的新鲜度,从而提高饲料适口性和营养物质利用率。月桂酸、单甘油酯和单辛酸甘油酯都是较好的防腐剂,广泛应用于食品保存(蒋增良等,2015)。

7.2.2 酸化剂替抗的作用机制

饲料中添加一定的酸化剂可以抑制细菌和霉菌的生长,促进动物生长和保障动物健康,有效提高机体抗病力,防止疾病发生,促进动物的生长发育,其作用机制如下。

(1)提供酸根离子,为消化道提供酸化环境,弥补幼龄动物胃酸分泌不足,激活胃蛋白酶原使其转化为蛋白酶、并提高胰蛋白酶的活性,从而促进蛋白质类营养物质的消化吸收,提高饲料利用率,促进畜禽生长。

(2)降低胃肠道 pH。酸根离子在进入胃肠道后,在水溶液作用下释放出来,甚至可以促使氯化物(如食盐)解离,释放盐酸,从而有效避免饲料中碱性物质对胃酸的中和作用,使胃肠道始终保持着较低的 pH,以利于动物对营养物质的消化吸收,抑制有害微生物的生长,节约蛋白质,从而起到类似于抗生素的促生长效果。

(3)通过在饲料中加入酸化剂可以使饲料具有轻微的酸味,这种酸味可以刺激味蕾,促进消化酶分泌,增进食欲,促进采食。同时,某些酸化剂含有独特的香味,在饲料中加入这类酸化剂后,可明显提高食欲,增加采食量。

(4)有机酸直接参与体内三羧酸循环,提供能量,预防或减缓各种应激。有些酸化剂可以作为反应物或中间产物参与机体的生化反应。延胡索酸和柠檬酸等是三羧酸循环的反应物或中间产物,添加到饲料后可直接参与机体的能量代谢。延胡索酸又称富马酸,化学性质稳定,耐热,无毒。延胡索酸参与三羧酸循环,分子所含能量大小与葡萄糖接近,并且生能途径比葡萄糖短,因而在应激状态下更有利于 ATP 的快速合成,所以它在实际生产中被用作抗应激剂(张玲等,2013)。乳酸也参与体内代谢,是糖酵解反应的终产物之一,并通过糖异生释放能量,因此,有机酸可以参与动物体内代谢。

(5)酸化剂可防菌、防霉、抗氧化,提高饲料质量。酸化剂具有较好的抗菌作用,添加于饲料中可以防止饲料被微生物污染。乳酸和柠檬酸等通过降低细胞间质 pH,破坏病原菌的适宜生存环境,起到间接杀菌的作用;甲酸和丙酸等未解离的酸分子可直接进入细胞内发挥强大的抗菌作用。有些有机酸,如延胡索酸,还有抗氧化功能,柠檬酸是抗氧化剂的增效剂。

(6)酸可增加部分营养物质的溶解性,提高吸收率。肠道内容物 pH 的降低有利于磷的溶解，据报道微生物植酸酶在低 pH 环境中活性更强，因此添加有机酸可以间接促进磷的吸收。

7.2.3 影响酸化剂应用效果的因素

1. 酸化剂的种类和用量

不同种类酸化剂因理化性质不同，生物学特性也存在差异。如柠檬酸、乳酸、甲酸钙及延胡索酸的分子质量、溶解度、解离常数、能量值等不同，因此使用效果有所差异。在添加量上，要严格控制饲料中酸化剂的添加量，用量不足，起不到应有的酸化效果；用量过多，则可能会破坏酸碱平衡，使适口性降低、成本增加，且动物生产性能下降(李运虎，2015)。

2. 日粮的种类和组成

酸化剂效果受饲粮蛋白质来源和添加水平的影响，饲料中含有较多蛋白质、矿物质等缓冲力高的物质时，酸化剂作用效果较差。主要原因是在胃肠道中消化不同类型的蛋白质所需的 pH 不同，如奶制品最适 pH 为 4.0，鱼粉和豆粕最适 pH 为 2.5。当饲料中添加较多的植物性蛋白质时，有机酸的用量高，其增重效果比使用动物性蛋白质含量高的饲料时更显著。

3. 酸化剂的释放或吸收速度

酸化剂在胃中释放或吸收速度过快，可能对胃黏膜造成刺激，在一定程度上损伤消化道，可能抑制胃酸的分泌和胃的正常发育，导致酸化剂无法正常进入小肠，不能有效地降低消化道后段的 pH(田冬冬等，2015)。

4. 添加酸化剂的时间

仔猪胃肠道机能的发育完善程度通常与仔猪断奶日龄直接相关。随着仔猪年龄和体重的增长，消化道机能逐步完善，胃酸分泌增强，加酸效果将降低。在仔猪早期断奶后的 1～2 周内添加酸化剂效果明显，3 周以后效果逐步降低，4 周以后基本没有效果(李运虎，2015)。

5. 与抗生素和高铜的互作

有机酸与抗生素配合使用效果往往优于单独使用。有机酸、抗生素和高铜具有协同作用，三者具有各自不同的功能，联合使用，效果最好。晏家友等(2009)研究报道称，缓释复合酸化剂与抗生素在断奶仔猪饲粮中联合使用，可以优化仔猪肠道微生物区系、提高仔猪免疫力，作用效果优于仅使用酸化剂或抗生素。

6. 饲养环境条件

酸化剂和其他饲料添加剂类似，畜禽所处环境，如畜舍卫生条件、饲养密度、温度、湿度和各种应激因子等对酸化剂的使用效果都有较大影响。朱宇旌等(2012)研究表明，添加包被酸化剂能够改善肠道微生态环境，促进肉仔鸡生长，在良好的饲养环境条件下，添加包被酸化剂的作用效果更显著。

7. 酸化与日粮中离子平衡和体内酸碱平衡

日粮中添加 HCl、H_2SO_4 等无机酸化剂，会增加日粮中的稳定性阴离子 Cl^-、SO_4^{2-} 等的数量，破坏日粮离子平衡，可能诱发机体代谢性酸中毒。对于无机酸化剂的添加目前仍存在很大争议。有机酸(如柠檬酸、延胡索酸等)尽管可在体内氧化生成 CO_2 和 H_2O，但若添加量过大，超出机体代谢的调节能力，有使体内变酸的趋势。因此补充碱性盐类，以缓解体内“变酸”的趋势，则可消除其不利影响，充分发挥酸化剂的酸化效应。

7.3 常用酸化剂的应用案例

7.3.1 无机酸化剂在动物生产中的应用

无机酸化剂种类繁多，包括强酸和弱酸两大类。强酸主要包括盐酸和硫酸，弱酸主要为磷酸。有研究表明，稀盐酸能够激活断奶仔猪的胃蛋白酶原，加速胃内容物的活动和增强肠道消化吸收功能，从而促进仔猪生长发育。但大多数的研究结果显示盐酸和硫酸的添加效果不佳，甚至无效，主要原因可能如下：①盐酸和硫酸会产生刺激性气味，进而降低饲料的适口性；②强酸可能会破坏日粮电解质平衡，引起采食量下降，严重影响生长率和饲料报酬；③在日粮中添加硫酸或盐酸会影响动物体内的矿物质代谢，产生钙的负平衡现象，对动物骨骼发育造成负面影响。同时，考虑到强酸的强腐蚀性对饲养动物、设备及工人身体都带来很大的危害，目前这两种无机酸基本被淘汰。磷酸的原料主要来自磷酸和以硫酸为主的无机酸。磷酸是一种两用酸，具有酸化和向体内提供磷源的双重作用。磷酸是应用最广泛的无机酸化剂，最多可释放 3 个 H^+，可对肉鸡消化道 pH、消化酶和蛋白质消化率产生积极影响，但添加量过高会对动物产生副作用，特别是消化系统还不完善的幼龄家禽。另外，在蛋鸡日粮中添加适量的磷酸可提高产蛋鸡的蛋重、粗蛋白质的表观消化率及钙磷的表观消化率。在断奶仔猪上的研究表明磷酸的加工方式也会影响磷酸的作用效果，一般认为缓释处理的磷酸比简单吸附混合的磷酸效果更好。

无机酸化剂在动物生产中的应用根据种类、研究对象、添加水平、试验期和应用效果等，将其归纳成表 7-4。从研究对象来看，关于无机酸化剂在动物生产上的研究主要集中于断奶仔猪，此外，在肉鸡和蛋鸡上也有少量研究。总体来说，无机酸化剂的应用效果并不理想。虽然无机酸化剂具有较强的酸性及相对较低的添加成本，但由于其作用效果有限，目前无机酸化剂中只有磷酸还在使用，且主要与有机酸化剂进行配伍使用。

表 7-4　无机酸化剂在动物生产上的应用

酸化剂名称	研究对象	添加水平	试验期	应用效果	参考文献
磷酸	杜×长×大断奶仔猪	0.3%	28 d	改善 7～8 周龄仔猪的料重比，提高仔猪日增重	侯永清等(1996)
磷酸	杜×长×大断奶仔猪	0.1%	15 d	缓释处理的磷酸可以提高仔猪采食量、增重和蛋白质消化率，降低料重比和腹泻率。而简单吸附混合的磷酸对仔猪生长性能和蛋白质消化率有一定的副作用	刘庚寿(2012)
磷酸	杜×长×大初生仔猪	0.3%	56 d	提高仔猪的日增重和饲料报酬，降低仔猪的腹泻率和死亡率	黄国清等(1999)
磷酸	约克夏断奶仔猪	0.3%	28 d	对早期断奶仔猪的胃酸分泌能力无显著影响	李建平等(2009)

续表 7-4

酸化剂名称	研究对象	添加水平	试验期	应用效果	参考文献
磷酸	AA 肉鸡	0.05%；0.15%；0.1%；0.2%；0.25%	42 d	降低肉鸡消化道 pH，提高消化酶和蛋白质消化率，但过高剂量的添加有抑制作用。肉鸡日粮磷酸浓度适宜添加量为 0.15%	肖芹等(2016)
磷酸	AA 肉鸡	9.18 mmol/kg	42 d	无论是吸附磷酸(PA)还是微囊化磷酸(CPA)均可增强肉鸡小肠消化酶的活性	赵旭等(2015)
磷酸	新罗曼产蛋鸡	2%	1 d	可提高产蛋鸡的蛋重、粗蛋白质的表观消化率以及钙磷的表观消化率	朱文涛等(2002)
盐酸、硫酸、磷酸、硝酸	印度河鸡	HCl：0.06～0.23 mol/L；H_2SO_4：0.06～0.24 mol/L；H_3SO_4：0.05～0.2 mol/L；HNO_3：0.07～1.06 mol/L	24 d	低剂量的酸化剂(0.10 mol/L)对肉鸡无明显的不利影响。高剂量(0.53 mol/L)的硝酸能降低肉鸡的生长性能，导致肉鸡腹泻，体重下降，羽毛呈现出“卷曲”的外观，甚至造成死亡	Pritzl 和 Kienholz (1973)
盐酸	杜×长×大断奶仔猪	0.1%	35 d	提高仔猪断奶后 0～3 周的平均日增重，平均日采食量和饲料效率。对断奶后 4～5 周的生长性能没有影响，但能降低尿氮排泄量	Kil 等(2006)
盐酸	杜×长×大断奶仔猪	0.6%	28 d	降低饲料、胃内容物的 pH 以及腹泻率。提高断奶后前两周的日增重	冷向军等(2002)
盐酸	杜×长×大断奶仔猪	0.6%和 2.4%	21 d	降低胃内容物的 pH，提高胃蛋白酶原的激活率	冷向军等(2001)
盐酸	断奶仔猪	0.1%	35 d	提高断奶后最初 7 d 的日增重，采食量和增重比在断奶后 8～14 d 也有所提高。对断奶后 15～35 d 日增重和采食量没有影响	Mahan 等(1996)
盐酸	长×东山一代杂交初生仔猪	0.8%(饮水)	60 d	提高仔猪的生长速度和饲料的利用率，尤其在低营养水平下补酸的效果更为明显。且能有效地预防仔猪的黄白痢	朱晖等(1992)

7.3.2 有机酸化剂在动物生产中的应用

1. 短链脂肪酸

短链脂肪酸(short-chain fatty acid,SCFA),又名挥发性脂肪酸,通常是指碳原子数少于6的有机羧酸。机体SCFA的来源主要包括直接从食物中获取或由肠道内的厌氧微生物发酵。后者产生的SCFA主要包括乙酸、丙酸和丁酸3种,占总量的90%~95%。对于单胃动物来说,SCFA的产生和消化吸收主要集中在结肠。其中乙酸和丁酸可作为供能物质直接被消耗,而丙酸则被吸收转运作为肝脏糖异生的底物被代谢。而在反刍动物中,SCFA主要在瘤胃和网胃中被吸收。此外,SCFA还具有调节肠道免疫功能、屏障功能以及维持肠道微生态平衡的作用。Gaudier等(2004)研究表明,丁酸可通过调节*MUC*相关基因表达,促进肠道黏液的分泌,从而减少致病菌和为肠道菌群提供合适的生存环境。Ishikawa和Nanjo(2009)则发现,SCFA可通过诱导浆细胞的分化以及免疫球蛋白A的分泌来提高肠道黏膜和免疫系统的抗体反应,最终发挥局部控制肠道微生物和炎症的作用。此外,SCFA具有酸性且易溶于水,故生产上常将甲酸、乙酸和丙酸的一种或者多种作为酸化剂补充成分进行使用。在实际生产中,丁酸为应用最广泛的酸化剂,但由于其具有酸臭味,且在肠道前半段容易被分解,故多采用包被或和金属离子螯合后添加使用。

1)SCFA在猪生产中的应用

我国SCFA在猪生产中的应用见表7-5。从应用对象来看,SCFA主要应用于断奶仔猪。SCFA能有效改善由于断奶带来的肠道损伤,同时增加肠道pH,提高仔猪的肠道消化功能,从而提高其生长性能。此外,SCFA还可用于经产母猪和泌乳母猪,减少产仔带来的体重损失以及提高泌乳期间哺乳仔猪的生长状况。

表7-5 短链脂肪酸在猪生产中的应用

种类	研究对象	添加剂量	试验时间	应用效果	参考文献
二甲酸钾	断奶仔猪(杜洛克×长白×大约)	0.7%;1.1%;1.5%(最适)	25 d	促进断奶仔猪肠道有益菌群的生长,调节肠道菌群平衡,可大幅度提高其肠道抗感染能力,从而提高其生产性能	黄建华等(2013)
包被丁酸钠	断奶仔猪(杜洛克×长白×大约)	0.1%;0.2%;0.3%	28 d	提高仔猪平均日增重和平均日采食量,提高生长性能,改善健康	寇莎莎等(2018)
丁酸钠	断奶仔猪	0.1%	28 d	促进断奶仔猪生长和免疫器官发育,提高血清免疫球蛋白和肠道黏膜免疫球蛋白的含量,提高机体免疫功能;此外,丁酸钠与抗生素联用对促进生长性能和降低腹泻率作用效果更明显	李丹丹等(2012)

续表 7-5

种类	研究对象	添加剂量	试验时间	应用效果	参考文献
丁酸钠	断奶仔猪	1 000 mg/kg	28 d	提高断奶仔猪的平均日增重，增加饲料转化率，并降低血清中丙二醛含量，提高干扰素-γ 含量，从而提高机体抗氧化能力和增强免疫机能，降低腹泻率	Huang 等(2015)
丁酸钠	断奶香猪(25 日龄)	300 mg/kg	30 d	提高断奶香猪的料重比，提高饲料效率，并降低腹泻率，保护肠道健康，提高机体免疫力	陈国顺等(2012)
丁酸钠	保育猪	0.05%	25 d	提高保育仔猪的生产性能，并且微囊包被丁酸钠对保育仔猪生产性能的改善效果更为明显，同时可有效降低增重成本	沈建明等(2010)
丁酸钠	育肥猪	200 μg/kg	21 d	提高育肥猪生产性能、提高瘦肉率而降低脂肪率、提高猪肉保水性能	陈常秀(2009)
丁酸钠	生长猪	500 mg/kg		提高生长猪日增重，增加饲料转化率	董冠等(2012)
丁酸钠	妊娠母猪、泌乳母猪	500 mg/kg	从母猪配种开始至泌乳 25 d 结束	改善母猪的生产性能和机体抗氧化能力，并提高初生仔猪的生长性能，降低腹泻率	岳敏等(2014)
丁酸钠	母猪(头胎母猪配种前一个月至分娩后 7 d	500 mg/kg	交配前一个月至产仔后 7 d	降低母猪返情率和初乳中三酰甘油和瘦素水平，促进仔猪采食，从而增加哺乳仔猪平均日增重；此外，还提高初乳乳品质，降低炎症的发生，提高机体免疫力	He 等(2016)
丁酸钠	妊娠母猪 泌乳母猪	500 mg/kg 300 mg/kg	18 d 28 d	改善母猪生产性能，降低母猪哺乳期体重损失，并提高仔猪哺乳期平均日增重	张小东等(2012)
丁酸钾	断奶仔猪(24 日龄)	0.05%	42 d	可显著降低仔猪的腹泻率，提高养分消化率，提高仔猪日采食量及日增质量，改善仔猪的生产性能	郑荷花等(2013)
丁酸钾	经产母猪	0.15%	妊娠期第 90 天到泌乳期第 21 天	提高泌乳母猪采食量和仔猪日增重，改善乳品质	王二红等(2010)

2)SCFA 在家禽生产中的应用

我国 SCFA 在家禽养殖中的应用见表 7-6。从研究对象来看,SCFA 在家禽生产中的应用主要集中在肉鸡上,在肉鸭或鹅上则鲜见报道。其饲喂效果一般体现在提升肉鸡的生长性能和调节肠道菌群。此外,SCFA 还有提升产蛋性能和降低死淘率的功能。

表 7-6　短链脂肪酸在家禽生产中的应用

种类	研究对象	添加剂量	试验时间	应用效果	参考文献
甲酸或二甲酸	肉鸡	5 g/kg	35 d	提高肉鸡的生长性能和饲料效率,改善肠道健康	Ragaa 和 Korany (2016)
乙酸/丙酸	肉鸡	500 mg/kg	42 d	增加小肠消化酶活性,抑制肠道中大肠杆菌生长,从而改善肉仔鸡生产性能	刘永祥等(2008)
丁酸钠	肉鸡	500 或 1 000 mg/kg	35 d	提高肉鸡生长性能,显著提高十二指肠和空肠绒毛高度和绒毛表面积,调节淋巴器官和肠黏膜的形态	Sikandar 等(2017)
丁酸甘油酯	肉鸡	500 mg/kg	42 d	提高肉鸡生长性能,提高饲料报酬,调节肠道微生物区系并改善肠道健康	彭丽莎等(2014)
包膜丁酸钠	青脚麻种鸡	500 mg /kg	60 d	能改善青脚麻种鸡生产性能,提高蛋鸡产蛋率,同时降低死淘率	赵民等(2012)

3)SCFA 在水产养殖中的应用

我国 SCFA 在水产养殖中的应用见表 7-7。从应用效果来看,SCFA 不仅可以提高水产的饲料效率和生长性能,还能提高其免疫能力。但也有研究显示相悖的结果,如 Estensoro 等(2016)研究发现丁酸钠并不能显著改善鲶鱼的生长性能,并且随着剂量的增加反而会降低饲料的转化率。这可能与饲喂方式或养殖条件有关,具体影响还需进一步研究。

表 7-7　短链脂肪酸在水产养殖中的应用

种类	研究对象	添加剂量	试验时间	应用效果	参考文献
甲酸	太平洋白虾	0.3%～0.6%	90 d	提高虾对副溶血性弧菌的抵抗力,提高肠道免疫能力	Chuchird 等(2015)
乙酸钠、柠檬酸钠、丙酸钠	蓝蟹	0.2%		促进蓝蟹生长,显著提高其终末干重和特定生长率,并能够加速螃蟹蜕皮,同时也能提高蓝蟹存活率	Ring (1991)
丙酸钠	鲤鱼	1%～2%	56 d	促进鲤鱼生长,提高鲤鱼免疫应答能力	Safari 等(2017)

续表 7-7

种类	研究对象	添加剂量	试验时间	应用效果	参考文献
丁酸钠	南美白对虾	2%	47 d	提高饲料利用率和养分消化率，调节肠道微生物生长	da Silva 等(2014)
二甲酸钾	罗非鱼	2%	60 d	提升罗非鱼存活率，提高采食量、饲料转化系数和蛋白质能效比	Ramli 等(2005)
羟基丁酸	中华绒螯蟹	100 mg/mL	7 d	提高幼苗存活率、孵化率及渗透耐受性	Sui 等(2012)

2. 己酸、辛酸、癸酸和月桂酸

己酸(C6)、辛酸(C8)、癸酸(C10)和月桂酸(C12)是饱和的 6～12 中链脂肪酸(medium-chain fatty acid，MCFA)，以中链三酰甘油(medium chain triglycerides，MCT)的形式存在于乳脂和各种饲料原料中，特别是椰子油和棕榈油中。这些脂肪酸具有特定的营养和代谢作用，包括快速消化、被动吸收和强氧化，对幼小动物的营养供应有着重大意义；其最大特点是可直接进入线粒体内氧化，不需要依赖肉碱载体的转运，起到快速供能的特点，直接被肠道上皮细胞吸收，从而有助于支持幼仔肠道的完整性。中链脂肪酸甘油酯是一种非离子表面活性剂，可直接穿过细菌细胞膜，改变细胞膜的通透性，同时抑制细菌中脂肪酶的活性，具有很强的抑菌活性。此外，中链脂肪酸单甘酯，尤其是月桂酸单甘酯，还具有抗病毒的功能，是自然界中难得的抗病毒物质。目前饲料中使用的 MCFA 主要以无包膜、微囊化或酯化成单酰甘油、二酰甘油或三酰甘油等形式进行添加。

1)己酸、辛酸、癸酸和月桂酸在猪生产中的应用

有关己酸、辛酸、癸酸和月桂酸在猪生产中的应用研究见表 7-8。从研究对象上来看，大部分研究集中于仔猪，这是因为新生仔猪的免疫系统尚未发育完善，而添加上述 MCFA 有助于抑制病原微生物的定植和增生，维持肠道健康，从而缓解仔猪早期生长阶段的各种应激；从脂肪酸种类来看，以多种 MCFA 混合添加为主；从应用效果来看，MCFA 的效果主要集中在提高仔猪肠道健康以及提高弱仔猪的存活率上，也有部分研究 MCFA 能够通过母仔一体化效应，能够在母猪妊娠后期和仔猪生长前期均发挥良好作用。

表 7-8 己酸、辛酸、癸酸和月桂酸在猪生产中的应用

研究对象	脂肪酸组成	添加剂量	试验期	应用效果	参考文献
长×大二元杂交哺乳仔猪	58% 辛酸和 37%癸酸混合	5 mL/d 与奶粉混合	1～8 d	可作为仔猪的有效能源，促进仔猪肠道发育	Chwen 等(2013)
长×大二元杂交哺乳仔猪	29% 辛酸，20% 癸酸和 22% 月桂酸混合	3 mL/d 灌喂	1～21 d	提高了弱仔猪到 21 d 的存活率	Casellas 等(2005)

续表 7-8

研究对象	脂肪酸组成	添加剂量	试验期	应用效果	参考文献
杜×长×大三元杂交断奶仔猪	50%己酸和50%辛酸混合	0.32%	1～42 d	提高断奶仔猪对能量、干物质和粗蛋白质等养分的消化率和机体的抗氧化能力，而对仔猪的采食量不产生负面影响	Hong 等(2012)
杜×长×大三元杂交断奶仔猪	辛酸和癸酸分别添加	0.35×10^9 CFU/kg 基础日粮混合	22～70 d	均对大肠杆菌有很强的抑制作用，并可有效降低腹泻率	Hanczakowska 等(2016)
大白妊娠母猪	56%辛酸和43%癸酸混合	0.6%	母猪妊娠第85 d至仔猪断奶结束	能够满足能量需求，缩短母猪产程	张文飞等(2016)
长×杜二元杂交猪	92%辛酸，2%癸酸和6%月桂酸混合	10%	母猪妊娠第84天至仔猪断奶结束	通过母仔一体化效应，可改善仔猪初生重，提高断奶重和弱仔成活率	Jean 和 Chiang (1999)
杜×长×大三元杂交断奶仔猪	己酸+辛酸+癸酸+月桂酸≥39%	2 kg/t	21～34 d	可以有效地改善35～52 d阶段仔猪生长性能，显著降低料重比，并可降低饲料中的氧化锌的使用量	汪加明等(2017)
杜×长×大三元杂交断奶仔猪	辛酸：癸酸=2:1	0.1%	1～28 d	明显提高仔猪日增重和日采食量，而且饲喂 MCFAs 能够达到饲喂抗生素和氧化锌的效果	Han 等(2011)

2)己酸、辛酸、癸酸和月桂酸在家禽生产中的应用

有关己酸、辛酸、癸酸和月桂酸在家禽生产中的应用研究见表 7-9。从研究对象上来看，研究种类多集中于肉鸡，亦有少量研究为蛋鸡；从酸化剂组成来看，单一添加的研究较少，大部分都以至少两种脂肪酸按一定比例进行添加；从应用效果来看，大部分研究中己酸、辛酸、癸酸和月桂酸都能在一定程度上抑制动物体内有害微生物的定植和增生，也有部分研究表明这些酸化剂在提高饲料利用率和畜产品品质方面具有一定作用。

表 7-9　己酸、辛酸、癸酸和月桂酸在家禽生产中的应用

研究对象	脂肪酸组成	添加剂量	试验期	应用效果	参考文献
海兰褐蛋鸡	辛酸	0.001 2%	1～36 周	显著提高单个蛋重和饲料利用率，降低血清和鸡蛋中的胆固醇含量，同时抑制大肠杆菌的增殖	Wang 和 Kim (2011)
三黄鸡	月桂酸单甘酯	150 mg/kg	21～26 d	显著提高肉鸡生长性能、消化能力和鸡肉营养成分	刘梦芸(2017)

续表 7-9

研究对象	脂肪酸组成	添加剂量	试验期	应用效果	参考文献
罗斯 308	56%癸酸，30%辛酸，10%月桂酸	0.1%	1～42 d	显著降低腹部脂肪和血清中的血糖、胆固醇和低密度脂蛋白胆固醇含量，同时显著增加胸肌比率和高密度脂蛋白胆固醇的含量	Shokrollah 等(2014)
罗斯 308 肉鸡	Lodestar™ MCFAs（56%癸酸，30%辛酸，10%月桂酸）	1%	1～150 d	降低肉鸡感染空肠弯曲杆菌的敏感性，同时可以显著增加肉鸡的体重	Gerwe 等(2010)
罗斯 308 肉鸡	浓度为 50%的己酸、辛酸、癸酸和月桂酸混合物	0.4%	1～28 d	显著提高鸡感染空肠弯曲杆菌的最低临界值，同时可以有效避免饮水中空肠弯曲杆菌的增生	Hermans 等(2012)
罗斯 308 肉鸡	Aromabiotic (60% MCFAs 和 40%二氧化硅)	0.2%	1～21 d	显著提高采食量，同时显著降低肉鸡死亡率以及减少脚垫损伤	Khosravinia (2015)

7.3.3 复合酸化剂在动物生产中的应用

与普通的单一酸化剂相比，复合酸化剂克服了单一酸化剂的功能单一、添加量大、酸度过大和腐蚀性过强等缺点。与此同时，复合酸化剂在使用过程中，多种酸可能起到很好的协同作用，对动物生产也有促进作用。因此，复合酸化剂在动物生产中的应用更为广泛。目前，复合酸化剂在畜牧生产上的应用研究涉及猪、家禽和水产养殖等领域。在研究对象方面，研究较多的依旧是猪和家禽；在复合酸化剂应用效果方面，复合酸化剂主要起到维持肠道菌群平衡，改善肠道消化能力以及肠道 pH，提高机体免疫能力，促进营养物质的吸收利用，进而提高生产性能。以下将从三个领域来概述复合酸化剂在畜牧生产中的应用。

1. 复合酸化剂在猪生产中的应用

综述近年来有关复合酸化剂在猪生产中的应用研究，见表 7-10。从研究对象来看，关于复合酸化剂在猪上的研究主要集中于断奶仔猪与哺乳母猪。从应用效果来看，复合酸化剂的使用可以提高猪免疫能力，维持肠道 pH 和肠道菌群结构，促进肠道功能发育，降低腹泻率，提高养分消化率，提高生产性能，促进生长发育，提高商品育肥猪的肉品质。此外，复合酸化剂的添加还可以缓解热应激对猪造成的损伤，维持动物健康。

2. 复合酸化剂在家禽生产中的应用

综述近年来有关复合酸化剂在家禽生产中的应用研究，如表 7-11 所示。从研究对象来看，关于复合酸化剂在家禽上的研究主要集中于肉鸡与蛋鸡。从添加方式来看，复合酸化剂在家禽生产中的应用主要通过添加至饲料或饮水中进行。从应用效果来看，复合酸化剂的使用可以提高家禽的抗氧化功能和免疫能力，维持肠道 pH 和肠道菌群结构，促进肠道功能发育，提高养分消化率，提高生产性能，促进生长发育，改善蛋鸡的产蛋性能以及蛋品质等。此外，复合酸化剂的添加还可以缓解家禽由于一系列应激造成的损伤，维持动物健康。

表 7-10　复合酸化剂在猪生产中的应用

研究对象	复合酸化剂组成	添加剂量	试验期	应用效果	参考文献
杜×(长×大)丹系三元杂交断奶仔猪	包被精油复合酸化剂:植物氢化脂肪作为微囊外壳包被柠檬酸、山梨酸、百里香酚以及香兰素,共45%的活性成分	0.08%	21～45 日龄	降低断奶仔猪肝脏指数,降低回肠 pH 值,增强断奶仔猪免疫强度并可改善断奶仔猪盲肠微生物菌群结构	蒋志等(2019)
杜×长×大三元杂交断奶仔猪	乳酸型酸化剂:乳酸、延胡索酸、柠檬酸、二氧化硅等	0.3%	28～56 日龄	改善仔猪小肠黏膜形态,改善肠道微生物区系,提高仔猪的免疫水平	李鹏等(2009)
杜×长×大三元杂交断奶仔猪	复合酸化剂:主要成分为磷酸、乳酸、柠檬酸及富马酸	0.2%	28～56 日龄	改善断奶仔猪生产性能并降低腹泻率	周治平和黎纯敏(2012)
长×大二元杂交断奶仔猪	乳酸、富马酸、丙酸、甲酸、柠檬酸	5 kg/t	28～63 日龄	改善断奶仔猪肠道菌群结构,促进肠道功能发育,促进仔猪生长,降低料重比	韩庆功等(2016)
杜×长×大三元杂交断奶仔猪	柠檬酸、富马酸、磷酸、乳酸、苹果酸、酒石酸	0.2%	28～49 日龄	有效提高饲料酸度,降低料肉比,降低仔猪肠道 pH,促进消化液的分泌以及消化酶的活性,提高饲料消化率,促进日增重,降低腹泻率,提高采食量	王杰和陈玉林(2010)
长×大二元杂交断奶仔猪	酸化剂属于微胶囊型缓释复合酸化剂,主要成分包含延胡索酸、乳酸、柠檬酸和苹果酸等,并且经过脂肪酸(C_{12}～C_{22})包被。	1～3 周添加 0.1%,4～5 周添加 0.05%	选取 28 日龄左右断奶仔猪,进行 5 周饲养试验	有效降低断奶仔猪肠道 pH,改善肠道微生物区系,改善肠道组织形态与发育功能,提高断奶仔猪的消化能力,并且促进仔猪生长发育	晏家友等(2009)

续表 7-10

研究对象	复合酸化剂组成	添加剂量	试验期	应用效果	参考文献
早期断奶八眉仔猪	乳酸(65%)、磷酸(30%)和其他几种有机酸等(5%)	1.5%复合酸化剂+0.3%小肽制品	选取 25 日龄左右断奶仔猪，进行 45 d 饲养试验	复合酸化剂和小肽制品单独使用都可以提高断奶仔猪平均日增重，降低料重比和腹泻率，提高存活率，且复合酸化剂和小肽制品联用的效果更好	张继忠(2018)
早期断奶八眉仔猪	乳酸(65%)、磷酸(30%)和其他几种有机酸等(5%)	1%复合酸化剂+0.1%甘露寡糖	选取 30 日龄左右断奶仔猪，进行 45 d 饲养试验	复合酸化剂和甘露寡糖单独使用都可以提高断奶仔猪平均日增重，降低料重比和腹泻率，提高存活率。复合酸化剂和小肽制品联用的效果更好	张继忠(2015)
(长×大)母猪	甲酸≥13.5%、丙酸≥5.5%、丁酸≥4.3、总铵态氮≥1.0%、果寡糖≥6%、水分及挥发物≥20%	2 kg/t	从母猪妊娠第 85 天开始至仔猪断奶结束	降低母猪产弱仔数，提高母猪泌乳期采食量和母猪乳中抗氧化能力，提高母猪产后仔猪的日增重	郭骥(2016)
(长×大)母猪	复合酸化剂为百奥明公司“百优酸”产品，主要成分为复合酸、植物提取物肉桂醛以及增强革兰氏阴性菌细胞膜渗透性的透化剂	1 和 1.5 kg/t	从母猪妊娠第 90 天开始至仔猪断奶结束	具有抗母猪热应激的效果，显著提高母猪妊娠期增重，增加产活仔数，提高仔猪初生重、初生窝重以及断奶重，饲喂含 1kg/t 复合酸化剂的日粮可以有效缓解母猪热应激，提高繁殖性能	李智明(2017)
21～28 日龄长×大二元杂交断奶仔猪	微囊缓释型复合酸化剂：有机酸化剂+天然活性物质(AVIplus，EP1391155B1，意大利)	3 kg/t	41 d	提高断奶仔猪抗病毒能力，改善肠道微生物结构，促进仔猪生长发育	Grilli 等(2010)
长×大二元杂交断奶仔猪	丁酸、延胡索酸、苯甲酸和载体	5～10 g/kg	28～56 d	提高断奶仔猪平均日增重以及饲料转化率，促进仔猪生长发育调节肠道微生物菌群结构，不影响肠道 pH	Li 等(2008)

续表 7-10

研究对象	复合酸化剂组成	添加剂量	试验期	应用效果	参考文献
50 kg 左右杜×长×大三元杂交育肥猪	延胡索酸(17%)、柠檬酸(13%)、苹果酸(10%)、辛酸(1.2%)、载体	0.2%	12 w	对育肥猪的生长性能、营养物质消化率、粪便气体排放和肉品质有着积极的影响	Upadhaya 等(2014)
杜×长×大三元杂交断奶仔猪	甲酸钙(34%)、乳酸钙(16%)、柠檬酸(7%)、中性脂肪酸(13%)	3 g/kg	试验 1:21～35 日龄 试验 2:21～28 日龄 试验 3:28～42 日龄	提高营养物质的消化吸收率，提高仔猪的免疫功能以及改善肠道菌群结构，缓解断奶仔猪腹泻率	Wang 等(2016)
6.70 kg 左右杜×长×大三元杂交断奶仔猪	延胡索酸(17%)、柠檬酸(13%)、苹果酸(10%)、己酸、辛酸、癸酸和月桂酸(1.2%)和载体	0.2%	42 d	提高断奶仔猪生长性能，减少仔猪腹泻率，维持仔猪肠道微生物菌群结构	Yang 等(2019)
长×大二元杂交泌乳母猪及其哺乳仔猪	延胡索酸(17%)、柠檬酸(13%)、苹果酸(10%)、癸酸和辛酸(1.2%)和载体	0.2%	42 d	提高哺乳母猪营养物质消化率，改善哺乳母猪肠道菌群结构，提高肠道乳酸杆菌含量，减少有害气体的排放；提高断奶仔猪免疫功能以及相关血液生化指标水平，提高免疫球蛋白 G 含量	Devi 等(2016)

表 7-11 复合酸化剂在家禽生产中的应用

研究对象	复合酸化剂组成	添加剂量	试验期	应用效果	参考文献
AA 肉鸡	磷酸型复合酸化剂:磷酸(10%)、乳酸(20%)、柠檬酸(30%)、甲酸钙(10%)、载体(30%)	0.5%	1～42 日龄	降低血清中三酰甘油的含量,改善肉鸡肠道 pH,促进肠道功能	殷继勋(2019)
AA 肉鸡	磷酸型复合酸化剂:磷酸、富马酸、甲酸、二氧化硅	0.1%	1～42 日龄	改善肉鸡肠道消化能力以及肠道 pH	肖芹等(2015)
AA 肉鸡	有机复合酸化剂:乳酸、柠檬酸、延胡索酸	1%	1～42 日龄	提高肉鸡生长性能,改善饲料转化率,降低死亡率	沙尔山别克等(2010)
AA 肉鸡	缓释复合酸化剂:乳酸(12.5%)、延胡索酸(15%)、柠檬酸(10%)和苹果酸(7.5%),并经过脂肪酸(C_{12}～C_{22})包被	0.05%	1～49 日龄	调节肉鸡肠道酸碱平衡,改善肠道微生态环境,提高肉鸡免疫能力,促进生长。此外,还可以降低鸡舍氨气浓度,改善鸡舍空气质量	贾刚等(2009)
AA 肉鸡	有机复合酸化剂:乳酸、甲酸、富马酸、柠檬酸以及白炭黑	5 g/kg	1～30 日龄	提高肉鸡生长性能,降低料重比,改善营养成分消化率和肠道 pH	曹志华等(2006)
黄羽肉鸡	有机复合酸化剂:乳酸、柠檬酸、富马酸(50:35:15)	0.5%	1～56 日龄	改善黄羽肉鸡的肠道 pH,提高生长性能	何国飞等(2013)
黄羽肉鸡	有机复合酸化剂:乳酸、柠檬酸、富马酸(50:35:15)	分别添加 0.2%、0.5%、0.8%	1～56 日龄	显著提高小肠和脾脏的发育功能,显著提高小肠的消化能力以及肉鸡免疫功能	黄晓亮等(2015)
48 周龄东乡黑羽绿壳蛋鸡	包膜复合酸化剂:甲酸≥200 g/kg,乙酸≥200 g/kg,柠檬酸≥200 g/kg,山梨酸≥50 g/kg,延胡索酸≥50 g/kg,苹果酸≥20 g/kg。包膜材料由胶原蛋白和硬脂酸单甘酯组成	250～500 mg/kg	预试 7 d,正试 28 d	提高蛋鸡产蛋率,降低料蛋比,提高产蛋性能;改善蛋鸡矿物元素代谢	魏艳红等(2015)

续表 7-11

研究对象	复合酸化剂组成	添加剂量	试验期	应用效果	参考文献
罗曼粉壳蛋鸡	包膜复合酸化剂：乳酸≥200 g/kg，延胡索酸≥150 g/kg，柠檬酸≥150 g/kg，苹果酸≥20 g/kg	300 mg/kg	预试 1 周，正试 6 周	改善蛋鸡鸡蛋的新鲜度，提高机体抗氧化能力	罗玲等(2017)
50 周龄罗曼粉壳蛋鸡	甲酸、乳酸、丙酸、丁酸、乳酸和缓冲体系。	(饮水)0.1%	16 周	显著降低鸡蛋脏蛋率，缓解脂质过氧化反应，抑制输卵管沙门氏菌的生长	周岭等(2016)
3 周龄海兰褐蛋雏鸡	柠檬酸、磷酸、苯甲酸以及有机酸盐，总酸含量≥60%(以乳酸计)	0.2%	预试 1 周，正试 5 周	提高雏鸡的饲料利用率和抗氧化能力，提高生长后期蛋雏鸡的免疫水平	沈家鲲等(2017)
45 日龄文昌鸡	主要包括磷酸(50%)、乳酸(50%)、柠檬酸(8%)、延胡索酸(5%)及其他酸或盐(9%)和特殊吸附剂(23%)等	2 g/kg	预试 7 d，正试 28 d	缓解热应激对脂质代谢与吸收的不利影响，改善生长性能	刘圈炜等(2018)
265 日龄海兰蛋鸡	包膜缓释复合型酸化剂，商品名“乳酸宝”	0.2%	30 d	提高蛋鸡的产蛋性能，增加效益、畸形蛋的比例下降，改善蛋外观的作用	邹益东等(2009)
50 周龄的罗曼褐壳蛋鸡	吸附性酸化剂：磷酸(20%)、甲酸(2%)、乙酸(3%)、丙酸(3%)、酒石酸(5%)、苹果酸(5%)、乳酸(10%)、柠檬酸(10%)、白炭黑(42%) 包被型酸化剂：普包磷酸(15%)、优包磷酸(5%)、甲酸(2%)、乙酸(3%)、丙酸(3%)、酒石酸(5%)、苹果酸(5%)、乳酸(10%)、柠檬酸(10%)、白炭黑与包膜剂(42%)	1.5 kg/t	4 周	有效降低胃肠道 pH，抑制有害细菌的繁殖，利于有益菌的生长	李智等(2011)

续表 7-11

研究对象	复合酸化剂组成	添加剂量	试验期	应用效果	参考文献
罗斯 308 肉鸡	乳酸(20.7%)、丙酸铵(17.5%,E295)、丙酸(12.5%)、丙酸铵(4.2%,E284)	6 g/kg	1～42 日龄	提高肉鸡生长性能,降低死亡率,降低肠道 pH,维持微生物菌群结构	Brzōska 等(2013)
罗斯 308 肉鸡	甲酸和丙酸	复合 1(Salkil):0.2%/0.4% (1～35 d) 复合 2(Optimax):0.1%(0～10 d)、0.075%(11～24 d)、0.5%(25～35 d) 复合 3(pHorce):0.1%(0～10 日龄)、0.07% (11～24 d)、0.05% (25～35 d)	1～35 日龄	缓解大肠杆菌感染的肉鸡机体损伤,提高肉鸡生长性能,改善肠道形态结构和盲肠微生物菌落结构,促进肉鸡免疫功能的发育	Emami 等(2017)
Cobb 肉鸡	乳酸(30%)、苯甲酸(25.5%)、甲酸(7%)、柠檬酸(8%)、乙酸(6.5%)	4.5 g/kg(1～10 d)、5.0 g/kg (11～21 d)、3.5 g/kg(22～35 d)、2.0 g/kg (36～42 d)	1～42 日龄	提高肉鸡生长性能和胴体品质,提高营养物质消化率,维持肠道屏障	Fascina 等(2012)
Cobb 肉鸡	200 g/kg 山梨酸、200 g/kg 延胡索酸、100 g/kg 百里香酚、350 g/kg 二氧化硅、150 g/kg 甘油酯	0.3 g/kg	1～42 日龄	改善肉鸡肠道形态,提高肠道消化酶活性,提高回肠和十二指肠免疫球蛋白 A 的含量,增强肉鸡免疫功能	Yang 等(2018)
Cobb 肉鸡	柠檬酸、苹果酸、山梨酸、延胡索酸、百里香酚、香兰素、丁香酚等	0.3 g/kg	1～42 日龄	提高肉鸡饲料转化率,提高胰蛋白酶和糜蛋白酶活性,改善肠道形态。提高免疫球蛋白 A 含量,增强肉鸡免疫功能,维持肠道菌群结构	Liu 等(2017)

3. 复合酸化剂在水产养殖中的应用

表 7-12 总结了近年来有关复合酸化剂在水产养殖中的应用研究。从研究对象来看，关于复合酸化剂在水产养殖上的研究主要集中于鲤鱼、草鱼以及罗非鱼。从应用效果来看，复合酸化剂的使用可以促进鱼类生长发育，提高其对饲料的消化率，增强免疫能力和抗氧化能力等。

表 7-12　复合酸化剂在水产养殖中的应用

研究对象	复合酸化剂组成	添加剂量	试验期	应用效果	参考文献
35 g 左右鲤鱼	柠檬酸(99.5%，化学纯)、乳酸(85%，化学纯)、酒石酸(99.5%，化学纯)、丙酸(99.5%，化学纯)	1.5%柠檬酸；0.5%乳酸；0.15%酒石酸；0.15%丙酸	45 d	显著提高鲤鱼生长率，同时有利于降低饲料的酸结合力	周克勇等(2006)
37 g 左右鲤鱼	柠檬酸、乳酸、磷酸等	0.3%	56 d	显著提高鲤鱼肝脏、胰脏、前肠和中肠的蛋白酶活性，促进鲤鱼生长	王纪亭等(2009)
5.35 g 左右罗非鱼	乳酸、柠檬酸和磷酸等	0.3%	56 d	显著促进罗非鱼的生长和提高饲料利用率	李海涛等(2009)
28.8 g 左右奥尼罗非鱼	甲酸(150 g/kg)、丙酸和丙酸钙(30 g/kg)	1 g/kg 或 2 g/kg	60 d	显著提高罗非鱼生长性能和饲料转化率，提高体内淋巴细胞含量，增强免疫能力，降低感染索布里亚氏菌的概率	Reda 等(2016)
10.3 g 左右草鱼	柠檬酸、磷酸、乳酸按一定比例配合而成	0.21%	8 周	促进草鱼生长，增强其消化能力、抗氧化能力和免疫功能	尚卫敏等(2011)

7.4　酸化剂的生产工艺

7.4.1　酸化剂的生产工艺

酸化剂功能的发挥不仅与其活性成分和含量有关，还受到生产工艺等因素的制约。不合适的生产工艺会破坏酸化剂的活性成分，造成设备腐蚀，增加使用量，提高养殖成本。目前，酸化剂的生产工艺主要包括载体吸附、酯化和包被缓释等。

1. 载体吸附

将各种酸化剂原料组分按照配方的比例要求混合均匀是确保复合型酸化剂质量和提高酸化剂效益的重要环节。早期的酸化剂混合工艺为直接对液体酸化剂进行简单混合，这种方式虽然简单快捷，但却会造成生产加工设备的腐蚀和破坏。此外，将液体酸化剂直接添加入饲料易使饲料发生吸湿结块，缩短饲料的保存时间。目前酸化剂的主要混合方式是载体吸附混合，即将液体酸化剂混合均匀后用载体吸附，然后加入处理好的其他固体原料成分，经混合机混合均匀后包装。这种方式在一定程度上可以减少酸化剂对生产设备的腐蚀，增加酸化剂在饲料中的流散性，但它并不能解决饲料中碱性物质与酸化剂发生反应以及酸化剂在胃内过早释放等问题。目前，饲料酸化剂加工过程中常用的载体有多孔硅胶、二氧化硅、沸石、白炭黑等。

2. 酯化

丁酸是一种短链脂肪酸，它不仅可以作为酸化剂调节肠道 pH，还可为肠细胞提供能量，改善肠黏膜免疫功能，提高动物生长性能。值得注意的是，丁酸具有刺激性气味，易挥发，不利于实际生产应用。研究发现，使用丁酸甘油酯代替丁酸或是一种可行的方案。丁酸甘油酯是丁酸和甘油酯化反应的产物。在胃中，丁酸甘油酯的结构保持不变；当它进入肠道，肠道中的胰脂肪酶可将其分解为丁酸和甘油酯，使其被肠细胞利用。与丁酸和丁酸盐相比，丁酸甘油酯使用方便，无刺激性气味，且在肠道具有较好的缓释作用。目前，三丁酸甘油酯已经作为饲料添加剂在动物生产中应用(侯勇清，2004)。

3. 包衣缓释

包衣缓释技术是指通过特殊工艺在酸化剂外表面包覆一层保护膜，从而实现有效酸分子在肠道内的缓慢释放和持续发挥酸化作用的技术。当前生产中使用的包衣材料主要有明胶、变性淀粉、乙基纤维素、聚丙烯酸树脂、植物油脂、单硬脂酸甘油酯、棕榈油脂等。包衣缓释技术不仅可以减少酸化剂对饲料中其他活性成分的破坏和对饲料生产设备的腐蚀，还可以使酸化剂中的有效成分得到充分利用，降低酸化剂在日粮中的配比，节约饲料成本。因此，包衣缓释技术是目前较为理想的酸化剂加工技术。包衣的方式主要包括滚动包衣法、流动包衣法、压制包衣法和冷喷包衣法。此外，不同的包衣方式也可能影响酸化剂的使用效果。

7.4.2 生产工艺对饲料酸化剂应用效果的影响

饲料酸化剂的应用形式包括单一型饲料酸化剂和复合型饲料酸化剂，表 7-13 总结了不同生产工艺对单一型和复合型饲料酸化剂应用效果的影响。与普通复合型酸化剂相比，包衣复合型酸化剂在改善仔猪生长性能方面效果更优，这可能是因为包衣保护了酸化剂的有效成分，延缓了其在肠道的释放。此外发现，冷喷包衣技术会增强包膜酸化剂在蛋鸡生产中的应用效果。目前关于生产工艺对单一型饲料酸化剂应用效果影响的研究主要集中在乳酸和丁酸。研究表明，包衣乳酸比普通乳酸在改善肉鸡生长性能、肠道形态、维持肠道 pH 等方面表现出更好的效果。而对于丁酸类饲料酸化剂来说，其在畜禽生产中的应用效果排序：丁酸甘油酯＞包膜丁酸钠＞颗粒丁酸钠。

表 7-13 不同生产工艺对饲料酸化剂应用效果的影响

研究对象	酸化剂	添加剂量	最佳生产工艺	应用效果	参考文献
断奶仔猪	吸附型酸化剂和包衣型酸化剂；两者有效成分一致，主要有磷酸、乳酸、富马酸、山梨酸、甲酸	3 g/kg	包衣	两种酸化剂均可提高断奶仔猪采食量和日增重，降低腹泻率；包被型酸化剂综合效果优于吸附型酸化剂	高飞等(2016)

续表 7-13

研究对象	酸化剂	添加剂量	最佳生产工艺	应用效果	参考文献
仔猪	混合型酸化剂和脂肪包被型酸化剂；两者有效成分一致，主要有富马酸、苹果酸、乳酸、酒石酸和磷酸	3 kg/t	脂肪包衣	哺乳期间，脂肪包被型酸化剂对采食量的改善效果优于混合型酸化剂；保育前期，脂肪包被型酸化剂组采食量、增重和蛋白质表观消化率均显著高于混合型酸化剂组	刘庚寿(2012)
罗曼褐壳蛋鸡	混合包膜酸和冷喷包膜酸；两者有效成分一致，主要有乳酸、甲酸、丙酸等	混合包膜酸：1%；冷喷包膜酸：1%和 0.5%	冷喷包衣	两种酸化剂均降低蛋鸡消化道主要器官的内容物和粪样 pH，且冷喷组效果优于混合组；冷喷包膜酸在降低料蛋比方面优于混合包膜酸；饲料中添加 0.1%冷喷包膜酸效果最好	朱建平等(2014)
科宝肉鸡	液体乳酸和包衣乳酸	2%、0.4%、0.6%和 0.8%	包衣	包衣乳酸显著改善肉鸡生长性能，降低肠道 pH，改善肠绒毛形态；0.6%的包衣乳酸表现出较好的效果	Natsir 等(2010)
罗非鱼	乳酸和包衣乳酸	0.2%	包衣	日粮添加两种乳酸均可提高罗非鱼的饲料利用率；包衣乳酸在提高罗非鱼生长性能方面优于乳酸	Sobhy 等(2018)
生长猪	粉剂丁酸钠和包膜丁酸钠	粉剂丁酸钠：1 000、1 500、2 000 和 2 500 mg/kg；包膜丁酸钠：250、500、750、1 000 和 1 500 mg/kg	包衣	添加粉剂和包膜丁酸钠显著提高了生长猪的日增重；其中粉剂丁酸钠组以 1 500 mg/kg 的添加量效果最好，包膜丁酸钠组以 500 mg/kg 的添加量效果最好；添加同水平的丁酸钠，包膜组效果优于粉剂组	董冠等(2012)

续表 7-13

研究对象	酸化剂	添加剂量	最佳生产工艺	应用效果	参考文献
科宝肉鸡	三丁酸甘油酯和包膜丁酸钠	50%三丁酸甘油酯:2 000 mg/kg;30% 包膜丁酸钠:3 500 mg/kg	酯化	日粮添加三丁酸甘油酯和包被丁酸钠均可在一定程度上缓解脂多糖引起的肉鸡肉质的变化和肠黏膜能量的损耗;添加三丁酸甘油酯可以较好地提高应激下鸡肉的品质	邱洪仪等(2012) 李娇龙等(2012)
科宝肉鸡	三丁酸甘油酯和包膜丁酸钠	三丁酸甘油酯:500 g/t;包膜丁酸 820 g/t	酯化	日粮添加三丁酸甘油酯提高肉仔鸡生产性能;日粮添加包膜丁酸钠对肉仔鸡生产性能无显著影响	杨玲和胡群兵(2016)
科宝肉鸡	三丁酸甘油酯和包膜丁酸钠	45%三丁酸甘油酯:500 mg/kg;30% 包膜丁酸钠:877 mg/kg	包衣	三丁酸甘油酯和包膜丁酸钠均改善了脂多糖诱导的肠道绒毛高度的降低,增加了肠道麦芽糖酶活性,降低腹脂含量;与包膜丁酸钠相比,三酰甘油具有更好的作用	Xiong 等(2018)
罗斯 308 肉鸡	三丁酸甘油酯和脂肪包被丁酸钠	53%三丁酸甘油酯:500 mg/kg 和 250 mg/kg;24%包膜丁酸钠:1 000 mg/kg 和 500 mg/kg	—	日粮添加三丁酸甘油酯和脂肪包被丁酸钠均提高肉仔鸡生长性能,且两者间无显著差异	Lum 等(2018)
南美白对虾	丁酸甘油酯和包膜丁酸钠	0.5 g/kg、1.0 g/kg 和 1.5 g/kg	酯化	三丁酸甘油酯和包膜丁酸钠均可促进南美白对虾生长、减少肠道致病性弧菌数量;同比之下,三丁酸甘油酯效果优于包膜丁酸钠	唐启峰等(2018)

7.5 酸化剂在无抗饲料中的应用与展望

由于养殖业中大量使用抗生素已造成耐药性的产生、食品安全和环境问题，我国在 2020 年全面禁止使用抗生素作为生长促进剂，迫切需要寻找抗生素替代品。近年来，酸化剂具有无毒、无残留和体内代谢快等特点，被广泛应用于家猪、家禽动物饲料生产，其在水生动物和反刍动物生产中的研究也有报道，是一种安全、高效的绿色饲料添加剂。酸化剂的主要功能包括：降低动物消化道 pH，刺激消化酶活性，提高饲料养分利用率；改善动物消化道微生态平衡；提高机体免疫力；促进营养物质尤其是矿物元素的消化吸收；参与机体能量代谢；改善饲料品质(Pearlin 等，2019)。

然而，目前酸化剂的应用仍然存在一些问题(王洁和柏文清，2017)：①价格较高，腐蚀饲料生产设备，增加维修成本；②作用效果不稳定，动物摄入的酸化剂在胃内很快被吸收，无法到达小肠，同时易被碱中和；③生理与营养作用机制还需进一步研究；④生产工艺不完善；⑤单一酸化剂的作用效果有限。因此，为了更好地利用酸化剂，行业内须建立饲料酸化剂质量评价标准，促进酸化剂的规模化发展；改进酸化剂的生产和加工工艺，从而增加其缓释功能和稳定性，降低其对设备的损害；加强不同类型饲料酸化剂对不同品种、生理阶段的动物的作用方式、剂量、效果和机理的精准研究，以提高生产效率；加大力度研制复合添加剂，包括复合酸化剂或单一酸化剂与其他种类饲料添加剂，如酶制剂、益生素、维生素、氨基酸、寡糖和植物提取物等，通过综合复配或组合构成新的配方类混合型添加剂，用于饲料中解决替代抗生素促生长剂的问题。

参考文献

曹志华，欧阳晶旭，王俊，等. 有机复合酸化剂对艾维茵(AVIAA)肉鸡生长性能、营养成分消化率及腺胃 pH 的影响[J]. 长江大学学报 B(自然科学版)，2006，3(4)：164-166.

陈常秀. 丙酸铬对育肥猪生产性能和胴体品质影响[J]. 江西农业大学学报，2009，31(3)：522-525.

陈国顺，余荣，冯光彧. 日粮中添加包膜丁酸钠对香猪生产性能和血液生化指标的影响[J]. 中国畜牧兽医，2012，39(6)：98-100.

董冠，杨维仁，杨在宾，等. 不同丁酸钠对生长猪生产性能的影响及其比较研究[J]. 饲料工业，2012(S1)：56-58.

高飞，宋益贞，李伟. 不同加工工艺的酸化剂对仔猪生长性能和肠道健康的影响[J]. 广东饲料，2016，25(2)：30-3.

郭骥. 不同猪舍环境与饲粮添加复合酸化剂对母猪生产性能及抗氧化能力的影响[D]. 广州：华南农业大学，2016.

韩庆功，崔艳红，李丹，等. 复合酸化剂对断奶仔猪生长性能、抗体水平及粪便微生物的影响[J]. 饲料工业，2016，37(6)：13-17.

何国飞，卢旭霞，陈报伟，等. 复合酸化剂对黄羽肉鸡生长性能及消化道 pH 值的影响[J]. 中国农学通报，2013(20)：7-11.

侯永清，梁敦素，丁斌鹰，等. 早期断奶仔猪日粮中添加不同种类酸化剂的效果[J]. 中国畜牧杂志，1996，32(6)：8-11.

侯勇清. 三丁酸甘油酯作为饲料添加剂的应用[P]. 中国，专利文献种类，03128368.3，2004.

胡贵丽,丁鹏,宋泽,等.酸化剂在畜禽生产中的作用[J].饲料博览,2018,315(7):27-34.

黄国清,潘珂,陈书贤.不同酸化剂在仔猪日粮中的应用[J].饲料工业,1999,20(5):28-29.

黄建华,李春莲,杨凤梅,等.二甲酸钾对断奶仔猪大肠杆菌和乳酸杆菌的影响[J].湖北农业科学,2013(1):133-135.

黄晓亮,卢旭霞,陈报伟,等.复合酸化剂对黄羽肉鸡消化和免疫器官的影响[J].湖北农业科学,2015,(16):3990-3992,4006.

国家市场监督管理总局中国国家标准代管理委员会.混合型饲料添加剂酸化剂通用要求[S].GB/T 22141—2018.

贾刚,晏家友,王辉,等.缓释复合酸化剂对艾维茵白羽肉鸡消化道酸度、免疫指标及鸡舍氨浓度的影响[J].动物营养学报,2009,21(5):747-754.

蒋增良,杨明,杜鹃,等.月桂酸单甘油酯抑菌抗病毒特性及其在食品中的应用[J].中国粮油学报,2015,30(2):142-146.

蒋志,付饶,郑达文,等.包被精油复合酸化剂对断奶仔猪生长性能、肠道免疫及盲肠微生物的影响[J].饲料工业,2019(15):28-35.

寇莎莎,王诏升,徐德旺,等.日粮中添加不同水平丁酸钠对断奶仔猪生长性能、腹泻率及血液生化指标的影响[J].中国畜牧兽医,2018,45(7):1841-1848.

冷向军,李小勤,王康宁.pH 值对胃蛋白酶原激活率影响的研究[J].广西农业生物科学,2001(1):27-30.

冷向军,王康宁,杨凤,等.酸化剂对早期断奶仔猪胃酸分泌、消化酶活性和肠道微生物的影响[J].动物营养学报,2002,14(4):44-48.

李丹丹,冯国强,钮海华,等.丁酸钠对断奶仔猪生长性能及免疫功能的影响[J].动物营养学报,2012,24(2):307-313.

李海涛,胡云华,王银东.酸化剂对奥尼罗非鱼生长性能和饲料利用的影响[J].南方水产,2009,5(5):67-71.

李建平,单安山,徐奇友.不同类型酸化剂对早期断奶仔猪胃酸分泌、免疫功能和抗氧化机能的影响[J].东北农业大学学报,2009(4):69-73.

李娇龙,侯永清,朱惠玲,等.三丁酸甘油酯和包被丁酸钠对慢性应激下肉鸡肠黏膜能量状态的影响[C].中国畜牧兽医学会动物营养学分会第十一次动物营养学术研讨会论文集//长沙:中国畜牧兽医学会,2012:133.

李军.磷酸-乳酸复合酸化剂对肉仔鸡生产性能的影响[D].扬州:扬州大学,2011.

李鹏,武书庚,张海军,等.复合酸化剂对断奶仔猪肠黏膜形态和肠道微生物区系及免疫功能的影响[J].中国畜牧杂志,2009,45(9):28-32.

李运虎.酸化剂在动物生产中的应用研究进展[J].湖南饲料,2015(5):24-29.

李智,胡拥明,朱建平.酸化剂对蛋鸡生产与代谢的影响[J].饲料研究,2011(3):48-50,53.

李智明.复合酸化剂对母猪热应激的影响[D].广州:华南农业大学,2017.

刘庚寿.不同剂型的酸化剂对乳猪生产性能的影响[J].饲料广角,2012(19):37-40.

刘庚寿.不同加工方式的磷酸对早期断奶猪采食量和生产性能的影响[J].饲料与畜牧,2012(6):15-18.

刘梦芸.单月桂酸甘油酯在肉鸡和蛋鸡饲粮中的应用研究[D].杭州:浙江大学,2017.

刘圈炜,顾丽红,邢漫萍,等.复合酸化剂对热应激文昌鸡生长性能及血清生化指标的影响[J].中国家禽,2018,40(10):27-30.

刘永祥,胡忠宏,呙于明.短链脂肪酸组合对肉仔鸡消化道系统的影响[J].安徽农业科学,2008(4):1444-1446.

罗佳捷,张彬,陈登科.酸化剂在动物生产中的研究进展[J].饲料博览,2011(12):27-31.

罗玲,曲湘勇,韩奇鹏,等.包膜酸化剂和小肽螯合铁对夏季蛋鸡生产性能、蛋黄中微量元素含量及血清免疫和抗氧化指标的影响[J]. 动物营养学报,2017,29(3):1021-1029.

彭丽莎,孙健栋,史艳云,等. 三丁酸甘油酯对肉鸡生长性能、养分表观消化率、屠宰性能、肠道形态及微生物菌群的影响[J]. 动物营养学报,2014,24(2):466-473.

邱洪仪,朱惠玲,张俊,等. 三丁酸甘油酯和包被丁酸钠对脂多糖慢性应激下鸡肉品质的影响[C]//中国畜牧兽医学会动物营养学分会第十一次动物营养学术研讨会论文集,长沙:中国畜牧兽医学会,2012:135.

沙尔山别克·阿不地力大,王恬,决肯·阿尼瓦什,等. 复合酸化剂对肉仔鸡生产性能的影响[J]. 畜牧与兽医,2010,42(12):38-41.

尚卫敏,朱根廷,陈任孝,等. 酸化剂对草鱼生长和非特异性免疫能力的影响[J]. 淡水渔业,2011,41(5):56-61.

沈家鲲,曹岩峰,梁先伟,等. 复合酸化剂对海兰褐蛋雏鸡生长、免疫性能和血清抗氧化能力的影响[J]. 中国家禽,2017,39(8):48-51.

沈建明,唐亮,周学光,等. 包膜丁酸钠在保育仔猪生产中的应用研究[J]. 中国畜牧杂志,2010(10):69-72.

唐启峰,徐树德,卢玉标,等. 三丁酸甘油酯和包膜丁酸钠对南美白对虾生长性能和肠道微生物的影响[J]. 安徽农学通报,2018,24(2):87-90.

田冬冬,刘志强,张颖,等. 酸化剂在仔猪生产中的应用[J]. 饲料博览,2015(2):32-36.

汪加明,周庆华,王宏玲,等. 饲料中添加中链脂肪酸对断奶仔猪生长性能的影响[J]. 猪业科学,2017,34(9):90-91.

王二红,吴德,方正锋,等. 饲粮中添加丁酸钾对泌乳母猪繁殖性能、血液生化指标和乳成分的影响[J]. 动物营养学报,2010,22(5):1367-1373.

王纪亭,李海涛,宋憬愚,等. 复合酸化剂对鲤生长及消化酶活性的影响[J]. 广东海洋大学学报,2009,29(1):21-25.

王杰,陈玉林. 复合酸化剂在断奶仔猪上的应用研究[J]. 湖北农业科学,2010,49(5):1158-1161.

王洁,柏文清. 饲用酸化剂作用机制及应用[J]. 畜禽业,2017,28(12):16-18.

魏艳红,曲湘勇,蔡超,等. 包膜复合酸化剂对东乡绿壳蛋鸡生产性能、矿物元素代谢及血清生化指标的影响[J]. 动物营养学报,2015,27(4):1222-1229.

肖芹,常玲玲,沈一茹,等. 磷酸对肉鸡消化道 pH 值、消化酶活性和蛋白消化率的影响[J]. 中国家禽,2016,38(4):23-28.

肖芹,沈一茹,张珊,等. 复合酸化剂对肉鸡消化道 pH 和消化酶活性的影响[J]. 动物营养学报,2015,27(8):2527-2533.

晏家友,贾刚,王康宁,等. 缓释复合酸化剂对断奶仔猪消化道酸度及肠道功能的影响[J]. 畜牧兽医学报,2009,40(12):1747-1754.

晏家友,贾刚,王康宁. 缓释复合酸化剂与抗生素联合使用对断奶仔猪肠道微生物及肠黏膜抗体的影响[J]. 猪业科学,2009,26(9):88-91.

杨桂珠,方希修. 饲用酸化剂在家禽生产上的应用[J]. 动物科学与动物医学,2002,19(1):52-54.

杨玲,胡群兵. 三丁酸甘油酯和包膜丁酸钠对肉仔鸡生长性能的影响[C]//中国畜牧兽医学会动物营养学分会第十二次动物营养学术研讨会论文集. 武汉:中国畜牧兽医学会,2016:369.

殷继勋. 复合酸化剂对肉鸡生产性能、血清生化指标和肠道发育的影响研究[D]. 泰安:山东农业大学,2019.

岳敏,许丽,方翠林,等. 丁酸钠对母猪生产性能和抗氧化功能及后代仔猪生长的影响[J]. 中国畜牧杂志,2014,50(23):44-47.

张继忠. 甘露寡糖和复合酸化剂组合使用对八眉猪生长性能的影响[J]. 养猪,2015(3):43-44.

张继忠. 小肽和酶制剂组合使用对早期断奶八眉仔猪生长性能和腹泻率的影响研究[J]. 畜牧兽医科学,

2018(4):12-13.

张玲,李丽,蒋月,等.饲用酸化剂的应用价值及存在问题[J].饲料研究,2013(8):33-36.

张文飞,张红菊,管武太,等.饲粮中添加中链脂肪酸三酰甘油对母猪繁殖性能、血清生化指标及初乳成分的影响[J].动物营养学报,2016,28(10):3256-3263.

张小东,余荣,赵民.微囊丁酸钠对母猪生产性能与仔猪生长性能的影响[J].中国饲料,2012(5):18-20.

张旭晖,王恬,冀凤杰,等.有机酸化剂对断奶仔猪生长性能和肠道健康的影响[J].动物营养学报,2012,24(3):507-514.

赵民,徐小芳,余荣.包膜丁酸钠对青脚麻种鸡生产性能的影响[J].饲料工业,2012,33(20):33-34.

赵旭,沈一茹,陈杰,等.不同种类酸化剂对肉鸡肠道发育、消化酶活性以及微生物数量的影响[J].动物营养学报,2015,27(11):3509-3515.

郑荷花,杨丽,李伟,等.丁酸钾对断奶仔猪生长性能、腹泻率和养分消化率的影响[J].饲料研究,2013(1):1-4.

周克勇,刘长中,周兴华.复合酸化剂对鲤鱼生长性能的影响[J].江西饲料,2006(5):5-9.

周岭,丁雪梅,罗玉衡,等.复合酸化剂和微生态制剂对蛋鸡生产性能、血液生化指标、抗氧化指标及沙门氏菌感染的影响[J].动物营养学报,2016,28(8):2571-2580.

周治平,黎纯敏.复合酸化剂对断奶仔猪生产性能的影响[J].畜禽业,2012(9):20-22.

朱晖,田文菊,张昭良,等.哺乳仔猪加喂稀盐酸的效果观察[J].广西畜牧兽医,1992(3):20-21.

朱建平,张杰,蒋银屏,等.不同生产工艺的包膜酸对蛋鸡生产性能、消化道内环境的影响[J].广东饲料,2014,23(11):32-34.

朱文涛,雒秋江,杨开伦,等.分别添喂4种酸化剂对蛋鸡产蛋性能和表观日粮利用率影响的比较[J].新疆农业大学学报,2002,25(4):1-4.

朱宇旌,吴芸彤,季文彦,等.不同环境下包被酸化剂对肉仔鸡生长性能、消化道内环境及血清生化指标的影响[J].动物营养学报,2012,24(5):886-896.

邹益东,杨朋朋,陈仲芬,等.复合酸化剂(乳酸宝)在蛋鸡生产中的应用[J].饲料博览,2009(2):18-21.

Brzóska F, Śliwiński B, Michalik-Rutkowska O. Effect of dietary acidifier on growth, mortality, post-slaughter parameters and meat composition of broiler chickens[J]. Annals of Animal Science, 2013, 13(1):85-96.

Casellas J, Casas X, Piedrafita J, et al. Effect of medium- and long-chain triglyceride supplementation on small newborn-pig survival[J]. Preventive Veterinary Medicine, 2005, 67(2-3):213-221.

Chuchird N, Rorkwiree P, Rairat T. Effect of dietary formic acid and astaxanthin on the survival and growth of Pacific white shrimp (Litopenaeus vannamei) and their resistance to Vibrio parahaemolyticus[J]. SpringerPlus, 2015, 4(1):1-2.

Chwen L T, Foo H L, Thanh N T, et al. Growth performance, plasma fatty acids, villous height and crypt depth of preweaning piglets fed with medium chain triacylglycerol[J]. Asian Australasian Journal of Animal Sciences, 2013, 26(5):700-704.

da Silva B C, Vieira F D N, Mouriño J L P, et al. Butyrate and propionate improve the growth performance of Litopenaeus vannamei[J]. Aquaculture Research, 2014, 47(2):612-623.

Devi S M, Lee K Y, Kim I H. Analysis of the effect of dietary protected organic acid blend on lactating sows and their piglets[J]. Revista Brasileira de Zootecnia, 2016, 45:39-47.

Emami N K, Daneshmand A, Naeini S Z, et al. Effects of commercial organic acid blends on male broilers challenged with E-coli K88: Performance, microbiology, intestinal morphology, and immune response[J]. Poultry Science, 2017, 96(9):3254-3263.

Estensoro I, Ballester-Lozano G, Benedito-Palos L, et al. Dietary butyrate helps to restore the intestinal status of a marine teleost (sparus aurata) fed extreme diets low in fish meal and fish oil[J]. Plos One, 2016, 11:e0166564.

Fascina V B, Sartori J R, Gonzales E, et al. Phytogenic additives and organic acids in broiler chicken diets[J]. R. Bras. Zootec., 2012, 41(10)):2189-2197.

Gall M L, Gallois M, Sève B, et al. Comparative effect of orally administered sodium butyrate before or after weaning on growth and several indices of gastrointestinal biology of piglets[J]. British Journal of Nutrition, 2009, 102,1285-1296.

Gaudier E, Jarry A, Blottière H M, et al. Butyrate specifically modulates MUC gene expression in intestinal epithelial goblet cells deprived of glucose[J]. Am J Physiol Gastrointest Liver Physiol, 2004, 287(6): G1168-G1174.

Gerwe T V, Annemarie B, Don K, et al. Medium chain fatty acid feed supplementation reduces theprobability of *Campylobacter jejuni* colonization in broilers[J]. Veterinary Microbiology, 2010,143(2-4):314-318.

Giesting D W, Easter R A. Acidification status in swine diets[J]. Feed Management, 1986, 37:8-10.

Granstad S, Kristoffersen A B, Benestad S L, et al. Phytogenic additives and organic acids in broiler chicken diets[J]. Revista Brasileira de Zootecnia, 2012, 41(10):2189-2197.

Grilli E, Messina M R, Tedeschi M, et al. Feeding a microencapsulated blend of organic acids and nature identical compounds to weaning pigs improved growth performance and intestinal metabolism[J]. Livestock Science, 2010, 133(1-3):173-175.

Han Y, Hwang I, Thacker P A. Use of a micro-encapsulated eucalyptus-medium chain fatty acid product as an alternative to zinc oxide and antibiotics for weaned pigs[J]. Journal of Swine Health & Production, 2011, 19(1):34-43.

Hanczakowska E, Hanczakowskwią̨tkiewicz M, Natonek-Winiewska M, et al. Medium chain fatty acids (MCFA) and/or probiotic*Enterococcus faecium* as a feed supplement for piglets[J]. Livestock Science, 2016, 192:1-7.

He B, Wang M, Guo H, et al. Effects of sodium butyrate supplementation on reproductive performance and colostrum composition in gilts[J]. Animal, 2016, 10(10):1722-1727.

Hermans D, Martel A, Garmyn A, et al. Application of medium-chain fatty acids in drinking water increases*Campylobacter jejuni* colonization threshold in broiler chicks[J]. Poultry Science, 2012, 91(7): 1733-1738.

Hong S M, Hwang J H, Kim I H. Effect of medium-chain triglyceride (MCT) on growth performance, nutrient digestibility, blood characteristics in weanling pigs[J]. Asian Australasian Journal of Animal Sciences, 2012, 25(7):1003-1008.

Huang C, Song P, Fan P, et al. Dietary sodium butyrate decreases postweaning diarrhea by modulating intestinal permeability and changing the bacterial communities in weaned piglets[J]. Journal of Nutrition, 2015, 145(12):2774-2780.

Ishikawa T, Nanjo F. Dietary cycloinulooligosaccharides enhance intestinal immunoglobulin a production in mice[J]. Bioscience Biotechnology & Biochemistry, 2009, 73(3):677-682.

Jean K, Chiang S. Increased survival of neonatal pigs by supplementing medium-chain triglycerides in late-gestating sow diets[J]. Animal Feed Science & Technology, 1999, 76(3-4):241-250.

Khosravinia H. Effect of dietary supplementation of medium-chain fatty acids on growth performance and prevalence of carcass defects in broiler chickens raised in different stocking densities[J]. Journal of Applied Poultry Research, 2015, 24(1):1-9.

Kil D Y, Kwon W B, Kim B G. Dietary acidifiers in weanling pig diets: a review[J]. Revista Colombiana de Ciencias Pecuarias, 2011, 24(3):231-247.

Kil, D. Y, L. G. Piao, H. F. Long, et al. Effects of organic or inorganic acid supplementation on growth performance, nutrient digestibility and white blood cell counts in weanling pigs[J]. Asian Australasian Journal of Animal Sciences, 2006, 19:252-261.

Li Z, Yi G, Yin J, et al. Effects of organic acids on growth performance, gastrointestinal pH, intestinal microbial populations and immune responses of weaned pigs[J]. Asia Australasian Journal of Animal Sciences, 2008, 21(2):252-261.

Liu S, Hou W, Cheng S, et al. Effects of dietary citric acid on performance, digestibility of calcium and phosphorus, milk composition and immunoglobulin in sows during late gestation and lactation[J]. Animal Feed Science & Technology, 2014, 191:67-75.

Liu Y, Yang X, Xin H, et al. Effects of a protected inclusion of organic acids and essential oils as antibiotic growth promoter alternative on growth performance, intestinal morphology and gut microflora in broilers [J]. Animal Science Journal, 2017, 88(9):1414-1424.

Luckstadt C. Acidifiers in animal nutrition: a guide for feed preservation and acidification to promote animal performance[M]. Nottingham University Press, 2007.

Lum J, Sygall R, Felip J M R. Comparison of tributyrin and coated sodium butyrate as sources of butyric acid for improvement of growth performance in ross 308 broilers[J]. International Journal of Poultry Science, 2018, 17(6):290-294.

Mahan D C, Newton E A, Cera K R. Effect of supplemental sodium chloride, sodium phosphate, or hydrochloric acid in starter pig diets containing dried whey[J]. Journal of Animal Science, 1996, 74(6):1217-1222.

Natsir M H, Osfar S, Khotibul U, et al. Effects of liquid and encapsulated lactic acid in broiler diets on performances, intestinal characteristics and intestinal microflora[J]. Journal of Poultry Science, 2010, 47(3): 240-243.

Ndelekwute E K, Unah U L, Udoh U H. Effect of dietary organic acids on nutrient digestibility, faecal moisture, digesta pH and viscosity of broiler chickens[J]. MOJ Anatomy & Physiology, 2019, 6(2):40-43.

Papatsiros V P G, Billinis C. The prophylactic use of acidifiers as antibacterial agents in swine[M]. Antimicrobial Agents, 2013.

Partanen K, Siljander-Rasi H, Alaviuhkola T, et al. Performance of growing-finishing pigs fed medium- or high-fibre diets supplemented with avilamycin, formic acid or formic acid-sorbate blend[J]. Livestock Production Science, 2002, 73(2-3):139-152.

Pearlin B V, Muthuvel S, Govidasamy P, et al. Role of acidifiers in livestock nutrition and health: a review[J]. Journal of Animal Physiology and Animal Nutrition, 2019, 104(2):558-569.

Pritzl M C, Kienholz E W. The effect of hydrochloric, sulfuric, phosphoric, and nitric acids in diets for broiler chicks[J]. Poultry Science, 1973, 52:1979-1981.

Ragaa N M, Korany R M S. Studying the effect of formic acid and potassium diformate on performance, immunity and gut health of broiler chickens[J]. Animal Nutrition, 2016, 2(4):296-302.

Ramli N, Heindl U, Sunanto S. Effect of potassium-diformate on growth performance of tilapia challenged with *Vibrio anguillarum*[J]. Abstracct CD-Rom World Aquaculture Society, 2005, 91:382.

Reda R M, Mahmoud R, Selim K M, et al. Effects of dietary acidifiers on growth, hematology, immune response and disease resistance of *Nile tilapia*, Oreochromis niloticus[J]. Fish & Shellfish Immunology, 2016, 50:255-262.

Ring E. Effects of dietary lactate and propionate on growth and digesta in Arctic charr, *Salvelinus alpinus*

(L.)[J]. Aquaculture, 1991, 96(3-4):321-333.

Safari R, Hoseinifar S H, Nejadmoghaddam S, et al. Non-specific immune response, immune, antioxidant and growth related genes expression in common carp fed sodium propionate[J]. Aquaculture Research, 2017, 48:4470-4478.

Shokrollahi B, Yavari Z, Kordestani A-H. Effects of dietary medium-chain fatty acids on performance, carcass characteristics, and some serum parameters of broiler chickens[J]. British Poultry Science, 2014, 55(5):662-667.

Sikandar A, Zaneb H, Younus M, et al. Effect of sodium butyrate on performance, immune status, microarchitecture of small intestinal mucosa and lymphoid organs in broiler chickens[J]. Asian Australasian Journal of Animal Sciences, 2017, 30(5):690-699.

Sobhy H M, Moghazy G M E, Mohammed H, et al. Impact of protected and non-protected lactic acid used as an acidifier in the diet on*Oreochromis niloticus*[J]. Egyptian Journal of Aquatic Biology & Fisheries, 2018, 22(5):85-97.

Sui L, Liu Y, Sun H, et al. The effect of poly-β-hydroxybutyrate on the performance of Chinese mitten crab (Eriocheir sinensis Milne-Edwards) zoea larvae[J]. Aquaculture Research, 2012, 45(3):1-8.

Upadhaya S D, Lee K Y, Kim I H. Protected organic acid blends as an alternative to antibiotics in finishing pigs[J]. Asian-Australasian Journal of Animal Sciences, 2014, 27(11):1600-1607.

Wang J P, Kim I H. Effect of caprylic acid and Yucca schidigera extract on production performance, egg quality, blood characteristics, and excreta microflora in laying hens[J]. British Poultry Science, 2011, 52(6):711-717.

Wang Y, Kuang Y, Zhang Y, et al. Rearing conditions affected responses of weaned pigs to organic acids showing a positive effect on digestibility, microflora and immunity[J]. Animal Science Journal, 2016, 87(10):1267-1280.

Xiong J, Qiu H, Bi Y, et al. Effects of dietary supplementation with tributyrin and coated sodium butyrate on intestinal morphology, disaccharidase activity and intramuscular fat of lipopolysaccharide-challenged broilers[J]. Revista Brasileira de Ciência Avícola, 2018, 20(4):707-716.

Yang X, Long F, Xin H, et al. Impact of essential oils and organic acids on the growth performance, digestive functions and immunity of broiler chickens[J]. Animal Nutrition, 2018, 4(4):388-393.

Yang Y, Lee K Y, Kim I H. Effects of dietary protected organic acids on growth performance, nutrient digestibility, fecal microflora, diarrhea scores and fecal gas emission in weanling pigs[J]. Canadian Journal of Animal Science, 2019, 99(3):514-520.

(本章编写者:王恬、钟翔、张昊、齐丽娜、黎智华、陈亚楠、于彩云、韩红丽、季书立、贾沛璐、吴嘉敏)

第 8 章 其他替抗产品

【本章提要】 实现替抗功能的基础是能量和物质代谢的稳定，功能性氨基酸、矿物质和维生素作为机体内生物酶、激素和各种活性物质的组分，同样具备替代抗生素所具备的功能机制。在无抗饲料和减抗养殖下，本章强化功能性微量元素和氨基酸的替抗功能、定向供应和科学配伍，是实现“无抗”养殖的重要措施之一。

8.1 微量元素制品类替抗产品

微量元素在机体中含量仅为 0.01%，却是动物生命活动所必需的营养物质，对动物机体正常生长、免疫机能、抗氧化应激及骨骼发育具有重要的作用，参与体内多种生理生化反应，对维持动物健康起重要作用。特别是不同微量元素或者不同微量元素协同的抗氧化功能、免疫增强功能、肠道维护功能、抑菌作用等，在饲料禁抗后的养殖中可以发挥很大作用。

8.1.1 微量元素类制品的替抗功能

1. 微量元素的抗氧化功能

动物机体内含有以氧为中心的代谢产物和自由基，如超氧阴离子（superoxide anion，$O_2^- \cdot$）、羟基自由基（hydroxyl radical，•OH）和过氧化氢（peroxide，H_2O_2）等。同时机体内存在着自由基清除体系，包括酶促抗氧化系统和非酶促抗氧化系统，使自由基的生成与清除处于动态平衡之中，防止体内发生氧化损伤。酶类抗氧化剂又称为内源性抗氧化剂，主要包括超氧化物歧化酶（SOD）、谷胱甘肽过氧化物酶（GSH-Px）、氧化物酶（POX）、过氧化氢酶（CAT）等。这些内源性抗氧化酶中均含有微量元素，如 SOD 中金属辅基有铜、锌、锰、镍、铁等（刘胜利等，2021），硒是构成 GSH-Px 的必要成分，也是机体内过氧化酶的辅助因子（曹忠君，2020），这些酶可以清除机体内多余的自由基等。非酶类抗氧化剂也称外源性抗氧化剂，主要包括机体内的低分子物质，如微量元素硒、铜、锌、锰等可以提高抗氧化酶的活性，是机体中自由基消除系统中重要酶的活性中心元素。有机微量元素由于含有的过氧化物少，构型复杂，因此生物活性和利用效率更高（Burton 和 Ingold，1982；Husain，1987）。酶促和非酶促抗氧化系统相互制约、相互协调，共同维持机体内氧化还原的动态平衡。

机体内铁参与动物体内氧化过程，作为该过程中黄嘌呤氧化酶、乙酰辅酶、细胞色素还原酶等许多重要酶的活性成分（淡秀荣等，2014），可通过酶促抗氧化系统清除体内代谢产生的 H_2O_2 及有机过氧化物，并维护抗氧化酶系催化反应得以正常进行。硒主要以硒代半胱氨酸的形式掺入硒蛋白，发挥抗氧化的生物学功能，GSH-Px、硫氧还原蛋白还原酶（thioredoxin reductase，TrxR）、硒蛋白 P（selenoprotein P，SeP）等大多数具有抗氧化功能，参与过氧化物的分解、自由基的清除和膜磷脂氢过氧化物的还原等反应，从而有效防御自由基对细胞、组织和器官的损害。此外，硒与维生素 E 具有协同作用，能互补互利共同保护细胞膜脂质免受过氧化损害。在一定浓度范围内，随着机体内硒生物学效应的增加，活性氧自由基的浓度逐渐降低，当硒缺乏时，GSH-Px 的活性降低，从而导致动物体内多种疾病的发生。

锌可以和膜蛋白上的巯基、磷脂的磷酸基等结合，以增加膜的稳定性。当过氧化损伤时，膜内的-SH 被氧化成二硫键，锌可以与硫形成稳定的硫酸盐，防止被氧化而保护膜的完整性。铜、锌也是各种抗氧化酶的重要组成成分，是机体内重要的抗氧化剂，参与铜锌超氧化物歧化酶（CuZn-SOD）的构成、GSH-Px 的激活和诱导、金属硫蛋白（MT）的合成等。CuZn-SOD 可清除 O_2^-·，因而防止了自由基链式反应（陈苗璐等，2011；徐晨晨和王珂，2013）。

2. 免疫增强功能

微量元素与免疫的关系十分密切，直接参与畜禽机体的细胞免疫和体液免疫，影响畜禽的特异性和非特异性免疫功能，对于维持畜禽中枢免疫器官和外周免疫器官的结构和功能起着重要的作用，从而减少疾病发生（梅宁安，2014）。微量元素的氨基酸螯合物具有提高免疫应答反应和动物细胞及体液免疫的功效，被吸收后可将螯合的微量元素直接运输到特定的靶组织和酶系统中发挥作用和满足机体需要（侯玉洁等，2013）。

微量元素也可以通过多种途径调节相关炎症信号转导系统来防止体内发生过度炎症反应，比如锌可调控核因子 κB 信号通路而降低炎症反应。此外，锌可以利用免疫球蛋白和抗体效价来影响抗体对病原体和毒素的中和作用与免疫调理吞噬作用，从而调控动物机体的体液免疫。锌缺乏或过量均可能导致 DNA 合成受阻，抑制 T 淋巴细胞的增殖和分化，从而引起 T 淋巴细胞的功能损害，破坏免疫细胞内 RNA 及蛋白质的正常合成。

硒能有效提高机体免疫水平，其作用涉及体液和细胞免疫。在体液免疫方面，硒可提高免疫球蛋白含量；在细胞免疫方面，硒能激活巨噬细胞，增强中性粒细胞的趋化、吞噬和杀菌功能（梅宁安，2014）。在硒的作用下，机体合成 IgG、IgM 等的能力提高，IgG、IgM 分泌量增加，从而增强机体体液免疫的功能。日粮中补充硒元素，可以提高巨噬细胞的吞噬活性和杀菌能力，提高血清中 IgG、IgM 和 IgA 的含量（宋新磊，2018）。硒缺乏会降低巨噬细胞中过氧化物的合成，但过量硒可能会改变细胞免疫应答，影响体液免疫，损伤免疫组织，表现为免疫抑制（洪作鹏等，2021）。生产中经常把硒和维生素 E 同时添加，因为它们有相似的生理作用，二者对免疫系统的作用具有协同性（曹忠君，2020）。硒还可以通过参与碘甲状腺原氨酸脱碘酶影响甲状腺功能，间接调节免疫反应。

铜能抑制体内自由基的生成，维持动物细胞生物膜的完整性，调节机体的免疫功能，即对非特异免疫、特异性免疫以及体内的细胞因子等都有重要的影响。缺铜时畜禽的免疫功能受损，具体表现为胸腺萎缩、免疫细胞活性降低及对丝裂原刺激应答反应降低、抗体合成受损和抗体效价降低（徐晨晨和王珂，2013）。

锰在一定的剂量下可刺激免疫器官的细胞增殖，从而增强细胞免疫功能。锰还可以增加体内干扰素（INF）的含量，从而增强巨噬细胞的吞噬能力。低浓度的锰是淋巴细胞增殖过程中必需的元素。糖皮质激素是抑制生长和免疫系统功能的类固醇，铬可通过降低畜禽血清皮质醇浓度，避免锌、铜、铁、锰等微量元素的损失，提高免疫球蛋白的含量和抗体滴度来增强畜禽的免疫力（梅宁安，2014）。

3. 肠道维护功能

肠道是动物体内最大的与外界环境直接接触的组织器官，承担着对营养物质和水分的消化吸收及对外界病原的屏障作用。肠道屏障功能的障碍意味着对肠腔抗原、有害大分子、肠道细菌的通透性增加，可诱发感染性肠炎和代谢性疾病。

锌作为动物肠道上皮细胞结构发育所必需的元素，其对动物肠道的健康生长起着重要的作用，它可以通过调节肠上皮细胞的增殖影响肠道形态。肠道形态的改善意味着肠道的消化和吸收能力增强。而紧密连接是肠黏膜上皮细胞间形成的天然屏障，是维持黏膜上皮机械屏障和通透性的重要结构。锌可以通过作用于磷脂酰肌醇 3-激酶/蛋白激酶 B/西罗莫司靶蛋白（PI3K/AκT/mTOR）信号通路促进细胞分化，并上调紧密连接蛋白 ZO-1 表达，从而增强肠道黏膜屏障功能。而日粮中添加蛋氨酸锌可以显著提高仔猪十二指肠绒毛宽度和高度，显著降低隐窝深度（贾玉川等，2019），显著提高回肠绒毛高度、宽度和表面积（Wang 等，2018）。此外，日粮中添加药理浓度的锌可以控制断奶仔猪腹泻，高锌能够调控仔猪肠道黏膜的紧密连接蛋白的表达，从而改善肠道的功能，减少腹泻的发生。研究表明，日粮中添加 1500 mg Zn/kg 碱式氯化锌还可降低断奶仔猪结肠中异丁酸和异戊酸水平，改善仔猪肠道健康（zhang and guo，2009）。将凹凸棒石与锌通过离子交换方式制成的载锌凹凸棒石，添加到日粮中可改善猪的肠道菌群、增强肠道屏障功能，并有效抑制大肠杆菌、沙门氏菌和金黄色葡萄球菌的生长（Jiao 等，2015；孙文恺等，2019）。

动物肠道微生态系统中微生物之间、微生物与宿主之间存在着错综复杂的关系，肠道正常的菌群结构是维持机体健康的有效指标之一。添加高铜可以通过提高仔猪小肠微生物多样性和稳定性，来促进仔猪的生长（沈梦城，2012）。载铜硅酸盐纳米微粒能调节肉鸡肠道微生物区系，促进有益菌的生长，抑制有害菌的生长。载铜纳米壳聚糖能显著提高断奶仔猪十二指肠、空场和回肠绒毛高度，降低隐窝的深度，说明日粮中添加载铜纳米壳聚糖后，断奶仔猪的小肠黏膜形态结构得到了改善，这与肠道中大肠杆菌的生长受抑制，乳酸菌和双歧杆菌的数量提高有关（谢小利，2009）。另有研究表明，铜离子能降解高分子物质（如脂肪等），协助胃肠道吸收降解后的营养物质，促进动物对营养物质的吸收利用，从而促进生长发育（赛庆燕，2010）。

硒可以影响肠道黏膜免疫，缺硒会降低十二指肠黏膜分泌型免疫球蛋白 A 含量，增加促炎细胞因子水平，抑制抗炎细胞因子水平（洪作鹏等，2021）。生物纳米单质硒可缓解小肠上皮细胞的氧化应激损伤，抑制细胞凋亡，从而维持肠绒毛形状的完整及肠道屏障结构和功能（宋德广，2017）。而日粮中添加亚硒酸钠可显著提高断奶仔猪空肠的绒毛高度以及绒毛高度/隐窝深度，表明亚硒酸钠可缓解断奶应激造成的肠道形态结构损伤，从而维护肠道对养分的正常消化吸收（路则庆等，2019）。

4. 抑菌作用

铜作为重金属本身就有抑菌作用，研究发现，高铜可以减少肠道有害菌群的数量，改善肠道菌群。载铜硅酸盐纳米微粒具有极强的杀菌作用，可显著降低肠道内的有害菌数量，增加肠道内的有益菌数量（史明雷，2014）。断奶仔猪饲料中添加 250 mg/kg 的铜，有降低肠道大肠杆菌数量的趋势（冷向军和王康宁，2001）。早期饲用铜源多为 $CuSO_4$，属于强酸弱碱盐，能够降低消化道 pH，在一定程度上抑制肠道内病原菌繁殖，促进胃肠道的消化吸收能力（郭阳，2018）。载铜硅酸盐纳米微粒具有强烈的吸附和杀灭肠道病原菌的能力，对有益菌的生长无不良影响，而且具有保护和修复肠黏膜的功能（郭彤，2004）。此外，日粮中硒可以通过影响肠道内微生物起到抑制有害微生物的作用。

我国自 20 世纪 90 年代以来，由于缺乏相应的管理规定，铜、锌等微量元素过量使用或滥用的情况较为普遍。利用高铜和高锌等微量元素促进动物生长、预防腹泻在畜牧养殖业中被广泛应用，但如果长期采食含有高铜、高锌等的日粮，可导致机体慢性中毒、组织残留增多，且经消化吸收后仍有大量残留随排泄物排出体外，不仅污染水体、土壤等周边环境，还可通过食物链进入人体。2009 年农业部制定并发布了首版《饲料添加剂安全使用规范》（农业部公告第 1224 号），对配合饲料中铜、锌、铁、锰、碘、钴、硒和铬等微量元素都进行了最高限量规定。规范将高锌的使用范围和时间限制在仔猪断奶后前 2 周，并将饲料中高锌的添加量限定为不超过 2 250 mg/kg（以氧化锌形式提供的锌）。此外，氧化锌的利用率很低，而碱式氯化锌、纳米氧化锌等由于含有较低的重金属杂质及其独特的物理特性，且相对生物学吸收和利用率高，可作为良好的药理剂量氧化锌替代物。2017 年，随着畜牧养殖业对生态环境影响的关注度持续提高，通过对我国养殖水平和精准配方等养殖技术的充分评估，在综合考虑养殖动物生产性能、健康和福利以及对养殖环境影响的基础上，农业农村部对《饲料添加剂安全使用规范》进行了修订，全面下调了饲料中铜、锌最高限量。新版《饲料添加剂安全使用规范》（农业农村部公告第 2625 号）将饲料中铜、锌限量总体下调 20%～30%，将行业最受关注的仔猪断奶后前 2 周的高锌使用限量由 2 250 mg/kg 下调至 1 600 mg/kg，同时将仔猪生理阶段的划分体重由≤30 kg 调整至≤25 kg。按照新的限量值，我国养殖业每年可实现铜元素减排 0.8 万 t，锌元素减排超过 1.65 万 t，可分别减量 50%和 34%以上。从目前全国饲料质量安全监测结果看，全国超量使用铜、锌饲料添加剂问题得到明显改善。

8.1.2 饲用微量元素生产方法

1. 无机微量元素化学合成工艺

以钛白副产物废酸和硫铁矿烧渣为原料，经酸浸、除杂、还原、过滤、结晶、洗涤、干燥等工序，制备了达到《饲料级硫酸亚铁》（HG/T 2935—2000）中饲料级 $FeSO_4$ 产品的要求（图 8-1，舒均杰，2008）。

（1）Fe 的浸出。取硫铁矿烧渣，加入装有 30%H_2SO_4（由 93%H_2SO_4 和 15%～20%钛白稀废酸配制），80 ℃下恒温搅拌 2 h，过滤去渣。

（2）浸出液的还原。向浸出液中加入铁屑进行还原反应并以铁屑消耗溶液中可能存在的过量 $FeSO_4$，溶液中生成了大量的 $Fe_2(SO_4)_3$。

（3）除杂。体系中的 Fe 不断与 H_2SO_4 反应，并将 Fe^{3+} 还原成 Fe^{2+}，因此 Fe^{2+} 的浓度将逐渐升高，而 H_2SO_4 浓度逐渐降低。另外由于体系中的 Fe 是强还原剂，与 H_2SO_4 反应可产生原子态 H 并提供 S^{2-}，故能继续发生反应，溶液中杂质除去。

（4）沉降分离。经还原和除杂后得到的 $FeSO_4$ 溶液放入沉降槽中，按每立方米反应液加入 0.5 kg 的量加入 0.1%的聚丙烯酰胺（PAM），迅速搅拌均匀再静置沉降 8 h，使杂质从溶液中分离出来。

（5）冷冻结晶及干燥经彻底沉降的 $FeSO_4$ 溶液进行过滤，所得滤液转至冷冻结晶槽中，采用冷冻盐水间接降温冷却，利用 $FeSO_4$ 溶解度随温度降低急剧减小的特性，使 $FeSO_4$ 以晶体的形式从溶液中析出，采用清水洗涤晶体，再将 $FeSO_4$ 晶体转入真空干燥器中在 90 ℃左右干燥 30 min，去掉游离水分，即得到饲料级 $FeSO_4$ 产品。

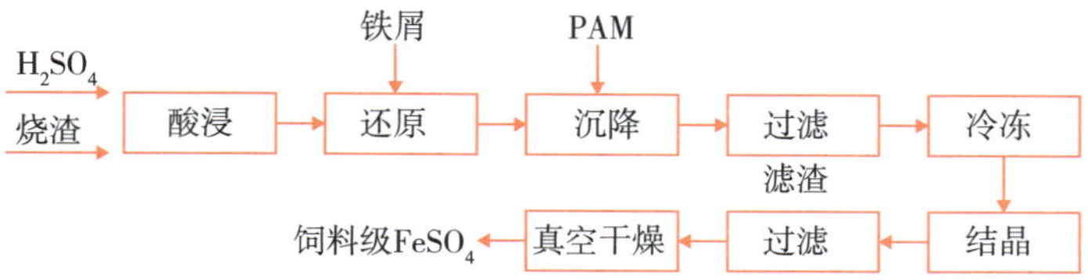

图 8-1　硫铁矿烧渣制备饲料级 $FeSO_4$ 工艺流程(舒均杰,2008)

2. 有机微量元素化学合成工艺

有机微量元素产品有许多不同的合成方法,但目前的生产制备过程中,所用的方法和原料都差不多,在原料有所区别的情况下,反应条件会有所差别,但大体上都差不多。本节以富马酸亚铁为例,主要方法如图 8-2(谭振聪,2018)。

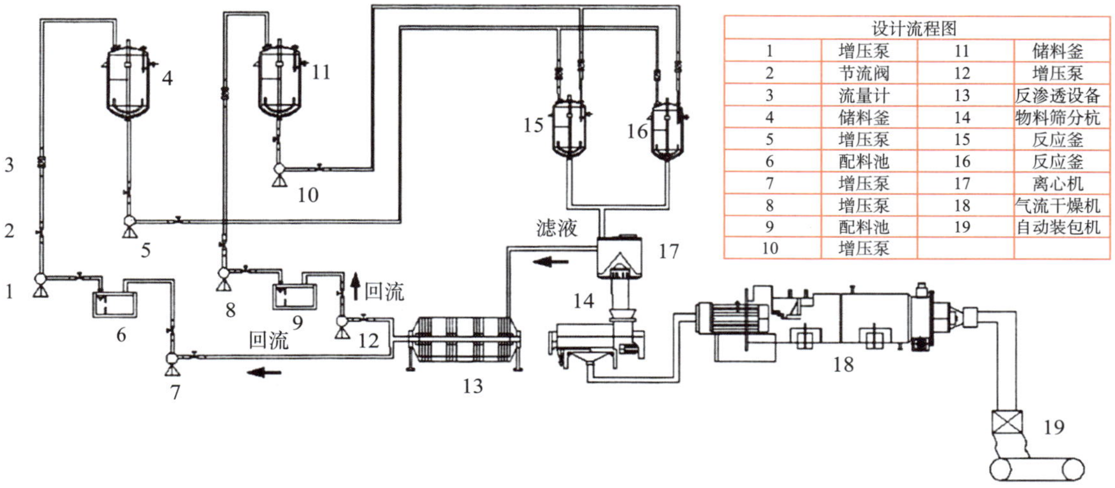

图 8-2　富马酸亚铁连续化生产工艺流程图(谭振聪,2018)

富马酸亚铁的制备工艺:将纯化水放入中和液溶解槽当中,打开搅拌和蒸汽,然后把碳酸钠放入其中,待其溶解后,关掉蒸汽,再不断地投入富马酸进行中和反应形成中和液,控制富马酸的添加量,让中和液的 pH 在 6.0～6.9,通过滤器由中和液泵将中和液分批送入洁净区内的中和液高位槽待用,按质量比 1∶1.89 的比例将硫酸亚铁和纯化水投入硫酸亚铁溶解槽内,溶解温度在 50～60 ℃,保证硫酸富马酸亚铁充分溶解,并且要减少杂质高铁以及污水的产生。搅拌溶解,经过滤器使用硫酸亚铁溶液泵,将其输送到高位槽内待用,把高位槽内的中和液放入反应釜内,同时打开搅拌和夹套蒸汽,待加热至沸腾后,向反应釜内连续加入硫酸亚铁溶液,滴加时保持温度在 100～105 ℃,滴加时间在 15～20 min,确保富马酸和亚铁离子的充分结合,滴加完毕后保持沸腾时间 15～20 min,随后把温度降到 85 ℃,确保反应收率以及杂质高铁的去除。将反应釜内的溶液放入抽滤器,并经真空抽滤出母液后形成湿物料,湿物料经脱水干燥后制得富马酸亚铁。

8.1.3　微量元素制品替抗应用

1. 猪替抗应用

猪饲粮中添加亚治疗剂量抗生素可提高饲料转化率、改善肉质、促进肠道健康、预防疾病等。然而，生猪养殖过程中长期使用甚至滥用抗生素会导致细菌产生耐药性，猪肉产品抗生素残留，肉质风味下降等问题，不仅破坏生态环境，还危害人类健康。微量元素的补充是保证生猪健康生长的基础，合理地添加和使用微量元素可以提高仔猪和生长育肥猪的生长、生产性能，改善肠道健康。

研究发现，在日粮中添加酵母硒，可以改善仔猪的生产性能，且对仔猪肠道内微生物菌群有一定影响（范彧等，2017）。与日粮中添加硫酸黏杆菌素和金霉素相比，添加酵母硒可以显著提高仔猪空肠黏膜 SOD、T-AOC 和 GSH-Px 活性（高凯等，2019）。高锌代替四环素类抗生素可降低断奶仔猪腹泻率，减轻肠道炎症，改善肠道健康，提高仔猪生长性能和血液抗氧化能力（吕航，2016），调节肠道微生物菌群比例（马现永等，2016）。载锌凹凸棒石替代日粮中的抗生素（吉他霉素）和氧化锌不影响断奶仔猪的生长性能、腹泻率和腹泻指数，可增强仔猪的抗氧化能力和免疫功能（刘洋等，2020）。日粮中添加载铜硅酸盐纳米微粒可明显改善仔猪生长性能和肠道微生态，明显提高十二指肠脂肪酶和黏膜二糖酶的活性，显著改善小肠黏膜的形态结构，其具有抗菌效果好、缓释性好、安全性高、不产生耐药性、无组织残留等优点（郭彤，2004）。此外，与金霉素相比，饲粮中添加载铜纳米壳聚糖能提高断奶仔猪的免疫和抗氧化机能，提高生长性能，降低腹泻率，具有替代抗生素的潜在应用价值（王敏奇等，2011）。

2. 其他替抗应用

在肉鸡、蛋鸡生产中，抗生素具有提高肉鸡生产性能、抵抗疾病和改善营养等作用。但随着抗生素在鸡养殖中的过量、过度及不规范使用，鸡蛋、鸡肉中的药物残留等问题也随之出现，严重影响了人们的健康（沈涛涛等，2021）。部分微量元素复合物具有抑菌及提高机体抗氧化能力等作用。与杆菌肽锌相比，日粮中添加载锌沸石可提高蛋鸡肝脏组织 CAT、GSH-Px 活性，提高机体抗氧化能力，其作为可添加的锌源应用于蛋鸡饲料中并可替代杆菌肽锌（李嫔等，2015）。对于肉鸡来说，可以提高肉鸡生产性能和抗氧化能力，这可能是由于沸石的吸附和离子交换功能，以及锌离子是机体许多抗氧化酶的组成成分或激活因子，从而提高了机体抗氧化功能（陈刚耀等，2015）。甘氨酸水杨醛铜配合物可提高肉仔鸡的体重、胸肌率、腿肌率和免疫指标，降低腹脂率和滴水损失，且对肉鸡空肠中的细菌具有抑菌效应（苏玲玲，2007）。甘露寡糖和有机硒作为饲料添加剂联合添加，能够提高肉鸡的生产性能、特异性和非特异性免疫性能及抗氧化能力，可以作为抗生素替代品应用于肉鸡生产（宋新磊，2018）。

8.1.4 微量元素减量添加和替抗技术方案

1. 矿物元素蔗糖螯合产品营养性、功能性和经济性评估研究

利用饲养对比试验、营养平衡试验、组织形态学和分子生物学方法，系统研究了蔗糖有机矿物元素猪禽利用机制和配套技术。通过 4 次试验，系统研究了蔗糖铁仔猪应用机理和分子机制、复合有机铁繁殖母猪和哺乳仔猪功能评价；以无机复合微量元素为参比，利用 6 次试验，系统研究了蔗糖螯合有机复合微量元素商品肉鸡营养性、功能性优势，解决了蔗糖螯合有机复合微量元素释放营养、改善肠道健康和富营养优质肌肉生产的关键技术；通过 5 次试验，系统研究了蛋鸡高产关键技术和蔗糖螯合复合有机微量元素等蛋鸡高产和优质功能鸡蛋生产关键技术。通过 50 万只肉鸡和 30 万只蛋鸡的规模推广验证，制定出系列化蔗糖螯合有机微量元素单一添加剂和蔗糖螯合复合有机微量元素预混剂猪禽高效利用的解决方案 5 个。

2. 猪典型案例分析

蔗糖螯合复合有机微量元素优质无抗功能性猪肉生产方案——无抗、好肉色、富营养、抗氧化、长货架期猪肉生产方案。

1)技术方案和内容

本技术方案首先创制蔗糖矿物元素螯合新工艺、新方法，利用广西特有的糖工业产品——蔗糖和优质的矿物元素原料，研制和生产出蔗糖钙、蔗糖锰、蔗糖铁、蔗糖铜、蔗糖锌等低能耗、低成本和高效率的各种蔗糖矿物质螯合新产品。以改善饲料无抗、养殖减抗条件下商品猪生产健康和生产优质无抗功能性猪肉为目标，针对单一物质难以替抗的现实问题，以蔗糖矿物元素为核心产品，辅之以复合八角等植物提取物、复合酵母多糖、复合酶、复合微生物制剂等功能添加剂产品，保障育肥猪在遇到应激时的无抗养殖需求。技术方案已经通过多次机制研究和规模化产业应用验证，形成了饲料无抗和养殖无抗下“蔗糖螯合复合有机微量元素优质无抗功能性(好肉色、富营养、抗氧化、长货架期)猪肉生产方案(案例)”。

该方案以 4 个国家标准(GB/T 27983—2011，GB 34467—2017，GB 22489—2017，GB 21694—2017)、9 件发明专利(ZL 2012 10103017.0；ZL 200810073952.0；ZL 2012 10103129.6；ZL 201710723397.0；ZL 201610613997.7；ZL 2016 10614772.3；ZL 201610613959.1；ZL 201610613958.7；ZL 201610613957.2)为技术支撑，结合山东省重大科技创新工程项目《环境友好型猪禽无抗饲料和替抗养殖关键技术研究及应用》(2019JZZY020609)、“无抗优质猪肉生产技术组合方案研究与应用”[鲁牧医学(评价)字〔2020〕第 20 号]等技术成果，实现了蔗糖螯合复合矿物元素替抗养殖和无抗优质猪肉生产方法的应用。

2)技术方案原理

为了创制“蔗糖螯合复合有机微量元素优质无抗功能性猪肉生产方案(案例)”，制定在育肥猪无抗饲料、养殖无抗条件下的健康养殖模式和无抗、好肉色、富营养、抗氧化、长货架期猪肉生产技术方案，主要采取了如下技术原理。

(1)育肥猪采食量大，从营养供给角度看，日粮中基础总铁含量已经能够满足基本的生产需求，但是，日粮中的铁基本都是三价铁，需要还原成二价铁才有可能被吸收。本技术方案充分利用蔗糖铁的特殊生物活性，一方面利用糖蜜还原三价铁成二价铁的特殊功能，使成年育肥猪利用强大的消化道容量，充分利用该技术方案日粮中的铁，满足基本的营养需求，减少日粮铁供给量，开源节流，节约成本；另一方面，利用蔗糖亚铁的特殊吸收机制和在机体内、猪肉中高沉积效率的生物学特性，补充生长育肥猪日粮铁源的不足，生产富铁猪肉和改善猪肉红度值，为优质猪肉生产奠定基础。

(2)根据营养学原理可知，微量元素在消化道的吸收需要在特定消化段和依靠特殊的技术机制；机体内微量元素的排泄主要依赖胆汁分泌，因此，猪微量元素需求量虽然不多，但是，由于吸收和排泄的特殊性，对日粮微量元素补充的类型、剂量都需要严格把握。这也是微量元素无机盐吸收代谢率不稳定，有时会出现副作用的缘由。本方案以蔗糖锰、蔗糖铁、蔗糖铜和蔗糖锌为微量元素添加剂原料，一方面避免了常规微量元素无机盐添加剂在消化道的快速水解而导致的肠道刺激和低吸收率问题；另一方面充分利用了蔗糖与元素特殊螯合对元素吸收和代谢的协同效应，使各种元素生物学活性得到显著提高。基于此原理，制定出了用 NRC 铁、铜、锌、锰等元素建议值的 50%～75%实施育肥猪健康养殖和优质功能猪肉生产的参数。

(3)利用蔗糖铜、锰和锌等有机螯合微量元素的高生物学活性,激发铜、锰、锌和硒等在消化道和机体内的酶促反应。通过消化酶的活性激发,改善饲料营养物质和能量的消化吸收率;通过机体内物质和能量代谢中系列酶的活性激发,提高机体基础代谢率,促进营养物质互相转化和沉积效率,实现了高的饲料效率;通过 SOD、GSH 等抗氧化酶活性激发,提高机体抗氧化能力和免疫能力,实现替代抗生素的相关效果的改善,达到无抗饲料下的无抗健康养殖。

(4)利用蔗糖铜、锌高生物学活性和硒的特殊补充方式,以及铜锌-SOD 和硒-谷胱甘肽过氧化物酶在肝脏和肌肉中的高活性贮备,减少育肥猪对维生素 A 和维生素 E 抗氧化的消耗,增加了基础日粮补充维生素 A 和维生素 E 在肝脏和机体内的贮备量。肝脏抗氧化酶和维生素 A、维生素 E 的富集,保障了育肥猪免疫力和抗病力的提升。同时,肌肉中抗氧化酶和维生素 A、维生素 E 的沉积增加,奠定了富营养、抗氧化、好肉色和长货架期猪肉生产技术可行性。

3)技术方案中的替抗方法和规程

本技术方案提出了 5 个蔗糖螯合复合有机微量元素优质无抗功能性猪肉生产可行性方案。5 套方案均以复合蔗糖螯合微量元素为主体,分别依据 60 kg 以上育肥猪可能遇到的不同健康应激原辅之以相应功能性添加剂(表 8-1)。

方案 1:使用于育肥猪标准化养殖,没有遇到各种健康应激原威胁时;每吨以育肥猪配合饲料使用复合蔗糖螯合微量元素 1 kg。

方案 2:遇到温度骤变、转群、惊吓等各种应激原时、或遇到消化炎症、黏膜损伤等应激原时,在方案 1 基础上,增加复合八角(提取物)等功能添加剂,减轻氧化应激可能导致的机体抗氧化损伤;也可消除消化道炎症,促进黏膜修复,减轻炎症应激可能导致的消化道损伤。

方案 3:遇到过高密度、饲养环境变化、疾病流行等应激原时,在方案 1 基础上,增加复合酵母多糖等功能添加剂,提高机体免疫力和机体代谢率,减轻免疫应激可能导致的抗病力降低。

方案 4:遇到日粮过高营养水平、消化道功能发育不足、日粮结构发生变化等应激原时,在方案 1 基础上,增加复合酶等功能添加剂,补充内源酶分泌不足问题,促进营养物质的消化吸收,减轻消化不良应激可能导致的消化不良和饲料效率的降低。

方案 5:遇到高产、环境变化、消化道功能紊乱、日粮结构变化等应激原时,在方案 1 基础上,增加复合微生物制剂等功能添加剂,调整肠道菌群结构,维护后肠道健康,减轻消化道微生物紊乱应激可能导致的消化不良、免疫力降低和整体健康威胁。

本技术方案,通过试验和推广,提出了以玉米和小麦为基础的 8 套配合饲料典型配方(表 8-2)。在配方中,预混料均占全价料配比的 2%,其中:磷酸氢钙的添加量:0.20%~0.50%;石粉:0.40%~0.70%;食盐:0.20%~0.40%;商品氨基酸:补充量按育肥猪(60 kg 出栏)的需要量计算;维生素:维生素 A 6 500 IU;维生素 D_3 1 200 IU;维生素 E 30 IU;维生素 K_3 3.0 mg;维生素 B_1 1.6 mg;维生素 B_2 2.0 mg;维生素 B_6 1.8 mg;维生素 B_{12} 0.02 mg;氯化胆碱 300 mg;烟酸 20.0 mg;泛酸 13.4 mg;生物素 0.1 mg;叶酸 0.68 mg;微量元素等其他添加剂补充遵从上述方案;用沸石粉或者稻壳粉等载体填充,使预混料总量为配合饲料的 2%。

表 8-1 蔗糖螯合复合有机微量元素优质无抗功能性猪肉生产可行性方案

方案代号	复合蔗糖螯合微量元素	复合八角等植物提取物	酵母多糖	复合酶	复合微生态
方案 1	+				
方案 2	+	+			
方案 3	+		+		
方案 4	+			+	
方案 5	+				+

注：复合蔗糖螯合微量元素：按配合饲料的 0.1%添加，其他功能性添加剂参考相关生产厂家产品使用说明补充。

表 8-2 蔗糖螯合复合有机微量元素优质无抗功能性猪肉生产建议配方

原料	全玉米配方				30%小麦配方			
	1	2	3	4	1	2	3	4
玉米	63	57	62	59.5	37.5	32.5	36	34
小麦麸皮	20	20	20	20	20	20	20	20
小麦		0	0	0	30	30	30	30
大豆油	1.5	4	2.5	4	1.5	4	2.5	4
大豆粕	13.5	17			9	11.5		
菜籽粕								
花生粕			12.5				8.5	
棉籽粕				14.5				10
预混料	2	2	3	2	2	2	3	2
合计	100	100	100	100	100	100	100	100

4)技术成熟度

该优质无抗功能性猪肉生产方案，已经通过 16 家企业推广示范 38 批次，累计推广示范 60 kg 以上育肥猪达 165 万头。通过 125～165 kg 出栏测试，以及 125、145 和 165 kg 三个出栏体重批量屠宰试验证实。系列化的无抗优质猪肉生产方案，可以使生产性能提高 0.3%～1.6%，料重比降低 1.0%～3.7%，屠宰率提高 0.9%～1.6%，机体抗氧化能力提高 3.3%～15.7%，猪肉微量元素锌、硒含量分别提高 5.4%和 12.7%，里脊肉、腿肉和肝脏维生素 A 含量分别提高 8.9%、2.8%和 12.2%，维生素 E 含量分别提高 11.5%、15.1%和 10.1%。里脊肉 24 h 肉红度 a 值提高了 25.9%，肉色综合评分提高了 12.5%，4 ℃空气暴露下存放 12 d，肉色亮度 L 值仅仅增加 19%，综合评分值增加 17%。烹调熟肉率：腿肉和里脊肉分别增加 3.3%和 5.0%；鲜猪肉失水率：腿肉和里脊肉分别降低 43.7%和 23.2%。里脊氧化值(MDA)：0.20～0.45 mg/kg；腿肌氧化值：0.47～0.53 mg/kg。

5)无抗优质功能猪肉特点

在不含抗生素的前提下，猪肉具备以下特点：①猪肉品质。肥肉少(背膘厚度 3 cm 以下)；提高猪肉嫩度(鲜肉失水率低)；熟肉率高(烹调损失少)。②肉色好。猪瘦肉红度值增加；鲜亮度增加，外观好。③延长货架期。新鲜猪肉脂质氧化值（MDA，mg/kg）是决定货架期的主要因素，0.5 以下为易于保鲜的临界值，低于 0.5 可以延长货架期。本技术方案可以产出鲜肉货架期猪延长 3～5 d 的猪肉（里脊肉 0.14；腿肉 0.47）。④富营养化。可以增加新鲜猪肉维生素（维生素 E，5～15 mg/kg）和微量元素含量（铁、铜、锌、硒分别达到 12.3、0.6、16.1 和 0.2 mg/kg）。实现猪肉营养价值和功能性强化。⑤高养殖效益。相关试验条件下每头猪平均增重 1 kg 以上，饲料耗量减少 20 kg 以上，每头猪增加经济效益 160 元左右，实现高效益养殖。

3. 肉鸡日粮中蔗糖螯合有机微量元素减量添加和替抗技术方案

在无抗日粮下，以日粮中不添加微量元素和添加无机复合微量元素为参比，系统研究蔗糖螯合有机复合微量元素饲喂商品肉鸡的营养性、功能性和经济性（王鑫，2020）。研究发现，与日粮中不添加微量元素相比，添加无机或蔗糖螯合有机微量元素均能增加商品肉鸡的日增重，降低料重比，可以改善生产性能，提高血清和肝脏抗氧化能力，而添加蔗糖螯合有机微量元素可以获得更好的改善效果。且与添加相同水平的无机微量元素相比，蔗糖螯合有机微量元素更能够提高肉鸡常规养分、能量、微量元素和全氨基酸养分利用率，改善商品肉鸡的生产性能、产肉性能，同时可提高肉鸡血清和肝脏抗氧化能力，增强肉鸡免疫器官指数，提高机体免疫能力，有利于肠道应激的恢复（王鑫，2020）。研究还证明，在配合饲料微量元素添加水平分别为铁 50 mg/kg、铜 8 mg/kg、锌 70 mg/kg、锰 90 mg/kg、碘 0.5 mg/kg、硒 0.3 mg/kg 基础上，利用蔗糖螯合有机微量元素添加减量 50%；可以达到 100% 无机微量元素水平的功效。使用 100% 和 75% 有机复合微量元素，可以获得更好的功效。由此制定出商品肉鸡蔗糖螯合有机微量元素减量添加和替抗技术方案及效果（表 8-3）。

表 8-3　蔗糖螯合有机微量元素商品肉鸡添加剂方案及效果

类型	生产性能改善	产肉性能改善	元素足量贮备	抗氧化提高	常规养分释放效率	氨基酸释放效率	微量元素释放效率	生产性能增效	减排收益	营养物质释放效益	经济总效益
IE-100	+	+	+	+	+	+	+	+	+	+	
OE-100	+	+	+	+	++	++	++	+	++	++	++
OE-75	+	+	+	+	++	++	++	+	+	+	+
OE-50	+	−	+	+	+	+	++	+	+	−	
OE-25	−	−	−	−	−	+	−	+	−	−	
E-0	−	−	−	−	−	−	−	−	−	−	

注：1）IE-100，复合无机微量元素，配合饲料元素添加水平分别为铁 50 mg/kg、铜 8 mg/kg、锌 70 mg/kg、锰 90 mg/kg、碘 0.5 mg/kg、硒 0.3 mg/kg；OE-100，复合有机微量元素，与 IE-100 同样的配合饲料元素添加水平；OE-75，蔗糖螯合复合有机微量元素，配合饲料元素水平为 IE-100 的 75%；OE-50，蔗糖螯合复合有机微量元素，配合饲料元素水平为 IE-100 的 50%；OE-25，蔗糖螯合复合有机微量元素，配合饲料元素水平为 IE-100 的 25%；E-0，不添加微量预混剂。

2）以复合无机微量元素为参比，“+++”有最强的改善效果；“++”有较强的改善效果；“+”有改善效果；“−”未出现改善效果。

4. 蔗糖螯合有机微量元素蛋鸡减量添加和替抗技术方案

系统研究了柠檬酸钙、多重钙蛋鸡高产以及复合有机微量元素等蛋鸡高产和优质功能鸡蛋生产关键技术（王鑫，2020）。研究发现，在产蛋高峰期与对照组（石粉为钙源）相比，有机态的柠檬酸钙能增加产蛋量，多重钙能增加蛋重，柠檬酸钙相比多重钙可以获得更好的采食量和蛋重，添加 2.5％和 3.5％柠檬酸钙与添加 2.0％和 3.0％多重钙相比，获得了更好的蛋重和产蛋量。添加柠檬酸钙和多重钙 3 周使蛋黄比例分别提高 1.7％和 1.2％，蛋白高度分别提高 2.7％和 1.7％，说明可以改善蛋黄比例和蛋白高度，提高鸡蛋新鲜度。而添加 1.5％、2.5％、3.5％的柠檬酸钙可以获得更好的蛋白高度和哈夫单位，添加 2.5％的柠檬酸钙获得了更好的蛋壳强度，总的来说可以很好地提高鸡蛋品质。此外，蛋鸡日粮中添加 3.5％和 4.5％的柠檬酸钙、4.0％和 5.0％多重钙均可获得更好的 3 周龄和 6 周龄胫围和胫骨重，促进了胫骨发育。

以海兰褐壳蛋鸡、良凤花鸡、三黄鸡、芦花鸡为对象，在 NRC 推荐量基础上，以日粮中添加无机复合微量元素添加量为 100％作参比，系统研究了 9 次蔗糖螯合有机复合微量元素 100％、75％和 50％三个不同添加量对产蛋鸡产蛋性能、蛋品质、元素沉积和抗氧化功能改善等功效，确定了日粮 50％以上蔗糖螯合有机复合微量元素与 100％无机复合微量元素等效的结论（王鑫，2020）。为了确定微量元素蛋鸡减量添加和替抗技术方案，用 40 万只规模海兰蛋鸡，评估了蔗糖螯合有机和包被缓释无机复合微量元素对海兰褐产蛋高峰期和海兰灰产蛋后期蛋鸡生产性能、蛋品质、CuZn-SOD 活力和蛋成分的影响。与添加包被缓释无机复合微量元素相比，添加蔗糖螯合有机复合微量元素降低海兰褐产蛋高峰期蛋鸡和海兰灰产蛋后期蛋鸡死淘率、破蛋率，增加蛋壳厚度、蛋壳强度；增加海兰褐蛋鸡产蛋高峰期蛋清干物质含量、蛋黄粗蛋白质含量和蛋清粗蛋白质含量，增加海兰灰蛋鸡产蛋后期蛋清、蛋黄粗蛋白质含量。此外，可提高海兰褐产蛋高峰期蛋鸡和海兰灰产蛋后期蛋鸡肝脏、胸肌、蛋黄 CuZn-SOD 活力。且饲喂蔗糖螯合有机复合微量元素后，可以提高蛋清、蛋黄和蛋壳中锌、铜的沉积，增加了蛋黄中铁的沉积。商品蛋鸡饲喂糖蜜络合有机复合微量元素，可以改善鸡蛋不同组分（蛋清、蛋黄、蛋壳）的铁、锌、铜的含量，对改善鸡蛋营养、蛋壳质量等有促进作用。

在无抗日粮和无抗养殖的环境下，根据 9 次试验研究和 2 批次 40 万只规模商品蛋鸡的推广研究证明，商品蛋鸡对蔗糖螯合微量元素的需要量满足程度可以通过蛋品质、微量元素沉积和抗氧化改善三个方面有效评估（表 8-4、表 8-5、表 8-6）。

表 8-4　根据蛋品质评价蔗糖螯合有机微量元素需要量方案

项目	蛋壳品质				蛋黄		蛋清	
	蛋壳强度	蛋壳厚度	质量	颜色	颜色	比例	高度	哈夫单位
无机微量元素 100％	＋	＋	＋	＋	＋	＋	＋	＋
蔗糖螯合有机微量元素 100％	＋＋	＋	＋	＋	＋	＋	＋＋	＋
蔗糖螯合有机微量元素 75％	＋＋	＋	－	＋	＋	－	＋＋	＋
蔗糖螯合有机微量元素 50％	＋	－	－	＋	－	－	＋	－

以复合无机微量元素为参比，“＋＋”有较强的改善效果；“＋”有改善效果；“－”未出现改善效果

表 8-5 根据微量元素沉积量评价蔗糖螯合有机微量元素需要量方案

项目	100%无机微量元素			100%蔗糖螯合有机微量元素			75%蔗糖螯合有机微量元素		
	蛋壳	蛋清	蛋黄	蛋壳	蛋清	蛋黄	蛋壳	蛋清	蛋黄
铜	+	+	+	++	++	++	+	+	+
锌	+	+	+	++	++	+++	+	+	+
锰	+	+	+	+	+	++	−	−	+
铁	+	+	+	++	++	++	+	+	+

以复合无机微量元素为参比，“+++”有最强的改善效果；“++”有较强的改善效果；“+”有改善效果；“−”未出现改善效果

表 8-6 根据机体抗氧化能力评价蔗糖螯合有机微量元素需要量方案

阶段	100%无机微量元素				100%蔗糖螯合有机微量元素				75%蔗糖螯合有机微量元素			
	肝脏	胸肌	血清	蛋黄	肝脏	胸肌	血清	蛋黄	肝脏	胸肌	血清	蛋黄
产蛋高峰期	+	+	+	+	++	++	+	++	+	+	−	+
产蛋后期	+	+	+	+	++	++	−	++	+	+	−	+

以复合无机微量元素为参比，“++”有较强的改善效果；“+”有改善效果；“−”未出现改善效果

8.2 功能氨基酸及其衍生物替抗产品

功能氨基酸的概念是美国德州农工大学伍国耀课题组在深入研究氨基酸参与关键代谢通路后，于2009年提出。在体内，氨基酸不仅仅用来合成蛋白质，还用于合成某些动物生存和生产所必需的生物活性物质(包括激素、谷胱甘肽、多胺、核酸和神经递质等)，某些氨基酸还参与调控细胞或组织的关键代谢通路(Wu等，2009)。功能氨基酸就是指参与调控关键代谢通路以促进机体的生存、生长、发育、繁殖的氨基酸。这些氨基酸不仅包括必需氨基酸，还包括非必需氨基酸，如谷氨酸、精氨酸、色氨酸、缬氨酸、甘氨酸、亮氨酸和蛋氨酸衍生物等(Kim等，2007)。日粮中这些氨基酸的缺乏或者其在体内的代谢紊乱，都可以直接影响畜禽的生长性能，甚至引发疾病。

8.2.1 氨基酸的替抗功能

氨基酸功能研究在近几十年取得了非常大的进展，其中包括在免疫应答、肠道发育、氧化应激、微生物组成和功能以及机体营养代谢过程中的调控作用。

1.氨基酸的生理功能

1)精氨酸的生理功能

L-精氨酸是生长期家畜的重要氨基酸，对维持体重和氮平衡有重要的意义，而且它在维持机体防御功能中的作用比维持生长更重要；同时，精氨酸还具有吞噬作用、激素样作用，能够促进胰岛素、胰高血糖素、催乳素、肾上腺素、儿茶酚胺、生长激素等激素的分泌。饲料中若缺乏精氨酸，可导致幼畜生长发育停滞。另外，机体精子中含有大量精氨酸，在体外试验中，精氨酸可以刺激精子运动，但其机制尚不清楚。

2)赖氨酸的生理功能

L-赖氨酸是饲料中最常添加的氨基酸，在机体内不能合成，必须依赖赖氨酸的充足供给，是猪的第一限制性氨基酸，也是家禽最易缺乏的必需氨基酸之一。动物生长强度越高，需要的赖氨酸越多。因此，称为“生长性氨基酸”。

L-赖氨酸可供给机体丰富的营养成分，参与合成骨骼肌、酶蛋白和某些多肽激素，保证体内重要蛋白质的合成，因此与生长密切相关。赖氨酸还是合成大脑神经再生性细胞及生殖细胞、核蛋白质及血红蛋白的必需物质。幼畜时期，机体的组织器官处于生长发育旺盛阶段，机体所需赖氨酸量最大，机体缺乏赖氨酸将影响血红蛋白及胶原蛋白等的合成，进而影响幼畜的生长发育，甚至出现机体防御能力下降，易感染和发生各种疾病。

赖氨酸也参与脂肪代谢，它是肉毒碱的前体物质，而肉毒碱则是机体脂肪代谢的重要载体，负责将脂肪酸转运到线粒体进行代谢，有利于降低胆固醇水平。饲料中若缺乏赖氨酸，可导致体内肉毒碱含量降低，从而影响依赖于肉毒碱的线粒体内脂肪酸的转运，进而影响脂肪代谢、蛋白质代谢及功能障碍，最终导致生长迟缓。

在禁食情况下，赖氨酸还是重要的能量来源之一(代谢能为 19.228 MJ/kg)；赖氨酸还可参与调节机体的代谢，在饲料中添加少量赖氨酸，可提高年老体弱动物的食欲，明显增加其胃蛋白酶和盐酸的分泌量，增强畜禽食欲。

3)蛋氨酸的生理功能

蛋氨酸又称甲硫氨酸，是机体的一种必需氨基酸，也是许多动物的第一限制性氨基酸，是猪的第二限制性氨基酸，也是饲料中最常添加的必需氨基酸之一，被称作“生命性氨基酸”。

蛋氨酸是机体重要的蛋白质组成部分，与蛋白质的合成密切相关。蛋氨酸缺乏，可导致蛋白质合成障碍。蛋氨酸对其他非必需氨基酸的合成也有一定影响。蛋氨酸在体内可转变成胱氨酸，胱氨酸可以由 *L*-半胱氨酸转变为牛磺酸，因而，饲料中若缺乏蛋氨酸，将会对机体代谢和生长发育产生重大影响。然而，机体对蛋氨酸的需要量也有一定限度。过多地摄入蛋氨酸，可产生过多的同型半胱氨酸，其过高可导致动脉粥样硬化等，也可危害动物健康，导致生产性能下降。因此，饲料中蛋氨酸的添加量应保持在一个合理的范围，不宜添加过多的蛋氨酸(刁其玉，2007)。

蛋氨酸在 ATP 参与下可形成 S-腺苷蛋氨酸，可以为机体提供活性甲基，用来合成叶酸、胆碱、肌酸和核酸等一些甲基化合物；还能提供活性羟基基团，促进维生素 B_{12} 的代谢作用，防止发生恶性贫血等疾病；蛋氨酸在体内代谢生成聚胺，聚胺可以促进动物细胞增殖和动物生长。

蛋氨酸主要用于鸡饲料，亦可用于牛和猪的配合饲料。在鱼粉价格高昂时，可与豆类饲料配合使用，部分代替鱼粉。据报道，在鸡配合饲料中添加 0.01%的蛋氨酸，可节省蛋白饲料 2%～3%。用含 0.1%～0.2%蛋氨酸的配合饲料喂养蛋鸡，可明显提高蛋鸡的产蛋量，增加蛋重，并延长产蛋期。在肉鸡日粮中添加蛋氨酸 0.56%～0.6%，肉鸡体脂肪含量降低 25%，瘦肉的增加量达到 3.5%～7.5%(刁其玉，2007)。

4)苏氨酸的生理功能

苏氨酸作为猪的第二或第三限制性氨基酸，禽的第三或第四限制性氨基酸，是畜禽维持生长所必需的氨基酸。饲料以谷类作为蛋白质首先需补充 *L*-赖氨酸，其次即为 *L*-苏氨酸。这是因为在蛋白质中苏氨酸与肽的结合很难水解，*L*-苏氨酸的含量虽较多，但不易消化吸收。

苏氨酸在体内参与合成蛋白质,它的不足还会限制赖氨酸和蛋氨酸对动物生产的效应;苏氨酸可以阻碍色氨酸进入大脑,降低大脑中色氨酸和吲哚乙酸水平,进而影响动物的神经调节;苏氨酸通过降解代谢可加速肝脏脂肪向肝外转运,因而具有抗脂肪肝作用,苏氨酸缺乏时易引起食欲不振和脂肪肝等疾病;苏氨酸对采食量有一定的调节作用。

NRC 总结了适用于猪维持、蛋白质沉积、乳合成和体组织蛋白质合成的理想苏氨酸和赖氨酸比例,分别为 1.51∶1,0.60∶1,0.58∶1,0.58∶1,其中苏氨酸用于维持需要的比例最高,说明了苏氨酸对猪维持需要具有重要意义。据推断,苏氨酸维持需要量高、沉积率低的原因除了苏氨酸的肠道损失大以外,另一原因可能是饲料中甘氨酸供给不足,或是通过其他途径合成甘氨酸不足,导致苏氨酸大量分解,用于提供甘氨酸(刁其玉,2007)。

5)支链氨基酸

支链氨基酸又称为分支氨基酸,是指在 α-碳上含有分支脂肪烃链的中性氨基酸,是亮氨酸、异亮氨酸与缬氨酸三者的统称。支链氨基酸是唯一的在肝外组织氧化的必需氨基酸,主要氧化部位在肌肉。支链氨基酸通过生糖、生酮作用与三羧酸循环联系起来,实现机体内糖、脂肪、蛋白质间的互相转化。支链氨基酸氧化产生 ATP 的效率显著高于其他氨基酸,特别在饥饿、泌乳、疾病的特殊情况下,其供能作用显得更为重要,因而是重要的分解供能氨基酸,是体内氨基酸系统供能的重要来源。

亮氨酸:*L*-亮氨酸为白色六面体结晶或白色结晶性粉末,略苦。溶于稀盐酸、碱性氢氧化物和碳酸盐溶液,微溶于乙醇,不溶于乙醚。*DL*-亮氨酸为细白色结晶或结晶性粉末,略甜,无臭,化学性质稳定。

亮氨酸可以促进蛋白质合成,调节蛋白质的更新,其作用机制类似于胰岛素的作用。亮氨酸的转氨基作用产物 α-酮异己酸可以抑制蛋白质的降解,也可以抑制胰高血糖素的分泌,进而抑制糖原异生,减缓肌肉蛋白的分解。

异亮氨酸:*L*-异亮氨酸为白色结晶小片或结晶性粉末,略苦,无臭。化学性质稳定。溶于水、稀无机酸和碱性溶液,微溶于热乙醇,不溶于冷乙醇和乙醚。*DL*-异亮氨酸为白色结晶性粉末,无臭,稍苦。溶于水,几乎不溶于乙醇和乙醚。异亮氨酸可与亮氨酸共同参与体蛋白的合成,属于必需氨基酸,为幼畜正常发育及成年家畜的氮平衡所必需。存在四种同分异构体,仅 *L* 型有生理功效。过量摄入将与亮氨酸产生拮抗作用,阻碍发育。哺乳母猪日粮中添加异亮氨酸可提高乳中酪蛋白的浓度,但乳清蛋白则不受其影响。

缬氨酸:缬氨酸的代谢产物可转变为琥珀酰辅酶 A,进入三羧酸循环,进行供能。缬氨酸是仔鸡的限制性氨基酸,还具有保持神经系统正常运转的作用,如果缺乏会导致体重下降、贫血、神经障碍、停止发育等一系列问题。哺乳母猪日粮中添加缬氨酸可使血浆中丙氨酸升高,然后降低,这表明高浓度的缬氨酸刺激丙氨酸的产生和释放,从而适应乳腺组织对葡萄糖原料的需求,进而提高泌乳量。

6)色氨酸的生理功能

色氨酸是一种芳香族氨基酸,属于必需氨基酸,是动物体内唯一通过非共价键和血清蛋白结合的氨基酸,广泛参与蛋白质及核酸合成,是维持动物体内细胞活化和增殖所必需的氨基酸;色氨酸是重要的神经递质 5-羟色胺的前体,血中游离色氨酸大多松散地与血清结合,血清蛋白被血浆中游离脂肪酸结合后,非结合型色氨酸才能被脑吸收而合成 5-羟色胺,因此血中游离色氨酸的含量可调节脑中 5-羟色胺的合成率,从而影响脑代谢,当色氨酸缺乏时,可引起糖皮病等疾病;色氨酸在体内参与血浆蛋白的更新,促进核黄素发挥作用,还有助于血红素的合成;色氨酸不仅参与体蛋白的合成,还是一种具有代谢活性的氨基酸。它是5-羟色胺、褪黑激素、色胺、烟酰胺腺嘌呤二核苷酸、烟酸等的前体物。增加饲料中色氨酸的含量,可调整体内的氮平衡。

7)甘氨酸

甘氨酸具有呈味、抑菌、螯合、缓冲作用,是内源性抗氧化还原物谷胱甘肽的组成氨基酸,当机体发生严重应激时常需外源补充,因此甘氨酸也被称为半必需氨基酸。

甘氨酸具有抗氧化应激及免疫调节作用;还可以促进脂肪代谢;也可以与谷氨酸、丙氨酸合用治疗尿频等健康问题。动物饲料中添加的甘氨酸一般为其金属螯合物,具有双重营养作用。例如饲粮中添加甘氨酸铜能提高断奶仔猪血清免疫球蛋白水平;饲粮中添加甘氨酸锌能促进断奶仔猪生长,并提高其免疫机能。刘树全(2008)的研究表明,饲粮中添加不同梯度浓度的甘氨酸锌都不同程度地促进了仔猪生长,100、200 mg/kg 甘氨酸锌组断奶仔猪胰脏系数、淋巴结系数和血清 IgG 水平都有显著提高。Zhu 等(2022)研究表明,日粮中添加甘氨酸锌显著提高18～39日龄肉鸡平均日增重,显著提高机体谷胱甘肽过氧化物酶。Davin 等(2022)报道,双甘氨酸铜可部分或全部替代日粮中的硫酸铜,对断奶猪的生长性能或有积极作用。

8)谷氨酰胺的生理功能

谷氨酰胺在体内含量最丰富,具有特殊营养作用和生理效应。在正常生理情况下,谷氨酸和氨基(—NH_2)可以在谷氨酰胺合成酶的作用下自行合成谷氨酰胺;然而在创伤、烧伤等高代谢状态,自身合成的谷氨酰胺不足以提供足够的贮备以维持血中的浓度,所以它是一种条件性必需氨基酸。

谷氨酰胺是合成氨基酸、蛋白质的前体物质;还是谷胱甘肽合成的前体物质,通过增加谷胱甘肽合成,抑制核转录因子 κB 途径活性,降低白细胞介素-8 和肿瘤坏死因子-α 的水平,减轻炎性反应,促进机体免疫功能;谷氨酰胺是单核巨噬细胞主要的代谢底物,通过谷氨酰胺酵解途径,为细胞代谢提供能量,是肠黏膜细胞、淋巴细胞、吞噬细胞、血管内皮细胞、肾小管细胞、成纤维细胞的主要能源物质;为细胞合成 DNA 和 mRNA 提供嘌呤,是嘧啶和核苷酸生物合成的前体物质,是合成核酸的必需氮源。

2.免疫增强功能

1)精氨酸的免疫功能

精氨酸对机体免疫功能具有一定的影响,可以刺激胸腺质量增加,减轻或消除应激反应状态对胸腺的影响。此外,精氨酸有显著的增强中性白细胞、单核吞噬细胞的吞噬功能,还可加强 B 淋巴细胞和 NK 细胞的功能。创伤或手术后增加精氨酸的摄入量可以降低氨的损失,促进创伤愈合。

精氨酸主要通过“精氨酸酶”及“一氧化氮(NO)”这两条代谢途径发挥机体免疫调节和防御作用。精氨酸酶途径中,精氨酸酶Ⅰ由 M2 型巨噬细胞分泌,可分解精氨酸为尿素和鸟氨酸,促进细胞分裂和胶原形成,可对炎症造成的组织损伤进行细胞再生和伤口修复,同时生成多胺,进而调控巨噬细胞的功能。NO 途径中,M1 型巨噬细胞分泌促炎症因子诱导诱生型一氧化氮合酶(iNOS)表达升高,精氨酸在 iNOS 的作用下生成瓜氨酸和 NO,NO 通过调节 T 细胞、巨噬细胞及 NK 细胞活性,抑制肥大细胞反应能力与抗体应答反应,在机体抵御细胞内病原体的感染中起到重要作用(汤国祥,2016)。

2)赖氨酸的免疫功能

许多研究表明,赖氨酸对机体免疫反应有重要作用,可增强机体抵抗应激和疾病的能力。赖氨酸的免疫机理目前有几种机制:①赖氨酸影响单核因子释放;②通过神经调控起作用,赖氨酸可通过神经调控胸腺和脾脏的功能而提高免疫活性;③可能是通过精氨酸完成的。精氨酸是NO唯一的前体,而赖氨酸可以与精氨酸共享相同的转运系统,从而调节精氨酸进入白细胞参与NO的合成。研究发现,NO与血清的总Ig含量有关,因此,适宜水平的赖氨酸可能通过调节NO的产生而影响免疫器官中IgM的含量,进而影响其免疫功能。

Kornegay等(1993)研究了日粮赖氨酸对不同饲养密度的断奶仔猪免疫功能的影响,发现饲养密度并未影响仔猪的卵清蛋白抗体水平,而日粮中添加0.1%和0.2%赖氨酸盐酸盐则显著提高了机体对卵清蛋白的免疫反应。还有研究表明,赖氨酸对于改善处于冷应激环境仔猪的生产力有一定作用。当仔猪在较冷的环境中出生时,血清免疫球蛋白的浓度和断奶成活率会下降,母猪日粮中添加赖氨酸可部分改进冷环境对血清lgG浓度和仔猪成活率的不利影响,但在温暖的环境中未观察到赖氨酸的积极作用(李德发,2003)。Konashi等(2000)报道,仔鸡日粮中缺乏赖氨酸可限制蛋白质合成和淋巴细胞增殖,进而降低仔鸡免疫力,导致发病率和死亡率上升。Chen等(2003)也报道,仔鸡日粮赖氨酸不足可降低仔鸡抗体应答和细胞免疫。

3)蛋氨酸的免疫功能

蛋氨酸参与动物体内80种以上的反应,可提高机体免疫力。蛋氨酸可直接或间接地影响动物免疫功能。淋巴细胞是蛋氨酸的营养缺陷型细胞,不能利用同型半胱氨酸和胆碱合成蛋氨酸,故蛋氨酸对免疫反应具有重要作用。此外,蛋氨酸以半胱氨酸的形式对机体起到间接的保护作用。谷胱甘肽过氧化物酶(GSH)在解毒和保护细胞免受活性氧以及自由基的损害方面具有关键性的作用。Meister(1985)报道,半胱氨酸是GSH合成的限制性氨基酸,细胞中半胱氨酸的含量越高,GSH的水平也会越高。而蛋氨酸可以通过胱硫醚途径提供半胱氨酸,提高细胞半胱氨酸含量,从而间接提高肝脏中GSH的含量。在动物饲料中添加合适比例的蛋氨酸,还可以促进动物外周血、胸腺、脾脏、T淋巴细胞增殖转化能力,提高细胞免疫应答反应。

4)苏氨酸的免疫功能

苏氨酸是免疫球蛋白IgG合成中的一种主要限制性氨基酸,因此具有提高机体免疫力的作用。胃肠道上皮和一些免疫蛋白中富含苏氨酸,缺乏苏氨酸会抑制免疫球蛋白及T细胞、B细胞和抗体的产生。苏氨酸通过影响免疫球蛋白的合成,从而调节机体免疫反应。苏氨酸在初乳和常乳的免疫球蛋白中含量很高,这对仔猪具有重要意义。刚出生的仔猪获得免疫力的唯一来源就是通过初乳,初乳中含有大量的免疫球蛋白、非抗体保护蛋白、免疫活性细胞等免疫活性物质,这对防止外界病原进入仔猪体内,防止仔猪腹泻具有重要意义。

5)支链氨基酸的免疫功能

支链氨基酸与动物免疫机能有密切关系。缬氨酸可以促进骨髓细胞转化为成熟T细胞,由于缬氨酸在免疫球蛋白中所占的比例较其他氨基酸高,所以当机体缺乏缬氨酸时,会显著降低胸腺和外周淋巴组织的生长,抑制中性和嗜酸性粒细胞增生。饲料中缺乏支链氨基酸可使动物脾脏和胸腺萎缩,淋巴细胞受损,并且降低免疫球蛋白、补体C3和运铁蛋白的水平。断奶仔猪缺乏支链氨基酸时,虽然对细胞免疫没有影响,但会降低合成特异性抗体的能力。Gatnau等(1995)报道,日粮中添加高水平亮氨酸,而异亮氨酸和缬氨酸水平低,会抑制动物免疫功能发挥,这种抑制作用可以通过在日粮中添加异亮氨酸和缬氨酸而消除。这是因为亮氨酸、异亮氨酸和缬氨酸在细胞膜内共用一个载体，尤其是在低蛋白日粮中，如果日粮中三种支链氨基酸比例不平衡就会导致免疫损伤。

6）色氨酸的免疫功能

色氨酸代谢途径主要有两种：一种是犬尿氨酸途径；另一种是5-羟色胺途径。这两种代谢途径及代谢产物均与色氨酸对免疫功能的调节密切相关。犬尿氨酸途径的限速酶吲哚胺2，3-双加氧酶，5-羟色胺途径代谢产物血液复合胺、N-乙酰复合胺、褪黑激素和邻氨基苯甲酸，这些物质在色氨酸发挥免疫功能过程中起重要作用。Melchior等（2005）研究表明，母猪胎盘滋养细胞、蜕膜细胞均表达吲哚2，3-双加氧酶，可以调节母猪妊娠期免疫耐受及胚胎生长发育，使胎儿免受母体T细胞攻击，避免流产。血液复合胺、N-乙酰复合胺和褪黑激素可通过抑制过氧化物产生、清除自由基和减少TNF-α的产生来提高宿主免疫力（Perianayagam，2005）。Platten等（2005）发现，氨基苯甲酸可以抑制促炎症Th1细胞因子的产生和防止神经炎症自体免疫。此外，色氨酸可促进骨髓T淋巴细胞前体分化为成熟T淋巴细胞，并影响B淋巴细胞分泌lgG的能力，对仔猪获得免疫能力至关重要。

3. 肠道维护功能

抗生素用作饲料添加剂主要在于其强大的抗菌功能，对于维护肠道健康具有重要作用，而很多氨基酸也具有维护畜禽肠道健康的功能，为其替代抗生素提供了可能性。

1）谷氨酰胺的肠道维护功能

谷氨酰胺可有效防止肠道黏膜萎缩，保持正常肠道黏膜重量、结构及蛋白质含量，增强肠道细胞活性，改善肠道免疫功能，减少肠道细菌及内毒素的易位。谷氨酰胺是小肠细胞代谢的重要物质，它能维持肠黏膜的代谢需要，是黏膜细胞中比糖还重要的能量物质。谷氨酰胺缺乏可导致肠黏膜萎缩，给大鼠提供含谷氨酰胺的全胃肠外营养可增加空肠黏膜重和DNA含量。谷氨酰胺能维持肠道功能，提高大鼠对感染的耐受性。尤其在受伤后，补充谷氨酰胺可以有效减轻肠黏膜萎缩。在畜禽营养中，*L*-谷氨酰胺多用于仔猪营养。尤其在规模标准化养殖模式下，仔猪实行早期断奶技术，会导致内源性谷氨酰胺不能满足需要，如果不及时补充谷氨酰胺，就会导致断奶后短期内肠绒毛萎缩，隐窝加深，肠道结构和功能遭到破坏，造成生产性能低下。

2）谷氨酸的肠道维护功能

猪乳中含有丰富的谷氨酸，仔猪断奶后由于采食量降低，摄入谷氨酸的量也显著下降。作为一种功能性氨基酸，谷氨酸是小肠黏膜的主要能源物质，参与体内的物质代谢和氧化途径，调节胰高血糖素样肽-I等激素的释放，影响动物生长和健康。因此，日粮适宜的谷氨酸水平可改善猪的生长和健康。Duan等（2014）研究表明，饲喂霉菌毒素污染日粮可导致肥育猪平均日增重和饲料转化效率下降，抗氧化系统和肠道形态损伤；而在霉菌毒素污染的日粮中添加2%的谷氨酸可有效缓解这种毒副作用。同样，作为肠黏膜的主要能源物质，谷氨酰胺和谷氨酸的作用效果有一定的相似性。

3）甘氨酸的肠道维护功能

甘氨酸是传统意义上的非必需氨基酸，生产上很少关注甘氨酸对畜禽生产性能和生理应答的影响。然而，甘氨酸作为功能性氨基酸在猪生产中发挥着重要作用。甘氨酸在肠道病理损伤时可保护肠上皮细胞，在肠道氧化损伤时可维持动脉血压的正常水平，且甘氨酸对枯草杆菌及大肠杆菌的繁殖有一定的抑制作用。

4)蛋氨酸的肠道维护功能

蛋氨酸作为功能性氨基酸，可以增强机体免疫力，还可以维持肠道屏障功能完整性。饲粮中适量添加蛋氨酸及其羟基类似物，可以促进细胞增殖，增强细胞免疫功能，加速肠黏膜的快速更新和再生，可以在一定程度上改善早期断奶仔猪肠道的抗氧化能力。一方面，蛋氨酸经氧化转化为甲硫氨酸亚砜，再被普遍存在的甲硫氨酸亚砜还原酶还原为蛋氨酸，这个氧化还原循环使蛋氨酸残基几乎能被所有种类的活性氧(ROS)修饰反应，提供有效的抗氧化防御；蛋氨酸循环的产物多胺和精胺还能诱导仔猪肠上皮细胞及隐窝细胞增殖，增加绒毛高度和宽度；另一方面，蛋氨酸通过转硫作用促进半胱氨酸参与谷胱甘肽的合成。此外，蛋氨酸代谢产生多胺、牛磺酸等生物活性物质，同样能参与清除自由基、抵抗脂质过氧化。

5)精氨酸的肠道维护功能

精氨酸在肠道发育方面也具有一定的作用。在猪生产上，新生仔猪对精氨酸需求很高，而母乳中精氨酸含量很难满足仔猪生长需要。研究显示低出生体重仔猪补充精氨酸显著促进了肠道发育，并提升了生长性能，其作用机制可能是通过合成 NO 信号分子激活机体代谢而实现的。日粮添加 0.5%的精氨酸通过抑制 NF-κB 信号通路对脂多糖诱导的仔猪肠道形态结构和抗氧化系统紊乱均起到直接的缓解效果。精氨酸能合成一氧化氮信号分子，而 NO 能够直接参与机体抗氧化系统调节。

6)苏氨酸的肠道维护功能

苏氨酸也可以维护肠道健康，它主要通过肠道黏液蛋白来完成此作用。黏液层的主要成分就是黏液蛋白，可以保护内脏免受酸性食糜、消化酶和病原体的作用。苏氨酸是小肠黏液蛋白的主要组分，在猪小肠表面糖蛋白的合成中是必需的，苏氨酸含量越高，肠道产生的黏液素就会越多，对于维护猪特别是乳仔猪肠道健康和肠黏膜功能以及保持肠道结构完整性有重要作用。对于早期断奶仔猪，低蛋白质日粮中添加苏氨酸可减少因高蛋白质引起的过敏性仔猪腹泻发生率。

4. 改善氮平衡功能

畜禽通过饲粮摄入氨基酸的数量与其本身的需要量越吻合，则氮的利用率越高，氮排放量就会越低。通过降低畜禽饲粮蛋白质水平，添加精准的氨基酸，可避免因饲喂高蛋白质水平饲粮而引起的氨基酸供给过剩与不平衡，从而提高饲粮氮的利用效率，降低的氮排放，既提高养殖效益，又有利于环境保护。

畜禽对某些氨基酸缺乏及过量的敏感性强，其原理如下：机体氮沉积的量取决于第一限制性氨基酸的摄入量。在一定范围内，这二者之间呈正比例的关系。但相对于第一限制性氨基酸，其他必需氨基酸过量的部分扣除时氮沉积不受影响。每种必需氨基酸与总的非必需氨基酸这二者处于同等限制性地位，任何一种必需氨基酸的减少或总的非必需氨基酸的下降都能引起相应比例的氮沉积降低。

尿素浓度的高低能较为准确地反映动物体内蛋白质代谢和饲粮氨基酸的平衡状况。血清尿素过高，则会使氮通过尿液排出体外，降低饲料中氮的利用效率。而尿酸是禽类氨代谢的最终产物。当饲粮氨基酸处于不平衡状态时，尤其是限制性氨基酸不足，将引起氨基酸加速分解，尿酸的排出量会增加。当补充限制性氨基酸后，氮的利用率提高，尿酸排出量减少。高巧仙(2013)报道，赖、色、苏三种氨基酸水平分别为 1.15%、0.22%、0.67%时，血清尿素、尿酸浓度最低，说明适宜的氨基酸水平能降低尿酸的排出量。三种氨基酸的互作还显著影响血清尿素、尿酸的浓度，1.15%、0.22%、0.57%水平处理组血清尿素、尿酸浓度最低，1.15%、0.25%、0.67%处理组仅次之，说明随着饲粮中氨基酸平衡状况的改善，体内氮的利用率提高，氮的排出量减少。

苏氨酸可转变成丝氨酸、甘氨酸、丁酰 CoA、琥珀酰 CoA 等。在日粮中添加适量的苏氨酸，可满足畜禽的必需氨基酸需要，促进生长和饲料转化，同时可降低色氨酸或蛋氨酸过量引起的生长抑制，也可消除因赖氨酸过量造成的体增重下降。添加苏氨酸除了可平衡氨基酸外，还能促进机体内蛋白质的合成。Kidd(2003)研究表明，在日粮中添加苏氨酸可以提高火鸡的日增重、采食量和饲料转化率。Ayasan 等(2009)研究表明，2～42 日龄肉鸡末重和试验期间增重随着日粮中苏氨酸含量的增加呈线性增加。

Chen 等(2003)通过给新生仔猪口服谷氨酸单钠溶液的方法，研究其对新生仔猪肝脏脂代谢和氮代谢的影响，发现口服 0.5 g/kg 的谷氨酸单钠可提高血清中总蛋白和高密度脂蛋白的含量以及肝脏脂肪酸合成酶、乙酰辅酶 A 羧化酶、胰岛素样生长因子-1、谷草转氨酶和谷丙转氨酶的基因表达，表明口服谷氨酸单钠可以改变哺乳仔猪肝脏中与脂代谢和氮代谢相关的基因表达。

支链氨基酸的三种氨基酸之间存在一定的拮抗作用，多种动物的生理生化研究都证实了这一点，即其中一种氨基酸在日粮中含量过高，将会造成其他两种氨基酸的不平衡。羔羊日粮中高水平的亮氨酸将大幅度降低动物机体对异亮氨酸和缬氨酸的吸收利用率；异亮氨酸的减少会增加亮氨酸的氧化；异亮氨酸过低则导致细胞间质异亮氨酸含量减少，降低白蛋白和纤维蛋白的合成率。

8.2.2 饲用氨基酸生产方法

1820 年，人类首次将明胶蛋白质水解并分离出甘氨酸物质。1930 年，人类从酪朊蛋白质水解中分离出 *L*-苏氨酸物质。经过 110 年的时间，人类分离获得了构成普通蛋白质的全部 18 种天然氨基酸物质。1910 年，日本味之素公司以植物蛋白作为原料，通过盐酸水解生产谷氨酸，这是世界上最早成功地进行氨基酸工业生产的方法。目前，氨基酸工业生产方法主要有水解提取法、化学合成法、微生物发酵法和酶合成法等。

1. 蛋白质水解提取法

通过将蛋白质水解成为氨基酸的混合物，再从中分离出不同氨基酸的方法是最经典的技术方法。这种方法由于蛋白质资源丰富，成本低廉而优于其他工艺。但由于此种方法中分离提取技术一直是难题，无法高质量低成本制造出各种天然氨基酸产品满足消费者的需求，所以一直未能在生产行业广为使用。

在研究从蛋白质水解液中分离提取氨基酸时，经典的分离方法是利用重金属离子或者特异性的螯合物与某种氨基酸结合而沉淀析出。这些重金属离子的盐或者特殊的螯合物不仅价格昂贵增加生产成本，还会产生大量污染环境的废物。鉴于这些原因，采用蛋白质水解分离提取各种氨基酸的生产工艺受到严重制约，从而使水解法无法发挥蛋白质原料丰富，产品的品种齐全，易配套销售和使用的优势。

在生产实践中，胱氨酸、酪氨酸、精氨酸和亮氨酸可采用水解法生产。胱氨酸和酪氨酸可利用氨基酸物质在水中溶解度较小的原理提取出；精氨酸可利用其等电点最高值的原理采用树脂交换分离出；亮氨酸可利用螯合沉淀选择性极高的功能螯合物邻二甲苯-4-磺酸沉淀分离出。但由于氨基酸之间的互相干扰，以及大量盐离子的影响，使这 4 种氨基酸在其蛋白水解液中残留的比例很高。

我国的角蛋白质(如各种动物毛发)资源十分丰富，并且价格低廉，采用水解法生产胱氨酸、酪氨酸、亮氨酸产品的生产成本和经济效益优于发酵法和合成法，具有竞争力。存在蛋白质水解液中的其他天然氨基酸物质由于生产技术限制，生产成本高，不能规模化投入工业生产。一旦从蛋白质水解液中系统分离制备出各种氨基酸产品的技术难题被攻破，此法带来的商业价值和经济效益将是巨大的。

2. 氨基酸化学合成工艺

氨基酸化学合成法是利用有机合成和化学工程相结合的技术生产或制备氨基酸的一种方法。其优点在于可以合成不同氨基酸品种；其缺点在于合成的天然氨基酸产品中 *L* 型和 *D* 型对等存在。因为 *D* 型氨基酸不能被人类和动物机体利用，所以要将产品中的 *D* 型氨基酸分离，再将其转成 *L* 型氨基酸。这种转变需要的技术十分复杂，且生产成本也相应提高。但由于动物可以利用 *D* 型蛋氨酸，所以饲料级蛋氨酸可以是 *DL*-外消旋化合物，所以饲用蛋氨酸商品大部分是由化学合成法制得的。除蛋氨酸外，*L*-色氨酸也是用化学合成方法制造的，但由于设备投资大、工艺路线长以及产品数量有限，所以其价格一直居高不下。

以蛋氨酸为例，其化学合成法按原料来源的不同可分为以下几类。

1)丙烯醛法

丙烯醛、甲硫醇和氢氰酸是目前常用的合成蛋氨酸的原料。按其反应中间体的不同又分为氰醇法和海因法。

(1)氰醇法　美国杜邦公司首先用此法生产蛋氨酸，其工艺流程图见图 8-3。丙烯醛与甲醇在活性炭或氨催化剂的存在下反应制备 3-甲硫基丙醛；3-甲硫基丙醛与氢氰酸发生加成反应，制备得到 2-羟基-4-甲硫基丁腈；然后与氨气在高压下反应生成 2-氨基-4-甲硫基丁腈；最后经硫酸水解生产蛋氨酸。此法的优点是既可生产蛋氨酸，又能生产蛋氨酸羟基类似物(mcthionine hydroxy analog，MHA)及其钙盐。在制备 MHA 时，其收率高且废弃物少。目前，氰醇法是运行成本最低的蛋氨酸生产工艺之一。

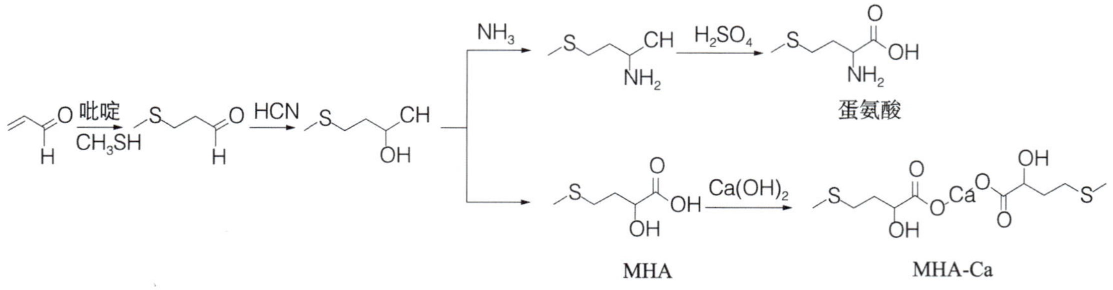

图 8-3　氰醇法制备蛋氨酸产品的工艺流程(刘勤和李宏，2011)

(2)海因法　海因，化学名称为 2,4-咪唑啉二酮，即乙内酰脲。海因法制备氨基酸主要从酮或醛出发，使用氰化钾、二氧化碳和碳酸铵，在适当条件下制备海因。目前通用的海因法制备蛋氨酸的工艺流程如图 8-4。此法流程简单，自动化程度高，环化反应收率近 100%，总收率高达 80%以上，产品成本低，价格便宜。海因法是目前制备蛋氨酸研究最深入、最成熟的工艺。

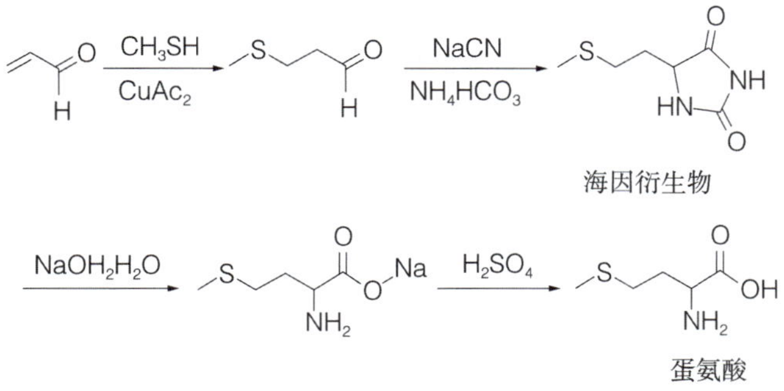

图 8-4 海因法制备蛋氨酸的工艺流程(刘勤和李宏,2011)

2)丙二酸酯法

丙二酸酯法制备蛋氨酸是在 1931 年 Barger 等提出,其工艺流程如图 8-5 所示。首先将 2-甲硫基氯化乙烷与邻苯二甲酰亚胺基丙二酸乙酯的钠盐进行缩合反应;然后将其缩合产物进行皂化,得到三羟酸,再通过水解后脱去羟基,从而生产 *DL*-蛋氨酸,其产率可达 58%。

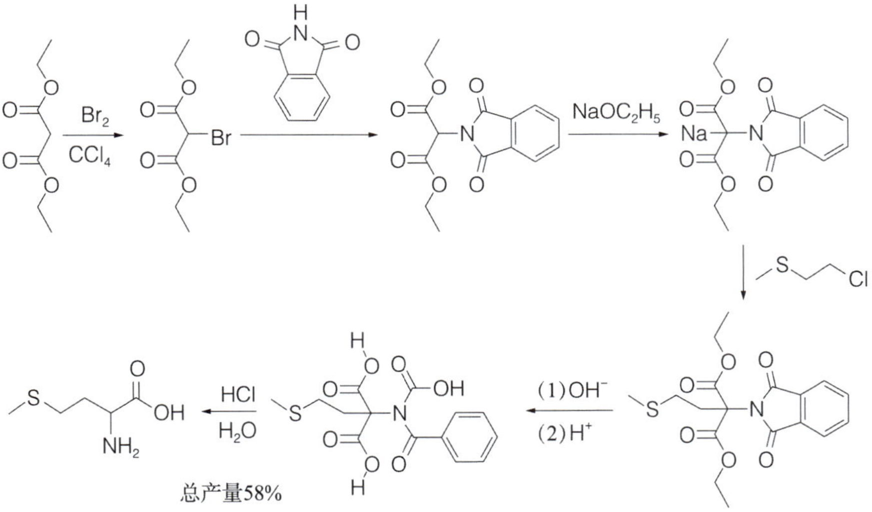

图 8-5 丙二酸酯法制备蛋氨酸工艺流程(刘勤和李宏,2011)

3)氨基内酯法

1942 年 Snyder 等以 α-乙酰-γ-丁基内酯为原料制备出了蛋氨酸,并于 1944 年对此法进行了改良,其工艺流程如图 8-6 所示。首先将 α-乙酰-γ-丁基内酯在甲醇中用亚硝酸乙酯处理,并将产物还原得到 α-氨基-γ-丁基内酯,再进行加热,添加硫脲,并用二甲基硫酸盐、氢氧化钠等处理,最后进行水解,得到 *DL*-蛋氨酸。此法总收率可高达 98%。

1950 年 Plieninger 将 γ-丁基内酯溴化开环后,得到 α,γ-二溴丁酸,然后将其加热后再闭环,生成 α-溴-γ-丁基内酯,再用液氨进行处理,接着与甲硫醇钠反应,从而制备出 *DL*-蛋氨酸,其工艺流程如图 8-7 所示。此法总收率约为 40%。相对于 Sndyer 等的方法,此法优点是步骤简单、试剂易得,缺点是收率低。

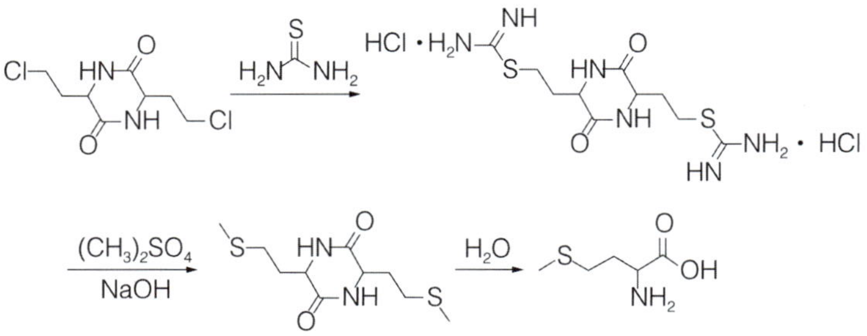

图 8-6 α-乙酰-γ-丁基内酯法制备蛋氨酸的工艺流程(刘勤和李宏,2011)

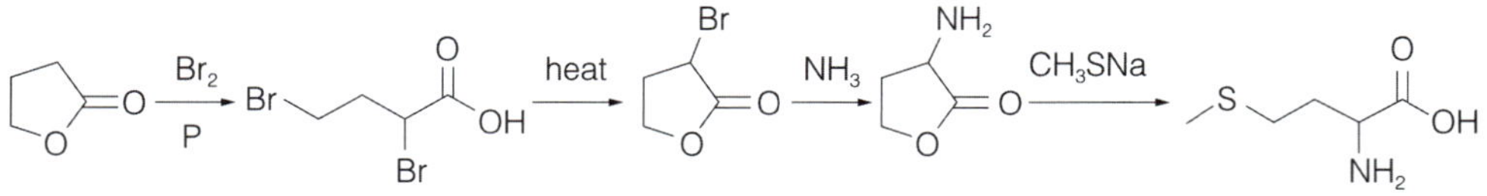

图 8-7 γ-丁基内酯法制备蛋氨酸的工艺流程(刘勤和李宏,2011)

除此以外,蛋氨酸的生产方法还有丙酮酸法、甘氨酸乙酯盐酸盐法、2-乙酰胺基丁酮酸酯法等。因为作为原料的丙酮酸价格昂贵,所以丙酮酸法现阶段不适合大规模工业化生产蛋氨酸。

3. 氨基酸发酵制备工艺

1957 年,日本发明了微生物发酵法生产味精,自此以后,微生物发酵法生产其他天然氨基酸物质的研究广泛深入地展开,并相继获得一系列进展,从而推动了微生物发酵法的发展。日本在发酵法氨基酸方面一直走在世界前列,而且几乎拥有所有的天然氨基酸产品的微生物发酵菌种,而且一种氨基酸物质就可能有数株微生物菌种可供选择。所以,日本采用微生物发酵法制备出来的高质量天然氨酸产品,早年几乎垄断了国际市场。

微生物发酵法当今几乎成为绝大多数品种的天然氨基酸产品的主要制造法,有的甚至是唯一制造法。尽管如此,微生物发酵法仍存在诸多限制。首先是投资规模巨大,产品单一;其次是要消耗大量人和牲畜用的营养能源物糖或者淀粉。当粮食市场行情改变,大量耗用粮食的工业企业就会面临困难。

1)氨基酸发酵的一般工艺

氨基酸发酵的一般工艺流程是将配制好的发酵培养基经灭菌、冷却后,送至发酵罐中,然后调节温度和 pH,再接入种子罐培养成熟的种子液中,然后通入无菌空气、搅拌,随后进入发酵。发酵前期,菌体经过适度生长繁殖后,逐步转向代谢产物的积累,利用营养基质大量合成氨基酸。为了发酵成功,整个过程需要对温度、pH、溶解氧、泡沫、补料等要素加以调节控制。发酵结束后,再进行放罐,将成熟发酵液送至提取工序(邓毛程,2014)。以赖氨酸为例,其发酵工艺流程如图 8-8 所示。

2)氨基酸发酵工艺种类

氨基酸发酵工艺的种类很多,从不同的角度划分,大致有以下几类。

(1)按碳源的原料分　氨基酸发酵工艺的碳源原料主要有淀粉制取的葡萄糖液和糖蜜两类。对生物素缺陷型菌株的谷氨酸发酵而言,由于葡萄糖液和糖蜜所含生物素量差别很大,这两种原料的发酵工艺有明显不同。糖蜜生物素含量丰富,因此在发酵过程中需要添加青霉素、

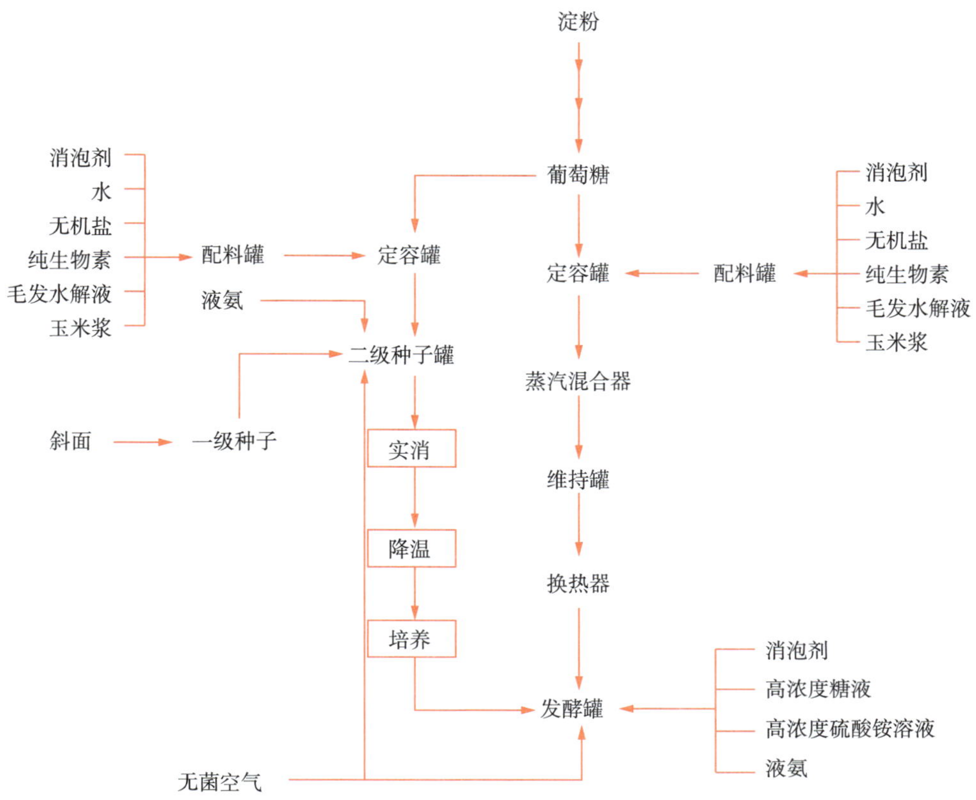

图 8-8 赖酸发酵工艺流程(邓毛程,2014)

表面活性剂等来抑制菌种的细胞壁合成,从而抑制菌种的过度生长;而葡萄糖液所含生物素远远低于糖蜜,在发酵培养基时还需添加生物素。

(2)按接种量大小分　一般而言,接种量是指接入发酵罐的成熟种子液的体积相对于发酵初始体积的百分比。以往很多工厂的接种量为 1%～3%,已较少采用,当前氨基酸发酵工艺趋向于大接种量,一般为 5%～10%或以上。

(3)按发酵初糖浓度分　根据发酵初糖浓度高低,可将发酵工艺分为低初糖工艺、中初糖工艺和高初糖工艺。通常,初糖浓度 80～120 g/L 为低初糖工艺,初糖浓度 140～160 g/L 为中初糖工艺,初糖浓度 180～200 g/L 为高初糖工艺。由于培养基的高渗透压抑制微生物生长、代谢,大部分工厂采用中、低初糖工艺,高初糖工艺很少使用。

(4)按发酵过程是否补加糖液分　根据是否补加糖液,发酵工艺可分为需要补糖工艺和不需要补糖工艺。一般来说,需要补糖工艺采用中初糖或低初糖、中间补加糖液的工艺,不需要补糖工艺采用一次高初糖或中初糖工艺。在需要补糖工艺中,根据补加糖液的浓度又分为补加低浓度糖液工艺(300 g/L 左右)、中浓度糖液工艺(400 g/L 左右)以及高浓度糖液工艺(500 g/L 以上)。低浓度的补加糖液一般采用糖化车间出来的糖液即可,不需浓缩处理,而中浓度和高浓度的糖液需经过蒸发浓缩处理。

8.3 氨基酸制品的替抗应用

1. 猪替抗应用

氨基酸制品在猪上的应用十分广泛，从哺乳仔猪、育肥猪到繁殖猪，氨基酸在饲料中的添加都必不可少。氨基酸的应用要恰当，必须根据日粮种类和使用对象，缺什么，补什么，避免盲目性。如果随意地增加其含量，则会造成氨基酸之间新的不平衡，不仅引起吸收率下降，还产生负氮平衡。例如，赖氨酸如缺少精氨酸的“配合”，可导致食欲减退、生殖能力降低、抗病力下降，甚至发生器质性病变。这是由于赖氨酸和精氨酸在进行细胞膜转移时，是由同一个载体承担输出运进，在分解代谢过程中，高浓度赖氨酸能诱导精氨酸活性增加，促使精氨酸加快分解，势必造成细胞内精氨酸供应不足，从而使氨基酸失去平衡。

研究表明，日粮中添加赖氨酸可以提高冷应激下仔猪血清 IgG 浓度和改善断奶仔猪的成活率，提高仔猪的体液免疫(李德发，2003)。易宗容等(2020)研究表明，夏季高温或冬季低温条件下后备母猪和阉割公猪的适宜日粮赖氨酸消化能比值为 2.9～3.2 g/Mcal。Ball 等(2013)试验表明，低蛋白质日粮中添加有效赖氨酸对育肥猪的作用效果显著。王琤韡等(2013)报道，肥育阶段(体重为 67～113 kg)的杂交猪对苏氨酸最适苏氨酸与赖氨酸的比值范围应为 0.66～0.68。

基础饲粮中添加精氨酸可诱导白细胞及细胞因子的产生来增强仔猪的细胞免疫和体液免疫，并可通过提高淋巴细胞数量及血清白细胞介素-2 (IL-2)和 γ-干扰素(IFN-γ)水平，进而缓解环磷酰胺对仔猪造成的免疫抑制作用。在肥育猪中，精氨酸同样具有调节其细胞和体液免疫水平的作用。饲粮中添加 1%的精氨酸增加肥育猪单核细胞百分比并增加淋巴细胞数量及增殖活性，增加血清免疫球蛋白 G(lgG)和 IL-2 含量以及脾脏中 IL-2 和 IFN-γ 的表达水平。Han 等(2008)报道，在环磷酰胺免疫抑制断奶仔猪的日粮中添加 0.5%精氨酸能增加白细胞和淋巴细胞数目、血清白蛋白抗体水平、IL-2 和 IFN-γ 浓度，延迟超敏反应，缓解了环磷酰胺的抑制作用。Zheng 等(2018)研究显示低出生体重仔猪补充精氨酸显著促进了肠道发育，并增加了生长性能，其作用机制可能是通过合成 NO 信号分子激活机体代谢而实现的。Li 等(2012)报道，日粮添加 0.5%的精氨酸通过抑制 NF-κB 信号通路对脂多糖诱导的仔猪肠道形态结构、免疫代谢和抗氧化系统紊乱均起到直接缓解效果。

王连娣等(2003)研究表明：早期断奶仔猪日粮中添加谷氨酰胺有助于缓解早期断奶所造成的胰蛋白酶活性下降，并缩短胰蛋白酶活性恢复所需时间。谷氨酰胺也是维持肠道相关淋巴组织、分泌型 IgA 的产生和阻止细菌从肠道易位所必需的，日粮添加谷氨酰胺能提高肠黏膜 SIgA 分泌细胞的数量(刘涛，2002)。谷氨酰胺可以促进免疫细胞产生细胞因子，提高免疫反应。日粮中添加谷氨酰胺可以改善动物的免疫功能。尹兆正等(2005)报道，日粮中添加 1%谷氨酰胺可显著提高断奶 10 日龄仔猪血清 IgG 和 IgM 水平，可显著提高断奶 20 日龄仔猪 IgA 和 IgM 水平，并且还提高了肠系膜淋巴结 T 淋巴细胞增殖分化率。随着养猪生产集约化程度的不断提高，仔猪早期断奶变得越来越重要。因此充分了解谷氨酰胺在仔猪营养中的作用，对养猪生产具有重要的指导意义。然而，在谷氨酰胺应用中还存在一些亟待解决的问题。如谷氨酰胺的检测方法和应用范围，谷氨酰胺的适宜添加形式和添加量，谷氨酰胺的复杂生理功能在断奶仔猪营养中的作用机制，不同生理状态下谷氨酰胺对氮代谢的影响等问题都有待进一步研究。

2. 其他动物替抗应用

1)家禽替抗应用

氨基酸制品在家禽生产中具有重要的作用,不仅可以促进家禽生长,还可以提高免疫力,减少家禽疾病的发生。

Dozie 等(2009)试验发现,在一定范围内,梯度增加可消化赖氨酸水平,对公鸡的体重、平均日增重、平均日采食量、饲料转化率均有改善作用。Dozier 等(2010)用折线模型估计 28～42 日龄肉鸡对可消化赖氨酸需要量时,发现可消化赖氨酸在 0.962%～1.053%时,可最大限度地提高体增重、采食量,并改善饲料转化率。周彦文(2008)发现,赖氨酸对合浦鹅屠宰率、半净膛率、全净膛率、腿肌率、胸肌率和腹脂率均无显著影响,但是,随着各种氨基酸水平的提高,腹脂率趋于降低,而其他各项指标趋于升高。Bouyeh 等(2011)研究发现,当饲粮赖氨酸水平为 0.76%时可以显著提高产蛋率,而超过 0.76%时,产蛋率又开始下降。常栋等(2022)研究表明,饲粮赖氨酸水平显著影响北京油鸡生长性能,北京油鸡产蛋高峰期(27～34 周龄)饲粮赖氨酸适宜水平为 0.75%。过高或过低的赖氨酸水平都会打破氨基酸的动态平衡,从而影响蛋白质的利用率。

日粮中缺乏精氨酸会降低肉仔鸡免疫水平,并出现免疫器官质量减轻,而日粮添加 2%的精氨酸可显著增加淋巴器官质量。鸡的基础饲粮中添加精氨酸可显著影响鸡的胸腺、脾脏和法式囊的发育,在鸭和鹅的相关研究中也得出一致结论。精氨酸和赖氨酸对大多数动物的生长、蛋白质合成、能量贮存、淋巴细胞转化和免疫功能的维持都非常重要。但它们在吸收、降解、合成和再吸收等方面也存在相互拮抗及氨基酸不平衡产生的影响。张益凡等(2022)指出,同一品种动物在不同生长期所需的精氨酸与赖氨酸适宜比例也是各不相同的;肉仔鸡在温度适宜的情况下最适比例为 1∶1.1,产蛋鸡的最适比例为 1.24∶1。

苏氨酸是禽类免疫球蛋白分子中的主要限制性氨基酸,苏氨酸不足会影响免疫球蛋白及 T、B 淋巴细胞的产生,进而影响免疫功能。Dozier 等(2001)报道,把日粮苏氨酸水平从 0.63%提高到 0.74%,显著降低了 6～8 周龄肉公鸡猝死综合征的发生率,提高抗新城疫病毒的抗体效价。王红梅等(2005)试验表明,当可消化苏氨酸水平为 0.60%时,0～3 周龄肉仔鸡的生长性能最佳,而更高的苏氨酸水平则对增强机体免疫力有益。刘升国等(2017)研究发现,日粮苏氨酸水平为 NRC(1994)标准推荐量时,AA 肉鸡可获得最佳的生产性能;日粮中苏氨酸水平为 1.25 倍 NRC 推荐量时能增强机体的抗氧化能力和免疫机能。

胡孟等(2017)研究认为,饲粮添加 *L*-组氨酸可提高肉鸡的饲料转化率,改善血浆抗氧化能力,增加肌肉中咪唑二肽含量。饲粮添加 1 000～2 000 mg/kg *L*-组氨酸较佳。伍源等(2022)研究表明,饲养密度与蛋氨酸添加水平对肉鸡的生长性能、应激程度、抗氧化能力均产生了一定影响,高密度饲养可引起肉鸡的应激反应,并对肝功能造成损伤。在高密度饲养条件下,蛋氨酸限制会造成肉鸡死亡率升高,较高蛋氨酸水平也不利于肉鸡肝脏健康。而蛋氨酸水平在 0.45%时有较好的抗应激、抗氧化效果,有益于肉鸡生长。张倩倩等(2022)研究报道,北京油鸡产蛋高峰期(27～34 周龄)饲粮蛋氨酸水平为 0.34%比较适宜。

朱飞(2017)研究认为,*L*-茶氨酸(谷氨酰乙胺)可提高产蛋后期岭南黄肉种鸡的免疫功能和抗氧化性能,减少氧化应激对动物的危害,降低养殖风险。饲粮中补充氨基酸(超过营养需要推荐量)能提高肉鸡对大肠杆菌和球虫的免疫能力。给肉鸡饲喂高浓度的氨基酸饲粮能提高肉鸡抗外界应激的能力，可缓解孵化出壳后的禁食应激和亚临床状态下的坏死性肠炎发生等。

2）其他应用

氨基酸制品在其他动物中的替抗效果也有很多报道。对于反刍动物来讲，在复杂的瘤胃微生物发酵系统中直接添加氨基酸会被瘤胃微生物降解而影响其生物功效，故通常以过瘤胃氨基酸的形式添加。

Schwab 等（1976）研究表明，赖氨酸是反刍动物最主要的限制性氨基酸之一，而限制性的顺序通常取决于其在瘤胃非降解蛋白质中的相对含量以及动物种类和饲粮组成。Xue 等（2011）研究发现，肉牛在饲喂玉米和玉米副产品饲粮时分别补充 0、5.0、10.0 和 15.0 g/d 过瘤胃赖氨酸，结果表明，添加赖氨酸各组的平均日增重均显著高于对照组。Gami 等（2017）报道，在印度摩拉水牛犊牛饲粮中添加过瘤胃赖氨酸，结果表明，添加氨基酸组的平均日增重比对照组提高 17.75%，说明在生长水牛饲粮中添加过瘤胃赖氨酸能提高氮利用率，节约蛋白质，对热带地区经济水牛的生长性能具有积极影响。李燕舞等（2022）报道，14%粗蛋白质、1.05%赖氨酸水平可以增加肉兔活体重、半净膛重、全净膛重以及兔肉的品质，伊拉配套系商品肉兔育肥期饲粮中以 14%粗蛋白质、1.05%赖氨酸为最佳。不同物种中的研究表明精氨酸可促进动物胸腺、法式囊（禽类）以及脾脏等免疫器官的发育。张益凡等（2022）指出，每种动物生长所需要的精氨酸与赖氨酸比例各不相同，南美美利奴羊的适宜比例为 1∶1，白鲟的最适比例为 1.13∶1，幼虾的最适比例为 1∶1.12。秦绪岭等（2021）报道，低蛋白质日粮补充 0.4 g/kg 包被蛋氨酸对奶牛泌乳量、采食量和养分消化均无负面影响，但可改善乳脂肪和尿素氮含量，降低瘤胃 pH。康永刚等（2021）指出，在徐淮山羊日粮中添加蛋氨酸硒可以改善肉羊的生长性能和肉品质，增加肌肉和器官中的硒沉积，综合效果以 0.3 mg/kg 添加量最好。

氨基酸在动物体内的代谢较为复杂，其研究不能局限于某种氨基酸本身，而应更多关注不同氨基酸之间的相互关系。因此，动物体内氨基酸平衡的深入探究，将是今后畜禽氨基酸营养研究的重要方向之一。

参考文献

曹忠君. 浅谈富硒酵母的功效. 兽医导刊，2020(2)：247.

常栋，耿爱莲，张倩倩，等. 饲粮赖氨酸水平对北京油鸡产蛋高峰期生产性能、蛋品质和血清生化指标的影响[J]. 动物营养学报，2022，34(7)：4369-4379.

陈刚耀，唐志刚，乔丽红，等. 载锌沸石对肉鸡生产性能、抗氧化功能及其相关基因表达的影响[J]. 中国粮油学报，2015，30(2)：74-79.

陈苗璐，张乐乐，胡文婷，等. 微量元素锌在畜禽营养中的研究进展[J]. 家禽科学，2011(7)：46-50.

淡秀荣，刘翠艳，左龙. 铁在畜禽生产中的应用[J]. 畜牧兽医杂志，2014，33(6)：51-52.

邓毛程. 氨基酸发酵生产技术[M]. 2 版. 北京：中国轻工业出版社，2014.

刁其玉. 动物氨基酸营养与饲料[M]. 北京：化学工业出版社，2007.

范彧，解林奇，郝薇，等. 微生态制剂、多酚和酵母硒对仔猪生产性能和肠道菌群的影响[J]. 饲料与畜牧：新饲料，2017(15)：27-32.

高凯，訾芯蕊，耿春银，等. 红曲合生元、酵母硒锗及其组合对断奶仔猪肠道结构及直肠菌群数量的影响[J]. 中国畜牧兽医，2019，46(8)：2330-2337.

高巧仙. 5～10 周龄四川白鹅氨基酸需要模式的研究[D]. 重庆：西南大学，2013.

龚番文，关玮琨，武建中，等. 硒蛋白对动物细胞免疫的调控作用及硒在畜牧生产中应用的研究进展[J]. 中国畜牧杂志，2021，57(7)：54-58，63.

郭彤. 载铜硅酸盐纳米微粒对断奶仔猪肠道病原菌吸附、杀菌机理的研究[D]. 杭州：浙江大学，2004.

郭阳. 不同铜源对断奶仔猪生产性能，微量元素代谢的影响[D]. 杭州：浙江大学，2018.

洪作鹏，章亦武，周雯婷，等. 微量元素硒在畜禽养殖中的研究进展[J]. 饲料研究，2021(44)：135-138.

侯玉洁，徐俊，吴春华，等. 微量元素氨基酸螯合物的生理学功能及其在畜禽生产中的应用[J]. 饲料博览，2013(9)：16-20.

胡孟，张海军，王晶，等. *L*-组氨酸对肉鸡生长性能、肌肉品质、血浆抗氧化能力和肌肉咪唑二肽含量的影响[J]. 动物营养学报，2017，29(8)：2697-2706.

贾玉川，黄大鹏，彭秋媛. 蛋氨酸锌和维生素 A 对断奶仔猪生长性能及小肠前段肠道功能的影响[J]. 动物营养学报，2019，31(1)：124-130.

解玉怀，杨维仁，杨在宾，等. 微量矿物元素铁、锰、锌对猪生产性能、抗氧化与免疫性能影响的研究进展[J]. 中国饲料添加剂，2019(10)：6-11.

康永刚，廖云琼，朱广琴. 蛋氨酸硒对徐淮山羊生长性能、肉品质及硒沉积的影响[J]. 饲料研究，2021，44(19)：26-30.

孔祥峰，印遇龙，伍国耀. 猪功能性氨基酸营养研究进展[J]. 动物营养学报，2009，21(1)：1-7.

冷向军，王康宁. 高铜对早期断奶仔猪消化酶活性，营养物质消化率和肠道微生物的影响[J]. 饲料研究，2001(4)：28-29.

李德发. 猪的营养[M]. 北京：中国农业科学技术出版社，2003：296.

李嫔，唐志刚，李林枫，等. 载锌沸石对蛋鸡生产性能、血清激素水平及抗氧化功能的影响[J]. 中国粮油学报，2015，30(3)：94-100.

李燕舞，姜八一，杨昱萍，等. 不同蛋白质、赖氨酸水平对配套系商品肉兔生长性能、屠宰性能、肉品质的影响[J]. 饲料研究，2022(5)：67-72.

刘勤，李宏. 蛋氨酸合成方法概述[J]. 氨基酸和生物资源，2011，33(3)：46-51.

刘升国，曲正祥，蒙国华，等. 日粮苏氨酸水平对肉鸡生产性能、机体抗氧化性能和免疫机能的影响[J]. 西北农业学报，2017，26(10)：1429-1437.

刘胜利，吴文达，戴求仲，等. 超氧化物歧化酶 SOD 及模拟物的研究现状和应用[J]. 中国饲料添加剂，2021(9)：1-7.

刘树全. 甘氨酸锌对断奶仔猪生长. 免疫的影响及其作用机理的探讨[D]. 杭州：浙江大学，2008.

刘涛. 谷氨酰胺对早期断奶仔猪肠道营养与免疫功能影响机理的研究[D]. 武汉：华中农业大学，2002.

刘洋，孙文恺，刘强，等. 载锌凹凸棒石对断奶仔猪生长性能、器官指数、生化指标及抗氧化能力的影响[J]. 福建农林大学学报：自然科学版，2020，49(4)：505-511.

路则庆，胡喻涵，黄向韵，等. 富硒胞外多糖对断奶仔猪生长、抗氧化功能、肠道形态结构和抗菌肽表达的影响[J]. 动物营养学报，2019，31(8)：3755-3762.

吕航. 高锌对断奶仔猪生产性能和肠道健康的影响[D]，广州：华南农业大学，2016.

马现永，蒋宗勇，吕航，等. 高锌对断奶仔猪肠道健康及肠道微生物的影响[C]//中国畜牧兽医学会动物营养学分会第十二次动物营养学术研讨会，2016，中国湖北武汉：134.

梅宁安. 饲料中矿物质对畜禽免疫功能的影响[J]. 中国畜牧兽医文摘，2014，30(4)：177，179.

秦绪岭，刘文强，朱明霞，等. 包被蛋氨酸对低蛋白质日粮饲养的奶牛泌乳性能、养分消化及瘤胃发酵的影响[J]. 中国饲料，2021(22)：59-62.

赛庆燕. 论高铜饲料对畜禽生长的利和弊[J]. 山东畜牧兽医，2010，31(12)：21，24.

沈梦城. 高铜高锌日粮对断奶仔猪肠道形态、组织铜锌沉积规律及肠道微生物区系的影响[D]. 南京：南京农业大学，2012.

沈涛涛，张佳兰，吴艳，等. 鸡无抗养殖研究进展[J]. 湖北畜牧兽医，2021，42(3)：10-12，29.

史明雷. 载铜硅酸盐纳米微粒对肉鸡生产性能、肠道菌群和氮代谢的影响[D]. 杭州：浙江大学，2014.

史明雷，郑兰，郭孝烨，等. 载铜硅酸盐纳米微粒对黄羽肉鸡肠道菌群、氮代谢和排泄物氨逸失的影响[J]. 动物营养学报，2013，25：1843-1850.

舒均杰. 从钛白废酸和硫铁矿烧渣制备饲料级硫酸亚铁[J]. 化学工程师，2008(10)：54-56.

宋德广. Z0206生物纳米单质硒的制备及其抗肠道氧化应激的研究[D]. 杭州：浙江大学，2017.

宋新磊. 甘露寡糖和有机硒联合应用对肉鸡的免疫功能及生产性能的影响[D]. 长春：吉林大学，2018.

苏玲玲. 甘氨酸两种衍生物替代抗生素饲喂肉仔鸡效果的初步研究[D]. 乌鲁木齐：新疆农业大学，2007.

孙文恺，刘强，刘洋，等. 载锌凹凸棒石对3种猪常见致病菌的体外抑菌效果[J]. 安徽农业科学，2019，47(17)：85-88.

谭振聪. 饲料添加剂—富马酸亚铁生产工艺研究[D]. 南宁：广西大学，2018.

汤国祥. 氨基酸对动物免疫功能的影响及调节机制研究进展[J]. 中国猪业，2016，11(8)：65-68.

王琤韡，喻兵权，王仁华，等. 日粮苏氨酸水平对生长肥育猪生长性能和屠宰性能的影响[J]. 江西饲料，2013(4)：12-16，19.

王红梅，刘国华，陈玉林，等. 日粮苏氨酸水平对0～3周龄肉仔鸡生长性能、血清生化指标及免疫机能的影响[J]. 中国家禽，2005(20)：12-15.

王连娣，张军民，高振川，等. 谷氨酰胺对早期断奶仔猪胰腺及小肠胰蛋白酶活性的影响[J]. 中国兽医学报，2003(1)：59-61.

王敏奇，叶珊珊，杜勇杰，等. 载铜纳米壳聚糖对断奶仔猪生长性能，免疫和抗氧化指标的影响[J]. 动物营养学报，2011，23(10)：1806-1811.

王鑫. 寡二糖螯合微量元素对肉鸡生长性能，微量元素利用率和抗氧化性能的影响[D]. 泰安：山东农业大学，2020.

伍源，秦鑫，董元洋，等. 饲粮蛋氨酸水平对高密度饲养肉鸡生长性能、抗氧化及抗应激能力的影响[J]. 中国畜牧兽医，2022，49(3)：913-923.

谢小利. 载铜纳米壳聚糖对断奶仔猪生长、免疫和肠道菌群及形态影响的研究[D]. 杭州：浙江大学，2009.

徐晨晨，王珂. 微量元素铜在畜禽营养中的研究进展[J]. 畜牧与饲料科学，2013，34(10)：21-24.

易宗容，冯堂超，李成贤，等. 不同季节赖氨酸与能量比值对猪生长性能和血尿素氮的影响[J]. 中国饲料，2020(16)：63-66.

尹兆正，邹晓庭，钱利纯，等. 谷氨酰胺对断奶仔猪免疫功能的影响[J]. 中国兽医学报，2005(5)：536-538.

张倩倩，耿爱莲，常枨，等. 饲粮蛋氨酸水平对北京油鸡产蛋高峰期生产性能、蛋品质和血清生化指标的影响[J]. 动物营养报，2022，34(4)：2403-2412.

张益凡，徐颖，胡良宇，等. 动物机体精氨酸和赖氨酸功能互作效应与机制的研究进展[J]. 中国畜牧杂志，2022，58(6)：105-110，116.

周彦文. 合浦鹅赖氨酸、蛋氨酸和苏氨酸适宜需要量的研究[D]. 南宁：广西大学，2008.

朱飞. *L*-茶氨酸对产蛋后期岭南黄肉种鸡生产性能及蛋品质的影响[D]. 石河子：石河子大学，2017.

Ayasan T，Ferda O，Hizli H. Threonine Requirement of Broiler from 22-42 Days[J]. International Journal of Poultry Science，2009，8(9)：862-865.

Ball M E E，Magowan E，McCracken K J，等. 粗蛋白质及有效赖氨酸水平对育肥猪生产性能、氮平衡和养分消化率的影响[J]. 饲料博览，2013(8)：37.

Bouyeh M，Gevorgian O X. Influence of different levels of lysine，methionine and protein on the performance of laying hens after peak[J]. Journal of Animal & Veterinary Advances，2011，10(4)：532-537.

Burton G W, Ingold K U. Autoxidation of biological molecules. 1. Antioxidant activity of vitamin E and related chain-breaking phenolic antioxidants in vitro[J]. Chemischer Informations dienst, 1982,103(21):6472-6477.

Chen C, Sander J E, Dale N M. The effect of dietary lysine deficiency on the immune response to newcastle disease vaccination in chickens[J]. Avian Diseases, 2003, 47:1346-1351.

Davin R, Vanessa L L, Molist F. Short communication: Copper bis-glycinate can partially or totally replace copper sulfate in diets with either no effects or positive effects on growth performance of weaned pigs [J]. Animal Feed Science and Technology, 2022,285:115223.

Dozier W A, III E T, Moran Jr, et al, Comparisons of male and female broiler responses to dietary threonine from 42 to 56 days of age[J]. Poultry Sci, 2000, 79(Suppl. 1):43.

Dozier W A, Corzo A, Kidd M T, et al. Digestible lysine requirements of male and female broilers from fourteen to twenty-eight days of age[J]. Poultry Science, 2009, 88:1676-1682.

Dozier W A, Corzo A, Kidd M T, et al. Digestible lysine requirements of male broilers from 28 to 42 days of age[J]. Poultry Science, 2010, 89:2173-2182.

Duan J, Yin J, Wu M, et al. Dietary glutamate supplementation ameliorates mycotoxin-induced abnormalities in the intestinal structure and expression of amino acid transporters in young pigs[J]. Plos One, 2014, 9(11):e112357.

Gami R, Thakur S S, Mahesh M S. Protein sparing effect of dietary rumen protected lysine plus methionine in growing *Murrah buffaloes* (*Bubalus bubalis*)[J]. Proceedings of the National Academy of Sciences, India Section B: Biological Sciences, 2017, 87(3):885-891.

Gatnau R, Zimmerman D R, Nissen S L, et al. Effects of excess dietary leucine and leucine catabolites on growth and immune responses in weanling pigs[J]. Journal of Animal Science, 1995, 73(1):159-65.

Han J, Liu Y L, Fan W, et al. Dietary L-arginine supplementation allevi-ates immunosuppres-sion induced by cyclophosphamide in weaned pigs[J]. Amino Acids, 2008, 8:184-189.

Husain S R. Hydroxyl radical scavenging activity of flavonoids[J]. Phytochemistry, 1987, 26:2489-2491.

Jiao L F, Ke Y L, Xiao K, et al. Effects of zinc-exchanged montmorillonite with different zinc loading capacities on growth performance, intestinal microbiota, morphology and permeability in weaned piglets[J]. Applied Clay Science, 2015, 112:40-43.

Kidd M T. Threonine responses of Cobb male finishing broilers in differing environmental conditions[J]. Journal of Applied Poultry Research, 2003,12(2):115-123.

Kim S W, Mateo R D, Yin Y L, et al. Functional amino acids and fatty acids for enhancing production performance of sows and piglets[J]. Asian-Australian Journal of Animal Science, 2007, 20(2):295-306.

Konashi S, Takahashi K, Akiba Y. Effects of dietary essential amino acid deficiencies onimmunological variables in broiler chickens[J]. British Journal of Nutrition, 2000, 83:449-456.

Kornegay E T, Lindemann M D, Ravindran V. Effects of dietary lysine levels on performance and immune response of weanling pigs housed at two floor space allowances[J]. Journal of Animal Science, 1993, (3):552-556.

Li Q, Liu Y, Che Z, et al. Dietary L-arginine supplementation alleviates liver injury caused by *Escherichia coli* LPS in weaned pigs[J]. Innate Immunity, 2012,18:804-814.

Meister A. New aspects of glutathione biochemistry and transport: Selective alteration of glutathione metabolism[J]. Nutrition Reviews, 1985, 42(12):397-410.

Melchior D, Mézière N, Sève B, et al. Is tryptophan catabolism increased under indoleamine 2, 3 dioxygenase activity during chronic lung inflammation in pigs[J]. Reproduction Nutrition Development, 2005, 45:175-

183.

Perianayagam M C, Oxenkrug G F, Jaber B L. Immune-modulating ef-fects of melatonin, N-acetylserotonin, and N-acetyldopomine[J]. Annals of the New York Academy of Sciences, 2005, 1053:386-393.

Platten M, Ho P P, Youssef S, et al. Treatment of autoimmune neuroin-flammation with a synthetic tryptophan metabolite[J]. Science, 2005, 310:850-855.

Schwab C G, Satter L D,Clay B. Response of lactating dairy cows to abomasal infusion of amino acids[J]. Journal of Dairy Science, 1976, 59(7):1254-1270.

Wang C, Zhang L, Ying Z, et al. Effects of dietary zinc oxide nanoparticles on growth, diarrhea, mineral deposition, intestinal morphology, and barrier of weaned piglets[J]. Biological Trace Element Research, 2018, 185(2):364-374.

Wu G Y. Amino acids:metabolism,functions,and nutrition[J]. Amino acids, 2009, 37(1):1-17.

Xue F, Zhou Z M, Ren L P, et al. Influence of rumen-protected lysine supplementation on growth performance and plasma amino acid concentrations in growing cattle offered the maize stalk silage/maize grain-based diet[J]. Animal Feed Science and Technology, 2011, 169(1/2):61-67.

Zhang B, Guo Y. Influence of tetrabasic zinc chloride and copper sulphate on growth performance and some physiological parameters in the digestive tract of weanling piglets[J]. Journal of Animal and Feed Sciences,2009, 18(3):465-477.

Zheng P, Song Y, Tian Y, et al. Dietary arginine supplementation affects intestinal function by enhancing antioxidant capacity of a nitric oxide independent pathway in low-birth-weight piglets. Journal of Nutrition, 2018,148:1751-1759.

Zhu X, Shang X, Lin G, et al. Effects of zinc glycinate on growth performance, serum biochemical indexes, and intestinal morphology of yellow feather broilers[J]. Biological Trace Element Research, 2022, 200(9):4089-4097.

（本章编写者：杨在宾、周建群、郭艺璇、周佳萍、何贝贝、施晶晶）